ARM Cortex-M4
嵌入式系统设计

孙安青◎编著

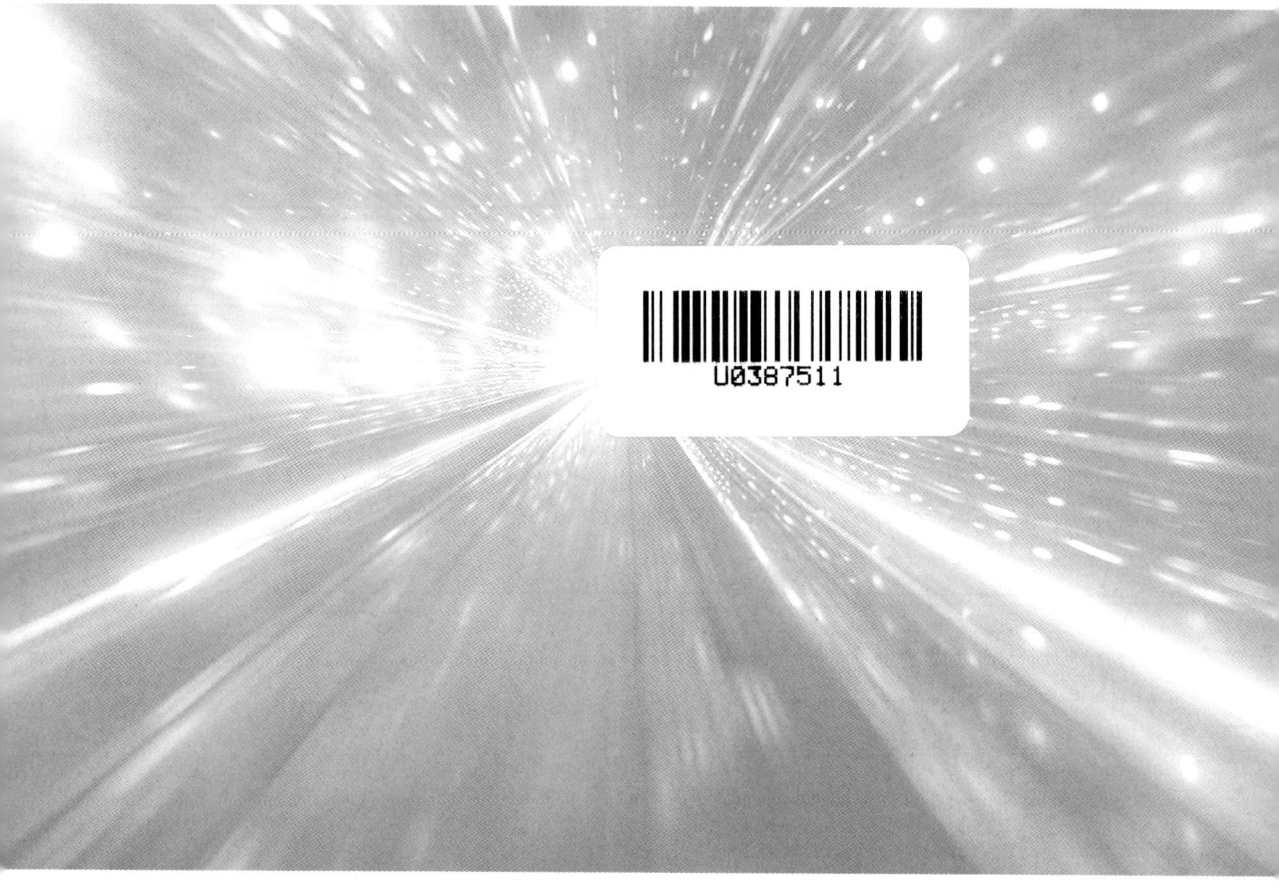

内 容 提 要

本书主要以 GD32F303ZGT6 微控制器为对象讲解嵌入式系统设计方法和实例。全书共分为 14 章，介绍了嵌入式系统与 GD32 微控制器、GD32 标准函数库、GD32 开发工具概述、启动文件和 SysTick、GPIO、NVIC、EXTI、定时器、通用同步异步收发器、模数转换器、数模转换器、DMA、SPI 控制器和 I2C 控制器。书中对常用片上外设的应用实例给出了清晰的系统应用设计思路，并明确了每个应用的设计步骤，使初学者在学习了相关基本知识后能够对具体的应用设计一看即懂。

本书适用于电子、通信、电气、测控、计算机、物联网等专业的在校生和嵌入式系统设计的爱好者。

图书在版编目（CIP）数据

ARM Cortex-M4 嵌入式系统设计/孙安青编著．—北京：中国电力出版社，2024.6
ISBN 978-7-5198-8807-7

Ⅰ．①A…　Ⅱ．①孙…　Ⅲ．①微型计算机－系统设计　Ⅳ．①TP332.021

中国国家版本馆 CIP 数据核字（2024）第 074161 号

出版发行：中国电力出版社
地　　址：北京市东城区北京站西街 19 号（邮政编码 100005）
网　　址：http://www.cepp.sgcc.com.cn
责任编辑：刘　炽（liuchi1030@163.com）
责任校对：黄　蓓　于　维　常燕昆
装帧设计：郝晓燕
责任印制：杨晓东

印　　刷：北京雁林吉兆印刷有限公司
版　　次：2024 年 6 月第一版
印　　次：2024 年 6 月北京第一次印刷
开　　本：787 毫米×1092 毫米　16 开本
印　　张：26.25
字　　数：667 千字
定　　价：88.00 元

前　言

GD32 系列微控制器是兆易创新公司（GigaDevice）为用户提供的具有高性能、高兼容度、低功耗、实时处理能力和数字信号处理能力的 32 位闪存微控制器产品，它内置 ARM Cortex-M4 内核，支持 ARM Thumb-2 指令集，一上市就迅速占领了中低端微控制器市场。GD32 的诞生完美地适应了当前市场需求，近年来逐渐成为应用最为广泛的微控制器之一。

本书以 GD32F303ZGT6 微控制器为基础，用新颖的思路、简单的逻辑讲解常用外设的功能及其使用方法，使读者能够轻松掌握基于 GD32 系列微控制器的嵌入式系统设计与实践中的各种知识。

本书主要以 GD32F303ZGT6 微控制器为对象讲解嵌入式系统设计方法和实例。全书共分为 14 章，主要对嵌入式系统概述、GD32F303 微控制器结构、外围基本电路、时钟树、GD32 的标准库、常用开发工具的安装与使用、常用片上外设结构原理和典型应用步骤及库函数、典型应用实例和程序开发方法进行了详细讲解和分析。书中对常用片上外设的应用实例给出了清晰的系统应用设计思路，并明确了每个应用的设计步骤，使初学者在学习了相关基本知识后能够对具体的设计一看即懂。具体的章节安排如下。

第 1 章介绍了嵌入式系统的基本概念和 GD32F303ZGT6 微控制器的结构和内部构造。

第 2 章介绍了 GD32 的标准函数库以及 CMSIS 软件架构的层次关系。

第 3 章介绍了 GD32 的开发工具和 Keil MDK 的使用方法。

第 4 章介绍了启动文件和 SysTick 的应用，SysTick 一般可以作为延时函数或系统驱动时钟使用。

第 5～8 章分别介绍了 GPIO、NVIC、EXTI、定时器系统。这部分是微控制器入门的基本要求部分，相对来讲比较简单，在实际应用中使用得比较多，特别是 GPIO 的结构和编程，初学者需要详细、深入地学习和实践练习，才能做到熟练应用，因为所有嵌入式设计都离不开 GPIO。

第 9～14 章分别介绍了 USART、ADC、DAC、DMA、SPI 和 I2C 控制器。这部分是微控制器学习进阶部分，在理解和熟悉掌握了这部分内容后，基本可以解决嵌入式系统设计中遇到的大部分问题。USART 使用最广泛，特别在程序调试时通过与上位机的串口调试助手配合使用，可以帮助发现程序设计的软件问题。ADC 和 DAC 在数模混合的领域得到广泛应用。DMA 控制作为一种辅助设备，配合其他片上外设实现无 CPU 干预的数据传输，熟悉掌握后，给嵌入式系统的软件设计带来很大的方便。SPI 控制器和 I2C 控制器由于其外部硬件连接简单，有着广泛的应用。特别是很多芯片都提供 SPI 或 I2C 接口，方便微控制器与外部的器件通信。

在本书的策划和编写过程中，笔者参阅了大量的参考书籍、文献资料以及网络相关资源，并在书中引用了其中的部分文字和插图，在此表示感谢！

本书在编写过程中得到了安谋科技教育计划宋斌先生的支持以及兆易创新科技集团股份有限公司提供的“基于项目驱动式嵌入式原理及应用课程改革”教育部产学合作协同育人项目的支持，公司的市场一部大学计划负责人王霄先生在本书编写过程中提供了大量的应用案例并且在本书编写过程中也得到了桂林电子科技大学信息与通信学院的一些老师和同学们的支持和帮助，在此表示最诚挚的感谢！

限于作者水平和时间，错误和不当之处在所难免，敬请读者批评指正（邮箱：626522598@qq.com）。

编著者

扫码下载本书的课件

目　录

第 1 章　嵌入式系统与 GD32 微控制器

随着计算机技术的不断发展，各类智能控制系统和智能应用已经在日常生活中随处可见。小到日常所用的智能手表、饮水机、电视机机顶盒，大到天网临控系统、北斗卫星导航系统和智能交通控制系统等都集成了大量的嵌入式系统。从 1971 年第一块 MCU 诞生以来，嵌入式系统得到了越来越广泛的应用。20 世纪 80 年代，MCS51 系列 MCU 的出现和 C51 程序设计语言的成熟，使得嵌入式系统在智能仪表和自动控制等领域得到了广泛应用。随后，ARM 公司推出了 Cortex 系列 32 位内核，基于该系列内核的各种 32 位微控制器逐渐成为嵌入式系统设计的首选芯片，促使嵌入式系统的应用从自动控制领域进一步扩展到各种各样的智能控制领域中。

1.1　嵌入式系统

1.1.1　嵌入式系统概述

1. 嵌入式系统定义

IEEE（Institute of Electrical and Electronics Engineers，美国电气和电子工程师协会）对嵌入式系统的定义是：用于控制、监视或者辅助操作机器和设备的装置。这主要是从应用对象上加以定义的，嵌入式系统是软件和硬件的综合体，还可以涵盖机械等附属装置，定义比较宽泛。

国内普遍认同的嵌入式系统的定义是：以应用为中心，以计算机技术为基础，软件和硬件可裁剪，适用于应用系统对功能、可靠性、成本、体积、功耗等严格要求的专用计算机系统。与 IEEE 的定义相比，国内的定义更加具体。

与个人计算机系统这样的通用计算机系统不同，嵌入式系统通常执行带有特定要求的预先定义好的任务。因此，用户可以对它进行优化，尽量减小其尺寸，以降低成本。嵌入式系统通常能够进行大量生产，大幅度地节约了单个嵌入式系统的生产成本。

嵌入式系统的核心由一个或几个预先编程好的用来执行少数几项任务的微控制器或单片机组成。与通用计算机中运行的软件不同，嵌入式系统中的软件通常是暂时不变的，所以这些软件被称为固件嵌入式系统的架构主要由处理器、存储器、输入/输出（IO）端口和软件组成，但对于不同的应用系统，其嵌入式系统也不尽相同。一般而言，处理器是由 ARM 微控制器、DSP、FPGA 或传统的 51 单片机等可编程器件组成的，通过软件实现相应的控制或数据处理功能。

2. 嵌入式系统的特点

嵌入式系统主要有以下重要的特点：

（1）实时性：嵌入式系统通常需要在严格的时间限制内完成任务，因此对实时性能有较高的要求。有些任务需要硬实时性，即必须在严格的时间限制内完成，而有些则要求软实时性，即可以容忍一定的延迟。

（2）资源受限：嵌入式系统通常具有有限的计算资源，如处理器速度、内存容量和存储空间。这意味着在设计和实现时需要考虑资源利用效率，以尽量减少系统的成本和功耗。

（3）专用性：嵌入式系统通常用于执行特定的任务或应用程序，如汽车控制系统、医疗设备、家用电器等。因此，它们的设计和开发是针对特定的应用领域，而不是通用的计算任务。

（4）可靠性：许多嵌入式系统被用于关键的应用领域，如航空航天、医疗保健等，因此对系统的可靠性要求很高。它们必须能够长时间稳定运行，且在各种环境条件下都能正常工作。

（5）功耗效率：很多嵌入式系统是依靠电池供电的，或者需要在功耗有限的情况下工作。因此，功耗效率成为嵌入式系统设计中一个重要的考虑因素。

（6）实现方式多样：嵌入式系统可以采用多种不同的硬件和软件实现方式，包括专用芯片（ASIC）、场可编程门阵列（FPGA）、微控制器（Microcontroller）、嵌入式处理器（Embedded Processor）等。不同的实现方式适用于不同的应用场景和性能要求。

1.1.2 嵌入式系统的发展与应用领域

1. 嵌入式系统的发展

嵌入式系统的发展大致经历了以下阶段。

（1）1980～2000 年。

初期阶段。嵌入式系统起源于 20 世纪 80 年代，当时的嵌入式系统主要用于工业控制和军事应用。这些系统通常由定制的硬件和简单的软件组成，功能相对单一，性能有限。

微处理器的普及。随着微处理器技术的普及和微型计算机的发展，嵌入式系统开始采用通用的微处理器作为核心，这使得系统的设计变得更加灵活和可扩展。

实时操作系统的出现。随着对实时性能的要求增加，实时操作系统开始广泛应用于嵌入式系统中，以保证任务的准确和及时完成。

功能增强。随着硬件和软件技术的不断进步，嵌入式系统的功能得到了不断增强，开始涉及更多的应用领域，如汽车电子、消费电子等。

（2）2010～2020 年。

多核处理器的兴起。随着计算需求的增加，多核处理器在嵌入式系统中得到了广泛应用。多核架构提供了更高的计算能力和并行处理能力，使得嵌入式系统能够处理更复杂的任务。

物联网的兴起。随着物联网技术的发展，嵌入式系统在连接和通信方面有了更大的需求。嵌入式系统不仅需要能够与互联网连接，还需要支持各种传感器和通信协议，以实现设备之间的数据交换和互操作。

人工智能的应用。随着人工智能技术的发展，嵌入式系统开始应用于机器学习、深度学习等领域。这些系统能够通过学习和优化算法来提高性能和适应性，使得嵌入式系统在智能化应用中发挥更大的作用。

（3）未来嵌入式系统将朝着以下方向发展。

边缘计算的兴起。随着对数据处理速度和隐私安全性的要求增加，边缘计算技术将在嵌入式系统中得到更广泛的应用。嵌入式系统将能够在设备端对数据进行实时处理和分析，减少数据传输和存储成本，提高系统的响应速度和安全性。

量子计算的应用。随着量子计算技术的进步，嵌入式系统有望应用于量子计算领域。量子计算具有超强的计算能力和并行处理能力，嵌入式系统将能够利用量子计算的优势解决更复杂的计算问题。

智能化和自主化。未来的嵌入式系统将更加智能化和自主化，能够通过学习和适应来不断优化性能和适应环境。这些系统将具有更高的自主决策能力和智能交互能力，可以广泛应用于智能交通、智能制造等领域。

2. 嵌入式系统的应用领域

嵌入式系统在各个领域都有广泛的应用，从工业控制到消费电子，从医疗保健到智能交通，都可以见到嵌入式系统的身影。以下列出了几个不同领域的嵌入式系统应用：

（1）工业控制和自动化。

1）工厂自动化。嵌入式系统被广泛应用于自动化生产线、机器人控制、物流管理等方面，提高了生产效率和产品质量。

2）智能仓储。嵌入式系统用于管理和控制仓库的自动化系统，包括库存管理、自动分拣和货物运输等。

3）过程控制。在化工、能源、水利等行业中，嵌入式系统用于实时监测和控制生产过程，确保生产安全和效率。

（2）汽车电子。

1）车载娱乐系统。嵌入式系统用于车载音频、视频、导航等娱乐系统，提供更丰富的驾驶体验。

2）车辆控制系统。包括发动机控制、车辆稳定性控制、防抱死制动系统（ABS）等，提高了车辆的安全性和性能。

3）智能驾驶。嵌入式系统在自动驾驶、智能交通管理系统中发挥重要作用，提高了交通效率和安全性。

（3）消费电子。

1）智能手机和平板电脑。嵌入式系统是智能手机和平板电脑的核心，提供了高性能的计算和多媒体功能。

2）家用电器。如智能电视、智能空调、智能冰箱等，嵌入式系统使得家电具备智能控制和联网功能。

3）智能穿戴设备。包括智能手表、智能眼镜等，嵌入式系统实现了健康监测、运动追踪等功能。

（4）医疗保健。

1）医疗诊断设备。如心电图机、血糖仪、血压计等，嵌入式系统用于数据采集、分析和显示。

2）医疗影像设备。如 CT、MRI 等，嵌入式系统用于图像处理和分析，辅助医生进行诊断。

3）健康监测设备。如智能健康手环、智能体重秤等，嵌入式系统实现了对身体健康状况的实时监测。

（5）物联网。

1）智能家居。嵌入式系统用于智能家居控制系统，实现对家庭设备的远程监控和自动化控制。

2）智能城市。包括智能交通、智能能源管理、智能环境监测等，嵌入式系统用于城市基础设施的监控和管理。

3）智能农业。嵌入式系统用于农业设备、农业环境监测等，提高了农业生产的效率和质量。

（6）航空航天。

1）飞行控制系统。嵌入式系统用于飞行器的导航、自动驾驶和飞行控制，确保飞行安全和稳定性。

2）航空电子设备。如飞行仪表、通信设备、雷达等，嵌入式系统实现了飞行器的通信和导航功能。

3）航天探测器。如卫星、火星探测器等，嵌入式系统用于控制和数据处理，实现了空间探测任务。

这些只是嵌入式系统在各个领域的一部分应用，随着技术的不断发展和创新，嵌入式系统将在更多领域发挥重要作用，推动各行业的智能化、自动化和互联化发展。

1.2　GD32F303ZGT6 微控制器结构

近年来，随着技术的发展，国产微控制器在嵌入式系统中的应用越来越广泛，最具代表性的兆易创新公司的 GD32 系列微控制器在嵌入式应用领域中的广泛应用，熟练掌握基于 GD32 的嵌入式系统开发与设计具有极为重要的现实意义。

本书结合兆易创新公司基于 Cortex-M4 内核的 GD32F303ZGT6 微控制器展开对嵌入式微控制器主要结构进行说明。GD32F303ZGT6 是一款基于 ARM Cortex-M4 处理器的 32 位通用微控制器。它具备高性能的计算能力，处理器最高主频可达 120MHz，并且提供了完整的 DSP 指令集、并行计算能力和专用浮点运算单元（FPU），以满足高级计算需求。并集成了多种外设，例如定时器、ADC（模拟数字转换器）、DAC（数字模拟转换器）、RTC（实时时钟）、GPIO（通用输入输出）、USART、SPI、I2C、SDIO 等，方便与外部设备进行通信和控制。适用于各种嵌入式应用，如电动机控制、电源管理、智能仪表、医疗设备、汽车电子等。同时，GD32F303ZGT6 微控制器得到了广泛的生态支持，包括各种外设驱动、中间件、操作系统支持（如 FreeRTOS、μC/OS-III、RT-Thread 等）以及第三方库和工具链，这大大降低了开发者的开发难度和成本。

GD32F303ZGT6 微控制器的封装形式有：LQFP48（7mm×7mm）、LQFP64（10mm×10mm）、LQFP100（14mm×14mm）、LQFP144（20mm×20mm）。一般来讲，引脚数量越多可用的片内资源越多，在实际使用中根据具体应用需求选择合适的芯片。本书以 GD32F303ZGT6 微控制器为例，其对应的封装形式是 LQFP144（20mm×20mm）。GD32F303ZGT6 微控制器的外观图如图 1-1 所示。

1.2.1　芯片资源

GD32F303ZGT6 是一款基于 Cortex-M4 内核的微控制器，支持单精度浮点运算单元（FPU）

和 DSP 指令，且片上集成了丰富的外设，能够满足大部分嵌入式应用系统的设计。芯片内部的主要资源如下：

图 1-1　GD32F303ZGT6 芯片外观

（1）内核。

1）32 位高性能 Cortex-M4 处理器。

2）时钟频率高达 120MHz。

3）支持 FPU（浮点运算）和 DSP 指令。

（2）I/O 端口。

1）共 144 引脚，有 112 个 I/O 引脚。

2）大部分 I/O 引脚都能容忍 5V（模拟通道除外）。

（3）存储器容量。

内置 1024KB Flash，96KB SRAM。

（4）时钟、复位和电源管理

1）1.8～3.6V 电源和 I/O 端口工作电压。

2）上电复位、掉电复位和可编程的电压监控。

3）强大的时钟系统：外部高速晶振、内部高速 RC 振荡器、内部低速 RC 振荡器、看门狗时钟、内部锁相环（倍频、其输出作为系统时钟）、外部低速晶振（主要作 RTC 时钟源）。

（5）低功耗。

睡眠、停止和待机三种低功耗模式。

（6）模数转换器（ADC）。

3 个 12 位 ADC（多达 21 个外部模拟输入通道）。

（7）数模转换器（DAC）。

2 个 12 位 DAC。

（8）直接内存存取（DMA）。

12 个 DMA 通道。

（9）定时器。

多达 14 个定时器。

（10）通信接口。

多达 13 个通信接口。3 个 USART、2 个 UART、3 个 SPI/I2S 接口、2 个 I2C 接口、1 个 SDIO、2 个 CAN。

（11）USBD。

1 个 USBD。

1.2.2　GD32F303ZGT6 微控制器内核

GD32F303ZGT6 微控制器的 Cortex-M4 内核通过指令总线（IBUS）与 Flash 控制器连接，数据总线（DBUS）、系统总线（SBUS）和先进高速总线（Advanced High Speed Buses，AHB）相连。GD32F303ZGT6 微控制器的内部 SRAM 和 DMA 单元直接与 AHB 总线矩阵相连，外设使用两条先进设备总线（Advanced Peripheral Buses，APB）连接，而每一条 APB 总线又都与 AHB 总线矩阵相连。AHB 总线的工作频率与内核一致，但 AHB 总线上挂着许多独立的分频器，通过分频器，输出时钟频率可以降低，从而降低功耗。其中，APB2 总线可以以最大 120MHz 频率运行，而 APB1 总线只能以最大 60MHz 频率运行。内核和 DMA 单元都可以成为总线上的主机，它们在同时申请连接 SRAM、APB1 或 APB2 时会发生仲裁事件，如图 1-2 所示。

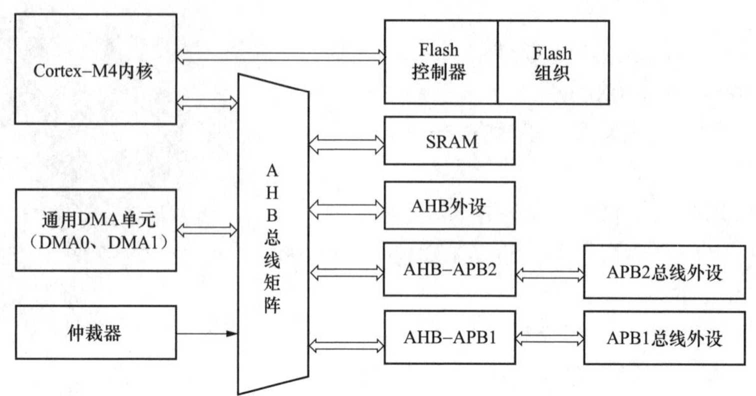

图 1-2　GD32F303ZGT6 微控制器内部结构

GD32F303ZGT6 微控制器的内部 32 位多层总线矩阵结构互联关系如表 1-1 所示。

表 1-1　　AHB 互联矩阵的互联关系列表

	IBUS	DBUS	SBUS	DMA0	DMA1
FMC-I	•				
FMC-D		•		•	•
SRAM	•	•	•	•	•
EXMC	•	•	•	•	•
AHB			•	•	•
APB1			•	•	•
APB2			•	•	•

• 表示相应的主机可以通过 AHB 互联矩阵访问对应的从机，空白的单元格表示主机不可以通过 AHB 互联矩阵访问对应的从机。

GD32F303ZGT6 微控制器内部通过 5 条主控总线（IBUS、DBUS、SBUS、DMA0、DMA1）和 7 条被控总线（FMC-I、FMC-D、SRAM、EXMC、AHB、APB1、APB2）组成的总线矩阵将 Cortex-M4 内核、存储器及片上外设连在一起。

1. 5 条主控总线

（1）Cortex-M4 内核 I 总线（IBUS）、D 总线（DBUS）和 S 总线（SBUS）。

I 总线（IBUS）。此总线用于将 Cortex-M4 内核的指令总线连接到总线矩阵。内核通过此总线获取指令。此总线访问的对象是包含代码的存储器（内部 Flash/SRAM 或通过 FMC 的外部存储器）。

D 总线（DBUS）。此总线用于 Cortex-M4 内核的数据总线连接到总线矩阵。内核通过此总线进行立即数加载和调试访问。此总线访问的对象是包含代码或数据的存储器（内部 Flash 或通过 FMC 的外部存储器）。

S 总线（SBUS）。此总线用于将 Cortex-M4 内核的系统总线连接到总线矩阵。此总线用于访问位于外设或 SRAM 中的数据。也可通过此总线获取指令。此总线访问的对象是内部 SRAM、包括 APB 外设在内的 AHB1 外设，以及通过 FMC 控制器的外部存储器。

（2）DMA0 存储器总线和 DMA1 存储器总线。

DMA 存储器总线。用于将 DMA 存储器总线主接口连接到总线矩阵。DMA 通过此总线来执行存储器数据的传入和传出。此总线访问的对象是内部 SRAM 以及通过 FMC 控制器的外部存储器。

DMA 外设总线。此总线用于将 DMA 外设总线连接到总线矩阵。DMA 通过此总线访问 AHB 外设或存储器间的数据传输。此总线访问的对象是 AHB 和 APB 外设以及数据存储器（内部 SRAM 以及通过 FMC 控制器的外部存储器）。

2. 7 条被控总线

（1）内部 Flash I 总线。

（2）内部 Flash D 总线。

（3）主要内部 SRAM 总线。

（4）EXMC 总线。

（5）AHB 外设。

（6）APB1 外设。

（7）APB2 外设。

在总线矩阵的互联下，将芯片内部的所有设备连接在一起，形成如图 1-3 所示的芯片内部构造结构图。

1.2.3　GD32F303ZGT6 微控制器引脚和功能

GD32F303ZGT6 微控制器是一款具有 LQFP144 封装的引脚芯片，这些引脚类型的主要功能包括：

（1）电源引脚。VBAT、VDD、VSS、VDDA、VSSA、VREF+、VREF-等。

（2）晶振 I/O 引脚。主晶振 OSCIN 和 OSCOUT I/O 的引脚，RTC 晶振 OSC32_IN 和 OSC32_OUT 的 I/O 引脚。

（3）下载 I/O 引脚。用于 JTAG 下载的 I/O 引脚：JTMS、JTCK、JTDI、JTDO、nJTRST 等。

（4）BOOT0 I/O 引脚。用于设置系统的启动方式。

（5）复位 I/O 引脚。用于外部复位。

（6）GPIO 引脚。引脚除了用作普通的 GPIO 引脚功能之外，还具有一些外设的专用功能引脚（复用功能引脚）用于专用器件的总线接口引脚连接。

具体的芯片引脚示意图如图 1-4 所示。

在图 1-4 中，大部分 GPIO 引脚除了具体基本的 I/O 功能之外，还具有片上外设复用功能的输入/输出。具体的引脚复用功能见表 1-2。

1.2.4　电源系统

GD32F303ZGT6 微控制器的工作电压（VDD）范围为 1.8～3.6V。芯片内部内嵌线性调压器用于提供内部 1.2V 数字电源。当主电源 VDD 断电时，可通过 VBAT 引脚为实时时钟（RTC）、RTC 备份寄存器和备份 SRAM（BKP SRAM）供电。电源系统主要分为备份电路、ADC 电路及调压器主供电电路三部分。GD32F303ZGT6 微控制器内部电源系统结构图如

图 1-5 所示。

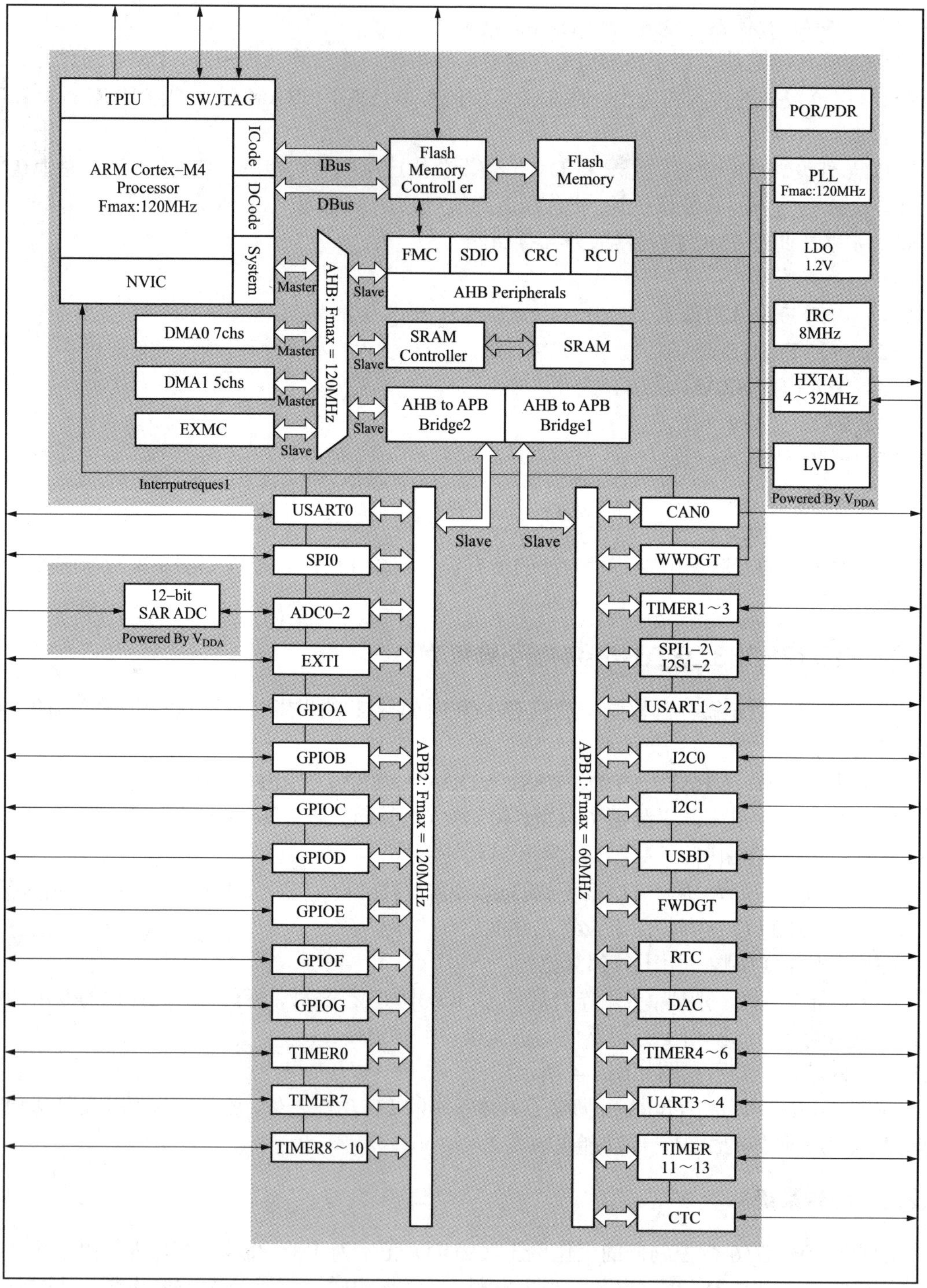

图 1-3　GD32F303ZGT6 微控制器的内部构造结构图

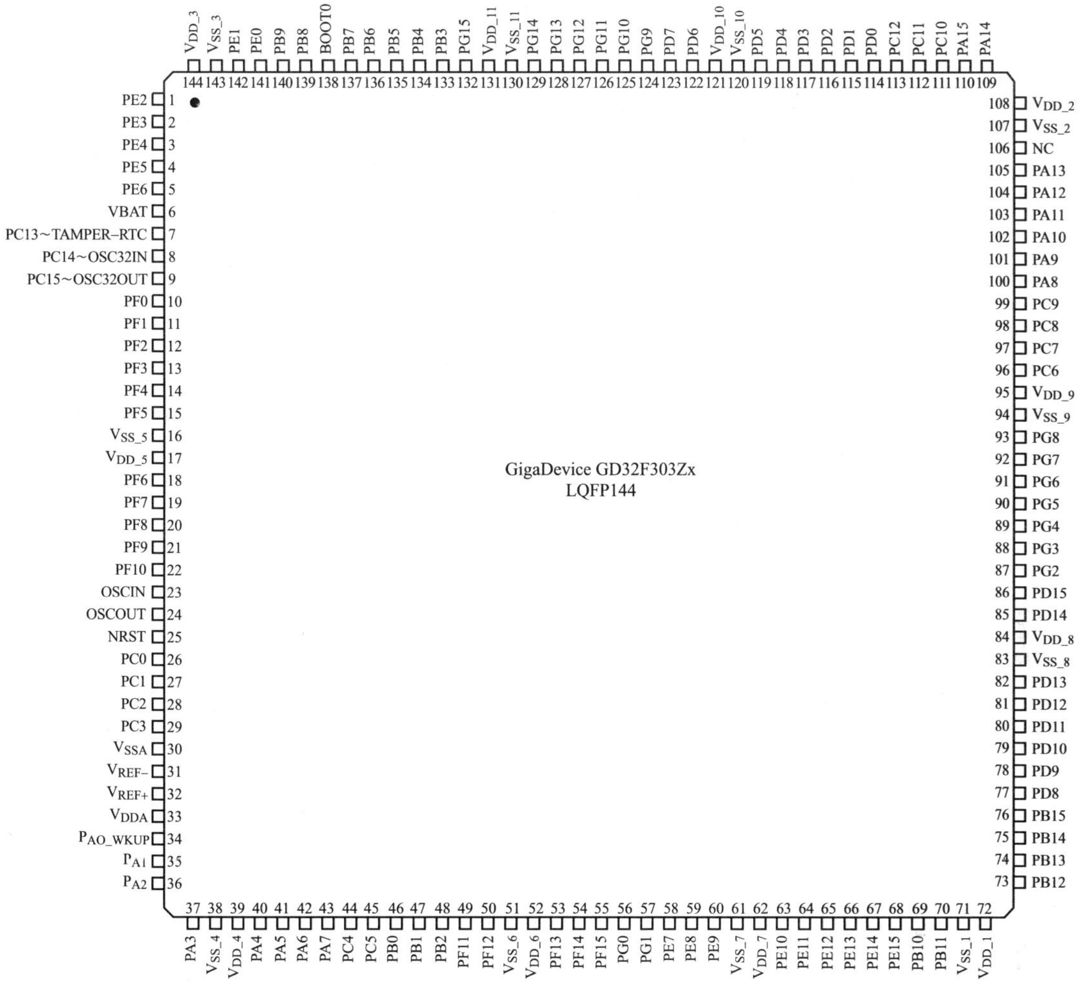

144 VDD_3 | 143 VSS_3 | 142 PE1 | 141 PE0 | 140 PB9 | 139 PB8 | 138 BOOT0 | 137 PB7 | 136 PB6 | 135 PB5 | 134 PB4 | 133 PB3 | 132 PG15 | 131 VDD_11 | 130 VSS_11 | 129 PG14 | 128 PG13 | 127 PG12 | 126 PG11 | 125 PG10 | 124 PG9 | 123 PD7 | 122 PD6 | 121 VDD_10 | 120 VSS_10 | 119 PD5 | 118 PD4 | 117 PD3 | 116 PD2 | 115 PD1 | 114 PD0 | 113 PC12 | 112 PC11 | 111 PC10 | 110 PA15 | 109 PA14

PE2 1 | PE3 2 | PE4 3 | PE5 4 | PE6 5 | VBAT 6 | PC13~TAMPER-RTC 7 | PC14~OSC32IN 8 | PC15~OSC32OUT 9 | PF0 10 | PF1 11 | PF2 12 | PF3 13 | PF4 14 | PF5 15 | VSS_5 16 | VDD_5 17 | PF6 18 | PF7 19 | PF8 20 | PF9 21 | PF10 22 | OSCIN 23 | OSCOUT 24 | NRST 25 | PC0 26 | PC1 27 | PC2 28 | PC3 29 | VSSA 30 | VREF- 31 | VREF+ 32 | VDDA 33 | PAO_WKUP 34 | PA1 35 | PA2 36

108 VDD_2 | 107 VSS_2 | 106 NC | 105 PA13 | 104 PA12 | 103 PA11 | 102 PA10 | 101 PA9 | 100 PA8 | 99 PC9 | 98 PC8 | 97 PC7 | 96 PC6 | 95 VDD_9 | 94 VSS_9 | 93 PG8 | 92 PG7 | 91 PG6 | 90 PG5 | 89 PG4 | 88 PG3 | 87 PG2 | 86 PD15 | 85 PD14 | 84 VDD_8 | 83 VSS_8 | 82 PD13 | 81 PD12 | 80 PD11 | 79 PD10 | 78 PD9 | 77 PD8 | 76 PB15 | 75 PB14 | 74 PB13 | 73 PB12

GigaDevice GD32F303Zx
LQFP144

37 PA3 | 38 VSS_4 | 39 VDD_4 | 40 PA4 | 41 PA5 | 42 PA6 | 43 PA7 | 44 PC4 | 45 PC5 | 46 PB0 | 47 PB1 | 48 PB2 | 49 PF11 | 50 PF12 | 51 VSS_6 | 52 VDD_6 | 53 PF13 | 54 PF14 | 55 PF15 | 56 PG0 | 57 PG1 | 58 PE7 | 59 PE8 | 60 PE9 | 61 VSS_7 | 62 VDD_7 | 63 PE10 | 64 PE11 | 65 PE12 | 66 PE13 | 67 PE14 | 68 PE15 | 69 PB10 | 70 PB11 | 71 VSS_1 | 72 VDD_1

图 1-4　GD32F303ZGT6 芯片引脚示意图

表 1-2　　GD32F303ZGT6 微控制器的引脚功能说明

引脚名称	引脚号	引脚类型	I/O 耐压	默认功能	复用功能	映射功能
PE2	1	I/O	5VT	PE2	TRACECK/EXMC_A23	
PE3	2	I/O	5VT	PE3	TRACED0/EXMC_A19	
PE4	3	I/O	5VT	PE4	TRACED1/EXMC_A20	
PE5	4	I/O	5VT	PE5	TRACED2/EXMC_A21	TIMER8_CH0
PE6	5	I/O	5VT	PE6	TRACED3/EXMC_A22	TIMER8_CH1
VBAT	6	P		VBAT		
PC13	7	I/O		PC13	TAMPER_RTC	
PC14	8	I/O		PC14	OSC32IN	
PC15	9	I/O		PC15	OSC32OUT	
PF0	10	I/O	5VT	PF0	EXMC_A0	CTC_SYNC
PF1	11	I/O	5VT	PF1	EXMC_A1	

续表

引脚名称	引脚号	引脚类型	I/O 耐压	默认功能	复用功能	映射功能
PF2	12	I/O	5VT	PF2	EXMC_A2	
PF3	13	I/O	5VT	PF3	EXMC_A3	
PF4	14	I/O	5VT	PF4	EXMC_A4	
PF5	15	I/O	5VT	PF5	EXMC_A5	
VSS_5	16	P		VSS_5		
VDD_5	17	P		VDD_5		
PF6	18	I/O		PF6	ADC2_IN4/EXMC_NORD	TIMER9_CH0
PF7	19	I/O		PF7	ADC2_IN5/EXMC_NREG	TIMER10_CH0
PF8	20	I/O		PF8	ADC2_IN6/EXMC_NIOWR	TIMER12_CH0
PF9	21	I/O		PF9	ADC2_IN7/EXMC_CD	TIMER13_CH0
PF10	22	I/O		PF10	ADC2_IN8/EXMC_INTR	
OSCIN	23	I		OSCIN		PD0
OSCOUT	24	O		OSCOUT		PD1
NRST	25	I/O		NRST		
PC0	26	I/O		PC0	ADC012_IN10	
PC1	27	I/O		PC1	ADC012_IN11	
PC2	28	I/O		PC2	ADC012_IN12	
PC3	29	I/O		PC3	ADC012_IN13	
VSSA	30	P		VSSA		
VREF–	31	P		VREF-		
VREF+	32	P		VREF+		
VDDA	33	P		VDDA		
PA0	34	I/O		PA0	WKUP/USART1_CTS/ADC012_IN0/TIMER1_CH0/TIMER1_ETI/TIMER4_CH0/TIMER7_ETI	
PA1	35	I/O		PA1	USART1_RTS/ADC012_IN1/TIMER1_CH1/TIMER4_CH1	
PA2	36	I/O		PA2	USART1_TX/ADC012_IN2/TIMER1_CH2/TIMER4_CH2/TIMER8_CH0/SPI0_IO2	
PA3	37	I/O		PA3	USART1_RX/ADC012_IN3/TIMER1_CH3/TIMER4_CH3/TIMER8_CH1/SPI0_IO3	
VSS_4	38	P		VSS_4		
VDD_4	39	P		VDD_4		
PA4	40	I/O		PA4	SPI0_NSS/USART1_CK/ADC01_IN4/DAC_OUT0	SPI2_NSS/I2S2_WS
PA5	41	I/O		PA5	SPI0_SCK/ADC01_IN5/ADC_OUT1	
PA6	42	I/O		PA6	SPI0_MISO/ADC01_IN6/TIMER2_CH0/TIMER7_BRKIN/TIMER12_CH0	TIMER0_BRKIN

续表

引脚名称	引脚号	引脚类型	I/O 耐压	默认功能	复用功能	映射功能
PA7	43	I/O		PA7	SPI0_MOSI/ADC01_IN7/TIMER2_CH1/TIMER7_CH0_ON/TIMER13_CH0	TIMER0_CH0_ON
PC4	44	I/O		PC4	ADC01_IN14	
PC5	45	I/O		PC5	ADC01_IN15	
PB0	46	I/O		PB0	ADC01_IN8/TIMER2_CH2/TIMER7_CH1_ON	TIMER0_CH1_ON
PB1	47	I/O		PB1	ADC01_IN9/TIMER2_CH3/TIMER7_CH2_ON	TIMER0_CH2_ON
PB2	48	I/O	5VT	PB2/BOOT1		
PF11	49	I/O	5VT	PF11	EXMC_NIOS16	
PF12	50	I/O	5VT	PF12	EXMC_A6	
VSS_6	51	P		VSS_6		
VDD_6	52	P		VDD_6		
PF13	53	I/O	5VT	PF13	EXMC_A7	
PF14	54	I/O	5VT	PF14	EXMC_A8	
PF15	55	I/O	5VT	PF15	EXMC_A9	
PG0	56	I/O	5VT	PG0	EXMC_A10	
PG1	57	I/O	5VT	PG1	EXMC_A11	
PE7	58	I/O	5VT	PE7	EXMC_D4	TIMER0_ETI
PE8	59	I/O	5VT	PE8	EXMC_D5	TIMER0_CH0_ON
PE9	60	I/O	5VT	PE9	EXMC_D6	TIMER0_CH0
VSS_7	61	P		VSS_7		
VDD_7	62	P		VDD_7		
PE10	63	I/O	5VT	PE10	EXMC_D7	TIMER0_CH1_ON
PE11	64	I/O	5VT	PE11	EXMC_D8	TIMER0_CH1
PE12	65	I/O	5VT	PE12	EXMC_D9	TIMER0_CH2_ON
PE13	66	I/O	5VT	PE13	EXMC_D10	TIMER0_CH2
PE14	67	I/O	5VT	PE14	EXMC_D11	TIMER0_CH3
PE15	68	I/O	5VT	PE15	EXMC_D12	TIMER0_BRKIN
PB10	69	I/O	5VT	PB10	I2C1_SCL/USART2_TX	TIMER1_CH2
PB11	70	I/O	5VT	PB11	I2C1_SDA/USART2_RX	TIMER1_CH3
VSS_1	71	P		VSS_1		
VDD_1	72	P		VDD_1		
PB12	73	I/O	5VT	PB12	SPI1_NSS/I2C1_SMBA/USART2_CK/TIMER0_BRKIN/I2S1_WS	
PB13	74	I/O	5VT	PB13	SPI1_SCK/USART2_CTS/TIMER0_CH0_ON/I21_CK	
PB14	75	I/O	5VT	PB14	SPI1_MISO/USART2_RTS/TIMER0_CH1_ON/TIMER11_CH0	

续表

引脚名称	引脚号	引脚类型	I/O 耐压	默认功能	复用功能	映射功能
PB15	76	I/O	5VT	PB15	SPI1_MOSI/TIMER0_CH2_ON/I2S1_SD/TIMER11_CH1	
PD8	77	I/O	5VT	PD8	EXMC_D13	USART2_TX
PD9	78	I/O	5VT	PD9	EXMC_D14	USART2_RX
PD10	79	I/O	5VT	PD10	EXMC_D15	USART2_CK
PD11	80	I/O	5VT	PD11	EXMC_A16	USART2_CTS
PD12	81	I/O	5VT	PD12	EXMC_A17	TIMER3_CH0/USART2_RTS
PD13	82	I/O	5VT	PD13	EXMC_A18	TIMER3_CH1
VSS_8	83	P		VSS_8		
VDD_8	84	P		VDD_8		
PD14	85	I/O	5VT	PD14	EXMC_D0	TIMER3_CH2
PD15	86	I/O	5VT	PD15	EXMC_D1	TIMER3_CH3/CTC_SYNC
PG2	87	I/O	5VT	PG2	EXMC_A12	
PG3	88	I/O	5VT	PG3	EXMC_A13	
PG4	89	I/O	5VT	PG4	EXMC_A14	
PG5	90	I/O	5VT	PG5	EXMC_A15	
PG6	91	I/O	5VT	PG6	EXMC_INT1	
PG7	92	I/O	5VT	PG7	EXMC_INT2	
PG8	93	I/O	5VT	PG8		
VSS_9	94	P		VSS_9		
VDD_9	95	P		VDD_9		
PC6	96	I/O	5VT	PC6	I2S1_MCK/TIMER7_CH0/SDIO_D6	TIMER2_CH0
PC7	97	I/O	5VT	PC7	I2S2_MCK/TIMER7_CH1/SDIO_D7	TIMER2_CH1
PC8	98	I/O	5VT	PC8	TIMER7_CH2/SDIO_D0	TIMER2_CH2
PC9	99	I/O	5VT	PC9	TIMER7_CH3/SDIO_D1	TIMER2_CH3
PA8	100	I/O	5VT	PA8	USART0_CK/TIMER0_CH0/CK_OUT0/CTC_SYNC	
PA9	101	I/O	5VT	PA9	USART0_TX/TIMER0_CH1	
PA10	102	I/O	5VT	PA10	USART0_RX/TIMER0_CH2	
PA11	103	I/O	5VT	PA11	USART0_CTS/CAN0_RX/USBDM/TIMER0_CH3	
PA12	104	I/O	5VT	PA12	USART0_RTS/CAN0_TX/TIMER0_ETI/USBDP	
PA13	105	I/O	5VT	JTMS/SWDIO		PA13
NC	106			NC		
VSS_2	107	P		VSS_2		
VDD_2	108	P		VDD_2		
PA14	109	I/O	5VT	JTCK/SWCLK		PA14
PA15	110	I/O	5VT	JTDI	SPI2_NSS/I2S2_WS	TIMER1_CH0/TIMER1_ETI/PA15/SPI0_NSS

续表

引脚名称	引脚号	引脚类型	I/O 耐压	默认功能	复用功能	映射功能
PC10	111	I/O	5VT	PC10	USART3_TX/SDIO_D2	USART2_TX/SPI2_SCK/I2S2_CK
PC11	112	I/O	5VT	PC11	USART3_RX/SDIO_D3	USART2_RX/SPI2_MISO
PC12	113	I/O	5VT	PC12	UART4_TX/SDIO_CK	USART2_CK/SPI2_MOSI/I2S2_SD
PD0	114	I/O	5VT	PD0	EXMC_D2	CAN0_RX
PD1	115	I/O	5VT	PD1	EXMC_D3	CAN0_TX
PD2	116	I/O	5VT	PD2	TIMER2_ETI/SDIO_CMD/UART4_RX	
PD3	117	I/O	5VT	PD3	EXMC_CLK	USART1_CTS
PD4	118	I/O	5VT	PD4	EXMC_NOE	USART1_RTS
PD5	119	I/O	5VT	PD5	EXMC_NWE	USART1_TX
VSS_10	120	P		VSS_10		
VDD_10	121	P		VDD_10		
PD6	122	I/O	5VT	PD6	EXMC_NWAIT	USART1_RX
PD7	123	I/O	5VT	PD7	EXMC_NE0/EXMC_NCE1	USART1_CK
PG9	124	I/O	5VT	PG9	EXMC_NE1/EXMC_NCE2	
PG10	125	I/O	5VT	PG10	EXMC_NCE3_0/EXMC_NE2	
PG11	126	I/O	5VT	PG11	EXMC_NCE3_1	
PG12	127	I/O	5VT	PG12	EXMC_NE3	
PG13	128	I/O	5VT	PG13	EXMC_A24	
PG14	129	I/O	5VT	PG14	EXMC_A25	
VSS_11	130	P		VSS_11		
VDD_11	131	P		VDD_11		
PG15	132	I/O	5VT	PG15		
PB3	133	I/O	5VT	JTDO	SPI2_SCK/I2S2_CK	PB3/TRACESWO/TIMER1_CH1/SPI0_SCK
PB4	134	I/O	5VT	NJTRST	SPI2_MISO	TIMER2_CH0/PB4/SPI0_MISO
PB5	135	I/O		PB5	I2C0_SMBA/SPI2_MOSI/I2S2_SD	TIMER2_CH1/SPI0_MOSI
PB6	136	I/O	5VT	PB6	I2C0_SCL/TIMER3_CH0	USART0_TX/SPI0_IO2
PB7	137	I/O	5VT	PB7	I2C0_SDA/TIMER3_CH1/EXMC_NADV	USART0_RX/SPI0_IO3
BOOT0	138	I		BOOT0		
PB8	139	I/O	5VT	PB8	TIMER3_CH2/SDIO_D4/TIMER9_CH0	I2C0_SCL/CAN0_RX
PB9	140	I/O	5VT	PB9	TIMER3_CH3/SDIO_D5/TIMER10_CH0	I2C0_SDA/CAN0_TX
PE0	141	I/O	5VT	PE0	TIMER3_ETI/EXMC_NBL0	
PE1	142	I/O	5VT	PE1	EXMC_NBL1	
VSS_3	143	P		VSS_3		
VDD_3	144	P		VDD_3		

注　引脚类型：I 为输入，O 为输出，P 为电源；5VT 为引脚可容忍 5V 电压。

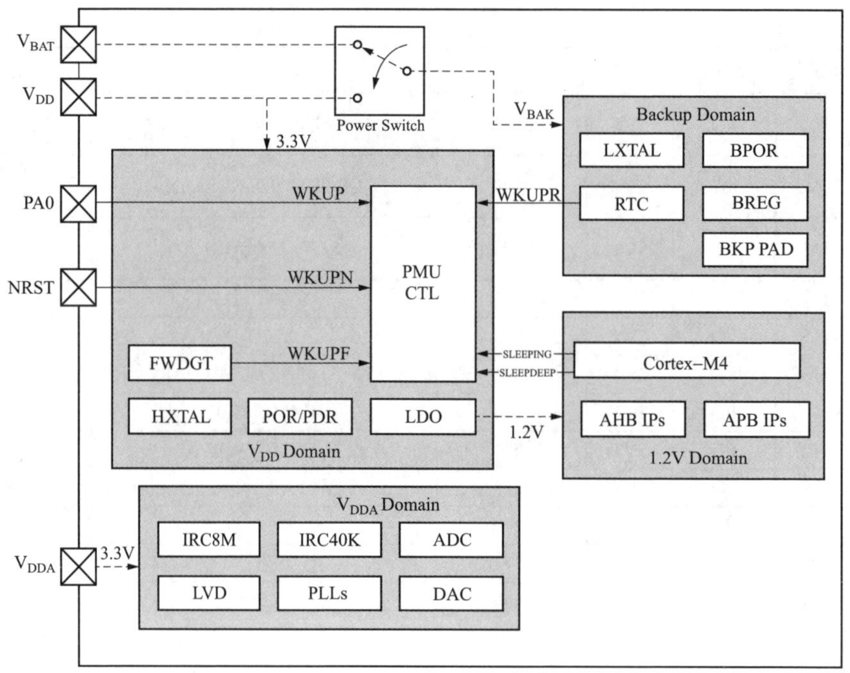

图 1-5　GD32F303ZGT6 电源系统结构示意图

1. 电池备份域

电池备份域由内部电源切换器来选择 VDD 供电或 VBAT（电池）供电，然后由 VBAK 为备份域供电，该备份域包含 RTC（实时时钟）、LXTAL（低速外部晶体振荡器）、BPOR（备份域上电复位）、BREG（备份寄存器），以及 PC13～PC15 共 3 个 BKP PAD。为了确保备份域中寄存器的内容及 RTC 正常工作，当 VDD 关闭时，VBAT 引脚可以连接至电池或其他等备份源供电。电源切换器是由 VDD/VDDA 域掉电复位电路控制的。对于没有外部电池的应用，建议将 VBAT 引脚通过 100nF 的外部陶瓷去耦电容连接到 VDD 引脚上。

备份域的复位源包括备份域上电复位和备份域软件复位。在 VBAK 没有完全上电前，BPOR 信号强制设备处于复位状态。

2. VDD/VDDA 电源域

VDD/VDDA 域包括 VDD 域和 VDDA 域两部分。VDD 域包括 HXTAL（高速外部晶体振荡器）、LDO（电压调节器）、POR/PDR（上电/掉电复位）、FWDGT（独立看门狗定时器）和除 PC13、PC14 和 PC15 之外的所有 PAD 等。VDDA 域包括 ADC/DAC（AD/DA 转换器）、IRC8M（内部 8M RC 振荡器）、IRC48M（内部 48M RC 振荡器）、IRC40K（内部 40kHz RC 振荡器）PLL（锁相环）和 LVD（低电压检测器）等。

（1）VDD 域。为 1.2V 域供电的 LDO（电压调节器），其复位后保持使能。可以被配置为三种不同的工作状态：包括睡眠模式（全供电状态）、深度睡眠模式（全供电或低功耗状态）和待机模式（关闭状态）。

POR/PDR（上电/掉电复位）电路检测 VDD/VDDA 并在电压低于特定阈值时产生电源复位信号复位除备份域之外的整个芯片。上电/掉电复位波形图如图 1-6 所示，VPOR 表示上电复位的阈值电压，典型值约为 2.40V，VPDR 表示掉电复位的阈值电压，典型值约为 1.8V。

迟滞电压 Vhyst 值约为 600mV。

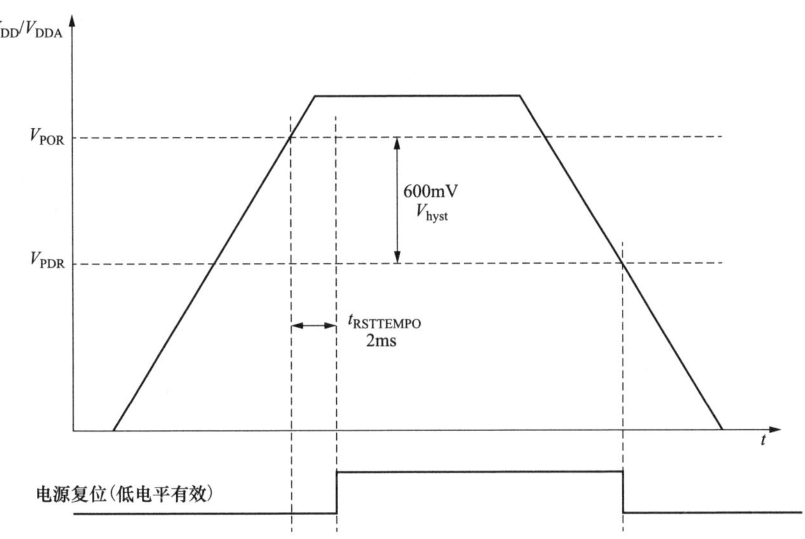

图 1-6　上电/掉电复位波形图

（2）VDDA 域。LVD 的功能是检测 VDD/VDDA 供电电压是否低于低电压检测阈值，该阈值由电源控制寄存器（PMU_CTL）中的 LVDT［2:0］位进行配置。LVD 通过 LVDEN 置位使能，位于电源状态寄存器（PMU_CS）中的 LVDF 位表示低电压事件是否出现，该事件连接至 EXTI 的第 16 线，用户可以通过配置 EXTI 的第 16 线产生相应的中断。LVD 阈值波形图如图 1-7 所示，迟滞电压 Vhyst 值为 100mV。

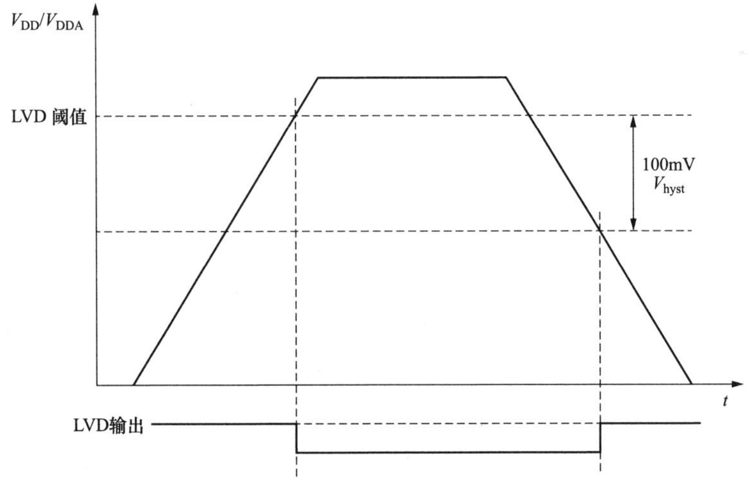

图 1-7　LVD 阈值波形图

一般来说，数字电路由 VDD 供电，而大多数的模拟电路由 VDDA 供电。为了提高 ADC 和 DAC 的转换精度，为 VDDA 独立供电可使模拟电路达到更好的特性。为避免噪声，VDDA 通过外部滤波电路连接至 VDD，相应的 VSSA 通过特定电路连接至 VSS。否则，如果 VDDA 和 VDD 不同时，VDDA 需高于 VDD，但压差不超过 0.3V。

为提高 ADC 和 DAC 的精度，可将独立的外部参考电压连接至 ADC/DAC 引脚 VREF+/VREF-。根据不同的封装，VREF+可被连接至 VDDA 引脚，或者外部参考电压，外部参考电压的范围是：$2.6V \leqslant V_{REF+} \leqslant V_{DDA}$，$V_{REF-} = V_{SSA}$。

3. 1.2V 电源域

1.2V 电源域为 Cortex-M4 内核逻辑、AHB/APB 外设、备份域和 VDD/VDDA 域的 APB 接口等供电。当 1.2V 电压上电后，POR 将在 1.2V 域中产生一个复位序列，复位完成后，如果要进入指定的省电模式，须先配置相关的控制位，之后一旦执行 WFI 或 WFE 指令，设备便进入该省电模式。

1.3 GD32F303ZGT6 微控制器基本电路

GD32F303ZGT6 微控制器最小系统主要包括：

（1）电源电路。

（2）复位电路。

（3）时钟源。

（4）下载电路。

（5）启动配置电路。

1.3.1 电源电路

电源电路为微控制器提供工作电源，对电路能否正常工作起着十分重要的作用。当前大多数微控制器芯片主要采用 5V 和 3.3V 两种电压，例如 8051 微控制器有用 5V 电压，GD32F 系列微控制器采用 3.3V 电压供电。除电压大小因素外，还需要考虑电流，即需要有足够的功率满足微控制器芯片的工作。

以 GD32F303ZGT6 微控制器为例，芯片电源主要分为以下几类：

1. 数字电路电源（主电源）VDD 和 VSS

数字电路电源范围是 2.0～3.6V，一般选用 3.3V，这个电源还应满足系统最大功率要求，在嵌入式微控制器最小系统中，大部分情况下电路工作需要 300mA 电流，因此至少需要 3.3V/300mA 的电源。

GD32F303ZGT6 经常使用 3.3V 电源稳压电路如图 1-8 所示。

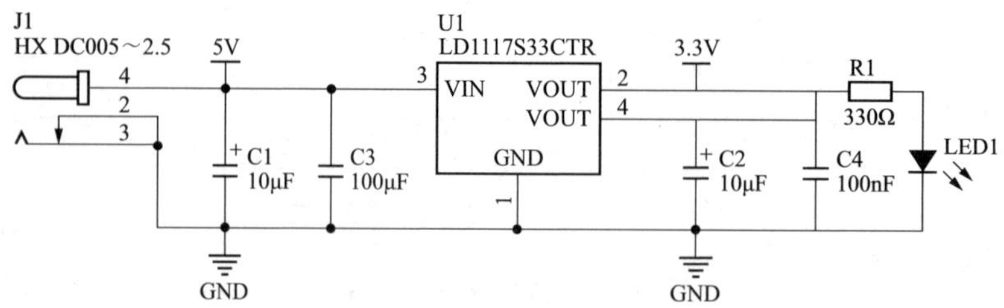

图 1-8　3.3V 电源稳压电路图

在图 1-8 中，使用 LD1117S33CTR 电源稳压芯片，此芯片是将从 J1 端输入的 4～15V 范围内的直流电压通过 U_1（LD1117S33CTR）降压稳压到 3.3V 输出电压、最大输出电流可达 800mA。图 1-8 中的电容 C1～C4 主要是对电源进行滤波。LED1 为电源亮指示灯。

2. 备用电源 VBAT

备用电源 VBAT 在主电源失效后起作用，为实时时钟 RTC、备份寄存器以及晶振电路提供不间断电源，在备份电源的支持下保持数据不丢失。如果 GD32F303ZGT6 最小系统不使用备份电源，则 VBAT 引脚必须连接到 VDD。

3. 模拟电路电源 VDDA 和 VSSA

为了提高转换精度，模拟电路使用一个独立的电源供电，过滤和屏蔽来自电路板的其他干扰。VDDA 的电压范围在 2.0～3.6V 范围内，为 ADC、复位模块、内部 RC 振荡器和 PLL 的模拟部分供电。对于 GD32F303ZGT6 微控制器来说，ADC 和 DAC 模块有独立的参考电压引脚 VREF+和 VREF-，则 VREF-可连接 VSSA，VREF+连接 2.4V～VDDA。一般情况下，VDDA 的电压与 VDD 相同。

为了减少电路对模拟部分的干扰，模拟和数字电源常常被隔离开，具体的隔离电路如图 1-9 所示。

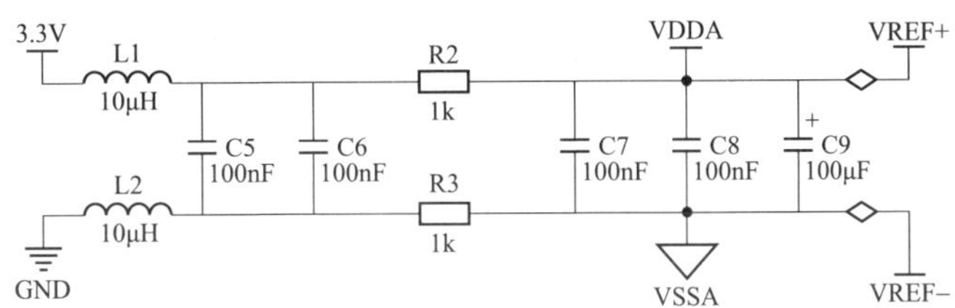

图 1-9　模拟电源与数字电源连接电路图

1.3.2　复位电路

GD32F303ZGT6 微控制器支持 3 种复位形式：系统复位、电源复位和备份区域复位。电源复位又称为冷复位，其复位除了备份域之外的所有系统。系统复位将复位除了 SW-DP 控制器和备份域之外的其余部分，包括处理器内核和外设 IP。备份域复位将复位备份区域。复位能够被外部信号、内部事件和复位发生器触发。

1. 电源复位

当发生以下任一事件时，产生电源复位：

（1）上电/掉电复位（POR/PDR 复位）。

（2）从待机模式中返回后由内部复位发生器产生。

电源复位除了备份域之外的所有的寄存器。电源复位为低电平有效，当内部 LDO 电源基准准备好并提供 1.2V 电压时，电源复位电平将变为无效。复位入口向量被固定在存储器映射的地址 0x00000004。

一般外部利用按键、上拉电阻和下拉电容构成一个 RC 充放电电路连接到 GD32F303ZGT6 微控制器的 NRST 引脚实现上电复位。上电复位电路如图 1-10 所示。

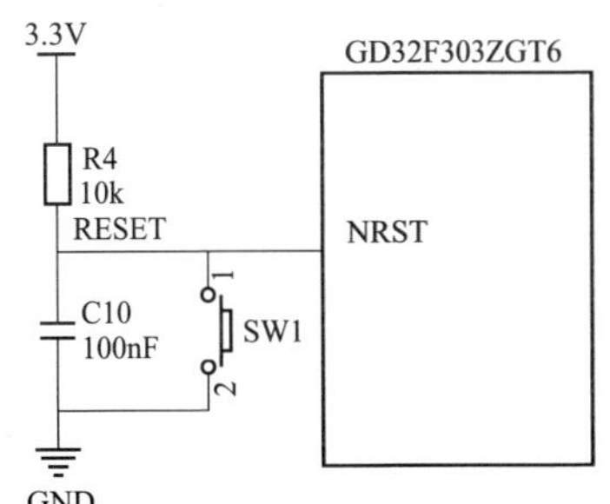

图 1-10　外部上电复位电路图

2. 系统复位

当发生以下任一事件时，产生一个系统复位：

（1）上电复位（POWER_RSTn）。

（2）外部引脚复位（NRST）。

（3）窗口看门狗计数终止（WWDGT_RSTn）。

（4）独立看门狗计数终止（FWDGT_RSTn）。

（5）Cortex-M4 的中断应用和复位控制寄存器中的位 SYSRESETREQ 置 1（SW_RSTn）。

（6）用户选择字节寄存器 nRST_STDBY 设置为 0，并且进入待机模式时将产生复位（OB_STDBY_RSTn）。

（7）BANK0 区的地址为 0x1FFFF802 的用户选择字节寄存器（USER）中的 nRST_DPSLP 位被清 0，并且进入深度睡眠模式时（OB_DPSLP_RSTn）。

系统复位将复位除了 SW-DP 控制器和备份域之外的其余部分，包括处理器内核和外设 IP。系统复位脉冲发生器保证每一个复位源（外部或内部）都能有至少 20μs 的低电平脉冲延时。如图 1-11 所示。

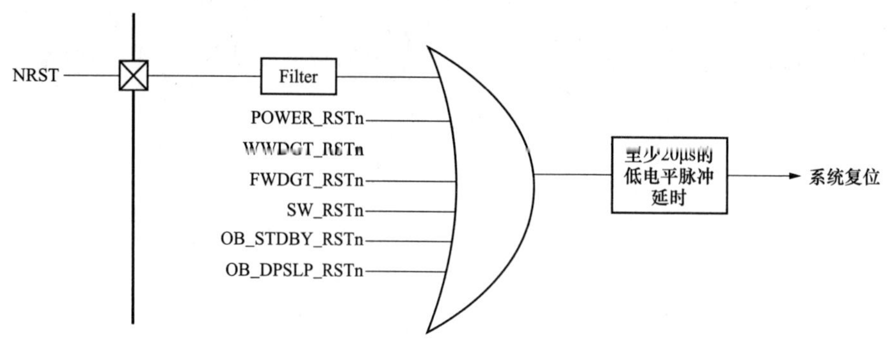

图 1-11　系统复位内部结构示意图

3. 备份域复位

以下事件之一发生时，产生备份域复位：

（1）设置备份域控制寄存器（RCU-BDCTL）中的 BKPRST 位为 1。

（2）备份域电源上电复位（在 VDD 和 VBAT 两者都掉电的前提下，VDD 或 VBAT 上电）。

1.3.3 时钟源

GD32F303ZGT6 微控制器既可以外接晶体振荡器作为时钟源，也可以使用内部自带的 RC 振荡器作为时钟源，但内部 RC 振荡器比外部晶体振荡器来说不够准确，同时也不够稳定，所以在条件允许的情况下，应尽量使用外部时钟源。

GD32F303ZGT6 微控制器的时钟源包括：

（1）内部 8M RC 振荡器时钟（IRC8M）。

（2）内部 48M RC 振荡器时钟（IRC48M）。

（3）外部高速晶体振荡器时钟（HXTAL）。

（4）内部 40K RC 振荡器时钟（IRC40K）。

（5）外部低速晶体振荡器时钟（LXTAL）。

（6）锁相环（PLL）。

1. 外部高速晶体振荡器时钟（HXTAL）

晶体振荡器可以选择 4～32MHz 的外部振荡器为系统时钟提供更为精确时钟源。外部时钟源主要作为 GD32F303ZGT6 微控制器和外设的驱动时钟，一般称为高速外部晶体振荡器（HXTAL）。用户提供的外部时钟，频率最高可达 32MHz，连接到芯片的 OSC_IN 引脚，波形可以是 50%左右占空比的方波、正弦波或三角波。

如图 1-12 所示，X1 为 8MHz 的无源晶振，C11 和 C12 为负载电容，起到稳定频率作用。

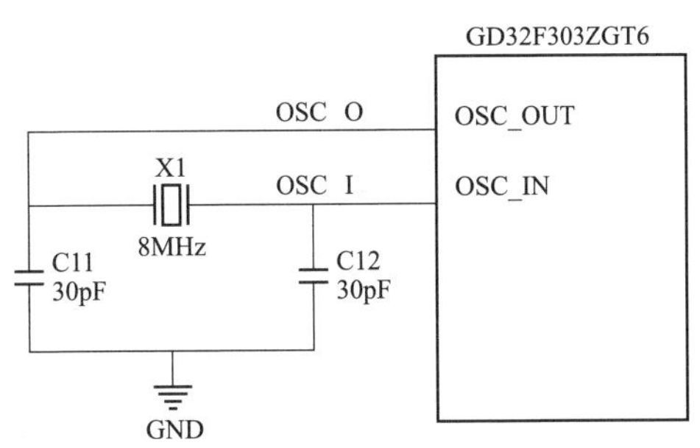

图 1-12 外部高速晶振时钟电路

若要正确使用外部高速时钟电路，需要通过软件设置时钟控制寄存器（RCU_CTL）中的 HXTALEN 位来启动或关闭，在时钟控制寄存器（RCU_CTL）中的 HXTALSTB 位用来指示外部高速振荡器是否已稳定。在启动时，直到该位被硬件置 1，时钟才被释放出来，这个特定的延迟时间被称为振荡器的启动时间。当 HXTAL 时钟稳定后，如果在时钟中断寄存器（RCU_INT）中的相应中断使能位 HXTALSTBIE 位被置 1，将会产生相应中断。此时，HXTAL 时钟可以被直接用作系统时钟源或者 PLL 输入时钟。

如果需要使用外部有源时钟源，则需要通过软件将控制寄存器（RCU_CTL）中的 HXTALBPS 和 HXTALEN 位置 1，可以设置外部时钟旁路模式。外部输入时，信号接至 OSCIN，OSCOUT 保持悬空状态，此时，CK_HXTAL 等于驱动 OSCIN 引脚的外部时钟。

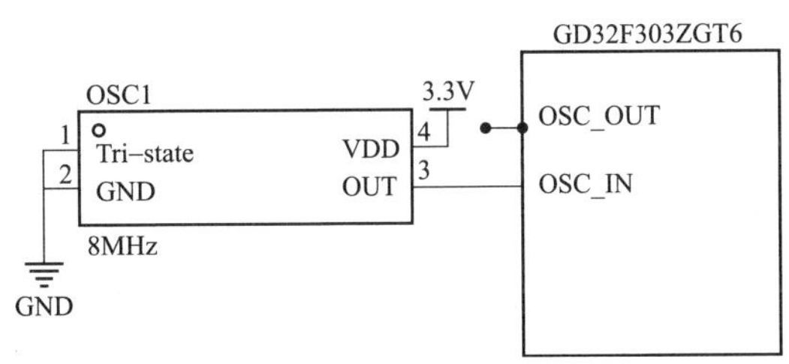

图 1-13 外部高速有源时钟电路图

如图 1-13 所示，以 GD32F303ZGT6 微控制器为例，OSC1 为 8MHz 的有源晶振，OUT 输出的时钟信号直接连接到 GD32F303ZGT6 的 OSC_IN 引脚，OSC_OUT 引脚悬空。

2. 内部 8M RC 振荡器时钟（IRC8M）

内部 8MHz RC 振荡器时钟，简称 IRC8M 时钟，拥有 8MHz 的固定频率，设备上电后 CPU 默认选择其作为系统时钟源。IRC8M RC 振荡器能够在不需要任何外部器件的条件下为用户提供更低成本类型的时钟源。IRC8M RC 振荡器可以通过设置时钟控制寄存器（RCU_CTL）中的 IRC8MEN 位来启动和关闭。时钟控制寄存器（RCU_CTL）中的 IRC8MSTB 位用来指示 IRC8M 内部 RC 振荡器是否稳定。IRC8M 振荡器的启动时间比 HXTAL 晶体振荡器要更短。如果时钟中断寄存器（RCU_INT）中的相应中断使能位 IRC8MSTBIE 被置 1，在 IRC8M 稳定以后，将产生一个中断。IRC8M 时钟也可用作系统时钟源或 PLL 输入时钟。工厂会校准 IRC8M 时钟频率的精度，但是它的精度仍然比 HXTAL 时钟要差。

3. 内部 48M RC 振荡器时钟（IRC48M）

内部 48MHz RC 振荡器时钟，简称 IRC48M 时钟，拥有 48MHz 的固定频率，当使用 USBD 模块时，IRC48M 振荡器在不需要任何外部器件的条件下为用户提供了一种成本更低的时钟源选择。IRC48M RC 振荡器可以通过设置附加时钟控制寄存器（RCU_ADDCTL）中的 IRC48MEN 位来启动和关闭。附加时钟控制寄存器（RCU_ADDCTL）中的 IRC48MSTB 位用来指示内部 48MHz RC 振荡器是否稳定。如果附加时钟控制寄存器（RCU_ADDINT）中的相应中断使能位 IRC48MSTBIE 被置 1，在 IRC48M 稳定以后，将产生一个中断。IRC48M 时钟可作为 USBD 的系统时钟。

工厂会校准 IRC48M 时钟频率的精度，但是它的精度仍然不够精准。因为 USB 模块需要的时钟频率必须满足 48MHz（500ppm）。CTC 单元提供了一种硬件自动执行动态调整的功能将 IRC48M 时钟调整到需要的频率。

4. 锁相环（PLL）

GD32F303ZGT6 微控制器内部有一个锁相环。PLL 为锁相环倍频输出，其时钟输入源可选择 IRC8M/2、HXTAL 或 HXTAL/2。倍频可以选择为 2～63 倍，但是其输出频率最大不得超过 120MHz。

若要使用锁相环作为系统时钟，则需要通过软件设置时钟控制寄存器（RCU_CTL）中的 PLLEN 位来启动和关闭。时钟控制寄存器（RCU_CTL）中的 PLLSTB 位用来指示 PLL 时钟是否稳定。如果时钟中断寄存器（RCU_INT）中的相应中断使能位 PLLSTBIE 被置 1，在 PLL 稳定以后，将产生一个中断。

5. 外部低速晶体振荡器时钟（LXTAL）

LXTAL 是一个频率为 32.768kHz 的外部低速晶体或陶瓷谐振器。它为实时时钟电路提供一个低功耗且高精准的时钟源。外部硬件电路的接法与高速外部晶体振荡器一样。

若要使用外部低速晶体振荡器时钟，则需要通过软件设置时钟备份域控制寄存器（RCU_BDCTL）中的 LXTALEN 位来启动和关闭。时钟备份域控制寄存器（RCU_BDCTL）中的 LXTALSTB 位用来指示 LXTAL 时钟是否稳定。如果时钟中断寄存器（RCU_INT）中的相应中断使能位 LXTALSTBIE 被置 1，在 LXTAL 稳定以后，将产生一个中断。

当需要采用外部有源低速晶体振荡器时，则需要通过软件将时钟备份域控制寄存器（RCU_ BDCTL）中的 LXTALBPS 和 LXTALEN 位置 1，可以选择外部时钟旁路模式。CK_LXTAL 与连到 OSC32IN 脚上外部时钟信号一致。

6. 内部 40K RC 振荡器时钟（IRC40K）

IRC40K 内部 RC 振荡器时钟担当一个低功耗时钟源的角色，不需要外部器件，它的时钟频率大约 40kHz，为独立看门狗和实时时钟（RTC）电路提供时钟。软件可以通过设置复位源/时钟寄存器（RCU_RSTSCK）中的 IRC40KEN 位来启动和关闭。复位源/时钟寄存器（RCU_RSTSCK）中的 IRC40KSTB 位用来指示 IRC40K 时钟是否已稳定。如果复位源/时钟寄存器（RCU_RSTSCK）中的相应中断使能位 IRC40KSTBIE 被置 1，在 IRC40K 稳定以后，将产生一个中断。

1.3.4 时钟树

GD32F303ZGT6 有完善的时钟管理模块，根据输入的内部和外部时钟源可以对芯片各种外设的时钟单元进行降频与倍频。整体的时钟树如图 1-14 所示。

在图 1-14 中，预分频器（Prescaler）可以配置 AHB、APB2 和 APB1 总线的时钟频率。AHB、APB2、APB1 总线的最高时钟频率分别为 120MHz、120MHz、60MHz。具体的时钟分配如下：

（1）RCU 通过 AHB 时钟（HCLK）的 8 分频后作为 Cortex 系统定时器（SysTick）的外部时钟。通过对 SysTick 控制和状态寄存器的设置，可选择 HCLK/8 或 AHB（HCLK）时钟作为 SysTick 时钟。

（2）ADC 时钟由 APB2 时钟经 2、4、6、8、12、16 分频或由 AHB 时钟经 5、6、10、20 分频获得，它们是通过设置时钟配置寄存器 0（RCU_CFG0）和时钟配置寄存器（RCU_CFG1）中的 ADCPSC 位来选择。

（3）SDIO，EXMC 的时钟由 CK_AHB 提供。

（4）TIMER 时钟由 CK_APB1 和 CK_APB2 时钟分频获得，如果 APBx（x=1，2）的分频系数不为 1，则 TIMER 时钟为 CK_APBx（x=1，2）的两倍。

（5）USBD 的时钟由 CK48M 时钟提供。通过配置附加时钟控制寄存器（RCU_ADDCTL）中的 CK48MSEL 及 PLL48MSEL 位可以选择 CK_PLL 时钟或 IRC48M 时钟做为 CK48M 的时钟源。

（6）CTC 时钟由 IRC48M 时钟提供，通过 CTC 单元，可以实现 IRC48M 时钟精度的自动调整。

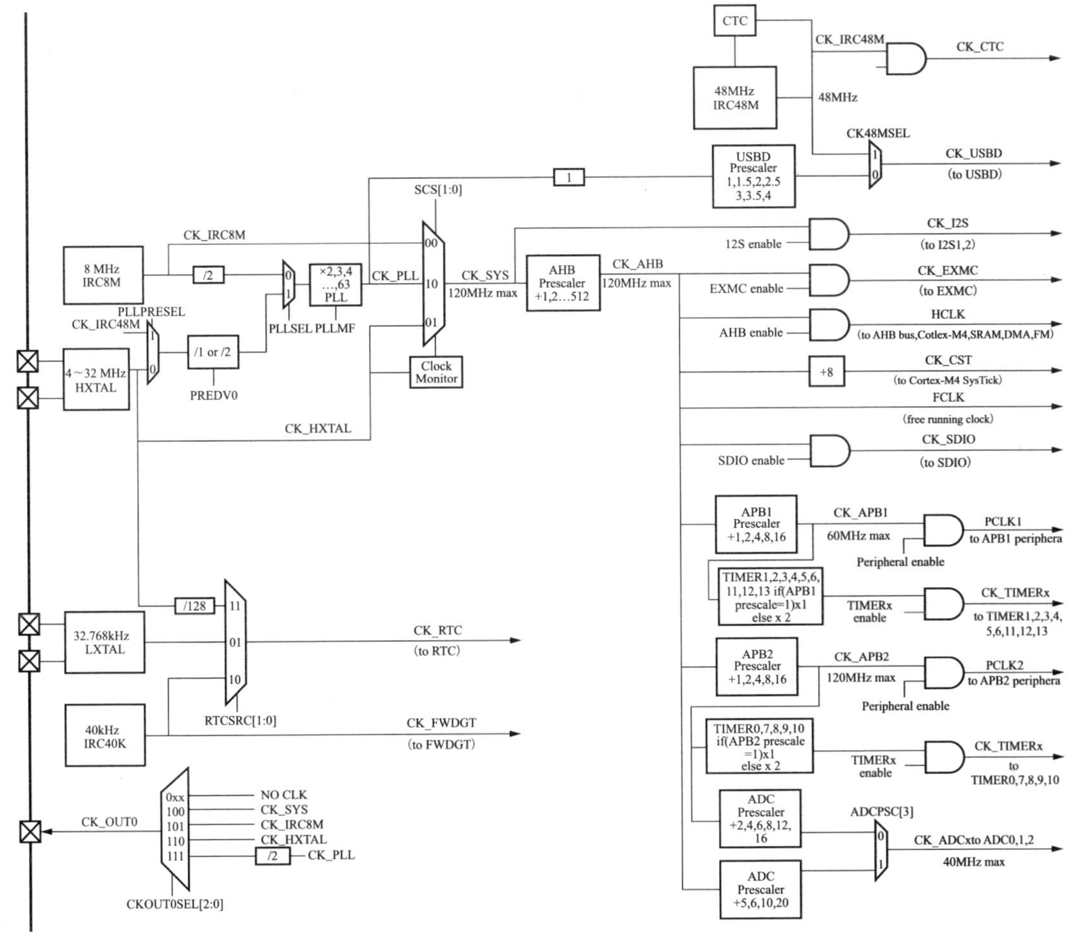

图 1-14　时钟树结构图

（7）I2S 的时钟由 CK_SYS 提供。

（8）通过配置时钟备份域控制寄存器（RCU_BDCTL）中的 RTCSRC 位，RTC 时钟可以选择由 LXTAL 时钟、IRC40K 时钟或 HXTAL 时钟的 128 分频提供。RTC 时钟选择 HXTAL 时钟的 128 分频作为时钟源后，当 1.2V 内核电压域掉电时，时钟将停止。RTC 时钟选择 IRC40K 时钟作为时钟源后，当 VDD 掉电时，时钟将停止。RTC 时钟选择 LXTAL 时钟作为时钟源后，当 VDD 和 VBAT 都掉电时，时钟将停止。

（9）当 FWDGT 启动时，FWDGT 时钟被强制选择由 IRC40K 时钟作为时钟源。

1.3.5　下载电路

GD32F303ZGT6 微控制器的下载调式系统支持两种接口标准：5 引脚的 JTAG 接口和 2

引脚的 SWD 接口，这两种接口需要牺牲 GPIO 引脚来供给调试器、仿真器使用。GD32F303ZGT6 微控制器复位后，CPU 会自动将这些引脚置于第 2 功能状态，此时调试接口可以使用。但如果用户希望使用这些引脚作为 GPIO 引脚，则需要在程序中将这些引脚设置为 GPIO 引脚。

JTAG 接口（Joint Test Action Group，联合测试工作组），这是一种国际标准测试协议（IEEE 1149.1 兼容），主要用于芯片内部测试。多数的高级器件都支持 JTAG 协议，如 DSP、FPGA 器件等。标准的 JTAG 接口是 4 线：TMS、TCK、TDI 和 TDO，分别为模式选择线、时钟线、数据输入线和数据输出线。

SWD 是一种串行调试接口，与 JTAG 相比，SWD 只要两根线，分别为：SWCLK 和 SWDIO。减少了对微控制器的 GPIO 引脚的占用，SWD 方式支持在线调试。

GD32F303ZGT6 将 5 引脚的 JTAG 接口和 2 引脚的 SWD 接口结合在一起。如表 1-3 所示。

表 1-3　JTAG 引脚连接说明

SWJ-DP 引脚名称	JTAG 接口		SWD 接口		引脚分配
	类型	描述	类型	描述	
JTMS/SWDIO	输入	JTAG 测试模式选择	输入/输出	输入/输出	PA13
JTCK/SWCLK	输入	JTAG 测试时钟	输入	串行线时钟	PA14
JTDI	输入	JTAG 测试数据输入			PA15
JTDO/TRACESWO	输出	JTAG 测试数据输出		异步跟踪	PB3
JNTRST	输入	JTAG 测试复位			PB4

JTAG IEEE 标准建议在 JTDI、JTMS 和 JNTRST 引脚上添加上拉电阻，但是对 JTCK 没有特别建议，一般接下拉电阻。JTAG 和 SWD 接口电路图如图 1-15 所示。

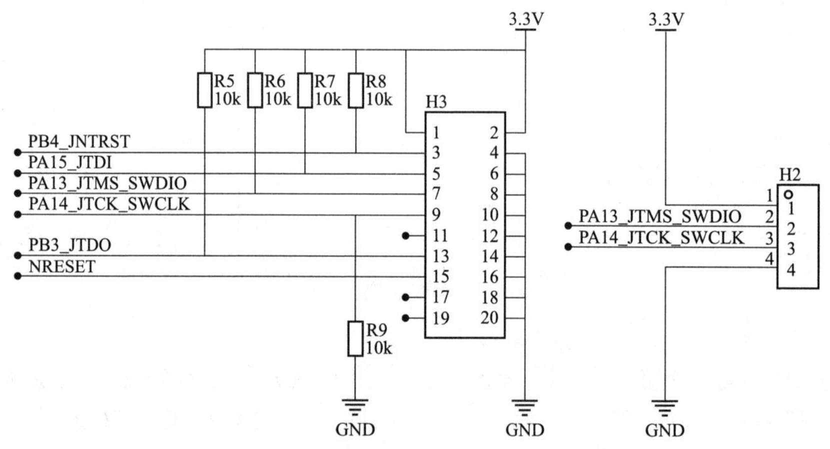

图 1-15　JTAG 和 SWD 调试接口电路图

同时，也可以从系统存储器启动，利用 GD 公司提供的 Bootloader 程序通过串口实现程序的下载功能。

1.3.6　启动配置电路

GD32F303ZGT6 微控制器提供了三种引导源，可以通过 BOOT0 和 BOOT1 引脚来进行选

择，引导模式如表 1-4 所示。该两个引脚的电平状态会在复位后的第四个 CK_SYS（系统时钟）的上升沿进行锁存。通过设置上电复位或系统复位后的 BOOT0 和 BOOT1 的引脚电平，用户可自行选择所需要的引导源。一旦这两个引脚电平被采样，它们可以被释放并用于其他用途。

上电复位或系统复位后，ARM Cortex-M4 处理器先从 0x0000 0000 地址获取栈顶值，再从 0x0000 0004 地址获得引导代码的基地址，然后从引导代码的基地址开始执行程序。

根据所选择的引导源，主 FLASH 存储器（开始于 0x0800 0000 的原始存储空间）或系统存储器（HD 系列开始于 0x1FFF F000 的原始存储空间，被映射到引导存储空间（起始于 0x0000 0000）。片上 SRAM 存储空间的起始地址是 0x2000 0000，当它被选择为引导源时，在应用初始化代码中，用户必须使用 NVIC 异常向量表和偏移寄存器来将向量表重定向到 SRAM 中。

嵌入的 Bootloader 存放在系统存储空间，用于对 FLASH 存储器进行重新编程。

表 1-4　　启动模式 BOOT0 和 BOOT1 引脚的配置表

启动模式选择引脚		引导源选择	说　明
BOOT1	BOOT0		
X	0	主 FLASH 存储器	FLASH 存储器启动是将程序下载到内置的 FLASH 里进行启动（该 FLASH 可运行程序），该程序可以掉电保存，下次开机可自动启动，这是正常的工作模式
0	1	引导装载程序	引导装载程序将用户程序写入一块特定的区域，一般由厂家直接写入，不能被随意更改或擦除，这种模式启动的程序功能由厂家设置
1	1	片上 SRAM	片上 SRAM 被选为启动区域，由于 SRAM 掉电数据丢失，不能保存程序，这种模式一般用于调试

GD32F303ZGT6 微控制器可以通过片上外设 USART0 的 PA9/TXD 和 PA10/RXD 引脚来引导程序更新 FLASH。一键下载程序功能的硬件电路图如图 1-16 所示。

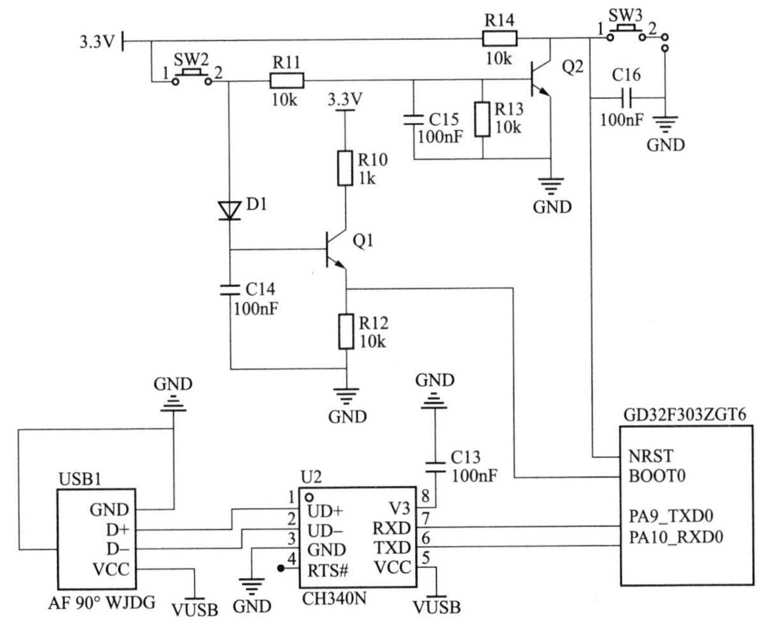

图 1-16　一键下载程序硬件电路图

在图 1-16 中，SW2 是一键下载程序按键，当按下该按键实现 Bootloader 装载程序运行，并通过 USART0 完成 FLASH 的程序更新。

图 1-16 中，R14、C16 和 SW3 构成常规复位电路，上电或者按下 SW3 时触发 GD32F303ZGT6 微控制器复位。正常状态下，三极管 Q1 处于截止状态，BOOT0 通过 R12（10K）电阻接地，GD32F303ZGT6 微控制器从片内 FLASH 启动。当按下 SW2 时，Q1 和 Q2 导通，触发 GD32F303ZGT6 微控制器复位，同时 BOOT0 引脚被 Q1 拉高，若此时松开 SW2，Q2 立即截止，GD32F303ZGT6 微控制器复位完成，由于 C14 的作用，Q1 会延时截止，此时 GD32F303ZGT6 微控制器就会从引导载入程序（Bootloader）处启动，就可以通过 USART0 进行 ISP 下载程序。

USB1 为 USB 接口，U2（CH340N）为 USB 转串口芯片，实现上位机软件通过 USB 转串口芯片下载程序。

1.4 GD32F303ZGT6 微控制器存储器映射和寄存器

1.4.1 存储器映射

存储器是指把程序存储器、数据存储器和寄存器等按照统一编址的方式，分配在 4GB 地址空间内，用地址来表示对象。地址绝大多数是由厂家规定好的，用户只能用不能改，用户只能在外部扩展 RAM 或 FLASH 的情况下，对存储空间进行自定义。

GD32F303ZGT6 微控制器的 4GB 可寻址的存储空间分为 8 个块，每个块为 512MB。具体的存储空间映射如图 1-17 所示。

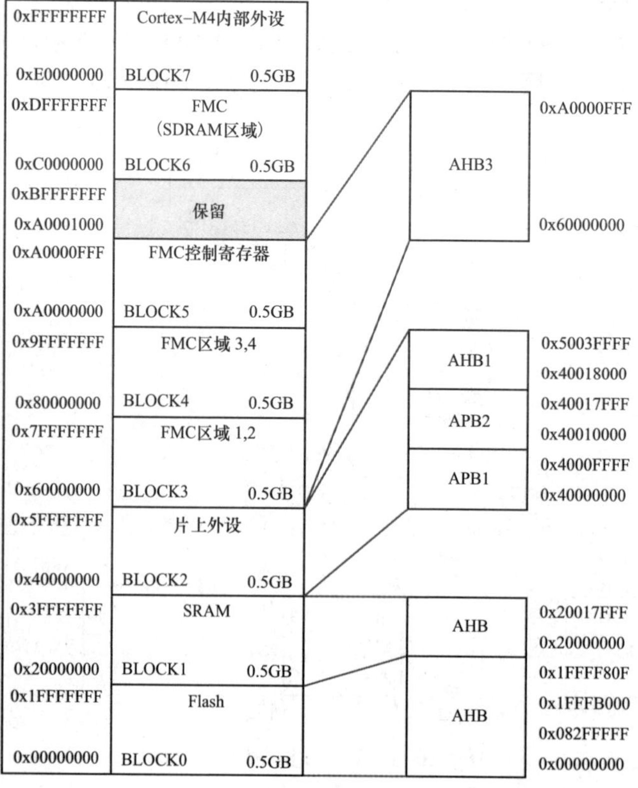

图 1-17 GD32F303ZGT6 微控制器存储器映射图

1. BLOCK0 存储块功能

这一区域是代码区，用户编写的代码主要存放在这一区域里运行，该区域是挂在 AHB 总线上，集成有 Flash、自举 Bootloader 等。具体的分配见表 1-5。

表 1-5　片上外设存储地址映射表 1

预定义的区域	总线	地址范围	外设名称
CODE	AHB	0x1FFF F810 - 0x1FFF FFFF	保留
		0x1FFF F800 - 0x1FFF F80F	Option Bytes
		0x1FFF B000 - 0x1FFF F7FF	Boot loader
		0x1FFF 7A10 - 0x1FFF AFFF	保留

（1）0x00000000～0x002FFFFF：4MB。Cortex-M4 的复位地址是 0x00000000，而实际存储代码的位置可能在不同的存储介质和不同的存储位置，因此需要一种机制，使得存储其他位置的代码能够映射到地址 0x00000000 片开始运行。GD32F303ZGT6 微控制器可以根据 BOOT 引脚的配置将 FLASH、引导装载程序或 SRAM 重映射到这一区域，以实现代码不同运行方式。

（2）0x08000000～0x082FFFFF：4MB。内部集成的 FLASH，用户代码可以被烧写到此处。

（3）0x1FFFB000～0x1FFFF7FF：Bootloader。是引导装载程序区域。存储着 GD 烧写的自举代码，通过这一部分代码可以实现用户程序的下载。

（4）0x1FFFF800～0x1FFFF80F：16 个字节。用于配置读写保护、BOR 级别、软硬件看门狗等字节配置选项。

2. BLOCK1 存储块功能

这一存储块用于分配给内部集成的 SRAM，地址范围是 0x20000000～0x20017FFF，共 96KB，挂在 AHB 总线上，可以被 CPU 访问，也可以通过 DMA 控制器实现存储器与存储器之间，以及存储器与外设之间的数据通信。具体的分配见表 1-6。

表 1-6　片上外设存储地址映射表 2

预定义的区域	总线	地址范围	外设名称
SRAM	AHB	0x2001 8000 - 0x3FFF FFFF	保留
		0x2000 0000 - 0x2001 7FFF	SRAM

3. BLOCK2 存储块功能

这一区域被分配给片上外设的寄存器组。所有片上外设都挂接在 AHB 总线和 APB 总线上，CPU 通过 AHB 和 APB 访问片上外设，而 CPU 控制片上外设是通过访问片上外设对应的寄存器组实现的。AHB 总线分为 AHB1、AHB2 和 AHB3 总线，又通过 AHB 的两个 AHB/APB 总线桥将 AHB 连接到 APB1（低速）和 APB2（高速），从而实现 AHB 与两个 APB 之间完全同步连接，BLOCK2 存储块功能分配见表 1-7。

表 1-7　片上外设存储地址映射表 3

预定义的区域	总线	地址范围	外设名称
外设	AHB1	0x5000 0000 - 0x5003 FFFF	USBFS

续表

预定义的区域	总线	地址范围	外设名称
外设	AHB1	0x4002 A000 - 0x4FFF FFFF	保留
		0x4002 8000 - 0x4002 9FFF	ENET
		0x4002 3400 -0x4002 7FFF	保留
		0x4002 3000 - 0x4002 33FF	CRC
		0x4002 2400 - 0x4002 2FFF	保留
		0x4002 2000 - 0x4002 23FF	FMC
		0x4002 1400 -0x4002 1FFF	保留
		0x4002 1000 - 0x4002 13FF	RCU
		0x4002 0800 - 0x4002 0FFF	保留
		0x4002 0400 - 0x4002 07FF	DMA1
		0x4002 0000 - 0x4002 03FF	DMA0
		0x4001 8400 - 0x4001 FFFF	保留
		0x4001 8000 - 0x4001 83FF	SDIO
	APB2	0x4001 5800 - 0x4001 7FFF	保留
		0x4001 5400 - 0x4001 57FF	TIMER10
		0x4001 5000 - 0x4001 53FF	TIMER9
		0x4001 4C00 - 0x4001 4FFF	TIMER8
		0x4001 4000 - 0x4001 4BFF	保留
		0x4001 3C00 - 0x4001 3FFF	ADC2
		0x4001 3800 - 0x4001 3BFF	USART0
		0x4001 3400 - 0x4001 37FF	TIMER7
		0x4001 3000 - 0x4001 33FF	SPI0
		0x4001 2C00 - 0x4001 2FFF	TIMER0
		0x4001 2800 - 0x4001 2BFF	ADC1
		0x4001 2400 - 0x4001 27FF	ADC0
		0x4001 2000 - 0x4001 23FF	GPIOG
		0x4001 1C00 - 0x4001 1FFF	GPIOF
		0x4001 1800 - 0x4001 1BFF	GPIOE
		0x4001 1400 - 0x4001 17FF	GPIOD
		0x4001 1000 - 0x4001 13FF	GPIOC
		0x4001 0C00 - 0x4001 0FFF	GPIOB
		0x4001 0800 - 0x4001 0BFF	GPIOA
		0x4001 0400 - 0x4001 07FF	EXTI
		0x4001 0000 - 0x4001 03FF	AFIO
	APB1	0x4000 CC00 - 0x4000 FFFF	保留
		0x4000 C800 - 0x4000 CBFF	CTC
		0x4000 7800 - 0x4000 C7FF	保留

续表

预定义的区域	总线	地址范围	外设名称
外设	APB1	0x4000 7400 - 0x4000 77FF	DAC
		0x4000 7000 - 0x4000 73FF	PMU
		0x4000 6C00 - 0x4000 6FFF	BKP
		0x4000 6800 - 0x4000 6BFF	CAN1
		0x4000 6400 - 0x4000 67FF	CAN0
		0x4000 6000 - 0x4000 63FF	Shared USBD/CAN SRAM 512bytes
		0x4000 5C00 - 0x4000 5FFF	USBD
		0x4000 5800 - 0x4000 5BFF	I2C1
		0x4000 5400 - 0x4000 57FF	I2C0
		0x4000 5000 - 0x4000 53FF	UART4
		0x4000 4C00 - 0x4000 4FFF	UART3
		0x4000 4800 - 0x4000 4BFF	USART2
		0x4000 4400 - 0x4000 47FF	USART1
		0x4000 4000 - 0x4000 43FF	保留
		0x4000 3C00 - 0x4000 3FFF	SPI2/I2S2
		0x4000 3800 - 0x4000 3BFF	SPI1/I2S1
		0x4000 3400 - 0x4000 37FF	保留
		0x4000 3000 - 0x4000 33FF	FWDGT
		0x4000 2C00 - 0x4000 2FFF	WWDGT
		0x4000 2800 - 0x4000 2BFF	RTC
		0x4000 2400 - 0x4000 27FF	保留
		0x4000 2000 - 0x4000 23FF	TIMER13
		0x4000 1C00 - 0x4000 1FFF	TIMER12
		0x4000 1800 - 0x4000 1BFF	TIMER11
		0x4000 1400 - 0x4000 17FF	TIMER6
		0x4000 1000 - 0x4000 13FF	TIMER5
		0x4000 0C00 - 0x4000 0FFF	TIMER4
		0x4000 0800 - 0x4000 0BFF	TIMER3
		0x4000 0400 - 0x4000 07FF	TIMER2
		0x4000 0000 - 0x4000 03FF	TIMER1

4. BLOCK3 ~ BLOCK4 存储块功能

这几个存储块被分配给 AHB3，主要用于外部存储器的扩展，包括 SRAM、SDRAM、NORFlash 和 NANDFlash。

（1）0x60000000～0x6FFFFFFF：是外部存储扩展控制器的区域 1（BANK1），用于扩展 NORFlash、PSRAM 和 SRAM。

（2）0x70000000～0x8FFFFFFF：是外部存储扩展控制器的区域 2（BANK2）和 3（BANK3），用于扩展 NAND Flash。

（3）0x90000000～0x9FFFFFFF：是外部存储扩展控制器的区域 4（BANK4），用于扩展 PC 卡。

5. BLOCK5 存储块功能

0xA0000000～0xAFFFFFFF：是分布了外部扩展存储器的控制寄存器。

6. BLOCK6 存储块功能

0xC0000000～0xDFFFFFFF：是 SDRAM 的区域，用于扩展 SDRAM。在 GD32F303ZGT6 微控制器中这块未用。

7. BLOCK7 存储块功能

这个存储块的 0xE0000000～0xE00FFFFF 存储区域被分配给了 Cortex-M4 的内核寄存器。

BLOCK3～BLOCK5 存储块的功能分配见表 1-8。

表 1-8　　片上外设存储地址映射表 4

预定义的区域	总线	地址范围	外设名称
外部设备	AHB3	0xA000 0000 - 0xA000 0FFF	EXMC - SWREG
外部 RAM		0x9000 0000 - 0x9FFF FFFF	EXMC - PC CARD
		0x7000 0000 - 0x8FFF FFFF	EXMC - NAND
		0x6000 0000 - 0x6FFF FFFF	EXMC - NOR/PSRAM/SRAM

1.4.2 寄存器映射

把片上外设对应的寄存器在存储器空间上分配地址的过程称为寄存器映射。与存储单元一样，每个寄存器都有一个可寻址的地址，访问和操作寄存器与访问和操作存储单元基本一致。应用程序对片上外设的初始化和控制都是通过对片上外设对应的一系列寄存器的读—修改—写来实现的。可以说，寄存器是应用程序控制和操作硬件设备的接口。

Cortex-M4 内核通过访问 AHB1、AHB2，以及 APB1 和 APB2 总线上挂载的片上外设的寄存器组，进而完成对相应片上外设的操作。所有片上外设寄存器组都被分配在 BLOCK2 中。

1. 寄存器操作

以 GPIOB 的输出为例讲解寄存器的操作方法。控制 GPIOB 的输出功能是通过操作片上外设的 GPIOB 的输出控制寄存器（OCTL）来实现，该寄存器的地址是 0x40010C0C。每个 GPIOB 端口有 16 个引脚，分别对应于 OCTL 的低 16 位 OCTL0～OCTL15，高 16 位保留。GPIOB 的 OCTL 如图 1-18 所示。

31	30	29	28	27	26	25	24	23	22	21	20	19	18	17	16
保留															

15	14	13	12	11	10	9	8	7	6	5	4	3	2	1	0
OCTL15	OCTL14	OCTL13	OCTL12	OCTL11	OCTL10	OCTL9	OCTL8	OCTL7	OCTL6	OCTL5	OCTL4	OCTL3	OCTL2	OCTL1	OCTL0
rw	rw	rw	rw	rw	rw	rw	rw	rw	rw	rw	rw	rw	rw	rw	rw

位/位域	名称	描述
31:16	保留	必须保持复位值。
15:0	OCTLy	端口输出控制位（y=0..15） 这些位由软件置位和清除。 0：引脚输出低电平 1：引脚输出高电平

图 1-18　GPIOB 的 OCTL 寄存器

若让 GPIOB 的 16 个引脚全部输出高电平，需要将 GPIOB 的 OCTL 寄存器的低 16 位都设置为 1，通过以下的 C 语句实现：

```
*(unsigned int *)(0x40010C0C) = 0xFFFF; //GPIOB 全部输出高电平
```

因此，对 GPIOB 的 OCTL 寄存器的访问，就是对存储器的 0x40010C0C 地址进行读写操作，在 C 语言中采用绝对地址指针的方式来操作。

为了方便记忆，通常使用宏定义对寄存器操作进行别名定义。例如：

```
#define GPIOB_OCTL  *(unsigned int *)(0x40010C0C)
GPIOB_OCTL = 0xFFFF;
```

使用具有特定含义的别名，方便了对操作对象的记忆，增加了程序的可读性。GD32F30X 的标准函数库使用大量的地址宏定义和结构体，实现了对微控制器片上外设寄存器的别名定义。

2. 片上外设地址映射

在 GD32F30X 的标准函数中，片上外设寄存器的地址是通过如下形式得到的。

片上外设寄存器地址=片上外设存储块基地址（BLOCK2 基地址）+总线相对于片上外设存储块基地址的地址偏移+寄存器组相对于总线基地址的地址偏移+寄存器在寄存器组中的地址偏移。

其中，片上外设存储块基地址=0x40000000；APB1 总线相对于片上外设存储块基地址的地址偏移=0；APB2 总线相对于片上外设存储块基地址的地址偏移=0x00010000；AHB1 总线相对于片上外设存储块基地址的地址偏移=0x00018000。这些总线基地址都被定义在 gd32f30x.h 头文件中。

寄存器组相对于总线基地址的地址偏移和寄存器在寄存器组中的地址偏移根据芯片不同外设具体定义设置。

寄存器组相对于总线基地址的地址偏移在 gd32f30x.h 头文件中都可以查到。

寄存器组中的地址偏移在 GD32F30X 的标准函数中的片上外设的头文件中有详细的宏定义。

以 GPIOB 为例，说明片上外设地址映射关系。

GD32F303ZGT6 微控制器的所有 GPIO 端口是挂接在 APB2 总线上，GPIO 端口的寄存器组相对于 APB2 总线基地址的地址偏移如表 1-9 所示。

表 1-9　　GPIO 端口基地址

外设名称	外设基地址	相对于 APB2 总线地址的偏移
GPIOA	0X40010800	0X00000800
GPIOB	0X40010C00	0X00000C00
GPIOC	0X40011000	0X00001000
GPIOD	0X40014000	0X00001400
GPIOE	0X40011800	0X00001800
GPIOF	0X40011C00	0X00001C00
GPIOG	0X40012000	0X00001200

GPIOB 对应的各个寄存器的地址偏移如表 1-10 所示。

表 1-10　　GPIOB 端口的寄存器地址列表

寄存器名称	寄存器地址	相对于 GPIOB 基地址的偏移
端口控制寄存器 0（GPIO_CTL0）	0X40010C00	0x00
端口控制寄存器 0（GPIO_CTL1）	0X40010C04	0x04
端口输入状态寄存器（GPIO_ISTAT）	0X40010C08	0x08
端口输出控制寄存器（GPIO_OCTL）	0X40010C0C	0x0C
端口置位寄存器（GPIO_BOP）	0X40010C10	0x10
端口复位寄存器（GPIO_BC）	0X40010C14	0x14
端口锁寄存器（GPIO_LOCK）	0X40010C18	0x18
端口速度寄存器（GPIO_SPD）	0X40010C3C	0x3C

因此，GPIOB 的 OCTL 寄存器的地址是：GPIOB_OCTL=0x40000000+0x0001000+0x00000C00+0x0C。

其中，0x40000000 是片上存储块基地址；0x0001000 是 APB2 总线相对于片上外设存储块基地址的偏移；0x00000C00 是 GPIOB 寄存器组相对于 APB2 总线基地址的偏移；0x0C 是 OCTL 在 GPIOB 寄存器组中的地址偏移。

3. 函数库对片上外设寄存器的封装

在 GD32F30X 标准函数库中，通过 C 语言对片上外设寄存器地址进行封装，具体的封装过程如下：

（1）对总线和外设基地址进行封装。

在 gd32f30x.h 头文件中定义了片上外设存储块基地址、总线基地址以及各个片上外设寄存器组基地址。

```
                                                    /* 总线基地址 */
#define APB1_BUS_BASE    ((uint32_t)0x40000000U)    /*!< APB1 总线基地址 */
#define APB2_BUS_BASE    ((uint32_t)0x40010000U)    /*!< APB2 总线基地址 */
#define AHB1_BUS_BASE    ((uint32_t)0x40018000U)    /*!< AHB1 总线基地址 */
#define AHB3_BUS_BASE    ((uint32_t)0x60000000U)    /*!< AHB3 总线基地址 */
                                                    /* APB1 总线上外设基地址 */
#define TIMER_BASE    (APB1_BUS_BASE + 0x00000000U)    /*!< TIMER 基地址 */
#define RTC_BASE      (APB1_BUS_BASE + 0x00002800U)    /*!< RTC 基地址 */
#define WWDGT_BASE    (APB1_BUS_BASE + 0x00002C00U)    /*!< WWDGT 基地址 */
#define FWDGT_BASE    (APB1_BUS_BASE + 0x00003000U)    /*!< FWDGT 基地址 */
#define SPI_BASE      (APB1_BUS_BASE + 0x00003800U)    /*!< SPI 基地址 */
#define USART_BASE    (APB1_BUS_BASE + 0x00004400U)    /*!< USART 基地址 */
#define I2C_BASE      (APB1_BUS_BASE + 0x00005400U)    /*!< I2C 基地址 */
#define USBD_BASE     (APB1_BUS_BASE + 0x00005C00U)    /*!< USBD 基地址 */
#define USBD_RAM_BASE (APB1_BUS_BASE + 0x00006000U)    /*!< USBD RAM 基地址 */
#define CAN_BASE      (APB1_BUS_BASE + 0x00006400U)    /*!< CAN 基地址 */
#define BKP_BASE      (APB1_BUS_BASE + 0x00006C00U)    /*!< BKP 基地址 */
#define PMU_BASE      (APB1_BUS_BASE + 0x00007000U)    /*!< PMU 基地址 */
#define DAC_BASE      (APB1_BUS_BASE + 0x00007400U)    /*!< DAC 基地址 */
#define CTC_BASE      (APB1_BUS_BASE + 0x0000C800U)    /*!< CTC 基地址 */
                                                    /* APB2 总线上外设基地址 */
```

```
#define AFIO_BASE    (APB2_BUS_BASE + 0x00000000U)   /*!< AFIO 基地址 */
#define EXTI_BASE    (APB2_BUS_BASE + 0x00000400U)   /*!< EXTI 基地址 */
#define GPIO_BASE    (APB2_BUS_BASE + 0x00000800U)   /*!< GPIO 基地址 */
#define ADC_BASE     (APB2_BUS_BASE + 0x00002400U)   /*!< ADC 基地址 */
                                                     /* AHB1 总线上外设基地址 */
#define SDIO_BASE    (AHB1_BUS_BASE + 0x00000000U)   /*!< SDIO 基地址 */
#define DMA_BASE     (AHB1_BUS_BASE + 0x00008000U)   /*!< DMA 基地址 */
#define RCU_BASE     (AHB1_BUS_BASE + 0x00009000U)   /*!< RCU 基地址 */
#define FMC_BASE     (AHB1_BUS_BASE + 0x0000A000U)   /*!< FMC 基地址 */
#define CRC_BASE     (AHB1_BUS_BASE + 0x0000B000U)   /*!< CRC 基地址 */
#define ENET_BASE    (AHB1_BUS_BASE + 0x00010000U)   /*!< ENET 基地址 */
#define USBFS_BASE   (AHB1_BUS_BASE + 0x0FFE8000U)   /*!< USBFS 基地址 */
```

（2）对寄存器列表进行封装。

GD32F30X 标准函数库对片上外设寄存器组被封装在各个外设函数库中，以片上 GPIO 为例，GPIO 在每个库函数中的操作对象被定义在 gd32f30x_gpio.h 头文件中。具体的宏定义形式如下：

```
/* GPIOx(x=A,B,C,D,E,F,G)宏定义*/
#define GPIOA        (GPIO_BASE + 0x00000000U)
#define GPIOB        (GPIO_BASE + 0x00000400U)
#define GPIOC        (GPIO_BASE + 0x00000800U)
#define GPIOD        (GPIO_BASE + 0x00000C00U)
#define GPIOE        (GPIO_BASE + 0x00001000U)
#define GPIOF        (GPIO_BASE + 0x00001400U)
#define GPIOG        (GPIO_BASE + 0x00001800U)
/* GPIO 寄存器宏定义*/
#define GPIO_CTL0(gpiox)  REG32((gpiox)+ 0x00U)  /*!< GPIO 端口控制寄存器 0 */
#define GPIO_CTL1(gpiox)  REG32((gpiox)+ 0x04U)  /*!< GPIO 端口控制寄存器 1 */
#define GPIO_ISTAT(gpiox) REG32((gpiox)+ 0x08U)  /*!< GPIO 端口输入状态寄存器 */
#define GPIO_OCTL(gpiox)  REG32((gpiox)+ 0x0CU)  /*!< GPIO 端口输出控制寄存器 */
#define GPIO_BOP(gpiox)   REG32((gpiox)+ 0x10U)  /*!< GPIO 端口位操作寄存器 */
#define GPIO_BC(gpiox)    REG32((gpiox)+ 0x14U)  /*!< GPIO 端口位清除寄存器 */
#define GPIO_LOCK(gpiox)  REG32((gpiox)+ 0x18U)  /*!< GPIO 端口配置锁定寄存器 */
#define GPIOx_SPD(gpiox)  REG32((gpiox)+ 0x3CU)  /*!< GPIO 端口速度寄存器 */
```

对于片上外设寄存器的操作是一个指针操作。被宏定义为 REG32 是一个宏操作指针形式。其宏定义为：

```
#define REG32(addr)          (*(volatile uint32_t *)(uint32_t)(addr))
```

因此，可以看出每一个操作对象是一个外设所在存储器地址指针。

利用上述的宏定义方式，例如让 GPIOB 所有引脚输出高电平的实现方法如下：

```
GPIO_OCTL(GPIOB) = 0xFFFF;
```

4. 修改寄存器位与位带操作

在了解了 GD32 寄存器的封装过程之后，就能够利用 C 语言对相应的寄存器赋值，并执行具体的操作。

（1）修改寄存器位的方法。在实际应用过程中，常常要求只修改该寄存器某几位的值，而其他寄存器位不变，这时候需要用到 C 语言的位操作方法。

1）把变量的某位清零。此处以变量 a 代表寄存器，并假设寄存器中已有数值，此时需要把变量 a 的某一位清零，而其他位不变，具体操作方法如下：

```
unsigned char a = 0xAF;      //a=10101111b(二进制数)
a &=~(1 << 2);//将变量 a 的 bit2 位清零
```

在上述程序代码中，括号中的 1 左移两位可以得二进制数 00000100b，按位取后即可得到 11111011b，所得的二进制数再与 a 进行“与”运算，最终得到的 a 的值为 1010111b，这样就实现了 a 的 bit2 被清零，而其他位保持不变。

2）对变量的某几位进行置位。在实际应用中，有时还需要对寄存器中的某几位进行置位，而其他位保持不变，从而实现所需要的功能，具体的操作方法如下：

```
unsigned char a = 0x80;      //a=10000000b(二进制数)
a |= (9 << 2);               //将变量 a 的 bit5 和 bit2 位置 1
```

在上述程序代码中，括号中的 9 左移两位可得二进制数 00100100b，与 a 进行“或”运算，最终得到的 a 的值为 10100100b，这样就实现了 a 的 bit5 和 bit2 位置 1，而其他位操持不变。

3）对变量的某位取反。在某些情况下，需要对寄存器的某位进行取反操作，而其他位保持不变，具体操作方法如下：

```
unsigned char a = 0x80;      //a=10000000b(二进制数)
a ^= (1 << 3);               //将变量 a 的 bit3 位取反
```

在上述程序代码中，括号中的 1 左移三位可得二进制数 00001000b，与 a 进行“异或”运算，最终得到的 a 的值为 10001000b，这样就实现了 a 的 bit3 位被取反，而其他位保持不变。

（2）位带操作。

在 GD32F30X 系列微控制器中，有两个地方实现了位带，一个是 SRAM 区的最低 1MB 空间，另一个是片上外设区最低 1MB 空间。如图 1-19 所示。这两个 1MB 的空间除了可以像正常的 RAM 一样操作外，他们还有自己的位带别名区，位带别名区把这 1MB 的空间的每一个位膨胀成一个 32 位的字，当访问位带别名区的这些字时，就可以达到访问位带区某个比特位的目的。

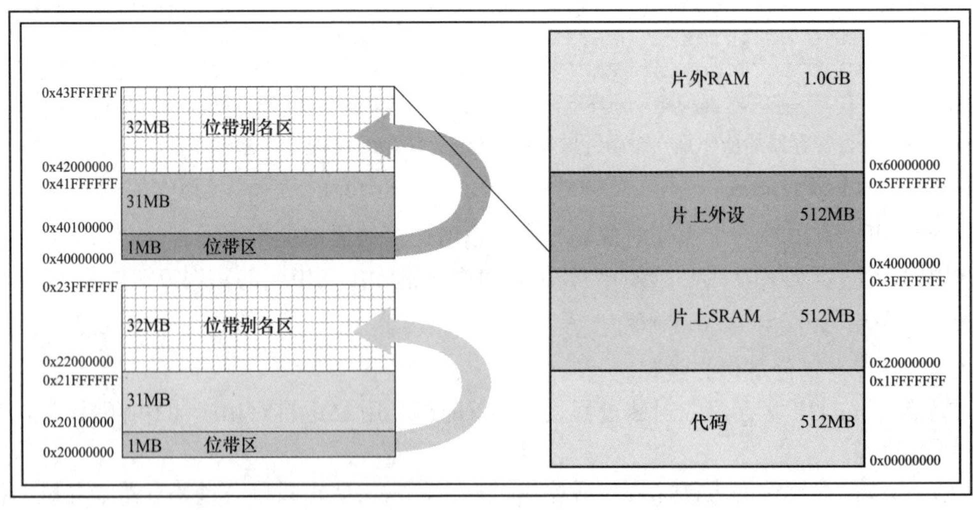

图 1-19 存储器中的位带区

外设外带区的地址为：0x40000000～0x40100000，大小为 1MB，这 1MB 的大小在 GD32F30X

系列微控制器中包含了片上外设的全部寄存器，这些寄存器的地址为：0x40000000～0x40029FFF。外设位带区经过膨胀后的位带别名区地址为：0x42000000～0x43FFFFFF，这个地址仍然在 Cortex-M4 片上外设的地址空间中。在 GD32F30X 系列微控制器里面，0x40030000～0x4FFFFFFF 属于保留地址，膨胀后的 32MB 位带别名区刚好就落到这个地址范围内，不会跟片上外设的其他寄存器地址重合。

GD32F30X 系列微控制器的全部寄存器都可以通过访问位带别名区的方式来达到访问原始寄存器比特位。

对于片上外设位带区的某个比特，记它所在字节的地址为 A，位序号为 n（0<=n<=7），则该比特在别名区的地址为：

```
AliasAddr = 0x42000000 + (A - 0x40000000) * 8 * 4 + n * 4
```

0x42000000 是外设位带别名区的起始地址，0x40000000 是外设位带区的起始地址，（A-0x40000000）表示该比特前面有多少个字节，一个字节有 8 位，所以*8，一个位膨胀后是 4 个字节，所以*4，n 表示该比特在 A 地址的序号，因为一个位经过膨胀后是四个字节，所以也*4。

SRAM 的位带区的地址为：0x2000 0000～0x2010 0000，大小为 1MB，经过膨胀后的位带别名区地址为：0x2200 0000～0x23FF FFFF，大小为 32MB。

对于 SRAM 位带区的某个比特，记它所在字节的地址为 A，位序号为 n（0<=n<=7），则该比特在别名区的地址为：

```
AliasAddr = 0x22000000 + (A - 0x20000000) * 8 * 4 + n * 4
```

可以在 C 语言将位带别名区的转换定义为宏形式，具体的宏定义形式如下：

```
#define    BITBAND(addr, bitnum)    ((addr & 0xF0000000)+0x02000000+((addr &
0x00FFFFFF)<<5)+bitnum<<2))
```

一般都是通过地址指针的方式操作这些位带别名区地址，最终实现位带区的比特位操作。具体的宏定义如下：

```
#define    MEM_ADDR(addr)             *((volatile unsigned long *)(addr))
#define    BIT_ADDR(addr, bitnum)     MEM_ADDR(BITBAND(addr, bitnum))
```

例如，以位带别名区的方式操作 GPIOA 的 PA2 引脚输出高电平，实现的 C 语言方法如下：

```
#define GPIOA_OCTL_ADDR                (GPIOA + 0x0C)
#define PAout(n)                       BIT_ADDR(GPIOA_OCTL_ADDR,n)
```

这样就能直接通过 PAout（n）进行赋值实现 GPIOA 中某个引脚的输出位操作。

若 PA2 输出高电平，则写成的 C 语句形式为“PAout（2）=1;”。

第 2 章　GD32 标准函数库

2.1　概　　述

进行 GD32 系列微控制器的程序开发主要分为两种方式：直接寄存器操作开发方式和库函数开发方式。

使用直接寄存器操作开发方式需要完全熟悉微控制器的使用方法、流程及寄存器的配置方法。在编写程序时，直接面对寄存器，需要程序员自己编写所有操作代码。

库函数开发方式是在一个特定的库函数基础上进行程序开发。库函数把对寄存器的操作抽象为一系列操作微控制器的 API 函数，程序员只需要在功能层面熟悉 API 函数使用方法，然后按照一定的流程编写程序即可。

库函数开发方式是用普通语言描述机器人动作，比如“右手向上举”“脑袋向右旋转 90°”。这种方式的好处是简单易懂，代码基本不需要注释，但对于一些精细的动作，库函数开发方式可能会显得有些力不从心。

相比之下，直接寄存器开发方式更像是直接从内部操作机器人的各个部件，例如“右臂承重轴沿重力方向旋转”“颈部水平旋转齿轮旋转一周”。这种方式能够完成精密的操作，但代价是牺牲了代码的易懂性。

在 GD32 微控制器中，由于外设资源丰富，寄存器的数量和复杂度会增加。直接配置寄存器的方式可能会带来一些问题，如开发速度慢、程序可读性差、维护复杂等。这些问题可能会影响开发效率和程序维护成本，而库开发方式正好可以弥补这些缺陷。虽然直接配置寄存器方式生成的代码量会少一点，但因为 GD32 有充足的资源，大部分时候我们愿意牺牲一点 CPU 资源，选择库开发。一般只有在对代码运行时间要求极苛刻的地方，才用直接配置寄存器的方式代替，如频繁调用的中断服务函数或者有严格的时序要求时。

总的来说，库函数开发和直接寄存器开发方式各有优缺点，选择哪种方式取决于具体需求和项目要求。

GD32 系列微控制器提供了标准函数库，该函数库包括对 GD32 系列微控制器操作的基本 API 函数。开发者可调用这些函数接口来配置 GD32 系列微控制器的寄存器，使开发人员得以脱离最底层的寄存器操作。使用函数库开发方式进行应用开发，有开发快速、易于阅读、维护成本低等优点。

库函数开发方式和直接寄存器操作开发方式之间的对比如图 2-1 所示。

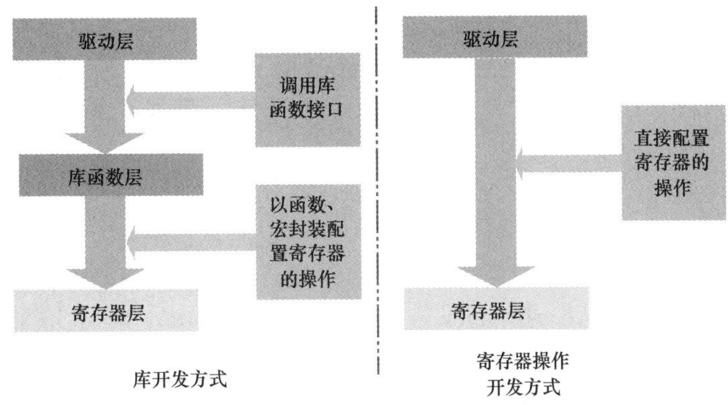

图 2-1　库函数开发方式和直接寄存器操作开发方式之间的对比示意图

2.2　库文件及其层次关系

基于 Cortex-M4 内核的芯片虽然所采用的内核是相同的，但核外的片上外设之间存在差异，而这些差异会导致软件在同内核、不同外设的芯片上移植困难。为了解决不同的芯片厂商所生产的 Corex 系列微控制器软件的兼容性问题，ARM 与芯片厂商之间协作制定了 CMSIS（Cortex Microcontroller Software Interface Standard）标准。

2.2.1　CMSIS 标准软件架构

所谓的 CMSIS 标准是 Cortex-M 处理器系列的与供应商无关的硬件抽象层，使用 CMSIS 标准，可以为处理器和外设实现一致且简单的软件接口，从而简化软件的重复、缩短微控制器新开发人员的学习过程，并缩短新产品的上市时间。

基于 CMSIS 标准的软件架构如图 2-2 所示，主要分为用户应用层、CMSIS 层（包含操作系统和 CMSIS 核心层两部分）和硬件寄存器层三层。CMSIS 层起到承上启下的作用，一方面它对硬件层进行统一实现，屏蔽了不同厂商对 Cortex-M 系列微控制器核内外设寄存器的不同定义；另一方面它为操作系统和用户应用层提供接口，简化了应用程序开发难度。

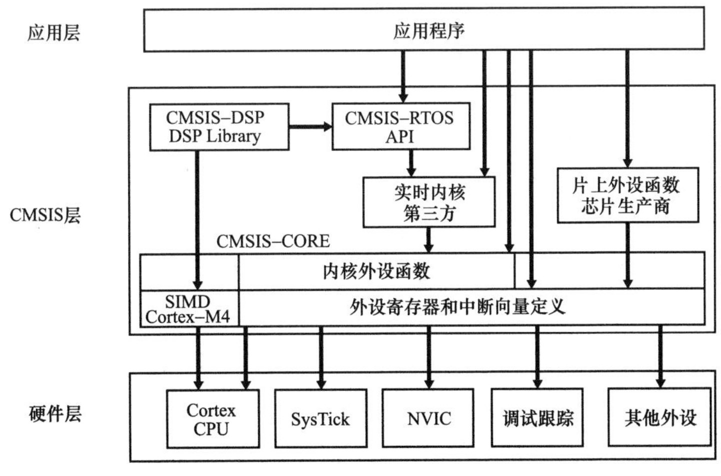

图 2-2　基于 CMSIS 标准的软件架构

CMSIS 核心层主要分为以下 3 部分：

（1）内核设备访问层（Core Peripheral Access Layer，CPAL）。该层主要由 ARM 公司负责实现，包括对内核寄存器名称、地址的定义、对 NVIC、调试系统访问接口的定义和对特殊用途寄存器访问接口的定义等。

（2）片上外设访问层（Device Peripheral Access Layer，DPAL）。该层由芯片厂商负责实现，主要负责对硬件寄存器地址和外设访问接口进行定义。该层可调用核内外设访问提供的接口函数，同时根据设备特性对异常向量表进行扩展，以处理相应外设的中断请求。

（3）外设访问层函数（Access Function for Peripheral，AFP）。该层由芯片厂商负责实现，主要用于提供访问片上外设的访问函数，这一部分是可选的。

GD32 的标准函数库按照 CMSIS 标准建立，是一个固件函数库，由程序、数据结构和宏组成，包括微控制器所有外设的性能特征。该固件函数库还包括每一个外设的驱动描述和应用实例，为开发者访问低层硬件提供一个中间 API，通过使用固件函数库，无须深入掌握底层硬件细节，开发者就可以轻松应用每一个外设。因此，使用固件函数库可以大大减少开发者开发使用片内外设的时间，进而降低开发成本。每个外设驱动都由一组函数组成，这组函数覆盖了该外设所有功能。每个器件的开发都由一个通用的标准化的 API 函数驱动。

2.2.2 库目录和文件简介

GD32 标准库函数可以从 GD 公司的官网下载（https：//www.gd32mcu.com/cn/download），以 GD32F303ZGT6 微控制器为例，下载最新的“GD32F30x_Demo_Suites_V2.4.3”压缩包，解压后如图 2-3 所示，该文件夹里包含有 GD32F30X 的标准函数库和大量应用例子。

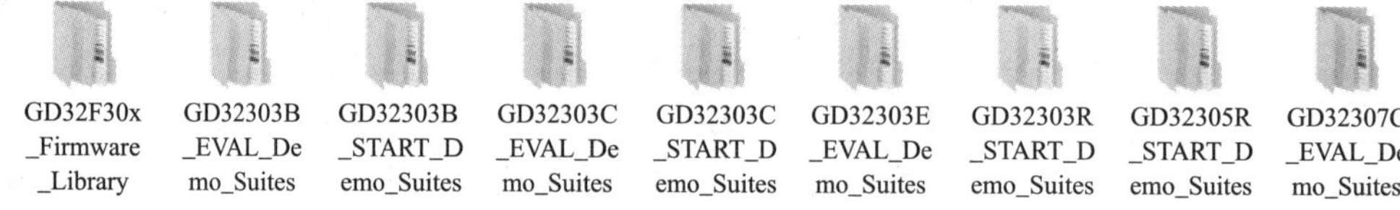

图 2-3　GD32F30x_Demo_Suites_V2.4.3 解压后包含的文件夹

在“GD32F30x_Firmware_Library”文件夹中包含驱动库的源代码和启动文件，所要使用的库函数就在这个文件夹中，在使用库函数进行开发时，需要把“GD32F30x_Firmware_Library”文件夹下的库函数文件添加到相应的工程中，因此这个文件夹很重要；其他的文件夹包含不同微控制器用驱动库写的各种例子和工程模板，内容非常全面，为每个外设写好的例程具有非常重要的参考价值。

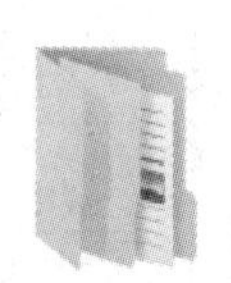
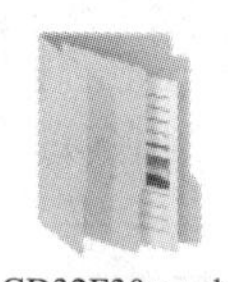

CMSIS　GD32F30x_standard_peripheral　GD32F30x_usbd_library　GD32F30x_usbfs_library

图 2-4　GD32F30X 系列微控制器标准函数库

在“GD32F30x_Firmware_Library”文件夹里包含的是为 GD32F30X 系列微控制器写好的标准库函数，如图 2-4 所示。

在库文件中，GD32F30x_Firmware_ Library 文件夹是开发过程中一定会用到的，该文件夹里可以看到关于内核与外设的库文件分别存放在 CMSIS 文件夹、GD32F30x_standard_ peripheral 文件夹和与 USB 相关的库文件夹中。下面简要介绍开发过程中用到的主要文件。

1. CMSIS 文件夹

CMSIS 文件夹中的主要文件及其位置关系如图 2-5 所示。

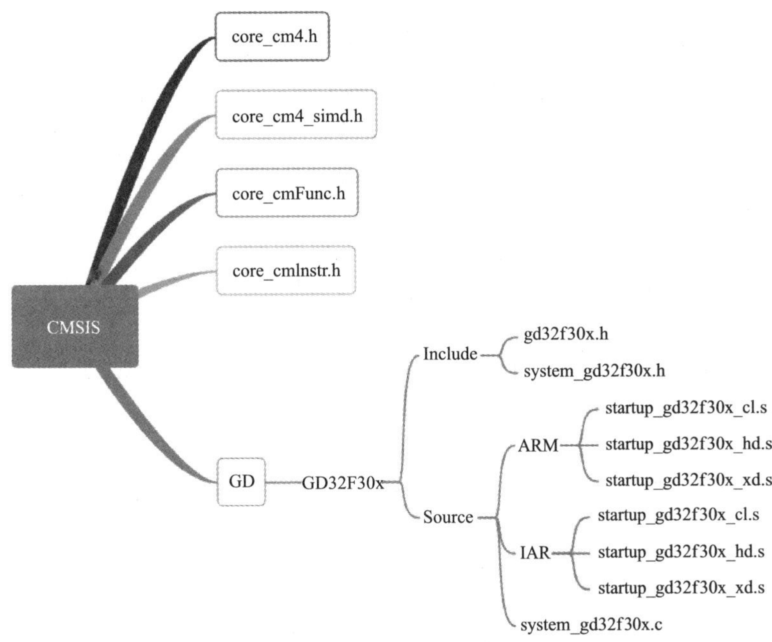

图 2-5　CMSIS 文件夹中的主要文件及其位置关系

（1）内核相关文件。

CMSIS 文件夹中有 core_cm4.h、core_cm4_simd.h、core_cmFunc.h 和 core_cmInstr.h 四个文件。

core_cm4.h：内核功能的定义，比如 NVIC 相关寄存器的结构体和 Systick 配置。

core_cm4_simd.h：包含与编译器相关的处理。

core_cmFunc.h：内核核心功能接口头文件。

core_cmInstr.h：包含一些内核核心专用指令。

（2）GD32 启动文件。

由图 2-5 可以看出，以 MDK 编译器为例，GD32 的启动文件放在 GD\GD32F30x\Source\ARM 文件夹下，该文件夹中有多个启动文件。不同型号的微控制器所使用的启动文件也不一样。GD32F30x 启动文件说明如表 2-1 所示。

表 2-1　GD32F30x 启动文件说明

启动文件	区　别	适用产品
startup_gd32f30x_xd.s	适用于 Flash 容量大于 512KB 的 GD32F30X 系列微控制器	GD32F303 系列、GD32F305 系列
startup_gd32f30x_hd.s	适用于 Flash 容量为 256～512KB 的 GD32F30X 系列微控制器	GD32F303 系列、GD32F305 系列
startup_gd32f30x_cl.s	适用于互联型的 GD32F30X 系列微控制器	GD32F307 系列

GD32F303ZGT6 微控制器的内部 FLASH 存储器容量为 1MB，属于大容量产品，所以启动文件应该选择 startup_gd32f30x_xd.s。

（3）GD32 专用文件。

gd32f30x.h 头文件包含 GD32F30X 全系列所有总线和外设的定义、中断向量表和存储空间的地址映射等，是一个非常重要的头文件，在内核中与之相对的头文件是 core_cm4.h。system_gd32f30x.c 文件和 system_gd32f30x.h 头文件是 GD32F30x 系列微控制器的专用系统文件，其中 system_gd32f30x.c 文件主要对片上的时钟单元（RCU）进行操作，用于实现 GD32 的时钟配置。系统上电之后，首先会执行由汇编语言编写的启动文件，启动文件中的复位函数所调用的 systeminit 函数（用来初始化微控制器）就是在 system_gd32f30x.c 文件中定义的，调用完之后，GD32F30x 系列微控制器的系统时钟频率会被初始化成 120MHz。在实际应用中如果需要对系统时钟进行重新配置，则可以以考虑这个函数重写，为了维持 GD32 标准函数库的完整性，建议不要直接在这个文件里修改时钟配置函数。

2. GD32F30x_Firmware_Library 文件夹

在“GD32F30x_Firmware_Library”文件夹里包含 Include 和 Source 两个文件夹，其所包含的是不属于 CMSIS 文件夹的片上外设相关文件。Source 文件夹中包含每个外设的驱动源文件，Include 文件夹中包含相对应的头文件，这是 GD 公司针对每个 GD32 外设所编写的库函数文件，是 GD32 标准库函数的主要内容，其重要性不言而喻。

每个外设对应一个.c 后缀的驱动源文件和一个.h 后缀的头文件，这些外设文件分别统称为 gd32f30x_ppp.c 文件和 gd32f30x_ppp.h 文件，其中 ppp 表示外设名称。例如，对于 gpio 外设，在 Source 文件夹中有一个 gd32f30x_gpio.c 驱动源文件，在 Include 文件夹中有一个 gd32f30x_gpio.h 头文件与之相对应，如图 2-6 所示。

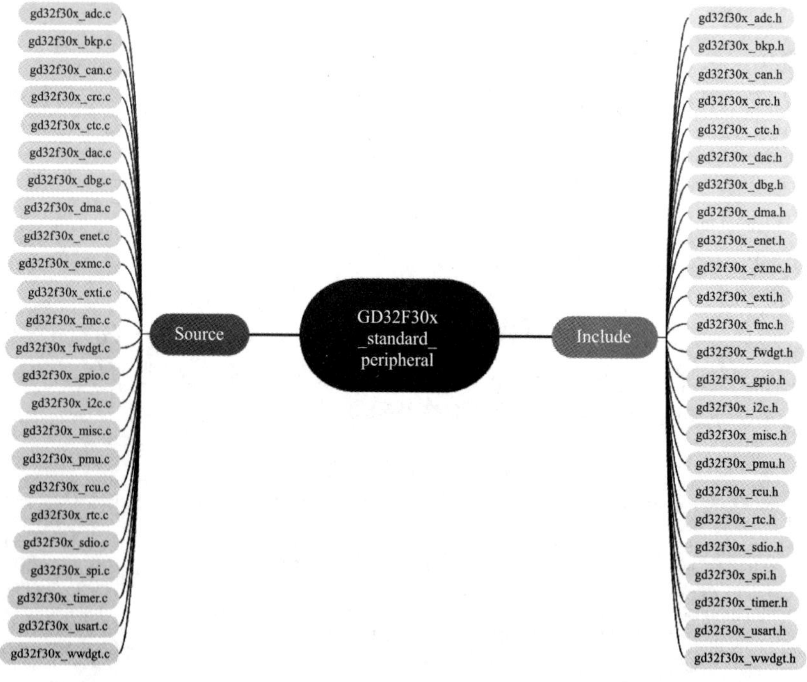

图 2-6 Source 文件夹和 Include 文件夹中的所有驱动源文件和头文件

若开发的工程用到了 GD32 内部的 GPIO，则至少要把这两个文件添加到工程中。Source 文件夹和 Include 文件夹中的所有驱动源文件和头文件中，除了 gd32f30x_ppp.c 文件和

gd32f30x_ppp.h 文件，这两个文件夹中还有一个很特别的 gd32f30x_misc.c 文件和与之对应的 gd32f30x_misc.h 头文件。这个文件包含外设对内核中的 NVIC 的访问函数，在配置中断时，必须把这两个文件添加到工程中。

3. 库文件之间的相互关系

将库文件对应到基于 CMSIS 标准的软件架构上，其层次关系如下图 2-7 所示。

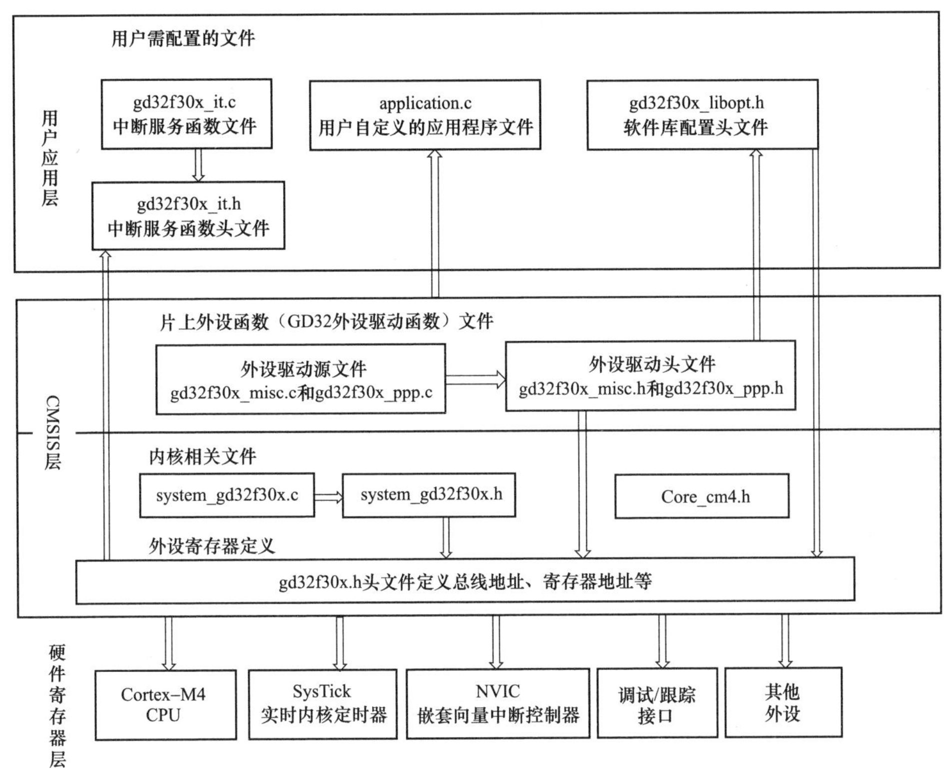

图 2-7　库文件之间的层次关系

在实际应用中，需要按照图 2-7 中的结构将各环节用到的文件一并加载到开发工程中，以在 MDK-ARM 下建立 GD32F303ZGT6 应用工程为例，工程中用到的各程序功能和目录如表 2-2 所示。

表 2-2　工程中用到的各程序功能和目录

功能分类	文件名	功能说明	目录地址
启动文件	startup_gd32f30x_xd.s	启动文件	..\Firmware\CMSIS\GD\GD32F30x\Source\ARM
外设相关	gd32f30x.h	外设寄存器定义	..\Firmware\CMSIS\GD\GD32F30x\Include
	system_gd32f30x.h		..\Firmware\CMSIS\GD\GD32F30x\Include
	system_gd32f30x.c	用于配置系统时钟等	..\Firmware\CMSIS\GD\GD32F30x\Source
	gd32f30x_libopt.h	用于选择应用中的外设	..\User
	gd32f30x_ppp.h	外设标准函数库头文件	..\Firmware\GD32F30x_standard_peripheral\Include
	gd32f30x_ppp.c	外设标准函数库源文件	..\Firmware\GD32F30x_standard_peripheral\Source
	gd32f30x_misc.h		..\Firmware\GD32F30x_standard_peripheral\Include

续表

功能分类	文件名	功能说明	目录地址
外设相关	gd32f30x_misc.c	NVIC、SYSTICK 相关函数	..\Firmware\GD32F30x_standard_peripheral\Source
内核相关	core_cm4.h	内核寄存器定义	..\Firmware\CMSIS
	core_cm4_simd.h	SIMD 指令定义	..\Firmware\CMSIS
	core_cmFunc.h	操作内核相关，不常用	..\Firmware\CMSIS
	core_cminstr.h	内核指令定义	..\Firmware\CMSIS
通用	stdint.h	数据类型定义	..\keil_v5\ARM\ARMCC\include
用户相关	gd32f30x_it.h	中断服务函数头文件	..\User
	gd32f30x_it.c	用户编写的中断服务函数	..\User
	main.h	用户应用程序头文件	..\User
	main.c	用户应用程序主程序入口	..\User
	其他应用子程序文件	用户自定义应用函数	可自定义

启动文件 startup_gd32f30x_xd.s 实现了如下功能。

（1）初始化堆栈指针，SP=initial_sp。

（2）初始化程序计数寄存器指针，PC=Reset_Handler。

（3）初始化中断向量表。

（4）配置系统时钟。

（5）调用 C 库函数__main 初始化用户堆栈，从而最终调用 main 函数进入 C 程序的世界。

如果使用其他型号的芯片，要在 GD32F30x_Firmware_Library\CMSIS\GD\GD32F30x\Source\ARM 文件夹下选择对应的启动文件。

gd32f30x.h 文件是一个 GD32F30x 系列微控制器底层相关的文件，比较重要。它包含了 GD32 标准函数库所有总线和外设地址以及中断向量的定义，在使用到 GD32 标准库函数的地方都要包含这个头文件。

system_gd32f30x.c 文件包含 GD32F30x 系列微控制器上电后初始化系统时钟、扩展外部存储器用的函数。例如，用于上电后初始化时钟的 SystemInit 函数，对应的头文件是 system_gd32f30x.h。

gd32f30x_libopt.h 文件被包含进 GD32F30x.h 头文件中。GD32 标准函数库支持所有 GD32 型号的芯片，但有的型号芯片外设功能比较多，所以在使用这个配置文件时需要根据芯片型号增减 GD32F30x 标准函数库的外设文件。通过宏定义指定不同芯片的型号所包含的不同外设。

gd32f30x_ppp.c 文件定义了处理器中各个片上外设的驱动接口函数，这些文件是用户使用函数库的主体。操作片上外设所需要的功能函数都可以在相应的 gd32f30x_ppp.c 文件中找到。ppp 表示任一外设缩写，例如，ADC 对应的文件是 gd32f30x_adc.c，对应的头文件是 gd32f30x_adc.h。

gd32f30x_misc.c 文件提供了外设对内核中的 NVIC 的访问函数，如果需要使用中断，就必须把这个文件添加到工程中。

与内核相关的头文件包括 core_cm4.h、core_cm4_simd.h、core_cmFunc.h 和 core_cmInstr.h

这四个文件。这些文件是与 Cortex-M 内核设备相关的头文件，定义了一些与内核相关的寄存器。对于相同 Cortex-M 内核的不同芯片厂商的微控制器芯片，这些文件是一样的。

gd32f30x_it.c 文件是 GD32F30x 系列微控制器的中断向量表和中断处理程序的文件。这个文件定义了一些系统异常（特殊中断）的中断和异常的处理函数，其他普通中断服务函数需要用户自己添加。中断服务函数放置的位置不是必须放在 gd32f30x_it.c 文件中，可以在用户自定义的程序文件中定义，但是，中断服务函数名不能随便定义，需要和启动文件中的对应中断服务函数名称保持一致。gd32f30x_it.c 文件对应的头文件是 gd32f30x_it.h。

stdint.h 是 C 语言中的一个标准库头文件，它提供了固定宽度的整数类型。这些整数类型是为了提供跨平台的可移植性而设计的。通过使用这些整数类型，开发者可以确保代码在不同的系统和编译器上具有一致的行为。

在 core_cm4.h 和 gd32f30x.h 文件包含了 stdint.h 头文件。该文件定义的类型如下：

```
/* exact-width signed integer types */
typedef   signed                char int8_t;
typedef   signed short          int int16_t;
typedef   signed                int int32_t;
typedef   signed        __      INT64 int64_t;

/* exact-width unsigned integer types */
Typedef   unsigned              char uint8_t;
Typedef   unsigned short        int uint16_t;
Typedef   unsigned              int uint32_t;
typedef   unsigned              INT64 uint64_t;
```

第 3 章　GD32 开发工具概述

在进行 GD32 嵌入式系统设计的实践操作之前，必须选择一款合适的开发工具才行。随着计算机技术的不断发展，新一代基于 Cortex-M4 内核的微控制器的出现使各种开发工具纷纷更新，以支持 Thumb-2 指令集，呈现出繁荣的景象。本章将简要介绍几种主要的 GD32 开发工具，并详细介绍 Keil MDK 的安装与使用方法，包括具体的安装步骤、库函数工程模板的创建、Keil MDK 软件仿真和程序下载等。

3.1 多种开发工具

3.1.1 开发工具的类型与选择

在设计和开发 GD32 嵌入式系统之前，开发者应先选择一款合适的开发工具。随着微控制器的不断发展，涌现出了众多的开发工具，以支持各种微控制器的系统设计与开发工作。新一代基于 Cortex-M4 内核的微控制器促使大部分的开发工具开始支持 Thumb-2 指令集，使微控制器的开发应用可以更加方便地在 C 语言环境中完成。当前应用较为广泛的开发工具主要有 GCC、Greenhills、Keil、lAR 和 Tasking 等，这些开发工具都很容易获取，并且有些还是免费且开源的。

目前众多的微控制器开发工具百花齐放，各有所长，很难分出优劣。在选用开发工具时，一般建议选用芯片厂商推荐的开发工具。但是由于开发工具种类众多，除了芯片厂商推荐的开发工具，开发者也可以有其他选择。当前的开发工具主要可以分为两大类，一类是免费且开源的，具有“大众”性质的开发工具；另一类是收费的，具有“专业”性质的商业开发工具。

现阶段，免费开发工具的主要代表是基于 GCC 或 GNU 编译器的开发工具，这两种编译器是完全免费且开源的，可以免费下载，并在任何场合都可以放心地使用。目前 GCC 编译器已经被整合到众多的商业集成开发环境（IDE）和调试工具中，因此，涌现出了许多价廉的开发工具和评估开发板。GCC 编译器的可靠性与稳定性较好，但是相对商业平台而言，它生成代码的效率要低一些，而且基于 GCC 编译器的开发工具在使用过程中遇到问题时，无法获得直接的技术支持，这容易导致嵌入式系统的开发进度受阻。

ARM RealView 是 ARM 公司自行推出的产品，它作为商业开发工具而备受关注。它的功能强大在所有开发工具中具有压倒性的优势，但是它高昂的价格也令许多嵌入式系统开发者望而却步。

RealView 编译器是 ARM RealView IDE 系列组件之一，起初只在片上操作系统领域应用较多，没有为微控制器的开发提供很好的支持。但是在 2006 年 2 月，RealView 编译器被整合进了 Keil MDK，形成了一种微控制器开发工具（ARM Microcontroller Development Kit，ARM MDK），从而在微控制器开发领域大展风采。RealView 编译器编译的代码小、性能高，经过不断的发展与优化，已经成为当前业界最优秀的编译器之一。

Keil MDK 是一款完全为基于 ARM 内核的微控制器而打造的开发工具，它的功能更加完善，并为开发者提供了完善的工具集，易于使用。因此，后面均以 Keil MDK 为基础对 GD32 嵌入式系统的设计与实践进行讲解。除了 Keil MDK 开发工具，瑞典 IAR 公司的 Embedded Workbench for ARM 集成开发工具和法国 Raisonance 公司的 RKit-ARM 开发环境等也是不错的选择。

一般而言，简单的嵌入式系统设计不一定要选用商业开发工具，但如果要想实现系统开发的标准化，则选用商业开发工具是值得的，因为选用商业开发工具可以得到更好、更专业的技术支持，从而缩短系统的开发周期。

3.1.2 Keil MDK 的性能优势

Keil MDK 是由德国 KEIL 公司开发的，是 ARM 公司目前最新推出的针对各种嵌入式微控制器的软件开发工具。目前 Keil MDK 的最新版本为 MDK5.39，该版本集成了业内领先的技术，包括 uVision 集成开发环境与 RealView 编译器等。

Keil MDK 支持 ARM7、ARM9 和最新的 Cortex-M 系列内核微控制器，支持自动配置启动代码集成 FLASH 编程模块、强大的 Simulation 设备模拟和性能分析等单元，出众的性价比使得 Keil MDK 开发工具迅速成为 ARM 软件开发工具的标准。目前，Keil MDK 在我国 ARM 开发工具市场的占有率在 90%以上。Keil MDK 主要能够为开发者提供以下开发优势。

（1）启动代码生成向导。启动代码和系统硬件结合紧密，只有使用汇编语言才能编写，因此成为许多开发者难以跨越的门槛。Keil MDK 的 uVision 工具可以自动生成完善的启动代码，并提供图形化的窗口，方便修改。无论是对于初学者还是对于有经验的开发者而言，都能大大节省开发时间、提高系统设计效率。

（2）设备模拟器。Keil MDK 的设备模拟器可以仿真整个目标硬件，如快速指令集仿真、外部信号和 IO 端口仿真、中断过程仿真、片内外围设备仿真等。这使开发者在没有硬件的情况下也能进行完整的软件设计开发与调试工作，软硬件开发可以同步进行，大大缩短了开发周期。

（3）性能分析器。Keil MDK 的性能分析器可辅助开发者查看代码覆盖情况、程序运行时间、函数调用次数等高端控制功能，帮助开发者轻松地进行代码优化，提高嵌入式系统设计开发的质量。

（4）RealView 编译器。Keil MDK 的 RealView 编译器与 ARM 公司以前的工具包 ADS 相比，其代码尺寸比 ADS1.2 编译器的代码尺寸小 10%，其代码性能也比 ADS1.2 编译器的代码性能提高了至少 20%。

（5）ULINK2/P 仿真器和 FLASH 编程模块。Keil MDK 无须寻求第三方编程软硬件的支持，通过配套的 ULINK2 仿真器与 FLASH 编程工具，可以轻松地实现 CPU 片内 FLASH 和外扩 FLASH 烧写，并支持用户自行添加 FLASH 编程算法，而且支持 FLASH 的整片删除、扇区删除、编程前自动删除和编程后自动校验等功能。

（6）Cortex 系列内核。Cortex 系列内核具备高性能和低成本等优点，是 ARM 公司最新推出的微控制器内核，是单片机应用的热点和主流。而 Keil MDK 是第一款支持 Cortex 系列内核开发的开发工具并为开发者提供了完善的工具集。因此，可以用它设计与开发基于 Cortex-M4 内核的 GD32 嵌入式系统。

（7）提供专业的本地化技术支持和服务。Keil MDK 的国内用户可以享受专业的本地化技术支持和服务，如电话、E-mail、论坛和中文技术文档等，这将为开发者设计出更有竞争力的产品提供更多的助力。

此外，Keil MDK 还具有自己的实时操作系统（RTOS），即 RTX。传统的 8 位或 16 位单片机往往不适合使用实时操作系统，但 Cortex-M4 内核除了为用户提供更强劲的性能、更高的性价比，还具备对小型操作系统的良好支持，因此在设计和开发 GD32 嵌入式系统时，开发者可以在 Keil MDK 上使用 RTOS。使用 RTOS 可以为工程组织提供良好的结构，并提高代码的重复使用率，使程序调试更加容易项目管理更加简单。

3.2 Keil MDK 的安装与使用

3.2.1 安装 Keil MDK

1. 获取 Keil MDK 安装包

Keil MDK 的安装包可以到 KEIL 官网（www.keil.com）上下载，官网中的 Keil MDK 下载界面如图 3-1 所示。单击“MDK-Arm”，进入个人信息填写界面，完善个人信息之后即可下载安装包。这里下载的 Keil MDK 版本是 MDK-ARM V5.39，如果有更新的版本，开发者也可以使用。

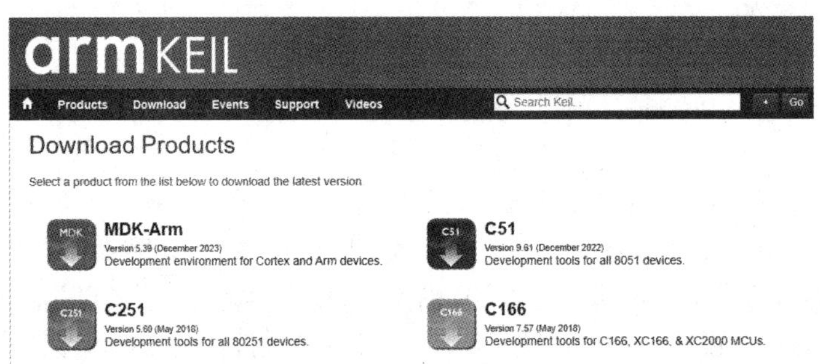

图 3-1　Keil MDK 下载界面

2. 具体安装步骤

下载好安装包后，双击打开，即可安装 Keil MDK。Keil MDK 初始安装界面如图 3-2 所示。在弹出的初始安装对话框中单击“Next”按钮，进入软件使用条款界面，如图 3-3 所示。

在软件使用条款界面中勾选“I agree to all the terms of the preceding License Agreement”复选框，单击“Next”按钮进入安装路径选择界面，如图 3-4 所示。

在安装路径选择界面中选择合适的安装路径，并单击“Next”按钮，进入用户信息填写界面，如图 3-5 所示。

在图 3-4 中的安装路径名一定不能带有中文，并且安装目录不能与 51 单片机的 Keil 或 uVision4 冲突，三者的目录必须分开。

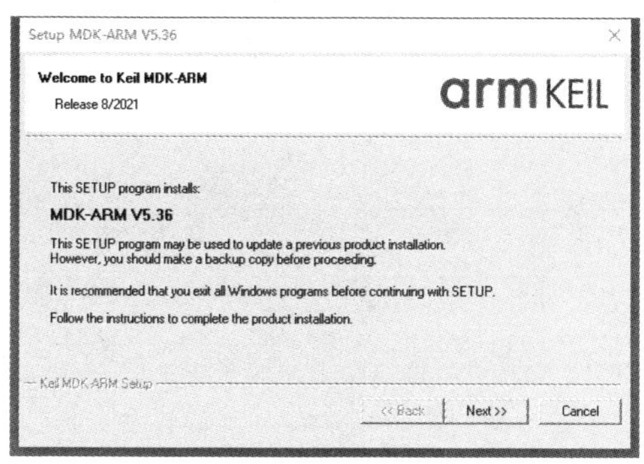

图 3-2　Keil MDK 初始安装界面

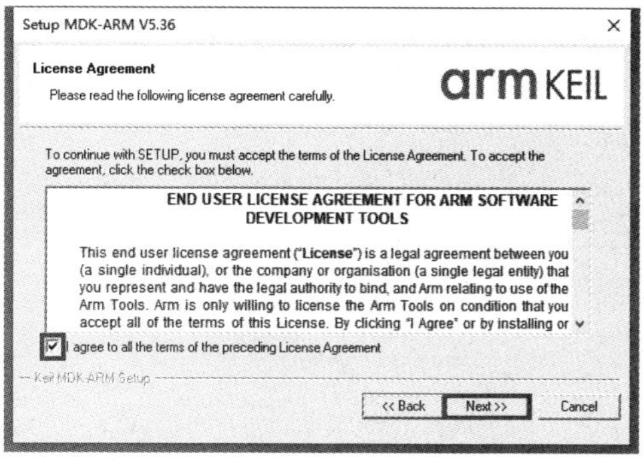

图 3-3　软件使用条款界面

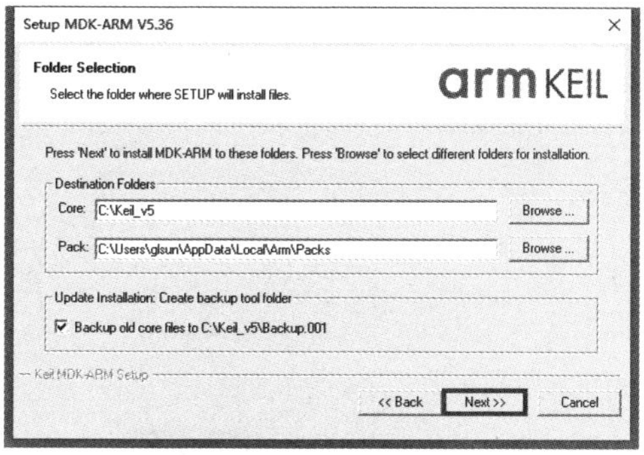

图 3-4　安装路径选择界面

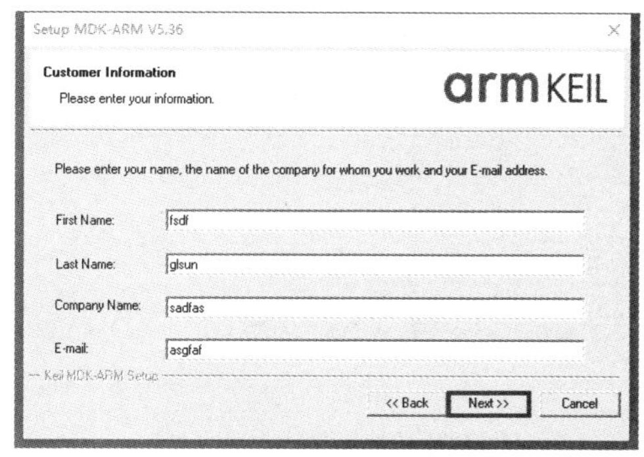

图 3-5　用户信息填写界面

在图 3-5 中，填写用户信息时，个人用户根据自己的情况填写即可，填完之后单击“Next”按钮即正式开始软件的安装，出现安装进度条界面，如图 3-6 所示。

当进度条滚到最右端时，弹出安装完成界面，如图 3-7 所示，单击“Finish”按钮即可完成安装。

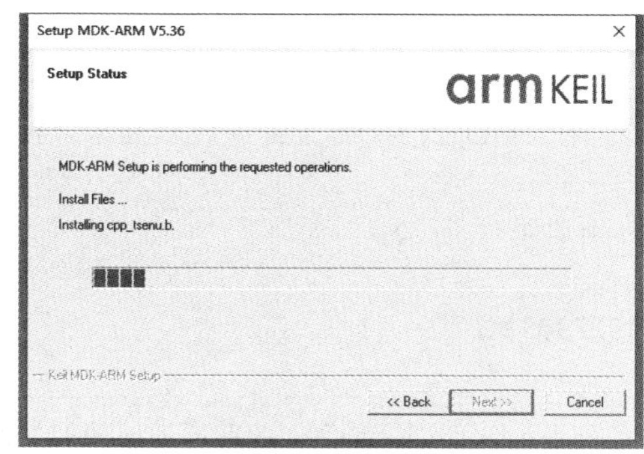

图 3-6　安装进度条界面

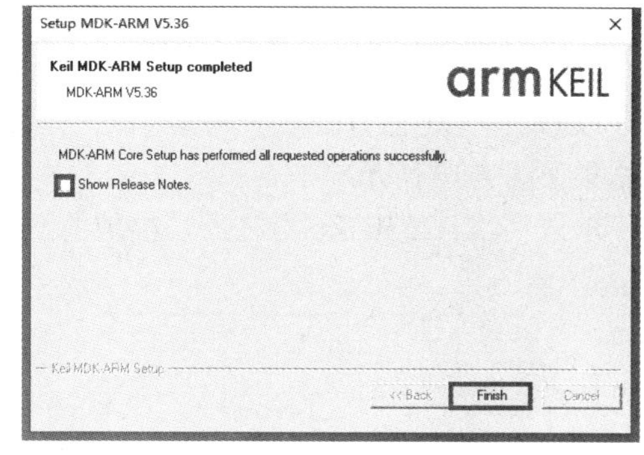

图 3-7　安装完成界面

3. 安装 GD32 系列微控制器包

Keil MDK5 不像 Keil MDK4 那样自带了很多厂商的 MCU 微控制器包，而是需要自己安装相应微控制器的支持包。单击“Finish”按钮，关闭 Keil MDK 安装完成界面后弹出 MCU 微控制器包的安装界面，如图 3-8 所示。Keil MDK 会自动下载各种厂商的 MCU 微控制器包，如果此时计算机没有连接网络或网速较慢，则会出现报错，不过这是没有影响的，可以直接关掉它，手动下载所需要的 MCU 微控制器包再进行安装。这里建议开发者选择手动安装所需要的 MCU 微控制器包。

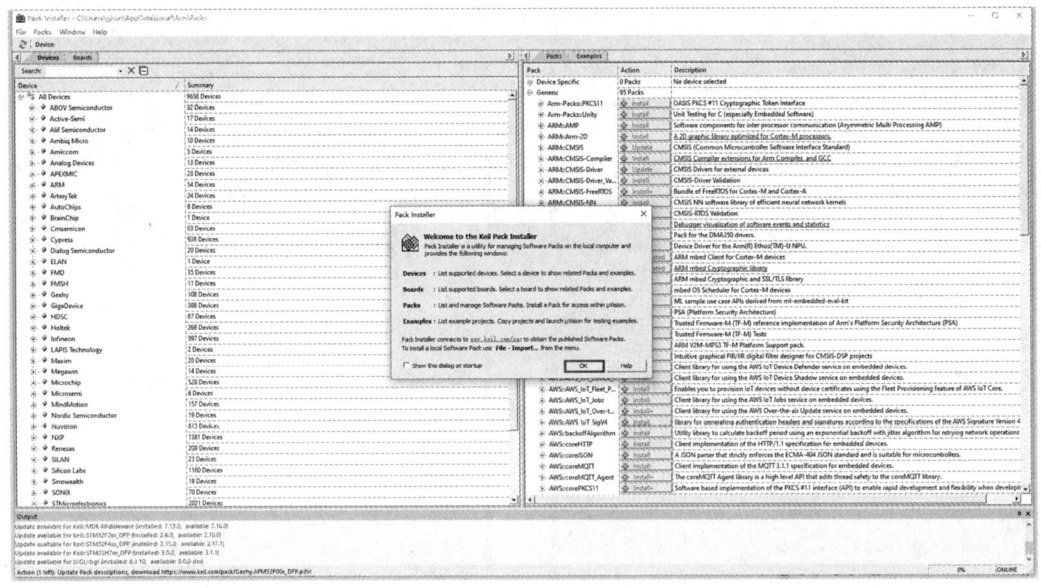

图 3-8　MCU 芯片包的安装界面

GD32 系列微控制器包可以到 KEIL 官网上进行下载。单击官网的“Products”选项，在网页的左边菜单列表中单击“Device Database® Device List”中的“Device List”出现的网页界面如图 3-9 所示的微控制器搜索栏。

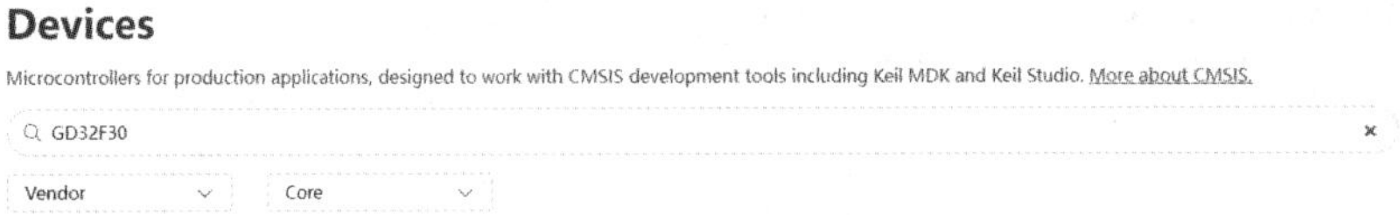

Devices

Microcontrollers for production applications, designed to work with CMSIS development tools including Keil MDK and Keil Studio. More about CMSIS.

GD32F30

Vendor　　Core

图 3-9　微控制器包搜索界面

以 GD32F303ZGT6 微控制器为例，在搜索栏中输入 GD32F303Z 关键字样后回车，搜索的结果如图 3-10 所示。

单击“GD32F303ZG”之后，出现的网页内容如图 3-11 所示。

图 3-10　搜索 GD32F303ZG 微控制器的结果　　图 3-11　网页显示 GD32F303ZG 微控制器的具体信息

在图 3-11 中的“CMSIS Pack”下的“GD32F30x_DFP”就是需要安装的与 GD32F30x 系列微控制器相关的芯片包，要把它下载下来并安装，进入之后出现下载界面如图 3-12 所示。

图 3-12 GD32F30x_DFP 2.2.1 安装包的下载界面

下载成功后的 GD32F30x 系列微控制器包的名称为“GigaDevice.GD32F30x_DFP.2.2.1.pack”。单击该安装包出现的安装界面如图 3-13 所示。

单击图 3-13 中的“Next”按钮就出现安装的进度条，安装完成后的界面如图 3-14 所示。

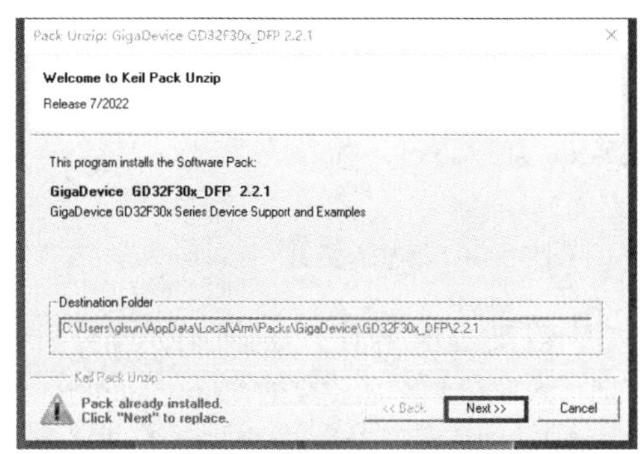

图 3-13 GigaDevice.GD32F30x_DFP.2.2.1.pack 安装界面

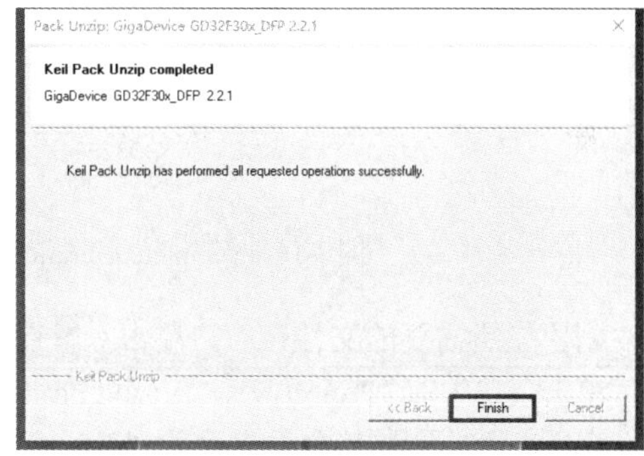

图 3-14 GigaDevice.GD32F30x_DFP.2.2.1.pack 安装完成界面

单击“Finish”按钮后，到此所有安装工作全部结束，就可以开始使用 Keil MDK 开发工具编写程序了。

3.2.2 创建库函数工程模板

现在有了开发工具，基于第 2 章对 GD32 标准函数库的学习，就可以利用所安装的 Keil MDK 软件建立 GD32 嵌入式系统的工程了。利用 GD32 标准函数库新建工程的步骤烦琐，通常的做法是，先使用 GD32 标准函数库建立一个空的工程作为通用工程模板，当设计和开发实际的 GD32 嵌入式系统时，直接复制这个通用工程模板即可。在通用工程模板的基础上进行修改和开发，可提高系统开发的效率。

1. 创建工程框架

为了使工程目录更加清晰，先在本地计算机上新建一个“Template”文件夹，再在该文件夹中新建四个文件夹，分别命名为 Project、Libraries、User 和 Utilities。其中 Project 文件夹用于存放工程文件；Libraries 文件夹用于存放 GD32 库文件；User 文件夹用于存放用户自己定义的 C 源文件及 H 头文件；Utilities 文件夹用于存放用户一些说明文件等。创建的文件夹如图 3-15 所示。

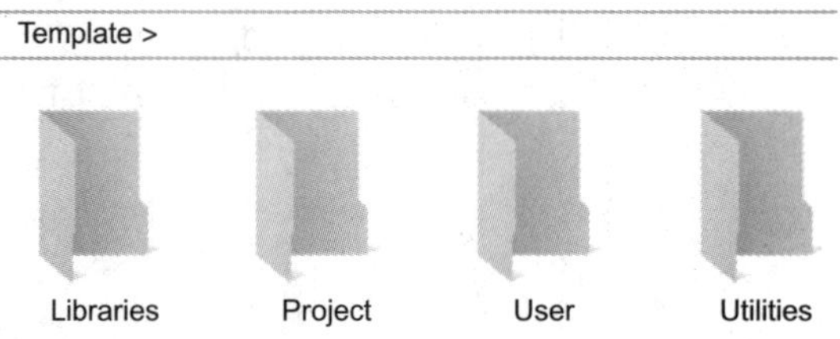

图 3-15　Template 目录下的文件夹

以 GD32F30X 系列微控制器为例，将第 2 章中从 GD 官网下载下来的“GD32F30x_Firmware_Library”文件夹下的 CMSIS、GD32F30x_standard_peripheral、GD32F30x_usbd_library 和 GD32F30x_usbfs_library 这四个文件夹的内容全部复制到 Libraries 文件夹下，如图 3-16 所示。

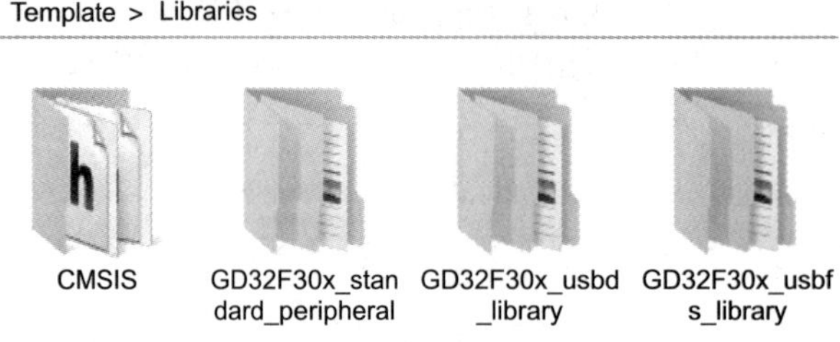

图 3-16　Template\Libraries 目录下的 GD32F30x 标准库函数

创建完所需要的文件夹后，单击 图标，打开 Keil MDK 软件，如图 3-17（a）所示。

单击菜单中的“Project\New uVision Project...”，把目录定位到刚才建立的“Template\Project\”文件夹下，并将工程文件名命名为“Template”，并单击“保存”按钮，如图 3-17（b）所示。

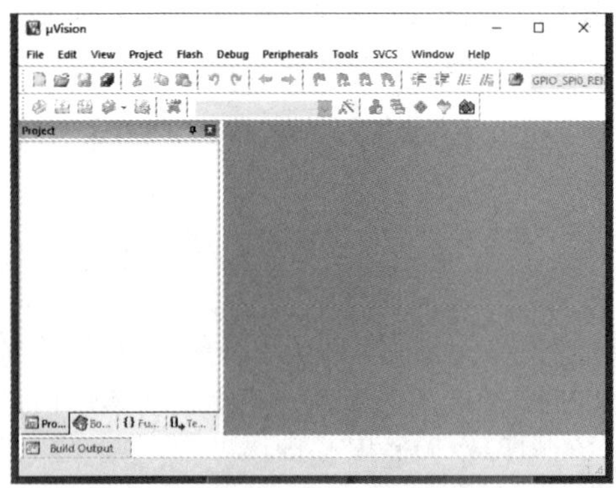

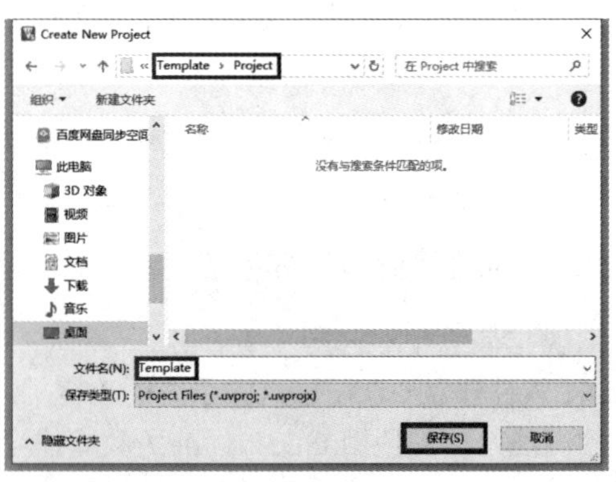

图 3-17（a）　Keil MDK 运行后初始界面　　　　图 3-17（b）　新建工程文件名

弹出如图 3-18 所示的界面，在“GigaDevice”选项卡中选中“GD32F303ZGT6”，并单击“OK”按钮。

在单击图 3-18 中的“OK”按钮之后，会出现如图 3-19 所示的“Manage Run-Time Environment”界面。

在图 3-19 中，单击“Cancel”按钮后，出现如图 3-20 所示的工程界面框架。

图 3-20 只是空的一个工程界面框架，还需要进一步添加对应的启动代码和文件等。

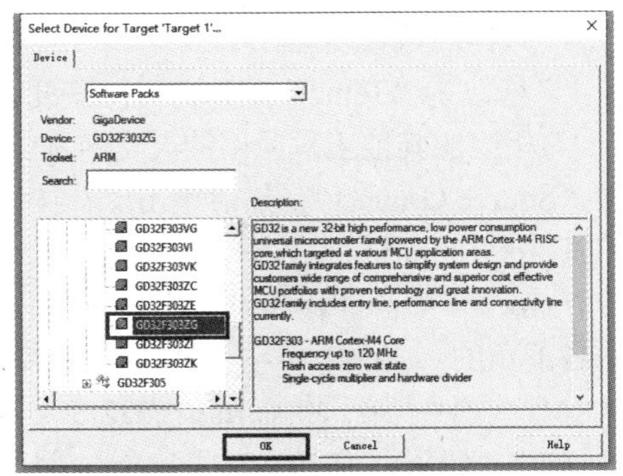

图 3-18　MCU 型号选择界面

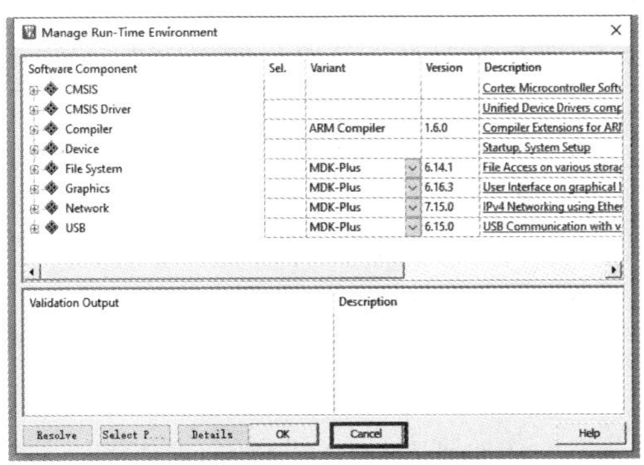

图 3-19　“Manage Run-Time Environment”界面

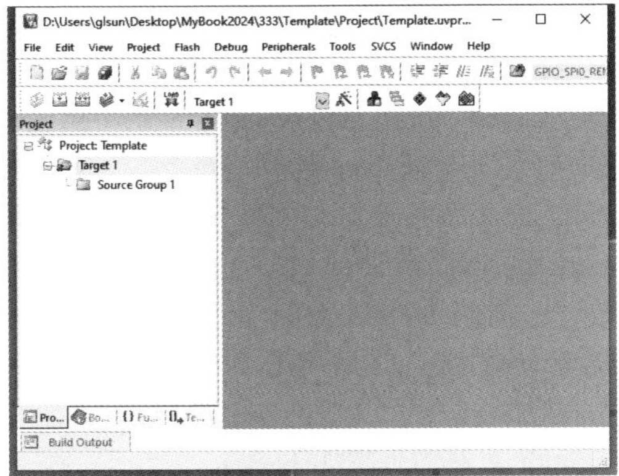

图 3-20　Template 工程界面框架（一）

在刚才建立的 Project 文件夹下会多了 Listings 和 Objects 两个文件夹以及 Template.uvoptx 和 Template.uvprojx 两个文件，如图 3-21 所示。

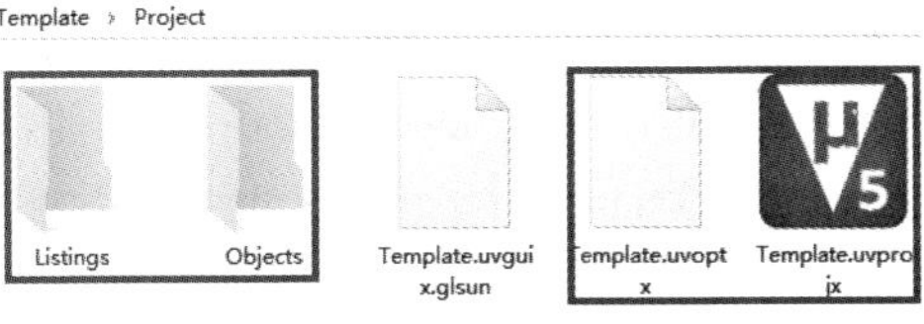

图 3-21　Template 工程界面框架（二）

其中，Template.uvprojx 文件是工程文件，非常重要，不能删除；Listings 和 Objects 两个文件夹是 Keil MDK 软件自动生成的文件夹，分别用于存放在编译过程中产生的中间文件。

下面把一些必要的文件添加到 Template 工作管理器中。

2. 添加文件

将 GD32 标准函数库中的文件复制到对应的文件夹后，初始的工程框架就基本完成了，接下来需要通过 Keil MDK 将这些文件加入工程管理器中去。右键单击“Target 1”，选择“Manage Project Items...”选项，操作如图 3-22 所示。

或者单击工具栏上的 图标，弹出如图 3-23 所示的项目分组管理（Manage Project Items）界面。

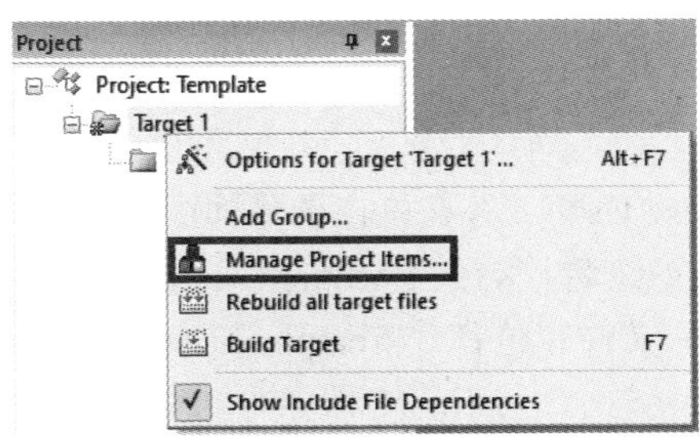

图 3-22　选择“Manage Project Items...”选项

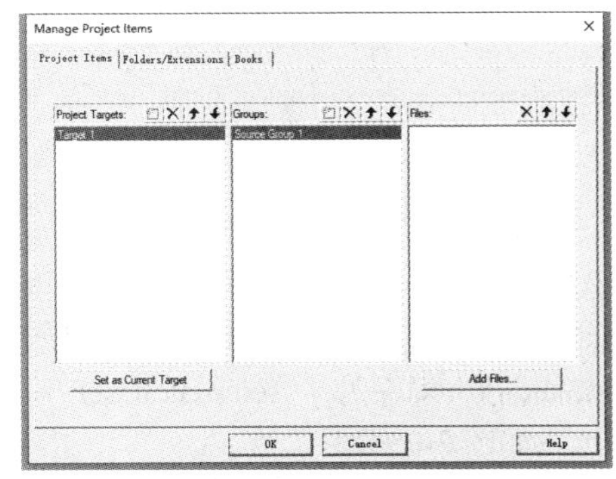

图 3-23　项目分组管理界面

在项目分组管理（Manage Project Items）界面中，具体的操作步骤如下：

（1）在“Projects Targets：”一栏中，将“Target 1”修改为“Template”。同样，在设计和开发实际的嵌入式系统时，也可以将“Template”改为相应的其他工程应用的英文名称。

（2）在“Groups：”一栏中单击 ✕ 按钮，删除“Source Group 1”，然后单击 按钮新建四个 Groups，分别命名为 Startup、CMSIS、GD32F30x_Libraries 和 User。

（3）在 Startup、CMSIS、GD32F30x_Libraries 三个 Groups 中添加程序设计所必需的文件。

1）选中“Groups”一栏中的 Startup，然后单击右下角的 Add Files... 按钮，定位到：“\Template\Libraries\CMSIS\GD\GD32F30x\Source\ARM\”文件夹下，将 startup_gd32f30x_xd.s 启动文件添加到 Startup 组所对应的 Files 栏中，之后单击“Close”按钮，完成 Startup 组中所需要文件的添加。

2）选中“Groups”一栏中的 CMSIS，然后单击右下角的 Add Files... 按钮，定位到：“\Template\Libraries\CMSIS\GD\GD32F30x\Source\”文件夹下，将 system_gd32f30x.c 启动文件添加到 CMSIS 组所对应的 Files 栏中，之后单击“Close”按钮，完成 CMSIS 组中所需要文件的添加。

3）选中“Groups”一栏中的 GD32F30x_Libraries，然后单击右下角的 Add Files... 按钮，定位到：“\Template\Libraries\GD32F30x_standard_peripheral\Source\”文件夹下，将相应的外设库函数文件添加，例如要用到 gpio 和 rcu 外设，则添加 gd32f30x_rcu.c 和 gd32f30x_gpio.c 到 GD32F30x_standard_peripheral 组所对应的 Files 栏中，之后单击“Close”按钮，完成 GD32F30x_standard_peripheral 组中所需要文件的添加。

（4）在 User 的 Groups 中创建新的 main.c 和 main.h 文件的步骤如下：

1）右键单击“User”，选择“Add New Item to Group ‘User’...”，在弹出的界面中选择“C File（.c）”，在“Name：”文本框中输入 main.c 文件名，在“Location：”文本框中修改“\Template\Project”为“\Template\User”，将 main.c 文件定位在“\Template\User”目录下。操作过程如图 3-24 所示。

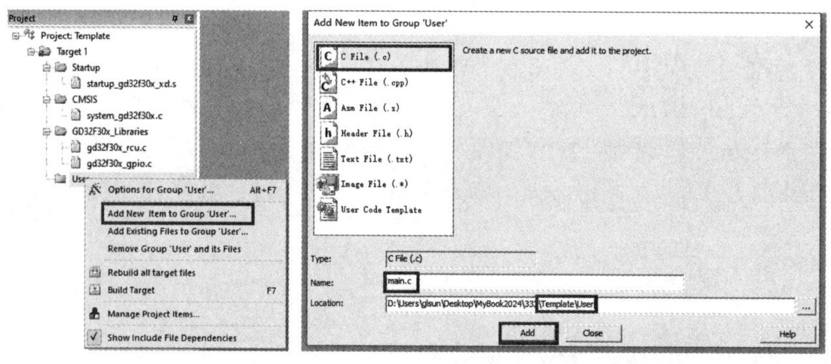

图 3-24　添加 main.c 文件到 User 组的操作过程

2）右键单击“User”，选择“Add New Item to Group ‘User’...”，在弹出的界面中选择“Header File（.h）”，在“Name：”文本框中输入 main.h 文件名，在“Location：”文本框中修改“\Template\Project”为“\Template\User”，将 main.h 文件定位在“\Template\User”目录下。操作过程如图 3-25 所示。

3）若在 User 组中添加其他新的源文件和头文件，可以直接参照上述的步骤 1）和步骤 2）

操作即可。

经过前面的操作，GD32 嵌入式系统设计所需要的基本文件就添加到工程管理器中了，回到工程主界面，现在就可以在主界面中看到之前所添加的文件了。

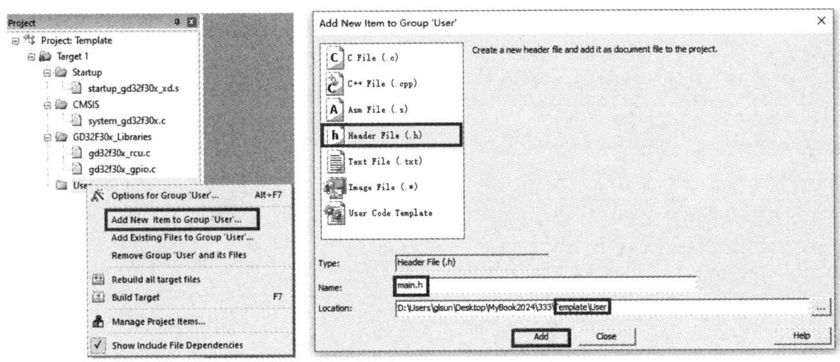

图 3-25　添加 main.h 文件到 User 组的操作过程

（5）在 main.c 和 main.h 添加基本代码。

在 main.c 文件中将 gd32f30x.h 头文件和 main.h 头文件添加到 main.c 源文件中，具体的操作步骤如下：

1）在 main.c 中的空白处右键单击，在弹出的菜单中选择“Insert ‘#Include file’”选项卡下的“gd32f30x.h”选项。

2）在 main.c 中输入“#include “main.h””文本。

3）在 main.c 中输入 main( )函数。

4）在 main.h 中添加如下代码：

```
#ifndef __MAIN_H__
#define __MAIN_H__


#endif
```

5）复制 gd32f30x_libopt.h 头文件到“\Template\User”文件夹下。如果找不到该头文件，可以参照步骤 2）在“\Template\User”文件夹创建一个“gd32f30x_libopt.h”头文件，并在该头文件中输入以下内容：

```
#ifndef GD32F30X_LIBOPT_H
#define GD32F30X_LIBOPT_H

#include "gd32f30x_rcu.h"
#include "gd32f30x_adc.h"
#include "gd32f30x_can.h"
#include "gd32f30x_crc.h"
#include "gd32f30x_ctc.h"
#include "gd32f30x_dac.h"
#include "gd32f30x_dbg.h"
#include "gd32f30x_dma.h"
#include "gd32f30x_exti.h"
#include "gd32f30x_fmc.h"
```

```
#include "gd32f30x_fwdgt.h"
#include "gd32f30x_gpio.h"
#include "gd32f30x_i2c.h"
#include "gd32f30x_pmu.h"
#include "gd32f30x_bkp.h"
#include "gd32f30x_rtc.h"
#include "gd32f30x_sdio.h"
#include "gd32f30x_spi.h"
#include "gd32f30x_timer.h"
#include "gd32f30x_usart.h"
#include "gd32f30x_wwdgt.h"
#include "gd32f30x_misc.h"
#include "gd32f30x_enet.h"
#include "gd32f30x_exmc.h"

#endif /* GD32F30X_LIBOPT_H */
```

6）同样，复制 gd32f30x_it.c 和 gd32f30x_it.h 两个文件到“\Template\User”文件夹下，并将 gd32f30x_it.c 文件添加到工程管理器中的“User”组中。

最后基本的工程界面如图 3-26 所示。

3. 配置工程

此时编译工程，仍然会出现比较多的错误，因此还要对 Template 工程管理器进行配置。此时的工程还找不到它所对应的程序头文件，需要告诉 Keil MDK 软件在哪些路径下能够搜索到工程所需要的头文件，即头文件目录。任何一个工程都需要把其引用的所有头文件路径包含进来，这部分工作是在魔术棒选项卡的配置界面中进行的。

在工程管理器主界面，单击工具栏中的图标按钮，或者右键单击工程管理器界面左边的“Project”栏中的“Template”选项，在弹出的选项卡中选择 Options for Target 'Template'... Alt+F7，或者从工程界面的菜单项“Project”下，选择 Options for Target 'Template'... Alt+F7，进入魔术棒选项卡的配置界面，如图 3-27 所示。

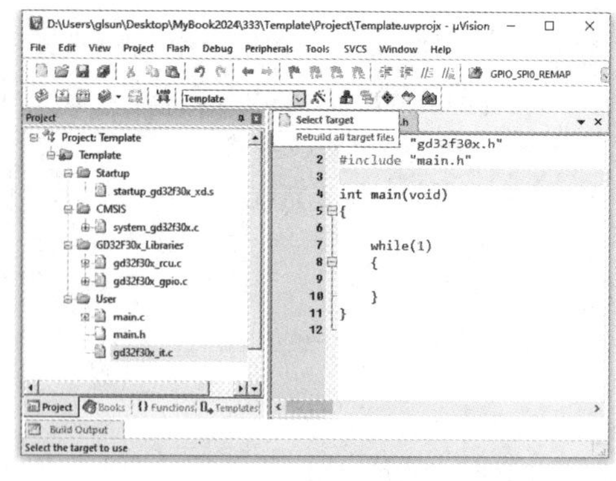

图 3-26　Template 工程主界面

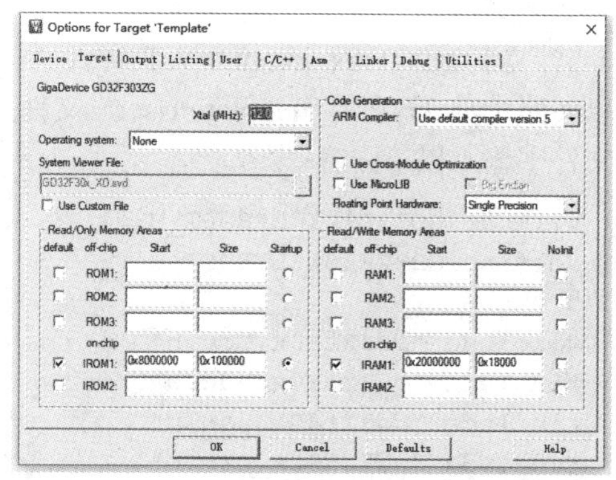

图 3-27　魔术棒选项卡的配置界面

魔术棒选项卡的配置十分重要，它不仅限于为工程添加头文件路径，许多用户的串口用不了 printf 函数、编译有问题或下载有问题等，都是因为魔术棒选项卡的配置出了问题。

魔术棒的一些必要配置方法如下：

（1）在魔术棒选项卡配置界面中的“Target”选项卡中，先将芯片和外部晶振频率设置为 8.0MHz（GD32F30x 标准函数库默认采用的是 8.0MHz 的晶振，也可以根据实际应用要求对芯片和外部晶振进行修改），再勾选“Use MicroLIB”复选框，这样在设计串口驱动程序时，就可以使用 printf 函数了，如图 3-28 所示。

（2）在 Output 选项卡中，把输出文件夹定位到“\Template\Project\Objects\”文件夹下，这是 Keil MDK 软件的默认选项，用于存放在编译过程中产生的调试信息、预览信息和封装库等文件。如果想要更改输出文件夹，则可以通过该方法把输出文件夹定位到其他文件夹中。如果想在编译过程中生成.hex 文件（.hex 文件为程序设计完成后下载到微控制器上进行硬件调试的文件），则需要勾选“Create HEX File”复选框。如果需要 elf 调试信息文件，则需要将“Name of Executable”文本框中修改为“Template.elf”文件名即可。Output 选项卡的配置界面如图 3-29 所示。

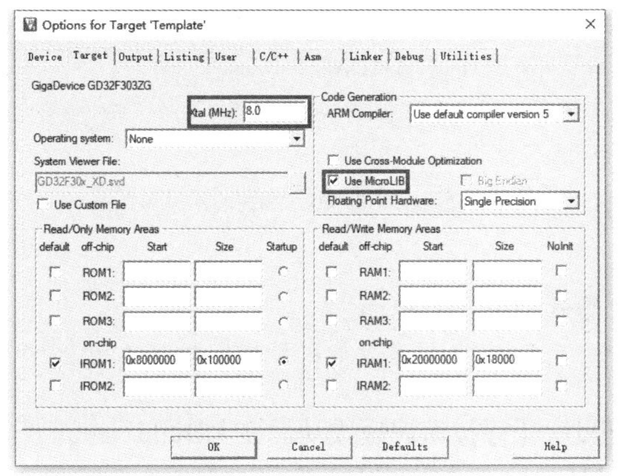

图 3-28　魔术棒的 Target 选项卡的配置界面

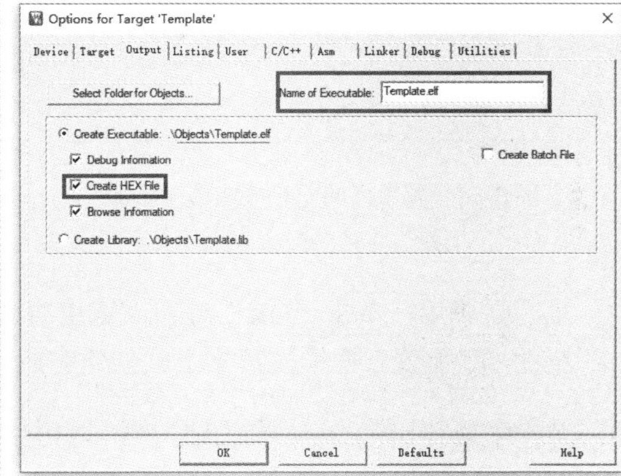

图 3-29　魔术棒的 Output 选项卡的配置界面

（3）在 Listing 选项卡中，把输出文件夹定位到“\Template\Project\Listings\”文件夹下，这个文件夹也是 Keil MDK 的默认选项，用于存放在编译过程中产生的 C/汇编链接的列表清单等文件。若要更改输出文件夹，则可以用该方法选择其他文件夹。

（4）在 C/C++选项项卡中，添加编译器编译时需要查找的头文件目录和处理宏，具体步骤如下。

1）添加头文件路径。C/C++选项卡中单击“Include Paths”最右边的 图标按钮后，出现添加头文件界面如图 3-30 所示。单击“Setup Compiler Include Paths”界面右上角的 图标按钮需要添加如下的头文件路径。

◆ 添加“..\Template\User\”。

◆ 添加“..\Template\Libraries\CMSIS\”。

◆ 添加“..\Template\Libraries\CMSIS\GD\GD32F30x\Include\”。

◆ 添加“..\Template\Libraries\GD32F30x_standard_peripheral\Include\”。

最后添加完毕之后，单击“OK”按钮，则配置头文件完成。

2）添加宏。GD32 标准函数库在配置和选择外设时是通过宏定义来选择的，所以需要配置一个全局的宏定义变量，继续在 C/C++选项卡中的“Preprocessor Symbols”栏目下的“Define:”右边的文本框中填写“GD32F30X_XD, USE_STDPERIPH_DRIVER”。两个标识符中间是英文逗号不是中文逗号。GD32F30X_XD 宏的作用是告诉 GD32 标准函数库，所使用的 GD32 芯片类型是大容量的，使 GD32 标准函数库能够根据选定的芯片型号进行配置。如果选用的 GD32F30x 芯片是中小容量的，那么需要将 GD32F30X_XD 修改为 GD32F30X_HD。USE_ STDPERIPH_DRIVER 宏的作用是让 gd32f30x.h 包含 gd32f30x_libopt.h 头文件。最终 C/C++选项卡中配置的内容如图 3-31 所示。

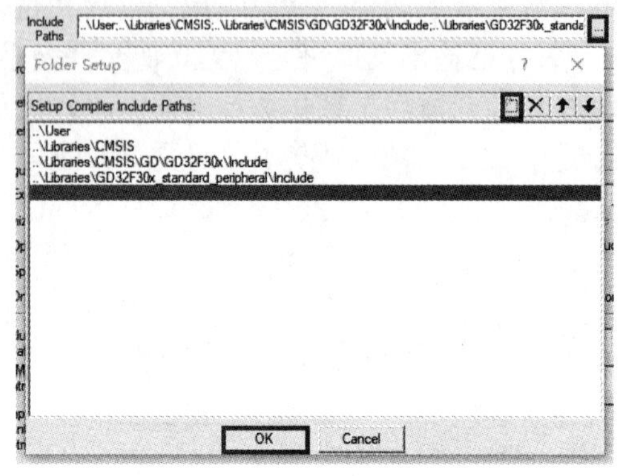

图 3-30 魔术棒的 C/C++选项卡添加并头文件的配置界面

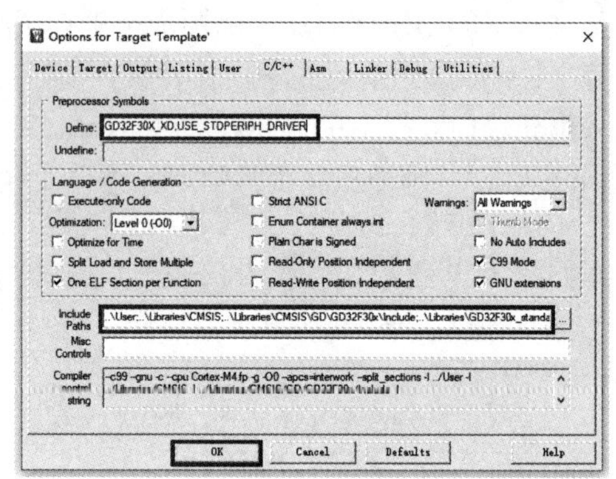

图 3-31 魔术棒的 C/C++选项卡的配置界面

填写完毕后，单击“OK”按钮，退出魔术棒选项卡配置界面。

至此，库函数工程模板基本上就创建完成了。可以正确编译该工程项目里的所有文件了。

单击工具栏中的 Rebuild（Rebuild all target files）“Rebuild”图标按钮编译成功后在“Build Output”界面输出“0 Error（s），0 Warining（s）”提示，说明工程项目编译成功。同时生成的调试信息文件 Template.elf 和下载 Template.hex 文件也出现在“..\Template\Project\Objets\”文件夹中，如图 3-32 所示。“Build Output”界面的提示信息如图 3-33 所示。

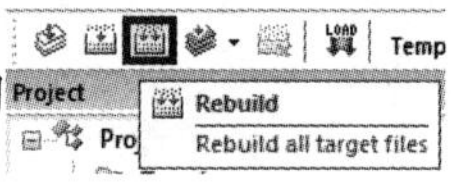

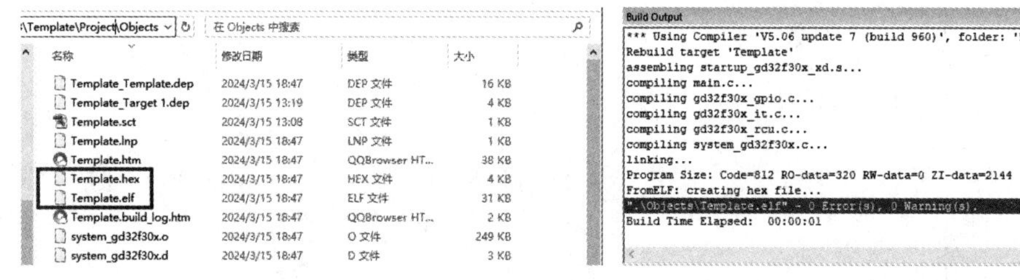

图 3-32 编译成功的下载文件和调试

图 3-33 “Build Output”界面的提示信息

3.3 GD32 的程序下载

GD32 的程序下载方法有很多，主要有串口下载（ISP 下载）、USB 下载、JTAG/SWD 下载等。其中，常用的下载方法是串口下载和 JTAG/SWD 下载。但串口下载只能下载程序，无法实现跟踪调试。而通过 JTAG/SWD 下载程序，可以通过调试工具对程序进行实时跟踪，从而能够及时发现程序的漏洞，使嵌入式系统设计过程事半功倍。

3.3.1　利用串口下载程序

利用串口实现 GD32 的程序代码下载，需要串口下载软件的支持，GD 官方的 GD32 的下载软件是“GigaDevice MCU ISP Programmer.exe”。

以 GD32F303ZGT6 微控制器为例，使用串口下载程序时，首先需要将系统 BOOT 模式设置为从系统存储器启动，即需要将硬件 BOOT1 接地，BOOT0 接电源 3.3V 连接。在这种模式下，当 GD32 系统复位后，不会执行用户代码程序，所以每次下载完程序后，BOOT0 必须重新接地才能从 FLASH 开始运行程序。GD32 系统 BOOT 模式如表 3-1 所示。

表 3-1　　GD32 系统 BOOT 模式

启动模式选择引脚		引导源选择	说　明
BOOT1	BOOT0		
X	0	主 FLASH 存储器	FLASH 存储器启动是将程序下载到内置的 FLASH 里进行启动（该 FLASH 可运行程序），该程序可以掉电保存，下次开机可自动启动，这是正常的工作模式
0	1	引导装载程序	引导装载程序将用户程序写入一块特定的区域，一般由厂家直接写入，不能被随意更改或擦除，这种模式启动的程序功能由厂家设置
1	1	片上 SRAM	片上 SRAM 被选为启动区域，由于 SRAM 掉电丢失，不能保存程序，这种模式可以用于调试

运行 GigaDevice MCU ISP Programmer.EXE 文件的界面如图 3-34 所示。

在图 3-34 中，Port Name 选择上位机的串口号，Baud Rate 用于设置串口通信波特率，BootSwitch 用于设置是手动还是自动进入启动模式。设置好参数后，单击“Next”按钮进入下一个界面如图 3-35 所示。

在单击图 3-34 的“Next”按钮之前，如果是设置为手动启动模式，则需要在硬件平台上将 BOOT0 置高电平，同时按下硬件平台上的复位按键，保证硬件平台上的 GD32F303ZGT6 微控制器已经运行在系统存储器模式下。

单击图 3-35 中的“Next”按钮，出现的是 GD32 MCU 的编程界面如图 3-36 所示。

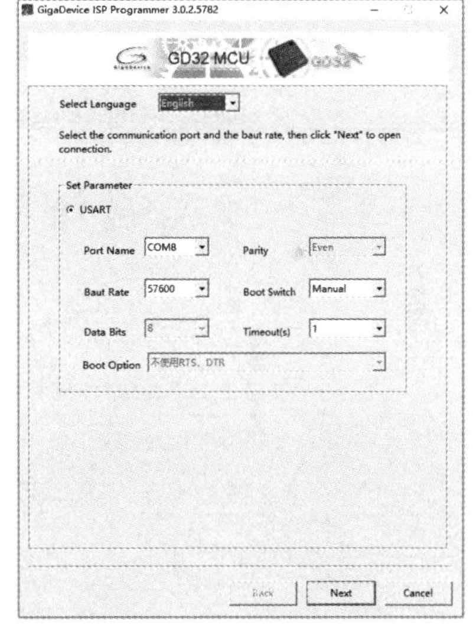

图 3-34　GigaDevice MCU ISP Programmer 串口下载软件界面（一）

在图 3-36 中，选择“Download to Device”选项，并单击“OPEN”按钮，选择要下载的 hex 程序（.hex），然后单击“Next”按钮后出现下载进度条，下载成功后进度条上显示“Finish! 100%”，最后单击“Finish”按钮就完成了串口下载程序的过程，并且硬件平台上的软件开始运行起来了。

3.3.2　JTAG/SWD 程序下载与调试

利用串口只能下载代码，并不能实时跟踪调试，而利用调试工具（如 J-LINK、ULINK、CMSIS-DAP Debugger 等）可以实时跟踪程序，从而及时发现程序中的错误，提高嵌入式系统开发的效率。

下面以 CMSIS-DAP Debugger 调试器为例，讲解如何在线调试 GD32。CMSIS-DAP Debugger 能够支持 JTAG 和 SWD 两种模式，GD32 也支持 JTAG 和 SWD 两种模式。所以，调试方法有两种，这两种调试方法的过程非常相似，区别在于采用 JTAG 调试时，占用的 I/O 线比较多，而采用 SWD 调试时，只需要两根 I/O 线即可。

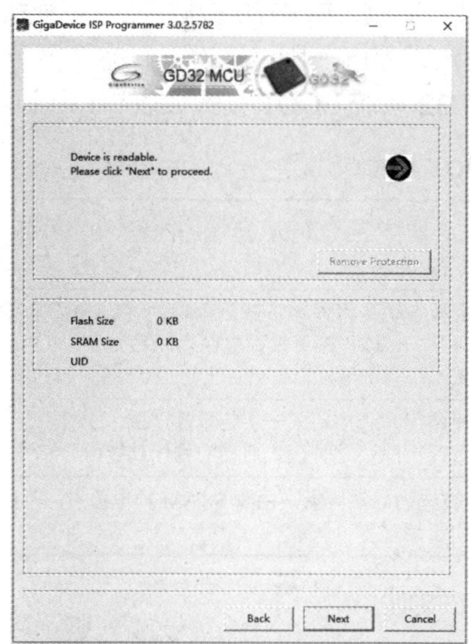

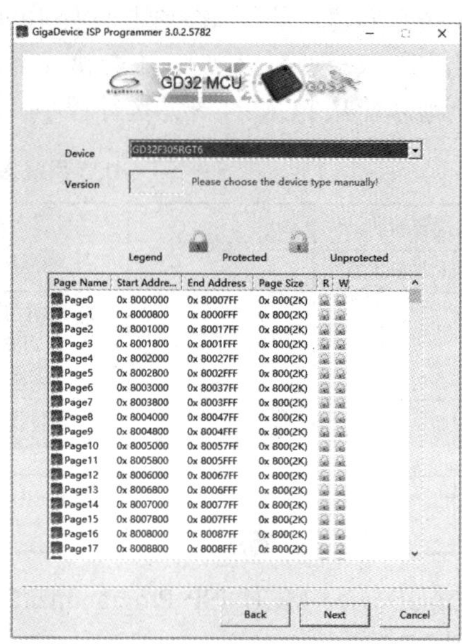

图 3-35 GigaDevice MCU ISP Programmer 串口下载软件界面（二）

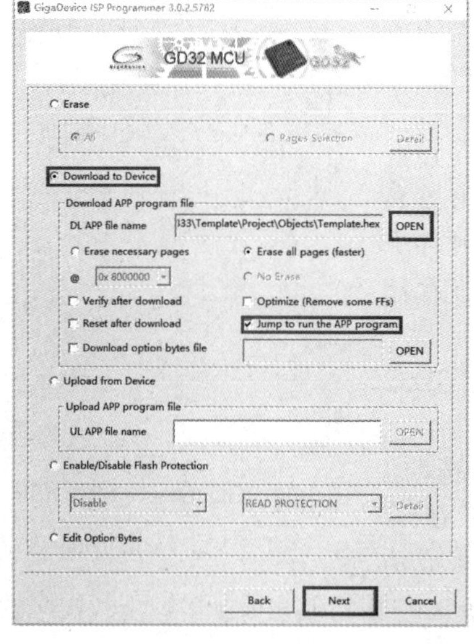

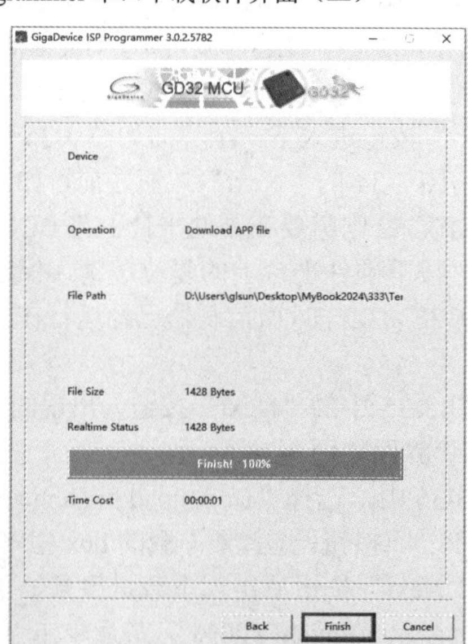

图 3-36 GigaDevice MCU ISP Programmer 串口下载软件界面（三）

用 CMSIS-DAP Debugger 好处是开发者无需要安装驱动程序，在 Keil MDK 中集成有对 CMSIS-DAP Debugger 的支持。

单击魔术棒 图标按钮，打开“Debug”选项卡，选择“CMSIS-DAP Debugger”仿真工具，如图 3-37 所示。

在图 3-37 中，将“Load Application at Startup”和“Run to main( )”两个复选框打勾。只要单击仿真就会直接运行到 main 函数位置。如果没选择该得选框，则会先执行 startup_gd32f30x_xd.s 文件中的 Reset_Handler，再跳转到 main 函数位置。单击“Settings”按钮，设置 CMSIS-DAP Debugger 参数，如图 3-38 所示。

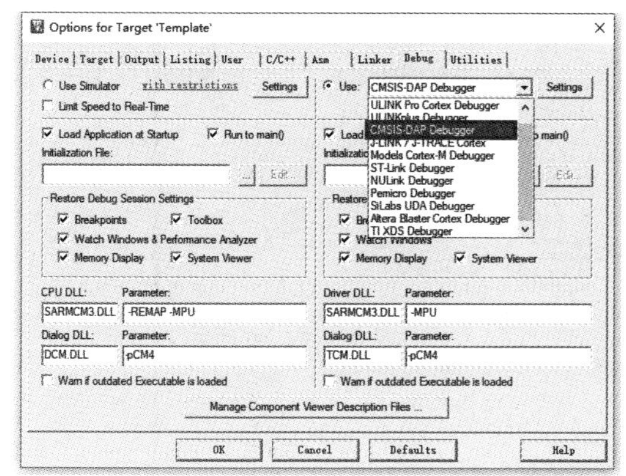

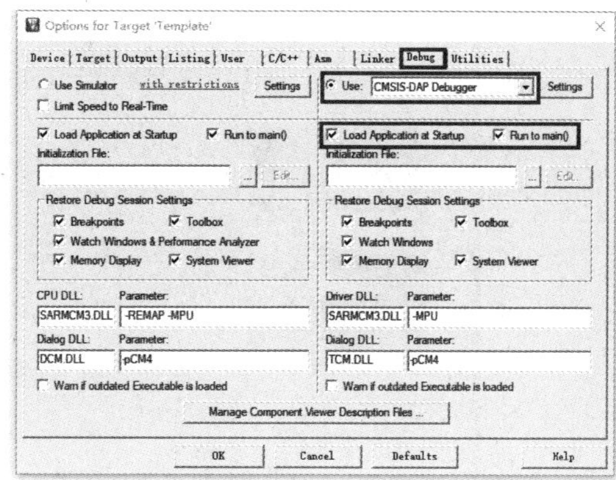

图 3-37　选择 Debug 选项卡选择 CMSIS-DAP Debugger 仿真工具

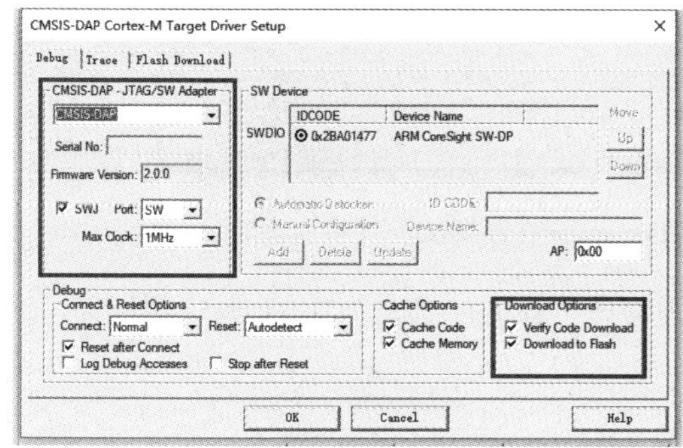

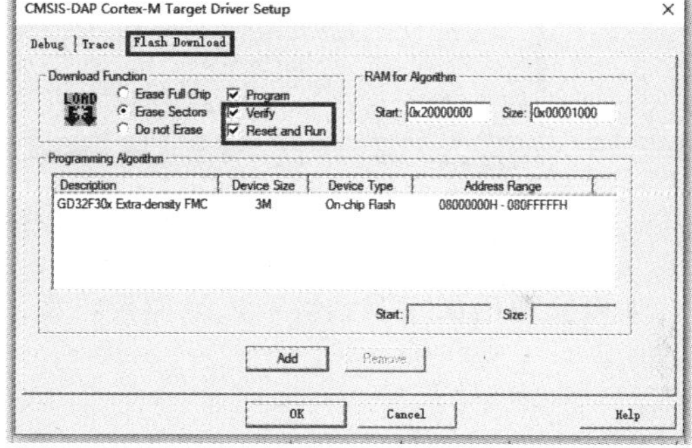

图 3-38　设置 CMSIS-DAP Debugger 参数

在图 3-38 中，使用 CMSIS-DAP Debugger 的 SWD 模式调试，如果要选用 JTAG 模式，则只需要将“Port:”选项设置为 JTAG 即可。在“MAX Clock:”选项中，一般默认为 1MHz，可以将 SWD 模式的调试速度设置为 10MHz。

在“Debug”选项卡中，将“Download Options”中的“Verify Code Download”和“Download Flash”复选框打勾。在 CMSIS-DAP Debugger 下载程序时，下载到 FlASH 中，并校验代码。

在“Flash Download”选项卡中“Download Function”中的“Verify”和“Reset and Run”复选框打勾。下载完成后程序开始运行。

在全部设置完之后，单击“OK”按钮，回到工程管理主界面，之后再编译工程。如果只是下载程序，可以直接单击工程管理主界面的工具栏中的 图标即可将程序下载到 GD32 中，非常方便。

如果需要通过 SWD/JTAG 实现程序的在线调试，单击工程管理主界面的工具栏中的 图标就可以对 GD32 进行在线仿真调试，如图 3-39 所示。

在图 3-39 中，因为勾选了“Run to main( )”复选框，所以程序直接就运行到 main 函数的入口处，光标指向 main.c 的第 8 行最左边的灰色区域上，左击该灰色区域，可以设置一个断点，单击工程管理器工具栏中的图标，程序会执行到该断点处。在断点处再左击该断点灰色区域，可以取消断点的设置。

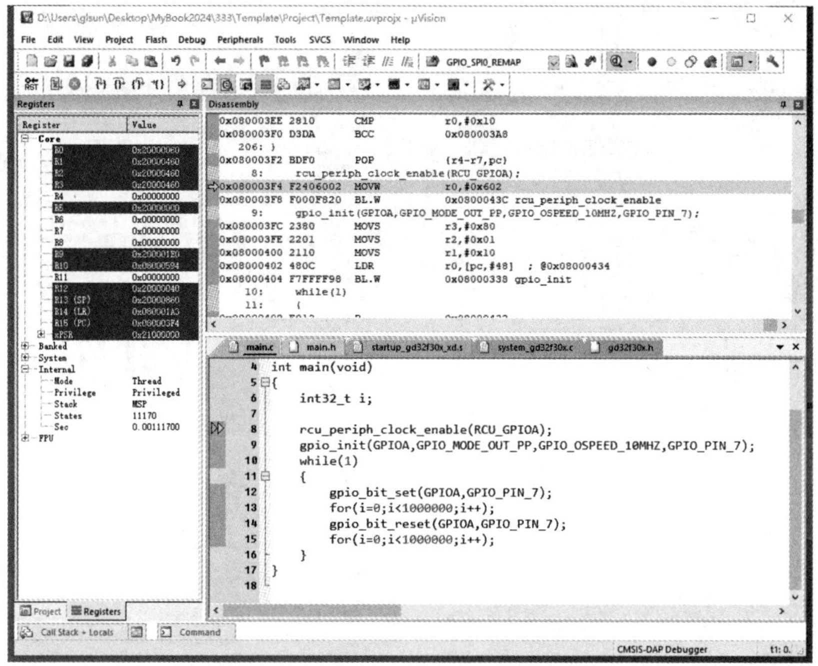

图 3-39　CMSIS-DAP Debugger 在线调试

如果要退出在线调试模式，只需再单击工程管理主界面的工具栏中的图标即可。

第 4 章　启动文件和 SysTick

4.1　启　动　文　件

4.1.1　概述

在 GD32F30X 系列微控制器上电启动后，程序并不是直接从 C 语言的 main 函数开始执行，在执行 main 函数之前，需要先执行一段汇编程序和调用 C 语言编写的资源硬件的初始化工作，其主要实现的功能如下：

（1）初始化栈指针 MSP=_initial_sp。

（2）初始化复位程序计数寄存器值=Reset_Handler。

（3）初始化异常/中断向量表。

（4）系统时钟配置。

（5）C 库函数_main 初始化用户堆栈的调用。

在完成以上功能之后，最终调用 main 函数进入 C 程序并开始执行。启动文件是必须的，而且只能使用汇编程序实现。除启动文件代码外，其他的用户应用程序都可以用 C 语言来实现。

由于不同型号的微控制器内部结构会有些不同，因此使用的启动文件也可能会不一样。本书实例工程文件中的 GD32F303ZGT6 微控制器使用的启动文件是 startup_gd32f30x_ xd.s。

4.1.2　启动过程

复位后，首先对栈和堆的大小进行定义，并在代码区的起始处建立异常/中断向量表，其第一个表项是栈顶地址，第二个表项是复位中断服务入口地址。然后在复位中断服务程序中跳转执行 C/C++标准实时库的__main 函数，完成用户栈等的初始化后，最后跳转.c 文件中的 main 函数开始执行 C 程序。

1. 初始化 SP、PC、向量表

当系统复位后，处理器首先读取向量表中的前两个字（8 个字节），第一个字存入 MSP，第二个字为复位向量，也就是程序执行的起始地址，如图 4-1 所示。

GD32F30X 系列微控制器这时自动从 0x0800 0000 位置处读取数据赋给栈顶指针 SP，然后自动从 0x0800 0004 位置处读取数据赋给 PC，完成了复位操作，SP= 0x2000 0690，PC = 0x0800 0148。初始化 SP、PC 后紧接着就初始化向量表。

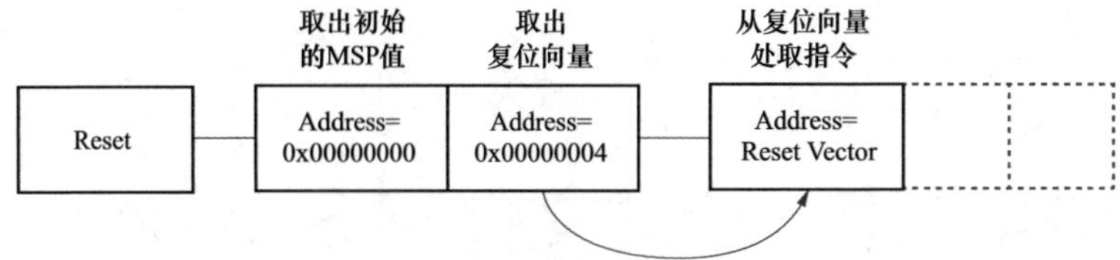

图 4-1　GD32F30X 系列微控制器的启动过程示意图

2. 设置系统时钟

设置系统时钟如图 4-2 所示。通过反汇编看出，硬件自动对齐到 0x08000148，并执行 SystemInit()函数来初始化系统时钟。

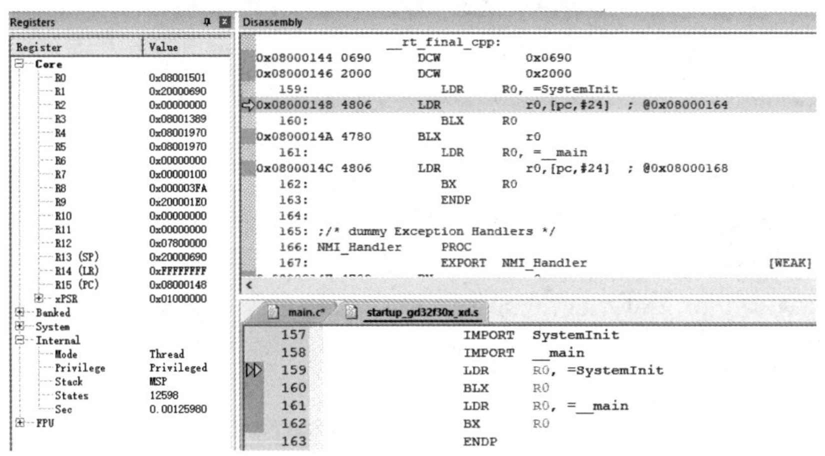

图 4-2　设置系统时钟

SystemInit( )函数内容如下：

```
void SystemInit (void)
{
  /* FPU settings */
#if (__FPU_PRESENT == 1) && (__FPU_USED == 1)
    SCB->CPACR |= ((3UL << 10*2)|(3UL << 11*2));  /* set CP10 and CP11 Full Access */
#endif
    /* reset the RCU clock configuration to the default reset state */
    /* Set IRC8MEN bit */
    RCU_CTL |= RCU_CTL_IRC8MEN;
    while(0U == (RCU_CTL & RCU_CTL_IRC8MSTB)){
    }
    RCU_MODIFY(0x50);

    RCU_CFG0 &= ~RCU_CFG0_SCS;

#if (defined(GD32F30X_HD) || defined(GD32F30X_XD))
```

```
        /* reset HXTALEN, CKMEN and PLLEN bits */
        RCU_CTL &= ~(RCU_CTL_PLLEN | RCU_CTL_CKMEN | RCU_CTL_HXTALEN);
        /* disable all interrupts */
        RCU_INT = 0x009f0000U;
    #elif defined(GD32F30X_CL)
        /* Reset HXTALEN, CKMEN, PLLEN, PLL1EN and PLL2EN bits */
        RCU_CTL  &=  ~ (RCU_CTL_PLLEN  |RCU_CTL_PLL1EN  |  RCU_CTL_PLL2EN  |
RCU_CTL_CKMEN | RCU_CTL_HXTALEN);
        /* disable all interrupts */
        RCU_INT = 0x00ff0000U;
    #endif

        /* reset HXTALBPS bit */
        RCU_CTL &= ~(RCU_CTL_HXTALBPS);

        /* Reset CFG0 and CFG1 registers */
        RCU_CFG0 = 0x00000000U;
        RCU_CFG1 = 0x00000000U;

        /* configure the system clock source, PLL Multiplier, AHB/APBx prescalers
and Flash settings */
        system_clock_config();
    }
```

3. 初始化堆栈并进入 main

执行指令 LDR R0，=__main，然后就跳转到__main 程序段运行，这里指的是标准库的__main 函数。

```
                        __main:
0x08000130 F8DFD010  LDR.W          sp,[pc,#16]  ; @0x08000144
                        __main_scatterload:
0x08000134 F000FA60  BL.W           0x080005F8 __scatterload
                        __main_after_scatterload:
0x08000138 4800      LDR            r0,[pc,#0]  ; @0x0800013C
0x0800013A 4700      BX             r0
0x0800013C 1501      DCW            0x1501
0x0800013E 0800      DCW            0x0800
                        __rt_lib_shutdown_fini:
0x08000140 F3AF8000  NOP.W
                        __rt_final_cpp:
0x08000144 0690      DCW            0x0690
0x08000146 2000      DCW            0x2000
   159:                     LDR      R0, =SystemInit
0x08000148 4806      LDR            r0,[pc,#24]  ; @0x08000164
```

先初始化了栈区。

第一次运行的时候，读取“加载数据段的函数”的地址并跳转到该函数处运行（注意加载已初始化数据段和未初始化数据段用的是同一个函数）；第二次运行的时候，读取“初始化栈的函数”的地址并跳转到该函数处运行。

最后就进入 C 文件的 main 函数中，至此，启动过程到此结束。

上电后，从 0x0800 0000 处读取栈顶地址并保存，然后从 0x0800 0004 读取中断向量表的起始地址，这就是复位程序的入口地址，接着跳转到复位程序入口处，初始向量表，然后设置时钟，设置堆栈，最后跳转到 C 空间的 main 函数，即进入用户程序。如图 4-3 所示。

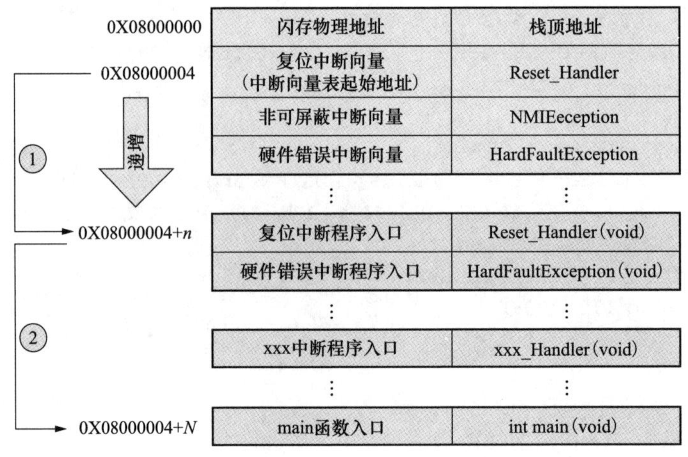

图 4-3　启动过程

4.2 启动文件分析

1. 栈定义

栈的作用是用于局部变量，函数调用，函数形参等开销，栈的大小不能超过内部 SRAM 的大小。当程序较大时，需要修改栈的大小，不然可能会出现的 HardFault 的错误。

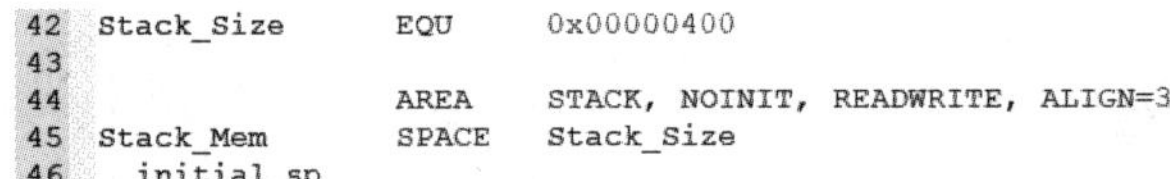

```
42 Stack_Size      EQU     0x00000400
43
44                 AREA    STACK, NOINIT, READWRITE, ALIGN=3
45 Stack_Mem       SPACE   Stack_Size
46 __initial_sp
```

第 42 行：表示开辟栈的大小为 0X00000400（1KB），EQU 是伪指令，相当于 C 中的 define。

第 44 行：开辟一段可读可写数据空间，AREA 伪指令表示下面将开始定义一个代码段或者数据段。此处是定义数据段。AREA 后面的关键字表示这个段的属性。段名为 STACK，可以任意命名；NOINIT 表示不初始化；READWRITE 表示可读可写，ALIGN=3，表示按照 8 字节对齐。

第 45 行：SPACE 用于分配大小等于 Stack_Size 连续内存空间，单位为字节。

第 46 行：__initial_sp 表示栈顶地址。栈是由高向低生长的。

2. 堆（Heap）定义

堆主要用来动态内存的分配，像 malloc( )函数申请的内存就在堆中。

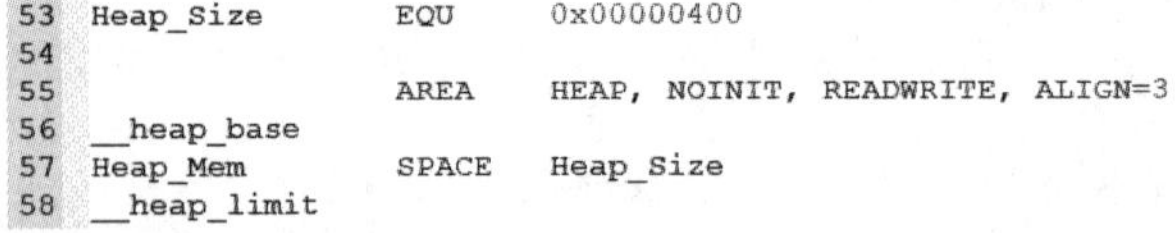

```
Heap_Size       EQU     0x00000400

                AREA    HEAP, NOINIT, READWRITE, ALIGN=3
__heap_base
Heap_Mem        SPACE   Heap_Size
__heap_limit
```

开辟堆的大小为 0X00000400（1KB 字节），名字为 HEAP，NOINIT 即不初始化，可读可写，8 字节对齐。__heap_base 表示对的起始地址，__heap_limit 表示堆的结束地址。

3. 异常/中断向量表

异常/中断向量表是以 DCD 伪指令（一个字，即 4 个字节）定义的一组连续的数据，即为对应的异常/中断 ISR 的入口地址。向量表在地址空间中的位置是可以设置的，通过 NVIC 中的一个重定位寄存器来指出向量表的地址。在复位后，该寄存器的值为 0。因此，在地址 0

（即 FLASH 地址 0）处必须包含一张向量表，用于初始时的异常中断向量分配。

值得注意的是这里有个另类：0 号类型并不是什么入口地址，而是给出了复位后 MSP 的初值，详细的描述如下：

```
60                  PRESERVE8
61                  THUMB
62
63 ;                /* reset Vector Mapped to at Address 0 */
64                  AREA    RESET, DATA, READONLY
65                  EXPORT  __Vectors
66                  EXPORT  __Vectors_End
67                  EXPORT  __Vectors_Size
68
69 __Vectors        DCD     __initial_sp               ; Top of Stack
70                  DCD     Reset_Handler              ; Reset Handler
71                  DCD     NMI_Handler                ; NMI Handler
72                  DCD     HardFault_Handler          ; Hard Fault Handler
73                  DCD     MemManage_Handler          ; MPU Fault Handler
74                  DCD     BusFault_Handler           ; Bus Fault Handler
75                  DCD     UsageFault_Handler         ; Usage Fault Handler
76                  DCD     0                          ; Reserved
77                  DCD     0                          ; Reserved
78                  DCD     0                          ; Reserved
79                  DCD     0                          ; Reserved
80                  DCD     SVC_Handler                ; SVCall Handler
81                  DCD     DebugMon_Handler           ; Debug Monitor Handler
82                  DCD     0                          ; Reserved
83                  DCD     PendSV_Handler             ; PendSV Handler
84                  DCD     SysTick_Handler            ; SysTick Handler
85
86 ;                /* external interrupts handler */
87                  DCD     WWDGT_IRQHandler           ; 16:Window Watchdog Timer
88                  DCD     LVD_IRQHandler             ; 17:LVD through EXTI Line detect
89                  DCD     TAMPER_IRQHandler          ; 18:Tamper through EXTI Line detect
90                  DCD     RTC_IRQHandler             ; 19:RTC through EXTI Line
```

……

```
138                 DCD     SPI2_IRQHandler                ; 67:SPI2
139                 DCD     UART3_IRQHandler               ; 68:UART3
140                 DCD     UART4_IRQHandler               ; 69:UART4
141                 DCD     TIMER5_IRQHandler              ; 70:TIMER5
142                 DCD     TIMER6_IRQHandler              ; 71:TIMER6
143                 DCD     DMA1_Channel0_IRQHandler       ; 72:DMA1 Channel0
144                 DCD     DMA1_Channel1_IRQHandler       ; 73:DMA1 Channel1
145                 DCD     DMA1_Channel2_IRQHandler       ; 74:DMA1 Channel2
146                 DCD     DMA1_Channel3_4_IRQHandler     ; 75:DMA1 Channel3 and Channel4
147
148 __Vectors_End
149
150 __Vectors_Size  EQU     __Vectors_End - __Vectors
```

第 60 行：PRESERVE8 用于指定当前文件的堆栈按照 8 字节对齐。

第 61 行：THUMB 表示后面指令兼容 THUMB 指令。现在 Cortex-M 系列的都使用 THUMB-2 指令集，THUMB-2 是 32 位的，兼容 16 位和 32 位的指令，是 THUMB 的超集。

第 64 行：定义一块代码段，段名字是 RESET，READONLY 表示只读。

第 65～67 行：使用 EXPORT 将 3 个标识符申明为可被外部引用，声明__Vectors、__Vectors_End 和__Vectors_Size 具有全局属性。

第 69 行：__Vectors 表示向量表起始地址，DCD 表示分配 1 个 4 字节的空间。每行 DCD 都会生成一个 4 字节的二进制代码，中断向量表存放的实际上是中断服务程序的入口地址。当异常（也即是中断事件）发生时，CPU 的中断系统会将相应的入口地址赋值给 PC 程序计数器，之后就开始执行中断服务程序。在 70 行之后，依次定义了中断服务程序的入口地址。

第 148 行：__Vectors_End 为向量表结束地址。

第 150 行：__Vectors_Size 则是向量表的大小，向量表的大小是通过__Vectors 和__Vectors_End 相减得到的。

4. 复位程序

复位程序是系统上电后执行的第一个程序，复位程序也是中断程序，只是这个程序比较特殊，因此单独提出来讲解。

```
152                 AREA    |.text|, CODE, READONLY
153
154 ;/* reset Handler */
155 Reset_Handler   PROC
156                 EXPORT  Reset_Handler                [WEAK]
157                 IMPORT  SystemInit
158                 IMPORT  __main
159                 LDR     R0, =SystemInit
160                 BLX     R0
161                 LDR     R0, =__main
162                 BX      R0
163                 ENDP
```

第 155 行：定义了一个服务程序，PROC 表示程序的开始。

第 156 行：使用 EXPORT 将 Reset_Handler 申明为可被外部引用，后面 WEAK 表示弱定义，如果外部文件定义了该标号则首先引用该标号，如果外部文件没有声明也不会出错。这里表示复位程序可以由用户在其他文件重新实现。

第 157-158 行：表示该标号来自外部文件，SystemInit( )是一个库函数，来自 system_gd32f30x.c 文件中定义的函数，__main 是一个标准的 C 库函数，主要作用是初始化用户堆栈，这个是由编译器完成的，该函数最终会调用我们自己写的 main 函数，从而进入 C 世界中。

第 159 行：这是一条汇编指令，表示从存储器中加载 SystemInit()函数的地址到寄存器 R0 中。

第 160 行：汇编指令，表示跳转到寄存器 R0 指向的地址，并根据程序状态寄存器 PSR 中的状态来确定处理器的状态，同时把跳转前的下条指令地址保存到 LR 寄存器。

第 161 行：和 159 行是一个意思，表示从存储器中加载__main 地址到寄存器 R0 中。

第 162 行：和 160 稍微不同，这里跳转到寄存器 R0 指定的地址后，不返回。

第 163 行：和 PROC 是对应的，表示程序的结束。

5. 异常与中断服务程序

一般要使用哪个中断，就需要编写相应的中断服务程序，只是启动文件把这些函数留出来了，但是内容都是空的，真正的中断复服务程序需要在外部的 C 文件里面重新实现，这里只是提前占了一个位置。

```
;/* dummy Exception Handlers */
NMI_Handler     PROC
                EXPORT  NMI_Handler                  [WEAK]
                B       .
                ENDP
HardFault_Handler\
                PROC
                EXPORT  HardFault_Handler            [WEAK]
                B       .
                ENDP
MemManage_Handler\
                PROC
                EXPORT  MemManage_Handler            [WEAK]
                B       .
                ENDP
BusFault_Handler\
                PROC
                EXPORT  BusFault_Handler             [WEAK]
                B       .
                ENDP
UsageFault_Handler\
                PROC
                EXPORT  UsageFault_Handler           [WEAK]
                B       .
                ENDP
SVC_Handler     PROC
                EXPORT  SVC_Handler                  [WEAK]
                B       .
                ENDP
DebugMon_Handler\
                PROC
                EXPORT  DebugMon_Handler             [WEAK]
                B       .
                ENDP
PendSV_Handler\
                PROC
                EXPORT  PendSV_Handler               [WEAK]
                B       .
                ENDP
SysTick_Handler\
                PROC
                EXPORT  SysTick_Handler              [WEAK]
                B       .
                ENDP
```

需要注意“B .”语句，B 表示跳转，这里跳转到一个“.”，即表示无限循环。

WEAK：表示弱定义，如果外部文件优先定义了该标号，则首先引用该标号，可以在 C 语言中重新定义中断服务程序；如果在启动文件之外没有重新定义中断服务程序，则在对应的异常/中断向量表位置处存储的是汇编文件定义的中断服务程序入口地址。如果在启动文件外，在另外一个 C 文件中重新定义了中断服务程序，则在对应的异常/中断向量表位置处存储的是 C 文件中的中断服务程序入口地址。需要注意的是，启动文件中的中断服务程序的名称和 C 文件中重新定义的中断服务程序名称必须保持一致。

6. 用户堆栈初始化

堆栈初始化是由一个 IF 条件来实现的，MICROLIB 的定义与否决定了堆栈的初始化方式。

```
                IF      :DEF:__MICROLIB

                EXPORT  __initial_sp
                EXPORT  __heap_base
                EXPORT  __heap_limit

                ELSE

                IMPORT  __use_two_region_memory
                EXPORT  __user_initial_stackheap

__user_initial_stackheap PROC
                LDR     R0, =  Heap_Mem
                LDR     R1, =(Stack_Mem + Stack_Size)
                LDR     R2, = (Heap_Mem +  Heap_Size)
                LDR     R3, = Stack_Mem
                BX      LR
                ENDP

                ALIGN

                ENDIF

                END
```

在 KEIL MDK 工具中，这个定义是在 Options->Target 中设置，如图 4-4 所示。

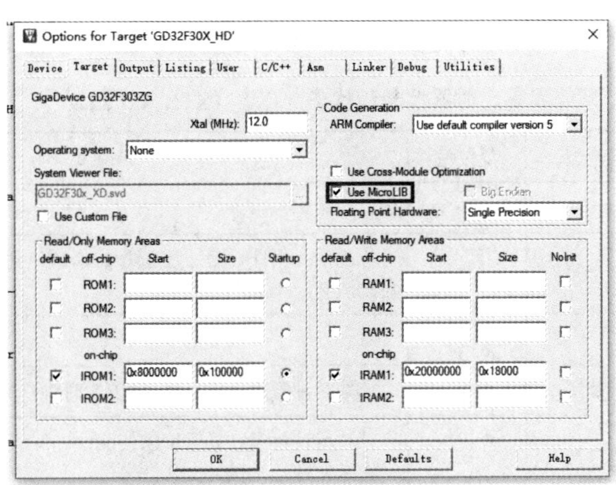

图 4-4　Use MicroLIB 设置

如果没有定义__MICROLIB，则会使用双段存储器模式，且声明了__user_initial_stackheap 具有全局属性，这需要开发者自己来初始化堆栈。

4.3 SysTick

4.3.1 SysTick 概述

SysTick 定时器（又称为系统滴答定时器）是存在于 Cortex-M4 内核的一个简单的系统时钟节拍计数器，属于 Cortex-M4 内核中的内嵌向量中断控制器（NVIC）的一个功能单元。SysTick 定时器是一个 24 位递减定时器，即计数器可以从最大值 2^{24}-1 开始，每个时钟周期减 1，当减到 0 时，会产生 Systick 异常，同时再自动重载定时初值，开始新一轮计数。只要不把它在 SysTick 控制与状态寄存器（CTRL）中的使能位 ENABLE 清除，就永不停息。

由于 SysTick 是在 Cortex-M4 内核中实现的，与微控制器的片上外设无关，因此它的代码可以在不同厂家之间移植。

由于 SysTick 定时器是 Cortex-M4 内核向量控制器（NVIC）的一个功能单元，可产生 SysTick 异常（异常号：15）。因此，一般将 SysTick 定时器作为操作系统节拍定时器，可使操作系统代码在不同厂家的 Cortex-M4 内核芯片上都能方便地进行移植。因此，SysTick 常作为系统节拍定时器用于操作系统（FreeRTOS、RThread 等）的系统节拍定时，实现任务和时间的管理。

在不采用操作系统的场合下 SysTick 完全可以作为一般的定时器使用。

4.3.2 SysTick 寄存器

SysTick 系统滴答定时器只有四个寄存器：系统滴答定时器控制和状态寄存器（STK_CTRL）、系统滴答定时器加载值寄存器（STK_LOAD）、系统滴答定时器当前值寄存器（STK_VAL）、系统滴答定时器校准值寄存器（STK_CALIB）。这些寄存器的各位的功能描述如下：

1. 系统滴答定时器控制和状态寄存器（STK_CTRL）

系统滴答定时器控制和状态寄存器（STK_CTRL）各个位的功能如表 4-1 所示。

表 4-1　　系统滴答定时器控制和状态寄存器（STK_CTRL）

位	名称	类型	复位值	说　明
31:17	—	—	—	—
16	COUNTFLAG	读写	0	标志位。当计数器计数到 0 时，该位硬件置 1。读取该位，该位将自动清 0
15:3	—	—	—	—
2	CLKSOURCE	读写	0	计数时钟源选择位。0：AHB/8 时钟；1：AHB 时钟
1	TICKINT	读写	0	计数器计数到 0 异常请求使能位。0：不产生异常请求；1：产生异常请求
0	ENABLE	读写	0	SysTick 定时器使能位。0：禁止；1：使能

2. 系统滴答定时器加载值寄存器（STK_LOAD）

系统滴答定时器加载值寄存器（STK_LOAD）各个位的功能如表 4-2 所示。

表 4-2 系统滴答定时器加载值寄存器（STK_LOAD）

位	名称	类型	复位值	说　明
31:24	—	—	—	—
23:0	RELOAD	读写	0	用来设置系统滴答定时器的初始值。当计数器计数到 0 时，下一个时钟滴答定时器将重新装载的值。取值范围是 1～1677216

3. 系统滴答定时器当前值寄存器（STK_VAL）

系统滴答定时器当前值寄存器（STK_VAL）各个位的功能如表 4-3 所示。

表 4-3 系统滴答定时器当前值寄存器（STK_VAL）

位	名称	类型	复位值	说　明
31:24	—	—	—	—
23:0	CURRENT	读写	0	用来获取当前系统滴答定时器的计数值。读取时返回当前计数的值，写它则使之清零，同时还会清除在 SysTick 控制及状态寄存器中的 COUNTFLAG 标志

4. 系统滴答定时器校准值寄存器（STK_CALIB）

系统滴答定时器校准值寄存器（STK_CALIB）各个位的功能如表 4-4 所示。

表 4-4 系统滴答定时器校准值寄存器（STK_CALIB）

位	名称	类型	复位值	说　明
31	NOREF	只读	—	1=没有外部参考时钟（STCLK 不可用）；0=外部参考时钟可用
30	SKEW	只读	—	1=校准值不是准确的 10ms；0=校准值是准确的 10ms
29:24	—	—	—	—
23:0	TENMS	读写	0	校准值。芯片设计者应该通过 Cortex-M4 的输入信号提供该数值。若该值读回零，则表示无法使用校准功能

配置 SysTick 作为时钟基准，主要通过对 SysTick 控制与状态寄存器、SysTick 重装载数值寄存器和 SysTick 当前数值寄存器三个寄存器进行初始化。需要配置的内容如下：

（1）SysTick 时钟源选择。

（2）异常请求设置。

（3）SysTick 时钟使能。

（4）初始化 SysTick 重装数值。

（5）清零 SysTick 当前数值寄存器。

4.3.3 SysTick 库函数

头文件：core_cm4.h、gd32f30x_misc.h。

源文件：gd32f30x_misc.c。

1. SysTick 寄存器结构体类型

SysTick 寄存器结构体类型定义在 core_cm4.h 头文件中，具体的定义形式如下：

```
typedef struct
{
```

```
  __IO uint32_t CTRL;      /*!< Offset:0x000 (R/W)   系统滴答定时器控制和状态寄存器 */
  __IO uint32_t LOAD;      /*!< Offset:0x004 (R/W)   系统滴答定时器重载值寄存器 */
  __IO uint32_t VAL;       /*!< Offset:0x008 (R/W)   系统滴答定时器当前值寄存器 */
  __I  uint32_t CALIB;     /*!< Offset:0x00C (R/ )   系统滴答定时器校准值寄存器 */
} SysTick_Type;
```

对 SysTick 的访问,在 core_cm4.h 头文件中还定义了如下的宏:

```
#define SCS_BASE      (0xE000E000UL)                 /*!< 系统控制基地址  */
#define SysTick_BASE(SCS_BASE +  0x0010UL)           /*!< 系统滴答定时器基地址 */
#define SysTick   ((SysTick_Type *) SysTick_BASE)    /*!< 系统滴答定时器配置结构体 */
```

2. SysTick 时钟源初始化函数

SysTick 时钟源配置函数定义在 gd32f30x_misc.c 源文件中。具体的函数程序如下：

```
void systick_clksource_set(uint32_t systick_clksource)
{
    if(SYSTICK_CLKSOURCE_HCLK == systick_clksource ){
        /* set the systick clock source from HCLK */
        SysTick->CTRL |= SYSTICK_CLKSOURCE_HCLK;
    }else{
        /* set the systick clock source from HCLK/8 */
        SysTick->CTRL &= SYSTICK_CLKSOURCE_HCLK_DIV8;
    }
}
```

其中，SYSTICK_CLKSOURCE_HCLK 和 SYSTICK_CLKSOURCE_HCLK_DIV8 的宏被定义在 gd32f30x_misc.h 头文件中。

```
#define SYSTICK_CLKSOURCE_HCLK_DIV8 ((uint32_t)0xFFFFFFFBU)
                                             /*!< SysTick 时钟为 HCLK/8 */
#define SYSTICK_CLKSOURCE_HCLK       ((uint32_t)0x00000004U)
                                             /*!< SysTick 时钟为 HCLK */
```

例如，设置 SysTick 时钟源为 HCLK。

```
systick_clksource_set(SYSTICK_CLKSOURCE_HCLK);
```

3. SysTick 配置函数

```
__STATIC_INLINE uint32_t SysTick_Config(uint32_t ticks)
{
  if ((ticks - 1) > SysTick_LOAD_RELOAD_Msk)  return (1);   //设置失败,返回 1
  SysTick->LOAD  = ticks - 1;                               //设置重装计数值
  NVIC_SetPriority (SysTick_IRQn, (1<<__NVIC_PRIO_BITS) - 1);
                                                            //设置 SysTick 优先级
  SysTick->VAL   = 0;    /*清当前计数值寄存器*/
  SysTick->CTRL  = SysTick_CTRL_CLKSOURCE_Msk |             //设置 SysTick 时钟源为 HCLK
                   SysTick_CTRL_TICKINT_Msk   |             //使能 SysTick 异常请求
                   SysTick_CTRL_ENABLE_Msk;                 //使能 SysTick
  return (0);                                               //设置成功,返回 0
}
```

SysTick_Config( )函数被定义在 core_cm4.h 头文件中，它的功能是初始化并开启 SysTick 计数器及其中断，输入参数 ticks 是两次中断间的 ticks 值。通过此函数可以初始化 SysTick

定时器及其中断并开启 SysTick 定时器在自由运行模式下以产生周期中断。

同时该函数的时钟源选择的是系统时钟源（HCLK），并且 ticks 参数不能超过 0xFFFFFF。

例如，配置 SysTick 定时 1ms。

```
SysTick_Config(SystemCoreClock / 1000);
```

其中 SystemCoreClock 为全局变量，表示的是当前系统时钟源（HCLK）。该变量被定义在 system_gd32f30x.c 源文件中。

```
uint32_t SystemCoreClock = __SYSTEM_CLOCK_120M_PLL_HXTAL;
```

同时在 system_gd32f30x.h 头文件中，将 SystemCoreClock 全局变量声明为外部变量。

```
extern uint32_t SystemCoreClock;
```

4. SysTick 异常服务函数

SysTick 异常服务函数如下：

```
void SysTick_Handler(void)
{
    ;
}
```

SysTick_Handler 的服务函数已在启动文件中定义过，并定义为［WEAK］属性，函数内执行的是空循环。这就要求用户在使用 SysTick 异常服务时，需要在启动文件之外的其他文件重新定义中断服务程序，并且其函数名要和启动文件中的函数名称保持一致，只有这样才能在编译阶段，将重定义的中断服务程序入口地址替换到 SysTick 在异常/中断向量表的位置。

SysTick_Handler 函数一般被重新定义在 gd32f30x_it.c 文件内，用户也可以定义在其他地方。至于服务程序的内容，由用户根据需求进行自定义。

4.3.4 基于 SysTick 的延时函数应用实例

利用 SysTick 定时器编写 1ms 为基本时基的延时程序。

1. 初始化 SysTick。

GD32F303ZGT6 微控制器的 HCLK 可达 120MHz，即 HCLK=120MHz，在 system_gd32f30x.c 源文件中定义的 SystemCoreClock 全局变量为 120000000。若以 1ms 为定时时基，则初始化 SysTick 程序如下：

```
SysTick_Config(SystemCoreClock / 1000);
```

这样，SysTick 会每 1ms 产生一次异常请求。

2. SysTick 中断函数。

msTick 全局变量定义。

```
uint32_t msTick;
```

每 1ms 产生一次异常请求，msTick 加 1 一次。

```
void SysTick_Handler(void)
{
    msTick++;
}
```

3. 延时函数。

基于 msTick 的 ms 延时函数如下：

```
void msDelay(uint32_t ms)
{
    uint32_t i;
    i = msTick;
    while((msTick - i) < ms);
}
```

msDelay( )函数在 while 中不停地读取 msTick 的数值与首次读的 msTick 进行比较是否达到设置 ms 数值，退出 while 循环，从而完成指定的 ms 定时数值。

4. 主函数。

main( )函数中，调用 SysTick_Config( )完成 SysTick 的配置，在 while（1）无限循环中通过调用 msDelay（1000）函数实现每延时 1s 将 PC0 引脚电平改变一次。

```
int main(void)
{
    if(SysTick_Config(SystemCoreClock / 1000U)){    //配置 SysTick 为 1ms
        while (1);
    }
    rcu_periph_clock_enable(RCU_GPIOC);             //使能 GPIOC 时钟
    gpio_init(GPIOC,GPIO_MODE_OUT_PP,GPIO_OSPEED_10MHZ,GPIO_PIN_0);
                                                    //PC0 配置为推挽输出
    while(1)
    {
        gpio_bit_reset(GPIOC,GPIO_PIN_0);           //PC0 输出低电平
        msDelay(1000);                              //延时 1s
        gpio_bit_set(GPIOC,GPIO_PIN_0);             //PC0 输出高电平
        msDelay(1000);                              //延时 1s
    }
}
```

第 5 章 GPIO

GPIO（General-Purpose Input/Output，通用输入输出）是微控制器与外部设备进行联系的最基本的通道，通常用于与外部设备进行通信、控制和传输数据，几乎所有微控制器都有GPIO。它是一种可编程的引脚接口，可以通过软件来控制其输入和输出功能。能够实现引脚独立控制、引脚复用等多种功能。

GD32 系列微控制器有多个 GPIO 端口，每个端口有 16 个引脚，根据芯片型号不同，端口数量也不同。以 TQFP-144 封装的 GD32F303ZGT6 微控制器为例，该微控制器共有 7 个GPIO 端口，分别是 GPIOA、GPIOB、GPIOC、GPIOD、GPIOE、GPIOF、GPIOG，共有 112个 GPIO 引脚，大部分的引脚都是复用引脚。除了用作基本的输入/输出功能之外，绝大部分的片上外设与外部设备进行通信，都要使用 GPIO 引脚的复用功能。

5.1 GPIO 结构原理

以 GD32F303ZGT6 微控制器为例，GPIO 引脚的内部结构图如图 5-1 所示，每个 GPIO引脚相互独立，主要包括寄存器、输出驱动、输入驱动、上拉/下拉控制电路和 ESD 保护等。

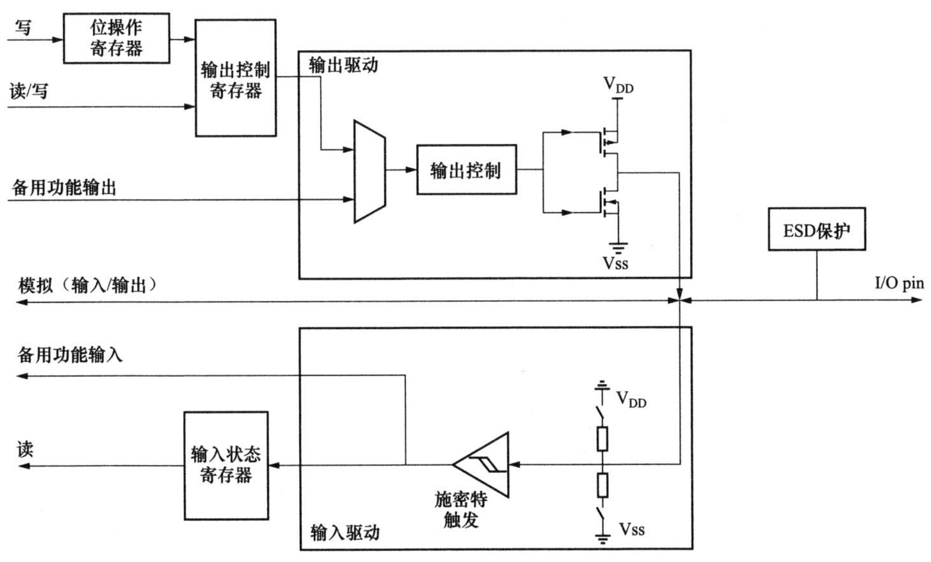

图 5-1　GPIO 引脚的内部结构图

GPIO 引脚的主要特点如下：

（1）输入/输出方向控制。

（2）施密特触发器输入功能使能控制。

（3）每个引脚都具有弱上拉/下拉功能。

（4）推挽/开漏输出使能控制。

（5）置位/复位输出使能。

（6）可编程触发沿的外部中断，使用 EXTI 配置寄存器。

（7）模拟输入/输出配置。

（8）复用功能输入/输出配置。

（9）端口锁定配置。

5.2 GPIO 功能描述

GD32F303ZGT6 微控制器的每个 GPIO 引脚可以配置为输入、输出、复用功能和模拟功能 4 种工作模式，通过与输出驱动电路和上拉/下拉电阻控制电路组合，可以通过软件将 GPIO 的每个引脚分别配置为以下 8 种模式。

（1）浮空输入模式。

（2）上拉输入模式。

（3）下拉输入模式。

（4）模拟功能模式。

（5）具有上拉/下拉的开漏输出模式。

（6）具有上拉/下拉的推挽输出模式。

（7）具有上拉/下拉的复用功能开漏模式。

（8）具有上拉/下拉的复用功能推挽模式。

GD32F305ZGT6 的微控制器每个 GPIO 引脚都可以通过两个 32 位的控制寄存器（GPIOx_CTL0/ GPIOx_CTL1）和一个 32 位的数据寄存器（GPIOx_OCTL）配置为以上 8 种模式，具体的 GPIO 引脚配置详情如表 5-1 所示。

表 5-1　　GPIO 配置表

配置模式		CTL［1:0］	SPDy：MD［1:0］	OCTL
输入	模拟	00	x00	不使用
	浮空输入	01		不使用
	下拉输入	10		0
	上拉输入	11		1
普通输出（GPIO）	推挽	00	x00：保留 X01：最大速度到 10MHz X10：最大速度到 2MHz 011：最大速度到 50MHz 111：最大速度到 120MHz	0 或 1
	开漏	01		0 或 1
复用功能输出（AFIO）	推挽	10		不使用
	开漏	11		不使用

注意：在复位期间或复位之后，复用功能并未激活，所有 GPIO 引脚都被配置成浮空输

入模式，这种输入模式是禁用上拉（PU）/下拉（PD）电阻。但是复位后，串行线调试接口的引脚（JTAG/Serial-Wired Debug pins）是为上拉（PU）/下拉（PD）输入模式：

（1）PA15：JTDI 为上拉模式。

（2）PA14：JTCK / SWCLK 为下拉模式。

（3）PA13：JTMS / SWDIO 为上拉模式。

（4）PB4：NJTRST 为上拉模式。

（5）PB3：JTDO 为浮空模式。

当 GPIO 引脚被配置为输入时，所有的 GPIO 引脚内部都有一个可选择的弱上拉或弱下拉电阻。外部引脚上的状态会在每个 APB2 时钟周期时被装载到数据输入寄存器（GPIOx_ISTAT）。

当 GPIO 引脚被配置为输出时，用户可以配置 GPIO 引脚的最大输出速度和输出驱动模式：推挽或开漏模式，输出寄存器（GPIOx_OCTL）的值将会从相应 GPIO 引脚上输出。

当对 GPIOx_OCTL 进行位操作时，不需要先读再写，用户可以通过写 1 到位操作寄存器（GPIOx_BOP），或用于清 0 操作寄存器（GPIOx_BC）修改一位或几位，该过程仅需要一个最小的 APB2 写访问周期，而其他位不受影响。

5.2.1 GPIO 输入配置

GPIO 引脚被配置为输入时的内部结构逻辑图如图 5-2 所示。当 GD32303ZTT6 微控制器的 GPIO 被配置为输入时，可以通过端口输入状态寄存器（GPIOx_ISTAT）获取 GPIO 引脚上的状态，此时：

（1）施密特触发输入是使能的。

（2）可以选择弱上拉或下拉电阻。

（3）当前 GPIO 引脚上的状态数据会在每个 APB2 时钟周期被采样并存入端口输入状态寄存器（GPIOx_ISTAT）。

（4）输出缓冲器是被禁用的。

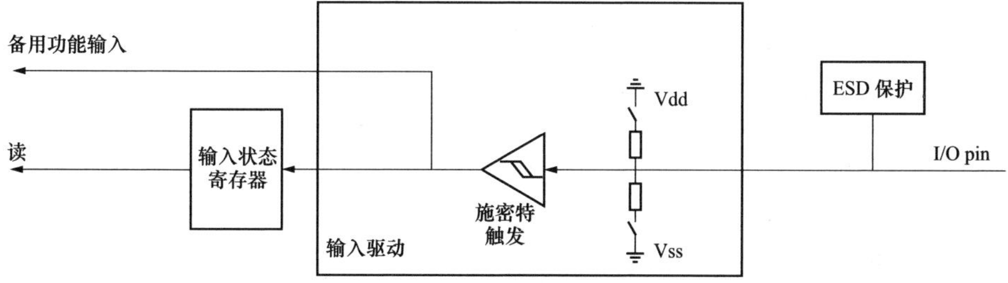

图 5-2　GPIO 引脚配置为输入模式时的内部结构图

5.2.2 GPIO 输出配置

GPIO 引脚被配置为输出时的内部结构逻辑图如图 5-3 所示。当 GD32F303ZGT6 微控制器的 GPIO 引脚被配置为输出时，可通过操作端口输出控制寄存器（GPIOx_OCTL）或位操作寄存器（GPIOx_BOP 或 GPIOx_BC）来控制 GPIO 引脚上输出电平状态，此时：

（1）施密特触发输入是使能的。

（2）弱上拉和下拉电阻是被禁用的。

（3）输出缓冲器被使能。

（4）开漏模式：端口输出控制寄存器（GPIOx_OCTL）相应的位被置为 0 时，相应引脚输出低电平；端口输出控制寄存器（GPIOx_OCTL）相应的位被置为 1，相应引脚处于高阻状态。

（5）推挽模式：端口输出控制寄存器（GPIOx_OCTL）相应的位被置为 0 时，相应引脚输出低电平；端口输出控制寄存器（GPIOx_OCTL）相应的位被置为 1，相应引脚输出高电平。

（6）对端口输出控制寄存器（GPIOx_OCTL）进行读操作时，将返回上次写入的值。

（7）对端口输入状态寄存器（GPIOx_ISTAT）进行读操作时，将获得当前 GPIO 引脚的状态。

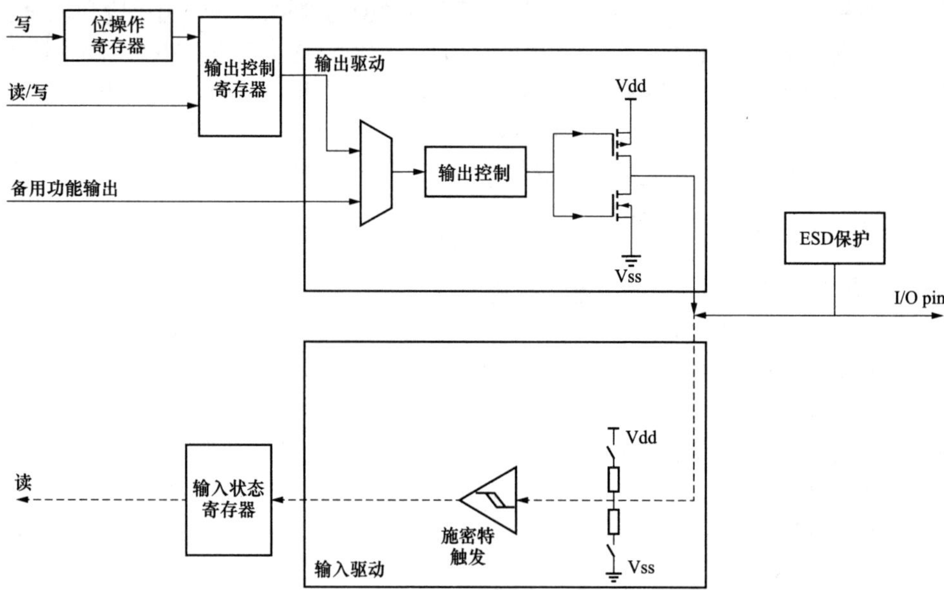

图 5-3　GPIO 引脚配置为输出模式时的内部结构图

5.2.3　GPIO 模拟配置

GPIO 引脚被配置为模拟引脚时的内部结构逻辑图如图 5-4 所示。当 GD32F303ZGT6 微控制器的 GPIO 引脚被配置为模拟引脚时，此时：

（1）弱上拉和下拉电阻被禁用。

（2）输出缓冲器被禁用。

（3）施密特触发输入被禁用。

（4）端口输入状态寄存器（GPIOx_ISTAT）相应位为 0。

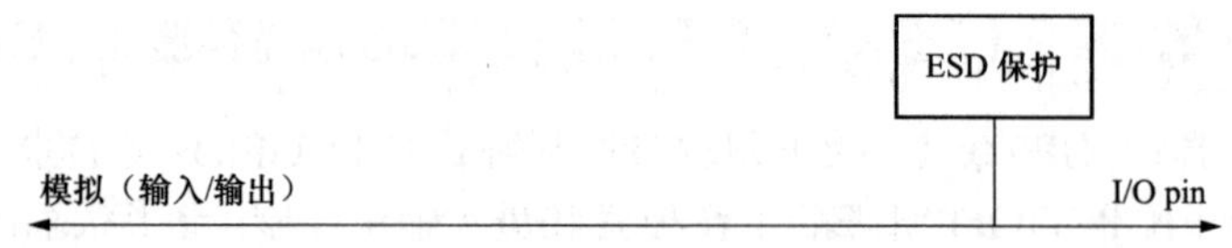

图 5-4　GPIO 引脚配置为模拟模式时的内部结构图

5.2.4 GPIO 复用功能（AFIO）配置

GPIO 引脚被配置为复用功能时的内部结构逻辑图如图 5-5 所示。当 GD32F303ZGT6 微控制器的 GPIO 引脚被配置为复用功能时，此时：

（1）若使用开漏或推挽功能时，可以使能输出缓冲器。

（2）输出缓冲器由外设驱动。

（3）施密特触发输入是被使能的。

（4）在输入配置时，可选择弱上拉/下拉电阻。

（5）GPIO 引脚上的状态数据会在每个 APB2 时钟周期被采样并存入端口输入状态寄存器（GPIOx_ISTAT）。

（6）对端口输入状态寄存器（GPIOx_ISTAT）进行读操作时，将获得 GPIO 引脚的状态。

（7）对端口输出控制寄存器（GPIOx_OCTL）进行读操作时，将返回上次写入的值。

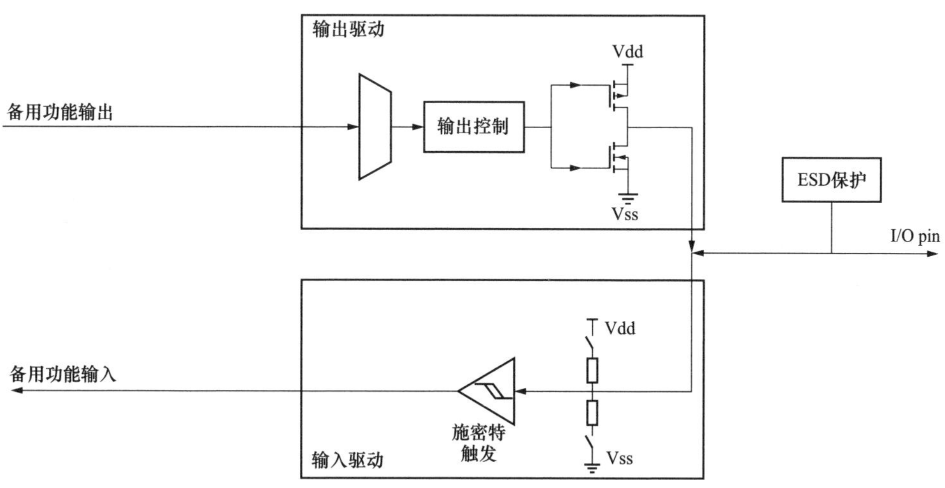

图 5-5 GPIO 引脚配置为复用功能模式时的内部结构图

5.3 GPIO 常用寄存器

GD32F303ZGT6 微控制器有 GPIOA、GPIOB、GPIOC、GPIOD、GPIOE、GPIOF、GPIOG 共 7 个 GPIO 端口，通过端口控制寄存器（GPIOx_CTL0 和 GPIOx_CTL1），端口输入状态寄存器（GPIOx_ISTAT）、端口输出控制寄存器（GPIOx_OCTL）、端口位操作寄存器（GPIOx_BOP 和 GPIOx_BC）、端口位速度寄存器（GPIOx_SPD）实现对 GPIO 端口引脚的配置和读-修改-写操作。

5.3.1 端口控制寄存器 0（GPIOx_CTL0）和端口控制寄存器 1（GPIOx_CTL1）

端口控制寄存器 0（GPIOx_CTL0）和端口控制寄存器 1（GPIOx_CTL1）具体描述表 5-2 和表 5-3 所示，用于配置 GPIO 引脚的工作模式和最大输出速度。其中：GPIOx_CTL0 用于配置 GPIO 的 0～7 号引脚，GPIOx_CTL1 用于配置 GPIO 的 8～15 号引脚。

表 5-2　　端口控制寄存器 0（GPIOx_CTL0）

31	30	29	28	27	26	25	24	23	22	21	20	19	18	17	16
CTL7［1:0］		MD7［1:0］		CTL6［1:0］		MD6［1:0］		CTL5［1:0］		MD5［1:0］		CTL4［1:0］		MD4［1:0］	
rw		rw		rw		rw		rw		rw		rw		rw	
15	14	13	12	11	10	9	8	7	6	5	4	3	2	1	0
CTL3［1:0］		MD3［1:0］		CTL2［1:0］		MD2［1:0］		CTL1［1:0］		MD1［1:0］		CTL0［1:0］		MD0［1:0］	
rw		rw		rw		rw		rw		rw		rw		rw	

表 5-3　　端口控制寄存器 1（GPIOx_CTL1）

31	30	29	28	27	26	25	24	23	22	21	20	19	18	17	16
CTL15［1:0］		MD15［1:0］		CTL14［1:0］		MD14［1:0］		CTL13［1:0］		MD13［1:0］		CTL12［1:0］		MD12［1:0］	
rw		rw		rw		rw		rw		rw		rw		rw	
15	14	13	12	11	10	9	8	7	6	5	4	3	2	1	0
CTL11［1:0］		MD11［1:0］		CTL10［1:0］		MD10［1:0］		CTL9［1:0］		MD9［1:0］		CTL8［1:0］		MD8［1:0］	
rw		rw		rw		rw		rw		rw		rw		rw	

在表 5-2 和表 5-3 中，位 CTLy［1:0］用于配置 GPIO 的 y 引脚的的工作模式，位 MDy［1:0］用于配置 GPIO 的 y 引脚的输入模式或输出模式的最大输出速度。其中 y 表示具体引脚号，取值为 0～15。

当位 MDy［1:0］=00 时，GPIO 的 y 引脚为输入模式；当位 MDy［1:0］=01 时，GPIO 的 y 引脚为输出模式，最大输出速度 10MHz；当位 MDy［1:0］=10 时，GPIO 的 y 引脚为输出模式，最大输出速度 2MHz；当位 MDy［1:0］=11 时，GPIO 的 y 引脚为输出模式，最大输出速度 50MHz。

在位 MDy［1:0］=00 时，位 CTLy［1:0］用于配置 GPIO 的 y 引脚的具体输入模式。当 CTLy［1:0］=00 时，GPIO 的 y 引脚为模拟输入。当 CTLy［1:0］=01 时，GPIO 的 y 引脚为浮空输入。当 CTLy［1:0］=10 时，GPIO 的 y 引脚为上拉输入/下拉输入。当 CTLy［1:0］=11 时，保留。

在位 MDy［1:0］<>00 时，位 CTLy［1:0］用于配置 GPIO 的 y 引脚的具体输出模式。当 CTLy［1:0］=00 时，GPIO 的 y 引脚为推挽输出；当 CTLy［1:0］=01 时，GPIO 的 y 引脚为开漏输出；当 CTLy［1:0］=10 时，GPIO 的 y 引脚为复用推挽输出；当 CTLy［1:0］=11 时，GPIO 的 y 引脚为复用开漏输出。

注意：复位时，GPIOx_CTL0 和 GPIOx_CTL1 寄存器的值为 0x44444444，表示所有 GPIO 引脚都被配置为浮空输入模式。

5.3.2　端口输入状态寄存器（GPIOx_ISTAT）

端口输入状态寄存器（GPIOx_ISTAT）是只读寄存器，用于指示 GPIO 引脚的电平状态，具体描述如表 5-4 所示。

表 5-4　　端口输入状态寄存器（GPIOx_ISTAT）

31	30	29	28	27	26	25	24	23	22	21	20	19	18	17	16
保留															
15	14	13	12	11	10	9	8	7	6	5	4	3	2	1	0
ISTAT 15	ISTAT 14	ISTAT 13	ISTAT 12	ISTAT 11	ISTAT 10	ISTAT 9	ISTAT 8	ISTAT 7	ISTAT 6	ISTAT 5	ISTAT 4	ISTAT 3	ISTAT 2	ISTAT 1	ISTAT 0
r	r	r	r	r	r	r	r	r	r	r	r	r	r	r	r

ISTATy 对应着 GPIO 的 0～15 号引脚的电平状态。当 y 引脚是低电平时，ISTATy 位为 0；当 y 引脚是高电平时，ISTATy 位为 1。

5.3.3　端口输出控制寄存器（GPIOx_OCTL）

端口输出控制寄存器（GPIOx_OCTL）用于设置 GPIO 引脚输出高电平或低电平。具体描述如表 5-5 所示。

表 5-5　　端口输出控制寄存器（GPIOx_OCTL）

31	30	29	28	27	26	25	24	23	22	21	20	19	18	17	16
保留															
15	14	13	12	11	10	9	8	7	6	5	4	3	2	1	0
OCTL 15	OCTL 14	OCTL 13	ISTAT 12	OCTL 11	OCTL 10	OCTL 9	OCTL 8	OCTL 7	OCTL 6	OCTL 5	OCTL 4	OCTL 3	OCTL 2	OCTL 1	OCTL 0
rw	rw	rw	rw	rw	rw	rw	rw	rw	rw	rw	rw	rw	rw	rw	rw

位 OCTLy 用于设置 GPIO 的 y 引脚输出高电平或低电平。当 OCTLy 位被 置 1 时，则输出高电平；当 OCTLy 位被置 0 时，则输出低电平。

5.3.4　端口位操作寄存器（GPIOx_BOP）

端口位操作寄存器（GPIOx_BOP）用于设置 GPIO 引脚输出高电平或低电平，32 位寄存器的低 16 位中的相应的位被置 1 则使得对应的 GPIO 引脚输出高电平；高 16 位中的相应的位置 1 则使得对应的 GPIO 引脚输出低电平。具体的描述如表 5-6 所示。

表 5-6　　端口输出控制寄存器（GPIOx_BOP）

31	30	29	28	27	26	25	24	23	22	21	20	19	18	17	16
CR15	CR14	CR13	CR12	CR11	CR10	CR9	CR8	CR7	CR6	CR5	CR4	CR3	CR2	CR1	CR0
w	w	w	w	w	w	w	w	w	w	w	w	w	w	w	w
15	14	13	12	11	10	9	8	7	6	5	4	3	2	1	0
BOP 15	BOP 14	BOP 13	BOP 12	BOP 11	BOP 10	BOP9	BOP8	BOP7	BOP6	BOP5	BOP4	BOP3	BOP2	BOP1	BOP0
w	w	w	w	w	w	w	w	w	w	w	w	w	w	w	w

CRy：GPIO 引脚清除位 y（y=0..15）。当 CRy 位被置 1 时，则清除相应的 OCTLy 位为 0，即相应的 GPIO 的 y 引脚号输出低电平；当 CRy 位被置 0 时，对 OCTLy 位没有影响。

BOPy：GPIO 引脚置位位 y（y=0..15）。当 BOPy 位被置 1 时，则设置相应的 OCTLy 位为 1，即相应的 GPIO 的 y 引脚号输出高电平；当 BOPy 位被置 0 时，对 OCTLy 位没有影响。

5.3.5 端口位清除寄存器（GPIOx_BC）

端口位操作寄存器（GPIOx_BC）用于清除相应的 OCTLy 位为 0。详细描述如表 5-7 所示。

表 5-7　　端口位清除寄存器（GPIOx_BC）

31	30	29	28	27	26	25	24	23	22	21	20	19	18	17	16
保留															

15	14	13	12	11	10	9	8	7	6	5	4	3	2	1	0
CR15	CR14	CR13	CR12	CR11	CR10	CR9	CR8	CR7	CR6	CR5	CR4	CR3	CR2	CR1	CR0
w	w	w	w	w	w	w	w	w	w	w	w	w	w	w	w

CRy：GPIO 引脚清除位 y（y=0..15）。当 CRy 位被置 1 时，则清除相应的 OCTLy 位为 0，即对应的 GPIO 的 y 引脚号输出低电平；当 CRy 位被置 0 时，对 OCTLy 位没有影响。

5.3.6 端口位速度寄存器（GPIOx_SPD）

端口位速度寄存器（GPIOx_SPD）用于设置 GPIO 相应的引脚的最大速度是否为 120MHz。详细描述如表 5-8 所示。

表 5-8　　端口位速度寄存器（GPIOx_SPD）

31	30	29	28	27	26	25	24	23	22	21	20	19	18	17	16
保留															

15	14	13	12	11	10	9	8	7	6	5	4	3	2	1	0
SPD15	SPD14	SPD13	SPD12	SPD11	SPD10	SPD9	SPD8	SPD7	SPD6	SPD5	SPD4	SPD3	SPD2	SPD1	SPD0
w	w	w	w	w	w	w	w	w	w	w	w	w	w	w	w

在 MDy 值为 0b11 时，设置相应 GPIO 引脚的最大输出速度为高速（120MHz）。当 SPDy 设置为 1 时，最大输出速度大于 50MHz。被设置为 0 时，GPIO 端口引脚的 y 引脚输出最大速度不受影响，此时最大速度由端口控制寄存器的位 MD［1:0］y 决定。

注意：当端口输出速度大于 50MHz 时，需要使能 I/O 补偿单元。

5.4 基于 GPIO 寄存器操作实例

5.4.1 GPIO 常用寄存器的宏定义

GD32F303ZGT6 微控制器具有 7 个 GPIO 端口，分别为 GPIOA、GPIOB、GPIOC、GPIOD、

GPIOE、GPIOF、GPIOG，并且每个端口的引脚号分别为 PA0～PA15、PB0～PB15、PC0～PC15、PD0～PD15、PE0～PE15、PF0～PF15、PG0～PG15。

对 GPIO 的访问，就相当于对指定位置的存储器地址空间进行访问，因此每个 GPIO 都有具体的地址空间，如表 5-9 所示。

表 5-9　　GPIO 端口地址

端口号	基地址	端口号	基地址
GPIOA	0x4001 0800	GPIOE	0x4001 1800
GPIOB	0x4001 0C00	GPIOF	0x4001 1C00
GPIOC	0x4001 1000	GPIOG	0x4001 2000
GPIOD	0x4001 1400		

每个 GPIO 的具体寄存器所在的具体地址是在对应的 GPIO 基地址加上所在的偏移地址构成。5.3 节所提到的 GPIO 寄存器的偏移地址如表 5-10 所示。

表 5-10　　GPIO 端口寄存器的偏移地址

寄存器名称	偏移地址	寄存器名称	偏移地址
CTL0	0x00	BOP	0x10
CTL1	0x04	BC	0x14
ISTAT	0x08	LOCK	0x18
OCTL	0x0C	SPD	0x3C

为了方便对寄存器的直接操作，在 gd32f30x_gpio.h 头文件中将 GPIOA～GPIOG 端口和 GPIO 寄存器用宏定义的方式定义，具体的宏定义描述形式如下：

```
/* GPIOx(x=A,B,C,D,E,F,G) 宏定义 */
#define GPIOA              (GPIO_BASE + 0x00000000U)
#define GPIOB              (GPIO_BASE + 0x00000400U)
#define GPIOC              (GPIO_BASE + 0x00000800U)
#define GPIOD              (GPIO_BASE + 0x00000C00U)
#define GPIOE              (GPIO_BASE + 0x00001000U)
#define GPIOF              (GPIO_BASE + 0x00001400U)
#define GPIOG              (GPIO_BASE + 0x00001800U)
                                                          /* GPIO 寄存器定义 */
#define GPIO_CTL0(gpiox)     REG32((gpiox) + 0x00U)   /*!< GPIO 端口控制寄存器 0 */
#define GPIO_CTL1(gpiox)     REG32((gpiox) + 0x04U)   /*!< GPIO 端口控制寄存器 1 */
#define GPIO_ISTAT(gpiox)    REG32((gpiox) + 0x08U)   /*!< GPIO 端口输入状态寄存器 */
#define GPIO_OCTL(gpiox)     REG32((gpiox) + 0x0CU)   /*!< GPI 端口输出控制寄存器 r */
#define GPIO_BOP(gpiox)      REG32((gpiox) + 0x10U)   /*!< GPIO 位操作寄存器*/
#define GPIO_BC(gpiox)       REG32((gpiox) + 0x14U)   /*!< GPIO 位清除寄存器*/
#define GPIO_LOCK(gpiox)     REG32((gpiox) + 0x18U)   /*!< GPIO 端口配置锁寄存器 */
#define GPIOx_SPD(gpiox)     REG32((gpiox) + 0x3CU)   /*!< GPIO 端口位速度寄存器 */
```

上述 GPIO_BASE 来源于 gd32f30x.h 头文件中宏定义，具体定义形式如下：

```
#define GPIO_BASE         (APB2_BUS_BASE + 0x00000800U)   /*!< GPIO 基地址*/
```

所有 GPIO 是挂接在 APB2 总线上，其所在 APB2 总线上的偏移地址是 0x00000800。其中 APB2_BUS_BASE 的宏定义来源于 gd32f30x.h 头文件，具体定义形式如下：

```
#define APB2_BUS_BASE    ((uint32_t)0x40010000U)          /*!< apb2 基地址*/
```

REG32 是将指定的绝对地址以指针的形式定义，对该地址的访问是以指针形式进行读写操作。具体的定义在 gd32f30x.h 头文件中已定义好，具体定义形式如下：

```
#define REG32(addr)    (*(volatile uint32_t *)(uint32_t)(addr))
```

例如，将 PD0 引脚输出高电平，PE1 引脚输出低电平，以寄存器方式进行操作的 C 语句表达形式如下：

```
GPIO_OCTL(GPIOD) |= (1 << 0);
GPIO_OCTL(GPIOE) &=~(1 << 1);
```

5.4.2 流水灯应用实例

1. 实例要求

利用 GD32F303ZGT6 的 PB4～PB9 引脚上外接 6 个发光二极管 LED1～LED6 实现流水灯显示效果。

2. 电路图

如图 5-6 所示，GD32F303ZGT6 的 PB4～PB9 引脚上外接 6 个发光二极管 LED1～LED6，R1～R6 为限流电阻。

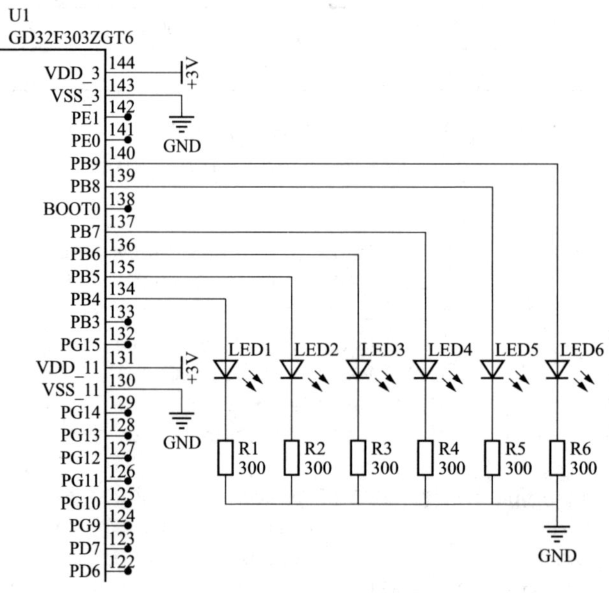

图 5-6　流水灯应用实例电路图

3. 编程要点

（1）使能 GPIOB 时钟。

需要将时钟单元（RCU）中的 APB2 使能寄存器（RCU_APB2EN）中的 PBEN 位给置 1 来使能 GPIOB 外设时钟。C 语句表达形式为：

```
RCU_APB2EN |= RCU_APB2EN_PBEN;
```

其中，RCU_APB2EN 和 RCU_APB2EN_PBEN 的宏定义来源于 gd32f30x_rcu.h 头文件。

（2）初始化 PB4～PB9 工作模式。

通过配置 GPIOB 的 CTL0 和 CTL1 寄存器将 PB4～PB9 的工作模式配置为推挽输出，最大输出速度设置为 2MHz。为了更形象地表达模式设置的参数，在 gd32f30x_gpio.h 头文件中定义了与模式设置相关的宏操作，具体的宏定义如下：

```
/* GPIO mode values set */
#define GPIO_MODE_SET(n, mode)  ((uint32_t)((uint32_t)(mode) << (4U * (n))))
#define GPIO_MODE_MASK(n)       (0xFU << (4U * (n)))
```

其中，GPIO_MODE_SET（n，mode）宏定义用于设置 GPIO 引脚的工作模式和最大输出速度，n 取值为 0～7，mode 为引脚配置参数，该参数包括工作模式和最大输出速度两个。GPIO_MODE_MASK（n）宏定义用于屏蔽被配置的 GPIO 引脚的参数。

GPIO_MODE_SET（n，mode）中的 mode 的具体工作模式参数宏定义如下：

```
/* GPIO mode definitions */
#define GPIO_MODE_AIN           ((uint8_t)0x00U)    /*!<模拟输入模式 */
#define GPIO_MODE_IN_FLOATING   ((uint8_t)0x04U)    /*!<浮空输入模式 */
#define GPIO_MODE_IPD           ((uint8_t)0x28U)    /*!< 下拉输入模式 */
#define GPIO_MODE_IPU           ((uint8_t)0x48U)    /*!<上拉输入模式 */
#define GPIO_MODE_OUT_OD        ((uint8_t)0x14U)    /*!<开漏输出模式*/
#define GPIO_MODE_OUT_PP        ((uint8_t)0x10U)    /*!<推挽输出模式*/
#define GPIO_MODE_AF_OD         ((uint8_t)0x1CU)    /*!<复用开漏输出模式*/
#define GPIO_MODE_AF_PP         ((uint8_t)0x18U)    /*!<复用推挽输出模式*/
```

GPIO_MODE_SET（n，mode）中的 mode 的具体最大输出速度参数宏定义如下：

```
/* GPIO output max speed value */
#define GPIO_OSPEED_10MHZ       ((uint8_t)0x01U)    /*!<最大输出速度 10MHz */
#define GPIO_OSPEED_2MHZ        ((uint8_t)0x02U)    /*!<最大输出速度 2MHz */
#define GPIO_OSPEED_50MHZ       ((uint8_t)0x03U)    /*!<最大输出速度 50MHz */
#define GPIO_OSPEED_MAX         ((uint8_t)0x04U)    /*!<超过 50MHz 的输出速度*/
```

例如，用上述的宏定义配置 PB4 为推挽输出，最大输出速度为 2MHz 的具体 C 语句表达形式为：

```
uint32_t temp;
temp = GPIO_CTL0(GPIOB);
temp &=~(GPIO_MODE_MASK(4));
temp |= GPIO_MODE_SET(4, GPIO_MODE_OUT_PP | GPIO_OSPEED_2MHZ);
GPIO_CTL0(GPIOB) = temp;
```

（3）操作 GPIOB，设置引脚输出状态。

在程序中通过对 GPIO 的 OCTL 寄存器、BOP 寄存以及 BC 寄存器进行写操作实现对 GPIO 引脚电平状态的改变，为了更形象地操作寄存器，在程序中直接引用在 gd32f30x_gpio.h 头文件中已经定义好的与 GPIO 引脚输出电平状态操作相关的宏。

4. 程序实现

在 main 函数中完成如下功能。

（1）初始化 LED1～LED6 灯的 GPIO 引脚。

（2）在无限循环中控制 LED1～LED6 灯的流水显示效果。

代码实现在 main.c 中，详细代码如下：

```
int main(void)
{
    LED_Config();                              //初始化 LED 的 GPIO 引脚

    while(1)
    {
        GPIO_OCTL(GPIOB) = BIT(4);             //LED1 亮,其他灯灭
        Delay();
        GPIO_OCTL(GPIOB) = BIT(5);             //LED2 亮,其他灯灭
        Delay();
        GPIO_OCTL(GPIOB) = BIT(6);             //LED3 亮,其他灯灭
        Delay();
        GPIO_OCTL(GPIOB) = BIT(7);             //LED4 亮,其他灯灭
        Delay();
        GPIO_OCTL(GPIOB) = BIT(8);             //LED5 亮,其他灯灭
        Delay();
        GPIO_OCTL(GPIOB) = BIT(9);             //LED6 亮,其他灯灭
        Delay();
    }
}
```

5. LED1 ~ LED6 灯的 GPIO 引脚初始化

LED1～LED6 灯的 GPIO 引脚配置的内容如下：

（1）推挽输出。

（2）2MHz 输出速度。

```
void LED_Config(void)
{
    uint32_t temp;
    RCU_APB2EN |= RCU_APB2EN_PBEN;             //使能 GPIOB 的外设时钟

    temp = GPIO_CTL0(GPIOB);                   //读取 GPIOB 的 CTL0 寄存器
                                               //屏蔽 PB4～PB7 所在 CTL0 位的内容
    temp &=~(GPIO_MODE_MASK(4) | GPIO_MODE_MASK(5) |
             GPIO_MODE_MASK(6) | GPIO_MODE_MASK(7));
                                               //向 PB4～PB7 所在 CTL0 位写入配置参数
    temp |= GPIO_MODE_SET(4, GPIO_MODE_OUT_PP | GPIO_OSPEED_2MHZ);
    temp |= GPIO_MODE_SET(5, GPIO_MODE_OUT_PP | GPIO_OSPEED_2MHZ);
    temp |= GPIO_MODE_SET(6, GPIO_MODE_OUT_PP | GPIO_OSPEED_2MHZ);
    temp |= GPIO_MODE_SET(7, GPIO_MODE_OUT_PP | GPIO_OSPEED_2MHZ);
    GPIO_CTL0(GPIOB) = temp;                   //回写到 GPIOB 的 CTL0 寄存器

                                               //PB8 和 PB9 所在配置参数在 CTL1 寄存器中
    temp = GPIO_CTL1(GPIOB);                   //读取 GPIOB 的 CTL1 寄存器
                                               //屏蔽 PB8～PB9 所在 CTL1 位的内容
    temp &=~(GPIO_MODE_MASK(8-8) | GPIO_MODE_MASK(9-8));
                                               //向 PB8～PB9 所在 CTL1 位写入配置参数
```

```
    temp |= GPIO_MODE_SET(8-8, GPIO_MODE_OUT_PP | GPIO_OSPEED_2MHZ);
    temp |= GPIO_MODE_SET(9-8, GPIO_MODE_OUT_PP | GPIO_OSPEED_2MHZ);
    GPIO_CTL1(GPIOB) = temp;          //回写到 GPIOB 的 CTL1 寄存器
}
```

6. 小结

通过本实例能够更深入地理解如何充分利用 gd32f30x_gpio.h 头文件中关于用 GPIO 的寄存器宏方式来操作 GPIO 引脚的输出状态。

5.4.3 按键计数加 1 应用实例

1. 实例要求

在 GD32F303ZGT6 的 PE0 引脚上外接一个按键 K1，实现计数加 1 功能，并通过外接在 PB4～PB9 引脚上的 6 个发光二极管 LED1～LED6 来显示，亮表示二进制的 1，灭表示二进制的 0。

2. 电路图

如图 5-7 所示，U1（GD32F303ZGT6）的 PE0 引脚连接按键 K1，PB4～PB9 引脚连接 6 个发光二极管 LED1～LED6，R1～R6 为限流电阻。

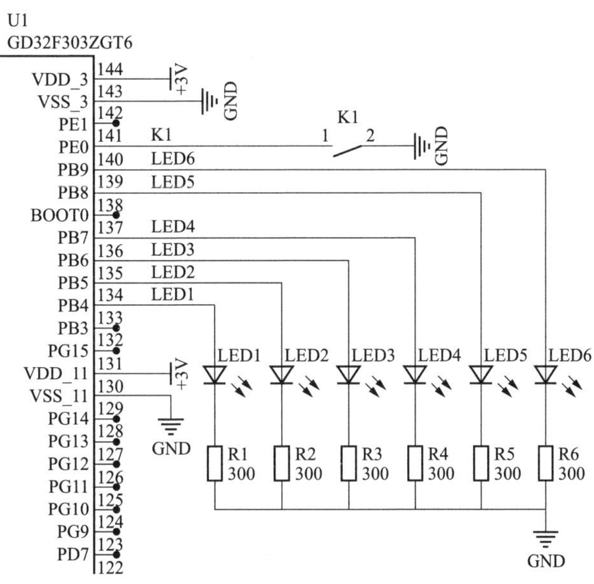

图 5-7　按键计数加 1 应用实例电路图

3. 编程要点

（1）使能 GPIOB 和 GPIOE 的时钟。

通过将时钟单元（RCU）的 APB2 使能寄存器（RCU_APB2EN）中的 PBEN 位和 PEEN 位置 1 来能使能 GPIOB 和 GPIOE 时钟。C 语句表达形式为：

```
RCU_APB2EN |= (RCU_APB2EN_PBEN | RCU_APB2EN_PEEN);
```

也可以用两行 C 语句表达，表达形式为：

```
RCU_APB2EN |= RCU_APB2EN_PBEN;
```

```
RCU_APB2EN |= RCU_APB2EN_PEEN;
```

（2）配置 PB4～PB9 引脚为推挽输出，最大输出速度为 2MHz。

PB4～PB9 的配置内容与 5.4.2 节的内容完全相同，直接参考 5.4.2 节。

（3）配置 PE0 引脚为上拉输入。

图 5-7 中，按键 K1 没有外接上拉电阻，要使能 PE0 引脚上的内部上拉电阻功能时，需要将 OCTL 寄存器的第 0 位给置 1。配置 PE0 引脚为上拉输入的 C 语句表达形式如下：

```
uint32_t temp;
temp = GPIO_CTL0(GPIOE);
temp &=~(GPIO_MODE_MASK(0));
temp |= GPIO_MODE_SET(0, GPIO_MODE_IPU);
GPIO_CTL0(GPIOE) = temp;
GPIO_BOP(GPIOE) = GPIO_BOP_BOP0;                    //置 OCTL[0]= 1;
```

（4）读取 PE0 引脚的电平状态用于判断按键 K1 功能。

通过在 gd32f30x_gpio.h 头文件中的定义的端口输入状态寄存器宏 GPIO_ISTAT(gpiox)来读取 GPIOE 的第 0 号引脚（PE0）的状态来判断按键 K1 按下的状态。PE0 引脚电平状态的获取的 C 语句表达形式如下：

```
uint32_t temp;
temp = GPIO_ISTAT(GPIOE) & GPIO_ISTAT_ISTAT0;
```

（5）计数加 1 的按键处理程序。

4. 主程序实现

在 main 函数中实现的功能如下：

（1）按键 K1 引脚初始化。

（2）LED 引脚初始化。

（3）在 while（1）无限循环中实时检测按键 K1 的状态，若检测到 K1 被按下，去按键 K1 抖动，再读取按键 K1 的状态，确认是否真得被按下，若真的被按下则 KeyCnt 变量加 1，并将 KeyCnt 变量的数值送到 LED 显示后等待按键 K1 释放。详细的 main(函数)源程序如下：

```
int main(void)
{
    uint32_t i;
    int KeyCnt = 0;

    K1_Config();                                    //K1 引脚初始化
    LED_Config();                                   //LED 引脚初始化
    while(1)
    {
        if(0 == K1){                                //判断 K1 是否按下
            for(i=0;i<10000;i++);                   //延时去抖动
            if(0 == K1){                            //再判断 K1 是否真得按下
                KeyCnt ++;                          //计数变量加 1
                GPIO_OCTL(GPIOB) = KeyCnt << 4;     //送 LED 显示
            }
            while(0 == K1);                         //等待 K1 释放
```

```
        }
    }
}
```

5. 按键 K1 的 GPIO 引脚初始化

实现按键 K1 的 GPIO 引脚 PE0 的初始化：

（1）输入模式。

（2）连接上拉电阻。

具体的初始化内容如下：

```
void K1_Config(void)
{
    uint32_t temp;
    RCU_APB2EN |= RCU_APB2EN_PEEN;                    //使能 GPIOE 外设时钟
    temp = GPIO_CTL0(GPIOE);                          //读取 GPIOE 的 CTL0 寄存器内容
    temp &=~(GPIO_MODE_MASK(0));                      //屏蔽 PE0 引脚的配置位内容
    temp |= GPIO_MODE_SET(0, GPIO_MODE_IPU);          //设置 PE0 引脚的配置
    GPIO_CTL0(GPIOE) = temp;                          //写入 GPIOE 的 CTL0 寄存器
    GPIO_BOP(GPIOE) = GPIO_BOP_BOP0;                  //置 OCTL[0]= 1;
}
```

当 GPIO 引脚被配置为输入时，若在硬件上没有外接上拉或下拉电阻，则可以通过设置端口输出控制寄存器（GPIOx_OCTL）相应的位为 1 或 0 来使能内部上拉电阻或下拉电阻功能。本实例中 K1 没有外接上拉电阻，通过“GPIO_BOP（GPIOE）= GPIO_BOP_BOP0;”语句将 OCTL［0］置 1 来使能内部上拉电阻。

程序中使用到的 K1 是宏定义，其定义形式如下：

```
#define K1  (GPIO_ISTAT(GPIOE) & GPIO_ISTAT_ISTAT0)
```

该宏定义是读取 GPIOE 的输入寄存器（ISTAT）的第 0 位状态值，即 PE0 引脚的输入电平状态。

5.5 GPIO 典型应用步骤与常用库函数

5.5.1 GPIO 典型应用步骤

使用库函数实现 GPIO 的应用，一般需要以下几步。

（1）使能 GPIO 的时钟（非常重要），涉及以下文件。

头文件：gd32f30x_rcu.h。

源文件：gd32f30x_rcu.c。

使用的主要函数如下：

```
void rcu_periph_clock_enable(rcu_periph_enum periph)
```

GD32F303ZGT6 微控制器的所有片上外设时钟都通过该函数使能。例如，使能 GPIOA 的工作时钟使用的函数表达语句如下：

```
rcu_periph_clock_enable(RCU_GPIOA);
```

该函数的参数 rcu_periph_enum periph 被定义为枚举类型，具体的枚举内容都被定义在

gd32f30x_rcu.h 头文件中。

例如，GPIOA 的时钟使能位定义的形式如下：

```
RCU_GPIOA     = RCU_REGIDX_BIT(APB2EN_REG_OFFSET, 2U),   /*!< GPIOA 时钟 */
```

其中，RCU_REGIDX_BIT 是 RCU 单元中的外设时钟使能位置和寄存器索引偏移量的宏定义，具体的宏定义形式如下：

```
#define RCU_REGIDX_BIT(regidx, bitpos)    (((uint32_t)(regidx) << 6) | (uint32_t)(bitpos))
```

APB2EN_REG_OFFSET 是 APB2 总线上外设时钟使能寄存器的地址偏移量，该寄存器的宏定义如下：

```
#define APB2EN_REG_OFFSET              0x18U /*APB2 使能寄存器偏移量*/
```

（2）设置对应于片上外设使用的 GPIO 引脚工作模式。

（3）如果使用复用功能，需要单独设置每一个 GPIO 引脚的复用功能。

（4）在应用程序中读取引脚电平状态、控制引脚输出电平或使用复用功能完成特定功能。

5.5.2 常用库函数

与 GPIO 相关的常用库函数和宏都被定义在以下两个文件中。

头文件：gd32f30x_gpio.h 头文件。

源文件：gd32f30x_gpio.c 源文件。

常用库函数有初始化函数、读取输入电平状态函数、读取输出电平状态函数、设置输出电平状态函数以及引脚映射配置函数等。

1. 初始化函数

```
void gpio_init(uint32_t gpio_periph, uint32_t mode, uint32_t speed, uint32_t pin);
```

gpio_init( )函数实现对 GPIO 的一个或多个引脚的工作模式、最大输出速度等参数的配置。操作的是 CTL0、CTL1、OCTL 和 SPD 这 4 个寄存器。

gpio_init( )函数有以下四个参数。

参数 1：gpio_periph，是操作的 GPIO 外设对象，是无符号整数类型变量，实际上是外设的绝对地址指针，实际使用的参数是 GPIOx（x=A，B，C，D，E，F，G)，且都被定义在 gd32f30x_gpio.h 头文件中。表达形式如下：

```
#define GPIOA                    (GPIO_BASE + 0x00000000U)
#define GPIOB                    (GPIO_BASE + 0x00000400U)
#define GPIOC                    (GPIO_BASE + 0x00000800U)
#define GPIOD                    (GPIO_BASE + 0x00000C00U)
#define GPIOE                    (GPIO_BASE + 0x00001000U)
#define GPIOF                    (GPIO_BASE + 0x00001400U)
#define GPIOG                    (GPIO_BASE + 0x00001800U)
```

参数 2：mode，GPIO 引脚工作模式，是无符号整数类型变量。该参数只能是以下 8 种类型宏定义中的一种。

```
/* GPIO mode definitions */
#define GPIO_MODE_AIN            ((uint8_t)0x00U)    /*!<模拟输入模式 */
```

```
#define GPIO_MODE_IN_FLOATING   ((uint8_t)0x04U)   /*!<浮空输入模式 */
#define GPIO_MODE_IPD           ((uint8_t)0x28U)   /*!<下拉输入模式 */
#define GPIO_MODE_IPU           ((uint8_t)0x48U)   /*!<上拉输入模式 */
#define GPIO_MODE_OUT_OD        ((uint8_t)0x14U)   /*!<开漏输出模式*/
#define GPIO_MODE_OUT_PP        ((uint8_t)0x10U)   /*!<推挽输出模式*/
#define GPIO_MODE_AF_OD         ((uint8_t)0x1CU)   /*!<复用开漏输出模式*/
#define GPIO_MODE_AF_PP         ((uint8_t)0x18U)   /*!<复用推挽输出模式*/
```

参数 3：speed：声明需要配置 GPIO 引脚的最大输出速度，是无符号整数类型变量。该参数只能是以下 4 种类型宏定义中的一种。

```
/* GPIO output max speed value */
#define GPIO_OSPEED_10MHZ       ((uint8_t)0x01U)   /*!<最大输出速度 10MHz */
#define GPIO_OSPEED_2MHZ        ((uint8_t)0x02U)   /*!<最大输出速度 2MHz */
#define GPIO_OSPEED_50MHZ       ((uint8_t)0x03U)   /*!<最大输出速度 50MHz */
#define GPIO_OSPEED_MAX         ((uint8_t)0x04U)   /*!<超过 50MHz 的输出速度*/
```

参数 4：pin：声明需要配置的 GPIO 引脚，以屏蔽字的形式出现，在 gd32f30x_gpio.h 头文件中宏定义如下：

```
                                                   /* GPIO pin definitions */
#define GPIO_PIN_0              BIT(0)             /*!< GPIO pin 0 */
#define GPIO_PIN_1              BIT(1)             /*!< GPIO pin 1 */
#define GPIO_PIN_2              BIT(2)             /*!< GPIO pin 2 */
#define GPIO_PIN_3              BIT(3)             /*!< GPIO pin 3 */
#define GPIO_PIN_4              BIT(4)             /*!< GPIO pin 4 */
#define GPIO_PIN_5              BIT(5)             /*!< GPIO pin 5 */
#define GPIO_PIN_6              BIT(6)             /*!< GPIO pin 6 */
#define GPIO_PIN_7              BIT(7)             /*!< GPIO pin 7 */
#define GPIO_PIN_8              BIT(8)             /*!< GPIO pin 8 */
#define GPIO_PIN_9              BIT(9)             /*!< GPIO pin 9 */
#define GPIO_PIN_10             BIT(10)            /*!< GPIO pin 10 */
#define GPIO_PIN_11             BIT(11)            /*!< GPIO pin 11 */
#define GPIO_PIN_12             BIT(12)            /*!< GPIO pin 12 */
#define GPIO_PIN_13             BIT(13)            /*!< GPIO pin 13 */
#define GPIO_PIN_14             BIT(14)            /*!< GPIO pin 14 */
#define GPIO_PIN_15             BIT(15)            /*!< GPIO pin 15 */
#define GPIO_PIN_ALL            BITS(0,15)         /*!< GPIO pin all */
```

在实际编程应用中，当一个 GPIO 的多个引脚被配置为相同工作模式时，可以通过 C 语言中的位或（“|”）操作逻辑运算符合并选择多个引脚。

例如，将 GPIOF 的引脚 5 和引脚 9 初始化为推挽输出模式、最大输出速度为 10MHz 的 C 语句表达形式如下：

```
gpio_init(GPIOF,GPIO_MODE_OUT_PP,GPIO_OSPEED_10MHZ,GPIO_PIN_5 | GPIO_PIN_9 );
```

2. 获取输入电平状态函数

（1）获取 GPIO 引脚的输入电平状态函数。

```
FlagStatus gpio_input_bit_get(uint32_t gpio_periph, uint32_t pin);
```

功能：获取 GPIO 引脚的输入电平状态。实际操作的是端口输入状态寄存器（GPIOx_ISTAT）。

gpio_input_bit_get( )函数有两个参数。

参数 1：gpio_periph，GPIO 操作对象，同“1.初始化函数”中的参数 1 的描述。

参数 2：pin，GPIO 引脚，同“1.初始化函数”中的参数 4 的描述。

返回参数：FlagStatus，只有两种数值的其中一种，RESET 或 SET。该返回的值以枚举类型定义在 gd32f30x.h 头文件中，定义形式如下：

```
typedef enum {RESET = 0, SET = !RESET} FlagStatus;
```

例如，读取 PA0 引脚的电平状态的 C 语句表达形式如下：

```
FlagStatus temp = gpio_input_bit_get(GPIOA,GPIO_PIN_0);
```

（2）获取 GPIO 端口的输入电平状态函数。

```
uint16_t gpio_input_port_get(uint32_t gpio_periph);
```

功能：获取 GPIO 端口的输入电平状态。实际操作的是端口输入状态寄存器（GPIOx_ISTAT）。

gpio_input_port_get( )函数只有一个参数，返回参数为 16 位无符号整型。

参数：gpio_periph，GPIO 操作对象，同“1.初始化函数”中的参数 1 的描述。

返回参数：16 位无符号整型，返回的是 GPIO 端口所有引脚的电平状态。

例如，读取 GPIOA 所有引脚电平状态。

```
uint16_t temp = gpio_input_port_get(GPIOA);
```

3. 获取输出电平状态函数

（1）获取 GPIO 引脚的输出电平状态函数。

```
FlagStatus gpio_output_bit_get(uint32_t gpio_periph, uint32_t pin);
```

功能：获取 GPIO 引脚的输出电平状态。实际操作的是端口输出寄存器（GPIOx_OCTL）。

gpio_output_bit_get( )函数有两个参数。

参数 1：gpio_periph，GPIO 操作对象，同“1.初始化函数”中的参数 1 的描述。

参数 2：pin，GPIO 引脚，同“1.初始化函数”中的参数 4 的描述。

返回参数：FlagStatus，只有两种数值的其中一种，RESET 或 SET。

例如，读取 PA5 引脚的输出电平状态。

```
FlagStatus temp = gpio_output_bit_get(GPIOA,GPIO_PIN_5);
```

（2）获取 GPIO 端口输出电平状态函数。

```
uint16_t gpio_output_port_get(uint32_t gpio_periph);
```

参数：gpio_periph，GPIO 操作对象，同“1.初始化函数”中的参数 1 的描述。

返回参数：16 位无符号整型，返回的是 GPIO 端口所有输出引脚的电平状态。

例如，读取 GPIOB 所有引脚输出电平状态。

```
uint16_t temp = gpio_output_port_get(GPIOA);
```

4. 设置输出电平状态函数

（1）GPIO 引脚输出高电平状态函数。

```
void gpio_bit_set(uint32_t gpio_periph, uint32_t pin);
```

功能：设置 GPIO 引脚输出高电平。实际操作的是端口置位/复位寄存器（GPIOx_BOP）的低 16 位。

gpio_bit_set( )函数有两个输入参数。

参数 1：gpio_periph，GPIO 操作对象，同“1.初始化函数”中的参数 1 的描述。

参数 2：pin，GPIO 引脚，同“1.初始化函数”中的参数 4 的描述。

例如，使 PB4 和 PB7 引脚输出高电平的 C 语句表达形式如下：

```
gpio_bit_set(GPIOB,GPIO_PIN_4 | GPIO_PIN_7);
```

（2）GPIO 引脚输出低电平状态函数。

```
void gpio_bit_reset(uint32_t gpio_periph, uint32_t pin);
```

功能：设置 GPIO 引脚输出低电平。实际操作的是端口清除寄存器（GPIOx_BC）的低 16 位。

gpio_bit_reset( )函数有两个输入参数。

参数 1：gpio_periph，GPIO 操作对象，同“1.初始化函数”中的参数 1 的描述。

参数 2：pin，GPIO 引脚，同“1.初始化函数”中的参数 4 的描述。

例如，使 PE2 和 PE6 引脚输出低电平。

```
gpio_bit_reset(GPIOE,GPIO_PIN_2 | GPIO_PIN_6);
```

（3）GPIO 引脚写函数。

```
void gpio_bit_write(uint32_t gpio_periph, uint32_t pin, bit_status bit_value);
```

功能：写数据到指定的 GPIO 引脚。该函数操作的是端口复位/置位寄存器（GPIOx_BOP）和端口清除寄存器（GPIOx_BC）。

gpio_bit_write( )函数有三个输入参数。

参数 1：gpio_periph，GPIO 操作对象，同“1.初始化函数”中的参数 1 的描述。

参数 2：pin，GPIO 引脚，同“1.初始化函数”中的参数 4 的描述。

参数 3：bit_value，该参数是 FlagStatus 枚举类型的参量，取值为 RESET 或 SET。

例如，将 PC0、PC2 和 PC7 引脚输出高电平，用 gpio_bit_write 函数实现的 C 语句表达形式如下：

```
gpio_bit_write(GPIOC,GPIO_PIN_0 | GPIO_PIN_2 | GPIO_PIN_7,SET);
```

（4）GPIO 端口写函数。

```
void gpio_port_write(uint32_t gpio_periph,uint16_t data)
```

功能：gpio_port_write( )函数实现对指定 GPIO 端口写 16 位无符号数。该函数操作的是端口输出控制寄存器（GPIOx_OCTL）。

gpio_port_write( )函数有两个输入参数。

参数 1：gpio_periph，GPIO 操作对象，同“1.初始化函数”中的参数 1 的描述。

参数 2：data，16 位的无符号整型，向指定的 GPIO 端口写入指定的数值到端口输出控制寄存器（GPIOx_OCTL）。

例如，向 GPIOC 端口写 0x55AA 的 C 语句表达形式如下：

```
gpio_port_write(GPIOC,0x55AA);
```

5.6 基于 GPIO 库函数应用实例

5.6.1 数码管循环显示 0～9 应用实例

1. 实例要求

利用 GD32F303ZGT6 微控制器实现一个循环显示 0～9，并通过数码管显示出来。

2. 电路图

如图 5-8 所示，GD32F303ZGT6 微控制器的 PB3～PB9 引脚通过 RN1 和 RN2 限流排阻连接共阴数码管（LED1）的笔段 A～G。其中，笔段 A 连接在 PB3 引脚，笔段 B 连接在 PB4 引脚，笔段 C 连接在 PB5 引脚，笔段 D 连接在 PB6 引脚，笔段 E 连接在 PB7 引脚，笔段 F 连接在 PB8 引脚，笔段 G 连接在 PB9 引脚。

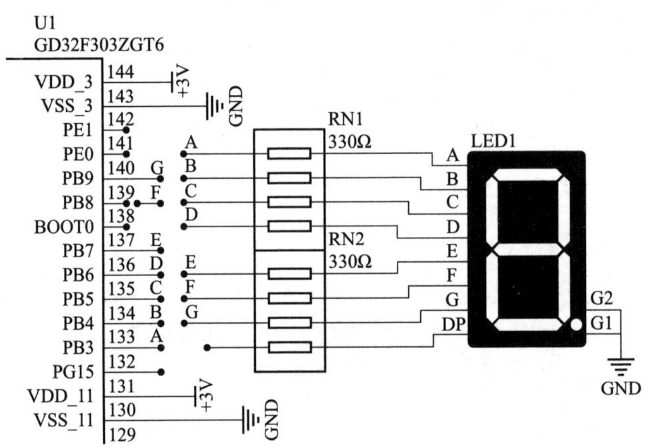

图 5-8 数码管循环显示 0～9 应用实例电路图

3. 编程要点

（1）使能 GPIO 时钟。调用 rcu_periph_clock_enable( )函数使能 GPIOB 外设时钟。

（2）初始化 GPIO 模式。调用 gpio_init( )函数配置 GPIOB 引脚 PB3～PB9 的工作模式等。

（3）操作 GPIOB，设置引脚的不同输出电平状态驱动共阴数码管笔段显示数字 0～9。可调用 gpio_port_write( )函数来实现。

4. 主程序实现

在 main 函数中完成如下功能。

（1）配置 SysTick。

（2）配置驱动共阴 LED 数码管的 GPIO 引脚的工作模式。

（3）在 while(1)无限循环体中实现计数变量加 1，当变量大于 9 时回 0，并根据变量的值将对应的共阴 LED 数码显示的字段码通过调用 gpio_port_write( )函数驱动 GPIO 引脚显示出来。

代码实现在 main.c 源文件中，详细的源程序如下：

```
#include "main.h"
```

```
void LEDSEG_Init(void)
{
    rcu_periph_clock_enable(RCU_GPIOB);           //使能 GPIOB 外设时钟
    //初始化 PB3～PB9 引脚为推挽输出,最大输出速度 2MHz
    gpio_init(GPIOB,GPIO_MODE_OUT_PP,GPIO_OSPEED_2MHZ,
              GPIO_PIN_3 | GPIO_PIN_4 | GPIO_PIN_5 | GPIO_PIN_6 |
              GPIO_PIN_7 | GPIO_PIN_8 | GPIO_PIN_9);
}
                                                  //显示 0～9 字段码的定义
const uint8_t LEDSEG[]= {0x3F,0x06,0x5B,0x4F,0x66,0x6D,0x7D,0x07,0x7F,0x6F};

int main(void)
{
    int cnt = 0;
    AQ_SysTickConfig();                           //SysTick 初始化
    LEDSEG_Init();                                //共阴 LED 数码 GPIO 引脚初始化

    while(1)
    {
        cnt ++;//计数变量加 1
        if(cnt > 9)cnt = 0;                       //大于 9 归 0
        gpio_port_write(GPIOB,LEDSEG[cnt]<< 3);  //送出显示
        msDelay(1000);                            //延时 1S
    }
}
```

在 main( )主程序中，msDelay( )函数和 AQ_SysTickConfig( )函数来源于自定义的 systick.c 和 systick.h 文件中。具体的代码如下：

（1）systick.c 源文件。

```
#include "gd32f30x.h"
#include "systick.h"
volatile static uint32_t msTick;

void SysTick_Handler(void)
{
    msTick++;
}

void AQ_SysTickConfig(void)
{
    if(SysTick_Config(SystemCoreClock / 1000U)){
        while (1);
    }
    NVIC_SetPriority(SysTick_IRQn, 0x00U);
}

void msDelay(uint32_t t)
{
    uint32_t i;
```

```
    i = msTick;
    while((msTick - i) < t);
}
```

在 systick.c 源文件中，AQ_SysTickConfig( )函数配置 SysTick 滴答定时器每 1ms 产生 1 次中断，SysTick_Handler( )中断函数实现每 1ms 时间到将 msCnt 变量加 1 一次。msDelay( )函数是以 1ms 为基本时间单位产生的延时时间。

（2）systick.h 头文件。

```
#ifndef __SYSTICK_H__
#define __SYSTICK_H__
#include <stdint.h>

void AQ_SysTickConfig(void);
void msDelay(uint32_t t);

#endif
```

5.6.2 倒计时秒表应用实例

1. 实例要求

利用 GD32F303ZGT6 微控制器实现 99 倒计时秒表功能，两个按键分别用于倒计时秒表的运行/暂停和复位功能。

2. 电路图

如图 5-9 所示，U1（GD32F303ZGT6）微控制器的 GPIOB 引脚 PB3～PB9 通过 RN1（330Ω）和 RN2（330Ω）限流电阻驱动 2 位共阴 LED 动态显示数码管的笔段 A～G，数码管的选通引脚 DIG1 和 DIG2 分别连接到 U1（GD32F303ZGT6）的 GPIOG 引脚 PG14 和 PG13 上，运行/暂停按键 K1 和复位按键 K2 分别连接到 U1（GD32F303ZGT6）的 GPIOE 引脚 PE1 和 PE0 上。

3. 编程要点

（1）使能 GPIO 时钟，调用 rcu_periph_clock_enable( )函数来使能 GPIOB、GPIOE 和 GPIOG 外设时钟。

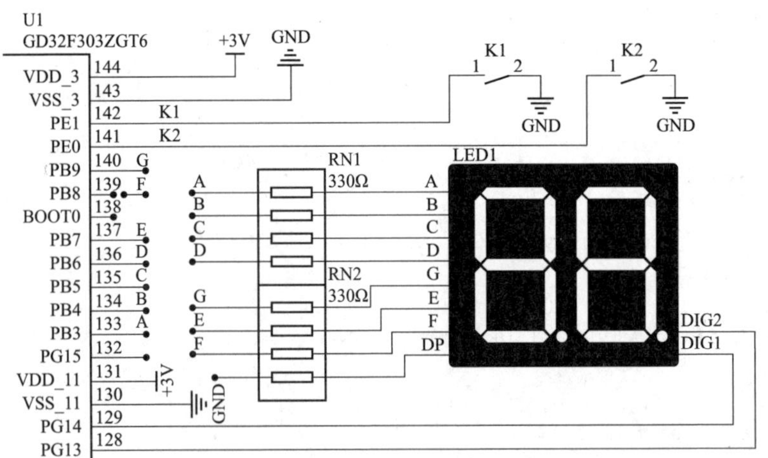

图 5-9　倒计时秒表应用实例电路图

（2）配置 GPIO 模式。调用 gpio_init( )。不同端口引脚的初始化都是通过 gpio_init( )函数实现，本实例需要调用 gpio_init( )函数三次。

（3）操作 GPIO，调用 gpio_input_bit_get( )函数用于判断按键按下的状态，调用 gpio_port_write( )函数、gpio_bit_set( )函数和 gpio_bit_reset( )函数控制 2 位共阴 LED 动态数码管的显示。

（4）LED 数码管动态显示。LED 数码管动态显示原理是每隔 1～10ms 显示一位数码管的数字，通过轮流循环刷新 LED 数码管的数据达到多个数码管同时显示效果。如图 5-9 所示，当 DIG1=0，DIG2=1 时，通过送到 A～G 的字段码的内容显示在第 1 个 LED 数码管上；当 DIG1=1，DIG2=0 时，通过送到 A～G 的字段码的内容显示在第 2 个 LED 数码管上，如此循环。

4. 主程序实现

在 main 函数中完成如下功能。

（1）配置 SysTick。

（2）配置驱动 2 位共阴 LED 数码管的 GPIO 引脚和按键 GPIO 引脚的工作模式。

（3）在 while（1）无限循环体中实现扫描按键、LED 数码管动态显示刷新，处理按键功能等。

代码实现在 main.c 文件中，具体源程序如下：

```
int main(void)
{
    Int32_t mCnt,Second,RunPauseStatus;

    AQ_SysTickConfig();                        //SysTick 初始化
    LEDSEG_Init();                             //共阴 LED 数码 GPIO 引脚初始化
    KEY_Init();                                //按键 GPIO 引脚初始化
    while(1)
    {
        msDelay(2);                            //延时 2ms
        LEDSEG_Display();                      //数码管刷新
        if(0 == KeyScan(K1,&K1Cnt)){           //识别按键 K1
            if(RESET != RunPauseStatus)RunPauseStatus = RESET;    //置暂停状态
            else RunPauseStatus = SET;         //置运行状态
        }
        if(0 == KeyScan(K2,&K2Cnt)){           //识别按键 K2
            if(RESET != RunPauseStatus)RunPauseStatus = RESET;    //置暂停状态
            Second = 0;
            LEDBuffer[0]= Second % 10;         //置个位数字到显示缓冲区
            LEDBuffer[1]= Second / 10;         //置十位数字到显示缓冲区
        }
        if(RESET != RunPauseStatus){
            if(++mCnt >= 500){
                mCnt = 0;
                Second--;
                if(0 == Second){
                    if(RESET != RunPauseStatus)RunPauseStatus = RESET;
                                               //置暂停状态
                }
                LEDBuffer[0]= Second % 10;     //置个位数字到显示缓冲区
                LEDBuffer[1]= Second / 10;     //置十位数字到显示缓冲区
```

```
            }
        }
    }
}
```

5. LED 数码管的 GPIO 引脚初始化

驱动 2 位共阴 LED 数码管的 GPIO 引脚 PB3～PB9 和 PG13～PG14 的配置如下：

（1）推挽输出模式。

（2）输出速度 2MHz。

```
void LEDSEG_Init(void)
{
    rcu_periph_clock_enable(RCU_GPIOB);       //使能 GPIOB 外设时钟
    //初始化 PB3～PB9 引脚为推挽输出,最大输出速度 2MHz
    gpio_init(GPIOB,GPIO_MODE_OUT_PP,GPIO_OSPEED_2MHZ,
            GPIO_PIN_3 | GPIO_PIN_4 | GPIO_PIN_5 | GPIO_PIN_6 |
            GPIO_PIN_7 | GPIO_PIN_8 | GPIO_PIN_9);
    rcu_periph_clock_enable(RCU_GPIOG);       //使能 GPIOG 外设时钟
    gpio_init(GPIOG,GPIO_MODE_OUT_PP,GPIO_OSPEED_2MHZ,GPIO_PIN_13 | GPIO_PIN_14);
}
```

6. 按键 GPIO 引脚初始化

按键 K1 和 K2 的 GPIO 引脚 PE0～PE1 的配置如下：

（1）输入模式。

（2）上拉输入。

```
void KEY_Init(void)
{
    rcu_periph_clock_enable(RCU_GPIOE);                   //使能 GPIOE 外设时钟
    gpio_init(GPIOE,GPIO_MODE_IPU,GPIO_OSPEED_2MHZ,
             GPIO_PIN_0 | GPIO_PIN_1);
}
```

7. 数码管动态显示函数

根据数码管动态显示原理，实现的代码如下：

```
const uint8_t LEDSEG[]= {0x3F,0x06,0x5B,0x4F,0x66,0x6D,0x7D,0x07,0x7F,0x6F};
int8_t LEDBuffer[2]= {0};                                 //显示缓冲区
int8_t LEDIndex;                                          //扫描动态显示数码管索引

void LEDSEG_Display(void)
{
    gpio_bit_set(GPIOE,GPIO_PIN_1 | GPIO_PIN_0);          //置未选通所有数码管
    if(0 == LEDIndex)gpio_bit_reset(GPIOE,GPIO_PIN_1);  //选通第 1 个数码管
    else if(1 == LEDIndex)gpio_bit_reset(GPIOE,GPIO_PIN_0);//选通第 2 个数码管
    gpio_port_write(GPIOB,LEDSEG[LEDBuffer[LEDIndex]]<< 3);
                                                        //送已选通数码管显示字段码
    if(++LEDIndex == sizeof(LEDBuffer))LEDIndex = 0;    //索引指向下一个
}
```

声明 2 个数码管的显示缓冲区数组 LEDBuffer［2］用于装载要显示 2 位数的个位数和十位数。声明的 LEDIndex 变量用于指示当前是哪个数码管显示的索引值。LEDSEG_Display( ) 函数是实现数码管动态显示的驱动程序。

8. 按键扫描函数

```
#define K1  gpio_input_bit_get(GPIOE,GPIO_PIN_1)    //获取按键 K1 状态宏定义
#define K2  gpio_input_bit_get(GPIOE,GPIO_PIN_0)    //获取按键 K2 状态宏定义
int32_t K1Cnt,K2Cnt;

int32_t KeyScan(int32_t PIN,int32_t *kCnt)
{
    int32_t k = PIN;                                    //获取按键状态
    if((0 == k) && (999999 != *kCnt) && (++*kCnt > 10)){  //判断是否符合按下条件
        if(0 == k){                                     //判断是真得按下
            *kCnt = 999999;                             //置已经按下标志
            return 0;                                   //返回按下状态
        }
    }
    else if(0 != k){                                    //判断按键处于断开状态
        if(999999 == *kCnt){                            //判断是上次按下的标志
            *kCnt = 0;                                  //清按键计数清 0
            return 1;                                   //返回释放状态
        }
    }
    return -1;                                          //返回无效状态
}
```

K1 和 K2 是通过 gpio_input_bit_get( )库函数获取 PE1 和 PE0 引脚的电平状态的宏定义，KeyScan( )函数是按键扫描公用函数，通过 PIN 参数传入按键的当前状态值，*kCnt 是指针变量用来输入外部变量地址，是实参，*kCnt 指针变量既是按键去抖动的计数变量也按键已经按下的标志信息，当按键真得已按下则可将*kCnt 置 999999 特殊值作为已按下的标志信息。函数中若按键真得已按下则返回 0，已释放则返回 1，否则则返回-1 作为无效状态。

5.6.3 矩阵键盘应用实例

1. 实例要求

利用 GD32F303ZGT6 微控制器构成一个 4×4 的矩阵键盘，将矩阵键盘的键值 0～9 和 A～F 通过共阴 LED 数码管显示出来。

2. 电路图

如图 5-10 所示，U1（GD32F303ZGT6）微控制器的 GPIOB 引脚 PB3～PB9 通过 RN1（330Ω）和 RN2（330Ω）排阻连接共阴数码管（LED1）的笔段 A～G。其中，笔段 A 连接在 PB3 引脚，笔段 B 连接在 PB4 引脚，笔段 C 连接在 PB5 引脚，笔段 D 连接在 PB6 引脚，笔段 E 连接在 PB7 引脚，笔段 F 连接在 PB8 引脚，笔段 G 连接在 PB9 引脚。

按键 K1～K16 构成 4X4 矩阵键盘的 4 行 ROW1～ROW4 和 4 列 COL1～COL4 分别连接到 U1（GD32F303ZGT6）的 GPIOD 引脚的 PD0～PD3 和 PD4～D7 上。

3. 矩阵键盘原理

每个独立按键占用一个 GPIO 引脚，检测程序相对简单，当需要使用的按键数量较多时，占用的 GPIO 引脚较多。例如，当需要 16 个按键时，如果使用独立按键方法，则需要 16 个 GPIO 引脚。为了节省 GPIO 引脚数量，一般采用矩阵键盘，可以大大减少占用 GPIO 引脚数量，4X4 矩阵盘构成的 16 个按键只需占用 8 个 GPIO 引脚。

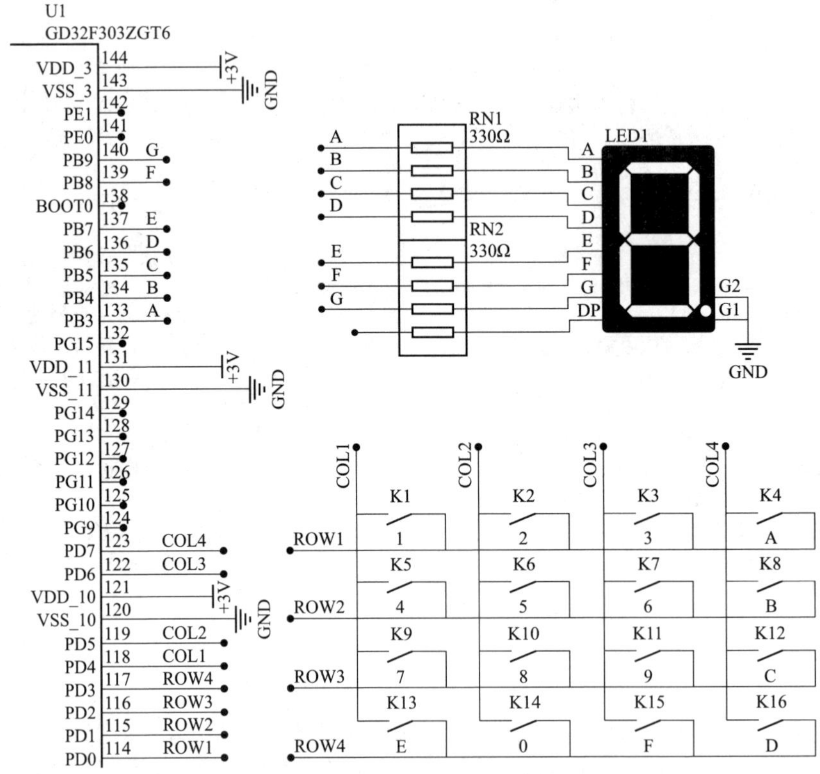

图 5-10 矩阵键盘应用实例电路图

具体的 4X4 矩阵键盘的硬件连接方法如图 5-10 所示。

对于矩阵键盘的按键识别方法有逐行扫描法和行列交换扫描法。

（1）逐行扫描法。

通过在矩阵按键的每条行线上轮流输出低电平，检测矩阵键盘的列线，当检测到的列线不全为高电平的时候，有键按下。然后，根据当前输出低电平的行号和检测到低电平的列号组合，判断是哪个按键按下。

（2）行列扫描法。

首先在全部行线上输出低电平时，检测矩阵键盘的所有列线，当检测到的列线不全为高电平时，表示有键按下，并判断是哪一列的按键被按下。

然后，反过来，在全部列线上输出低电平时，检测矩阵键盘的所有行线，当检测到的行线不全为高电平时，表示有键按下，并判断是哪一行的按键被按下。

最后，根据检测到的行线和列线组合，就可以判断当前是哪个按键被按下。

具体的实现代码参考 KEYPAD_Scan( )函数。

4. 编程要点

（1）使能 GPIO 时钟，调用 rcu_periph_clock_enable( )函数来使能 GPIOB 和 GPIOD 外设时钟。

（2）初始化 GPIO 模式。调用 gpio_init( )。

（3）编写矩阵键盘扫描程序。

5. 主程序实现

在 main 函数中完成如下功能。

（1）初始化 SysTick。

（2）初始化驱动数码管的 GPIO 引脚。

（3）初始化矩阵键盘的 GPIO 引脚。

（4）在 while（1）无限循环体中扫描矩阵键盘按键，并在检测到有效按键动作后，识别按键并转化为键值通过 LED 数码管显示。

代码实现在 main.c 文件中，具体如下：

```
//显示 0～9,A～F 字段码的定义
const uint8_t LEDSEG[]= {0x3F,0x06,0x5B,0x4F,0x66,0x6D,0x7D,0x07,0x7F,0x6F,
0x77,0x7C,0x39,0x5E,0x79,0x71};

int main(void)
{
    int32_t Key;
    AQ_SysTickConfig();                          //SysTick 初始化
    LEDSEG_Init();                               //共阴 LED 数码 GPIO 引脚初始化
    KEYPAD_Init();                               //矩阵键盘 GPIO 引脚初始化

    while(1)
    {
        Key = KEYPAD_Scan();                     //调用矩阵键盘扫描程序
        if(Key < 16){
            gpio_port_write(GPIOB,LEDSEG[Key]<< 3);//检测到的键值送数码管显示
        }
    }
}
```

6. LED 数码管的 GPIO 引脚初始化

LED 数码管的 GPIO 引脚配置：

（1）推挽输出模式。

（2）最大输出速度为 10MHz。

```
void LEDSEG_Init(void)
{
    rcu_periph_clock_enable(RCU_GPIOB);          //使能 GPIOB 外设时钟
    //初始化 PB3～PB9 引脚为推挽输出,最大输出速度 2MHz
    gpio_init(GPIOB,GPIO_MODE_OUT_PP,GPIO_OSPEED_2MHZ,
             GPIO_PIN_3 | GPIO_PIN_4 | GPIO_PIN_5 | GPIO_PIN_6 |
             GPIO_PIN_7 | GPIO_PIN_8 | GPIO_PIN_9);
}
```

7. 矩阵键盘扫描函数

矩阵键盘扫描函数包括了动态改变按键 GPIO 引脚的输入输出关系。实现源程序如下：

```
const uint8_t KEYCODE[]= {
0xD7,                                            //0
0xEE,0xDE,0xBE,                                  //1,2,3
0xED,0xDD,0xBD,                                  //4,5,6
0xEB,0xDB,0xBB,                                  //7,8,9
0x7E,0x7D,0x7B,0x77,0xE7,0xB7,                   //A,B,C,D,E,F
```

```
};

int32_t KEYPAD_Scan(void)
{
    uint8_t temp,Key = 0xFF;

    //列线为上拉输入,行线为输出
    gpio_init(GPIOD,GPIO_MODE_IPU,GPIO_OSPEED_10MHZ,
              GPIO_PIN_4 | GPIO_PIN_5 | GPIO_PIN_6 | GPIO_PIN_7);
    gpio_init(GPIOD,GPIO_MODE_OUT_PP,GPIO_OSPEED_10MHZ,
              GPIO_PIN_0 | GPIO_PIN_1 | GPIO_PIN_2 | GPIO_PIN_3);
    gpio_bit_reset(GPIOD,GPIO_PIN_0 | GPIO_PIN_1 | GPIO_PIN_2 | GPIO_PIN_3);
    temp = gpio_input_port_get(GPIOD);                  //读取列线状态
    if(0xF0 != temp){                                   //有键按下
        msDelay(10);                                    //延时去抖动
        temp = gpio_input_port_get(GPIOD);              //再读取列线状态
        if(0xF0 != temp){                               //真的有键按下
            Key = temp & 0xF0;                          //保存列线的按键状态值
                                                        //行线为上拉输入,列线为输出
            gpio_init(GPIOD,GPIO_MODE_IPU,GPIO_OSPEED_10MHZ,
                      GPIO_PIN_0 | GPIO_PIN_1 | GPIO_PIN_2 | GPIO_PIN_3);
            gpio_init(GPIOD,GPIO_MODE_OUT_PP,GPIO_OSPEED_10MHZ,
                      GPIO_PIN_4 | GPIO_PIN_5 | GPIO_PIN_6 | GPIO_PIN_7);
            gpio_bit_reset(GPIOD,GPIO_PIN_4 | GPIO_PIN_5 | GPIO_PIN_6 | GPIO_PIN_7);
            temp = gpio_input_port_get(GPIOD);          //读取行线状态
            Key |= temp & 0x0F;                         //合并按键状态值
            for(temp=0;temp<sizeof(KEYCODE);temp++){    //查表按键状态值对应的键值
                if(KEYCODE[temp] == Key){
                    break;
                }
            }
            if(temp < sizeof(KEYCODE)){
                Key = temp;
            }
            else{
                Key = 0xFF;
            }
            while(0x0F != temp){                        //等待按键释放
                temp = gpio_input_port_get(GPIOD);
            }
        }
    }
    return Key;
}
```

5.7 GPIO 的复用功能（AFIO）与重映射功能

GD32F303ZGT6 微控制器的所有 GPIO 引脚大部分都具有复用功能（AFIO）。

当 GPIO 引脚被配置为 AFIO（设置 GPIOx_CTL0/GPIOx_CTL1 寄存器中的 CTLy 值为“0b10”或“0b11”，MDy 位值为“0b01”“0b10”或“0b11”）时，该 GPIO 引脚被用作外设复用功能。

5.7.1 GD32F303ZGT6 微控制器复用功能表

以 TQFP-144 封装的 GD32F30ZGT6 微控制器为例，该微控制器具有 7 个 GPIO 端口，共有 112 个 GPIO 引脚，每个 GPIO 引脚的复用功能和映射功能分配关系如表 5-11 所示。

表 5-11 GD32F303ZGT6 微控制器引脚的具体功能说明

引脚名称	引脚号	引脚类型	I/O 耐压	默认功能	复用功能	映射功能
PE2	1	I/O	5VT	PE2	TRACECK/EXMC_A23	
PE3	2	I/O	5VT	PE3	TRACED0/EXMC_A19	
PE4	3	I/O	5VT	PE4	TRACED1/EXMC_A20	
PE5	4	I/O	5VT	PE5	TRACED2/EXMC_A21	TIMER8_CH0
PE6	5	I/O	5VT	PE6	TRACED3/EXMC_A22	TIMER8_CH1
VBAT	6	P		VBAT		
PC13	7	I/O		PC13	TAMPER_RTC	
PC14	8	I/O		PC14	OSC32IN	
PC15	9	I/O		PC15	OSC32OUT	
PF0	10	I/O	5VT	PF0	EXMC_A0	CTC_SYNC
PF1	11	I/O	5VT	PF1	EXMC_A1	
PF2	12	I/O	5VT	PF2	EXMC_A2	
PF3	13	I/O	5VT	PF3	EXMC_A3	
PF4	14	I/O	5VT	PF4	EXMC_A4	
PF5	15	I/O	5VT	PF5	EXMC_A5	
VSS_5	16	P		VSS_5		
VDD_5	17	P		VDD_5		
PF6	18	I/O		PF6	ADC2_IN4/EXMC_NORD	TIMER9_CH0
PF7	19	I/O		PF7	ADC2_IN5/EXMC_NREG	TIMER10_CH0
PF8	20	I/O		PF8	ADC2_IN6/EXMC_NIOWR	TIMER12_CH0
PF9	21	I/O		PF9	ADC2_IN7/EXMC_CD	TIMER13_CH0
PF10	22	I/O		PF10	ADC2_IN8/EXMC_INTR	
OSCIN	23	I		OSCIN		PD0
OSCOUT	24	O		OSCOUT		PD1
NRST	25	I/O		NRST		
PC0	26	I/O		PC0	ADC012_IN10	
PC1	27	I/O		PC1	ADC012_IN11	
PC2	28	I/O		PC2	ADC012_IN12	
PC3	29	I/O		PC3	ADC012_IN13	

续表

引脚名称	引脚号	引脚类型	I/O 耐压	默认功能	复用功能	映射功能
VSSA	30	P		VSSA		
VREF-	31	P		VREF-		
VREF+	32	P		VREF+		
VDDA	33	P		VDDA		
PA0	34	I/O		PA0	WKUP/USART1_CTS/ ADC012_IN0/TIMER1_CH0/ TIMER1_ETI/TIMER4_CH0/TIMER7_ETI	
PA1	35	I/O		PA1	USART1_RTS/ADC012_IN1/ TIMER1_CH1/TIMER4_CH1	
PA2	36	I/O		PA2	USART1_TX/ADC012_IN2/TIMER1_CH2/ TIMER4_CH2/TIMER8_CH0/SPI0_IO2	
PA3	37	I/O		PA3	USART1_RX/ADC012_IN3/TIMER1_CH3/ TIMER4_CH3/TIMER8_CH1/SPI0_IO3	
VSS_4	38	P		VSS_4		
VDD_4	39	P		VDD_4		
PA4	40	I/O		PA4	SPI0_NSS/USART1_CK/ ADC01_IN4/DAC_OUT0	SPI2_NSS/I2S2_WS
PA5	41	I/O		PA5	SPI0_SCK/ADC01_IN5/ADC_OUT1	
PA6	42	I/O		PA6	SPI0_MISO/ADC01_IN6/TIMER2_CH0/ TIMER7_BRKIN/TIMER12_CH0	TIMER0_BRKIN
PA7	43	I/O		PA7	SPI0_MOSI/ADC01_IN7/TIMER2_CH1/ TIMER7_CH0_ON/TIMER13_CH0	TIMER0_CH0_ON
PC4	44	I/O		PC4	ADC01_IN14	
PC5	45	I/O		PC5	ADC01_IN15	
PB0	46	I/O		PB0	ADC01_IN8/TIMER2_CH2/ TIMER7_CH1_ON	TIMER0_CH1_ON
PB1	47	I/O		PB1	ADC01_IN9/TIMER2_CH3/ TIMER7_CH2_ON	TIMER0_CH2_ON
PB2	48	I/O	5VT	PB2/BOOT1		
PF11	49	I/O	5VT	PF11	EXMC_NIOS16	
PF12	50	I/O	5VT	PF12	EXMC_A6	
VSS_6	51	P		VSS_6		
VDD_6	52	P		VDD_6		
PF13	53	I/O	5VT	PF13	EXMC_A7	
PF14	54	I/O	5VT	PF14	EXMC_A8	
PF15	55	I/O	5VT	PF15	EXMC_A9	
PG0	56	I/O	5VT	PG0	EXMC_A10	
PG1	57	I/O	5VT	PG1	EXMC_A11	
PE7	58	I/O	5VT	PE7	EXMC_D4	TIMER0_ETI
PE8	59	I/O	5VT	PE8	EXMC_D5	TIMER0_CH0_ON
PE9	60	I/O	5VT	PE9	EXMC_D6	TIMER0_CH0

续表

引脚名称	引脚号	引脚类型	I/O 耐压	默认功能	复用功能	映射功能
VSS_7	61	P		VSS_7		
VDD_7	62	P		VDD_7		
PE10	63	I/O	5VT	PE10	EXMC_D7	TIMER0_CH1_ON
PE11	64	I/O	5VT	PE11	EXMC_D8	TIMER0_CH1
PE12	65	I/O	5VT	PE12	EXMC_D9	TIMER0_CH2_ON
PE13	66	I/O	5VT	PE13	EXMC_D10	TIMER0_CH2
PE14	67	I/O	5VT	PE14	EXMC_D11	TIMER0_CH3
PE15	68	I/O	5VT	PE15	EXMC_D12	TIMER0_BRKIN
PB10	69	I/O	5VT	PB10	I2C1_SCL/USART2_TX	TIMER1_CH2
PB11	70	I/O	5VT	PB11	I2C1_SDA/USART2_RX	TIMER1_CH3
VSS_1	71	P		VSS_1		
VDD_1	72	P		VDD_1		
PB12	73	I/O	5VT	PB12	SPI1_NSS/I2C1_SMBA/USART2_CK/ TIMER0_BRKIN/I2S1_WS	
PB13	74	I/O	5VT	PB13	SPI1_SCK/USART2_CTS/ TIMER0_CH0_ON/I21_CK	
PB14	75	I/O	5VT	PB14	SPI1_MISO/USART2_RTS/ TIMER0_CH1_ON/TIMER11_CH0	
PB15	76	I/O	5VT	PB15	SPI1_MOSI/TIMER0_CH2_ON/I2S1_SD/ TIMER11_CH1	
PD8	77	I/O	5VT	PD8	EXMC_D13	USART2_TX
PD9	78	I/O	5VT	PD9	EXMC_D14	USART2_RX
PD10	79	I/O	5VT	PD10	EXMC_D15	USART2_CK
PD11	80	I/O	5VT	PD11	EXMC_A16	USART2_CTS
PD12	81	I/O	5VT	PD12	EXMC_A17	TIMER3_CH0/ USART2_RTS
PD13	82	I/O	5VT	PD13	EXMC_A18	TIMER3_CH1
VSS_8	83	P		VSS_8		
VDD_8	84	P		VDD_8		
PD14	85	I/O	5VT	PD14	EXMC_D0	TIMER3_CH2
PD15	86	I/O	5VT	PD15	EXMC_D1	TIMER3_CH3/CTC_ SYNC
PG2	87	I/O	5VT	PG2	EXMC_A12	
PG3	88	I/O	5VT	PG3	EXMC_A13	
PG4	89	I/O	5VT	PG4	EXMC_A14	
PG5	90	I/O	5VT	PG5	EXMC_A15	
PG6	91	I/O	5VT	PG6	EXMC_INT1	
PG7	92	I/O	5VT	PG7	EXMC_INT2	
PG8	93	I/O	5VT	PG8		

续表

引脚名称	引脚号	引脚类型	I/O 耐压	默认功能	复用功能	映射功能
VSS_9	94	P		VSS_9		
VDD_9	95	P		VDD_9		
PC6	96	I/O	5VT	PC6	I2S1_MCK/TIMER7_CH0/SDIO_D6	TIMER2_CH0
PC7	97	I/O	5VT	PC7	I2S2_MCK/TIMER7_CH1/SDIO_D7	TIMER2_CH1
PC8	98	I/O	5VT	PC8	TIMER7_CH2/SDIO_D0	TIMER2_CH2
PC9	99	I/O	5VT	PC9	TIMER7_CH3/SDIO_D1	TIMER2_CH3
PA8	100	I/O	5VT	PA8	USART0_CK/TIMER0_CH0/CK_OUT0/CTC_SYNC	
PA9	101	I/O	5VT	PA9	USART0_TX/TIMER0_CH1	
PA10	102	I/O	5VT	PA10	USART0_RX/TIMER0_CH2	
PA11	103	I/O	5VT	PA11	USART0_CTS/CAN0_RX/USBDM/TIMER0_CH3	
PA12	104	I/O	5VT	PA12	USART0_RTS/CAN0_TX/TIMER0_ETI/USBDP	
PA13	105	I/O	5VT	JTMS/ SWDIO		PA13
NC	106			NC		
VSS_2	107	P		VSS_2		
VDD_2	108	P		VDD_2		
PA14	109	I/O	5VT	JTMS/ SWCLK		PA14
PA15	110	I/O	5VT	JTDI	SPI2_NSS/I2S2_WS	TIMER1_CH0/ TIMER1_ETI/ PA15/SPI0_NSS
PC10	111	I/O	5VT	PC10	USART3_TX/SDIO_D2	USART2_TX/SPI2_SCK/I2S2_CK
PC11	112	I/O	5VT	PC11	USART3_RX/SDIO_D3	USART2_RX/SPI2_MISO
PC12	113	I/O	5VT	PC12	UART4_TX/SDIO_CK	USART2_CK/SPI2_MOSI/I2S2_SD
PD0	114	I/O	5VT	PD0	EXMC_D2	CAN0_RX
PD1	115	I/O	5VT	PD1	EXMC_D3	CAN0_TX
PD2	116	I/O	5VT	PD2	TIMER2_ETI/SDIO_CMD/UART4_RX	
PD3	117	I/O	5VT	PD3	EXMC_CLK	USART1_CTS
PD4	118	I/O	5VT	PD4	EXMC_NOE	USART1_RTS
PD5	119	I/O	5VT	PD5	EXMC_NWE	USART1_TX
VSS_10	120	P		VSS_10		
VDD_10	121	P		VDD_10		
PD6	122	I/O	5VT	PD6	EXMC_NWAIT	USART1_RX
PD7	123	I/O	5VT	PD7	EXMC_NE0/EXMC_NCE1	USART1_CK

续表

引脚名称	引脚号	引脚类型	I/O 耐压	默认功能	复用功能	映射功能
PG9	124	I/O	5VT	PG9	EXMC_NE1/EXMC_NCE2	
PG10	125	I/O	5VT	PG10	EXMC_NCE3_0/EXMC_NE2	
PG11	126	I/O	5VT	PG11	EXMC_NCE3_1	
PG12	127	I/O	5VT	PG12	EXMC_NE3	
PG13	128	I/O	5VT	PG13	EXMC_A24	
PG14	129	I/O	5VT	PG14	EXMC_A25	
VSS_11	130	P		VSS_11		
VDD_11	131	P		VDD_11		
PG15	132	I/O	5VT	PG15		
PB3	133	I/O	5VT	JTDO	SPI2_SCK/I2S2_CK	PB3/TRACESWO/ TIMER1_CH1/ SPI0_SCK
PB4	134	I/O	5VT	NJTRST	SPI2_MISO	TIMER2_CH0/PB4/ SPI0_MISO
PB5	135	I/O		PB5	I2C0_SMBA/SPI2_MOSI/I2S2_SD	TIMER2_CH1/ SPI0_MOSI
PB6	136	I/O	5VT	PB6	I2C0_SCL/TIMER3_CH0	USART0_TX/SPI0_IO2
PB7	137	I/O	5VT	PB7	I2C0_SDA/TIMER3_CH1/EXMC_NADV	USART0_RX/SPI0_IO3
BOOT0	138	I		BOOT0		
PB8	139	I/O	5VT	PB8	TIMER3_CH2/SDIO_D4/TIMER9_CH0	I2C0_SCL/CAN0_RX
PB9	140	I/O	5VT	PB9	TIMER3_CH3/SDIO_D5/TIMER10_CH0	I2C0_SDA/CAN0_TX
PE0	141	I/O	5VT	PE0	TIMER3_ETI/EXMC_NBL0	
PE1	142	I/O	5VT	PE1	EXMC_NBL1	
VSS_3	143	P		VSS_3		
VDD_3	144	P		VDD_3		

注　引脚类型：I 为输入，O 为输出，P 为电源；5VT 为引脚可容忍 5V 电压。

以 GD32F303ZGT6 微控制器 PA7 引脚为例，PA7 引脚可以用于 SPI0 外设、ADC0/ADC1 外设、TIMER2、TIMER7 或 TIMER13 的复用功能。当然，每个引脚只能用于多个外设的其中一个外设的复用功能。

（1）SPI0_MOSI。当使用 SPI0 外设时，PA7 用于 SPI0 外设的 MOSI 功能。

（2）ADC01_IN7。当使用 ADC0 或 ADC1 外设时，PA7 用于 ADC0 或 ADC1 的模拟输入通道 7。

（3）TIMER2_CH1。当使用 TIMER2 外设时，PA7 可用于 TIMER2 捕获输入 CH2 或 PWM 输出 CH2。

（4）TIMER7_CH0_ON。当使用 TIMER7 外设时，PA7 可用于 TIMER7 的 CH0 反向输出通道。

（5）TIMER13_CH0。当使用 TIMER13 外设时，PA7 可用于 TIMER13 捕获输入 CH0 通道或 PWM 输出 CH0 通道。

另外，PA7 可映射为 TIMER0 外设的 TIMER0_CH0_ON 通道。

5.7.2 GPIO 复用功能配置

例如，当 SPI0 外设需要占用 PA7 引脚作为 MOSI 引脚功能时，则需要将 PA7 配置为复用引脚，最大输出速度为 50MHz。具体的配置程序如下：

（1）基于寄存器的配置程序。

```
uint32_t temp;
RCU_APB2EN |= RCU_APB2EN_PAEN;              //使能 GPIOA 外设时钟

temp = GPIO_CTL0(GPIOA);                    //读取 GPIOA 的 CTL0 寄存器内容
temp &=~(GPIO_MODE_MASK(7));                //屏蔽 PA7 引脚的配置位内容
temp |= GPIO_MODE_SET(7, GPIO_MODE_AF_PP | GPIO_OSPEED_50MHZ);
                                            //设置 PA7 引脚的配置
GPIO_CTL0(GPIOA) = temp;                    //写入 GPIOA 的 CTL0 寄存器
```

（2）基于库函数的配置程序。

```
rcu_periph_clock_enable(RCU_GPIOA);         //使能 GPIOA 外设时钟
gpio_init(GPIOB,GPIO_MODE_AF_PP,GPIO_OSPEED_50MHZ,GPIO_PIN_3);
```

5.7.3 GPIO 引脚映射配置

以 GD32F303ZGT6 微控制器为例，为了扩展 GPIO 引脚的灵活性或外设功能引脚，通过配置 AFIO 端口配置寄存器（AFIO_PCF0/AFIO_PCF1），每个 GPIO 引脚都可以配置多达 4 种不同的功能。通过使用外设的 GPIO 复用引脚的重映射功能可以选择合适的引脚位置。

1. AFIO 端口配置寄存器 0（AFIO_PCF0）

AFIO 端口配置寄存器 0 的具体复用功能映射如表 5-12 所示。

表 5-12　　AFIO 端口配置寄存器 0（AFIO_PCF0）

31	30	29	28	27	26	25	24	23	22	21	20	19	18	17	16
保留			SPI2_REMAP	保留	SWJ_CFG[2:0]			保留			ADC1_ETRGRER_REMAP	保留	ADC0_ETRGRER_REMAP	保留	TIMERCH3_IREMAP
			rw		w						rw		rw		rw
15	**14**	**13**	**12**	**11**	**10**	**9**	**8**	**7**	**6**	**5**	**4**	**3**	**2**	**1**	**0**
PD01_REMAP	CAN_REMAP[1:0]		TIMER3_REMAP	TIMER2_REMAP[1:0]		TIMER1_REMAP[1:0]		TIMER0_REMAP[1:0]		USART2_REMAP[1:0]		USART1_REMAP	USART0_REMAP	I2C0_REMAP	SPI0_REMAP
rw	rw	rw	rw	rw	rw	rw	rw	rw	rw	rw	rw	rw	rw	rw	rw

具体的映射功能描述如表 5-13 所示。

表 5-13　　AFIO 端口配置寄存器 0（AFIO_PCF0）具体描述

位/位域	名称	描　述
31:29	保留	必须保持复位值

续表

位/位域	名称	描　述
28	SPI2_REMAP	SPI2/I2S2 重映射。该位由软件置位和清除。 0：没有重映射（SPI2_NSS-I2S2_WS/PA15，SPI2_SCK-I2S2_CK/P B3，SPI2_MISO/PB4，SPI2_MOSI-I2S_SD/PB5）。 1：完全重映射（SPI2_NSS-I2S2_WS/PA4，SPI2_SCK-I2S2_CK/P C10，SPI2_MISO/PC11，SPI2_MOSI-I2S_SD/PC12）
27	保留	必须保持复位值
26:24	SWJ_CFG［2:0］	串行线 JTAG 配置。这些位只写（读这些位，将返回未定义值）。用于配置 SWJ 和跟踪复用功能的 I/O 口。SWJ（串行线 JTAG）支持 JTAG 或 SWD 访问 Cortex 调试端口。系统复位后的默认状态是启用 SWJ 但没有跟踪功能，这种状态下，可以通过在 JTMS/JTCK 引脚上的发送特定的信号使能 JTAG 或 SW（串行线）模式。 000：完全 SWJ（JTAG-DP＋SW-DP）复位状态。 001：完全 SWJ（JTAG-DP＋SW-DP）但没有 NJTRST。 010：JTAG-DP 禁用和 SW-DP 使能。 100：JTAG-DP 禁用和 SW-DP 禁用。 其他组合：无作用
23:21	保留	必须保持复位值
20	ADC1_ETRGREG_REMAP	ADC 1 常规转换外部触发重映射。该位由软件置位和清除。该位控制着触发输入与 ADC1 常规转换外部触发连接。当该位复位时，ADC1 常规转换外部触发与 EXTI11 相连。当该位置位时，ADC 1 常规转换外部触发与 TIMER7_TRGO 相连
19	保留	必须保持复位值
18	ADC1_ETRGREG_REMAP	ADC 0 常规转换外部触发重映射。该位由软件置位和清除。该位控制着触发输入与 ADC0 常规转换外部触发连接。当该位复位时，ADC0 常规转换外部触发与 EXTI11 相连。当该位置位时，ADC 0 常规转换外部触发与 TIMER7_TRGO 相连
17	保留	必须保持复位值
16	TIMER4CH3_IREMAP	TIMER4 通道 3 内部重映射。该位由软件置位和清除，控制着 TIMER4_CH3 的内部重映射。当该位复位时，TIMER4_CH3 与 PA3 连接。当该位置位时，TIMER4_CH3 与 IRC40K 内部时钟连接，用于对 IRC40K 进行校准。注意：该位只在高密度产品线中可用。 0：没有重映射。 1：重映射
15	PD01_REMAP	OSC_IN/OSC_OUT 重映射到 Port D0/Port D1。该位由软件置位和清除。 0：没有重映射。 1：OSC_IN 重映射到 PD0，OSC_OUT 重映射到 PD1
14:13	CAN_REMAP［1:0］	CAN 接口重映射。这些位由软件置位和清除。 00：没有重映射（CAN_RX/PA11，CAN_TX/PA12）。 01：没有使用。 10：部分重映射（CAN_RX/PB8，CAN_TX/PB9）。 11：完全重映射（CAN_RX/PD0，CAN_TX/PD1）
12	TIMER3_REMAP	TIMER3 重映射。该位由软件置位和清除。 0：没有重映射（TIMER3_CH0/PB6，TIMER3_CH1/PB7，TIMER3_CH2/PB8，TIMER3_CH3/PB9）。 1：完全重映射（TIMER3_CH0/PD12，TIMER3_CH1/PD13，TIMER3_CH2/PD14，TIMER3_CH3/PD15）
11:10	TIMER2_REMAP［1:0］	TIMER2 重映射。这些位由软件置位和清除。 00：没有重映射（TIMER2_CH0/PA6，TIMER2_CH1/PA7，TIMER2_CH2/PB0，TIMER2_CH3/PB1）。 01：没有使用

续表

位/位域	名称	描　述
11:10	TIMER2_REMAP［1:0］	10：部分重映射（TIMER2_CH0/PB4，TIMER2_CH1/PB5，TIMER2_CH2/PB0，TIMER2_CH3/PB1）。 11：完全重映射（TIMER2_CH0/PC6，TIMER2_CH1/PC7，TIMER2_CH2/PC8，TIMER2_CH3/PC9）
9:8	TIMER1_REMAP［1:0］	TIMER1 重映射。这些位由软件置位和清除。 00：没有重映射（TIMER1_CH0/TIMER1_ETI/PA0，TIMER1_CH1/PA1，TIMER1_CH2/PA2，TIMER1_CH3/PA3）。 01：部分重映射（TIMER1_CH0/ TIMER1_ETI/PA15，TIMER1_CH1/PB3，TIMER1_CH2/PA2，TIMER1_CH3/PA3）。 10：部分重映射（TIMER1_CH0/ TIMER1_ETI/PA0，TIMER1_CH1/PA1，TIMER1_CH2/PB10，TIMER1_CH3/PB11）。 11：完全重映射（TIMER1_CH0/ TIMER1_ETI/PA15，TIMER1_CH1/PB3，TIMER1_CH2/PB10，TIMER1_CH3/PB11）
7:6	TIMER0_REMAP［1:0］	TIMER0 重映射。这些位由软件置位和清除。 00：没有重映射（TIMER0_ETI/PA12，TIMER0_CH0/ PA8，TIMER0_CH1/PA9，TIMER0_CH2/PA10，TIMER0_CH3/PA11，TIMER0_BKIN/P B1 2，TIMER0_CH0_ON/PB13，TIMER0_CH1_ON/PB14，TIMER0_CH2_ON/PB15）。 01：部分重映射（TIMER0_ETI/PA12，TIMER0_CH0/ PA8，TIMER0_CH1/PA9，TIMER0_CH2/PA10，TIMER0_CH3/PA11，TIMER0_BKIN/PA6，TIMER0_CH0_ON/PA7，TIMER0_CH1_ON/PB0，TIMER0_CH2_ON/PB1）。 10：没有使用。 11：完全重映射（TIMER0_ETI/PE7，TIMER0_CH0/ PE9，TIMER0_CH1/PE11，TIMER0_CH2/PE13，TIMER0_CH3/PE14，TIMER0_BKIN/PE15，TIMER0_CH0_ON/PE8，TIMER0_CH1_ON/PE10，TIMER0_CH2_ON/PE12）
5:4	USART2_REMAP［1:0］	USART2 重映射。这些位由软件置位和清除。 00：没有重映射（USART2_TX/PB10，USART2_RX /PB11，USART2_CK/PB12，USART2_CTS/PB13，USART2_RTS/PB14）。 01：部分重映射（USART2_TX/PC10，USART2_RX /PC11，USART2_CK/PC12，USART2_CTS/PB13，USART2_RTS/PB14）。 10：没有使用。 11：完全重映射（USART2_TX/PD8，USART2_RX /PD9，USART2_CK/PD10，USART2_CTS/PD11，USART2_RTS/PD12）
3	USART1_REMAP	USART1 重映射。该位由软件置位和清除。 0：没有重映射（USART1_CTS/PA0，USART1_RTS/PA1，USART1_TX/P A2，USART1_RX /PA3，USART1_CK/PA4）。 1：重映射（USART1_CTS/PD3，USART1_RTS/PD4，USART1_TX/PD5，USART1_RX /PD6，USART1_CK/PD7）
2	USART0_REMAP	USART0 重映射。该位由软件置位和清除。 0：没有重映射（USART0_TX/PA9，USART0_RX /PA10）。 1：重映射（USART0_TX/PB6，USART0_RX /PB7）
1	I2C0_REMAP	I2C0 重映射。该位由软件置位和清除。 0：没有重映射（I2C0_SCL/PB6，I2C0_SDA /PB7）。 1：重映射（I2C0_SCL/PB8，I2C0_SDA /PB9）
0	SPI0_REMAP	SPI0 重映射。该位由软件置位和清除。 0：没有重映射（SPI0_NSS/PA4，SPI0_SCK /PA5，SPI0_MISO /PA6，SPI0_MOSI / PA7，SPI0_IO2 /PA2，SPI0_IO3 /PA3）。 1：重映射（SPI0_NSS/PA15，SPI0_SCK /PB3，SPI0_MISO /PB4，SPI0_MOSI /PB5，SPI0_IO2 /PB6，SPI0_IO3 /PB7）

2. AFIO 端口配置寄存器 1（AFIO_PCF1）

AFIO 端口配置寄存器 1 的具体复用功能映射如表 5-14 所示。

表 5-14　AFIO 端口配置寄存器 1（AFIO_PCF1）

31	30	29	28	27	26	25	24	23	22	21	20	19	18	17	16
保留															

15	14	13	12	11	10	9	8	7	6	5	4	3	2	1	0
保留			CTC_REMAP [1:0]		EXMC_NADV	TIMER13_REMAP	TIMER12_REMAP	TIMER10_REMAP	TIMER9_REMAP	TIERM8_REMAP	保留				
			rw	rw	rw	rw	rw	rw	rw	rw					

具体的映射功能描述如表 5-15 所示。

表 5-15　AFIO 端口配置寄存器 1（AFIO_PCF1）具体描述

位/位域	名称	描　述
31:13	保留	必须保持复位值
12:11	SPI2_REMAP	SPI2/I2S2 重映射。该位由软件置位和清除。 0：没有重映射（SPI2_NSS-I2S2_WS/PA15，SPI2_SCK-I2S2_CK/P B3，SPI2_MISO/PB4，SPI2_MOSI-I2S_SD/PB5）。 1：完全重映射（SPI2_NSS-I2S2_WS/PA4，SPI2_SCK-I2S2_CK/P C10，SPI2_MISO/PC11，SPI2_MOSI-I2S_SD/PC12）
10	CTC_REMAP [1:0]	CTC 重映射.这些位由软件置位和清除，将 CTC_SYNC 备用功能重映射到 GPIO 端口。 00：没有重映射（PA8）。 01：重映射 0（PD15）。 10/11：重映射 1（PF0）
9	EXMC_NADV	EXMC_NADV 连接/不连接。该位由软件置位和清除，可选的 EXMC_NADV 信号。 0：NADV 信号连接到输出（默认值）。 1：NADV 信号没有连接，I/O 引脚可以用于其他外设
8	TIMER13_REMAP	TIMER13 重映射。该位由软件置位和清除，将 TIMER13_CH0 备用功能重映射到 GPIO 端口。 0：没有重映射（PA7）。 1：重映射（PF9）
7	TIMER12_REMAP	TIMER12 重映射。该位由软件置位和清除，将 TIMER12_CH0 备用功能重映射到 GPIO 端口。 0：没有重映射（PA6）。 1：重映射（PF8）
6	TIMER9_REMAP	TIMER9 重映射。该位由软件置位和清除，将 TIMER9_CH0 备用功能重映射到 GPIO 端口。 0：没有重映射（PB8）。 1：重映射（PF6）
5	TIMER8_REMAP	TIMER8 重映射。该位由软件置位和清除，将 TIMER8_CH0 和 TIMER8_CH1 备用功能重映射到 GPIO 端口。 0：没有重映射（TIMER8_CH0 连接到 PA2 和 TIMER8_CH1 连接到 PA3）。 1：重映射（TIMER8_CH0 重映射到 PE5 和 TIMER8_CH1 重映射到 PE6）
4:0	保留	必须保持复位值

3. AFIO 端口映射库函数

为了编程的方便，外设的映射以宏的形式被定义在 gd32f30x_gpio.h 头文件中，定义的具体宏内容如下：

```
/* AFIO remap mask */
#define PCF0_USART2_REMAP(regval)   (BITS(4,5) & ((uint32_t)(regval) << 4))
                                                    /*!< USART2 映射*/
#define PCF0_TIMER0_REMAP(regval)   (BITS(6,7) & ((uint32_t)(regval) << 6))
                                                    /*!< TIMER0 映射*/
#define PCF0_TIMER1_REMAP(regval)   (BITS(8,9) & ((uint32_t)(regval) << 8))
                                                    /*!< TIMER1 映射*/
#define PCF0_TIMER2_REMAP(regval)   (BITS(10,11) & ((uint32_t)(regval) << 10))
                                                    /*!< TIMER2 映射*/
#define PCF0_CAN_REMAP(regval)      (BITS(13,14) & ((uint32_t)(regval) << 13))
                                                    /*!< CAN 映射*/
#define PCF0_SWJ_CFG(regval)        (BITS(24,26) & ((uint32_t)(regval) << 24))
                                                    /*!< SW+JTAG 配置*/
#define PCF1_CTC_REMAP(regval)      (BITS(11,12) & ((uint32_t)(regval) << 11))
                                                    /*!< CTC 映射*/

/* GPIO remap definitions */
#define GPIO_SPI0_REMAP         AFIO_PCF0_SPI0_REMAP     /*!< SPI0 映射*/
#define GPIO_I2C0_REMAP         AFIO_PCF0_I2C0_REMAP     /*!< I2C0 映射*/
#define GPIO_USART0_REMAP       AFIO_PCF0_USART0_REMAP   /*!< USART0 映射*/
#define GPIO_USART1_REMAP       AFIO_PCF0_USART1_REMAP   /*!< USART1 映射*/
......
```

AFIO 端口映射库函数为 gpio_pin_remap_config( )。具体的函数形式如下：

```
void gpio_pin_remap_config(uint32_t remap,ControlStatus newvalue);
```

功能：配置 GPIO 引脚的映射关系。该函数有两个参数：

参数 1：remap，需要映射的 GPIO 引脚功能，具体的映射就是上述定义的宏。

参数 2：newvalue，该值来源 gd32f30x.h 头文件中定义的 ControlStatus 枚举类型，只有 ENABLE 和 DISABLE 两种取值。

例如，SPI0 默认是复用在 GPIOA 引脚，若在应用中用 GPIOB 引脚作为 SPI0 的复用功能引脚，此时用 gpio_pin_remap_config( )函数将 SPI0 的复用引脚映射到 GPIOB 引脚上，具体的 C 语句表达形式如下：

```
gpio_pin_remap_config(GPIO_SPI0_REMAP,ENABLE);
```

具体的外设引脚复用功能如何使用将在后续的章节中有详细的介绍。

第 6 章　NVIC

6.1　NVIC 概述

NVIC 的全称是 Nested vectoredinterrupt controller，即嵌套向量中断控制器。与 Cortex-M4 内核紧密相连，用于管理和协调处理器的中断请求。NVIC 可以管理多个中断请求，并按优先级处理它们。当一个中断请求到达时，NVIC 会确定其优先级并决定是否应该中断当前执行的程序，以便及时响应和处理该中断请求。它可以提高系统的响应速度和可靠性，尤其是在需要及时处理大量中断请求的实时应用程序中。NVIC 通常集成在处理器中，可以使用特定的控制寄存器进行编程配置。在嵌入式系统中，用户需要理解和使用 NVIC 以确保系统能够正确处理中断请求，同时提高系统的性能和可靠性。

Cortex-M4 内核支持 256 个中断，其中包括 16 个内核中断（异常）和 240 个核外中断，并且具有 256 级可编程的中断优先级，240 个核外中断也由 Cortex-M4 内核的 NVIC 管理。芯片实际的设计没有用到这么多的中断，具体的数值由芯片生产商根据片上外设的数量和应用要求决定。

Cortex-M4 内核具有强大的异常响应系统，能够打断当前代码执行流程的事件分为异常和中断，并把它们用一个异常/中断向量表管理起来，编号为 0～15 的事件称为异常，编号为 16 以上的事件则称为核外中断。

6.2　NVIC 中断类型及中断管理方法

6.2.1　中断类型

兆易创新公司生产的 GD32F30X 系列芯片对 Cortex-M4 内核中的 NVIC 的使用进行了一些小的改动，减少了用于设置优先级的位数（Cortex-M4 内核使用 8 位来定义中断优先级）。GD32F30X 系列微控制器只用了高 4 位来表示中断的优先级。因此，以 GD32F303ZGT6 微控制器为例，其共有 76 个异常和中断，包括 10 个内核中断和 60 个核外中断，只具有 16 级可编程的中断优先级。GD32F303ZGT6 微控制器的异常向量表和外部中断向量表见表 6-1 和表 6-2。

在异常和中断向量表中，除 Reset、NMI、HardFault 异常的优先级固定不变外，其他的异常/中断优先级是可以编程的，且随着优先级数字的增大而优先级降低。

表 6-1　　GD32F303ZGT6 微控制器异常优先级

位置	向量编号	优先级	优先级类型	名称	说明	向量地址	Flash 启动地址
–16	0	—	—	—	存储 MSP 地址	0x00000000	0x08000000
–15	1	-3	固定	Reset	复位	0x00000004	0x080000004
–14	2	-2	固定	NMI	不可屏蔽中断	0x00000008	0x080000008
–13	3	-1	固定	HardFault	所有类型的失效	0x0000000C	0x08000000C
–12	4	0	可编程	MemManage	存储器管理	0x00000010	0x08000010
–11	5	1	可编程	BusFault	预取指失败，存储器访问失败	0x00000014	0x08000014
–10	6	2	可编程	UsageFault	未定义的指令或非法状态	0x00000018	0x08000018
–9	7	—	—	—	保留	0x0000001C	0x0800001C
–8	8	—	—	—	保留	0x00000020	0x08000020
–7	9	—	—	—	保留	0x00000024	0x08000024
–6	10	—	—	—	保留	0x00000028	0x08000028
–5	11	3	可编程	SVCall	通过 SWI 指令的系统服务调用	0x0000002C	0x0800002C
–4	12	4	可编程	Debug Monitor	调试监控器	0x00000030	0x08000030
–3	13	—	—	—	保留	0x00000034	0x08000034
–2	14	5	可编程	PendSV	可挂起的系统服务	0x00000038	0x08000038
–1	15	6	可编程	SysTick	系统嘀嗒定时器	0x0000003C	0x0800003C

表 6-2　　GD32F303ZGT6 微控制器外部中断优先级

位置	向量编号	优先级	优先级类型	名称	说明	地址	Flash 启动地址
0	16	7	可编程	WWDGT	窗口看门狗定时器中断	0x00000040	0x08000040
1	17	8	可编程	LVD	连接到 EXTI 线的 LVD 中断	0x00000044	0x08000044
2	18	9	可编程	TAMPER	连接到 EXTI 线的 TAMPER 中断	0x00000048	0x08000048
3	19	10	可编程	RTC	连接到 EXTI 线的 RTC 中断	0x0000004C	0x0800004C
4	20	11	可编程	FMC	FMC 中断	0x00000050	0x08000050
5	21	12	可编程	RCU_CTC	RCU 和 CTC 中断	0x00000054	0x08000054
6	22	13	可编程	EXTI0	EXTI 线 0 中断	0x00000058	0x08000058
7	23	14	可编程	EXTI1	EXTI 线 1 中断	0x0000005C	0x0800005C
8	24	15	可编程	EXTI2	EXTI 线 2 中断	0x00000060	0x08000060
9	25	16	可编程	EXTI3	EXTI 线 3 中断	0x00000064	0x08000064
10	26	17	可编程	EXTI4	EXTI 线 4 中断	0x00000068	0x08000068
11	27	18	可编程	DMA0_Channel0	DMA0 通道 0 全局中断	0x0000006C	0x0800006C
12	28	19	可编程	DMA0_Channel1	DMA0 通道 1 全局中断	0x00000070	0x08000070
13	29	20	可编程	DMA0_Channel2	DMA0 通道 2 全局中断	0x00000074	0x08000074

续表

位置	向量编号	优先级	优先级类型	名称	说明	向量地址	Flash 启动地址
14	30	21	可编程	DMA0_Channel3	DMA0 通道 3 全局中断	0x00000078	0x08000078
15	31	22	可编程	DMA0_Channel4	DMA0 通道 4 全局中断	0x0000007C	0x0800007C
16	32	23	可编程	DMA0_Channel5	DMA0 通道 5 全局中断	0x00000080	0x08000080
17	33	24	可编程	DMA0_Channel6	DMA0 通道 6 全局中断	0x00000084	0x08000084
18	34	25	可编程	ADC0_1	ADC0 和 ADC1 全局中断	0x00000088	0x08000088
19	35	26	可编程	USBD_HP_CAN0_TX	CAN0 发送中断	0x0000008C	0x0800008C
20	36	27	可编程	USBD_LP_CAN0_RX0	CAN0 接收 0 中断	0x00000090	0x08000090
21	37	28	可编程	CAN0_RX1	CAN0 接收 1 中断	0x00000094	0x08000094
22	38	29	可编程	CAN0_EWMC	CAN0 EWMC 中断	0x00000098	0x08000098
23	39	30	可编程	EXTI5_9	EXTI 线［9:5］中断	0x0000009C	0x0800009C
24	40	31	可编程	TIMER0_BRK_TIMER8	定时器 0 中止中断和定时器 8 全局中断	0x000000A0	0x080000A0
25	41	32	可编程	TIMER0_UP_TIMER9	定时器 0 更新中断和定时器 9 全局中断	0x000000A4	0x080000A4
26	42	33	可编程	TIMER0_TRG_CMT_TIMER10	定时器触发与通道换相中断和定时器 10 全局中断	0x000000A8	0x080000A8
27	43	34	可编程	TIMER0_Channel	定时器 0 通道捕获比较中断	0x000000AC	0x080000AC
28	44	35	可编程	TIMER1	定时器 1 全局中断	0x000000B0	0x080000B0
29	45	36	可编程	TIMER2	定时器 2 全局中断	0x000000B4	0x080000B4
30	46	37	可编程	TIMER3	定时器 3 全局中断	0x000000B8	0x080000B8
31	47	38	可编程	I2C0_EV	I2C0 事件中断	0x000000BC	0x080000BC
32	48	39	可编程	I2C0_ER	I2C0 错误中断	0x000000C0	0x080000C0
33	49	40	可编程	I2C1_EV	I2C1 事件中断	0x000000C4	0x080000C4
34	50	41	可编程	I2C1_ER	I2C1 错误中断	0x000000C8	0x080000C8
35	51	42	可编程	SPI0	SPI0 全局中断	0x000000CC	0x080000CC
36	52	43	可编程	SPI1	SPI1 全局中断	0x000000D0	0x080000D0
37	53	44	可编程	USART0	USART0 全局中断	0x000000D4	0x080000D4
38	54	45	可编程	USART1	USART1 全局中断	0x000000D8	0x080000D8
39	55	46	可编程	USART2	USART2 全局中断	0x000000DC	0x080000DC
40	56	47	可编程	EXTI10_15	EXTI 线［15:10］中断	0x000000E0	0x080000E0
41	57	48	可编程	RTC_Alarm	连接 EXTI 线的 RTC 闹钟中断	0x000000E4	0x080000E4
42	58	49	可编程	USBD_WKUP	连接 EXTI 线的 USBD 唤醒中断	0x000000E8	0x080000E8
43	59	50	可编程	TIMER7_BRK_TIMER11	定时器 7 中止中断和定时器 11 全局中断	0x000000EC	0x080000EC

续表

位置	向量编号	优先级	优先级类型	名称	说明	地址	Flash 启动地址
44	60	51	可编程	TIMER7_UP_TIMER12	定时器 7 更新中断和定时器 12 全局中断	0x000000F0	0x080000F0
45	61	52	可编程	TIMER7_TRG_CMT_TIMER13	定时器 7 触发与通道换相中断和定时器 13 全局中断	0x000000F4	0x080000F4
46	62	53	可编程	TIMER7_Channel	定时器 7 通道捕获比较中断	0x000000F8	0x080000F8
47	63	54	可编程	ADC2	ADC2 全局中断	0x000000FC	0x080000FC
48	64	55	可编程	EXMC	EXMC 全局中断	0x00000100	0x08000100
49	65	56	可编程	SDIO	SDIO 全局中断	0x00000104	0x08000104
50	66	57	可编程	TIMER4	定时器 4 全局中断	0x00000108	0x08000108
51	67	58	可编程	SPI2	SPI2 全局中断	0x0000010C	0x0800010C
52	68	59	可编程	UART3	UART3 全局中断	0x00000110	0x08000110
53	69	60	可编程	UART4	UART4 全局中断	0x00000114	0x08000114
54	70	61	可编程	TIMER5	定时器 5 全局中断	0x00000118	0x08000118
55	71	62	可编程	TIMER6	定时器 6 全局中断	0x0000011C	0x0800011C
56	72	63	可编程	DMA1_Channel0	DMA1 通道 0 全局中断	0x00000120	0x08000120
57	73	64	可编程	DMA1_Channel1	DMA1 通道 1 全局中断	0x00000124	0x08000124
58	74	65	可编程	DMA1_Channel2	DMA1 通道 2 全局中断	0x00000128	0x08000128
59	75	66	可编程	DMA1_Channel3_Channel4	DMA1 通道 3 全局中断和通道 4 全局中断	0x0000012C	0x0800012C

在中断向量表中从优先级 7～66（中断号从 0～59）代表着 GD32F303ZGT6 微控制器的 60 个中断。数值越小，优先级越高。当表中的某处异常或中断被触发，程序计数器指针（PC）将跳转到该异常或中断的地址处执行，该地址处存放这一条跳转指令，跳转到该异常或中断的服务函数处执行相应的功能。因此，异常和中断向量表只能用汇编语言编写。

在 MDK 中，有标准的异常和中断向量表文件可以使用（startup_gd32f30x_hd.s），在其中标明了中断处理函数的名称，不能随意定义。而中断通道类型（即 IRQn_Type 类型）以枚举类型被定义在在 gd32f30x.h 文件中。

6.2.2 中断管理方法

1．中断优先级分组

NVIC 为了很好地管理异常/中断向量，Cortex-M4 内核中定义了两个优先级的概念：抢占优先级和响应优先级，每个中断源都需要被指定为这两种优先级，由两者的组合得到中断的优先级，为了能够定义每个中断源的抢占优先级和响应优先级，Cortex-M4 内核使用了分组的概念。

分组配置是由中断和复位控制寄存器（SCB_AIRCR）中的位［10:8］三个位定义了中断优先级寄存器的位 0～7 的截断位置。例如，当 SCB_ARICR［10:8］=010 时，系统会从中断优先级寄存器位 2 处进行截断，位 0～2 用于定义响应优先级，位 3～7 用于定义抢占优先级。这时，使用 3 位定义 0～7 级的响应优先级（8 级），使用 5 位定义 0～31 级的抢占优先级（32 级），组合在一起共 256 级优先级。

由于 GD32F30X 系列微控制器只使用了中断优先级寄存器的高 4 位，因此分组截断只能从中断优先级寄存器的位 3 处开始截断。这样一来，SCB_AIRCR［10:8］就只能取 011～111 这 5 种分组，相应的分组情况如表 6-3 所示。

表 6-3　GD32F303ZGT6 微控制器中断优先级分组

组	SCB_AIRCR［10:8］	IP bit［7:4］	分配结果	优先级
0	111	0:4	0 位抢占优先级，4 位响应优先级	1 个抢占优先级和 16 个响应优先级
1	110	1:3	1 位抢占优先级，3 位响应优先级	2 个抢占优先级和 8 个响应优先级
2	101	2:2	2 位抢占优先级，2 位响应优先级	4 个抢占优先级和 4 个响应优先级
3	100	3:1	3 位抢占优先级，1 位响应优先级	8 个抢占优先级和 2 个响应优先级
4	011	4:0	4 位抢占优先级，0 位响应优先级	16 个抢占优先级和 0 个响应优先级

其中 SCB_AIRCR 寄存器用来确定是用哪种分组，IP 寄存器是用来确定相对应于当前分组的抢占优先级和响应优先级的分配比例。例如，分组设置成 3，那么此时所有的 60 个中断优先寄存器高 4 位中的最高 3 位是抢占优先级，数值可以在 0~7 之间设置；低 1 位为响应优先级，数值只能在 0~1 之间设置。

2. 中断优先级管理

每个中断源的优先级都是由抢占优先级和响应优先级组成。NVIC 对中断优先级的管理方法如下。

抢占优先级的级别高于响应优先级，而数值越小所代表的优先级越高。

（1）高优先级的抢占优先级是可以打断正在进行的低抢占优先级中断。

（2）抢占优先级相同的中断，高响应优先级不可以打断低响应优先级的中断。

（3）抢占优先级相同的中断，当两个中断同时发生的情况下，哪个响应优先级高，哪个先执行。

（4）如果两个中断的抢占优先级和响应优先级都是一样的话，则看哪个中断源先发生就先执行。

需要注意的是：

（1）中断的情况只会与抢占优先级有关，与响应优先级无关。

（2）一般情况下，系统代码执行过程中，只设置一次中断优先级分组，比如设置分组 2，设置好分组之后一般不会再改变分组。随意改变分组会导致中断管理混乱，程序出现意想不到的执行结果。

例如，外部中断 2 的抢占优先级为 0，响应优先级为 2；定时器 2 中断的抢占优先级为 2，响应优先级为 1；USART2 的中断抢占优先级为 3，响应优先级为 3。

则，外部中断 2 和定时器 2 中断的抢占优先级都为 2，USART2 中断的抢占优先级为 3，因此外部中断 2 和定时器 2 中断的优先级高于 USART2 中断的优先级。

但时定时器 2 中断的响应优先级为 1，外部中断 2 中断的响应优先级为 2，因此定时器 2 中断的优先级高于外部中断 2 中断的优先级。

最后得出，这 3 个中断源的优先级顺序由高到低依次为定时器 2 中断、外部中断 2 中断、USART2 中断。

6.3 NVIC 常用库函数

与 NVIC 相关的常用库函数和宏都被定义在以下两个文件中。

头文件：core_cm4.h、gd32f30x_misc.h。

源文件：gd32f30x_misc.c。

表 6-4 列出了与 NVIC 相关的库函数。

表 6-4　与 NVIC 相关的库函数

库函数名称	库函数描述	库函数名称	库函数描述
nvic_priority_group_set	设置优先级组	nvic_irq_disable	禁能 NVIC 的中断
nvic_irq_enable	使能 NVIC 的中断	nvic_vector_table_set	设置向量表地址

表 6-4 给出与 NVIC 相关的常用库函数来源于 gd32f30x_misc.h 和 gd32f30x_misc.c 两个文件中。

1. 设置优先级组函数

```
void nvic_priority_group_set(uint32_t nvic_prigroup);
```

功能：配置优先级组的位长度。操作是 SCB_AIRCR 寄存器的位［10:8］。

参数：uint32_t nvic_prigroup，优先级组。具体的宏被定义在 gd32f30x_misc.h 头文件中。

```
#define NVIC_PRIGROUP_PRE0_SUB4 ((uint32_t)0x700)    /*!< 0 位抢占优先级,4 位响
                                                        应优先级 */
#define NVIC_PRIGROUP_PRE1_SUB3 ((uint32_t)0x600)    /*!< 1 位抢占优先级,3 位响
                                                        应优先级 */
#define NVIC_PRIGROUP_PRE2_SUB2 ((uint32_t)0x500)    /*!< 2 位抢占优先级,2 位响
                                                        应优先级 */
#define NVIC_PRIGROUP_PRE3_SUB1 ((uint32_t)0x400)    /*!< 3 位抢占优先级,1 位响
                                                        应优先级 */
#define NVIC_PRIGROUP_PRE4_SUB0 ((uint32_t)0x300)    /*!< 4 位抢占优先级,0 位响
                                                        应优先级 */
```

例如，设置 NVIC 支持 8 个抢占优先级，2 个响应优先级。

```
nvic_priority_group_set(NVIC_PRIGROUP_PRE3_SUB1);
```

2. 使能 NVIC 的中断函数

```
void nvic_irq_enable(uint8_t nvic_irq, uint8_t nvic_irq_pre_priority, uint8_t
nvic_irq_sub_priority);
```

功能：使能中断，配置中断的优先级。

参数 1：uint8_t nvic_irq，IRQn 向量。该向量以枚举类型（IRQn_Type）被定义在 gd32f30x.h 头文件中。以 GD32F303ZGT6 微控制器为例，被定义的中断向量成员如表 6-5 所示。

表 6-5 **IRQn_Type 枚举类型成员**

位置	成员名称	功能描述
0	WWDGT_IRQn	窗口看门狗定时器中断
1	LVD_IRQn	连接到 EXTI 线的 LVD 中断
2	TAMPER_IRQn	连接到 EXTI 线的 TAMPER 中断
3	RTC_IRQn	连接到 EXTI 线的 RTC 中断
4	FMC_IRQn	FMC 中断
5	RCU_CTC_IRQn	RCU 和 CTC 中断
6	EXTI0_IRQn	EXTI 线 0 中断
7	EXTI1_IRQn	EXTI 线 1 中断
8	EXTI2_IRQn	EXTI 线 2 中断
9	EXTI3_IRQn	EXTI 线 3 中断
10	EXTI4_IRQn	EXTI 线 4 中断
11	DMA0_Channel0_IRQn	DMA0 通道 0 全局中断
12	DMA0_Channel1_IRQn	DMA0 通道 1 全局中断
13	DMA0_Channel2_IRQn	DMA0 通道 2 全局中断
14	DMA0_Channel3_IRQn	DMA0 通道 3 全局中断
15	DMA0_Channel4_IRQn	DMA0 通道 4 全局中断
16	DMA0_Channel5_IRQn	DMA0 通道 5 全局中断
17	DMA0_Channel6_IRQn	DMA0 通道 6 全局中断
18	ADC0_1_IRQn	ADC0 和 ADC1 全局中断
19	USBD_HP_CAN0_TX_IRQn	CAN0 发送中断
20	USBD_LP_CAN0_RX0_IRQn	CAN0 接收 0 中断
21	CAN0_RX1_IRQn	CAN0 接收 1 中断
22	CAN0_EWMC_IRQn	CAN0 EWMC 中断
23	EXTI5_9_IRQn	EXTI 线［9:5］中断
24	TIMER0_BRK_TIMER8_IRQn	定时器 0 中止中断和定时器 8 全局中断
25	TIMER0_UP_TIMER9_IRQn	定时器 0 更新中断和定时器 9 全局中断
26	TIMER0_TRG_CMT_TIMER10_IRQn	定时器触发与通道换相中断和定时器 10 全局中断
27	TIMER0_Channel_IRQn	定时器 0 通道捕获比较中断
28	TIMER1_IRQn	定时器 1 全局中断
29	TIMER2_IRQn	定时器 2 全局中断
30	TIMER3_IRQn	定时器 3 全局中断
31	I2C0_EV_IRQn	I2C0 事件中断
32	I2C0_ER_IRQn	I2C0 错误中断

续表

位置	成员名称	功能描述
33	I2C1_EV_IRQn	I2C1 事件中断
34	I2C1_ER_IRQn	I2C1 错误中断
35	SPI0_IRQn	SPI0 全局中断
36	SPI1_IRQn	SPI1 全局中断
37	USART0_IRQn	USART0 全局中断
38	USART1_IRQn	USART1 全局中断
39	USART2_IRQn	USART2 全局中断
40	EXTI10_15_IRQn	EXTI 线［15:10］中断
41	RTC_Alarm_IRQn	连接 EXTI 线的 RTC 闹钟中断
42	USBD_WKUP_IRQn	连接 EXTI 线的 USBD 唤醒中断
43	TIMER7_BRK_TIMER11_IRQn	定时器 7 中止中断和定时器 11 全局中断
44	TIMER7_UP_TIMER12_IRQn	定时器 7 更新中断和定时器 12 全局中断
45	TIMER7_TRG_CMT_TIMER13_IRQn	定时器 7 触发与通道换相中断和定时器 13 全局中断
46	TIMER7_Channel_IRQn	定时器 7 通道捕获比较中断
47	ADC2_IRQn	ADC2 全局中断
48	EXMC_IRQn	EXMC 全局中断
49	SDIO_IRQn	SDIO 全局中断
50	TIMER4_IRQn	定时器 4 全局中断
51	SPI2_IRQn	SPI2 全局中断
52	UART3_IRQn	UART3 全局中断
53	UART4_IRQn	UART4 全局中断
54	TIMER5_IRQn	定时器 5 全局中断
55	TIMER6_IRQn	定时器 6 全局中断
56	DMA1_Channel0_IRQn	DMA1 通道 0 全局中断
57	DMA1_Channel1_IRQn	DMA1 通道 1 全局中断
58	DMA1_Channel2_IRQn	DMA1 通道 2 全局中断
59	DMA1_Channel3_Channel4_IRQn	DMA1 通道 3 全局和通道 4 全局中断

参数 2：uint8_t nvic_irq_pre_priority，抢占优先级数值。

参数 3：uint8_t nvic_irq_sub_priority，响应优先级数值。

例如，使能窗口看门狗中断，并设置抢占优先级为 1，响应优先级为 1。

```
nvic_irq_enable(WWDGT_IRQn,1,1);
```

3. 禁止 NVIC 的中断函数

```
void nvic_irq_disable (uint8_t nvic_irq);
```

功能：禁止 NVIC 中断向量。

参数：uint8_t nvic_irq，参见“2.使能 NVIC 的中断函数”中的参数 1 描述。

例如，禁止窗口看门狗中断向量。

```
nvic_irq_disable(WWDGT_IRQn);
```

4. 设置向量表地址函数

```
void nvic_vector_table_set(uint32_t nvic_vict_tab, uint32_t offset);
```

功能：设置向量表地址。

参数 1：uint32_t nvic_vict_tab，RAM 或者 FLASH 基地址。RAM 和 FLASH 基地址的宏被定义在 gd32f30x_misc.h 头文件中，具体的宏定义形式如下：

```
#define NVIC_VECTTAB_RAM       ((uint32_t)0x20000000)    /*!< RAM基地址 */
#define NVIC_VECTTAB_FLASH     ((uint32_t)0x08000000)    /*!< Flash基地址 */
```

参数 2：uint32_t offset，向量表偏移量（向量表地址=基地址+偏移量）。

例如，设置向量表的偏移量为 0X200。

```
nvic_vector_table_set (NVIC_VECTTAB_FLASH,0x200);
```

6.4 应 用 实 例

编写 NVIC 中断初始化程序实现如下功能：

（1）设置中断优先级分组为 2 组。

（2）设置 EXTI1 的抢占优先级为 0，响应优先级为 2。

（3）设置 TIMER2 的更新中断的抢占优先级为 1，响应优先级为 3。

（4）设置 USART0 的抢占优先级为 1，响应优先级为 1。

并说明当同时出现以上 3 个中断请求时，中断服务程序执行的顺序。

```
void NVIC_Config(void)
{
   nvic_priority_group_set(NVIC_PRIGROUP_PRE2_SUB2);    //配置为分组2
   nvic_irq_enable(EXTI1_IRQn,0,2);                     //配置EXTI1中断向量
   nvic_irq_enable(TIMER2_IRQn,1,3);                    //配置TIMER2中断向量
   nvic_irq_enable(USART0_IRQn,1,1);                    //配置USART0中断向量
}
```

根据 6.2.2 节描述的中断管理方法，从高到低依次为 EXTI1 中断、USART0 中断、TIMER2 中断。

第 7 章　EXTI

7.1　EXTI　概　述

EXTI（外部中断/事件控制器）是 GD32F303ZGT6 微控制器的一个非常重要的部件，它可以处理 20 个外部中断/事件请求信号，用于向 NVIC 产生外部中断/事件请求信号。

EXTI 有三种触发类型：上升沿触发、下降沿触发和任意沿触发。

EXTI 中每个边沿检测电路都可以分别进行配置或屏蔽。

当外部中断产生后，会有两条路径可以选择。一条是通过中断屏蔽控制器通向 NVIC（嵌套向量中断控制器），这是一条常用的路径。在通过中断屏蔽控制后，由 NVIC 转到我们写的中断服务函数中。另一条是产生事件，通过事件屏蔽控制器到唤醒单元。由于它产生的是事件，因此并不会有中断服务函数，它更多的是一种提醒，比如说在微控制器处于休眠状态下，可以通过 WAKE UP 事件来唤醒微控制器。

7.1.1　EXTI 触发源

GD32F303ZGT6 微控制器的 EXTI 支持 20 个外部中断/事件请求信号。如表 7-1 所示。

（1）EXTI 线 0～15：对应 GPIO 引脚的外部中断。

（2）EXTI 线 16：连接到 LVD 输出事件。

（3）EXTI 线 17：连接到 RTC 闹钟事件。

（4）EXTI 线 18：连接到 USB 唤醒事件。

（5）EXTI 线 19：连接到以太网唤醒事件。

表 7-1　GD32F303ZGT6 微控制器的 EXTI 触发源

EXTI 线编号	触发源	说明
0	PA0 / PB0 / PC0 / PD0 / PE0 / PF0 / PG0	GPIOA～GPIOG 端口的第 0 号引脚
1	PA1 / PB1 / PC1 / PD1 / PE1 / PF1 / PG1	GPIOA～GPIOG 端口的第 1 号引脚
2	PA2 / PB2 / PC2 / PD2 / PE2 / PF2 / PG2	GPIOA～GPIOG 端口的第 2 号引脚
3	PA3 / PB3 / PC3 / PD3 / PE3 / PF3 / PG3	GPIOA～GPIOG 端口的第 3 号引脚
4	PA4 / PB4 / PC4 / PD4 / PE4 / PF4 / PG4	GPIOA～GPIOG 端口的第 4 号引脚

续表

EXTI线编号	触发源	说明
5	PA5 / PB5 / PC5 / PD5 / PE5 / PF5 / PG5	GPIOA～GPIOG 端口的第 5 号引脚
6	PA6 / PB6 / PC6 / PD6 / PE6 / PF6 / PG6	GPIOA～GPIOG 端口的第 6 号引脚
7	PA7 / PB7 / PC7 / PD7 / PE7 / PF7 / PG7	GPIOA～GPIOG 端口的第 7 号引脚
8	PA8 / PB8 / PC8 / PD8 / PE8 / PF8 / PG8	GPIOA～GPIOG 端口的第 8 号引脚
9	PA9 / PB9 / PC9 / PD9 / PE9 / PF9 / PG9	GPIOA～GPIOG 端口的第 9 号引脚
10	PA10 / PB10 / PC10 / PD10 / PE10 / PF10 / PG10	GPIOA～GPIOG 端口的第 10 号引脚
11	PA11 / PB11 / PC11 / PD11 / PE11 / PF11 / PG11	GPIOA～GPIOG 端口的第 11 号引脚
12	PA12 / PB12 / PC12 / PD12 / PE12 / PF12 / PG12	GPIOA～GPIOG 端口的第 12 号引脚
13	PA13 / PB13 / PC13 / PD13 / PE13 / PF13 / PG13	GPIOA～GPIOG 端口的第 13 号引脚
14	PA14 / PB14 / PC14 / PD14 / PE14 / PF14 / PG14	GPIOA～GPIOG 端口的第 14 号引脚
15	PA15 / PB15 / PC15 / PD15 / PE15 / PF15 / PG15	GPIOA～GPIOG 端口的第 15 号引脚
16	LVD 输出事件	来自芯片内部模块的 LVD 输出事件
17	RTC 闹钟事件	来自芯片内部模块的 RTC 外设的闹钟事件
18	USB 唤醒事件	来自芯片内部模块的 USB OTG FS 唤醒事件
19	以太网唤醒事件	来自芯片内部模块的以太网唤醒事件

其中，EXTI0～15 的外部中断/事件请求在芯片外部产生，来自 GPIO 引脚对应的 16 根线的输入。EXTI16～19 的外部中断/事件请求信号由芯片内部模块产生。EXTI 的外部中断向量表如表 7-2 所示。

表 7-2　　　GD32F303ZGT6 微控制器的外部中断向量表

中断编号	向量编号	优先级	优先级类型	中断服务程序名称	向量地址	gd32f30x.h 头文件中宏定义	描述
IRQ 1	17	17	可设置	LVD_IRQHandler	0x00000044	LVD_IRQn	连接到 EXTI16 线的 LVD 中断
IRQ 6	22	22	可设置	EXTI0_IRQHandler	0x00000058	EXTI0_IRQn	EXTI 线 0 中断
IRQ 7	23	23	可设置	EXTI1_IRQHandler	0x0000005C	EXTI1_IRQn	EXTI 线 1 中断
IRQ 8	24	24	可设置	EXTI2_IRQHandler	0x00000060	EXTI2_IRQn	EXTI 线 2 中断
IRQ 9	25	25	可设置	EXTI3_IRQHandler	0x00000064	EXTI3_IRQn	EXTI 线 3 中断
IRQ 10	26	26	可设置	EXTI4_IRQHandler	0x00000068	EXTI4_IRQn	EXTI 线 4 中断
IRQ 23	39	39	可设置	EXTI5_9_IRQHandler	0x0000009C	EXTI5_9_IRQn	EXTI 线［9:5］中断
IRQ 40	56	56	可设置	EXTI10_15_IRQHandler	0x000000E0	EXTI10_15_IRQn	EXTI 线［15:10］中断
IRQ 41	57	57	可设置	RTC_Alarm_IRQHandler	0x000000E4	RTC_Alarm_IRQn	连接 EXTI 线的 RTC 闹钟中断
IRQ 42	58	58	可设置	USBD_WKUP_IRQHandler	0x000000E8	USBD_WKUP_IRQn	连接 EXTI 线的 USBD 唤醒中断
IRQ 62	78	78	可设置	ENET_WKUP_IRQHandler	0x00000138	ENET_WKUP_IRQn	连接到 EXTI 线的以太网唤醒中断

在表 7-2 中，EXTI 线［9:5］共用一个向量地址，这几个在 EXTI 线上产生的中断请求共用一个中断编号。同样，EXTI 线［15:10］也是共用一个向量地址，这几个在 EXTI 线上产生的中断请求也是共用一个中断编号。

7.1.2 EXTI 结构

GD32F303ZGT6 微控制器的 EXTI 结构框图如图 7-1 所示。

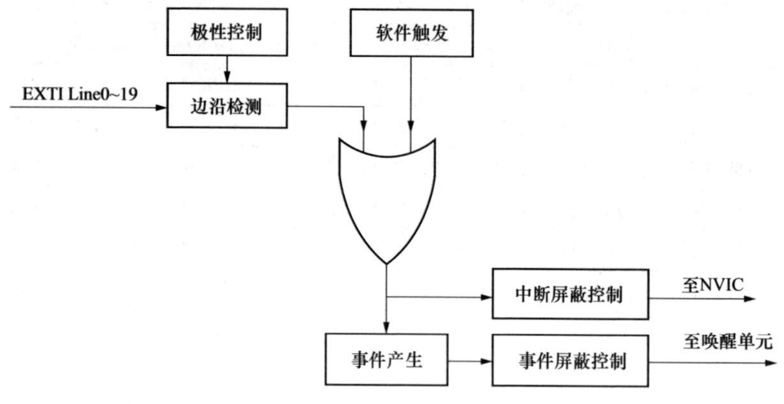

图 7-1　EXTI 结构框图

在图 7-1 中，EXTI 线 0～19 通过极性控制寄存器（上升沿触发使能寄存器（EXTI_RTEN）和下降沿触发使能寄存器（EXTI_FTEN））配置 EXTI 线 0～19 的边沿检测边沿产生的中断/事件请求信号通过或门送至由中断屏蔽控制寄存器（EXTI_INTEN）配置选择哪个 EXTI 线中断到 NVIC。或者送至事件电路，由事件屏蔽控制寄存器（EXTI_EVEN）配置选择哪个事件至唤醒单元。

7.1.3 硬件触发配置

硬件触发被用来检测外部或内部信号的电压变化。软件需要按如下步骤配置来使用这项功能：

（1）根据应用需要配置 AFIO 模块中的 EXTI 触发源。

（2）配置上升沿触发使能寄存器（EXTI_RTEN）和下降沿触发使能寄存器（EXTI_FTEN）以使能相应引脚的上升沿或下降沿检测（软件应当同时配置引脚对应的 RTENx 和 FTENx 位以检测该引脚上升沿和下降沿的变化）。

（3）通过配置引脚对应的中断使能寄存器（EXTI_INTEN）或事件使能寄存器（EXTI_EVEN）中的对应位，使能中断或事件。

（4）EXTI 开始检测被配置的引脚上的电平变化，当这些引脚上期望的变化被检测到时，使能的中断或事件将被触发。如果为中断触发，则挂起寄存器（EXTI_PD）中的对应的 PDx 位将立刻被置 1；如果为事件触发，则挂起寄存器（EXTI_PD）中的对应的 PDx 位不被置 1。软件需要响应该中断或事件并清除挂起寄存器（EXTI_PD）中的相应 PDx 位。

7.1.4 软件触发配置

按照如下步骤软件也可以触发 EXTI 中断或事件：

（1）配置对应的中断使能寄存器（EXTI_INTEN）或事件使能寄存器（EXTI_EVEN）中的对应位使能中断或事件。

（2）配置软件中断事件寄存器（EXTI_SWIEV）中的对应 SWIEVx 位，使能的中断或事件将被立即触发。如果为中断触发，则挂起寄存器（EXTI_PD）中的对应的 PDx 位将立刻被置 1；如果为事件触发，则挂起寄存器（EXTI_PD）中的对应的 PDx 位不被置 1。软件需要响应该中断或事件并清除相应 PDx 位。

7.2 与 GPIO 相关 EXTI 线

EXTI 线 0～15 的请求信号是通过 GPIO 引脚输入到芯片内部。通过配置 GPIO 模块中的 AFIO_EXTISS0～AFIO_EXTISS3 寄存器，所有的 GPIO 引脚都可以被选作 EXTI 的触发源。

7.2.1 EXTI 源配置寄存器

AFIO_EXTISS0、AFIO_EXTISS1、AFIO_EXTISS2 和 AFIO_EXTISS3EXTI 源选择寄存器用于选择 GPIO 引脚作为 EXTI 线 0～15。

1. AFIO_EXTISS0 寄存器

EXTI 源选择寄存器 0 寄存器（AFIO_ EXTISS0）用于选择 GPIO 的 0~3 号引脚为 EXTI 线 0～3。具体的选择功能如表 7-3 所示。复位值：0x00000000，地址偏移：0x08。

表 7-3　EXTI 源选择寄存器 0 寄存器（AFIO_ EXTISS0）

位	名称	类型	复位值	描述			
31:16							
15:12	EXTI3_SS [3:0]	读/写	0000	EXTI 3 源选择			
				0000：PA3	0001：PB3	0010：PC3	0011：PD3
				0100：PE3	0101：PF3	0110：PG3	其他配置保留
11:8	EXTI2_SS [3:0]	读/写	0000	EXTI 2 源选择			
				0000：PA2	0001：PB2	0010：PC2	0011：PD2
				0100：PE2	0101：PF2	0110：PG2	其他配置保留
7:4	EXTI1_SS [3:0]	读/写	0000	EXTI 1 源选择			
				0000：PA1	0001：PB1	0010：PC1	0011：PD1
				0100：PE1	0101：PF1	0110：PG1	其他配置保留
3:0	EXTI0_SS [3:0]	读/写	0000	EXTI 0 源选择			
				0000：PA0	0001：PB0	0010：PC0	0011：PD0
				0100：PE0	0101：PF0	0110：PG0	其他配置保留

2. AFIO_EXTISS1 寄存器

EXTI 源选择寄存器 1 寄存器（AFIO_ EXTISS1）用于选择 GPIO 的 4~7 号引脚为 EXTI 线 4～7。具体的选择功能如表 7-4 所示。复位值：0x00000000，地址偏移：0x0C。

表 7-4　　　　　　EXTI 源选择寄存器 1 寄存器（AFIO_ EXTISS1）

<table>
<tr><th>位</th><th>名称</th><th>类型</th><th>复位值</th><th colspan="4">描　述</th></tr>
<tr><td>31:16</td><td></td><td></td><td></td><td colspan="4"></td></tr>
<tr><td rowspan="3">15:12</td><td rowspan="3">EXTI7_SS
[3:0]</td><td rowspan="3">读/写</td><td rowspan="3">0000</td><td colspan="4">EXTI 7 源选择</td></tr>
<tr><td>0000：PA7</td><td>0001：PB7</td><td>0010：PC7</td><td>0011：PD7</td></tr>
<tr><td>0100：PE7</td><td>0101：PF7</td><td>0110：PG7</td><td>其他配置保留</td></tr>
<tr><td rowspan="3">11:8</td><td rowspan="3">EXTI6_SS
[3:0]</td><td rowspan="3">读/写</td><td rowspan="3">0000</td><td colspan="4">EXTI 6 源选择</td></tr>
<tr><td>0000：PA6</td><td>0001：PB6</td><td>0010：PC6</td><td>0011：PD6</td></tr>
<tr><td>0100：PE6</td><td>0101：PF6</td><td>0110：PG6</td><td>其他配置保留</td></tr>
<tr><td rowspan="3">7:4</td><td rowspan="3">EXTI5_SS
[3:0]</td><td rowspan="3">读/写</td><td rowspan="3">0000</td><td colspan="4">EXTI 5 源选择</td></tr>
<tr><td>0000：PA5</td><td>0001：PB5</td><td>0010：PC5</td><td>0011：PD5</td></tr>
<tr><td>0100：PE5</td><td>0101：PF5</td><td>0110：PG5</td><td>其他配置保留</td></tr>
<tr><td rowspan="3">3:0</td><td rowspan="3">EXTI4_SS
[3:0]</td><td rowspan="3">读/写</td><td rowspan="3">0000</td><td colspan="4">EXTI 4 源选择</td></tr>
<tr><td>0000：PA4</td><td>0001：PB4</td><td>0010：PC4</td><td>0011：PD4</td></tr>
<tr><td>0100：PE4</td><td>0101：PF4</td><td>0110：PG4</td><td>其他配置保留</td></tr>
</table>

3. AFIO_EXTISS2 寄存器

EXTI 源选择寄存器 2 寄存器（AFIO_EXTISS2）用于选择 GPIO 的 8~11 号引脚为 EXTI 线 8～11。具体的选择功能如表 7-5 所示。复位值：0x00000000，地址偏移：0x10。

表 7-5　　　　　　EXTI 源选择寄存器 2 寄存器（AFIO_EXTISS2）

<table>
<tr><th>位</th><th>名称</th><th>类型</th><th>复位值</th><th colspan="4">描　述</th></tr>
<tr><td>31:16</td><td></td><td></td><td></td><td colspan="4"></td></tr>
<tr><td rowspan="3">15:12</td><td rowspan="3">EXTI11_SS
[3:0]</td><td rowspan="3">读/写</td><td rowspan="3">0000</td><td colspan="4">EXTI 11 源选择</td></tr>
<tr><td>0000：PA11</td><td>0001：PB11</td><td>0010：PC11</td><td>0011：PD11</td></tr>
<tr><td>0100：PE11</td><td>0101：PF11</td><td>0110：PG11</td><td>其他配置保留</td></tr>
<tr><td rowspan="3">11:8</td><td rowspan="3">EXTI10_SS
[3:0]</td><td rowspan="3">读/写</td><td rowspan="3">0000</td><td colspan="4">EXTI 10 源选择</td></tr>
<tr><td>0000：PA10</td><td>0001：PB10</td><td>0010：PC10</td><td>0011：PD10</td></tr>
<tr><td>0100：PE10</td><td>0101：PF10</td><td>0110：PG10</td><td>其他配置保留</td></tr>
<tr><td rowspan="3">7:4</td><td rowspan="3">EXTI9_SS
[3:0]</td><td rowspan="3">读/写</td><td rowspan="3">0000</td><td colspan="4">EXTI 9 源选择</td></tr>
<tr><td>0000：PA9</td><td>0001：PB9</td><td>0010：PC9</td><td>0011：PD9</td></tr>
<tr><td>0100：PE9</td><td>0101：PF9</td><td>0110：PG9</td><td>其他配置保留</td></tr>
<tr><td rowspan="3">3:0</td><td rowspan="3">EXTI8_SS
[3:0]</td><td rowspan="3">读/写</td><td rowspan="3">0000</td><td colspan="4">EXTI 8 源选择</td></tr>
<tr><td>0000：PA8</td><td>0001：PB8</td><td>0010：PC8</td><td>0011：PD8</td></tr>
<tr><td>0100：PE8</td><td>0101：PF8</td><td>0110：PG8</td><td>其他配置保留</td></tr>
</table>

4. AFIO_EXTISS3 寄存器

EXTI 源选择寄存器 3 寄存器（AFIO_EXTISS3）用于选择 GPIO 的 12~15 号引脚为 EXTI 线 12～15。具体的选择功能如表 7-6 所示。复位值：0x00000000，地址偏移：0x14。

表 7-6　　EXTI 源选择寄存器 3 寄存器（AFIO_EXTISS3）

<table>
<tr><th>位</th><th>名称</th><th>类型</th><th>复位值</th><th>描　述</th></tr>
<tr><td>31:16</td><td></td><td></td><td></td><td></td></tr>
<tr><td>15:12</td><td>EXTI15_SS[3:0]</td><td>读/写</td><td>0000</td><td>EXTI 15 源选择<table><tr><td>0000：PA15</td><td>0001：PB15</td><td>0010：PC15</td><td>0011：PD15</td></tr><tr><td>0100：PE15</td><td>0101：PF15</td><td>0110：PG15</td><td>其他配置保留</td></tr></table></td></tr>
<tr><td>11:8</td><td>EXTI14_SS[3:0]</td><td>读/写</td><td>0000</td><td>EXTI 14 源选择<table><tr><td>0000：PA14</td><td>0001：PB14</td><td>0010：PC14</td><td>0011：PD14</td></tr><tr><td>0100：PE14</td><td>0101：PF14</td><td>0110：PG14</td><td>其他配置保留</td></tr></table></td></tr>
<tr><td>7:4</td><td>EXTI13_SS[3:0]</td><td>读/写</td><td>0000</td><td>EXTI 13 源选择<table><tr><td>0000：PA13</td><td>0001：PB13</td><td>0010：PC13</td><td>0011：PD13</td></tr><tr><td>0100：PE13</td><td>0101：PF13</td><td>0110：PG13</td><td>其他配置保留</td></tr></table></td></tr>
<tr><td>3:0</td><td>EXTI12_SS[3:0]</td><td>读/写</td><td>0000</td><td>EXTI 12 源选择<table><tr><td>0000：PA12</td><td>0001：PB12</td><td>0010：PC12</td><td>0011：PD12</td></tr><tr><td>0100：PE12</td><td>0101：PF12</td><td>0110：PG12</td><td>其他配置保留</td></tr></table></td></tr>
</table>

7.2.2 EXTI 与 GPIO 相关的库函数

与 EXTI 线配置相关的库函数在 gd32f30x_gpio.h 头文件和 gd32f30x_gpio.c 源文件中。

1. 寄存器的宏定义

EXTI 源选择寄存器 0～3 寄存器（AFIO_EXTISS0～AFIO_EXTISS3）的宏定义如下：

```
#define AFIO_EXTISS0    REG32(AFIO + 0x08U) /*!< EXTI 源选择寄存器0 */
#define AFIO_EXTISS1    REG32(AFIO + 0x0CU) /*!< EXTI 源选择寄存器1 */
#define AFIO_EXTISS2    REG32(AFIO + 0x10U) /*!< EXTI 源选择寄存器2 */
#define AFIO_EXTISS3    REG32(AFIO + 0x14U) /*!< EXTI 源选择寄存器03 */
```

其中 AFIO 模块的宏定义如下：

```
#define AFIO                         AFIO_BASE
```

AFIO 模块是挂接在 APB2 总线，来源于 gd32f30x.h 头文件中，其基地址宏定义为：

```
#define AFIO_BASE   (APB2_BUS_BASE + 0x00000000U)  /*!< AFIO 基地址 */
```

例如，要将 PA3、PB6 和 PD13 配置为外部中断源 EXTI3、EXTI6 和 EXTI13 输入实现方式如下：

从表 7-3～表 7-6 中可知，EXTI3 是将 AFIO_EXTISS0 寄存的位 15..12 配置为 0000 选择 PA3 引脚，EXTI6 是将 AFIO_EXTISS1 寄存器的位 11:8 配置为 0001 选择 PB6，EXTI13 是将 AFIO_EXTISS1 寄存器的位 7..4 配置为 0011 选择 PD13。具体的 C 语句实现方法如下：

```
uint32_t Temp;
Temp = (AFIO_EXTISS0 & (～0xF << 12)) | (0x0 << 12);
AFIO_EXTISS0 = Temp;
```

```
Temp = (AFIO_EXTISS1 & (~0xF << 8)) | (0x1 << 8);
AFIO_EXTISS1 = Temp;
Temp = (AFIO_EXTISS3 & (~0xF << 4)) | (0x3 << 4);
AFIO_EXTISS3 = Temp;
```

2. EXTI 线配置库函数

配置 GPIO 引脚为 EXTI 线的外部中断的库函数形式如下：

```
void gpio_exti_source_select(uint8_t output_port, uint8_t output_pin);
```

功能：选择 GPIO 引脚为外部中断线。

gpio_exti_source_select( )函数有两个参数：

参数 1：output_port，该参数为 GPIO 端口选择，具体的参数被定义在 gd32f30x_gpio.h 头文件中，定义的宏如下：

```
#define GPIO_PORT_SOURCE_GPIOA  ((uint8_t)0x00U)    /*!< output port source A */
#define GPIO_PORT_SOURCE_GPIOB  ((uint8_t)0x01U)    /*!< output port source B */
#define GPIO_PORT_SOURCE_GPIOC  ((uint8_t)0x02U)    /*!< output port source C */
#define GPIO_PORT_SOURCE_GPIOD  ((uint8_t)0x03U)    /*!< output port source D */
#define GPIO_PORT_SOURCE_GPIOE  ((uint8_t)0x04U)    /*!< output port source E */
#define GPIO_PORT_SOURCE_GPIOF  ((uint8_t)0x05U)    /*!< output port source F */
#define GPIO_PORT_SOURCE_GPIOG  ((uint8_t)0x06U)    /*!< output port source G */
```

参数 2：output_pin，该参数为 GPIO 引脚号选择，具体的参数被定义在 gd32f30x_gpio.h 头文件中，定义的宏如下：

```
#define GPIO_PIN_SOURCE_0   ((uint8_t)0x00U)    /*!< GPIO pin source 0 */
#define GPIO_PIN_SOURCE_1   ((uint8_t)0x01U)    /*!< GPIO pin source 1 */
#define GPIO_PIN_SOURCE_2   ((uint8_t)0x02U)    /*!< GPIO pin source 2 */
#define GPIO_PIN_SOURCE_3   ((uint8_t)0x03U)    /*!< GPIO pin source 3 */
#define GPIO_PIN_SOURCE_4   ((uint8_t)0x04U)    /*!< GPIO pin source 4 */
#define GPIO_PIN_SOURCE_5   ((uint8_t)0x05U)    /*!< GPIO pin source 5 */
#define GPIO_PIN_SOURCE_6   ((uint8_t)0x06U)    /*!< GPIO pin source 6 */
#define GPIO_PIN_SOURCE_7   ((uint8_t)0x07U)    /*!< GPIO pin source 7 */
#define GPIO_PIN_SOURCE_8   ((uint8_t)0x08U)    /*!< GPIO pin source 8 */
#define GPIO_PIN_SOURCE_9   ((uint8_t)0x09U)    /*!< GPIO pin source 9 */
#define GPIO_PIN_SOURCE_10  ((uint8_t)0x0AU)    /*!< GPIO pin source 10 */
#define GPIO_PIN_SOURCE_11  ((uint8_t)0x0BU)    /*!< GPIO pin source 11 */
#define GPIO_PIN_SOURCE_12  ((uint8_t)0x0CU)    /*!< GPIO pin source 12 */
#define GPIO_PIN_SOURCE_13  ((uint8_t)0x0DU)    /*!< GPIO pin source 13 */
#define GPIO_PIN_SOURCE_14  ((uint8_t)0x0EU)    /*!< GPIO pin source 14 */
#define GPIO_PIN_SOURCE_15  ((uint8_t)0x0FU)    /*!< GPIO pin source 15 */
```

例如，将 PC2 配置为 EXTI 线 2，PG5 配置为 EXTI 线 5 的基于库函数的 C 语句形式如下：

```
gpio_exti_source_select(GPIO_PORT_SOURCE_GPIOC,GPIO_PIN_SOURCE_2);
gpio_exti_source_select(GPIO_PORT_SOURCE_GPIOG,GPIO_PIN_SOURCE_5);
```

7.3 EXTI 相关寄存器

要实现外部中断/事件的功能，需要对 EXTI 模块相关的寄存器进行配置，与 EXTI 模块相关的寄存器如表 7-7 所示。

主要实现如下功能：

（1）边沿触发方式的选择。
（2）中断/事件使能。
（3）中断/事件标志，即中断挂起状态。
（4）软件中断事件。

表 7-7　　　　EXTI 寄存器

偏移地址	名称	类型	复位值	描述
0x00	EXTI_INTEN	读/写	0x00000000	中断使能寄存器
0x04	EXTI_EVEN	读/写	0x00000000	事件使能寄存器
0x08	EXTI_RTEN	读/写	0x00000000	上升沿触发使能寄存器
0x0C	EXTI_FTEN	读/写	0x00000000	下降沿触发使能寄存器
0x10	EXTI_SWIEV	读/写	0x00000000	软件中断事件寄存器
0x14	EXTI_PD	读/写	0x00000000	挂起寄存器

与 EXTI 相关寄存器的宏被定义在 gd32f30x_exti.h 头文件中，具体的宏定义形式如下：

```
/* registers definitions */
#define EXTI_INTEN          REG32(EXTI + 0x00U)     /*!<中断使能寄存器 */
#define EXTI_EVEN           REG32(EXTI + 0x04U)     /*!<事件使能寄存器 */
#define EXTI_RTEN           REG32(EXTI + 0x08U)     /*!<上升沿触发使能寄存器 */
#define EXTI_FTEN           REG32(EXTI + 0x0CU)     /*!<下降沿触发使能寄存器*/
#define EXTI_SWIEV          REG32(EXTI + 0x10U)     /*!<软件中断事件寄存器*/
#define EXTI_PD             REG32(EXTI + 0x14U)     /*!<挂起寄存器*/
```

其中，EXTI 模块的宏被定义在 gd32f30x_exti.h 头文件中，具体的宏定义如下：

```
#define EXTI                      EXTI_BASE
```

其中，EXTI_BASE 的宏来源于 gd32f30x.h 头文件中，是 EXTI 模块在 APB2 总线上的基地址的宏定义。

```
#define EXTI_BASE        (APB2_BUS_BASE + 0x00000400U)  /*!< EXTI 基地址*/
```

7.3.1 中断使能寄存器（EXTI_INTEN）

中断使能寄存器（EXTI_INTEN）实现对 EXTI 线 0～19 的中断使能/禁止控制。该寄存器的各个位功能定义如表 7-8 所示。

表 7-8　　　　中断使能寄存器（EXTI_INTEN）

31	30	29	28	27	26	25	24	23	22	21	20	19	18	17	16
保留												INTEN19	INTEN18	INTEN17	INTEN16
											rw	rw	rw	rw	rw

15	14	13	12	11	10	9	8	7	6	5	4	3	2	1	0
INTEN15	INTEN14	INTEN13	INTEN12	INTEN11	INTEN10	INTEN9	INTEN8	INTEN7	INTEN6	INTEN5	INTEN4	INTEN3	INTEN2	INTEN1	INTEN0
rw	rw	rw	rw	rw	rw	rw	rw	rw	rw	rw	rw	rw	rw	rw	rw

表 7-8 中，位 19..0 中的 INTENx，EXTIx 线的中断使能控制位，其中 x=0..19。当 INTENx=1 时，则第 x 线中断被使能；当 INTENx=0 时，则第 x 线中断被禁止。

中断使能寄存器（EXTI_INTEN）的各个位功能的宏都被定义在 gd32f30x_exti.h 头文件中，具体的宏定义形式如下：

```
#define EXTI_INTEN_INTEN0       BIT(0)     /*!< interrupt from line 0 */
#define EXTI_INTEN_INTEN1       BIT(1)     /*!< interrupt from line 1 */
#define EXTI_INTEN_INTEN2       BIT(2)     /*!< interrupt from line 2 */
#define EXTI_INTEN_INTEN3       BIT(3)     /*!< interrupt from line 3 */
#define EXTI_INTEN_INTEN4       BIT(4)     /*!< interrupt from line 4 */
#define EXTI_INTEN_INTEN5       BIT(5)     /*!< interrupt from line 5 */
#define EXTI_INTEN_INTEN6       BIT(6)     /*!< interrupt from line 6 */
#define EXTI_INTEN_INTEN7       BIT(7)     /*!< interrupt from line 7 */
#define EXTI_INTEN_INTEN8       BIT(8)     /*!< interrupt from line 8 */
#define EXTI_INTEN_INTEN9       BIT(9)     /*!< interrupt from line 9 */
#define EXTI_INTEN_INTEN10      BIT(10)    /*!< interrupt from line 10 */
#define EXTI_INTEN_INTEN11      BIT(11)    /*!< interrupt from line 11 */
#define EXTI_INTEN_INTEN12      BIT(12)    /*!< interrupt from line 12 */
#define EXTI_INTEN_INTEN13      BIT(13)    /*!< interrupt from line 13 */
#define EXTI_INTEN_INTEN14      BIT(14)    /*!< interrupt from line 14 */
#define EXTI_INTEN_INTEN15      BIT(15)    /*!< interrupt from line 15 */
#define EXTI_INTEN_INTEN16      BIT(16)    /*!< interrupt from line 16 */
#define EXTI_INTEN_INTEN17      BIT(17)    /*!< interrupt from line 17 */
#define EXTI_INTEN_INTEN18      BIT(18)    /*!< interrupt from line 18 */
#define EXTI_INTEN_INTEN19      BIT(19)    /*!< interrupt from line 19 */
```

7.3.2 事件使能寄存器（EXTI_EVEN）

事件使能寄存器（EXTI_EVEN）实现对 EXTI 线 0～19 的事件使能/禁止控制。该寄存器的各个位功能定义如表 7-9 所示。

表 7-9 事件使能寄存器（EXTI_EVEN）

31	30	29	28	27	26	25	24	23	22	21	20	19	18	17	16
保留												EVEN19	EVEN18	EVEN17	EVEN16
											rw	rw	rw	rw	rw

15	14	13	12	11	10	9	8	7	6	5	4	3	2	1	0
EVEN15	EVEN14	EVEN13	EVEN12	EVEN11	EVEN10	EVEN9	EVEN8	EVEN7	EVEN6	EVEN5	EVEN4	EVEN3	EVEN2	EVEN1	EVEN0
rw	rw	rw	rw	rw	rw	rw	rw	rw	rw	rw	rw	rw	rw	rw	rw

表 7-9 中，位 19:0 的 EVENx：EXTIx 线的事件使能控制位，其中 x=0..19。当 EVENx=1 时，则第 x 线事件被使能；当 EVENx=0 时，则第 x 线事件被禁止。

事件使能寄存器（EXTI_EVEN）的各个位功能的宏都被定义在 gd32f30x_exti.h 头文件中，具体的宏定义形式如下：

```
#define EXTI_EVEN_EVEN0     BIT(0)          /*!< event from line 0 */
#define EXTI_EVEN_EVEN1     BIT(1)          /*!< event from line 1 */
```

```
#define EXTI_EVEN_EVEN2      BIT(2)       /*!< event from line 2 */
#define EXTI_EVEN_EVEN3      BIT(3)       /*!< event from line 3 */
#define EXTI_EVEN_EVEN4      BIT(4)       /*!< event from line 4 */
#define EXTI_EVEN_EVEN5      BIT(5)       /*!< event from line 5 */
#define EXTI_EVEN_EVEN6      BIT(6)       /*!< event from line 6 */
#define EXTI_EVEN_EVEN7      BIT(7)       /*!< event from line 7 */
#define EXTI_EVEN_EVEN8      BIT(8)       /*!< event from line 8 */
#define EXTI_EVEN_EVEN9      BIT(9)       /*!< event from line 9 */
#define EXTI_EVEN_EVEN10     BIT(10)      /*!< event from line 10 */
#define EXTI_EVEN_EVEN11     BIT(11)      /*!< event from line 11 */
#define EXTI_EVEN_EVEN12     BIT(12)      /*!< event from line 12 */
#define EXTI_EVEN_EVEN13     BIT(13)      /*!< event from line 13 */
#define EXTI_EVEN_EVEN14     BIT(14)      /*!< event from line 14 */
#define EXTI_EVEN_EVEN15     BIT(15)      /*!< event from line 15 */
#define EXTI_EVEN_EVEN16     BIT(16)      /*!< event from line 16 */
#define EXTI_EVEN_EVEN17     BIT(17)      /*!< event from line 17 */
#define EXTI_EVEN_EVEN18     BIT(18)      /*!< event from line 18 */
#define EXTI_EVEN_EVEN19     BIT(19)      /*!< event from line 19 */
```

7.3.3 上升沿触发使能寄存器（EXTI_RTEN）

上升沿触发使能寄存器（EXTI_RTEN）实现对 EXTI 线 0～19 的上升沿触发使能/禁止控制。该寄存器的各个位功能定义如表 7-10 所示。

表 7-10 上升沿触发使能寄存器（EXTI_RTEN）

31	30	29	28	27	26	25	24	23	22	21	20	19	18	17	16
保留												RTEN19	RTEN18	RTEN17	RTEN16
											rw	rw	rw	rw	rw

15	14	13	12	11	10	9	8	7	6	5	4	3	2	1	0
RTEN15	RTEN14	RTEN13	RTEN12	RTEN11	RTEN10	RTEN9	RTEN8	RTEN7	RTEN6	RTEN5	RTEN4	RTEN3	RTEN2	RTEN1	RTEN0
rw	rw	rw	rw	rw	rw	rw	rw	rw	rw	rw	rw	rw	rw	rw	rw

表 7-10 中，位 19:0 的 RTENx：EXTIx 线的外部中断/事件请求选择上升沿触发的使能/禁止控制位，其中 x=0..19。当 RTENx=1 时，则第 x 线上升沿触发有效（中断/事件请求）；当 RTENx=0 时，则第 x 线上升沿触发失效。

上升沿触发使能寄存器（EXTI_RTEN）的各个位功能的宏都被定义在 gd32f30x_exti.h 头文件中，具体的宏定义形式如下：

```
#define EXTI_RTEN_RTEN0          BIT(0)      /*!< rising edge from line 0 */
#define EXTI_RTEN_RTEN1          BIT(1)      /*!< rising edge from line 1 */
#define EXTI_RTEN_RTEN2          BIT(2)      /*!< rising edge from line 2 */
#define EXTI_RTEN_RTEN3          BIT(3)      /*!< rising edge from line 3 */
#define EXTI_RTEN_RTEN4          BIT(4)      /*!< rising edge from line 4 */
#define EXTI_RTEN_RTEN5          BIT(5)      /*!< rising edge from line 5 */
#define EXTI_RTEN_RTEN6          BIT(6)      /*!< rising edge from line 6 */
#define EXTI_RTEN_RTEN7          BIT(7)      /*!< rising edge from line 7 */
```

```
#define EXTI_RTEN_RTEN8         BIT(8)      /*!< rising edge from line 8 */
#define EXTI_RTEN_RTEN9         BIT(9)      /*!< rising edge from line 9 */
#define EXTI_RTEN_RTEN10        BIT(10)     /*!< rising edge from line 10 */
#define EXTI_RTEN_RTEN11        BIT(11)     /*!< rising edge from line 11 */
#define EXTI_RTEN_RTEN12        BIT(12)     /*!< rising edge from line 12 */
#define EXTI_RTEN_RTEN13        BIT(13)     /*!< rising edge from line 13 */
#define EXTI_RTEN_RTEN14        BIT(14)     /*!< rising edge from line 14 */
#define EXTI_RTEN_RTEN15        BIT(15)     /*!< rising edge from line 15 */
#define EXTI_RTEN_RTEN16        BIT(16)     /*!< rising edge from line 16 */
#define EXTI_RTEN_RTEN17        BIT(17)     /*!< rising edge from line 17 */
#define EXTI_RTEN_RTEN18        BIT(18)     /*!< rising edge from line 18 */
#define EXTI_RTEN_RTEN19        BIT(19)     /*!< rising edge from line 19 */
```

7.3.4 下降沿触发使能寄存器（EXTI_FTEN）

下降沿触发使能寄存器（EXTI_FTEN）实现对 EXTI 线 0～19 的下降沿触发使能/禁止控制。该寄存器的各个位功能定义如表 7-11 所示。

表 7-11　　下降沿触发使能寄存器（EXTI_FTEN）

31	30	29	28	27	26	25	24	23	22	21	20	19	18	17	16
保留												FTEN19	FTEN18	FTEN17	FTEN16
											rw	rw	rw	rw	rw

15	14	13	12	11	10	9	8	7	6	5	4	3	2	1	0
FTEN15	FTEN14	FTEN13	FTEN12	FTEN11	FTEN10	FTEN9	FTEN8	FTEN7	FTEN6	FTEN5	FTEN4	FTEN3	FTEN2	FTEN1	FTEN0
rw	rw	rw	rw	rw	rw	rw	rw	rw	rw	rw	rw	rw	rw	rw	rw

表 7-11 中，位 19:0 的 FTENx：EXTIx 线的外部中断/事件请求选择下降沿触发的使能/禁止控制位，其中 x=0..19。当 FTENx=1 时，则第 x 线下降沿触发有效（中断/事件请求）；当 FTENx=0 时，则第 x 线下降沿触发失效。

下降沿触发使能寄存器（EXTI_FTEN）的各个位功能的宏都被定义在 gd32f30x_exti.h 头文件中，具体的宏定义形式如下：

```
#define EXTI_FTEN_FTEN0         BIT(0)          /*!<线 0 的下降沿触发位*/
#define EXTI_FTEN_FTEN1         BIT(1)          /*!<线 1 的下降沿触发位*/
#define EXTI_FTEN_FTEN2         BIT(2)          /*!<线 2 的下降沿触发位*/
#define EXTI_FTEN_FTEN3         BIT(3)          /*!<线 3 的下降沿触发位*/
#define EXTI_FTEN_FTEN4         BIT(4)          /*!<线 4 的下降沿触发位*/
#define EXTI_FTEN_FTEN5         BIT(5)          /*!<线 5 的下降沿触发位*/
#define EXTI_FTEN_FTEN6         BIT(6)          /*!<线 6 的下降沿触发位*/
#define EXTI_FTEN_FTEN7         BIT(7)          /*!<线 7 的下降沿触发位*/
#define EXTI_FTEN_FTEN8         BIT(8)          /*!<线 8 的下降沿触发位*/
#define EXTI_FTEN_FTEN9         BIT(9)          /*!<线 9 的下降沿触发位*/
#define EXTI_FTEN_FTEN10        BIT(10)         /*!<线 10 的下降沿触发位*/
#define EXTI_FTEN_FTEN11        BIT(11)         /*!<线 11 的下降沿触发位*/
#define EXTI_FTEN_FTEN12        BIT(12)         /*!<线 12 的下降沿触发位*/
#define EXTI_FTEN_FTEN13        BIT(13)         /*!<线 13 的下降沿触发位*/
```

```
#define EXTI_FTEN_FTEN14          BIT(14)          /*!<线14的下降沿触发位*/
#define EXTI_FTEN_FTEN15          BIT(15)          /*!<线15的下降沿触发位*/
#define EXTI_FTEN_FTEN16          BIT(16)          /*!<线16的下降沿触发位*/
#define EXTI_FTEN_FTEN17          BIT(17)          /*!<线17的下降沿触发位*/
#define EXTI_FTEN_FTEN18          BIT(18)          /*!<线18的下降沿触发位*/
#define EXTI_FTEN_FTEN19          BIT(19)          /*!<线19的下降沿触发位*/
```

7.3.5 软件中断事件寄存器（EXTI_SWIEV）

软件中断事件寄存器（EXTI_SWIEV）实现对 EXTI 线 0～19 的软件中断事件使能/禁止控制。该寄存器的各个位功能定义如表 7-12 所示。

表 7-12 软件中断事件寄存器（EXTI_SWIEV）

31	30	29	28	27	26	25	24	23	22	21	20	19	18	17	16
保留												SWIEV 19	SWIEV 18	SWIEV 17	SWIEV 16
											rw	rw	rw	rw	rw

15	14	13	12	11	10	9	8	7	6	5	4	3	2	1	0
SWIEV 15	SWIE 14	SWIEV 13	SWIEV 12	SWIEV 11	SWIEV 10	SWIEV 9	SWIEV 8	SWIEV 7	SWIEV 6	SWIEV 5	SWIEV 4	SWIEV 3	SWIEV 2	SWIEV 1	SWIEV 0
rw	rw	rw	rw	rw	rw	rw	rw	rw	rw	rw	rw	rw	rw	rw	rw

表 7-12 中，位 19:0 的 SWIEVx：EXTIx 线软件中断/事件请求的使能/禁止控制位，其中 x=0..19。当 SWIEVx=1 时，则激活 EXTI 线 x 软件中断/事件请求；当 FTENx=0 时，则禁用 EXTI 线 x 软件中断/事件请求。

软件中断事件寄存器（EXTI_SWIEV）的各个位功能的宏都被定义在 gd32f30x_exti.h 头文件中，具体的宏定义形式如下：

```
#define EXTI_SWIEV_SWIEV0          BIT(0)          /*!<线 0 软件中断/事件请求*/
#define EXTI_SWIEV_SWIEV1          BIT(1)          /*!<线 1 软件中断/事件请求*/
#define EXTI_SWIEV_SWIEV2          BIT(2)          /*!<线 2 软件中断/事件请求*/
#define EXTI_SWIEV_SWIEV3          BIT(3)          /*!<线 3 软件中断/事件请求*/
#define EXTI_SWIEV_SWIEV4          BIT(4)          /*!<线 4 软件中断/事件请求*/
#define EXTI_SWIEV_SWIEV5          BIT(5)          /*!<线 5 软件中断/事件请求*/
#define EXTI_SWIEV_SWIEV6          BIT(6)          /*!<线 6 软件中断/事件请求*/
#define EXTI_SWIEV_SWIEV7          BIT(7)          /*!<线 7 软件中断/事件请求*/
#define EXTI_SWIEV_SWIEV8          BIT(8)          /*!<线 8 软件中断/事件请求*/
#define EXTI_SWIEV_SWIEV9          BIT(9)          /*!<线 9 软件中断/事件请求*/
#define EXTI_SWIEV_SWIEV10         BIT(10)         /*!<线 10 软件中断/事件请求*/
#define EXTI_SWIEV_SWIEV11         BIT(11)         /*!<线 11 软件中断/事件请求*/
#define EXTI_SWIEV_SWIEV12         BIT(12)         /*!<线 12 软件中断/事件请求*/
#define EXTI_SWIEV_SWIEV13         BIT(13)         /*!<线 13 软件中断/事件请求*/
#define EXTI_SWIEV_SWIEV14         BIT(14)         /*!<线 14 软件中断/事件请求*/
#define EXTI_SWIEV_SWIEV15         BIT(15)         /*!<线 15 软件中断/事件请求*/
#define EXTI_SWIEV_SWIEV16         BIT(16)         /*!<线 16 软件中断/事件请求*/
#define EXTI_SWIEV_SWIEV17         BIT(17)         /*!<线 17 软件中断/事件请求*/
#define EXTI_SWIEV_SWIEV18         BIT(18)         /*!<线 18 软件中断/事件请求*/
#define EXTI_SWIEV_SWIEV19         BIT(19)         /*!<线 19 软件中断/事件请求*/
```

7.3.6 挂起寄存器（EXTI_PD）

挂起寄存器（EXTI_PD）表示的是 EXTI 线 0～19 的中断是否被挂起。该寄存器的各个位的挂起状态只能读或写 1 清零。各个位功能定义如表 7-13 所示。

表 7-13　　挂起寄存器（EXTI_PD）

31	30	29	28	27	26	25	24	23	22	21	20	19	18	17	16
保留												PD19	PD18	PD17	PD16
											rcw1	rcw1	rcw1	rcw1	rcw1
15	14	13	12	11	10	9	8	7	6	5	4	3	2	1	0
PD15	PD14	PD13	PD12	PD11	PD10	PD9	PD8	PD7	PD6	PD5	PD4	PD3	PD2	PD1	PD0
rcw1	rcw1	rcw1	rcw1	rcw1	rcw1	rcw1	rcw1	rcw1	rcw1	rcw1	rcw1	rcw1	rcw1	rcw1	rcw1

表 7-13 中，位 19:0 的 PDx：用于表示 EXTIx 线是被中断/事件触发，其中 x=0..19。当 PDx=1 时，则表示 EXTI 线 x 被触发；当 PDx=0 时，表示 EXTI 线 x 没有被触发。

挂起寄存器（EXTI_PD）的各个位功能的宏都被定义在 gd32f30x_exti.h 头文件中，具体的宏定义形式如下：

```
#define EXTI_PD_PD0          BIT(0)          /*!<中断挂起状态位线 0  */
#define EXTI_PD_PD1          BIT(1)          /*!<中断挂起状态位线 1  */
#define EXTI_PD_PD2          BIT(2)          /*!<中断挂起状态位线 2  */
#define EXTI_PD_PD3          BIT(3)          /*!<中断挂起状态位线 3  */
#define EXTI_PD_PD4          BIT(4)          /*!<中断挂起状态位线 4  */
#define EXTI_PD_PD5          BIT(5)          /*!<中断挂起状态位线 5  */
#define EXTI_PD_PD6          BIT(6)          /*!<中断挂起状态位线 6  */
#define EXTI_PD_PD7          BIT(7)          /*!<中断挂起状态位线 7  */
#define EXTI_PD_PD8          BIT(8)          /*!<中断挂起状态位线 8  */
#define EXTI_PD_PD9          BIT(9)          /*!<中断挂起状态位线 9  */
#define EXTI_PD_PD10         BIT(10)         /*!<中断挂起状态位线 10 */
#define EXTI_PD_PD11         BIT(11)         /*!<中断挂起状态位线 11 */
#define EXTI_PD_PD12         BIT(12)         /*!<中断挂起状态位线 12 */
#define EXTI_PD_PD13         BIT(13)         /*!<中断挂起状态位线 13 */
#define EXTI_PD_PD14         BIT(14)         /*!<中断挂起状态位线 14 */
#define EXTI_PD_PD15         BIT(15)         /*!<中断挂起状态位线 15 */
#define EXTI_PD_PD16         BIT(16)         /*!<中断挂起状态位线 16 */
#define EXTI_PD_PD17         BIT(17)         /*!<中断挂起状态位线 17 */
#define EXTI_PD_PD18         BIT(18)         /*!<中断挂起状态位线 18 */
#define EXTI_PD_PD19         BIT(19)         /*!<中断挂起状态位线 19 */
```

7.4　基于 EXTI 寄存器操作的按键计数实例

1. 实例要求

利用 GD32F303ZGT6 微控制器和两个按键以中断方式实现按键加减计数，并将 0～9 之间的计数值通过 LED 数码管显示。

2. 电路图

硬件电路图如图 7-2 所示。

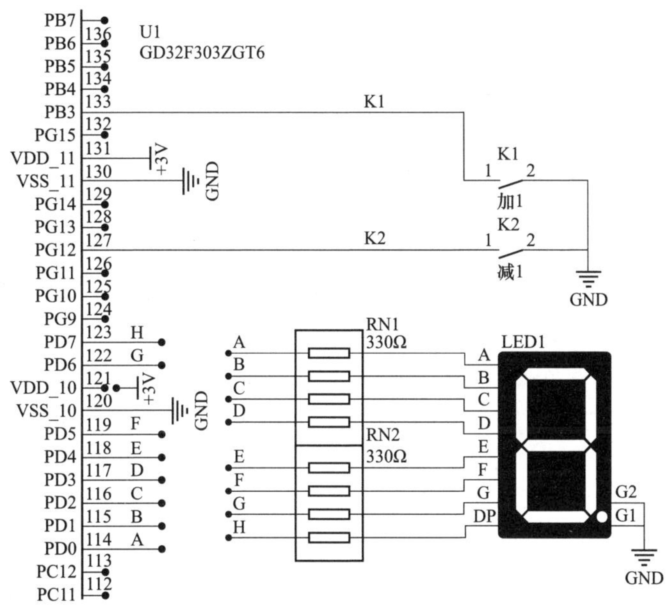

图 7-2 基于 EXTI 寄存器操作的按键计数实例电路图

在图 7-2 中，U1（GD32F303ZGT6）的 PB3 引脚和 PG12 引脚分别连接按键 K1 和 K2，U1（GD32F303ZGT6）的 GPIOD 端口 PD0～PD7 引脚通过 RN1（330Ω）和 RN2（330Ω）限流排阻连接 LED1 的笔段 A～H。

3. 编程要点

（1）使能 GPOB、GPIOD、GPIOG 和 AFIO 时钟。

由于 GPIOB、GPIOD、GPIOG 和 AFIO 模块是挂接在 APB2 总线，只需将时钟单元（RCU）的 APB2 使能寄存器（RCU_APB2EN）中的 PBEN 位、PDEN 位、PGEN 位和 AFEN 位置 1 使能 GPIOB、GPIOID、GPIOG 和 AFIO 模块时钟，C 语句表达形式为：

```
RCU_APB2EN |= (RCU_APB2EN_PBEN | RCU_APB2EN_PDEN | RCU_APB2EN_PGEN | RCU_APB2EN_AFEN);
```

其中，RCU_APB2EN、RCU_APB2EN_PBEN、RCU_APB2EN_PDEN、RCU_APB2EN_PGEN 和 RCU_APB2EN_AFEN 的宏定义来源于 gd32f30x_rcu.h 头文件。

（2）配置 PB3 引脚为上拉输入。

通过配置 GPIOB 端口的 CTL0 寄存器和 OCTL 寄存器初始化 PB3 引脚为上拉输入的 C 语句表达形式如下。

```
uint32_t temp;
temp = GPIO_CTL0(GPIOB);
temp &=~(GPIO_MODE_MASK(3));
temp |= GPIO_MODE_SET(3, GPIO_MODE_IPU);
GPIO_CTL0(GPIOB) = temp;
GPIO_BOP(GPIOB) = GPIO_BOP_BOP3;        //置 OCTL[3]= 1;
```

（3）配置 PG12 引脚为上拉输入。

通过配置 GPIOG 端口的 CTL1 寄存器和 OCTL 寄存器初始化 PG12 引脚为上拉输入的 C 语句表达形式如下。

```
uint32_t temp;
temp = GPIO_CTL1(GPIOG);
temp &=~(GPIO_MODE_MASK(12-8));
temp |= GPIO_MODE_SET(12-8, GPIO_MODE_IPU);
GPIO_CTL0(GPIOG) = temp;
GPIO_BOP(GPIOG) = GPIO_BOP_BOP12;        //置 OCTL[12]= 1;
```

（4）配置 GPIOD 的 PD0～PD7 引脚为推挽输出，最大输出速度为 10MHz。

只需通过配置 GPIOD 端口的 CTL0 寄存器所有位即可实现对 PD0～PD7 引脚的推挽输出配置。具体的 C 语句表达形式如下：

```
GPIO_CTL0(GPIOD) = 0x22222222;
```

（5）配置 PB3 和 PG12 引脚为 EXTI3 和 EXTI12。

通过配置 AFIO_EXTISS0 寄存器的位 15:12 为 0001 时，选择 PB3 引脚为 EXTI 线 3，配置 AFIO_EXTISS3 寄存器的位 3:0 为 0110 时，选择 PG12 引脚为 EXTI 线 12。具体的 C 语句表达形式如下：

```
uint32_t temp;
temp = (AFIO_EXTISS0 & ~(0xF << 12)) | (0x1 << 12);
AFIO_EXTISS0 = temp;
temp = (AFIO_EXTISS3 & (~0xF << 0)) | (0x6 << 0);
AFIO_EXTISS3 = temp;
```

（6）初始化 EXTI 线 3 和 EXTI 线 12。

通过配置 EXTI_INTEN 的 INTEN3 和 INTEN12 位为 1 使能 EXTI 线 3 和 EXTI 线 12 的外部中断源。通过配置 EXTI_FTEN 寄存器的 FTEN3 和 FTEN12 位为 1 使能 EXTI 线 3 和 EXTI 线 12 为下降沿触发中断。C 语句表达形式如下：

```
EXTI_INTEN |= ( EXTI_INTEN_INTEN12 |  EXTI_INTEN_INTEN3);
EXTI_FTEN |= (EXTI_FTEN_FTEN12 | EXTI_FTEN_FTEN3);
```

（7）初始化 EXTI3 和 EXTI12 的中断向量。

通过调用 nvic_irq_enable( )函数使能 EXTI3 的中断向量 IRQ9 和 EXTI12 的中断向量 IRQ40，并设置 IRQ9 和 IRQ40 的中断向量优先级。具体的 C 语句表达形式如下：

```
nvic_irq_enable(EXTI3_IRQn,0,0);
nvic_irq_enable(EXTI10_15_IRQn,0,1);
```

其中，EXTI3_IRQn 和 EXTI10_15_IRQn 的宏定义来源于 gd32f30x.h 头文件中。nvic_irq_enable( )函数来源于 gd32f30x_misc.h 头文件中声明的库函数。

（8）EXTI3 和 EXTI12 的中断服务程序的编写。

EXTI3 的中断服务程序的函数名为 EXTI3_IRQHandler( )，在该中断服务程序中处理计数加 1，并送 LED 数码显示。EXTI12 的中断服务程序的函数名为 EXTI10_15_IRQHandler( )，在该中断服务程序中处理计数减 1，并送 LED 数码管显示。

4. 主程序实现

在 main 函数完成如下功能。

（1）按键 K1 和 K2 的初始化。
（2）PB3 和 PG12 引脚配置为外部中断线引脚的初始化。
（3）EXTI3 线和 EXTI12 线的外部中断线的配置。
（4）EXTI3 线和 EXTI12 线的外部中断向量的初始化。
（5）EXTI3 线和 EXTI12 线的中断服务程序的实现。
（6）While(1)无限循环体中不做其他事，只是等待中断。
详细的 main.c 源程序如下：

```
#include "main.h"

void PB3ToEXTI3_Init(void)
{
   uint32_t temp;

   RCU_APB2EN |= RCU_APB2EN_PBEN;             //使能 GPIOB 时钟
   temp = GPIO_CTL0(GPIOB);                   //读取 GPIOB 的 CTL0 寄存器
   temp &=~(GPIO_MODE_MASK(3));               //屏蔽 CTL0[15..12] 位
   temp |= GPIO_MODE_SET(3, GPIO_MODE_IPU);   //配置为上拉输入
   GPIO_CTL0(GPIOB) = temp;                   //将配置写入 GPIOB 的 CTL0 寄存器
   GPIO_BOP(GPIOB) = GPIO_BOP_BOP3;           //置 OCTL[3]= 1;

   RCU_APB2EN |= RCU_APB2EN_AFEN;             //使能 AFIO 时钟
   temp = (AFIO_EXTISS0 & ~(0xF << 12)) | (0x1 << 12);
   AFIO_EXTISS0 = temp;                       //配置 PB3 引脚为 EXTI3 线

   EXTI_INTEN |= EXTI_INTEN_INTEN3;           //使能 EXTI3 下降沿触发
   EXTI_FTEN |= EXTI_FTEN_FTEN3;              //使能 EXTI3 线中断

   nvic_irq_enable(EXTI3_IRQn,0,0);           //使能 EXTI3 线的中断向量
}
void PG12ToEXTI12_Init(void)
{
   uint32_t temp;
   RCU_APB2EN |= RCU_APB2EN_PGEN;             //使能 GPIOG 时钟
   temp = GPIO_CTL1(GPIOG);                   //读取 GPIOG 的 CTL0 寄存器
   temp &=~(GPIO_MODE_MASK(12-8));            //屏蔽 CTL0[19..16] 位
   temp |= GPIO_MODE_SET(12-8, GPIO_MODE_IPU); //配置为上拉输入
   GPIO_CTL1(GPIOG) = temp;                   //将配置写入 GPIOB 的 CTL1 寄存器
   GPIO_BOP(GPIOG) = GPIO_BOP_BOP12;          //置 OCTL[12]= 1;

   RCU_APB2EN |= RCU_APB2EN_AFEN;             //使能 AFIO 时钟
   temp = (AFIO_EXTISS3 & ~(0xF << 0)) | (0x6 << 0);
   AFIO_EXTISS3 = temp;                       //配置 PG12 引脚为 EXTI12

   EXTI_INTEN |= EXTI_INTEN_INTEN12;          //使能 EXTI12 下降沿触发
   EXTI_FTEN |= EXTI_FTEN_FTEN12;             //使能 EXTI12 线中断

   nvic_irq_enable(EXTI10_15_IRQn,0,1);       //使能 EXTI12 线的中断向量
}
```

```
void LEDSEG_Pin_Init(void)
{
    GPIO_CTL0(GPIOD) = 0x22222222;   //配置 PD0～PD7 为推挽输出,最大速度为 10MHz
}

                                                //显示 0～9,A～F 字段码的定义
const uint8_t LEDSEG[]= {0x3F,0x06,0x5B,0x4F,0x66,0x6D,0x7D,0x07,0x7F,0x6F,
0x77,0x7C,0x39,0x5E,0x79,0x71};

int32_t Cnt;
void EXTI3_IRQHandler(void)                     //EXTI3 中断服务程序
{
    if(EXTI_PD & EXTI_PD_PD3){                  //检测是否真得为 EXTI3 中断挂起
        EXTI_PD |= EXTI_PD_PD3;                 //清 EXTI3 中断挂起状态
        if(++Cnt > 9)Cnt = 0;                   //计数值加 1
        GPIO_OCTL(GPIOD) = LEDSEG[Cnt] ;        //送 LED 显示
    }
}
void EXTI10_15_IRQHandler(void)                 //EXTI12 中断服务程序
{
    if(EXTI_PD & EXTI_PD_PD12){                 //检测是否真得为 EXTI12 中断挂起
        EXTI_PD |= EXTI_PD_PD12;                //清 EXTI12 中断挂起状态
        if(--Cnt < 0)Cnt = 9;                   //计数值减 1
        GPIO_OCTL(GPIOD) = LEDSEG[Cnt] ;        //送 LED 显示
    }
}

int main(void)
{
    PB3ToEXTI3_Init();                          //PB3 引脚配置为 EXTI3 初始化
    PG12ToEXTI12_Init();                        //PG12 引脚配置为 EXTI12 初始化
    LEDSEG_Pin_Init();                          //GPIOD 引脚初始化
    while(1)
    {
        ;
    }
}
```

7.5　EXTI 典型应用步骤与常用库函数

7.5.1　EXTI 典型应用步骤

外部中断（EXTI）的应用，一般需要以下几步。

（1）调用 rcu_periph_clock_enable( )函数使能用到的 GPIO 时钟。

（2）调用 rcu_periph_clock_enable( )函数使能 AFIO 时钟。

```
rcu_periph_clock_enable(RCU_AFIO);
```

（3）调用 gpio_init( )函数配置相应 GPIO 引脚为输入。

```
gpio_init();
```

（4）调用 gpio_exti_source_select( )函数设置 GPIO 引脚与 EXTI 线的映射关系。

```
gpio_exti_source_select();
```

（5）调用 exti_init( )函数配置 EXTI 线的触发条件和工作类型。

```
exti_init()
```

（6）配置 NVIC 中断分组，并初始化相应中断通道的优先级及使能/禁止。

```
nvic_priority_group_set();
nvic_irq_enable();
```

（7）编写中断服务函数。

```
EXTIx_IRQHandler();
```

在中断服务程序中，通过调用 exti_interrupt_flag_get( )先判断中断源的挂起状态。确定中断源并通过调用 exti_interrupt_flag_clear( )清除相应的中断挂起状态。

```
exti_interrupt_flag_get();
exti_interrupt_flag_clear();
```

（8）编写中断服务程序处理内容。

7.5.2 常用库函数

与 EXTI 相关的常用库函数和宏都被定义在以下两个文件中。
头文件：gd32f30x_exti.h。
源文件：gd32f30x_exti.c。
常用的 EXTI 库函数如表 7-14 所示。

表 7-14　EXTI 库 函 数

库函数名称	库函数描述	库函数名称	库函数描述
exti_deinit	复位 EXTI	exti_software_interrupt_enable	EXTI 线 x 软件中断使能
exti_init	初始化 EXTI 线 x	exti_software_interrupt_disable	EXTI 线 x 软件中断禁能
exti_interrupt_enable	EXTI 线 x 中断使能	exti_flag_get	获取 EXTI 线 x 标志位
exti_interrupt_disable	EXTI 线 x 中断禁能	exti_flag_clear	清除 EXTI 线 x 标志位
exti_event_enable	EXTI 线 x 事件使能	exti_interrupt_flag_get	获取 EXTI 线 x 中断标志位
exti_event_disable	EXTI 线 x 事件禁能	exti_interrupt_flag_clear	清除 EXTI 线 x 中断标志位

1. 设置 GPIO 引脚与 EXTI 线的映射函数

```
void gpio_exti_source_select(uint8_t output_port, uint8_t output_pin)
```

gpio_exti_source_select( )的详细描述参考 7.2.2 节。
例如，将 GPIOE 的 PE2 引脚作为 EXTI 线 2 的信号输入引脚的 C 语句表达形式为：

```
gpio_exti_source_select(GPIO_PORT_SOURCE_GPIOE,GPIO_PIN_SOURCE_2);
```

2. EXTI 线初始化函数

```
void exti_init(exti_line_enum linex, exti_mode_enum mode, exti_trig_type_enum
trig_type);
```

功能：初始化 EXTI 线的触发方式、工作模式。

参数 1：linex，是 exti_line_enum 的枚举类型变量，用于指定具体的 EXTI 线引脚，详细的 exti_line_enum 枚举定义如下：

```
/* EXTI line number */
typedef enum
{
    EXTI_0      = BIT(0),                          /*!< EXTI 线 0 */
    EXTI_1      = BIT(1),                          /*!< EXTI 线 1 */
    EXTI_2      = BIT(2),                          /*!< EXTI 线 2 */
    EXTI_3      = BIT(3),                          /*!< EXTI 线 3 */
    EXTI_4      = BIT(4),                          /*!< EXTI 线 4 */
    EXTI_5      = BIT(5),                          /*!< EXTI 线 5 */
    EXTI_6      = BIT(6),                          /*!< EXTI 线 6 */
    EXTI_7      = BIT(7),                          /*!< EXTI 线 7 */
    EXTI_8      = BIT(8),                          /*!< EXTI 线 8 */
    EXTI_9      = BIT(9),                          /*!< EXTI 线 9 */
    EXTI_10     = BIT(10),                         /*!< EXTI 线 10 */
    EXTI_11     = BIT(11),                         /*!< EXTI 线 11 */
    EXTI_12     = BIT(12),                         /*!< EXTI 线 12 */
    EXTI_13     = BIT(13),                         /*!< EXTI 线 13 */
    EXTI_14     = BIT(14),                         /*!< EXTI 线 14 */
    EXTI_15     = BIT(15),                         /*!< EXTI 线 15 */
    EXTI_16     = BIT(16),                         /*!< EXTI 线 16 */
    EXTI_17     = BIT(17),                         /*!< EXTI 线 17 */
    EXTI_18     = BIT(18),                         /*!< EXTI 线 18 */
    EXTI_19     = BIT(19)                          /*!< EXTI 线 19 */
}exti_line_enum;
```

参数 2：mode，是 exti_mode_enum 枚举类型的变量，用于指定 EXTI 线的工作模式为中断模式还是事件模式，详细的 exti_mode_enum 枚举定义如下：

```
/* external interrupt and event  */
typedef enum
{
    EXTI_INTERRUPT   = 0,                          /*!< EXTI 中断模式*/
    EXTI_EVENT                                     /*!< EXTI 事件模式*/
}exti_mode_enum;
```

参数 3：trig_type，是 exti_trig_type_enum 枚举类型的变量，用于指定 EXTI 线的触发类型，详细的 exti_trig_type_enum 枚举定义如下：

```
/* interrupt trigger mode */
typedef enum
{
    EXTI_TRIG_RISING = 0,                          /*!< EXTI 上升沿触发 */
    EXTI_TRIG_FALLING,                             /*!< EXTI 下降沿触发*/
    EXTI_TRIG_BOTH,                                /*!< EXTI 上升沿和下降沿触发*/
    EXTI_TRIG_NONE                                 /*!<非上升沿或下降沿触发*/
}exti_trig_type_enum;
```

3. EXTI 线中断使能/禁止函数

```
void exti_interrupt_enable(exti_line_enum linex);
```

```
void exti_interrupt_disable(exti_line_enum linex);
```

功能：exti_interrupt_enable( )函数实现指定的 EXTI 线中断使能，exti_interrupt_disable( )函数实现指定的 EXTI 线中断禁止。

参数：linex，该参数描述见“EXTI 线初始化函数”中的参数 1 的描述。

例如，使能 EXTI0 线的中断的 C 语句表达形式为：

```
exti_interrupt_enable(EXTI_0);
```

4. EXTI 线事件使能/禁止函数

```
void exti_event_enable(exti_line_enum linex);
void exti_event_disable(exti_line_enum linex);
```

功能：exti_event_enable( )函数实现指定的 EXTI 线事件使能，exti_event_disable( )函数实现指定的 EXTI 线事件禁止。

参数：linex，该参数描述见“EXTI 线初始化函数”中的参数 1 的描述。

例如，使能 EXTI0 线的事件的 C 语句表达形式为：

```
exti_event_enable(EXTI_0);
```

5. EXTI 线软件中断使能/禁止函数

```
void exti_software_interrupt_enable(exti_line_enum linex);
void exti_software_interrupt_disable(exti_line_enum linex);
```

功能：exti_software_interrupt_enable( )函数实现指定的 EXTI 线软件中断使能，exti_software_interrupt_disable( )函数实现指定的 EXTI 线软件中断禁止。

参数：linex，该参数描述见“EXTI 线初始化函数”中的参数 1 的描述。

例如，使能 EXTI0 线的软件中断的 C 语句表达形式为：

```
exti_software_interrupt_enable(EXTI_0);
```

6. 获取和清除 EXTI 线挂起状态函数

```
FlagStatus exti_flag_get(exti_line_enum linex);
void exti_flag_clear(exti_line_enum linex);
```

功能：exti_flag_get( )函数是获取指定的 EXTI 线的挂起状态，exti_flag_clear( )函数是清除指定的 EXTI 线的挂起状态。这两个函数是对 EXTI_PD 寄存器进行操作。

参数：linex，该参数描述见“EXTI 线初始化函数”中的参数 1 的描述。

返回参数：exti_flag_get( )函数的返回参数是 FlagStatus 的枚举类型变量，返回值为 RESET 或 SET。

例如，获取 EXTI0 的挂起状态的 C 语句表达形式为：

```
FlagStatus state = exti_flag_get(EXTI_0);
```

例如，清除 EXTI0 的挂起状态的 C 语句表达形式为：

```
exti_flag_clear(EXTI_0);
```

7. 获取和清除 EXTI 线中断挂起状态函数

```
FlagStatus exti_interrupt_flag_get(exti_line_enum linex);
void exti_interrupt_flag_clear(exti_line_enum linex);
```

功能：exti_interrupt_flag_get( )函数是获取指定的 EXTI 线的中断挂起状态，exti_interrupt_flag_clear( )函数是清除指定的 EXTI 线的中断挂起状态。这两个函数是对 EXTI_PD 寄存器进行操作。

参数：linex，该参数描述见“EXTI 线初始化函数”中的参数 1 的描述。

返回参数：exti_interrupt_flag_get( )函数的返回参数是 FlagStatus 的枚举类型变量，返回值为 RESET 或 SET。

例如，获取 EXTI0 的中断挂起状态的 C 语句表达形式为：

```
FlagStatus state = exti_interrupt_flag_get(EXTI_0);
```

例如，清除 EXTI0 的挂起状态的 C 语句表达形式为：

```
exti_interrupt_flag_clear(EXTI_0);
```

7.6 基于 EXTI 库函数的按键加减计数实例

1. 实例要求

利用 GD32F303ZGT6 微控制器和两个按键实现按键加减计数，并将 0～99 之间的计数值通过 2 位共阴 LED 数码管显示。

2. 电路图

硬件电路图如图 7-3 所示。

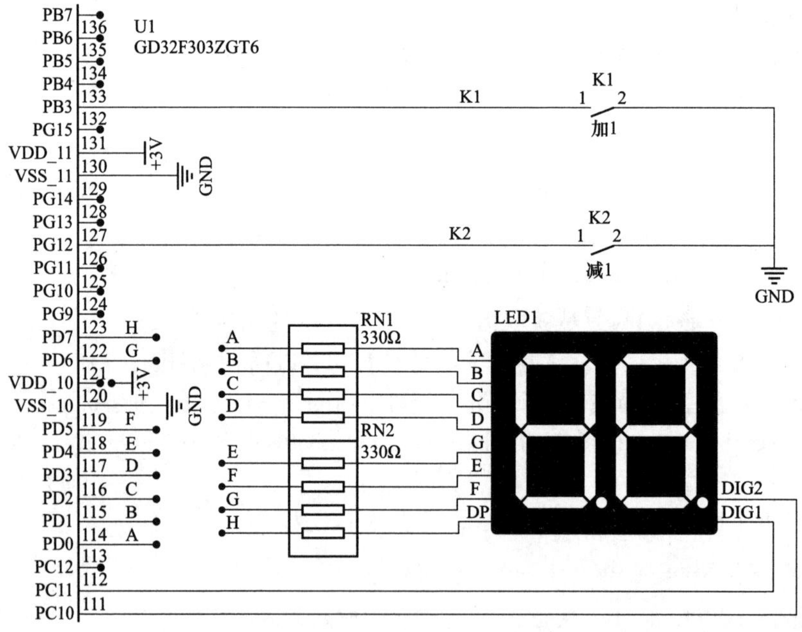

图 7-3 基于 EXTI 库函数的按键加减计数实例电路图

在图 7-2 中，U1（GD32F303ZGT6）的 PB3 引脚和 PG12 引脚分别连接按键 K1 和 K2，U1（GD32F303ZGT6）的 GPIOD 端口 PD0～PD7 引脚通过 RN1（330Ω）和 RN2（330Ω）

限流排阻连接 LED1 的笔段 A～H。LED1 的 DIG1 和 DIG2 引脚连接到 PC11 和 PC10 引脚，其中 LED1 为动态共阴 LED 数码管。

3. 编程要点

（1）调用 rcu_periph_clock_enable( )函数使能 GPIOB、GPIOC、GPIOD、GPIOG 和 AFIO 的时钟。

（2）调用 gpio_init( )函数初始化 PD0～PD7、PC10 和 PC11 引脚为推挽输出，最大输出速度为 10MHz。PB3 和 PG12 为上拉输入。

（3）调用 gpio_exti_source_select( )函数选择 PB3 和 PG12 为 EXTI 线 3 和 EXTI 线 12。

（4）调用 exti_init( )函数配置 EXTI 线 3 和 EXTI 线 12 为下降沿触发，中断模式。

（5）调用 exti_interrupt_enable( )函数使能 EXTI 线 3 和 EXTI 线 12 的中断使能。

（6）调用 nvic_irq_enable( )函数使能 EXTI 线 3 和 EXTI 线 12 的中断向量，并配置中断向量优先级。

（7）编写 EXTI 线 3 和 EXTI 线 12 的中断服务函数程序。

（8）主程序调用 AQ_SysTickConfig( )函数配置 SysTick 模块为 1ms 定时同时配置优先级组以及调用相应的初始化函数。

（9）在 main( )函数的 while(1)中实现 LED 数码管动态显示扫描。

4. PB3 用作 EXTI 线 3 的配置

（1）使能 GPIOB 和 AFIO 时钟。

（2）配置 PB3 为上拉输入。

（3）选择 PB3 为 EXTI 线 3。

（4）配置 EXTI 线 3 的工作模式和触发方式。

（5）使能 EXTI 线 3 的中断。

（6）配置 EXTI 线 3 的中断向量和优先级。

详细的初始化函数如下：

```
void PB3_Config_EXTI3(void)
{
    rcu_periph_clock_enable(RCU_GPIOB);  //使能 GPIOB 和 AFIO 时钟
    rcu_periph_clock_enable(RCU_AF);     //使能 AFIO 时钟
    gpio_init(GPIOB,GPIO_MODE_IPU,GPIO_OSPEED_10MHZ,GPIO_PIN_3);
                                         //配置 PB3 为上拉输入
    gpio_exti_source_select(GPIO_PORT_SOURCE_GPIOB,GPIO_PIN_SOURCE_3);
                                         //配置 PB3 为 EXTI3
    exti_init(EXTI_3,EXTI_INTERRUPT,EXTI_TRIG_FALLING);
                                         //配置 EXTI3 为下降沿触发中断模式
    exti_interrupt_enable(EXTI_3);       //使能 EXTI3 中断
    nvic_irq_enable(EXTI3_IRQn,0,0);     //使能 EXTI3 的向量中断并设置优先级
}
```

5. PG12 用作 EXTI 线 12 的配置

（1）使能 GPIOG 和 AFIO 时钟。

（2）配置 PG12 为上拉输入。

（3）选择 PG12 为 EXTI 线 12。

（4）配置 EXTI 线 12 的工作模式和触发方式。

（5）使能 EXTI 线 12 的中断。

（6）配置 EXTI 线 12 的中断向量和优先级。

详细的初始化函数如下：

```
void PG12_Config_EXTI12(void)
{
    rcu_periph_clock_enable(RCU_GPIOG);          //使能 GPIOG 时钟
    rcu_periph_clock_enable(RCU_AF);             //使能 AFIO 时钟
    gpio_init(GPIOG,GPIO_MODE_IPU,GPIO_OSPEED_10MHZ,GPIO_PIN_12);
                                                 //配置 PG12 为上拉输入
    gpio_exti_source_select(GPIO_PORT_SOURCE_GPIOG,GPIO_PIN_SOURCE_12);
                                                 //配置 PG12 为 EXTI12
    exti_init(EXTI_12,EXTI_INTERRUPT,EXTI_TRIG_FALLING);
                                                 //配置 EXTI12 为下降沿触发中断模式
    exti_interrupt_enable(EXTI_12);              //使能 EXTI12 中断
    nvic_irq_enable(EXTI10_15_IRQn,0,0);         //使能 EXTI12 的向量中断并设置优先级
}
```

6. LED 数码管引脚的配置

（1）使能 GPIOC 和 GPIOD 时钟。

（2）配置 PC10～PC11 和 PD0～PD7 引脚为推挽输出，最大速度为 10MHz。

详细的初始化函数内容如下：

```
void LEDSEG_Config_Output(void)
{
    rcu_periph_clock_enable(RCU_GPIOC | RCU_GPIOD); //使能 GPIOC 和 GPIOD 时钟
    gpio_init(GPIOC,GPIO_MODE_OUT_PP,GPIO_OSPEED_10MHZ,
GPIO_PIN_10 | GPIO_PIN_11);                      //配置 PC10～PC11 为推挽输出
    gpio_init(GPIOC,GPIO_MODE_OUT_PP,GPIO_OSPEED_10MHZ,
GPIO_PIN_0 | GPIO_PIN_1 | GPIO_PIN_2 | GPIO_PIN_3 |
               GPIO_PIN_4 | GPIO_PIN_5 | GPIO_PIN_6 | GPIO_PIN_7);
                                                 //配置 PD0～PD7 为推挽输出
}
```

7. LED 数码管动态扫描驱动程序

LED 数码管动态扫描驱动程序如下：

```
//显示 0～9,A～F 字段码的定义
const uint8_t LEDSEG[]= {0x3F,0x06,0x5B,0x4F,0x66,0x6D,0x7D,0x07,0x7F,0x6F,
0x77,0x7C,0x39,0x5E,0x79,0x71};
int8_t LEDBuffer[2]= {0};                        //显示缓冲区
int8_t LEDIndex;                                 //扫描动态显示数码管索引

void LEDSEG_Display(void)
{
    gpio_bit_set(GPIOC,GPIO_PIN_10 | GPIO_PIN_11);       //置未选通所有数码管
    if(0 == LEDIndex)gpio_bit_reset(GPIOE,GPIO_PIN_10); //选通第 1 个数码管
    else if(1 == LEDIndex)gpio_bit_reset(GPIOE,GPIO_PIN_11); //选通第 2 个数码管
    gpio_port_write(GPIOD,LEDSEG[LEDBuffer[LEDIndex] ]<< 0);
                                                 //送已选通的数码管显示字段码
```

```
    if(++LEDIndex == sizeof(LEDBuffer))LEDIndex = 0;     //索引指向下一个
}
```

通过定义 LEDBuffer [ ] 作为显示缓冲区，用于装载需要显示的数值。LEDIndex 用于控制当前显示哪个数码管,共阴 LED 数码管的显示是通过设置位选段为低电平时显示该位的数码管数值。

8. main 主程序

在 main( )函数中，实现如下功能：

（1）调用 AQ_SysTickConfig( )函数完成 SysTick 模块定时 1ms 的配置。

（2）调用 PB3_Config_EXTI3( )函数配置 PB3 引脚作为 EXTI 线 3 的中断功能。

（3）调用 PG12_Config_EXTI12( )函数配置 PG12 引脚为 EXTI 线 12 的中断功能。

（4）调用 LEDSEG_Config_Output( )函数配置驱动共阴 LED 数码管的 GPIO 引脚。

（5）在 while（1）无限循环中，调用 msDelay（1）实现 1mS 的延时并调用 LEDSEG_Display( )函数实现 LED 数码管的每 1ms 动态刷新显示。

详细的 main 程序如下：

```
int main(void)
{
    AQ_SysTickConfig();                              //SysTick 的初始化
    PB3_Config_EXTI3();                              //PB3 为 EXTI3 的初始化
    PG12_Config_EXTI12();                            //PG12 为 EXTI12 的初始化
    LEDSEG_Config_Output();                          //驱动 LED 数码管的引脚初始化
    while(1)
    {
        msDelay(1);
        LEDSEG_Display();                            //动态 LED 数码管刷新显示
    }
}
```

9. EXTI 线 3 和 EXTI 线 12 中断服务程序

EXTI 线 3 和 EXTI 线 12 的中断服务程序如下：

```
int32_t Cnt;
void EXTI3_IRQHandler(void)                          //EXTI3 中断服务程序
{
    if(RESET != exti_interrupt_flag_get(EXTI_3)){    //判断是否是 EXTI3 中断挂起状态
        exti_interrupt_flag_clear(EXTI_3);           //清除 EXTI3 中断挂起状态
        if(++Cnt > 99)Cnt = 0;                       //计数值加 1
        LEDBuffer[0]= (Cnt / 10) % 10;               //计数值的各个位装载到 LEDBuffer
        LEDBuffer[1]= (Cnt / 1) % 10;
    }
}
void EXTI10_15_IRQHandler(void)                      //EXTI12 中断服务程序
{
    if(RESET != exti_interrupt_flag_get(EXTI_12)){
                                                     //判断是否是 EXTI12 中断挂起状态
        exti_interrupt_flag_clear(EXTI_12);          //清除 EXTI12 中断挂起状态
        if(++Cnt < 0)Cnt = 99;                       //计数值减 1
        LEDBuffer[0]= (Cnt / 10) % 10;               //计数值的各个位装载到 LEDBuffer
```

```
            LEDBuffer[1]= (Cnt / 1) % 10;
        }
    }
```

当 PB3 和 PG12 没有键按下时，保持为高电平状态，在按键按下时就变为低电平，从而产生了从高电平到低电平跳变的下降沿触发信号触发中断，则相应外部中断对应的中断标志被硬件置 1，产生 1 次中断去执行相应的中断服务程序 1 次。当按键释放时，产生的是从低电平到高电平的上升沿，不符合在 EXTI 配置的中断触发信号，不会触发中断。

在中断服务程序中，通过 exti_interrupt_flag_get( )函数获取中断挂起状态，若是该中断源的挂起状态，则调用 exti_interrupt_flag_clear( )清除该中断源的挂起状态，并执行相应的中断处理程序。

第8章 定 时 器

8.1 定时器概述

定时器在检测、控制领域有广泛应用，可作为应用系统运行的控制节拍，实现信号检测、控制、输入信号周期测量或电动机驱动等功能。在很多的应用场合，都会用到定时器，因此，定时器是所有微控制器中的一个非常重要的组成部分。

以 GD32F303ZGT6 微控制器例，共有 14 个 16 位定时器，包括 2 个高级定时器（TIMER0 和 TIMER7）、10 个通用定时器（TIMER1～TIMER4 和 TIMER8～TIMER13）以及 2 个基本定时器（TIMER5 和 TIMER6）。GD32F303ZGT6 微控制器的各个定时器之间的区别如表 8-1 所示。

表 8-1　　GD32F303ZGT6 微控制器的定时器之间区别

定时器	定时器 0/7	定时器 1/2/3/4	定时器 8/11	定时器 9/10/12/13	定时器 5/6
类型	高级	通用 L0	通用 L1	通用 L2	基本
预分频器	16 位	16 位	16 位	16 位	16 位
计数器	16 位	16 位	16 位	16 位	16 位
计数模式	向上/向下/中央对齐	向上/向下/中央对齐	向上	向上	向上
可重复性	√	×	×	×	×
捕获/比较通道数	4	4	2	1	0
互补和死区时间	√	×	×	×	×
中止输入	√	×	×	×	×
单脉冲	√	√	√	×	×
正交译码器	√	√	×	×	×
主-从管理	√	√	√	×	×
内部连接	√	√	√	×	TROG TO DAC
DMA	√	√	×	×	√
Debug 模式	√	√	√	√	√

定时器有很多用途，包括基本定时功能、生成输出波形（比较输出、PWM 和带死区插

入的互补 PWM）和测量输入信号的脉冲宽度（输入捕获）等。

8.1.1 定时器使用的 GPIO 引脚

当 GD32F303ZGT6 微控制器的定时器用作输入捕获或比较输出功能时，可能用到的 GPIO 复用引脚功能，具体的 GPIO 引脚分配如表 8-2 和表 8-3 所示。

表 8-2　　定时器 0～7 使用的 GPIO 复用引脚

定时器引脚	GPIO 引脚						
	TIMER0	TIMER1	TIMER2	TIMER3	TIMER4	TIMER7	配置
CH0	PA8（PE9）	PA0（PA15）	PA6（PC6/PB4）	PB6（PD12）	PA0	PC6	浮空输入（输入捕获）复用推挽输出（比较输出）
CH1	PA9（PE11）	PA1（PB3）	PA7（PC7/PB5）	PB7（PD13）	PA1	PC7	
CH2	PA10（PE13）	PA2（PB10）	PB0（PC8）	PB8（PD14）	PA2	PC8	
CH3	PA11（PE14）	PA3（PB11）	PB1（PC9）	PB9（PD15）	PA3	PC9	
ETI	PA12（PE7/PE15）	PA0（PE7/PA15）	PD2	PE0	—	PA0	浮空输入
BKIN	PB12（PA6/PE15）	—	—	—	—	PA6	
CH0_ON	PB13（PA7/PE8）	—	—	—	—	PA7	复用推挽输出
CH1_ON	PB14（PB0/PE10）	—	—	—	—	PB0	
CH2_ON	PB15（PB1/PE12）	—	—	—	—	PB1	

注　括号中的引脚为复用功能重映射引脚。

表 8-3　　定时器 8～13 使用的 GPIO 复用引脚

定时器引脚	GPIO 引脚						
	TIMER8	TIMER9	TIMER10	TIMER11	TIMER12	TIMER13	配置
CH0	PA2（PE5）	PB8（PF6）	PB9（PF7）	PB14	PA6（PF8）	PA7（PF9）	浮空输入（输入捕获）复用推挽输出（比较输出）
CH1	PA3（PE6）	—	—	PB15	—	—	

注　括号中的引脚为复用功能重映射引脚。

8.1.2 定时器的宏定义

以 GD32F303ZGT6 微控制器共为例，共有 14 个定时器（TIMER）。其中，TIMER0、TIMER7、TIMER8、TIMER9 和 TIMER10 是挂接在最大时钟频率为 120MHz 的 APB2 总线上，其他定时器挂接在最大时钟频率为 60MHz 的 APB1 总线。在 gd32f30x_timer.h 头文件中，对 GD32F303ZGT6 微控制器的所有定时器（TIMER）的宏定义如下：

```
#define TIMER0                      (TIMER_BASE + 0x00012C00U)
#define TIMER1                      (TIMER_BASE + 0x00000000U)
#define TIMER2                      (TIMER_BASE + 0x00000400U)
#define TIMER3                      (TIMER_BASE + 0x00000800U)
#define TIMER4                      (TIMER_BASE + 0x00000C00U)
```

```
#define TIMER5                          (TIMER_BASE + 0x00001000U)
#define TIMER6                          (TIMER_BASE + 0x00001400U)
#define TIMER7                          (TIMER_BASE + 0x00013400U)
#define TIMER8                          (TIMER_BASE + 0x00014C00U)
#define TIMER9                          (TIMER_BASE + 0x00015000U)
#define TIMER10                         (TIMER_BASE + 0x00015400U)
#define TIMER11                         (TIMER_BASE + 0x00001800U)
#define TIMER12                         (TIMER_BASE + 0x00001C00U)
#define TIMER13                         (TIMER_BASE + 0x00002000U)
```

其中，TIMER_BASE 为定时器（TIMER）所在 APB1 总线上的基址，该宏被定义在 gd32f30x.h 头文件中，具体的宏定义形式如下：

```
#define TIMER_BASE          (APB1_BUS_BASE + 0x00000000U)  /*!< 定时器基地址*/
```

8.1.3 定时器结构

GD32F303ZGT6 微控制器的定时器的主要有时钟源、预分频器、计数器、比较器、输入捕获通道和比较输出通道等构成。简易的内部结构示意图如图 8-1 所示。

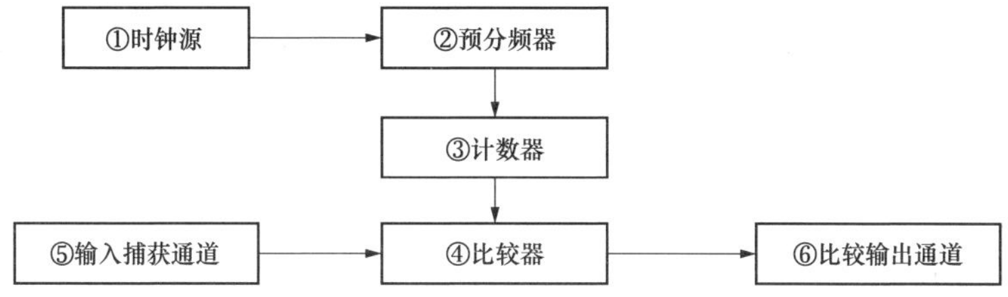

图 8-1　GD32F303ZGT6 微控制器定时器内部简易结构示意图

定时器的时钟源①经过预分频器②分频之后输出作为计数器③的计数时钟，计数器③在计数到特定值后可以产生一个更新事件，还可以产生中断，执行特定功能的中断服务程序。在基本定时功能基础上，定时器通过输入捕获通道⑤可以作为外部输入信号的检测，当检测到外部输入信号的边沿跳变时，捕获计数器③当前的计数值到比较器④，用于测量信号的周期或脉冲宽度。同时，可以在比较器④中设定特定比较值，与计数器③中的计数值比较，比较输出产生高低电平持续时间不同的高低电平（脉宽调制波：PWM 波），从比较输出通道⑥输出。

本章以高级定时器（TIMER0/7）为例讲解其工作原理。在 GD32F303ZGT6 微控制器中高级定时器包括 TIMER0 和 TIMER7 这两个高级定时器，支持输入捕获，输出比较，产生 PWM 信号控制电机和电源管理。高级定时器的计数器是 16 位无符号计数器。高级定时器是可编程的，可以被用来计数，其外部事件可以驱动其他定时器。

定时器和定时器之间是相互独立，但是它们的计数器可以被同步在一起形成一个更大的定时器。其主要特性如下：

（1）总通道数：4。

（2）计数器宽度：16 位。

（3）时钟源可选：内部时钟、内部触发、外部输入、外部触发。

（4）多种计数模式：向上计数、向下计数和中央对齐计数。

（5）正交编码器接口：被用来追踪运动和分辨旋转方向和位置。

（6）霍尔传感器接口：用来做三相电机控制。

（7）可编程的预分频器：16 位，运行时可以被改变。

（8）每个通道可配置：输入捕获模式，输出比较模式，可编程的 PWM 模式，单脉冲模式。

（9）可编程的死区时间。

（10）自动重装载功能。

（11）可编程的计数器重复功能。

（12）中止输入功能。

（13）中断输出和 DMA 请求：更新事件，触发事件，比较/捕获事件。

（14）多个定时器的级联使得一个定时器可以同时启动多个定时器。

（15）定时器的同步允许被选择的定时器在同一个时钟周期开始计数。

（16）定时器主-从管理。

高级定时器的内部详细结构图如图 8-2 所示。

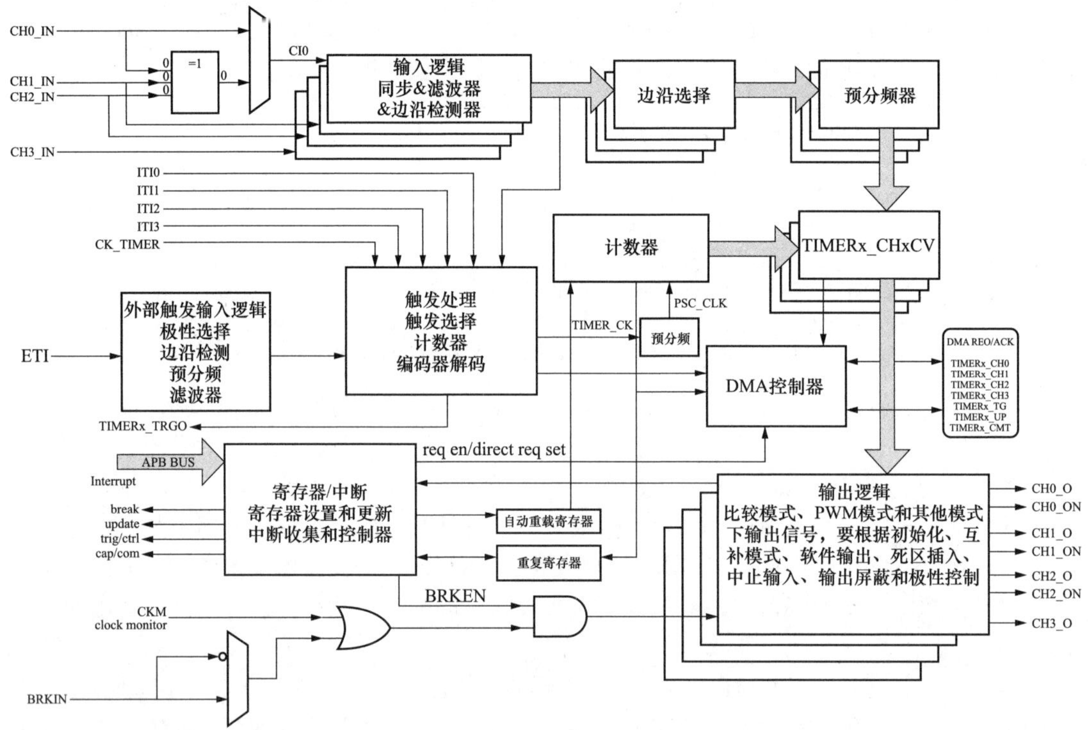

图 8-2　高级定时器的内部详细结构图

8.1.4　时钟源

高级定时器可以由以下时钟源驱动：

（1）内部时钟源 CK_TIMER。

（2）外部时钟源模式 0：定时器选择外部输入引脚作为时钟源。

（3）外部时钟源模式 1：定时器选择外部输入引脚 ETI 作为时钟源。

（4）外部触发输入（ITRx）：使用一个定时器作为另一个定时器的预分频器。

1. 内部时钟源 CK_TIMER

当从模式配置寄存器（TIMERx_SMCFG）中的位段 SMC［2:0］=000 时，默认用来驱动计数器预分频器的时钟源是内部时钟源 CK_TIMER。当控制寄存器 0（TIMERx_CTL0）的位 CEN 置位时，CK_TIMER 经过预分频器（预分频值由定时器预分寄存器（TIMERx_PSC）确定）产生分频后的 PSC_CLK 时钟加载到定时器计数寄存器（TIMERx_CNT）上。

当从模式配置寄存器（TIMERx_SMCFG）中的位段 SMC［2:0］设置为 0x1、0x2、0x3 和 0x7，预分频器的时钟源被其他时钟源（由从模式配置寄存器（TIMERx_SMCFG）中的位段 TRGS［2:0］区域选择）驱动。

当从模式配置寄存器（TIMERx_SMCFG）中的位段 SMC［2:0］位被设置为 0x4、0x5 和 0x6，计数器预分频器的时钟源由内部时钟 CK_TIMER 驱动。

2. 外部时钟源模式 0

计数器预分频器可以在 TIMERx_CI0/TIMERx_CI1 引脚的每个上升沿或下降沿计数。这种模式可以通过设置从模式配置寄存器（TIMERx_SMCFG）中的位段 SMC［2:0］为 0x7 同时设置从模式配置寄存器（TIMERx_SMCFG）中的位段 TRGS［2:0］为 0x4，0x5 或 0x6 来选择。其中，CIx 是 TIMERx_CIx 通过数字滤波器采样后的信号。

计数器预分频器也可以在内部触发信号 ITI0/1/2/3 的上升沿进行计数。这种模式可以通过设置位段 SMC［2:0］为 0x7 同时设置位段 TRGS［2:0］为 0x0，0x1，0x2 或者 0x3。

3. 外部时钟源模式 1

计数器预分频器可以在外部引脚 ETI 的每个上升沿或下降沿计数。这种模式可以通过设置 TIMERx_SMCFG 寄存器中的 SMC1 位为 1 来选择。

另一种选择 ETI 信号作为时钟源方式是设置位段 SMC［2:0］为 0x7 同时设置位段 TRGS［2:0］为 0x7。

注意：ETI 信号是通过数字滤波器采样 ETI 引脚得到的。如果选择 ETIF 信号为时钟源，触发控制器包括边沿监测电路将在每个 ETI 信号上升沿产生一个时钟脉冲来为计数器预分频器提供时钟。

8.2 定 时 功 能

8.2.1 时基单元

GD32F303ZGT6 微控制器的定时器中的主要模块是一个 16 位计数器及其相关的自动重载寄存器构成。

计数器可工作在向上计数、向下计数或中央对齐计数的模式。

计数寄存器（TIMERx_CNT）、自动重载寄存器（TIMERx_CAR）和预分频寄存器（TIMERx_PSC）可通过软件进行读写，在计数器运行时也可执行读写操作。一个定时器的时基单元主要包括：

（1）预分频器寄存器（TIMERx_PSC）。

（2）计数寄存器（TIMERx_CNT）。

（3）自动重载寄存器（TIMERx_CAR）。

（4）重复计数寄存器（TIMERx_CREP），只有高级定时器（TIMER0 和 TIMER7）有。

在图 8-2 中，大部分寄存器都具备影子寄存器。一个用于定时器工作（影子寄存器），另一个用于程序访问。这样设置的作用主要是用于相应工作寄存器数据更新的缓冲，由定时器控制寄存器 0（TIMERx_CTL0）中的自动重载预装载使能位（ARSE）决定。当 ARSE=0 时，不缓冲。更改寄存器的值，马上修正对应影子寄存器的内容，可能影响定时器相应动作。当 ARSE=1 时，允许缓冲。更改寄存器的值。不会马上修正对应影子寄存器的内容，只有出现更新事件（UPS）时，才会将更新送入影子寄存器。

预分频器可对计数器时钟源进行分频，预分频系数为 1～65536。该预分频器基于 TIMERx_PSC 中的 16 位寄存器所控制的 16 位计数器。

计数器由预分频器输出提供时钟，只有定时器控制寄存器 0（TIMERx_CTL0）中的计数器使能位（CEN）置 1 时，才会启动计数器工作。

当计数器上溢达到定时器自动重载寄存器（TIMERx_CAR）中设定的数值或者计数器下溢达到［由定时器自动重载寄存器（TIMERx_CAR）的值递减到 0］0，并且定时器控制寄存器 0（TIMERx_CTL0）中的禁止更新位（UDIS）为 0 时，计数器产生更新事件。该更新事件也可由软件产生。

8.2.2 计数模式

定时器具有向上计数模式、向下计数模式和中央对齐计数模式，如图 8-3 所示。

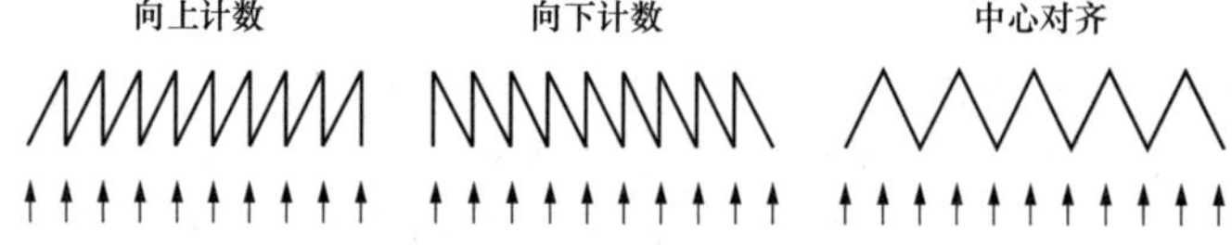

图 8-3 定时器计数模式示意图

1. 向上计数模式

在这种模式下，计数器的计数方向是向上计数。计数器从 0 开始向上连续计数到定时器自动重载寄存器（TIMERx_CAR）设定的数值，一旦计数器计数到自动重载值，会重新从 0 开始重新向上计数。另外，在高级定时器中，根据定时器重复计数寄存器（TIMERx_CREP）的数值，在（TIMERx_CREP + 1）次上溢后才产生更新事件。

在向上计数模式中，定时器控制寄存器 0（TIMERx_CTL0）中的计数方向控制位 DIR 应该被设置成 0。

当通过定时器软件事件产生寄存器（TIMERx_SWEVG）的 UPG 位给置 1 来设置更新事件时，计数值会被清 0，并产生更新事件。

如果定时器控制寄存器 0（TIMERx_CTL0）中的 UPDIS 置 1，则禁止更新事件产生。

当发生更新事件时，所有影子寄存器［定时器重复计数寄存器（TIMERx_CREP）和定时器自动重载寄存器（TIMERx_CAR），定时器预分频器寄存器（TIMERx_PSC）］都将被更新。

例如，在定时器的自动重载寄存器（TIMERx_CAR）为 99 时，预分频系数为 1（TIMERx_PSC=0）和 3（TIMERx_PSC=2）时，向上计数示意图如图 8-4 所示。

定时器计数寄存器（TIMERx_CNT）在计数时钟的驱动下，每 PSC+1 个 TIMER_CK 使得定时器计数寄存器（TIMERx_CNT）的值加 1，直到定时器计数寄存器（TIMERx_CNT）从 0 加到定时器自动重载寄存器（TIMERx_CAR）为 99 时，下一个计数时钟出现上溢，产生更新事件（UPE），并置位更新中断标志（UPIF），如果允许中断，则定时器会向 NVIC 产

生中断请求信号。这时，定时器计数寄存器（TIMERx_CNT）的计数值被重新设置为 0。

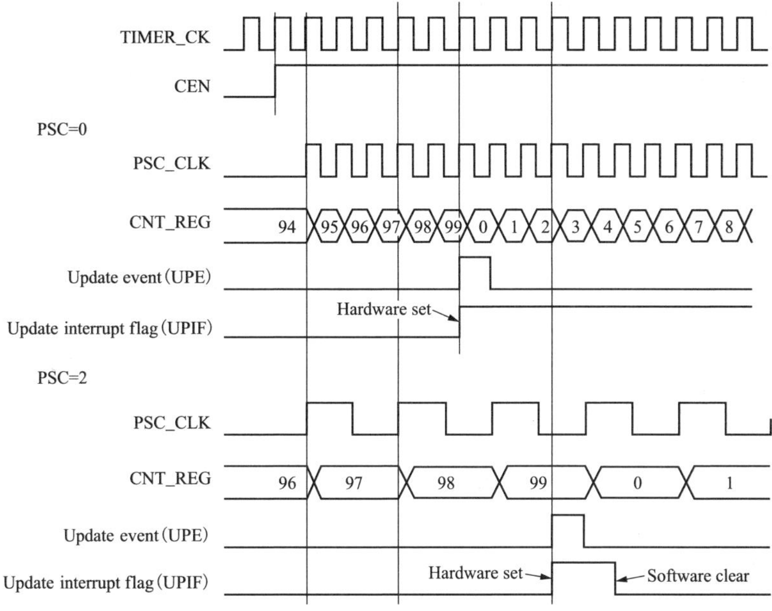

图 8-4 PSC=0 和 PSC=2 时向上计数示意图

下面通过两个例子来看一下影子寄存器更新内容不缓冲和缓冲区之间的区别。如图 8-5 所示。

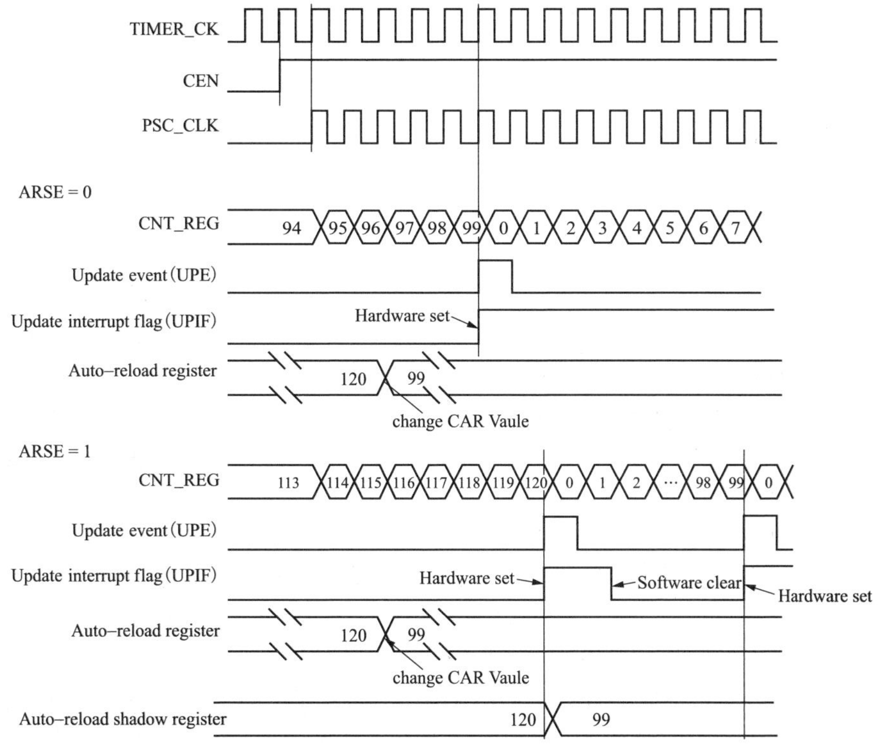

图 8-5 ARSE=0 和 ARSE=1 时向上计数之间区别示意图

（1）初始时，定时器的自动重载寄存器（TIMERx_CAR）为 120，预分频器寄存器（TIMERx_PSC）为 0，即预分频系数为 1，在定时器控制寄存器 0（TIMERx_CTL0）中的自动重载预装载使能位（ARSE）为 0 时，在计数寄存器（TIMERx_CNT）计数到 96 时，更新定时器自动重载寄存器（TIMERx_CAR）为 99，这时由于 ARSE 为 0，定时器自动重载寄存器（TIMERx_CAR）的影子寄存器会被马上更新，在定时器计数寄存器（TIMERx_CNT）计数到 99 时，产生上溢。

（2）初始时，定时器的自动重载寄存器（TIMERx_CAR）为 120，预分频器寄存器（TIMERx_PSC）为 0，即预分频系数为 1，在定时器控制寄存器 0（TIMERx_CTL0）中的自动重载预装载使能位（ARSE）为 1 时，在定时器计数寄存器（TIMERx_CNT）计数到 115 时，更新定时器自动重载寄存器（TIMERx_CAR）为 99，这时由于 ARSE 为 1，定时器自动重载寄存器（TIMERx_CAR）的影子寄存器不会被马上更新，而是在当前定时器计数寄存器（TIMERx_CNT）计数到 120 时才会更新。产生上溢。

2. 向下计数模式

在这种模式下，计数寄存器（TIMERx_CNT）的计数方向是向下计数。定时器计数寄存器（TIMERx_CNT）从定时器自动重载寄存器（TIMERx_CAR）的数值向下连续计数到 0。一旦计数器计数到 0，定时器计数寄存器（TIMERx_CNT）会重新从定时器自动重载寄存器（TIMERx_CAR）的数值开始计数。在高级定时器中，如果设置了定时器重复计数寄存器（TIMERx_CREP）的数值，则在（TIMERx_CREP+1）次下溢后产生更新事件，否则在每次下溢时都会产生更新事件。

在向下计数模式中，定时器控制寄存器 0（TIMERx_CTL0）中的计数方向控制位 DIR 应该被设置成 1。

当通过定时器软件事件产生寄存器（TIMERx_SWEVG）的 UPG 位置 1 来设置更新事件时，计数值会被重新加载为定时器自动重载寄存器（TIMERx_CAR）的数值，并产生更新事件。

如果定时器控制寄存器 0（TIMERx_CTL0）中的 UPDIS 置 1，则禁止更新事件。

当发生更新事件时，所有影子寄存器［定时器重复计数寄存器（TIMERx_CREP）、定时器自动重载寄存器（TIMERx_CAR）、定时器预分频器寄存器（TIMERx_PSC）］都将被更新。

例如，在定时器的自动重载寄存器（TIMERx_CAR）为 99 时，预分频系数为 1（TIMERx_PSC=0）和 3（TIMERx_PSC=2）时，向下计数示意图如图 8-6 所示。

定时器计数寄存器（TIMERx_CNT）在计数时钟的驱动下，每 PSC+1 个 TIMER_CK 使得定时器计数寄存器（TIMERx_CNT）的值减 1，直到定时器计数寄存器（TIMERx_CNT）从设定的定时器自动重载寄存器（TIMERx_CAR）数值减到 0 时，下一个计数时钟出现下溢，产生更新事件（UPE），并置位更新中断标志（UPIF），如果允许中断，则定时器会向 NVIC 产生中断请求信号。这时，定时器计数寄存器（TIMERx_CNT）的计数值被重新设置为在定时器自动重载寄存器（TIMERx_CAR）中设定的数值。

3. 中央对齐计数模式

在中央对齐模式下，定时器计数寄存器（TIMERx_CNT）交替的从 0 开始向上计数到定时器自动重载寄存器（TIMERx_CAR）设定的数值，然后再向下计数到 0。在向上计数过程中，定时器模块在定时器计数寄存器（TIMERx_CNT）计数到定时器自动重载寄存器

（TIMERx_CAR）设定的数值−1 产生一个上溢事件；向下计数过程中，定时器模块在定时器计数寄存器（TIMERx_CNT）计数到 1 时产生一个下溢事件。

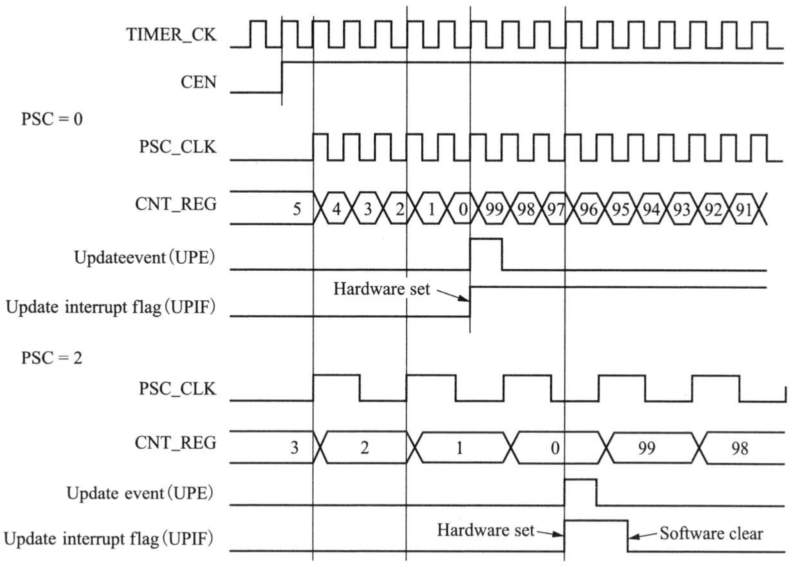

图 8-6 PSC=0 和 PSC=2 时向下计数示意图

在中央对齐计数模式中，定时器控制寄存器 0（TIMERx_CTL0）中的计数方向控制位 DIR 是只读的，只是用来表明当前定时器计数寄存器（TIMERx_CNT）的计数方向。

将定时器软件事件产生寄存器（TIMERx_SWEVG）中的 UPG 位置 1 可以初始化定时器计数寄存器（TIMERx_CNT）的计数值为 0，并产生一个更新事件，而无需考虑定时器计数寄存器（TIMERx_CNT）在中央模式下是向上计数还是向下计数。

在产生上溢或者下溢时，定时器中断标志寄存器（TIMERx_INTF）中的 UPIF 位都会被置 1，然而 CHxIF 位被置 1 与定时器控制寄存器 0（TIMERx_CTL0）中的 CAM 的值有关。

如果定时器控制寄存器 0（TIMERx_CTL0）中的 UPDIS 被置 1，则禁止更新事件。

当发生更新事件时，所有影子寄存器（定时器重复计数寄存器（TIMERx_CREP）、定时器自动重载寄存器（TIMERx_CAR）、定时器预分频器寄存器（TIMERx_PSC））都将被更新。

例如，在定时器的自动重载寄存器（TIMERx_CAR）为 99 时，预分频系数为 1（TIMERx_PSC=0）时，中央对齐计数示意图如图 8-7 所示。

在向上计数时，定时器计数寄存器（TIMERx_CNT）从 0 加到定时器自动重载寄存器（TIMERx_CAR）的数值−1（在图 8-7 中，该值为 98），下一个计数时钟出现上溢，产生更新事件，并置位更新定时器中断标志寄存器（TIMERx_INTF）中的中断标志（UPIF），如果允许中断，则定时器会向 NVIC 产生中断请求信号。这时，计数寄存器（TIMERx_CNT）继续加 1 变为定时器自动重载寄存器（TIMERx_CAR）的数值（在图 8-7 中，该值为 99）。然后，定时器计数寄存器（TIMERx_CNT）开始向下计数，当减到 1 时，下一个计数时钟出现下溢，产生更新事件，并置位定时器中断标志寄存器（TIMERx_INTF）中的更新中断标志（UPIF），如果允许中断，则定时器会向 NVIC 产生中断请求信号。这时，定时器计数寄存器（TIMERx_CNT）的计数值变为 0，再次开始向上计数，然后依次往返交替计数。

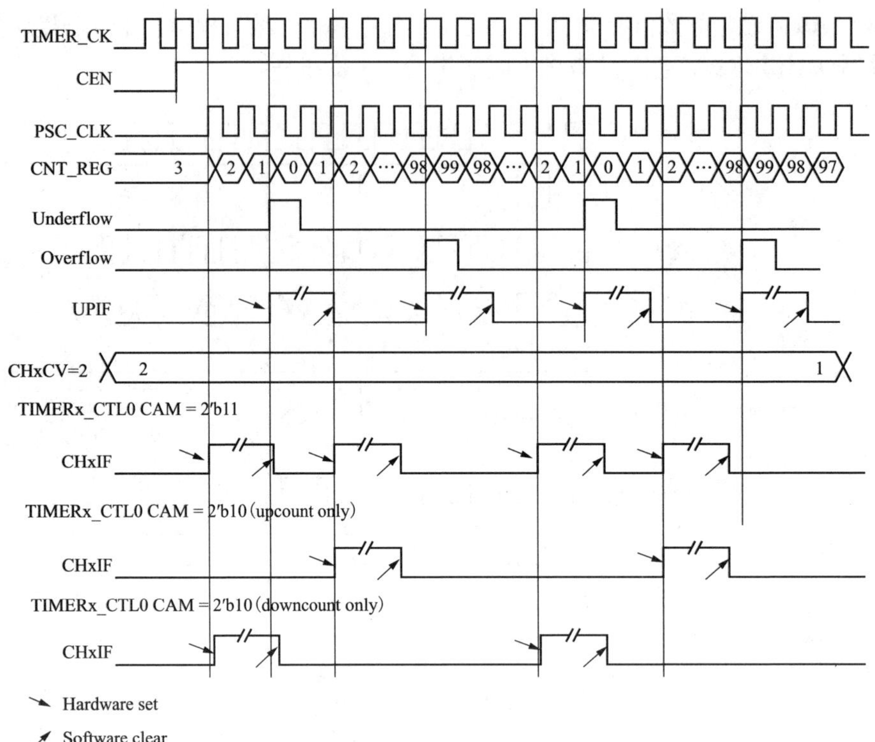

图 8-7　PSC=0 时中央对齐计数示意图

8.3　捕获比较功能

GD32F303ZGT6 微控制器的高级定时器和通用定时器都拥有捕获输入和比较输出通道。其中高级定时器拥有四个独立的通道用于捕获输入或匹配比较输出。

配合定时器计数功能，使用捕获输入通道，可以实现对外部脉冲边沿检测，从而实现对外部输入信号的频率测量、PWM 信号周期、占空比测量，以及霍尔传感器输出信号测量等，使用捕获输入通道 0 和捕获输入通道 1 的输入信号作为计数器的计数脉冲，可以进行光电正交编码器输入出信号测量，从而实现电动机转速的测量。

配合定时器计数功能，使用匹配比较输出通道，可以实现 PWM 信号输出、6 路 PWM 信号生成，用于三相电机的控制。

8.3.1　捕获输入通道/比较输出通道

每个捕获输入通道/匹配比较输出通道都围绕一个定时器通道 x 捕获/比较寄存器（TIMERx_CHxCV）建立，包括一个捕获输入级，通道控制器和一个比较输出级构成。

1. 捕获输入通道

捕获输入通道功能允许通道测量一个波形时序，频率，周期，占空比等。输入级包括一个数字滤波器，一个通道极性选择，边沿检测和一个通道预分频器。内部结构示意图如图 8-8 所示，如果在输入引脚上出现被选择的边沿，定时器通道 x 捕获/比较寄存器（TIMERx_

CHxCV）会捕获当前计数器的值，同时将定时器中断标志寄存器（TIMERx_INTF）中的 CHxIF 位被置 1，如果定时器 DMA 和中断使能寄存器（TIMERx_DMAINTEN）中的 CHxIE 位被置 1，则产生通道中断。

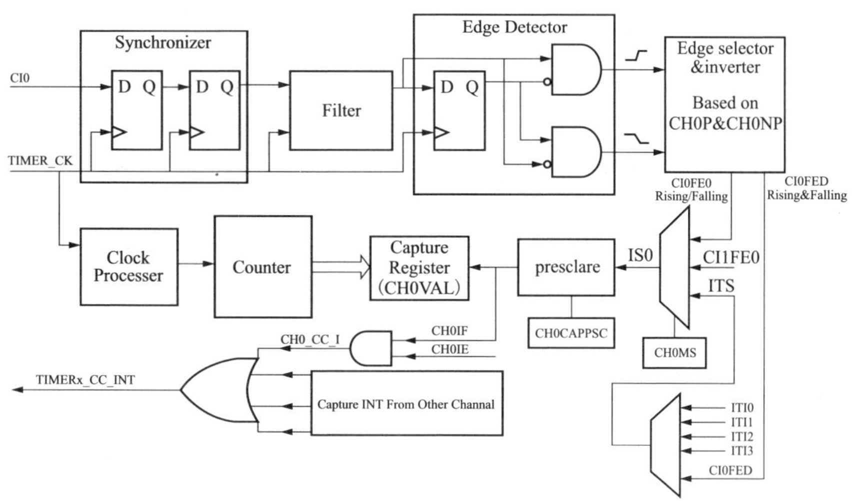

图 8-8 捕获输入通道结构示意图

捕获输入通道的输入信号 CIx 有两种选择，一种是 TIMERx_CHx 信号，另一种是 TIMERx_CH0，TIMERx_CH1 和 TIMERx_CH2 异或之后的信号。捕获输入通道的输入信号 CIx 先经过信号同步器（Synchronizer）被 TIMER_CK 信号同步，然后经过数字滤波器（Filter）采样，产生一个被滤波后的信号。通过边沿检测器（Edge Detector），可以选择检测上升沿或者下降沿。通过配置定时器通道控制寄存器 2（TIMERx_CHCTL2）中的位 CHxP 选择使用上升沿或者下降沿。配置定时器通道控制寄存器 0（TIMERx_CHCTL0）和定时器通道控制寄存器 1（TIMERx_CHCTL1）中的位 CHxMS，可以选择其他通道的输入信号或内部触发信号。配置 IC 预分频器，使得若干个输入事件后才产生一个有效的捕获事件。捕获事件发生，定时器通道 x 捕获/比较寄存器（TIMERx_CHxCV）存储当前定时器计数寄存器（TIMERx_CNT）的计数值。

配置步骤如下：

（1）滤波器配置（定时器控制寄存器 0（TIMERx_CHCTL0）中的 CHxCAPFLT 位）：根据输入信号和请求信号的质量，配置相应的 CHxCAPFLT。

（2）边沿选择（定时器控制寄存器 2（TIMERx_CHCTL2）中的 CHxP/CHxNP 位）：配置 CHxP/CHxNP 选择上升沿或者下降沿。

（3）捕获源选择（定时器控制寄存器 0（TIMERx_CHCTL0）中的 CHxMS 位）：一旦通过配置 CHxMS 位选择输入捕获源，必须确保通道配置在输入模式（CHxMS!=0x0），而且定时器通道 x 捕获/比较寄存器（TIMERx_CHxCV）中的数值不能再被写。

（4）中断使能（定时器 DMA/中断使能寄存器（TIMERx_DMAINTEN）中的 CHxIE 和 CHxDEN 位）：使能相应中断，可以使能中断和 DMA 请求。

（5）捕获使能（定时器控制寄存器 2（TIMERx_CHCTL2）中的 CHxEN 位）。

（6）当期望的输入信号发生时，定时器通道 x 捕获/比较寄存器（TIMERx_CHxCV）被设置成当前计数器的值，且定时器中断标志寄存器（TIMERx_INTF）中的 CHxIF 被置 1。如果 CHxIF 位已经为 1，则 CHxOF 位置 1。根据定时器 DMA/中断使能寄存器（TIMERx_DMAINTEN）中的 CHxIE 位和 CHxDEN 位的配置，则相应的中断和 DMA 请求会被提出。

（7）软件设置定时器软件事件产生寄存器（TIMERx_SWEVG）中的 CHxG 位为 1，则会直接产生中断和 DMA 请求。

通道输入捕获功能也可用来测量 TIMERx_CHx 引脚上信号的脉冲波宽度。例如，一个 PWM 波连接到 CI0。配置定时器控制寄存器 0（TIMERx_CHCTL0）中的 CH0MS[1:0]位为 01 时，选择通道 0 的捕获信号为 CI0 并设置为上升沿捕获。配置定时器控制寄存器 0（TIMERx_CHCTL0）中的 CH1MS[1:0]为 10 时，选择通道 1 捕获信号为 CI0 并设置为下降沿捕获。计数器配置为复位模式，在通道 0 的上升沿复位。定时器通道 0 捕获/比较寄存器（TIMERX_CH0CV）用于测量 PWM 的周期值，定时器通道 1 捕获/比较寄存器（TIMERx_CH1CV）用于测量 PWM 占空比值。

2. 比较输出通道

在比较输出通道功能中，TIMERx 可以产生时控脉冲，其位置、极性、持续时间和频率都是可编程的。当一个输出通道的定时器通道 x 捕获/比较寄存器（TIMERx_CHxCV）与定时器计数寄存器（TIMERx_CNT）的数值匹配时，根据通道控制寄存器（CHxCOMCTL）的配置，这个通道的输出可以被置高电平，被置低电平或者反转。当定时器计数寄存器（TIMERx_CNT）的数值与定时器通道 x 捕获/比较寄存器（TIMERx_CHxCV）的值匹配时，定时器中断标志寄存器（TIMERx_INTF）中的 CHxIF 位被置 1，如果定时器 DMA/中断使能寄存器（TIMERx_DMAINTEN）中的 CHxIE 位被置 1，则产生通道中断，如果 CxCDE 位被置 1，则会产生 DMA 请求。

配置步骤如下：

（1）时钟配置。配置定时器时钟源，预分频器等。

（2）比较模式配置。

1）设置 CHxCOMSEN 位来配置输出比较影子寄存器。

2）设置 CHxCOMCTL 位来配置输出模式（置高电平/置低电平/反转）。

3）设置 CHxP/CHxNP 位来选择有效电平的极性。

4）设置 CHxEN 使能输出。

（3）通过 CHxIE/CxCDE 位配置中断/DMA 请求使能。

（4）通过定时器自动重载寄存器（TIMERx_CAR）和定时器通道 x 捕获/比较寄存器（TIMERx_CHxCV）来配置输出比较时基和占空比，定时器通道 x 捕获/比较寄存器（TIMERx_CHxCV）可以在运行时根据所期望的波形而改变。

（5）设置 CEN 位使能定时器。

例如，在定时器自动重载寄存器（TIMERx_CAR）的数值为 0x63，定时器通道 0 捕获/比较寄存器（TIMERx_CH0CV）为 0x3 时，如图 8-9 所示的三种输出比较模式。

8.3.2 PWM 输出

1. PWM 输出模式

在 PWM 输出模式下（PWM 模式 0 是配置定时器通道控制寄存器 x（TIMERx_CHCTLx）中的 CHxCOMCTL[2:0]为 110，PWM 模式 1 是配置定时器通道控制寄存器 x（TIMERx_CHCTLx）中的 CHxCOMCTL[2:0]为 111），通道根据定时器自动重载寄存器（TIMERx_CAR）

和定时器通道 x 捕获/比较寄存器（TIMERx_CHxCV）中的数值，输出 PWM 波形。

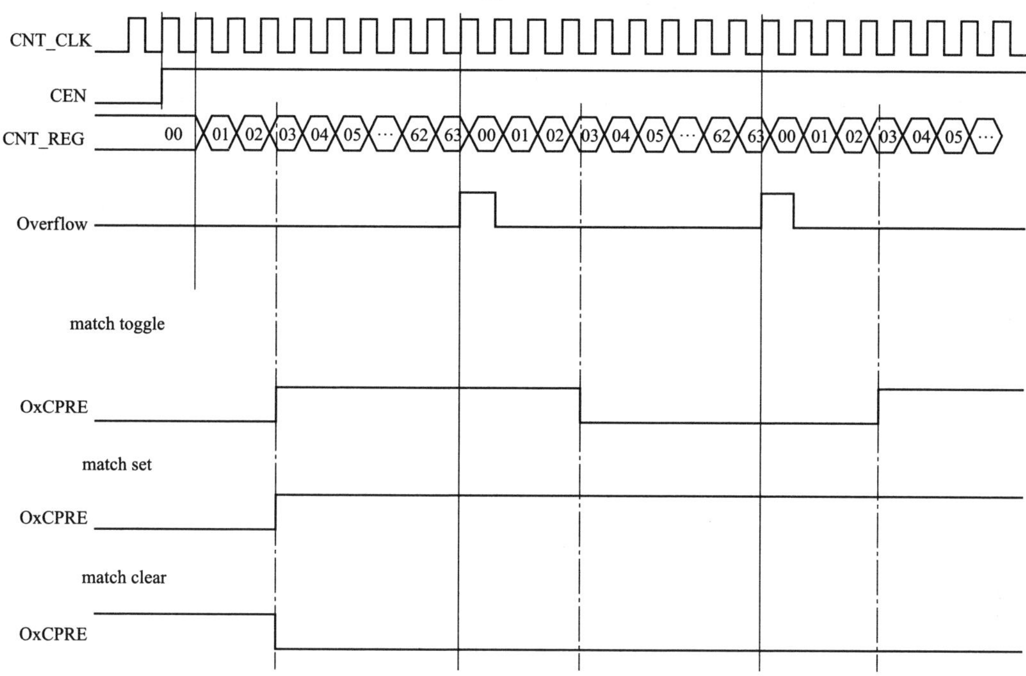

图 8-9 三种输出比较模式

根据计数模式，可以分为两种 PWM 波：EAPWM（边沿对齐 PWM）和 CAPWM（中央对齐 PWM）。

EAPWM 的周期由定时器自动重载寄存器（TIMERx_CAR）中的数值决定，占空比由定时器通道 x 捕获/比较寄存器（TIMERx_CHxCV）中的数值决定。如图 8-10 所示为 EAPWM 的输出波形和中断示意图。

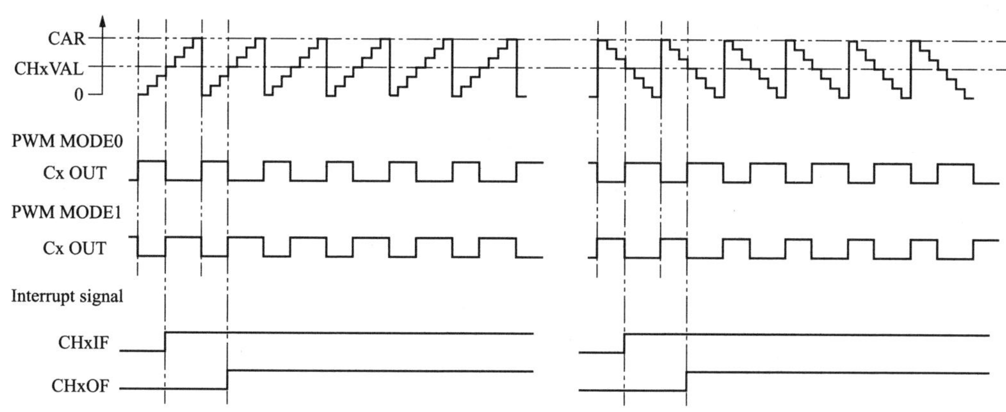

图 8-10 EAPWM 时序图

CAPWM 的周期由（定时器自动重载寄存器（TIMERx_CAR）中的数值×2）决定，占空比由（定时器通道 x 捕获/比较寄存器（TIMERx_CHxCV）中的数值×2）决定。如图 8-11 所示为 CAPWM 的输出波形和中断示意图。

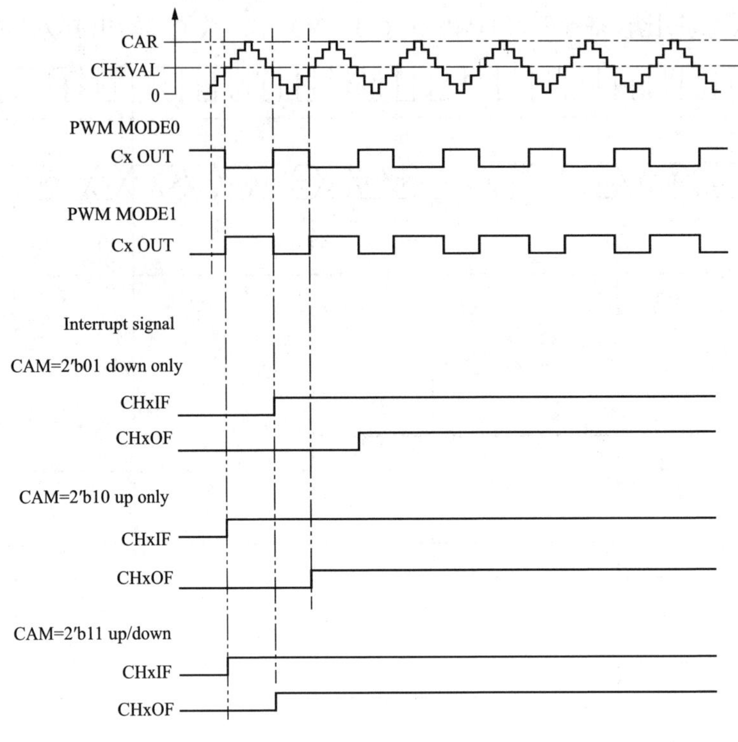

图 8-11　CAPWM 时序图

2. 通道输出互补 PWM

CHx_O 和 CHx_ON 是一对互补输出通道，这两个信号不能同时有效。TIMERx 有四路通道，只有前三路有互补输出通道。互补信号 CHx_O 和 CHx_ON 是由一组参数来决定：定时器控制寄存器（TIMERx_CHCTL2）中的 CHxEN 位和 CHxNEN 位，定时器互补通道保护寄存器（TIMERx_CCHP）中的 POEN、ROS、OS 位和定时器控制寄存器 1（TIMERx_CTL1）中的 ISOx、ISOxN 位。输出极性由定时器控制寄存器 2（TIMERx_ CHCTL2）中的 CHxP 位和 CHxNP 位来决定。表 8-4 给出了由参数控制的互补输出表。

表 8-4　　由参数控制的互补输出表

<table>
<tr><th>POEN</th><th>ROS</th><th>IOS</th><th>CHxEN</th><th>CHxNEN</th><th>CHx_O</th><th>CHx_ON</th></tr>
<tr><td rowspan="8">0</td><td rowspan="8">0/1</td><td rowspan="4">0</td><td rowspan="2">0</td><td>0</td><td colspan="2">CHx_O/CHx_ON=LOW
CHx_O/CHx_ON 输出禁用</td></tr>
<tr><td>1</td><td colspan="2" rowspan="3">CHx_O = CHxP CHx_ON = CHxNP
CHx_O/CHx_ON 输出禁用。
如果时钟使能：
CHx_O = ISOx CHx_ON = ISOxN</td></tr>
<tr><td rowspan="2">1</td><td>0</td></tr>
<tr><td>1</td></tr>
<tr><td rowspan="4">1</td><td rowspan="2">0</td><td>0</td><td colspan="2">CHx_O = CHxP CHx_ON = CHxNP
CHx_O/CHx_ON 输出禁用</td></tr>
<tr><td>1</td><td colspan="2" rowspan="3">CHx_O = CHxP CHx_ON = CHxNP
CHx_O/CHx_ON 输出使能。
如果时钟使能：
CHx_O = ISOx CHx_ON = ISOxN</td></tr>
<tr><td rowspan="2">1</td><td>0</td></tr>
<tr><td>1</td></tr>
</table>

续表

POEN	ROS	IOS	CHxEN	CHxNEN	CHx_O	CHx_ON
1	0	0/1	0	0	CHx_O/CHx_ON = LOW CHx_O/CHx_ON 输出禁用	
				1	CHx_O = LOW CHx_O 输出禁用	CHx_ON=OxCPRECHxNP CHx_ON 输出使能
			1	0	CHx_O=OxCPRECHxP CHx_O 输出使能	CHx_ON = LOW CHx_ON 输出禁用
				1	CHx_O=OxCPRECHxP CHx_O 输出使能	CHx_ON=（!OxCPRE）CHxNP CHx_ON 输出使能
	1		0	0	CHx_O = CHxP CHx_O 输出禁用	CHx_ON = CHxNP CHx_ON 输出禁用
				1	CHx_O = CHxP CHx_O 输出使能	CHx_ON=OxCPRECHxNP CHx_ON 输出使能
			1	0	CHx_O=OxCPRECHxP CHx_O 输出使能	CHx_ON = CHxNP CHx_ON 输出使能
				1	CHx_O=OxCPRECHxP CHx_O 输出使能	CHx_ON=（!OxCPRE）CHxNP CHx_ON 输出使能

3. 互补 PWM 插入死区时间

通过设置定时器通道控制寄存器 2（TIMERx_CHCTL2）中的 CHxEN 和 CHxNEN 为 1 同时设置定时器互补通道保护寄存器（TIMERx_CCHP）中的 POEN 位，死区插入就会被使能。定时器互补通道保护寄存器（TIMERx_CCHP）中的 DTCFG[7:0]位域定义了死区时间，死区时间只对通道 0~2 有效。定时器互补通道保护寄存器（TIMERx_CCHP）给出了详细的死区时间的细节。

死区时间的插入，确保了通道互补的两路信号不会同时有效。

在 PWM0 模式，当通道 x 匹配发生时（即：TIMERx 计数器的数值 = TIMERx_CHxCV 的数值），OxCPRE 反转。图 8-12 给出了带死区时间的互补输出示意图。在图 8-12 中的 A 点，CHx_O 信号在死区时间内为低电平，直到死区时间过后才变为高电平，而 CHx_ON 信号立刻变为低电平。同样，在 B 点，计数器再次匹配（即：TIMERx 计数器的数值 =TIMERx_CHxCV 的数值），OxCPRE 信号被清 0，CHx_O 信号被立即清零，CHx_ON 信号在死区时间内仍然是低电平，在死区时间过后才变为高电平。有时会有一些死角事件发生，例如：如果死区延时大于或者等于 CHx_ON 信号的占空比，CHx_ON 信号一直为无效值。

4. 中止模式

使用中止模式时，输出 CHx_O 和 CHx_ON 信号电平被定时器互补通道保护寄存器（TIMERx_CCHP）中的 POEN、IOS、ROS 位和定时器控制寄存器 1（TIMERx_CTL1）中的 ISOx、ISOxN 位控制。当中止事件发生时，CHx_O 和 CHx_ON 信号输出不能同时设置为有效电平。中止源可以选择中止输入引脚，也可以选择 HXTAL 时钟失效事件，时钟失败事件由 RCU 中的时钟监视器（CKM）产生。将定时器互补通道保护寄存器（TIMERx_CCHP）中的 BRKEN 位被置 1 才可以使能中止功能。定时器互补通道保护寄存器（TIMERx_CCHP）中的 BRKP 位决定了中止输入极性。

发生中止时，定时器互补通道保护寄存器（TIMERx_CCHP）中的 POEN 位被异步清除，一旦定时器互补通道保护寄存器（TIMERx_CCHP）中的 POEN 位为 0，CHx_O 和 CHx_ON

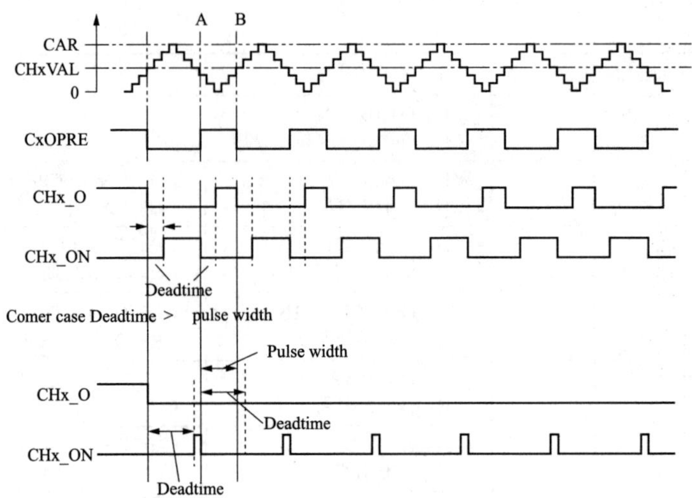

图 8-12 带死区时间的互补输出示意图

被定时器控制寄存器 1（TIMERx_CTL1）中的 ISOx 位和 ISOxN 驱动。如果 IOS=0，定时器释放输出使能，否则输出使能仍然为高。起初互补输出被置于复位状态，然后死区时间产生器重新被激活，以便在一个死区时间后驱动输出，输出电平仍由定时器控制寄存器 1（TIMERx_CTL1）中的 ISOx 和 ISOxN 位配置。

发生中止时，定时器中断标志寄存器（TIMERx_INTF）中的 BRKIF 位被置 1。如果定时器 DMA/中断使能寄存器（TIMERx_DMAINTEN）中的 BRKIE 被置 1，则中断产生。如图 8-13 所示展示了通道响应中止输入（高电平有效）时，输出信号的行为。

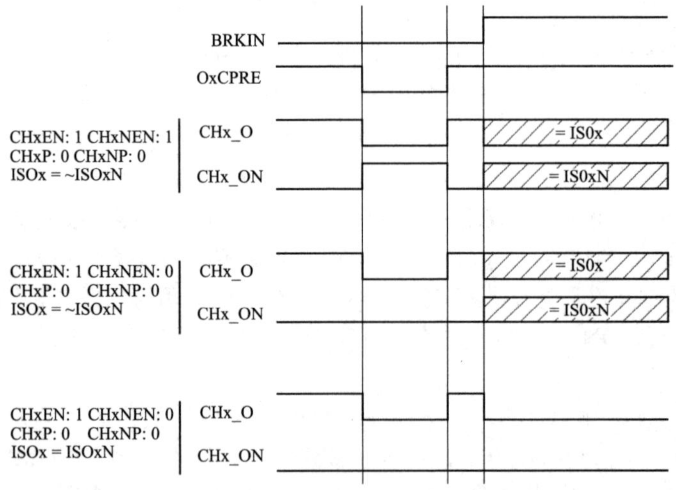

图 8-13 通道响应中止输入（高电平有效）时，输出信号的行为

8.4 定时器寄存器

8.4.1 定时器寄存器简介

定时器寄存器列表如表 8-5 所示。

表 8-5　　定时器寄存器表

偏移地址	名称	类型	复位值	说　明
0x00	CTL0	读/写	0x0000	定时器控制寄存器 0（详见表 8-6）
0x04	CTL1	读/写	0x0000	定时器控制寄存器 1（详见表 8-7）
0x08	SMCFG	读/写	0x0000	定时器从模式配置寄存器（详见表 8-8）
0x0C	DMAINTEN	读/写	0x0000	定时器 DMA 和中断使能寄存器（详见表 8-9）
0x10	INTF	读/写 0 清除	0x0000	定时器中断标志寄存器（详见表 8-10）
0x14	SWEVG	读/写	0x0000	定时器软件事件产生寄存器（详见表 8-11）
0x18	CHCTL0	读/写	0x0000	定时器通道控制寄存器 0（详见表 8-12 和表 8-13）
0x1C	CHCTL1	读/写	0x0000	定时器通道控制寄存器 1（详见表 8-14 和表 8-15）
0x20	CHCTL2	读/写	0x0000	定时器通道控制寄存器 2（详见表 8-16）
0x24	CNT	读/写	0x0000	定时器计数器寄存器（16 位计数值）
0x28	PSC	读/写	0x0000	定时器预分频寄存器（16 位预分频值）
0x2C	CAR	读/写	0x0000	定时器自动重载寄存器（16 位自动重装载值）
0x30	CREP	读/写	0x0000	定时器重复计数寄存器（8 位重复计数值，高级定时器具备）
0x34	CH0CV	读/写	0x0000	定时器通道 0 捕获/比较寄存器（16 位捕获/比较 0 值）
0x38	CH1CV	读/写	0x0000	定时器通道 1 捕获/比较寄存器（16 位捕获/比较 1 值）
0x3C	CH2CV	读/写	0x0000	定时器通道 2 捕获/比较寄存器（16 位捕获/比较 2 值）
0x40	CH3CV	读/写	0x0000	定时器通道 3 捕获/比较寄存器（16 位捕获/比较 3 值）
0x44	CCHP	读/写	0x0000	定时器互补通道保护寄存器（详见表 8-17，高级定时器具备）
0x48	DMACFG	读/写	0x0000	定时器 DMA 配置寄存器（详见表 8-18）
0x4C	DMATB	读/写	0x0000	定时器 DMA 发送缓冲区寄存器（详见表 8-19，16 位 DMA 地址）
0xFC	CFG	读/写	0x0000	定时器配置寄存器（详见表 8-20）

表 8-5 列出与定时器常用寄存器的宏都被定义在 gd32f30x_timer.h 头文件中，具体的宏定义形式如下：

```
/* registers definitions */
#define TIMER_CTL0(timerx)  REG32((timerx) + 0x00U) /*!<定时器控制寄存器 0*/
#define TIMER_CTL1(timerx)  REG32((timerx) + 0x04U) /*!<定时器控制寄存器 1*/
#define TIMER_SMCFG(timerx) REG32((timerx) + 0x08U) /*!< 定时器从模式配置寄存器*/
#define TIMER_DMAINTEN(timerx)  REG32((timerx) + 0x0CU)/*!< 定时器 DMA 和中断
                                                        使能寄存器*/
#define TIMER_INTF(timerx)   REG32((timerx) + 0x10U)  /*!< 定时器中断标志寄存器*/
#define TIMER_SWEVG(timerx)  REG32((timerx) + 0x14U) /*!< 定时器软件事件产生寄
                                                      存器*/
#define TIMER_CHCTL0(timerx) REG32((timerx) + 0x18U) /*!< 定时器通道控制寄存器
                                                      0*/
#define TIMER_CHCTL1(timerx) REG32((timerx) + 0x1CU) /*!< 定时器通道控制寄存器
                                                      1*/
#define TIMER_CHCTL2(timerx) REG32((timerx) + 0x20U) /*!< 定时器通道控制寄存器
```

```
                                                              2*/
#define TIMER_CNT(timerx)     REG32((timerx) + 0x24U) /*!< 定时器计数器寄存器*/
#define TIMER_PSC(timerx)     REG32((timerx) + 0x28U) /*!< 定时器预分频寄存器 */
#define TIMER_CAR(timerx)     REG32((timerx) + 0x2CU) /*!< 定时器自动重载寄存器*/
#define TIMER_CREP(timerx)    REG32((timerx) + 0x30U) /*!< 定时器重复计数寄存器*/
#define TIMER_CH0CV(timerx)   REG32((timerx) + 0x34U) /*!< 定时器通道 0 捕获/比较
                                                           寄存器*/
#define TIMER_CH1CV(timerx) REG32((timerx) + 0x38U) /*!< 定时器通道 1 捕获/比
                                                           较寄存器 */
#define TIMER_CH2CV(timerx) REG32((timerx) + 0x3CU) /*!< 定时器通道 2 捕获/比较
                                                           寄存器 */
#define TIMER_CH3CV(timerx) REG32((timerx) + 0x40U) /*!< 定时器通道 2 捕获/比较
                                                           寄存器 */
#define TIMER_CCHP(timerx)    REG32((timerx) + 0x44U) /*!< 定时器互补通道保护寄
                                                           存器 */
#define TIMER_DMACFG(timerx) REG32((timerx) + 0x48U) /*!< 定时器 DMA 配置寄存器
                                                           */
#define TIMER_DMATB(timerx) REG32((timerx) + 0x4CU) /*!< 定时器 DMA 发送缓冲区
                                                           寄存器*/
#define TIMER_IRMP(timerx)    REG32((timerx) + 0x50U) /*!< 定时器通道输入映射寄
                                                           存器*/
#define TIMER_CFG(timerx)     REG32((timerx) + 0xFCU) /*!< 定时器配置寄存器*/
```

8.4.2 定时器寄存器功能描述

1. 定时器控制寄存器 0（TIMERx_CTL0）

定时器控制寄存器 0（TIMERx_CTL0）的各个位的功能描述如表 8-6 所示。

表 8-6　　定时器控制寄存器 0（TIMERx_CTL0）

位	名称	类型	复位值	说　明
15:10	—	—	—	—
9:8	CKDMP[1:0]	读/写	00	时钟分频。通过软件配置 CKDIV，规定定时器时钟（CK_TIMER）与死区时间和数字滤波器采样时钟（DTS）之间的分频系数。 00：fDTS=fCK_TIMER； 01：fDTS= fCK_TIMER /2； 10：fDTS= fCK_TIMER /4； 11：保留
7	ARSE	读/写	0	自动重载影子寄存器使能。0：禁能，1：使能
6:5	CAM [1:0]	读/写	00	计数器对齐模式选择。 00：无中央对齐计数模式（边沿对齐模式），由 DIR 位指定了计数方向； 01：中央对齐向下计数置 1 模式； 10：中央对齐向上计数置 1 模式； 11：中央对齐上下计数置 1 模式
4	DIR	读/写	0	方向。 0：向上计数。 1：向下计数
3	SPM	读/写	0	单脉冲模式。 0：单脉冲模式禁能。更新事件发生后，计数器继续计数； 1：单脉冲模式使能。在下一次更新事件发生时，计数器停止计数

续表

位	名称	类型	复位值	说　明
2	UPS	读/写	0	更新请求源。软件配置该位，选择更新事件源。 0：以下事件均会产生更新中断或 DMA 请求：①UPG 位被置 1；②计数器上溢/下溢；③复位模式产生的更新。 1：下列事件会产生更新中断或 DMA 请求：①计数器上溢/下溢
1	UPDIS	读/写	0	禁止更新。该位用来使能或禁能更新事件的产生。 0：更新事件使能。更新事件发生时，相应的影子寄存器被装入预装载值，以下事件均会产生更新事件：①UPG 位被置 1；②计数器溢出/下溢；③复位模式产生的更新。 1：更新事件禁能
0	CEN	读/写	0	计数器使能。 0：计数器禁能。 1：计数器使能

在 gd32f30x_timer.h 头文件中与定时器控制寄存器 0（TIMERx_CTL0）各个位相关的宏定义如下：

```
/* TIMER_CTL0 */
#define TIMER_CTL0_CEN       BIT(0)          /*!<定时器计数器使能 */
#define TIMER_CTL0_UPDIS     BIT(1)          /*!<禁止更新*/
#define TIMER_CTL0_UPS       BIT(2)          /*!<更新请求源*/
#define TIMER_CTL0_SPM       BIT(3)          /*!<单脉冲模式*/
#define TIMER_CTL0_DIR       BIT(4)          /*!<定时器计数方向*/
#define TIMER_CTL0_CAM       BITS(5,6)       /*!<中央对齐模式选择*/
#define TIMER_CTL0_ARSE      BIT(7)          /*!<自动重载影子寄存器使能*/
#define TIMER_CTL0_CKDIV     BITS(8,9)       /*!<时钟分频*/
```

2. 定时器控制寄存器 1（TIMERx_CTL1）

定时器控制寄存器 1（TIMERx_CTL1）的各个位的功能描述如表 8-7 所示。

表 8-7　　　定时器控制寄存器 1（TIMERx_CTL1）

位	名称	类型	复位值	说　明
15:10	—	—	—	—
14	ISO3	读/写	0	通道 3 的空闲状态输出。 0：当 POEN 复位，CH3_O 设置低电平。1：当 POEN 复位，CH3_O 设置高电平
13	ISO2N	读/写	0	通道 2 的互补通道空闲状态输出。 0：当 POEN 复位，CH2_ON 设置低电平。1：当 POEN 复位，CH2_ON 设置高电平
12	ISO2	读/写	0	通道 2 的空闲状态输出。 0：当 POEN 复位，CH2_O 设置低电平。1：当 POEN 复位，CH2_O 设置高电平
11	ISO1N	读/写	0	通道 1 的互补通道空闲状态输出。 0：当 POEN 复位，CH1_ON 设置低电平。1：当 POEN 复位，CH1_ON 设置高电平
10	ISO1	读/写	0	通道 1 的空闲状态输出。 0：当 POEN 复位，CH1_O 设置低电平。1：当 POEN 复位，CH1_O 设置高电平

续表

位	名称	类型	复位值	说　明
9	ISO0N	读/写	0	通道 0 的互补通道空闲状态输出。 0：当 POEN 复位，CH0_ON 设置低电平。1：当 POEN 复位，CH0_ON 设置高电平
8	ISO0	读/写	0	通道 0 的空闲状态输出。 0：当 POEN 复位，CH0_O 设置低电平。1：当 POEN 复位，CH0_O 设置高电平
7	TI0S	读/写	0	通道 0 触发输入选择。 0：选择 TIMERx_CH0 引脚作为通道 0 的触发输入。 1：选择 TIMERx_CH0，CH1 and CH2 引脚异或的结果作为通道 0 的触发输入
6:4	MMC［2:0］	读/写	000	主模式控制。 这些位控制 TRGO 信号的选择，TRGO 信号由主定时器发给从定时器用于同步功能。 000：当产生一个定时器复位事件后，输出一个 TRGO 信号，定时器复位源为：①主定时器产生一个复位事件；②TIMERx_SWEVG 寄存器中 UPG 位置 1。 001：当产生一个定时器使能事件后，输出一个 TRGO 信号，定时器使能源为：①CEN 位置 1；②在暂停模式下，触发输入置 1。 010：当产生一个定时器更新事件后，输出一个 TRGO 信号，更新事件源由 UPDIS 和 UPS 位决定。 011：当通道 0 在发生一次捕获或一次比较成功时，主模式控制器产生一个 TRGO 脉冲。 100：当产生一次比较事件时，输出一个 TRGO 信号，比较事件源来自 O0CPRE。 101：当产生一次比较事件时，输出一个 TRGO 信号，比较事件源来自 O1CPRE。 110：当产生一次比较事件时，输出一个 TRGO 信号，比较事件源来自 O2CPRE。 111：当产生一次比较事件时，输出一个 TRGO 信号，比较事件源来自 O3CPRE
3	DMAS	读/写	0	DMA 请求源选择。 0：当通道捕获/比较事件发生时，发送通道 x 的 DMA 请求。 1：当更新事件发生，发送通道 x 的 DMA 请求
2	CCUC	读/写	0	换相控制影子寄存器更新控制。 当换相控制影子寄存器（CHxEN，CHxNEN 和 CHxCOMCTL 位）使能(CCSE=1)，这些影子寄存器更新控制如下： 0：CMTG 位被置 1 时更新影子寄存器。 1：当 CMTG 位被置 1 或检测到 TRIGI 上升沿时，影子寄存器更新
1	—	—	—	—
0	CCSE	读/写	0	换相控制影子使能。 0：影子寄存器 CHxEN，CHxNEN 和 CHxCOMCTL 位禁能。 1：影子寄存器 CHxEN，CHxNEN 和 CHxCOMCTL 位使能

在 gd32f30x_timer.h 头文件中与定时器控制寄存器 1（TIMERx_CTL1）各个位相关的宏定义如下：

```
/* TIMER_CTL1 */
#define TIMER_CTL1_CCSE     BIT(0)          /*!<换相控制影子使能*/
#define TIMER_CTL1_CCUC     BIT(2)          /*!<换相控制影子寄存器更新控制*/
#define TIMER_CTL1_DMAS     BIT(3)          /*!<DMA 请求源选择*/
#define TIMER_CTL1_MMC      BITS(4,6)       /*!<主模式控制*/
```

```
#define TIMER_CTL1_TI0S      BIT(7)          /*!<通道 0 触发输入选择*/
#define TIMER_CTL1_ISO0      BIT(8)          /*!<通道 0 的空闲状态输出*/
#define TIMER_CTL1_ISO0N     BIT(9)          /*!<通道 0 的互补通道空闲状态输出*/
#define TIMER_CTL1_ISO1      BIT(10)         /*!<通道 1 的空闲状态输出*/
#define TIMER_CTL1_ISO1N     BIT(11)         /*!<通道 1 的互补通道空闲状态输出*/
#define TIMER_CTL1_ISO2      BIT(12)         /*!<通道 2 的空闲状态输出*/
#define TIMER_CTL1_ISO2N     BIT(13)         /*!<通道 2 的互补通道空闲状态输出*/
#define TIMER_CTL1_ISO3      BIT(14)         /*!<通道 3 的空闲状态输出 */
```

3. 定时器从模式配置寄存器（TIMERx_SMCFG）

定时器从模式配置寄存器（TIMERx_SMCFG）的各个位的功能描述如表 8-8 所示。

表 8-8　　定时器从模式配置寄存器（TIMERx_SMCFG）

<table>
<tr><th>位</th><th>名称</th><th>类型</th><th>复位值</th><th>说　明</th></tr>
<tr><td>15</td><td>ETP</td><td>读/写</td><td>0</td><td>外部触发极性；该位指定 ETI 信号的极性。
0：ETI 高电平或上升沿有效；1：ETI 低电平或下降沿有效</td></tr>
<tr><td>14</td><td>SMC1</td><td>读/写</td><td>0</td><td>SMC 的一部分为了使能外部时钟模式 1；在外部时钟模式 1 下，计数器由 ETIF 信号上的任意有效边沿驱动。
0：外部时钟模式 1 禁能；1：外部时钟模式 1 使能。
当从模式配置为复位模式，暂停模式和事件模式时，定时器仍然可以工作在外部时钟模式 1。但是 TRGS 必须不能为 3'b111。
如果外部时钟模式 0 和外部时钟模式 1 同时被配置，外部时钟的输入是 ETIF。
注意：外部时钟模式 1 使能在寄存器的 SMC［2:0］位域</td></tr>
<tr><td>13:12</td><td>ETPSC［1:0］</td><td>读/写</td><td>00</td><td>外部触发预分频；外部触发信号 ETIFP 的频率不能超过 TIMER_CK 频率的 1/4。当输入较快的外部时钟时，可以使用预分频降低 ETIFP 的频率。
00：预分频禁能；01：2 分频；10：4 分频；11：8 分频</td></tr>
<tr><td>11:8</td><td>ETFC［3:0］</td><td>读/写</td><td>0000</td><td>外部触发滤波控制。外部触发信号可以通过数字滤波器进行滤波，该位域定义了数字滤波器的滤波能力。数字滤波器的基本原理是：以 fSAMP 频率连续采样外部触发信号，同时记录采样相同电平的次数。当该次数达到配置的滤波能力时，则认为是一个有效的电平信号。
<table>
<tr><th>EXTFC［3:0］</th><th>次数</th><th>fSAMP</th><th>EXTFC［3:0］</th><th>次数</th><th>fSAMP</th></tr>
<tr><td>0000</td><td colspan="2">Filter Disabled</td><td>1000</td><td>6</td><td rowspan="2">fDTS_CK/8</td></tr>
<tr><td>0001</td><td>2</td><td rowspan="3">fTIMER_CK</td><td>1001</td><td>8</td></tr>
<tr><td>0010</td><td>4</td><td>1010</td><td>6</td><td rowspan="3">fDTS_CK/16</td></tr>
<tr><td>0011</td><td>8</td><td>1011</td><td>8</td></tr>
<tr><td>0100</td><td>6</td><td rowspan="2">fDTS_CK/2</td><td>1100</td><td>6</td></tr>
<tr><td>0101</td><td>8</td><td>1101</td><td>8</td><td rowspan="3">fDTS_CK/32</td></tr>
<tr><td>0110</td><td>6</td><td rowspan="2">fDTS_CK/4</td><td>1110</td><td>6</td></tr>
<tr><td>0111</td><td>8</td><td>1111</td><td>8</td></tr>
</table></td></tr>
<tr><td>7</td><td>MSM</td><td>读/写</td><td>0</td><td>主-从模式。该位被用来同步被选择的定时器同时开始计数。通过 TRIGI 和 TRGO，定时器被连接在一起，TRGO 用作启动事件。
0：主从模式禁能；1：主从模式使能</td></tr>
<tr><td>6:4</td><td>TRGS［2:0］</td><td>读/写</td><td>000</td><td>触发选择。该位域用来指定选择哪一个信号作为用来同步计数器的触发输入源。
000：ITI0；001：ITI1；010：ITI2；011：ITI3；100：CI0F_ED；101：CI0FE0；110：CI1FE1；111：ETIFP</td></tr>
<tr><td>3</td><td>—</td><td>—</td><td>—</td><td>—</td></tr>
</table>

续表

位	名称	类型	复位值	说　明
2:0	SMC［2:0］	读/写	000	从模式控制。 000：关闭从模式，如果 CEN=1，则预分频器直接由内部时钟驱动。 001：编码器模式 0，根据 CI1FE1 的电平，计数器在 CI0FE0 的边沿向上/下计数。 010：编码器模式 1，根据 CI0FE0 的电平，计数器在 CI1FE1 的边沿向上/下计数。 011：编码器模式 2，根据另一个信号的输入电平，计数器在 CI0FE0 和 CI1FE1 的边沿向上/下计数。 100：复位模式，选中的触发输入的上升沿重新初始化计数器，并且产生更新事件。 101：暂停模式，当触发输入为高时，计数器的时钟开启。一旦触发输入变为低，则计数器时钟停止。 110：事件模式.计数器在触发输入的上升沿启动。 111：外部时钟模式 0，选中的触发输入的上升沿驱动计数器

在 gd32f30x_timer.h 头文件中与定时器从模式配置寄存器（TIMERx_SMCFG）各个位相关的宏定义如下：

```
#define TIMER_SMCFG_SMC      BITS(0,2)    /*!<从模式控制*/
#define TIMER_SMCFG_TRGS     BITS(4,6)    /*!<触发选择*/
#define TIMER_SMCFG_MSM      BIT(7)       /*!<主-从模式 */
#define TIMER_SMCFG_ETFC     BITS(8,11)   /*!<外部触发滤波控制*/
#define TIMER_SMCFG_ETPSC    BITS(12,13)  /*!<外部触发预分频*/
#define TIMER_SMCFG_SMC1     BIT(14)      /*!<SMC 的一部分为了使能外部时钟模式 1*/
#define TIMER_SMCFG_ETP      BIT(15)      /*!<外部触发极性*/
```

4. 定时器 DMA 和中断使能寄存器（TIMERx_DMAINTEN）

定时器 DMA 和中断使能寄存器（TIMERx_DMAINTEN）的各个位的功能描述如表 8-9 所示。

表 8-9　　定时器 DMA 和中断使能寄存器（TIMERx_DMAINTEN）

位	名称	类型	复位值	说　明
15	—	—	—	—
14	TRGDEN	读/写	0	触发 DMA 请求使能。0：禁止；1：使能
13	CMTDEN	读/写	0	换相 DMA 更新请求使能。0：禁止；1：使能
12	CH3DEN	读/写	0	通道 3 比较/捕获 DMA 请求使能。0：禁止；1：使能
11	CH2DEN	读/写	0	通道 2 比较/捕获 DMA 请求使能。0：禁止；1：使能
10	CH1DEN	读/写	0	通道 1 比较/捕获 DMA 请求使能。0：禁止；1：使能
9	CH0DEN	读/写	0	通道 0 比较/捕获 DMA 请求使能。0：禁止；1：使能
8	UPDEN	读/写	0	更新 DMA 请求使能。0：禁止；1：使能
7	BRKIE	读/写	0	中止中断使能。0：禁止；1：使能
6	TRGIE	读/写	0	触发中断使能。0：禁止；1：使能
5	CMTIE	读/写	0	换相更新中断使能。0：禁止；1：使能
4	CH3IE	读/写	0	通道 3 比较/捕获中断使能。0：禁止；1：使能

续表

位	名称	类型	复位值	说　　明
3	CH2IE	读/写	0	通道 2 比较/捕获中断使能。0：禁止；1：使能
2	CH1IE	读/写	0	通道 1 比较/捕获中断使能。0：禁止；1：使能
1	CH0IE	读/写	0	通道 0 比较/捕获中断使能。0：禁止；1：使能
0	UPIE	读/写	0	更新中断使能。0：禁止；1：使能

在 gd32f30x_timer.h 头文件中与定时器 DMA 和中断使能寄存器（TIMERx_DMAINTEN）各个位相关的宏定义如下：

```
#define TIMER_DMAINTEN_UPIE     BIT(0)      /*!<更新中断使能*/
#define TIMER_DMAINTEN_CH0IE    BIT(1)      /*!<通道 0 比较/捕获中断使能*/
#define TIMER_DMAINTEN_CH1IE    BIT(2)      /*!<通道 1 比较/捕获中断使能*/
#define TIMER_DMAINTEN_CH2IE    BIT(3)      /*!<通道 2 比较/捕获中断使能*/
#define TIMER_DMAINTEN_CH3IE    BIT(4)      /*!<通道 3 比较/捕获中断使能*/
#define TIMER_DMAINTEN_CMTIE    BIT(5)      /*!<换相更新中断使能*/
#define TIMER_DMAINTEN_TRGIE    BIT(6)      /*!<触发中断使能*/
#define TIMER_DMAINTEN_BRKIE    BIT(7)      /*!<中止中断使能*/
#define TIMER_DMAINTEN_UPDEN    BIT(8)      /*!<更新 DMA 请求使能*/
#define TIMER_DMAINTEN_CH0DEN   BIT(9)      /*!<通道 0 比较/捕获 DMA 请求使能*/
#define TIMER_DMAINTEN_CH1DEN   BIT(10)     /*!<通道 1 比较/捕获 DMA 请求使能*/
#define TIMER_DMAINTEN_CH2DEN   BIT(11)     /*!<通道 2 比较/捕获 DMA 请求使能*/
#define TIMER_DMAINTEN_CH3DEN   BIT(12)     /*!<通道 3 比较/捕获 DMA 请求使能*/
#define TIMER_DMAINTEN_CMTDEN   BIT(13)     /*!<换相 DMA 更新请求使能*/
#define TIMER_DMAINTEN_TRGDEN   BIT(14)     /*!<触发 DMA 请求使能*/
```

5．定时器中断标志寄存器（TIMERx_INTF）

定时器中断标志寄存器（TIMERx_INTF）的各个位的功能描述如表 8-10 所示。该寄存器的各个位的标志由硬件置 1，必须软件清 0。

表 8-10　　定时器中断标志寄存器（TIMERx_INTF）

位	名称	类型	复位值	说　　明
15:13	—	—	—	—
12	CH3OF	读/写	0	通道 3 捕获溢出标志。0：无捕获溢出中断发生；1：发生了捕获溢出中断
11	CH2OF	读/写	0	通道 2 捕获溢出标志。0：无捕获溢出中断发生；1：发生了捕获溢出中断
10	CH1OF	读/写	0	通道 1 捕获溢出标志。0：无捕获溢出中断发生；1：发生了捕获溢出中断
9	CH0OF	读/写	0	通道 0 捕获溢出标志。0：无捕获溢出中断发生；1：发生了捕获溢出中断。当通道 0 被配置为输入模式时，在 CH0IF 标志位已经被置 1 后，捕获事件再次发生时，该标志位可以由硬件置 1。该标志位由软件清 0
8	—	—	—	—
7	BRKIF	读/写	0	中止中断标志位。0：无中止事件产生；1：中止输入上检测到有效电平
6	TRGIF	读/写	0	触发中断标志。0：无触发事件产生；1：触发中断产生
5	CMTIF	读/写	0	通道换相更新中断标志。0：无通道换相更新中断发生；1：通道换相更新中断发生
4	CH3IF	读/写	0	通道 3 比较/捕获中断标志。0：无通道 3 中断发生；1：通道 3 中断发生

续表

位	名称	类型	复位值	说　明
3	CH2IF	读/写	0	通道 2 比较/捕获中断标志。0：无通道 2 中断发生；1：通道 2 中断发生
2	CH1IF	读/写	0	通道 1 比较/捕获中断标志。0：无通道 1 中断发生；1：通道 1 中断发生
1	CH0IF	读/写	0	通道 0 比较/捕获中断标志。0：无通道 0 中断发生；1：通道 0 中断发生。当通道 0 在输入模式下时，捕获事件发生时此标志位被置 1；当通道 0 在输出模式下时，此标志位在一个比较事件发生时被置 1
0	UPIF	读/写	0	更新中断标志。0：无更新中断发生；1：发生更新中断

在 gd32f30x_timer.h 头文件中与定时器中断标志寄存器（TIMERx_INTF）各个位相关的宏定义如下：

```
#define TIMER_INTF_UPIF          BIT(0)          /*!<更新中断标志*/
#define TIMER_INTF_CH0IF         BIT(1)          /*!<通道 0 比较/捕获中断标志*/
#define TIMER_INTF_CH1IF         BIT(2)          /*!<通道 1 比较/捕获中断标志*/
#define TIMER_INTF_CH2IF         BIT(3)          /*!<通道 2 比较/捕获中断标志*/
#define TIMER_INTF_CH3IF         BIT(4)          /*!<通道 3 比较/捕获中断标志*/
#define TIMER_INTF_CMTIF         BIT(5)          /*!<通道换相更新中断标志*/
#define TIMER_INTF_TRGIF         BIT(6)          /*!<触发中断标志*/
#define TIMER_INTF_BRKIF         BIT(7)          /*!<中止中断标志位*/
#define TIMER_INTF_CH0OF         BIT(9)          /*!<通道 0 捕获溢出标志*/
#define TIMER_INTF_CH1OF         BIT(10)         /*!<通道 1 捕获溢出标志*/
#define TIMER_INTF_CH2OF         BIT(11)         /*!<通道 2 捕获溢出标志*/
#define TIMER_INTF_CH3OF         BIT(12)         /*!<通道 3 捕获溢出标志*/
```

6. 定时器软件事件产生寄存器（TIMERx_SWEVG）

定时器软件事件产生寄存器（TIMERx_SWEVG）的各个位的功能描述如表 8-11 所示。

表 8-11　　定时器软件事件产生寄存器（TIMERx_SWEVG）

位	名称	类型	复位值	说　明
15:8	—	—	—	—
7	BRKG	写	0	产生中止事件。0：不产生；1：产生。 该位由软件置 1，用于产生一个中止事件，由硬件自动清 0
6	TRGG	写	0	触发事件产生。0：不产生；1：产生。 此位由软件置 1，由硬件自动清 0
5	CMTG	写	0	通道换相更新事件产生。0：不产生；1：产生。 此位由软件置 1，由硬件自动清 0
4	CH3G	写	0	通道 3 捕获或比较事件产生。0：不产生；1：产生。 该位由软件置 1，用于在通道 3 产生一个捕获/比较事件，由硬件自动清 0
3	CH2G	写	0	通道 2 捕获或比较事件产生。0：不产生；1：产生。 该位由软件置 1，用于在通道 2 产生一个捕获/比较事件，由硬件自动清 0
2	CH1G	写	0	通道 1 捕获或比较事件产生。0：不产生；1：产生。 该位由软件置 1，用于在通道 1 产生一个捕获/比较事件，由硬件自动清 0
1	CH0G	写	0	通道 0 捕获或比较事件产生。0：不产生；1：产生。 该位由软件置 1，用于在通道 0 产生一个捕获/比较事件，由硬件自动清 0
0	UPG	写	0	更新事件产生。0：不产生；1：产生。 此位由软件置 1，被硬件自动清 0

在 gd32f30x_timer.h 头文件中与定时器软件事件产生寄存器（TIMERx_SWEVG）各个位相关的宏定义如下：

```
#define TIMER_SWEVG_UPG          BIT(0)     /*!<更新事件产生*/
#define TIMER_SWEVG_CH0G         BIT(1)     /*!<通道 0 捕获或比较事件产生*/
#define TIMER_SWEVG_CH1G         BIT(2)     /*!<通道 1 捕获或比较事件产生*/
#define TIMER_SWEVG_CH2G         BIT(3)     /*!<通道 2 捕获或比较事件产生*/
#define TIMER_SWEVG_CH3G         BIT(4)     /*!<通道 3 捕获或比较事件产生*/
#define TIMER_SWEVG_CMTG         BIT(5)     /*!<通道换相更新事件产生*/
#define TIMER_SWEVG_TRGG         BIT(6)     /*!<触发事件产生*/
#define TIMER_SWEVG_BRKG         BIT(7)     /*!<产生中止事件*/
```

7. 定时器通道控制寄存器 0（TIMERx_CHCTL0）（输出比较模式）

定时器通道控制寄存器 0（TIMERx_CHCTL0）在输出比较模式下的各个位的功能描述如表 8-12 所示。

表 8-12　　定时器通道控制寄存器 0（TIMERx_CHCTL0）（输出比较模式）

位	名称	类型	复位值	说　明
15	CH1COCMEN	读/写	0	通道 1 输出比较清 0 使能。0：禁止；1：使能。 当此位被置 1，当检测到 ETIFP 信号输入高电平时，O1CPRE 参考信号被清 0
14:12	CH1COMCTL[2:0]	读/写	000	通道 1 输出比较模式。 此位定义了输出准备信号 O1CPRE 的输出比较模式，而 O1CPRE 决定了 CH1_O、CH1_ON 的值。另外，O1CPRE 高电平有效，而 CH1_O、CH1_ON 通道的极性取决于 CH1P、CH1NP 位。 000：时基。输出比较寄存器 TIMERx_CH1CV 与计数器 TIMERx_CNT 间的比较对 O1CPRE 不起作用。 001：匹配时设置为高。010：匹配时设置为低。011：匹配时翻转。 100：强制为低。101：强制为高。110：PWM 模式 0。111：PWM 模式 1
11	CH1COMSEN	读/写	0	通道 1 输出比较影子寄存器使能。0：禁止；1：使能。 当此位被置 1，TIMERx_CH1CV 寄存器的影子寄存器被使能，影子寄存器在每次更新事件时都会被更新
10	CH1COMFEN	读/写	0	通道 1 输出比较快速使能。0：禁止；1：使能。 当该位为 1 时，如果通道配置为 PWM0 模式或者 PWM1 模式，会加快捕获/比较输出对触发输入事件的响应。输出通道将触发输入信号的有效边沿作为一个比较匹配。 CH1_O 被设置为比较电平而与比较结果无关
9:8	CH1MS[1:0]	读/写	00	通道 1 模式选择。 00：通道 1 配置为输出。 01：通道 1 配置为输入，IS1 映射在 CI1FE1 上。 10：通道 1 配置为输入，IS1 映射在 CI0FE1 上。 11：通道 1 配置为输入，IS1 映射在 ITS 上
7	CH0COMCEN	读/写	0	通道 0 输出比较清 0 使能。0：禁止；1：使能。 当此位被置 1，当检测到 ETIFP 信号输入高电平时，O0CPRE 参考信号被清 0
6:4	CH0COMCTL[2:0]	读/写	000	通道 0 输出比较模式。 此位定义了输出准备信号 O0CPRE 的输出比较模式，而 O0CPRE 决定了 CH0_O、CH0_ON 的值。另外，O0CPRE 高电平有效，而 CH0_O、CH0_ON 通道的极性取决于 CH0P、CH0NP 位。 000：时基。输出比较寄存器 TIMERx_CH0CV 与计数器 TIMERx_CNT 间的比较对 O0CPRE 不起作用。 001：匹配时设置为高。010：匹配时设置为低。011：匹配时翻转。 100：强制为低。101：强制为高。110：PWM 模式 0。111：PWM 模式 1

续表

位	名称	类型	复位值	说　明
3	CH0COMSEN	读/写	0	通道 0 输出比较影子寄存器使能。0：禁止；1：使能。 当此位被置 1，TIMERx_CH0CV 寄存器的影子寄存器被使能，影子寄存器在每次更新事件时都会被更新
2	CH0COMFEN	读/写	0	通道 0 输出比较快速使能。0：禁止；1：使能。 当该位为 1 时，如果通道配置为 PWM0 模式或者 PWM1 模式，会加快捕获/比较输出对触发输入事件的响应。输出通道将触发输入信号的有效边沿作为一个比较匹配。 CH0_O 被设置为比较电平而与比较结果无关
1:0	CH0MS［1:0］	读/写	00	通道 0 模式选择。 00：通道 0 配置为输出。01：通道 0 配置为输入，IS0 映射在 CI0FE0 上。 10：通道 0 配置为输入，IS0 映射在 CI1FE0 上。 11：通道 0 配置为输入，IS0 映射在 ITS 上

在 gd32f30x_timer.h 头文件中与定时器通道控制寄存器 0（TIMERx_CHCTL0）在输出比较模式下各个位相关的宏定义如下：

```
#define TIMER_CHCTL0_CH0MS      BITS(0,1)    /*!<通道 0 I/O 模式选择*/
#define TIMER_CHCTL0_CH0COMFEN  BIT(2)       /*!<通道 0 输出比较快速使能*/
#define TIMER_CHCTL0_CH0COMSEN  BIT(3)       /*!<通道 0 输出比较影子寄存器使能*/
#define TIMER_CHCTL0_CH0COMCTL  BITS(4,6)    /*!<通道 0 输出比较模式*/
#define TIMER_CHCTL0_CH0COMCEN  BIT(7)       /*!<通道 0 输出比较清 0 使能*/
#define TIMER_CHCTL0_CH1MS      BITS(8,9)    /*!<通道 1 模式选择*/
#define TIMER_CHCTL0_CH1COMFEN  BIT(10)      /*!<通道 1 输出比较快速使能*/
#define TIMER_CHCTL0_CH1COMSEN  BIT(11)      /*!<通道 1 输出比较影子寄存器使能*/
#define TIMER_CHCTL0_CH1COMCTL  BITS(12,14)  /*!<通道 1 输出比较模式*/
#define TIMER_CHCTL0_CH1COMCEN  BIT(15)      /*!<通道 1 输出比较清 0 使能*/
```

8. 定时器通道控制寄存器 0（TIMERx_CHCTL0）（输入捕获模式）

定时器通道控制寄存器 0（TIMERx_CHCTL0）在输入捕获模式下的各个位的功能描述如表 8-13 所示。

表 8-13　　定时器通道控制寄存器 0（TIMERx_CHCTL0）（输入捕获模式）

<table>
<tr><th>位</th><th>名称</th><th>类型</th><th>复位值</th><th>说　明</th></tr>
<tr><td>15:12</td><td>CH1CAPFLT［3:0］</td><td>读/写</td><td>0000</td><td>通道 1 输入捕获滤波控制。
CI1 输入信号可以通过数字滤波器进行滤波，该位域配置滤波参数。数字滤波器的基本原理：根据 fSAMP 对 CI1 输入信号进行连续采样，并记录信号相同电平的次数。达到该位配置的滤波参数后，认为是有效电平。滤波器参数配置如下：</td></tr>
<tr><td>15:12</td><td>CH1CAPFLT［3:0］</td><td>读/写</td><td>0000</td><td>
<table>
<tr><th>EXTFC［3:0］</th><th>次数</th><th>fSAMP</th><th>EXTFC［3:0］</th><th>次数</th><th>fSAMP</th></tr>
<tr><td>0000</td><td colspan="2">无滤波器</td><td>1000</td><td>6</td><td rowspan="2">fDTS_CK/8</td></tr>
<tr><td>0001</td><td>2</td><td rowspan="3">fTIMER_CK</td><td>1001</td><td>8</td></tr>
<tr><td>0010</td><td>4</td><td>1010</td><td>6</td><td rowspan="3">fDTS_CK/16</td></tr>
<tr><td>0011</td><td>8</td><td>1011</td><td>8</td></tr>
<tr><td>0100</td><td>6</td><td rowspan="2">fDTS_CK/2</td><td>1100</td><td>6</td></tr>
<tr><td>0101</td><td>8</td><td>1101</td><td>8</td><td rowspan="2">fDTS_CK/32</td></tr>
<tr><td>0110</td><td>6</td><td>fDTS_CK/4</td><td>1110</td><td>6</td></tr>
</table>
</td></tr>
</table>

续表

<table>
<tr><th>位</th><th>名称</th><th>类型</th><th>复位值</th><th>说 明</th></tr>
<tr><td>11:10</td><td>CH1CAPPSC
[1:0]</td><td>读/写</td><td>00</td><td>通道 1 输入捕获预分频器。
这 2 位定义了通道 1 输入的预分频系数。当 TIMERx_CHCTL2 寄存器中的 CH1EN =0 时，则预分频器复位。
00：无预分频器，捕获输入口上检测到的每一个边沿都触发一次捕获。
01：每 2 个事件触发一次捕获；
10：每 4 个事件触发一次捕获；
11：每 8 个事件触发一次捕获</td></tr>
<tr><td>9:8</td><td>CH1MS [1:0]</td><td>读/写</td><td>00</td><td>通道 1 模式选择。与输出比较模式相同</td></tr>
<tr><td>7:4</td><td>CH0CAPFLT
[3:0]</td><td>读/写</td><td>0000</td><td>通道 0 输入捕获滤波控制。
CI0 输入信号可以通过数字滤波器进行滤波，该位域配置滤波参数。数字滤波器的基本原理：根据 fSAMP 对 CI0 输入信号进行连续采样，并记录信号相同电平的次数。达到该位配置的滤波参数后，认为是有效电平。滤波器参数配置如下：
<table>
<tr><th>EXTFC
[3:0]</th><th>次数</th><th>fSAMP</th><th>EXTFC
[3:0]</th><th>次数</th><th>fSAMP</th></tr>
<tr><td>0000</td><td colspan="2">Filter Disabled</td><td>1000</td><td>6</td><td rowspan="2">fDTS_CK/8</td></tr>
<tr><td>0001</td><td>2</td><td rowspan="3">fTIMER_CK</td><td>1001</td><td>8</td></tr>
<tr><td>0010</td><td>4</td><td>1010</td><td>6</td><td rowspan="3">fDTS_CK/16</td></tr>
<tr><td>0011</td><td>8</td><td>1011</td><td>8</td></tr>
<tr><td>0100</td><td>6</td><td rowspan="2">fDTS_CK/2</td><td>1100</td><td>6</td></tr>
<tr><td>0101</td><td>8</td><td>1101</td><td>8</td><td rowspan="3">fDTS_CK/32</td></tr>
<tr><td>0110</td><td>6</td><td rowspan="2">fDTS_CK/4</td><td>1110</td><td>6</td></tr>
<tr><td>0111</td><td>8</td><td>1111</td><td>8</td></tr>
</table></td></tr>
<tr><td>3:2</td><td>CH0CAPPSC
[1:0]</td><td>读/写</td><td>00</td><td>通道 0 输入捕获预分频器。这 2 位定义了通道 0 输入的预分频系数。当 TIMERx_CHCTL2 寄存器中的 CH0EN =0 时，则预分频器复位。
00：无预分频器，捕获输入口上检测到的每一个边沿都触发一次捕获。
01：每 2 个事件触发一次捕获；
10：每 4 个事件触发一次捕获；
11：每 8 个事件触发一次捕获</td></tr>
<tr><td>1:0</td><td>CH0MS [1:0]</td><td>读/写</td><td>00</td><td>通道 0 模式选择。与输出比较模式相同</td></tr>
</table>

在 gd32f30x_timer.h 头文件中与定时器通道控制寄存器 0（TIMERx_CHCTL0）在输入捕获模式各个位相关的宏定义如下：

```
#define TIMER_CHCTL0_CH0CAPPSC  BITS(2,3)   /*!<通道 0 输入捕获预分频器*/
#define TIMER_CHCTL0_CH0CAPFLT  BITS(4,7)   /*!<通道 0 输入捕获滤波控制*/
#define TIMER_CHCTL0_CH1CAPPSC  BITS(10,11) /*!<通道 1 输入捕获预分频器*/
#define TIMER_CHCTL0_CH1CAPFLT  BITS(12,15) /*!<通道 1 输入捕获滤波控制*/
```

9. 定时器通道控制寄存器 1（TIMERx_CHCTL1）（输出比较模式）

定时器通道控制寄存器 1（TIMERx_CHCTL1）在输出比较模式下的各个位的功能描述如表 8-14 所示。

表 8-14　　定时器通道控制寄存器 1（TIMERx_CHCTL1）（输出比较模式）

位	名称	类型	复位值	说　明
15	CH3COCMEN	读/写	0	通道 3 输出比较清 0 使能。0：禁止；1：使能。 当此位被置 1，当检测到 ETIFP 信号输入高电平时，O3CPRE 参考信号被清 0
14:12	CH3COMCTL［2:0］	读/写	000	通道 3 输出比较模式。 此位定义了输出准备信号 O3CPRE 的输出比较模式，而 O3CPRE 决定了 CH3_O、CH3_ON 的值。另外，O3CPRE 高电平有效，而 CH3_O、CH3_ON 通道的极性取决于 CH3P、CH3NP 位。 000：时基。输出比较寄存器 TIMERx_CH3CV 与计数器 TIMERx_CNT 间的比较对 O3CPRE 不起作用。 001：匹配时设置为高。010：匹配时设置为低。011：匹配时翻转。 100：强制为低。101：强制为高。110：PWM 模式 0。111：PWM 模式 1
11	CH3COMSEN	读/写	0	通道 3 输出比较影子寄存器使能。0：禁止；1：使能。 当此位被置 1，TIMERx_CH3CV 寄存器的影子寄存器被使能，影子寄存器在每次更新事件时都会被更新
10	CH3COMFEN	读/写	0	通道 1 输出比较快速使能。0：禁止；1：使能。 当该位为 1 时，如果通道配置为 PWM0 模式或者 PWM1 模式，会加快捕获/比较输出对触发输入事件的响应。输出通道将触发输入信号的有效边沿作为一个比较匹配。 CH1_O 被设置为比较电平而与比较结果无关
9:8	CH3MS［1:0］	读/写	00	通道 3 模式选择。 00：通道 3 配置为输出。 01：通道 3 配置为输入，IS3 映射在 CI3FE3 上。 10：通道 3 配置为输入，IS3 映射在 CI2FE3 上。 11：通道 3 配置为输入，IS3 映射在 ITS 上
7	CH2COMCEN	读/写	0	通道 2 输出比较清 0 使能。0：禁止；1：使能。 当此位被置 1，当检测到 ETIFP 信号输入高电平时，O2CPRE 参考信号被清 0
6:4	CH2COMCTL［2:0］	读/写	000	通道 2 输出比较模式。 此位定义了输出准备信号 O2CPRE 的输出比较模式，而 O2CPRE 决定了 CH2_O、CH2_ON 的值。另外，O2CPRE 高电平有效，而 CH2_O、CH2_ON 通道的极性取决于 CH2P、CH2NP 位。 000：时基。输出比较寄存器 TIMERx_CH2CV 与计数器 TIMERx_CNT 间的比较对 O2CPRE 不起作用。 001：匹配时设置为高。010：匹配时设置为低。011：匹配时翻转。 100：强制为低。101：强制为高。110：PWM 模式 0。111：PWM 模式 1
3	CH2COMSEN	读/写	0	通道 2 输出比较影子寄存器使能。0：禁止；1：使能。 当此位被置 1，TIMERx_CH2CV 寄存器的影子寄存器被使能，影子寄存器在每次更新事件时都会被更新
2	CH2COMFEN	读/写	0	通道 2 输出比较快速使能。0：禁止；1：使能。 当该位为 1 时，如果通道配置为 PWM0 模式或者 PWM1 模式，会加快捕获/比较输出对触发输入事件的响应。输出通道将触发输入信号的有效边沿作为一个比较匹配。 CH2_O 被设置为比较电平而与比较结果无关
1:0	CH2MS［1:0］	读/写	00	通道 2 模式选择。 00：通道 2 配置为输出。01：通道 2 配置为输入，IS2 映射在 CI2FE2 上。 10：通道 2 配置为输入，IS2 映射在 CI3FE2 上。 11：通道 2 配置为输入，IS2 映射在 ITS 上

在 gd32f30x_timer.h 头文件中与定时器通道控制寄存器 1（TIMERx_CHCTL1）在输出比较模式下各个位相关的宏定义如下：

```
#define TIMER_CHCTL1_CH2MS      BITS(0,1)    /*!<通道 2 模式选择*/
#define TIMER_CHCTL1_CH2COMFEN  BIT(2)       /*!<通道 2 输出比较快速使能*/
#define TIMER_CHCTL1_CH2COMSEN  BIT(3)       /*!<通道 2 输出比较影子寄存器使能*/
#define TIMER_CHCTL1_CH2COMCTL  BITS(4,6)    /*!<通道 2 输出比较模式*/
#define TIMER_CHCTL1_CH2COMCEN  BIT(7)       /*!<通道 2 输出比较清 0 使能*/
#define TIMER_CHCTL1_CH3MS      BITS(8,9)    /*!<通道 3 模式选择*/
#define TIMER_CHCTL1_CH3COMFEN  BIT(10)      /*!<通道 3 输出比较快速使能*/
#define TIMER_CHCTL1_CH3COMSEN  BIT(11)      /*!<通道 3 输出比较影子寄存器使能*/
#define TIMER_CHCTL1_CH3COMCTL  BITS(12,14)  /*!<通道 3 输出比较模式*/
#define TIMER_CHCTL1_CH3COMCEN  BIT(15)      /*!<通道 3 输出比较清 0 使能*/
```

10. 定时器通道控制寄存器 1（TIMERx_CHCTL1）（输入捕获模式）

定时器通道控制寄存器 1（TIMERx_CHCTL1）在输入捕获模式下的各个位的功能描述如表 8-15 所示。

表 8-15　定时器通道控制寄存器 1（TIMERx_CHCTL1）（输入捕获模式）

<table>
<tr><th>位</th><th>名称</th><th>类型</th><th>复位值</th><th>说　明</th></tr>
<tr><td>15:12</td><td>CH3CAPFLT[3:0]</td><td>读/写</td><td>0000</td><td>通道 3 输入捕获滤波控制。
CI3 输入信号可以通过数字滤波器进行滤波，该位域配置滤波参数。数字滤波器的基本原理：根据fSAMP对CI3 输入信号进行连续采样，并记录信号相同电平的次数。达到该位配置的滤波参数后，认为是有效电平。滤波器参数配置如下：
<table>
<tr><th>EXTFC[3:0]</th><th>次数</th><th>fSAMP</th><th>EXTFC[3:0]</th><th>次数</th><th>fSAMP</th></tr>
<tr><td>0000</td><td colspan="2">无滤波器</td><td>1000</td><td>6</td><td rowspan="2">fDTS_CK/8</td></tr>
<tr><td>0001</td><td>2</td><td rowspan="3">fTIMER_CK</td><td>1001</td><td>8</td></tr>
<tr><td>0010</td><td>4</td><td>1010</td><td>6</td><td rowspan="3">fDTS_CK/16</td></tr>
<tr><td>0011</td><td>8</td><td>1011</td><td>8</td></tr>
<tr><td>0100</td><td>6</td><td rowspan="2">fDTS_CK/2</td><td>1100</td><td>6</td></tr>
<tr><td>0101</td><td>8</td><td>1101</td><td>8</td><td rowspan="2">fDTS_CK/32</td></tr>
<tr><td>0110</td><td>6</td><td>fDTS_CK/4</td><td>1110</td><td>6</td></tr>
</table></td></tr>
<tr><td>11:10</td><td>CH3CAPPSC[1:0]</td><td>读/写</td><td>00</td><td>通道 3 输入捕获预分频器。
这 2 位定义了通道 3 输入的预分频系数。当 TIMERx_CHCTL2 寄存器中的 CH3EN =0 时，则预分频器复位。
00：无预分频器，捕获输入口上检测到的每一个边沿都触发一次捕获。
01：每 2 个事件触发一次捕获；
10：每 4 个事件触发一次捕获；
11：每 8 个事件触发一次捕获</td></tr>
<tr><td>9:8</td><td>CH3MS[1:0]</td><td>读/写</td><td>00</td><td>通道 2 模式选择。与输出比较模式相同</td></tr>
</table>

续表

<table>
<tr><th>位</th><th>名称</th><th>类型</th><th>复位值</th><th>说　明</th></tr>
<tr><td>7:4</td><td>CH2CAPFLT［3:0］</td><td>读/写</td><td>0000</td><td>通道 2 输入捕获滤波控制。
CI2 输入信号可以通过数字滤波器进行滤波，该位域配置滤波参数。数字滤波器的基本原理：根据 fSAMP 对 CI2 输入信号进行连续采样，并记录信号相同电平的次数。达到该位配置的滤波参数后，认为是有效电平。滤波器参数配置如下：
<table>
<tr><th>EXTFC［3:0］</th><th>次数</th><th>fSAMP</th><th>EXTFC［3:0］</th><th>次数</th><th>fSAMP</th></tr>
<tr><td>0000</td><td colspan="2">Filter Disabled</td><td>1000</td><td>6</td><td rowspan="2">fDTS_CK/8</td></tr>
<tr><td>0001</td><td>2</td><td rowspan="3">fTIMER_CK</td><td>1001</td><td>8</td></tr>
<tr><td>0010</td><td>4</td><td>1010</td><td>6</td><td rowspan="3">fDTS_CK/16</td></tr>
<tr><td>0011</td><td>8</td><td>1011</td><td>8</td></tr>
<tr><td>0100</td><td>6</td><td rowspan="2">fDTS_CK/2</td><td>1100</td><td>6</td></tr>
<tr><td>0101</td><td>8</td><td>1101</td><td>8</td><td rowspan="3">fDTS_CK/32</td></tr>
<tr><td>0110</td><td>6</td><td rowspan="2">fDTS_CK/4</td><td>1110</td><td>6</td></tr>
<tr><td>0111</td><td>8</td><td>1111</td><td>8</td></tr>
</table></td></tr>
<tr><td>3:2</td><td>CH2CAPPSC［1:0］</td><td>读/写</td><td>00</td><td>通道 2 输入捕获预分频器。这 2 位定义了通道 2 输入的预分频系数。当 TIMERx_CHCTL2 寄存器中的 CH2EN =0 时，则预分频器复位。
00：无预分频器，捕获输入口上检测到的每一个边沿都触发一次捕获。
01：每 2 个事件触发一次捕获；
10：每 4 个事件触发一次捕获；
11：每 8 个事件触发一次捕获</td></tr>
<tr><td>1:0</td><td>CH2MS［1:0］</td><td>读/写</td><td>00</td><td>通道 2 模式选择。与输出比较模式相同</td></tr>
</table>

在 gd32f30x_timer.h 头文件中与定时器通道控制寄存器 1（TIMERx_CHCTL1）在输入捕获模式各个位相关的宏定义如下：

```
#define TIMER_CHCTL1_CH2CAPPSC  BITS(2,3)      /*!<通道 2 输入捕获预分频器*/
#define TIMER_CHCTL1_CH2CAPFLT  BITS(4,7)      /*!<通道 2 输入捕获滤波控制*/
#define TIMER_CHCTL1_CH3CAPPSC  BITS(10,11)    /*!<通道 3 输入捕获预分频器*/
#define TIMER_CHCTL1_CH3CAPFLT  BITS(12,15)    /*!<通道 3 输入捕获滤波控制*/
```

11. 定时器通道控制寄存器 2（TIMERx_CHCTL2）

定时器通道控制寄存器 2（TIMERx_CHCTL2）在输入捕获模式下的各个位的功能描述如表 8-16 所示。

表 8-16　　定时器通道控制寄存器 2（TIMERx_CHCTL2）

位	名称	类型	复位值	说　明
15:14	—	—	—	—
13	CH3P	读/写	0	通道 3 极性。参考 CH0P 描述
12	CH3EN	读/写	0	通道 3 使能。0：禁止；1：使能。 当通道 3 配置为输出模式时，将此位置 1 使能 CH3_O 信号有效。 当通道 3 配置为输入模式时，将此位置 1 使能通道 0 上的捕获事件

续表

位	名称	类型	复位值	说　明
11	CH2NP	读/写	0	通道 2 互补输出极性。参考 CH0NP 描述
10	CH2NEN	读/写	0	通道 2 互补输出使能。0：禁止；1：使能。 当通道 1 配置为输出模式时，将此位置 1 使能通道 2 的互补输出
9	CH2P	读/写	0	通道 2 极性。参考 CH0P 描述
8	CH2EN	读/写	0	通道 2 使能。参考 CH0EN 描述。 当通道 2 配置为输出模式时，将此位置 1 使能 CH2_O 信号有效。 当通道 2 配置为输入模式时，将此位置 1 使能通道 2 上的捕获事件
7	CH1NP	读/写	0	通道 1 互补输出极性。参考 CH0NP 描述
6	CH1NEN	读/写	0	通道 1 互补输出使能。0：禁止；1：使能。 当通道 1 配置为输出模式时，将此位置 1 使能通道 1 的互补输出
5	CH1P	读/写	0	通道 1 极性。参考 CH0P 描述
4	CH1EN	读/写	0	通道 1 使能。0：禁止；1：使能。 当通道 1 配置为输出模式时，将此位置 1 使能 CH1_O 信号有效。 当通道 1 配置为输入模式时，将此位置 1 使能通道 1 上的捕获事件
3	CH0NP	读/写	0	通道 0 互补输出极性。 当通道 0 配置为输出模式，此位定义了互补输出信号的极性。 0：通道 0 互补输出高电平为有效电平；1：通道 0 互补输出低电平为有效电平。 当通道 0 配置为输入模式时，此位和 CH0P 联合使用，作为输入信号 CI0 的极性选择控制信号。 当 TIMERx_CCH 寄存器的 PROT［1:0］=11 或 10 时此位不能被更改
2	CH0NEN	读/写	0	通道 0 互补输出使能。0：禁止；1：使能。 当通道 0 配置为输出模式时，将此位置 1 使能通道 0 的互补输出
1	CH0P	读/写	0	通道 0 捕获/比较极性。 当通道 0 配置为输出模式时，此位定义了输出信号极性。 0：通道 0 高电平为有效电平；1：通道 0 低电平为有效电平。 当通道 0 配置为输入模式时，此位定义了 CI0 信号极性。 ［CH0NP，CH0P］将选择 CI0FE0 或者 CI1FE0 的有效边沿或者捕获极性。 ［CH0NP=0，CH0P=0］：把 CIxFE0 的上升沿作为捕获或者从模式下触发的有效信号，并且 CIxFE0 不会被翻转。 ［CH0NP=0，CH0P=1］：把 CIxFE0 的下降沿作为捕获或者从模式下触发的有效信号，并且 CIxFE0 会被翻转。 ［CH0NP=1，CH0P=0］：保留。［CH0NP=1，CH0P=1］：保留。 当 TIMERx_CCHP 寄存器的 PROT［1:0］=11 或 10 时此位不能被更改
0	CH0EN	读/写	0	通道 0 捕获/比较使能。0：禁止；1：使能。 当通道 0 配置为输出模式时，将此位置 1 使能 CH0_O 信号有效。 当通道 0 配置为输入模式时，将此位置 1 使能通道 0 上的捕获事件

在 gd32f30x_timer.h 头文件中与定时器通道控制寄存器 2（TIMERx_CHCTL2）各个位相关的宏定义如下：

```
#define TIMER_CHCTL2_CH0EN      BIT(0)          /*!<通道 0 捕获/比较使能*/
#define TIMER_CHCTL2_CH0P       BIT(1)          /*!<通道 0 捕获/比较极性 */
#define TIMER_CHCTL2_CH0NEN     BIT(2)          /*!<通道 0 互补输出使能*/
#define TIMER_CHCTL2_CH0NP      BIT(3)          /*!<通道 0 互补输出极性*/
#define TIMER_CHCTL2_CH1EN      BIT(4)          /*!<通道 1 捕获/比较使能*/
```

```
#define TIMER_CHCTL2_CH1P        BIT(5)           /*!<通道 1 捕获/比较极性 */
#define TIMER_CHCTL2_CH1NEN      BIT(6)           /*!<通道 1 互补输出使能*/
#define TIMER_CHCTL2_CH1NP       BIT(7)           /*!<通道 1 互补输出极性*/
#define TIMER_CHCTL2_CH2EN       BIT(8)           /*!<通道 2 捕获/比较使能*/
#define TIMER_CHCTL2_CH2P        BIT(9)           /*!<通道 2 捕获/比较极性*/
#define TIMER_CHCTL2_CH2NEN      BIT(10)          /*!<通道 2 互补输出使能*/
#define TIMER_CHCTL2_CH2NP       BIT(11)          /*!<通道 2 互补输出极性*/
#define TIMER_CHCTL2_CH3EN       BIT(12)          /*!<通道 3 捕获/比较使能*/
#define TIMER_CHCTL2_CH3P        BIT(13)          /*!<通道 3 捕获/比较极性*/
```

8.5 与 NVIC 相关的定时器中断

在 GD32F303ZGT6 微控制器中，与定时器相关的中断向量表如表 8-17 所示。

表 8-17　　GD32F303ZGT6 微控制器的定时器中断向量表

中断编号	在 gd32f30x.h 头文件中定义的宏	优先级	优先级类型	startup_gd32f30x_xd.s 文件中声明的中断服务程序名称	向量地址	描述
24	TIMER0_BRK_TIMER8_IRQn	40	可编程	TIMER0_BRK_TIMER8_IRQHandler	0x000000A0	定时器 TIMER0 中止中断和定时器 TIMER8 中断
25	TIMER0_UP_TIMER9_IRQn	41	可编程	TIMER0_UP_TIMER9_IRQHandler	0x000000A4	定时器 TIMER0 更新中断和定时器 TIMER9 中断
26	TIMER0_TRG_CMT_TIMER10_IRQn	42	可编程	TIMER0_TRG_CMT_TIMER10_IRQHandler	0x000000A8	定时器 TIMER0 触发换相中断和定时器 TIMER10 中断
27	TIMER0_Channel_IRQn	43	可编程	TIMER0_Channel_IRQHandler	0x000000AC	定时器 TIMER0 通道捕获比较中断
28	TIMER1_IRQn	44	可编程	TIMER1_IRQHandler	0x000000B0	定时器 TIMER1 中断
29	TIMER2_IRQn	45	可编程	TIMER2_IRQHandler	0x000000B4	定时器 TIMER2 中断
30	TIMER3_IRQn	46	可编程	TIMER3_IRQHandler	0x000000B8	定时器 TIMER3 中断
43	TIMER7_BRK_TIMER11_IRQn	59	可编程	TIMER7_BRK_TIMER11_IRQHandler	0x000000EC	定时器 TIMER7 中止中断和定时器 11 中断
44	TIMER7_UP_TIMER12_IRQn	60	可编程	TIMER7_UP_TIMER12_IRQHandler	0x000000F0	定时器 TIMER7 更新中断和定时器 12 中断
45	TIMER7_TRG_CMT_TIMER13_IRQn	61	可编程	TIMER7_TRG_CMT_TIMER13_IRQHandler	0x000000F4	定时器 TIMER7 触发换相中断和定时器 13 中断
46	TIMER7_Channel_IRQn	62	可编程	TIMER7_Channel_IRQHandler	0x000000F8	定时器 TIMER7 通道捕获比较中断
50	TIMER4_IRQn	66	可编程	TIMER4_IRQHandler	0x00000108	定时器 TIMER4 中断
54	TIMER5_IRQn	70	可编程	TIMER5_IRQHandler	0x00000118	定时器 TIMER5 中断
55	TIMER6_IRQn	71	可编程	TIMER6_IRQHandler	0x0000011C	定时器 TIMER6 中断

在表 8-17 中，定义在 gd32f30x.h 头文件中的中断向量宏是用于 nvic_irq_enable( )函数使能该中断的向量，中断向量的优先级是可编程的。

例如，使能定时器 TIMER2 中断向量（被宏定义在 gd32f30x.h 头文件中）的 C 语句为：

```
nvic_irq_enable(TIMER2_IRQn,0,0);
```

对应的定时器 TIMER2 中断服务程序函数（被声明在 startup_gd32f30x_xd.s 文件中）为：

```
void TIMER2_IRQHandler(void)
{
    ;
}
```

8.6 基于寄存器操作的基本定时功能应用实例

当 GD32F303ZGT6 微控制器的定时器用作基本定时功能时，基于寄存器操作的程序编写主要涉及如下寄存器的操作：

（1）定时器预分频寄存器（TIMERx_PSC）。

（2）定时器自动重载寄存器（TIMERx_CAR）。

（3）定时器中断标志寄存器（TIMERx_INTF）。

（4）定时器 DMA/中断使能寄存器（TIMERx_DMAINTEN）。

（5）定时器控制寄存器 0（TIMERx_CTL0）。

一般操作步骤如下：

（1）使能定时器 TIMER 模块时钟。

（2）配置需要定时时间的初始值。初始化定时器自动重载寄存器（TIMERx_CAR）和定时器预分频寄存器（TIMERx_PSC）。

（3）配置定时器控制寄存器 0（TIMERx_CTL0）中的自动重载影子寄存器使能控制位（ARSE）、计数器对齐模式选择位（CAM [1:0]）、计数器方向控制位（DIR）、计数器使能控制位（CEN）等。

（4）如果使能了更新中断，还要需要配置定时器 DMA/中断使能寄存器（TIMERx_DMAINTEN）中的更新中断使能控制位（UPIE）。

（5）通过查询定时器中断标志寄存器（TIMERx_INTF）中的更新中断标志位（UPIF）来判断当前更新事件或使用更新中断的产生，执行相应的定时器中断服务程序。

8.6.1 基于查询方式的定时 1 秒闪烁灯实例

1. 实例要求

利用 GD32F303ZGT6 微控制器的定时器 0（TIMER0）模块产生 1 秒时间控制 LED 灯闪烁。

2. 电路图

如图 8-14 所示，U1（GD32F303ZGT6）的 PE0 引脚通过限流电阻 R1（330Ω）连接 LED1 发光二极管。

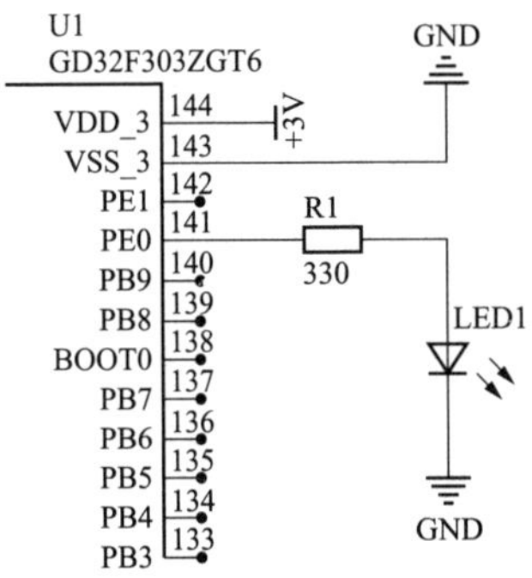

图 8-14 基于查询方式的定时 1 秒闪烁灯实例电路图

3. 编程要点

（1）使能定时器 TIMER0 模块的时钟和 GPIOE 模块时钟。

TIMER0 模块和 GPIOE 都挂接在 APB2 总线上，只需将时钟单元（RCU）的 APB2 使能寄存器（RCU_APB2EN）中的

TIMER0EN 位和 PEEN 位置 1，实现的 C 语句为：

```
RCU_APB2EN |= RCU_APB2EN_TIMER0EN;
RCU_APB2EN |= RCU_APB2EN_PEEN;
```

其中，RCU_APB2EN、RCU_APB2EN_TIMER0EN 和 RCU_APB2EN_PEEN 的宏来源于 gd32f30x_rcu.h。

（2）配置 PE0 引脚为推挽输出，最大输出速度为 10MHz，实现的 C 语句为：

```
uint32_t temp;
temp = GPIO_CTL0(GPIOE);
temp &=~(GPIO_MODE_MASK(0));
temp |= GPIO_MODE_SET(0, GPIO_MODE_OUT_PP | GPIO_OSPEED_10MHZ);
GPIO_CTL0(GPIOE) = temp;
```

（3）配置定时器 TIMER0 定时 1 秒的参数。

需要向 TIMER0 模块的定时器预分频寄存器（TIMERx_PSC）和定时器自动重载寄存器（TIMERx_CAR）写入配置定时 1 秒的初始值。

当定时器 TIMER0 用于基本定时功能时，一般都是以 CK_TIMER 为时钟源，该时钟源来自 APB2 总线上的时钟 CK_APB2，其中 CK_APB2 时钟是 CK_AHB 时钟经过 APB2 预分频后形成的 CK_APB2 时钟。CK_TIMER 时钟是 CK_APB2 时钟进行 X1 或 X2 倍频后得到的时钟，若 APB2 预分频系数是 1，则 CK_TIMER 时钟等于 CK_APB2 时钟。以 GD32F303ZGT6 微控制器为例，一般为 120MHz。

GD32F303ZGT6 微控制器的定时器 TIMER0 模块的时钟源 CK_TIMER=120MHz，要实现定时 1 秒，则需对 120MHz 的 CK_TIMER 进行 120000000 的分频。此时若取定时器 TIMER0 的预分频系数为 12000，则加载到定时器 TIMER0 的计数器时钟为 1kHz。这样，定时 1 秒的时间就是对定时器 TIMER0 计数 1000 次即可。因此，定时器自动重载寄存器（TIMERx_CAR）的初始值为 999，定时器预分频寄存器（TIMERx_PSC）为 11999。

实现配置定时器预分频寄存器（TIMERx_PSC）和定时器自动重载寄存器（TIMERx_CAR）初始数值的 C 语句为：

```
TIMER_PSC(TIMER0) = 12000 - 1;
TIMER_CAR(TIMER0) = 1000 - 1;
```

（4）使能定时器 TIMER0 模块工作。

通过设置定时器控制寄存器 0（TIMERx_CTL0）中的 CEN 位为 1，使能定时器 TIMER0 工作。实现的 C 语句为：

```
TIMER_CTL0(TIMER0) |= TIMER_CTL0_CEN;
```

若要启用影子寄存器功能，则还要将定时器控制寄存器 0（TIMERx_CTL0）中的 ARSE 位置为 1 即可。具体的 C 语句操作为：

```
TIMER_CTL0(TIMER0) |= TIMER_CTL0_ARSE;
```

（5）主程序实现。

main 主函数中，除了完成初始化之外，在 while（1）无限循环体中，通过查询定时器中断标志寄存器（TIMERx_INTF）中的 UPIF 位来判断定时 1 秒时间是否到了，当该 UPIF 标志为 1 时，说明定时 1 秒时间已到，清除该标志位并将驱动 LED1 的 PE0 引脚电平取反，从而实现 LED1 灯的闪烁显示效果。

4. 程序实现

实现上述功能的具体的 main.c 源程序如下：

```
#include "main.h"

int main(void)
{
    uint32_t temp;

    RCU_APB2EN |= RCU_APB2EN_TIMER0EN;          //使能定时器 TIMER0 时钟
    RCU_APB2EN |= RCU_APB2EN_PEEN;              //使能 GPIOE 时钟
    //配置 PE0 引脚为推挽输出,最大输出速度为 10MHz
    temp = GPIO_CTL0(GPIOE);
    temp &=~(GPIO_MODE_MASK(0));
    temp |= GPIO_MODE_SET(0, GPIO_MODE_OUT_PP | GPIO_OSPEED_10MHZ);
    GPIO_CTL0(GPIOE) = temp;

    TIMER_PSC(TIMER0) = 12000 - 1;              //配置定时器 TIMER0 预分频系数
    TIMER_CAR(TIMER0) = 1000 - 1;               //配置定时器 TIMER0 自动重载系数

    TIMER_CTL0(TIMER0) |= TIMER_CTL0_CEN;       //使能定时器 TIMER0 工作

    while(1)
    {
       if(TIMER_INTF(TIMER0) & TIMER_INTF_UPIF){
                                                //读取定时器 TIMER0 更新标志是否为 1
          TIMER_INTF(TIMER0) &=~TIMER_INTF_UPIF;    //清定时器 TIMER0 更新标志
          if(GPIO_OCTL(GPIOE) & GPIO_OCTL_OCTL0){   //若 PE0 引脚输出的是高电平
             GPIO_BC(GPIOE) = GPIO_BC_CR0;          //置 PE0 输出低电平
          }
          else{
             GPIO_BOP(GPIOE) = GPIO_BOP_BOP0;       //置 PE0 输出高电平
          }
       }
    }
}
```

8.6.2　基于中断方式的 99 秒倒计时实例

1. 实例要求

利用 GD32F303ZGT6 微控制器中的定时器 TIMER1 的中断功能实现一个 99 秒倒计时功能，用按键设置倒计时时间在 0～99 之间可调，按下确定键后，LED 灯亮，倒计时开始，倒计时时间到 0 则 LED 灯灭。

2. 电路图

电路图如图 8-15 所示。

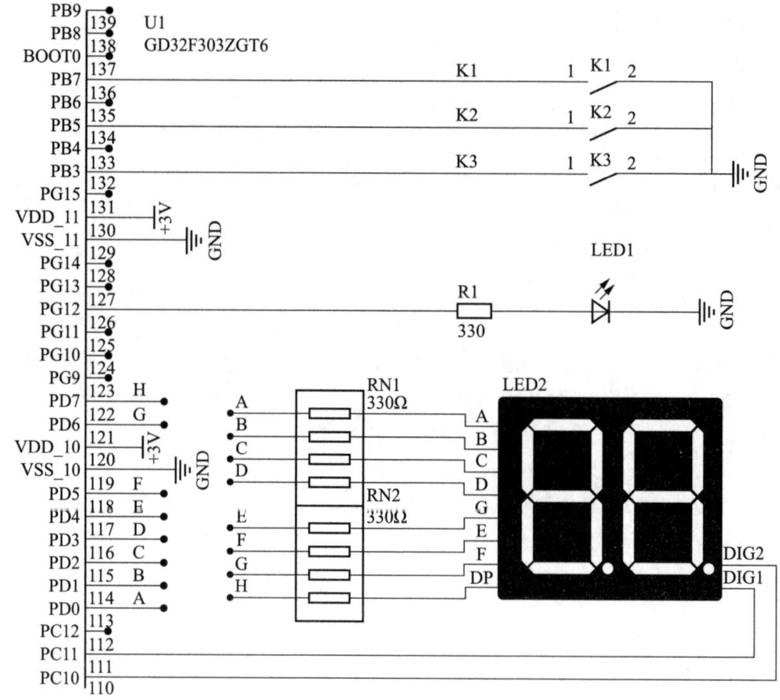

图 8-15　基于中断方式的 99 秒倒计时实例电路图

图 8-15 中，U1（GD32F303ZGT6）的 PB7、PB5 和 PB3 引脚分别连接在按键 K1、K2 和 K3 上，U1（GD32F303ZGT6）的 PG12 引脚通过 R1（330Ω）限流电阻驱动 LED1，PD0～PD7 通过 RN1（330Ω）和 RN2（330Ω）两个排阻驱动 LED2 共阴 LED 数码管的笔段位 A～H，LED2 的 DIG1 和 DIG2 连接到 U1（GD32F303ZGT6）的 PC11 和 PC10 引脚。其中，K1 用于调整时间的十位数值，K2 用于调整时间的个位数值，K3 为确定键。LED1 用于指示倒计时运行状态，LED2 用于显示设定时间和运行中的倒计时时间。

3. 编程要点

（1）使能定时器 TIMER1 时钟，GPIOB、GPIOC、GPIOD 和 GPIOE 时钟。

定时器 TIMER1 是挂接在 APB1 总线上，需将 APB1 使能寄存器（RCU_APB1EN）中的 TIMER1EN 位置 1，GPIOB、GPIOC、GPIOD 和 GPIOG 是挂接在 APB2 总线上，只需将 APB2 使能寄存器（RCU_APB2EN）中的 PBEN、PCEN、PDEN 和 PGEN 位置 1。实现的 C 语句如下：

```
RCU_APB1EN |= RCU_APB1EN_TIMER1EN;
RCU_APB2EN |= RCU_APB2EN_PBEN | RCU_APB2EN_PCEN | RCU_APB2EN_PDEN | RCU_APB2EN_PGEN;
```

（2）配置 PB3、PB5 和 PB7 引脚为上拉输入。

只需配置 GPIOB 端口控制寄存器 0（GPIOB_CTL0）中的 CTL3［1:0］、CTL5［1:0］和 CTL7［1:0］位为 2’b10 为输入模式，同时将 GPIOB 端口输出控制寄存器（GPIOB_OCTL）中的 OCTL3、OCTL5 和 OCTL7 位置 1 启用内部上拉功能。详细的配置 C 语句写在 Key_Pins_Init( )函数中，具体的源代码如下：

```
void Key_Pins_Init(void)
{
    uint32_t temp;
    RCU_APB2EN |= RCU_APB2EN_PBEN;                      //使能 GPIOB 时钟

    temp = GPIO_CTL0(GPIOB);                            //读取 GPIOB 的 CTL0 寄存器
    temp &=~(GPIO_MODE_MASK(3) | GPIO_MODE_MASK(5) | GPIO_MODE_MASK(7));
    temp |= (GPIO_MODE_SET(3, GPIO_MODE_IPU) |
             GPIO_MODE_SET(5, GPIO_MODE_IPU) |
             GPIO_MODE_SET(7, GPIO_MODE_IPU));          //配置为上拉输入
    GPIO_CTL0(GPIOB) = temp;                            //将配置写入 GPIOB 的 CTL0 寄存器

    GPIO_BOP(GPIOB) = GPIO_BOP_BOP3 | GPIO_BOP_BOP5 |GPIO_BOP_BOP7;
                                                        //置 OCTL[3,5,7]= 1;
}
```

（3）配置 PC10、PC11、PG12 和 PD0～PD7 引脚为推挽输出，最大输出速度为 10MHz。

需要配置 GPIOC 的 CTL1 寄存器、GPIOG 的 CTL1 寄存器和 GPIOD 的 CTL0 寄存器，详细配置的 C 语言程序写在 LED_Pins_Init( )函数中，具体的源代码如下：

```
void LED_Pins_Init(void)
{
    uint32_t temp;
    //使能 GPIOC,GPIOD,GPIOG 时钟
    RCU_APB2EN |= RCU_APB2EN_PCEN | RCU_APB2EN_PDEN | RCU_APB2EN_PGEN;

    //配置 PC10,PC11 为推挽输出,最大输出速度为 10MHz
    temp = GPIO_CTL1(GPIOC);        //读取 GPIOC 的 CTL1 寄存器
    temp &=~(GPIO_MODE_MASK(10-8) | GPIO_MODE_MASK(11-8));
    temp |= (GPIO_MODE_SET(10-8, GPIO_MODE_OUT_PP | GPIO_OSPEED_10MHZ) |
            GPIO_MODE_SET(11-8, GPIO_MODE_OUT_PP | GPIO_OSPEED_10MHZ));
    GPIO_CTL1(GPIOC) = temp;        //将配置写入 GPIOC 的 CTL1 寄存器

                                    //配置 PG12 为推挽输出,最大输出速度为 10MHz
    temp = GPIO_CTL1(GPIOG);        //读取 GPIOG 的 CTL1 寄存器
    temp &=~(GPIO_MODE_MASK(12-8));
    temp |= (GPIO_MODE_SET(12-8, GPIO_MODE_OUT_PP));
    GPIO_CTL1(GPIOG) = temp;        //将配置写入 GPIOG 的 CTL1 寄存器

                                    //配置 PD0～PD7 为推挽输出,最大输出速度为 10MHz
    GPIO_CTL0(GPIOD) = 0x11111111;
}
```

（4）LED 数码管扫描显示。

LED2 为 2 位共阴 LED 数码管，实现共阴 LED 数码管动态显示的函数 LEDSEG_Display( )的详细程序如下：

```
void LEDSEG_Display(void)
{
    gpio_bit_set(GPIOC,GPIO_PIN_10 | GPIO_PIN_11);        //置未选通所有数码管
```

```
    if(0 == LEDIndex)gpio_bit_reset(GPIOE,GPIO_PIN_10); //选通第 1 个数码管
    else if(1 == LEDIndex)gpio_bit_reset(GPIOE,GPIO_PIN_11);
                                                        //选通第 2 个数码管
    gpio_port_write(GPIOD,LEDSEG[LEDBuffer[LEDIndex]]<< 0);
                                                    //送已选通的数码管显示字段码
    if(++LEDIndex == sizeof(LEDBuffer))LEDIndex = 0;     //索引指向下一个
}
```

在 LEDSEG_Display( )函数中，LEDBuffer[ ]为 LED 数码管动态显示缓冲区，LEDIndex 为 LED 数码管动态显示的扫描索引变量，LEDSEG [ ] 为显示数字 0～9 和字母 A～F 的常数数组都被定义为全局变量。具体的定义形式如下：

```
//显示 0～9,A～F 字段码的定义
const uint8_t LEDSEG[]= {0x3F,0x06,0x5B,0x4F,0x66,0x6D,0x7D,0x07,0x7F,0x6F,
0x77,0x7C,0x39,0x5E,0x79,0x71};
int8_t LEDBuffer[2]= {0};              //显示缓冲区
int8_t LEDIndex;                       //数码管动态扫描显示索引
```

（5）配置定时器 TIMER1 的 1ms 定时时基，并使能定时器 TIMER1 的中断。

GD32F303ZGT6 微控制器中的定时器 TIMER1 模块是挂接在 APB1 总线上，其最大时钟频率为 60MHz，通过配置定时器 TIMER1 的定时器预分频寄存器（TIMERx_PSC）和定时器自动重载寄存器（TIMERx_CAR）初始值实现定时器 TIMER1 定时 1ms 的时基。将 60MHz 的时钟 CK_TIMER 经过定时器预分频寄存器（TIMERx_PSC）60 分频之后得到 CK_PSC 时钟为 1MHz，即加载在定时计数器（TIMERx_CNT）的时钟为 1MHz，定时计数器（TIMERx_CNT）每经过 1000 次的计数产生一次更新中断请求，即得到定时 1ms 的时基。将定时器 DMA/中断使能寄存器（TIMERx_DMAINTEN）中的 UPIE 位置 1 使能定时器 TIMER1 中断源，同时还要使能定时器 TIMER1 中断向量，这样 NVIC 才能响应定时器 TIMER1 的中断请求。详细的配置 C 语句与在 Timer1_Init( )函数，具体的源代码如下：

```
void Timer1_Init(void)
{
    RCU_APB1EN |= RCU_APB1EN_TIMER1EN;                  //使能 TIMER1 时钟
    TIMER_PSC(TIMER1) = 60 - 1;                         //设置 PSC 预分频系数
    TIMER_CAR(TIMER1) = 1000 - 1;                       //设置 CAR 自动重载数值
    TIMER_DMAINTEN(TIMER1) |= TIMER_DMAINTEN_UPIE;      //使能 TIMER1 的更新中断
    nvic_irq_enable(TIMER1_IRQn,0,0);              //使能定时器 TIMER1 的中断向量
    TIMER_CTL0(TIMER1) |= (TIMER_CTL0_CEN | TIMER_CTL0_ARSE);//使能 TIMER1
}
```

（6）编写定时器 TIMER1 的更新中断服务程序。

使能定时器 TIMER1 的更新中断后，每当定时 1ms 时间到时，就会产生一次更新中断请求，并执行定时器 TIMER1 的中断服务程序。

定时器 TIMER1 的中断服务程序函数名称已经被预先定义在 startup_gd32f30x_xd.s 文件中，表达形式为：

```
void TIMER1_IRQHandler(void);
```

在定时器 TIMER1 的中断服务程序中，主要实现如下功能：

1）msTick 变量加 1。

2）调用 LED_Display( )函数实现 LED 数码管动态显示。

3）倒计时变量 Second 根据变量 Runstatus 的值来决定是否减 1，若处于运行状态下（即 RunStatus 为 1），则每 1 秒时间到将倒计时变量 Second 减 1，减到 0 则停止。

定时器 TIMER1 的中断服务程序的详细源程序如下：

```
void TIMER1_IRQHandler(void)                          //定时器 TIMER1 中断服务程序
{
    if(TIMER_INTF(TIMER1) & TIMER_INTF_UPIF){        //定时 1ms 时间到
        TIMER_INTF(TIMER1) &=~TIMER_INTF_UPIF;       //清更新中断标志

        msTick ++;                                    //msTick 加 1
        LEDSEG_Display();                             //调用动态 LED 数码管显示

        if(++msCnt >= 1000){                          //定时 1 秒时间到
            msCnt = 0;
            if(RESET != RunStatus){                   //当前处于倒计时运行状态
                if(0 != Second){
                    Second --;                        //秒变量减 1
                }
                else{
                    RunStatus = RESET;                //倒计时运行状态复位
                    LED_1_OFF();                      //指示灯灭
                }
                LEDBuffer[0]= (Second / 10) % 10; //更新显示缓冲区的内容
                LEDBuffer[1]= (Second / 1) % 10;
            }
        }
    }
}
```

其中，变量 msTick、RunStatus 和 Second 为全局变量，变量的定义如下：

```
int32_t msCnt,Second;
int32_t RunStatus;
```

（7）主程序除了完成上述的初始化之外，在 while（1）无限循环体中实现对按键的实时检测和处理。

4. 主程序实现

在 main( )函数中，主要实现如下内容：

（1）调用 Key_Pins_Init( )函数初始化 K1～K3 按键的 GPIO 引脚。

（2）调用 LED_Pins_Init( )数初始化 LED1 和 LED2 的 GPIO 引脚。

（3）调用 Timer1_Init( )函数初始化定时器 TIMER1 基于中断方式的定时 1ms 时基。

（4）在 while（1）无限循环程序体中，实现对 K1～K3 按键的检测和处理。

详细的 main( )函数源程序如下：

```
int main(void)
{
    Key_Pins_Init();
    LED_Pins_Init();
```

```
    Timer1_Init();

    while(1)
    {
        //K1 用于十位数值加 1
        if(RESET == K1){
            msDelay(10);
            if(RESET == K1){
                if(RESET == RunStatus){
                    Second += 10;
                    if(Second > 99){
                        Second %= 10;
                    }
                    LEDBuffer[0]= (Second / 10) % 10;
                    LEDBuffer[1]= (Second / 1) % 10;
                }
                while(RESET == K1);
            }
        }
        //K2 用于个位数值加 1
        if(RESET == K2){
            msDelay(10);
            if(RESET == K2){
                if(RESET == RunStatus){
                    Second += 1;
                    if(Second > 99){
                        Second = 0;
                    }
                    LEDBuffer[0]= (Second / 10) % 10;
                    LEDBuffer[1]= (Second / 1) % 10;
                }
                while(RESET == K2);
            }
        }
        //K3 为确定键
        if(RESET == K3){
            msDelay(10);
            if(RESET == K3){
                if(RESET == RunStatus){
                    if(Second > 0){
                        RunStatus = SET;
                        msCnt = 0;
                        LED_1_ON();
                    }
                }
                else{
                    RunStatus = RESET;
                    LED_1_OFF();
                }
                while(RESET == K3);
```

```
            }
        }
    }
}
```

在 main( )函数中，K1～K3、LED_1_ON( )和 LED_1_OFF( )为宏定义，详细的宏如下：

```
#define LED_1_ON()       GPIO_BOP(GPIOG) |= GPIO_BOP_BOP12
#define LED_1_OFF()      GPIO_BC(GPIOG) |= GPIO_BC_CR12
#define K1               (GPIO_ISTAT(GPIOB) & GPIO_ISTAT_ISTAT7)
#define K2               (GPIO_ISTAT(GPIOB) & GPIO_ISTAT_ISTAT5)
#define K3               (GPIO_ISTAT(GPIOB) & GPIO_ISTAT_ISTAT3)
```

8.7　定时器 TIMERx 典型应用步骤与常用库函数

8.7.1　定时器 TIMERx 的基本定时功能应用步骤

定时器（TIMER）作为基本定时功能是定时器最常用的功能。在选择的计数时钟下定义计数次数，完成特定时间的定时。在定时时间到后，可以产生溢出事件，置更新中断标志位。如果允许更新事件中断的话，则会触发相应的中断服务程序。

配置定时器基本定时功能的步骤如下：

1. 使能定时器时钟

GD32F303ZGT6 微控制器共有 14 个定时器，其中定时器 TIMER0/7/8/9/10 挂接在 APB2 总线上，其他定时器挂接在 APB1 总线上。调用 gd32f30x_rcu.h 头文件中的 rcu_periph_clock_enable( ) 函数来使能定时器时钟。

例如，利用库函数使能定时器 TIMER2 模块时钟的 C 语句为：

```
rcu_periph_clock_enable(RCU_TIMER2,ENABLE);
```

与定时器 TIMER 模块时钟相关的宏在 gd32f30x_rcu.h 头文件中的定义如下：

```
RCU_TIMER1  = RCU_REGIDX_BIT(APB1EN_REG_OFFSET, 0U), /*!< TIMER1 时钟*/
RCU_TIMER2  = RCU_REGIDX_BIT(APB1EN_REG_OFFSET, 1U), /*!< TIMER2 时钟*/
RCU_TIMER3  = RCU_REGIDX_BIT(APB1EN_REG_OFFSET, 2U), /*!< TIMER3 时钟*/
RCU_TIMER4  = RCU_REGIDX_BIT(APB1EN_REG_OFFSET, 3U), /*!< TIMER4 时钟*/
RCU_TIMER5  = RCU_REGIDX_BIT(APB1EN_REG_OFFSET, 4U), /*!< TIMER5 时钟*/
RCU_TIMER6  = RCU_REGIDX_BIT(APB1EN_REG_OFFSET, 5U), /*!< TIMER6 时钟*/
RCU_TIMER11 = RCU_REGIDX_BIT(APB1EN_REG_OFFSET, 6U), /*!< TIMER11 时钟*/
RCU_TIMER12 = RCU_REGIDX_BIT(APB1EN_REG_OFFSET, 7U), /*!< TIMER12 时钟*/
RCU_TIMER13 = RCU_REGIDX_BIT(APB1EN_REG_OFFSET, 8U), /*!< TIMER13 时钟*/
RCU_TIMER0  = RCU_REGIDX_BIT(APB2EN_REG_OFFSET, 11U),/*!< TIMER0 时钟*/
RCU_TIMER7  = RCU_REGIDX_BIT(APB2EN_REG_OFFSET, 13U),/*!< TIMER7 时钟*/
RCU_TIMER8  = RCU_REGIDX_BIT(APB2EN_REG_OFFSET, 19U),/*!< TIMER8 时钟*/
RCU_TIMER9  = RCU_REGIDX_BIT(APB2EN_REG_OFFSET, 20U),/*!< TIMER9 时钟*/
RCU_TIMER10 = RCU_REGIDX_BIT(APB2EN_REG_OFFSET, 21U),/*!< TIMER10 时钟*/
```

2. 初始化定时器定时参数

基本定时功能的参数主要包括定时器预分频条系数（TIMERx_PSC+1）、定时器自动重载数值（TIMERx_CAR + 1）和计数方式。若用到高级定时器 TIMER0 和 TIMER7 时，还要定义定时器重复计数次数（TIMERx_RCEP+1）。

通过调用在 gd32f30x_timer.h 头文件中的 timer_init( )函数实现上述参数的初始化，该函数的具体定义形式如下：

```
void timer_init(uint32_t timer_periph, timer_parameter_struct* initpara);
```

3. 使能定时器 TIMER 中断

定时器 TIMER 的多个事件会共用一个中断通道，因此在使用中断时，定时器中断事件和中断通道都需要定义和使能。

（1）使能/禁止定时器中断，通过调用在 gd32f30x_timer.h 头文件中被声明的函数。函数形式以下：

```
void timer_interrupt_enable(uint32_t timer_periph, uint32_t interrupt);
void timer_interrupt_disable(uint32_t timer_periph, uint32_t interrupt);
```

（2）配置定时器中断向量的优先级和使能状态，通过调用在 gd32f30x_misc.h 文件中被声明的函数。函数形式如下：

```
void nvic_irq_enable(uint8_t nvic_irq, uint8_t nvic_irq_pre_priority,
uint8_t nvic_irq_sub_priority);
```

4. 使能定时器

调用被声明在 gd32f30x_timer.h 头文件中的 timer_enable( )函数开启定时器 TIMER 工作，该函数的具体形式如下：

```
void timer_enable(uint32_t timer_periph);
```

5. 编写定时器中断服务函数

如果使能了中断，还需要编写中断服务，在 startup_gd32f30x_xd.s 启动文件中定义了相应的定时器中断服务程序的函数名称，相关定时器的中断服务程序函数名称参考表 8-17。

例如，要使用定时器 TIMER2 中断服务程序，其中断函数名称如下：

```
void TIMER2_IRQHandler(void);
```

在中断服务程序，一般需要做以下几件事：

（1）需要检测触发中断的事件源是否是程序预定义好的事件，通过使用以下函数来检测当前的预定义的中断源：

```
FlagStatus timer_interrupt_flag_get(uint32_t timer_periph, uint32_t interrupt);
```

（2）如果中断事件源检测条件成立，则通过软件清除对应事件的中断标志位，使用如下函数：

```
void timer_interrupt_flag_clear(uint32_t timer_periph, uint32_t interrupt);
```

（3）编写中断服务程序需要执行的功能。

8.7.2 定时器 TIMERx 的输入捕获应用步骤

使用具备输入捕获通道的定时器可以测量外部输入信号的周期，其一般配置步骤如下：

（1）使能定时器时钟和 GPIO 时钟。

1）通过调用 rcu_periph_clock_enable( )函数来使能定时器时钟。

例如，使能定时器 TIMER2 的时钟。

```
rcu_periph_clock_enable(RCU_TIMER2);
```

2）由于输入捕获通道复用在 GPIO 引脚上，通过调用 rcu_periph_clock_enable( )函数使能对应的 GPIO 引脚时钟。

例如，定时器 TIMER2 的输入捕获通道 2 复用在 PB0 引脚。此时需要打开 GPIOB 的时钟。

```
rcu_periph_clock_enable(RCU_GPIOB);
```

（2）配置定时器输入捕获通道引脚。

需要配置对应输入捕获通道的 GPIO 引脚为复用功能引脚，通过调用 gpio_init( )函数配置引脚为复用功能模式。

例如，初始化 TIMER2_CH2/PB3 引脚为定时器 TIMER2 的输入捕获通道 CH2 复用引脚为输入模式。

```
gpio_init(GPIOB,GPIO_MODE_AF,GPIO_OSPEED_10MHZ,GPIO_PIN_3);
```

（3）配置定时器的测量时钟。

当使用定时器的输入捕获功能测量外部输入信号的周期时，一般使用内部总线时钟作为时钟源，并设定定时器计数器的时钟预分频系数，用于确定测量用的时钟频率（频率越高，最后精度越好。但是，最好在一次测量中，不出现计数溢出事件）。然后，自动重载计数值设置为最大值，计数方式使用向上计数。初始化调用 timer_init( )函数实现对定时器的初始化。

例如：

```
timer_parameter_struct MyTIM;
MyTIM.period = 0xFFFF;                                  //设置最大计数次数
MyTIM.prescaler = 60 - 1;                               //设置计数频率
MyTIM.counterdirection = TIMER_COUNTER_UP;              //计数方式
MyTIM.alignedmode = TIMER_COUNTER_EDGE;
MyTIM.clockdivision = TIMER_CKDIV_DIV1;
timer_init(TIMER2,&MyTIM);                              //初始化定时器
```

（4）设置输入捕获通道。

主要用于配置选择的输入捕获通道、边沿捕获方式、捕获信号源、捕获信号的预分频系数及输入滤波系数等。

例如：初始化定时器 TIMER2 的输入捕获通道 2。

```
timer_ic_parameter_struct MyTIMCap;
MyTIMCap.icpolarity = TIMER_IC_POLARITY_RISING;         //选择边沿捕获方式
MyTIMCap.icselection = TIMER_IC_SELECTION_DIRECTTI;     //捕获信号源
MyTIMCap.icprescaler = TIMER_IC_PSC_DIV1;               //捕获信号的预分频系数
MyTIMCap.icfilter = 0;                                  //输入滤波系数
timer_input_capture_config(TIMER2,TIMER_CH_2,&MyTIMCap);
                                            //初始化定时器 2 的输入捕获通道 2
```

（5）使能定时器的中断。

定时器 TIMER 的多个事件会共用一个中断通道，因此在使用中断时，定时器的中断事件和中断通道都需要定义和使能。

1）使能定时器的输入捕获通道中断。例如：

```
timer_interrupt_enable(TIMER2,TIMER_INT_FLAG_CH2);
                                    //使能定时器 TIMER2 的输入捕获通道 2 中断
```

2）配置定时器中断向量的优先级和使能状态。例如：

```
nvic_irq_enable(TIMER2_IRQn,0,0);    //使能定时器 TIMER2 的中断向量并设置优先级。
```

3）使能定时器工作。例如：

```
timer_enable(TIMER2);
```

（6）编写中断服务函数。

如果使能了中断，则需要编写中断服务，在 startup_gd32f30x_xd.s 启动文件中定义了相应的定时器中断服务程序的函数名称，相关定时器的中断服务程序函数名称参考表 8-17。

例如，要使用定时器 TIMER2 中断服务程序：

```
void TIMER2_IRQHandler(void);
```

在中断服务程序，一般需要做以下几件事：

1）需要检测触发中断的事件源是否是程序预定义好的事件，通过使用以下函数来检测当前的预定义的中断源：

```
FlagStatus timer_interrupt_flag_get(uint32_t timer_periph, uint32_t interrupt);
```

2）如果中断事件源检测条件成立，则需要软件清除对应事件的中断标志位，使用如下函数：

```
void timer_interrupt_flag_clear(uint32_t timer_periph, uint32_t interrupt);
```

3）编写中断服务程序实现需要执行的功能。

8.7.3 定时器 TIMERx 的 PWM 输出应用步骤

使用定时器的比较输出功能可以在比较输出通道产生 PWM 信号。配置定时器的 PWM 输出功能的步骤如下：

（1）使能定时器时钟。

1）使用 rcu_periph_clock_enable( )函数使能定时器时钟。

例如，使能定时器 TIMER2 的时钟。

```
rcu_periph_clock_enable(RCU_TIMER2);
```

2）由于比较输出通道是复用在 GPIO 引脚上，需要使用 rcu_periph_clock_enable( )函数使能对应的 GPIO 引脚时钟。

例如，定时器 TIMER2 的输出比较通道 2 复用在 PB0 引脚。此时需要打开 GPIOB 的时钟。

```
rcu_periph_clock_enable(RCU_GPIOB);
```

（2）配置定时器比较输出通道引脚。

需要将使用到的 GPIO 引脚复用到定时器，并将引脚配置为输出模式。例如：

```
gpio_init(GPIOB,GPIO_MODE_AF_PP,GPIO_OSPEED_50MHZ,GPIO_PIN_0);//配置 PB2 为
定时器 TIMER2 的 PWM 输出通道 2
```

（3）定义 PWM 波的周期。

使用定时器的基本定时功能定义 PWM 波的周期。基本定时功能的参数主要包括定时器预分频系数（TIMERx_PSC+1）、定时器自动重载数值（TIMERx_CAR + 1）和计数方式。若用到高级定时器 TIMER0 和 TIMER7 时，还要定义定时器重复计数次数（TIMERx_RCEP+1）。

通过调用在 gd32f30x_timer.h 头文件中声明的 timer_init( )函数实现上述参数的初始化。例如：配置定时器 TIMER2 的 PWM 周期为 1ms 的定时功能的初始化程序如下：

```
timer_parameter_struct MyTIM;
MyTIM.period = 1000 - 1;                            //设置 PWM 周期 1ms 的计数值
MyTIM.prescaler = 60 - 1;                           //设置预分频系数
MyTIM.counterdirection = TIMER_COUNTER_UP;          //计数方式
MyTIM.alignedmode = TIMER_COUNTER_EDGE;
MyTIM.clockdivision = TIMER_CKDIV_DIV1;
timer_init(TIMER2,&MyTIM);                          //初始化定时器
```

（4）配置比较输出通道。

主要包括：选择输出模式、输出使能、比较值、输出有效电平。例如：

```
timer_oc_parameter_struct MyPWM;
MyPWM.outputstate = TIMER_CCX_ENABLE;
MyPWM.outputnstate = TIMER_CCX_DISABLE;
MyPWM.ocpolarity   = TIMER_OC_POLARITY_HIGH;
MyPWM.ocnpolarity  = TIMER_OCN_POLARITY_HIGH;
MyPWM.ocidlestate  = TIMER_OC_IDLE_STATE_LOW;
MyPWM.ocnidlestate = TIMER_OCN_IDLE_STATE_LOW;
timer_channel_output_config(TIMER2,TIMER_CH_2,&MyPWM);
timer_channel_output_mode_config(TIMER2,TIMER_CH_2,TIMER_OC_MODE_PWM0);
timer_channel_output_pulse_value_config(TIMER2,TIMER_CH_2,500);
timer_channel_output_shadow_config(TIMER2,TIMER_CH_2,TIMER_OC_SHADOW_ENABLE);
```

（5）使能定时器。

使能定时器工作。例如：

```
timer_enable(TIMER2);
```

8.7.4 常用库函数

与定时器 TIMER 相关的常用库函数和宏都被定义在以下两个文件中。

头文件：gd32f30x_timer.h。

源文件：gd32f30x_timer.c。

1. 定时器时基初始化函数

```
void timer_init(uint32_t timer_periph, timer_parameter_struct* initpara);
```

功能：初始化外设 TIMERx。

参数 1：uint32_t timer_periph，定时器对象，是一个定时器 TIMERx 模块的地址指针宏定义，表达形式是 TIMER0～TIMER13，以宏的形式定义在 gd32f30x_timer.h 头文件中。具体的宏定义见参考 8.1.2 节。

参数 2：timer_parameter_struct* initpara，定时器时基配置的结构体指针。timer_parameter_struct 是自定义的结构体类型，在 gd32f30x_timer.h 头文件中的结构体定义如下：

```
typedef struct
{
    uint16_t prescaler;              /*!<预分频值*/
    uint16_t alignedmode;            /*!<对齐模式*/
    uint16_t counterdirection;       /*!<计数方向*/
    uint16_t clockdivision;          /*!<时钟分频值与死区长度及捕获采样频率相关*/
    uint32_t period;                 /*!<计数周期*/
    uint8_t  repetitioncounter;      /*!<重复计数次数*/
}timer_parameter_struct;
```

成员 1：uint16_t prescaler，预分频系数，用于初始化预分频寄存器（TIMERx_PSC）的数值，初始化值一般是实际分频值–1。

成员 2：uint16_t alignedmode，计数器对齐模式选择，用于配置定时器控制寄存器 0（TIMERx_CTL0）中的 CAM［1:0］位。包括边沿对齐模式、中央对齐向下计数置 1 模式、中央对齐向上计数置 1 模式和中央对齐上下计数置 1 模式，在 gd32f30x_timer.h 头文件中定义形式如下：

```
#define CTL0_CAM(regval)((uint16_t)(BITS(5, 6) & ((uint32_t)(regval) << 5U)))
#define TIMER_COUNTER_EDGE          CTL0_CAM(0) /*!<边沿对齐模式*/
#define TIMER_COUNTER_CENTER_DOWN   CTL0_CAM(1) /*!<中央对齐向下计数置 1 模式*/
#define TIMER_COUNTER_CENTER_UP     CTL0_CAM(2) /*!<中央对齐向上计数置 1 模式*/
#define TIMER_COUNTER_CENTER_BOTH   CTL0_CAM(3) /*!<中央对齐上下计数置 1 模式*/
```

不同的中央对齐模式，定义了在使能比较输出功能时，比较中断标志位置位的位置。

成员 3：uint16_t counterdirection，计数方向选择位，用于配置定时器控制寄存器 0（TIMERx_CTL0）中的 DIR 位。包括向上计数和向下计数，在 gd32f30x_timer.h 头文件中定义形式如下：

```
#define TIMER_COUNTER_UP ((uint16_t)0x0000U          /*!<向上计数方向*/
#define TIMER_COUNTER_DOWN  ((uint16_t)TIMER_CTL0_DIR) /*!<向下计数方向*/
```

成员 4：uint16_t clockdivision，与死区长度及捕获采样频率相关。在 gd32f30x_timer.h 头文件中定义形式如下：

```
#define CTL0_CKDIV(regval) ((uint16_t)(BITS(8, 9) & ((uint32_t)(regval) << 8U)))
#define TIMER_CKDIV_DIV1    CTL0_CKDIV(0) /*!<分频值是 1,fDTS=fTIMER_CK */
#define TIMER_CKDIV_DIV2    CTL0_CKDIV(1) /*!<分频值是 2,fDTS= fTIMER_CK/2 */
#define TIMER_CKDIV_DIV4    CTL0_CKDIV(2) /*!<分频值是 4, fDTS= fTIMER_CK/4 */
```

成员 5：uint32_t period，计数周期，用于初始化定时器自动重载寄存器（TIMERx_CAR）的计数初值，定义的是一次溢出计数的数值。在向上、向下计数模式下，初始化值一般是实际溢出值–1。中央对齐主计数模式溢出值与设定值一致。

成员 6：uint8_t repetitioncounter，重复计数次数，对高级定时器 TIMER0 和 TIMER7 有用。

例如，设置定时器 TIMER0 的计数周期为 1000，预分频系数为 120，向上计数的边沿对齐模式。

```
timer_parameter_struct MyTIM;
MyTIM.period = 1000 - 1;                          //设置计数周期
MyTIM.prescaler = 120 - 1;                        //设置分频系数
MyTIM.counterdirection = TIMER_COUNTER_UP;        //计数方式
```

```
    MyTIM.alignedmode = TIMER_COUNTER_EDGE;        //边沿对齐
    MyTIM.clockdivision = TIMER_CKDIV_DIV1;        //不分频
    MyTIM.repetitioncounter = 0;
    timer_init(TIMER0,&MyTIM);                     //初始化定时器
```

如果使用定时器内部时钟，频率为 120MHz，则定时器的计数脉冲频率 CK_CNT= 120MHz/120=1000kHz，一次计数溢出值为 1000 次，持续时间为 1000/1000kHz=1ms。

2. 定时器使能/禁止函数

```
void timer_enable(uint32_t timer_periph);          //使能 TIMERx 外设
void timer_disable(uint32_t timer_periph);         //禁止 TIMERx 外设
```

功能：使能/禁止外设 TIMERx。用于设置定时器控制寄存器 0（TIMERx_CTL0）中的 CEN 位为 1 或 0。

参数：uint32_t timer_periph，见“1. 定时器时基初始化函数”中的参数 1 的详细描述。

例如，使能定时器 TIMER4。

```
timer_enable (TIMER4);
```

3. 使能/禁止定时器自动重载影子寄存器函数

```
Void timer_auto_reload_shadow_enable(uint32_t timer_periph);
                                        //使能外设 TIMERx 的自动重载影子寄存器
void timer_auto_reload_shadow_ disable (uint32_t timer_periph);
                                        //禁止外设 TIMERx 的自动重载影子寄存器
```

功能：使能/禁止外设 TIMERx 的自动重载影子寄存器。用于设置控制寄存器 0（TIMERx_CTL0）中的 ARSE 位为 1 或 0。

参数：uint32_t timer_periph，见“1. 定时器时基初始化函数”中的参数 1 的详细描述。

例如，使能定时器 TIMER4 的自动重载影子寄存器。

```
timer_auto_reload_shadow_enable(TIMER4);
```

4. 定时器中断事件使能/禁止函数

```
void timer_interrupt_enable(uint32_t timer_periph, uint32_t interrupt);
                                                //定时器中断使能函数
void timer_interrupt_ disable (uint32_t timer_periph, uint32_t interrupt);
                                                //定时器中断禁止函数
```

功能：外设 TIMERx 中断使能/禁能。该函数用于设置 DMA 和中断使能寄存器（TIMERx_DMAINTEN）相应的中断使能/禁止控制位。

参数 1：uint32_t timer_periph，见“1. 定时器时基初始化函数”中的参数 1 的详细描述。

参数 2：uint32_t interrupt，定时器中断源。包括：更新中断、通道 0 捕获/比较中断、通道 1 捕获/比较中断、通道 2 捕获/比较中断、通道 3 捕获/比较中断、换相更新中断、触发中断和中止中断。在 gd32f30x_timer.h 头文件中的宏定义如下：

```
#define TIMER_INT_UP        TIMER_DMAINTEN_UPIE      /*!<更新中断*/
#define TIMER_INT_CH0       TIMER_DMAINTEN_CH0IE     /*!<通道 0 捕获/比较中断*/
#define TIMER_INT_CH1       TIMER_DMAINTEN_CH1IE     /*!<通道 1 捕获/比较中断*/
```

```
#define TIMER_INT_CH2       TIMER_DMAINTEN_CH2IE     /*!<通道 2 捕获/比较中断*/
#define TIMER_INT_CH3       TIMER_DMAINTEN_CH3IE     /*!<通道 3 捕获/比较中断*/
#define TIMER_INT_CMT       TIMER_DMAINTEN_CMTIE     /*!<换相更新中断*/
#define TIMER_INT_TRG       TIMER_DMAINTEN_TRGIE     /*!<触发中断*/
#define TIMER_INT_BRK       TIMER_DMAINTEN_BRKIE     /*!<中止中断*/
```

例如，使能定时器 TIMER0 更新中断。

```
timer_interrupt_enable (TIMER0, TIMER_INT_UP);
```

5. 获取定时器中断事件函数

```
FlagStatus timer_interrupt_flag_get(uint32_t timer_periph, uint32_t interrupt);
```

功能：获取外设 TIMERx 中断标志。该函数是读取的是定时器中断标志寄存器（TIMERx_INTF）中的指定位的中断标志状态。

参数 1：uint32_t timer_periph，见“1. 定时器时基初始化函数”中的参数 1 的详细描述。

参数 2：uint32_t interrupt，定时器中断源标志。包括：更新中断标志、通道 0 捕获/比较中断标志、通道 1 捕获/比较中断标志、通道 2 捕获/比较中断标志、通道 3 捕获/比较中断标志、换相更新中断标志、触发中断标志和中止中断标志。在 gd32f30x_timer.h 头文件中的宏定义如下：

```
#define TIMER_INT_FLAG_UP   TIMER_INTF_UPIF     /*!<更新中断标志*/
#define TIMER_INT_FLAG_CH0  TIMER_INTF_CH0IF    /*!<通道 0 捕获/比较中断标志*/
#define TIMER_INT_FLAG_CH1  TIMER_INTF_CH1IF    /*!<通道 1 捕获/比较中断标志*/
#define TIMER_INT_FLAG_CH2  TIMER_INTF_CH2IF    /*!<通道 2 捕获/比较中断标志*/
#define TIMER_INT_FLAG_CH3  TIMER_INTF_CH3IF    /*!<通道 3 捕获/比较中断标志*/
#define TIMER_INT_FLAG_CMT  TIMER_INTF_CMTIF    /*!<换相更新中断标志*/
#define TIMER_INT_FLAG_TRG  TIMER_INTF_TRGIF    /*!<触发中断标志*/
#define TIMER_INT_FLAG_BRK  TIMER_INTF_BRKIF    /*!<中止中断标志*/
```

返回参数：是一个 FlagStatus 的枚举类型，取值为 RESET 或 SET。

例如，获取定时器 TIMER4 的更新中断事件标志位状态。

```
timer_interrupt_flag_get(TIMER4,TIMER_INT_FLAG_UP);
```

6. 清除定时器中断事件函数

退出中断服务程序前，一般都需要将对应的中断标志给清 0，以防止反复触发中断。

```
void timer_interrupt_flag_clear(uint32_t timer_periph, uint32_t interrupt);
```

功能：清除定时器的中断标志。该函数是将定时器中断标志寄存器（TIMERx_INTF）中的指定的中断标志位给清 0。

参数 1：uint32_t timer_periph，见“1. 定时器时基初始化函数”中的参数 1 的详细描述。

参数 2：uint32_t interrupt，定时器中断源标志。包括：更新中断标志、通道 0 捕获/比较中断标志、通道 1 捕获/比较中断标志、通道 2 捕获/比较中断标志、通道 3 捕获/比较中断标志、换相更新中断标志、触发中断标志和中止中断标志。在 gd32f30x_timer.h 头文件中的宏定义参考“5.获取定时器中断事件函数”。

例如：清除定时器 TIMER4 的更新中断标志。一般的 C 语句写法如下：

```
if(RESET != timer_interrupt_flag_get(TIMER4,TIMER_INT_FLAG_UP)){
```

```
                                          //获取定时器 TIMER4 的更新中断标志
    timer_interrupt_flag_clear(TIMER4,TIMER_INT_FLAG_UP);
                                          //清定时器 TIMER4 的更新中断标志
//...
}
```

7. 定时器比较输出通道初始化函数

```
void timer_channel_output_config(uint32_t timer_periph,uint16_t channel,
timer_oc_parameter_struct* ocpara);
```

功能：外设 TIMERx 的通道输出配置。

参数 1：uint32_t timer_periph，见“1. 定时器时基初始化函数”中的参数 1 的详细描述。

参数 2：uint16_t channel，该定时器的比较输出通道。在 gd32f30x_timer.h 头文件中的宏定义如下：

```
#define TIMER_CH_0 ((uint16_t)0x0000U) /*!<定时器 0(TIMERx(x=0..4,7..13)) */
#define TIMER_CH_1 ((uint16_t)0x0001U) /*!<定时器 1(TIMERx(x=0..4,7,8,11)) */
#define TIMER_CH_2 ((uint16_t)0x0002U) /*!<定时器 2(TIMERx(x=0..4,7)) */
#define TIMER_CH_3 ((uint16_t)0x0003U) /*!<定时器 3(TIMERx(x=0..4,7)) */
```

参数 3：timer_oc_parameter_struct* ocpara，定时器比较输出功能配置的结构体指针。timer_oc_parameter_struct 是自定义的结构体类型，定义在 gd32f30x_timer.h 头文件中的结构体定义如下：

```
typedef struct
{
    uint16_t outputstate;                    /*!<通道输出状态*/
    uint16_t outputnstate;                   /*!<通道互补输出状态*/
    uint16_t ocpolarity;                     /*!<通道输出极性*/
    uint16_t ocnpolarity;                    /*!<通道互补输出极性*/
    uint16_t ocidlestate;                    /*!<空闲状态通道输出*/
    uint16_t ocnidlestate;                   /*!<空闲状态互补通道输出*/
}timer_oc_parameter_struct;
```

成员 1：uint16_t outputstate，通道输出状态。通道输出状态的两种状态被定义在 gd32f30x_timer.h 头文件中的宏定义如下：

```
#define TIMER_CCX_ENABLE     ((uint32_t)0x00000001U)     /*!<通道使能*/
#define TIMER_CCX_DISABLE    ((uint32_t)0x00000000U)     /*!<通道禁止*/
```

成员 2：uint16_t outputnstate，通道互补输出状态。互补通道输出状态的两种状态，被定义在 gd32f30x_timer.h 头文件中的宏定义如下：

```
#define TIMER_CCXN_ENABLE    ((uint16_t)0x0004U)          /*!<互补通道使能*/
#define TIMER_CCXN_DISABLE   ((uint16_t)0x0000U)          /*!<互补通道禁止*/
```

成员 3：uint16_t ocpolarity，通道输出极性。通道输出极性在 gd32f30x_timer.h 头文件中的宏定义如下：

```
#define TIMER_OC_POLARITY_HIGH  ((uint16_t)0x0000U) /*!<通道输出极性是高电平*/
#define TIMER_OC_POLARITY_LOW   ((uint16_t)0x0002U) /*!<通道输出极性是低电平*/
```

成员 4：uint16_t ocnpolarity，通道互补输出极性。通道互补输出极性在 gd32f30x_ timer.h

头文件中的宏定义如下：

```
#define TIMER_OCN_POLARITY_HIGH ((uint16_t)0x0000U) /*!<通道互补输出极性是高电平*/
#define TIMER_OCN_POLARITY_LOW  ((uint16_t)0x0008U) /*!<通道互补输出极性是低电平*/
```

成员 5：uint16_t ocidlestate，空闲状态通道输出状态。空闲状态通道输出状态在 gd32f30x_timer.h 头文件中的宏定义如下：

```
#define TIMER_OC_IDLE_STATE_HIGH ((uint16_t)0x0100) /*!<空闲状态通道输出状态是高电平*/
#define TIMER_OC_IDLE_STATE_LOW  ((uint16_t)0x0000) /*!<空闲状态通道输出状态是低电平*/
```

成员 6：uint16_t ocnidlestate，空闲状态互补通道输出状态。空闲状态互补通道输出状态在 gd32f30x_timer.h 头文件中的定义如下：

```
#define TIMER_OCN_IDLE_STATE_HIGH   ((uint16_t)0x0200U) /*!<空闲状态互补通道输出状态是高电平*/
#define TIMER_OCN_IDLE_STATE_LOW    ((uint16_t)0x0000U) /*!<空闲状态互补通道输出状态是低电平*/
```

例如，设定定时器 TIMER2 的通道 2 为输出比较模式的功能。

```
timer_oc_parameter_struct MyPWM;
MyPWM.outputstate = TIMER_CCX_ENABLE;
MyPWM.outputnstate = TIMER_CCXN_DISABLE;
MyPWM.ocpolarity   = TIMER_OC_POLARITY_HIGH;
MyPWM.ocnpolarity  = TIMER_OCN_POLARITY_HIGH;
MyPWM.ocidlestate  = TIMER_OC_IDLE_STATE_LOW;
MyPWM.ocnidlestate = TIMER_OCN_IDLE_STATE_LOW;
timer_channel_output_config(TIMER2,TIMER_CH_2,&MyPWM);
```

8. 定时器通道输出比较模式配置函数

```
void timer_channel_output_mode_config(uint32_t timer_periph, uint16_t channel,
uint16_t ocmode);
```

功能：配置定时器的通道输出比较模式。该函数用于配置定时器通道控制寄存器 0（TIMERx_CHCTL0）和定时器通道控制寄存器 1（TIMERx_CHCTL1）中的 CHxCOMCTL［2:0］位对应的通道控制。

参数 1：uint32_t timer_periph，见“1. 定时器时基初始化函数”中的参数 1 的详细描述。

参数 2：uint16_t channel，该定时器的比较输出通道。见“7. 定时器比较输出通道初始化函数”中的成员 2 详细描述。

参数 3：uint16_t ocmode，定时器的比较输出模式选择。共 8 种比较输出模式，在 gd32f30x_timer.h 头文件中的宏定义如下：

```
#define TIMER_OC_MODE_TIMING    ((uint16_t)0x0000U) /*!<时基模式*/
#define TIMER_OC_MODE_ACTIVE    ((uint16_t)0x0010U) /*!<匹配时设置为高模式*/
#define TIMER_OC_MODE_INACTIVE  ((uint16_t)0x0020U) /*!<匹配时设置为低模式*/
#define TIMER_OC_MODE_TOGGLE    ((uint16_t)0x0030U) /*!<匹配时翻转模式*/
#define TIMER_OC_MODE_LOW       ((uint16_t)0x0040U) /*!<强制为低模式*/
#define TIMER_OC_MODE_HIGH      ((uint16_t)0x0050U) /*!<强制为高模式*/
```

```
#define TIMER_OC_MODE_PWM0     ((uint16_t)0x0060U)    /*!<PWM模式0*/
#define TIMER_OC_MODE_PWM1     ((uint16_t)0x0070U)    /*!<PWM模式1*/
```

例如，配置定时器 TIMER0 为 PWM0 模式。

```
timer_channel_output_mode_config(TIMER0,TIMER_CH_0,TIMER_OC_MODE_PWM0);
```

9. 设置定时器通道输出比较模式的比较值函数

```
void timer_channel_output_pulse_value_config(uint32_t timer_periph, uint16_t
channel, uint32_t pulse);
```

功能：配置定时器的通道输出比较值。该函数用于配置定时器通道 0 捕获/比较寄存器（TIMERx_CH0CV）、定时器通道 1 捕获/比较寄存器（TIMERx_CH1CV）、定时器通道 2 捕获/比较寄存器（TIMERx_CH2CV）和定时器通道 3 捕获/比较寄存器（TIMERx_CH3CV）在比较输出模式下需要设定的比较值。

参数 1：uint32_t timer_periph，见“1. 定时器时基初始化函数”中的参数 1 的详细描述。

参数 2：uint16_t channel，该定时器的比较输出通道。见“7. 定时器比较输出通道初始化函数”中的成员 2 详细描述。

参数 3：uint32_t pulse，待设定的比较输出模式下的比较值，取值范围 0～65535。

例如：配置定时器 TIMER0 的输出比较值为 400。

```
timer_channel_output_pulse_value_config(TIMER0, TIMER_CH_0, 399);
```

10. 使能定时器通道输出影子寄存器函数

```
void timer_channel_output_shadow_config(uint32_t timer_periph, uint16_t
channel, uint16_t ocshadow);
```

功能：配置定时器的通道输出比较影子寄存器功能。该函数用于使能定时器通道控制寄存器 0（TIMERx_CHCTL0）和定时器通道控制寄存器 1（TIMERx_CHCTL1）中的 CHxCOMSEN 位所对应的通道控制位。

参数 1：uint32_t timer_periph，见“1. 定时器时基初始化函数”中的参数 1 的详细描述。

参数 2：uint16_t channel，该定时器的比较输出通道。见“7. 定时器比较输出通道初始化函数”中的成员 2 详细描述。

参数 3：uint16_t ocshadow，输出比较影子寄存器使能/禁止控制位。该参数的宏被定义在 gd32f30x_timer.h 头文件中。

```
#define TIMER_OC_SHADOW_ENABLE  ((uint16_t)0x0008U) /*!<通道输出影子寄存器使能*/
#define TIMER_OC_SHADOW_DISABLE ((uint16_t)0x0000U) /*!<通道输出影子寄存器禁止*/
```

例如：使能定时器 TIMER0 的通道 0 输出影子寄存器

```
timer_channel_output_shadow_config (TIMER0, TIMER_CH_0, TIMER_OC_SHADOW_
ENABLE);
```

11. 定时器输入捕获通道初始化函数

```
void timer_input_capture_config(uint32_t timer_periph, uint16_t channel,
timer_ic_parameter_struct* icpara);
```

功能：配置定时器的输入捕获参数。该函数用于配置定时器通道 0 捕获/比较寄存器（TIMERx_CH0CV）、定时器通道 1 捕获/比较寄存器（TIMERx_CH1CV）在输入捕获模式下的相应的控制位。

参数 1：uint32_t timer_periph，见“1．定时器时基初始化函数”中的参数 1 的详细描述。

参数 2：uint16_t channel，该定时器的比较输出通道。见“7．定时器比较输出通道初始化函数”中的成员 2 详细描述。

参数 3：timer_ic_parameter_struct* icpara，配置定时器输入捕获的结构体指针。timer_ic_parameter_struct 是自定义的结构体类型，被定义在 gd32f30x_timer.h 头文件中。

```
typedef struct
{
   uint16_t icpolarity;                    /*!<通道输入极性*/
   uint16_t icselection;                   /*!<通道输入模式选择*/
   uint16_t icprescaler;                   /*!<通道输入捕获预分频系数*/
   uint16_t icfilter;                      /*!<通道输入捕获的滤波系数*/
}timer_ic_parameter_struct;
```

成员 1：uint16_t icpolarity，通道输入极性。宏定义如下：

```
#define TIMER_IC_POLARITY_RISING    ((uint16_t)0x0000U) /*!<输入捕获上升沿*/
#define TIMER_IC_POLARITY_FALLING   ((uint16_t)0x0002U) /*!<输入捕获下降沿*/
```

成员 2：uint16_t icselection，通道输入模式选择。宏定义如下：

```
#define TIMER_IC_SELECTION_DIRECTTI ((uint16_t)0x0001U)
                                      /*!<捕获本通道输入信号*/
#define TIMER_IC_SELECTION_INDIRECTTI  ((uint16_t)0x0002U)
                                      /*!<捕获相邻通道输入信号*/
#define TIMER_IC_SELECTION_ITS    ((uint16_t)0x0003U)
                                      /*!<捕获 ITS 通道输入信号*/
```

成员 3：uint16_t icprescaler，通道输入捕获预分频系数。宏定义如下：

```
#define TIMER_IC_PSC_DIV1       ((uint16_t)0x0000U)     /*!<不分频*/
#define TIMER_IC_PSC_DIV2       ((uint16_t)0x0004U)     /*!<2 分频*/
#define TIMER_IC_PSC_DIV4       ((uint16_t)0x0008U)     /*!<4 分频*/
#define TIMER_IC_PSC_DIV8       ((uint16_t)0x000CU)     /*!<8 分频*/
```

成员 4：uint16_t icfilter，输入信号滤波设置。

例如，配置定时器 TIMER0 的输入捕获参数。

```
timer_ic_parameter_struct timer_icinitpara;
timer_icinitpara.icpolarity = TIMER_IC_POLARITY_RISING;
timer_icinitpara.icselection = TIMER_IC_SELECTION_DIRECTTI;
timer_icinitpara.icprescaler = TIMER_IC_PSC_DIV1;
timer_icinitpara.icfilter = 0x0;
timer_input_capture_config(TIMER0, TIMER_CH_0, &timer_icinitpara);
```

8.8 基于定时器库函数的应用实例

8.8.1 基于定时器 TIMER3 的简易数字钟应用实例

1．实例要求

利用 GD32F303ZGT6 微控制器的定时器 TIMER3 实现一个简易数字钟功能，在 LCM1602

液晶显示模块的第 1 行居中位置显示数字钟的时分秒；第 2 行的居中位置显示年月日。

2. 电路图

如图 8-16 所示，U1（GD32F303ZGT6）微控制器的 GPIOD 的 PD0～PD7 引脚连接到 LCD1（LCM1602）的 DB0～DB7 引脚，U1（GD32F303ZGT6）的 PC10 和 PC11 引脚连接到 LCD1（LCM1602）的 RS 和 E 引脚，按键 K1～K3 分别连接到 U1（GD32F303ZGT6）的 PB7、PB5 和 PB3 引脚。其中 K1 用于设置数字钟的时，K2 用于设置数字钟的分、K3 用于设置数字钟的秒。LCD1（LCM1602）为字符液晶显示模块。

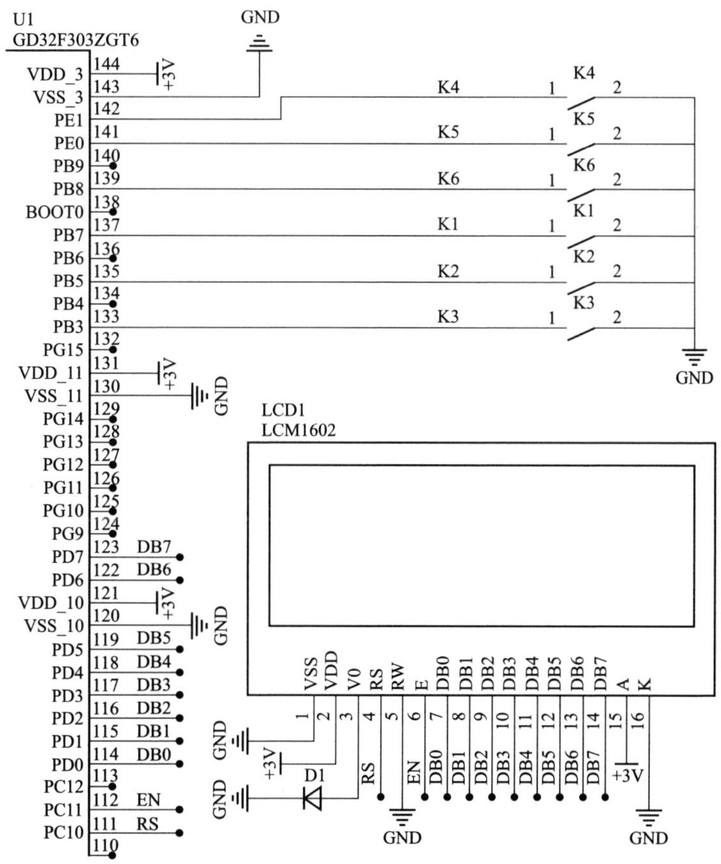

图 8-16 基于定时器 TIMER3 的简易数字钟应用实例电路图

3. 编程要点

本实例涉及按键输入引脚配置、按键识别、LCM1602 液晶显示引脚配置、LCM1602 液晶显示驱动、定时器 TIMER3 的定时功能和数字钟的逻辑处理功能。

（1）按键配置。

按键 K1～K6 连接到 U1（GD32F303ZGT6）的 GPIO 引脚，需要将 GPIO 引脚配置为上拉输入模式。用到了 GPIOB 的 PB3、PB5、PB7、PB8 引脚和 GPIOE 的 PE0 和 PE1 引脚。使用前需要调用 gd32f30x_rcu.h 头文件中的 rcu_periph_clock_enable( )函数使能 GPIOB 和 GPIOE 的时钟。同时调用 gd32f30x_gpio.h 头文件中的 gpio_init( )函数配置 GPIOB 和 GPIOE 引脚为上拉输入模式。详细的按键输入引脚 Key_Pin_Init( )初始化函数的内容为：

```
void Key_Pin_Init(void)
{
    rcu_periph_clock_enable(RCU_GPIOB); //使能 GPIOB 时钟
    rcu_periph_clock_enable(RCU_GPIOE); //使能 GPIOE 时钟
                                        //配置 PB3,PB5,PB7,PB8 为上拉输入
    gpio_init(GPIOB,GPIO_MODE_IPU,GPIO_OSPEED_10MHZ,GPIO_PIN_3 | GPIO_PIN_5 |
                                            GPIO_PIN_7 | GPIO_PIN_8);
                                        //配置 PE0,PE1 为上拉输入
    gpio_init(GPIOE,GPIO_MODE_IPU,GPIO_OSPEED_10MHZ,GPIO_PIN_0 | GPIO_PIN_1);
}
```

（2）按键识别。

通过调用 gd32f30x_gpio.h 头文件中的 gpio_input_bit_get( )函数获取按键连接在 GPIO 引脚的电平状态。若相应的 GPIO 引脚为低电平则是连接在该引脚的按键被按下，通过去按键抖动，再次判断是否为该引脚的按键按下后，置已按下标志，并返回按键已按下的状态。当按键释放时，若是上次处于已按下的标志状态则返回按键已释放的状态，其他的时候全部返回按键无效的状态。详细的按键识别程序写在 KeyScan( )函数中。

```
int32_t KeyScan(int32_t PIN,int32_t* kCnt)
{
    int32_t k = PIN;                              //获取按键状态
    if((0 == k) && (999999 != *kCnt) && (++*kCnt > 10000)){
                                                  //判断是否符合按下条件
        if(0 == k){//判断是真得按下
            *kCnt = 999999;                       //置已经按下标志
            return KEYPRESSED;                    //返回按下状态
        }
    }
    else if(0 != k){                              //判断按键处于断开状态
        if(999999 == *kCnt){                      //判断是上次按下的标志
            *kCnt = 0;                            //清按键计数清 0
            return KEYRELEASED;                   //返回释放状态
        }
    }
    return KEYUNPRESSED;                          //返回无效状态
}
```

KeyScan( )函数两个输入参数分别是：

参数 1：int32_t PIN，是按键所处引脚的电平状态。该参数的值来源于 gpio_input_bit_get( )函数返回的该引脚连接的按键是否被按下的电平状态。

参数 2：int32_t* kCnt，是变量指针类型，传变量地址，是实参。该参数是用于统计计数值是否超过指定的数值作为判断按键是否按下的标志信息。

KeyScan( )函数中使用到按键状态信息的宏定义如下：

```
#define KEYPRESSED      0                         //表示按键为按下状态
#define KEYRELEASED     1                         //表示按键为释放状态
#define KEYUNPRESSED   -1                         //表示按键为无效状态
```

（3）驱动 LCM1602 液晶模块的 GPIO 引脚配置。

连接 LCD1（LCM1602）液晶模块的 GPIO 引脚分别是 GPIOD 的 PD0～PD7 引脚连接

LCD1 的 DB0～DB7 引脚和 GPIOC 的 PC10 和 PC11 引脚连接 LCD1 的 RS 和 E 引脚，使用之前需要调用 gd32f30x_rcu.h 头文件中的 rcu_periph_clock_enable( )函数使能 GPIOD 和 GPIOC 时钟，并同时调用 gd32f30x_gpio.h 头文件中的 gpio_init( )函数将 PD0～PD7 引脚、PC10 和 PC11 引脚配置为推挽输出，最大输出速度设置为 50MHz。详细的按键输入引脚 LCM1602_Pin_Init( )函数的配置内容为：

```
void LCM1602_Pin_Init(void)
{
    rcu_periph_clock_enable(RCU_GPIOC);        //使能 GPIOC 时钟
    rcu_periph_clock_enable(RCU_GPIOD);        //使能 GPIOD 时钟
    //初始化 PC10,PC11 为推挽输出,最大输出速度为 50MHz
    gpio_init(GPIOC,GPIO_MODE_OUT_PP,GPIO_OSPEED_50MHZ,GPIO_PIN_10 | GPIO_PIN_11);
    //初始化 PD0～PD7 为推挽输出,最大输出速度为 50MHz
    gpio_init(GPIOD,GPIO_MODE_OUT_PP,GPIO_OSPEED_50MHZ,GPIO_PIN_0  |  GPIO_
PIN_1 | GPIO_PIN_2 | GPIO_PIN_3 | GPIO_PIN_4 | GPIO_PIN_5 |GPIO_PIN_6 | GPIO_PIN_7);
}
```

（4）LCM1602 液晶驱动。

LCM1602 液晶驱动包括：LCM1602 液晶模块的写命令和数据的时序模拟函数 LCM1602_Write( )和 LCM1602 的初始化函数 LCM1602_Init( )。函数的详细代码如下：

1）LCM1602_Write( )函数。

```
void LCM1602_Write(uint8_t rs,uint8_t val)
{
    for(int i=0;i<1000;i++);                //简短延时
    RS(rs);
    EN(1);
    LCD(val);
    EN(0);
}
```

在 LCM1602_Write( )函数中：

参数 1：uint8_t rs，用于表示对当前 LCM1602 模块操作的是指令还是数据。当 rs=1 时，表示操作是指令；当 rs=0 时，表示操作的是数据。该参数直接操作的是 LCD1 模块的 RS 引脚电平。相当于：当 rs=1 时，RS 引脚是高电平，操作的是指令；当 rs=0 时，RS 引脚是低电平，操作的是数据。

参数 2：uint8_t val，用于表示对当前 LCM1602 模块操作的指令还是数据。

RS( )、EN( )和 LCD( )是以宏的形式表示当前的操作，详细的宏定义如下：

```
#define RS(x) (x)?gpio_bit set(GPIOC,GPIO_PIN_10):gpio_bit_reset(GPIOC, GPIO
_PIN _10)
#define EN(x) (x)?gpio_bit_set(GPIOC,GPIO PIN_11):gpio_bit reset(GPIOC,GPIO_PIN _11)
#define LCD(x) gpio_port_write(GPIOD,x << 0)
```

其中，RS（x）是 PC10 引脚的操作，EN（x）是 PC11 引脚的操作，LCD（x）是 GPIOD 的 PD0～PD7 引脚的操作。

2）LCM1602_Init( )函数。

```
void LCM1602_Init(void)
{
```

```
    LCM1602_Write(CMD,0x38);                    //--- 显示模式设置 ---
    LCM1602_Write(CMD,0x08);                    //--- 显示关闭 ---
    LCM1602_Write(CMD,0x06);                    //--- 显示光标移动设置 ---
    LCM1602_Write(CMD,0x0C);                    //--- 显示开及光标设置 ---
    LCM1602_Write(CMD,0x01);                    //--- 清屏设置 ---
    for(int i=0;i<100000;i++);
}
```

其中，CMD 为定义的宏，具体的宏定义如下：

```
#define CMD 1                                   //操作的是命令
#define DAT 0                                   //操作的是数据
```

（5）LCM1602 液晶模块字符显示函数 LCM1602_DisplayChar( )。

LCM1602 液晶模块字符显示函数 LCM1602_DisplayChar( )为：

```
void LCM1602_DisplayChar(uint8_t x,uint8_t y,uint8_t ch)
{
    if(0 == x){                                 //第 1 行
        LCM1602_Write(CMD,0x80 + y);            //送当前光标位置
    }
    else{                                       //第 2 行
        LCM1602_Write(CMD,0xC0 + y);            //送当前光标位置
    }
    LCM1602_Write(DAT,ch);                      //送当前光标位置显示的内容
}
```

在 LCM1602_DisplayChar( )函数中，参数 x 和 y 是当前光标处显示位置坐标，ch 为待显示的字符内容。

（6）定时器 TIMER3 配置。

在本实例中，数字钟的基本定时时基为 1 秒，即定时器 TIMER3 用作定时功能并产生定时 1 秒的时基。通过调用 timer_init( )函数配置定时器 TIMER3，具体参数的配置由 timer_parameter_struct 结构体实现，由于定时器 TIMER3 是挂接在 APB1 总线上，最大时钟频率为 60MHz，通过设置 timer_parameter_struct 结构成员 prescaler 和 period 的参数来实现定时 1 秒的时基。通过调用 timer_interrupt_enable( )函数使能定时器 TIMER3 的更新中断，同时调用 nvic_irq_enable( )函数使能定时器 TIMER3 的中断向量。详细的定时器 TIMER3 的配置程序如下：

```
void Timer3_Timer_Init(void)
{
    timer_parameter_struct initpara;

    rcu_periph_clock_enable(RCU_TIMER3);

    initpara.prescaler          = 6000 - 1;              //分频系数
    initpara.period            = 10000 - 1;             //计数溢出自动重载值
    initpara.alignedmode        = TIMER_COUNTER_EDGE;    //边沿计数方式
    initpara.counterdirection   = TIMER_COUNTER_UP;      //向上方向
    initpara.clockdivision      = TIMER_CKDIV_DIV1;
    initpara.repetitioncounter  = 0U;
```

```
    timer_init(TIMER3,&initpara);                          //调用定时器初始化
    timer_interrupt_enable(TIMER3,TIMER_INT_UP); //使能定时器 TIMER3 的更新中断
    nvic_irq_enable(TIMER3_IRQn,0,0);                      //使能定时器 TIMER3 的中断向量
    timer_enable(TIMER3);                                  //定时器 TIMER3 使能
}
```

（7）定时器 TIMER3 的中断函数。

定时器 TIMER3 的更新中断是在每 定时 1 秒时间到就触发一次定时器 TIMER3 的 TIMER3_IRQHandler( )中断服务程序。在中断服务程序中，将简易数字钟的定时 1 秒时间到的标志给置 1。

```
void TIMER3_IRQHandler(void)
{
    if(RESET != timer_interrupt_flag_get(TIMER3,TIMER_INT_FLAG_UP)){
        timer_interrupt_flag_clear(TIMER3,TIMER_INT_FLAG_UP);
        MyClock.flag = SET;                              //置 1 秒时间到
    }
}
```

（8）简易数字钟的结构体、初始化和显示。

简易数字钟的结构体声明形式如下：

```
typedef struct
{
    int8_t flag;
    int16_t year;
    int8_t month;
    int8_t day;
    int8_t hour;
    int8_t minute;
    int8_t second;
} DATETIME_STRUCT;
DATETIME_STRUCT MyClock;
```

同时声明 MyClock 结构体的为全局变量。通过操作 MyClock 变量实现对简易数字钟的操作。

将简易数字钟的日历初始化为“2024-01-01 00:00:00”的函数如下：

```
void MyClock_Init(DATETIME_STRUCT* clock)
{
    clock->year = 2024;
    clock->month = 1;
    clock->day = 1;
    clock->hour = 0;
    clock->minute = 0;
    clock->second = 0;
}
```

在 LCM1602 液晶显示模块上显示简易数字钟的日历信息函数 MyClock_Display( )如下：

```
void MyClock_Display(DATETIME_STRUCT* clock)
{
```

```
    LCM1602_DisplayChar(0,4,(clock->hour    / 10) % 10 +'0');
    LCM1602_DisplayChar(0,5,(clock->hour    / 1) % 10 +'0');
    LCM1602_DisplayChar(0,6,':');
    LCM1602_DisplayChar(0,7,(clock->minute  / 10) % 10 +'0');
    LCM1602_DisplayChar(0,8,(clock->minute  / 1) % 10 +'0');
    LCM1602_DisplayChar(0,9,':');
    LCM1602_DisplayChar(0,10,(clock->second / 10) % 10 +'0');
    LCM1602_DisplayChar(0,11,(clock->second / 1) % 10 +'0');

    LCM1602_DisplayChar(1,3,'2');
    LCM1602_DisplayChar(1,4,'0');
    LCM1602_DisplayChar(1,5,(clock->year    / 10) % 10 +'0');
    LCM1602_DisplayChar(1,6,(clock->year    / 1) % 10 +'0');
    LCM1602_DisplayChar(1,7,'-');
    LCM1602_DisplayChar(1,8,(clock->month   / 10) % 10 +'0');
    LCM1602_DisplayChar(1,9,(clock->month   / 1) % 10 +'0');
    LCM1602_DisplayChar(1,10,'-');
    LCM1602_DisplayChar(1,11,(clock->day    / 10) % 10 +'0');
    LCM1602_DisplayChar(1,12,(clock->day    / 1) % 10 +'0');
}
```

MyClock_Display( )函数的输入参数为 DATETIME_STRUCT* clock 是自定义的简易数字钟的结构体指针。在该函数中通过调用 LCM1602_DisplayChar( )实现简易数字钟信息在 LCM1602 液晶显示模块的第 1 行居中显示时分秒时间信息,第 2 行居中显示年月日的日期信息。

4. 主程序实现

在 main( )函数实现的内容如下：

（1）调用 Key_Pin_Init( )函数实现按键 GPIO 引脚的上拉输入配置。

（2）调用 LCM1602_Pin_Init( )函数实现 LCM1602 显示驱动的 GPIO 引脚输出配置。

（3）调用 Timer3_Timer_Init( )函数实现定时器 TIMER3 定时 1 秒的更新中断配置。

（4）调用 LCM1602_Init( )函数实现 LCM1602 显示模块的配置。

（5）调用 MyClock_Init（&MyClock）函数配置简易数字钟初始信息。

（6）调用 MyClock_Display（&MyClock）函数在 LCM1602 上显示简易数字钟日历信息。

（7）在 while（1）无限循环体中，通过实时检测 MyClock.flag 的定时 1 秒时间到的标志信息来实现简易数字钟的时分秒年月日信息的实时更新并在 LCM1602 液晶模块上显示。通过调用 KeyScan( )函数来实时检测按键是否按下的状态信息，并根据不同按键的功能实现相应的按键处理功能。

详细的 main( )函数源代码如下：

```
int main(void)
{
    Key_Pin_Init();
    LCM1602_Pin_Init();
    Timer3_Timer_Init();
    LCM1602_Init();
    MyClock_Init(&MyClock);
    MyClock_Display(&MyClock);
    while(1)
```

```
{
    if(RESET != MyClock.flag){                                  //1 秒时间到
        MyClock.flag = RESET;
        if(++MyClock.second >= 60){                             //秒加 1 到 60
            MyClock.second = 0;
            if(++MyClock.minute >= 60){                         //分加 1 到 60
                MyClock.minute = 0;
                if(++MyClock.hour >= 24){                       //时加 1 到 24
                    MyClock.hour = 0;
                    switch(MyClock.month){                      //根据月份
                        case 1:
                        case 3:
                        case 5:
                        case 7:
                        case 8:
                        case 10:
                        case 12:
                            if(++MyClock.day > 31){             //天加 1
                                MyClock.day = 1;
                                if(++MyClock.month >= 13){      //月加 1
                                    MyClock.month = 1;          //加到13则月置为1
                                    MyClock.year ++;            //年加 1
                                }
                            }
                            break;
                        case 4:
                        case 6:
                        case 9:
                        case 11:
                            if(++MyClock.day > 30){             //天加 1
                                MyClock.day = 1;

                            }
                            break;
                        case 2:
                            if(MyClock.year % 4){
                                if(++MyClock.day > 29){         //天加 1
                                    MyClock.day = 1;
                                    MyClock.month++;            //月加 1
                                }
                            }
                            else{
                                if(++MyClock.day > 28){         //天加 1
                                    MyClock.day = 1;
                                    MyClock.month++;            //月加 1
                                }
                            }
                            break;
                    }
                }
            }
        }
```

```
            MyClock_Display(&MyClock);
        }
        if(KEYPRESSED == KeyScan(K1,&K1Cnt)){                    //按键 K1 按下
            if(++MyClock.hour >= 24){                            //时加 1
                MyClock.hour = 0;
            }
            LCM1602_DisplayChar(0,4,(MyClock.hour / 10) % 10 +'0');
            LCM1602_DisplayChar(0,5,(MyClock.hour / 1) % 10 +'0');
        }
        if(KEYPRESSED == KeyScan(K2,&K2Cnt)){                    //按键 K2 按下
            if(++MyClock.minute >= 60){                          //分加 1
                MyClock.minute = 0;
            }
            LCM1602_DisplayChar(0,7,(MyClock.minute / 10) % 10 +'0');
            LCM1602_DisplayChar(0,8,(MyClock.minute / 1) % 10 +'0');
        }
        if(KEYPRESSED == KeyScan(K3,&K3Cnt)){                    //按键 K3 按下
            if(++MyClock.second >= 60){                          //秒加 1
                MyClock.second = 0;
            }
            LCM1602_DisplayChar(0,10,(MyClock.second / 10) % 10 +'0');
            LCM1602_DisplayChar(0,11,(MyClock.second / 1) % 10 +'0');
        }
        if(KEYPRESSED == KeyScan(K6,&K6Cnt)){                    //按键 K6 按下
            if(++MyClock.day >= 31){                             //天加 1
                MyClock.day = 1;
            }
            LCM1602_DisplayChar(1,11,(MyClock.day / 10) % 10 +'0');
            LCM1602_DisplayChar(1,12,(MyClock.day / 1) % 10 +'0');
        }
        if(KEYPRESSED == KeyScan(K5,&K5Cnt)){                    //按键 K5 按下
            if(++MyClock.month >= 13){                           //月加 1
                MyClock.month = 1;
            }
            LCM1602_DisplayChar(1,8,(MyClock.day / 10) % 10 +'0');
            LCM1602_DisplayChar(1,9,(MyClock.day / 1) % 10 +'0');
        }
        if(KEYPRESSED == KeyScan(K4,&K4Cnt)){                    //按键 K4 按下
            if(((++MyClock.year) % 100) >= 50){                  //年加 1
                MyClock.year = 2024;
            }
            LCM1602_DisplayChar(1,5,(MyClock.year / 10) % 10 +'0');
            LCM1602_DisplayChar(1,6,(MyClock.year / 1) % 10 +'0');
        }
    }
}
```

在 main( )函数中，按键 K1～K6 的宏定义和 K1Cnt～K6Cnt 的全局变量声明如下：

```
#define K1  gpio_input_bit_get(GPIOB,GPIO_PIN_7)
#define K2  gpio_input_bit_get(GPIOB,GPIO_PIN_5)
#define K3  gpio_input_bit_get(GPIOB,GPIO_PIN_3)
```

```
#define K4  gpio_input_bit_get(GPIOE,GPIO_PIN_1)
#define K5  gpio_input_bit_get(GPIOE,GPIO_PIN_0)
#define K6  gpio_input_bit_get(GPIOB,GPIO_PIN_8)

int32_t K1Cnt,K2Cnt,K3Cnt,K4Cnt,K5Cnt,K6Cnt;
```

8.8.2 基于定时器 TIMER0 输入捕获功能实现简易频率计数实例

1. 实例要求

利用定时器 TIMER0 的输入捕获通道 3（PA11/CH3）用作外部被测信号的频率测量，并通过 LCM1602 液晶模块显示其频率数值。能够测量信号的范围是 1Hz～1MHz。

2. 电路图

如图 8-17 所示，被测信号 SIGNAL 从 H1 端子通过限流电阻 R1 和限幅二极管 D2、D3 构成保护电路输入到 U1（GD32F303ZGT6）的定时器 TIMER0 的 PA11/CH3 引脚即捕获输入通道 3。U1（GD32F303ZGT6）微控制器的 GPIOD 的 PD0～PD7 引脚连接到 LCD1（LCM1602）的 DB0～DB7 引脚，U1（GD32F303ZGT6）的 PC10 和 PC11 连接到 LCD1（LCM1602）的 RS 和 E 引脚。

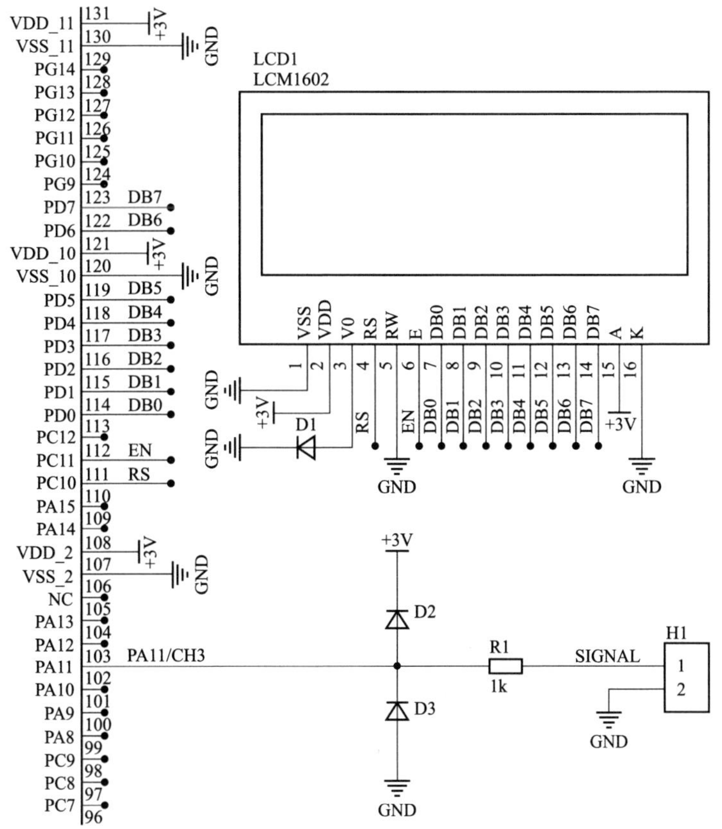

图 8-17 基于定时器 TIMER0 输入捕获功能实现简易频率计数实例电路图

3. 程序实现

涉及的编程内容如下：

（1）LCM1602 液晶模块的引脚配置、液晶模块的配置、字符显示的程序代码详见 8.8.1 节中的关于 LCM1602 的详细描述。

```
void LCM1602_Pin_Init(void)
{
    rcu_periph_clock_enable(RCU_GPIOC);         //使能 GPIOC 时钟
    rcu_periph_clock_enable(RCU_GPIOD);         //使能 GPIOD 时钟
    //初始化 PC10,PC11 为推挽输出,最大输出速度为 50MHz
    gpio_init(GPIOC,GPIO_MODE_OUT_PP,GPIO_OSPEED_50MHZ,GPIO_PIN_10 | GPIO_PIN_11);
    //初始化 PD0～PD7 为推挽输出,最大输出速度为 50MHz
    gpio_init(GPIOD,GPIO_MODE_OUT_PP,GPIO_OSPEED_50MHZ,GPIO_PIN_0 | GPIO_PIN_1 |
GPIO_PIN_2 |
                                                GPIO_PIN_3 | GPIO_PIN_4 | GPIO_PIN_5 |
                                                GPIO_PIN_6 | GPIO_PIN_7);
}

#define RS(x) (x)?gpio bit set(GPIOC,GPIO PIN 10):gpio_bit_reset(GPIOC,GPIO
_PIN_10)
#define EN(x) (x)?gpio bit set(GPIOC,GPIO PIN 11):gpio_bit reset(GPIOC, GPIO
_PIN_11)
#define LCD(x)  gpio_port_write(GPIOD,x << 0)
#define CMD 1                                   //操作的是命令
#define DAT 0                                   //操作的是数据
```

LCM1602 的字符串显示函数代码如下：

```
void LCM1602_DisplayChar(uint8_t x,uint8_t y,uint8_t ch)
{
    if(0 == x){                                 //第 1 行
        LCM1602_Write(CMD,0x80 + y);            //送当前光标位置
    }
    else{//第 2 行
        LCM1602_Write(CMD,0xC0 + y);            //送当前光标位置
    }
    LCM1602_Write(DAT,ch);                      //送当前光标位置显示的内容
}

void LCM1602_DisplayString(uint8_t x,uint8_t y,uint8_t *str)
{
    if(0 == x)LCM1602_Write(CMD,0x80 + y);
    else LCM1602_Write(CMD,0xC0 + y);
    while(*str){
        LCM1602_Write(DAT,*str++);
    }
}
```

（2）配置定时器 TIMER0 的 PA11/CH3 引脚。

```
void Timer0_PA11_CH3_CAP_Init(void)            //初始化 PA11/TIMER0_CH3 引脚
{
rcu_periph_clock_enable(RCU_GPIOA);            //使能 GPIOA 时钟
    rcu_periph_clock_enable(RCU_AF);            //使能 AFIO 时钟
gpio_init(GPIOA,GPIO_MODE_IPU,GPIO_OSPEED_50MHZ,GPIO_PIN_11);
                                                //配置 PA11 为上拉输入
}
```

（3）配置定时器 TIMER0 通道 3 的输入捕获功能。

```
void Timer0_Capture_Init(void)
{
    timer_parameter_struct initpara;
    timer_ic_parameter_struct timer_icinitpara;

rcu_periph_clock_enable(RCU_TIMER0);              //使能 RCU_TIMER0 时钟

    initpara.prescaler         = 0;
    initpara.period            = 0xFFFF;
    initpara.alignedmode       = TIMER_COUNTER_EDGE;
    initpara.counterdirection  = TIMER_COUNTER_UP;
    initpara.clockdivision     = TIMER_CKDIV_DIV1;
    initpara.repetitioncounter = 0U;
    timer_init(TIMER0,&initpara);                  //初始化定时器 TIMER0 的定时参数

    timer_interrupt_enable(TIMER0,TIMER_INT_UP);   //使能定时器 TIMER0 更新中断
    nvic_irq_enable(TIMER0_UP_TIMER9_IRQn,0,0);    //使能定时器 TIMER0 更新中断向量

    timer_icinitpara.icpolarity = TIMER_IC_POLARITY_RISING;
    timer_icinitpara.icselection = TIMER_IC_SELECTION_DIRECTTI;
    timer_icinitpara.icprescaler = TIMER_IC_PSC_DIV1;
    timer_icinitpara.icfilter = 0x0;
//初始化定时器 TIMER0 通道 3 的输入捕获功能
    timer_input_capture_config(TIMER0, TIMER_CH_3, &timer_icinitpara);

    timer_interrupt_enable(TIMER0,TIMER_INT_CH3);//使能定时器 TIMER0 通道 3 的输
                                                   入捕获中断
    nvic_irq_enable(TIMER0_Channel_IRQn,0,1);      //使能定时器 TIMER0 通道输入捕
                                                   获中断向量

    timer_enable(TIMER0);                          //使能定时器 TIMER0
}
```

（4）定时器 TIMER0 的更新中断和通道中断服务程序。

```
void TIMER0_UP_TIMER9_IRQHandler(void)        //定时器 TIMER0 的更新中断服务程序
{
    if(RESET != timer_interrupt_flag_get(TIMER0,TIMER_INT_FLAG_UP)){
        timer_interrupt_flag_clear(TIMER0,TIMER_INT_FLAG_UP);
        Timer0_Capture.cap_high ++;
    }
}

void TIMER0_Channel_IRQHandler(void)          //定时器 TIMER0 的通道中断服务程序
{
    if(RESET != timer_interrupt_flag_get(TIMER0,TIMER_INT_FLAG_CH3)){
                                              //CH3 有捕获中断
        timer_interrupt_flag_clear(TIMER0,TIMER_INT_FLAG_CH3);
                                              //清 CH3 捕获中断标志
                                              //读取定时器 TIMER0 通道 3 的捕获值
        Timer0_Capture.cap_low = timer channel capture value register read(TIMER0,
TIMER_CH_3);
                                              //组合为 32 位的长计数值
        Timer0_Capture.cap_value = (Timer0_Capture.cap_high << 16) | Timer0_
Capture.cap_low;
```

```
        if(RESET == Timer0_Capture.flag){ //第 1 个上升沿
            Timer0_Capture.flag = SET;
            Timer0_Capture.a = Timer0_Capture.cap_value;//保存第 1 个上升沿的数据
        }
        else{                                 //第 2 个上升沿
            Timer0_Capture.flag = RESET;
            Timer0_Capture.b = Timer0_Capture.cap_value;//保存第 2 个上升沿的数据
            Timer0_Capture.f = Timer0_Capture.b - Timer0_Capture.a;
                                              //计算两个上升沿之间的数据
            Timer0_Capture.cap_high = 0;
            Timer0_Capture.OK = SET;          //置测量信号周期的捕获成功
        }
    }
}
```

在定时器 TIMER0 的更新中断和通道中断服务程序中，Timer0_Capture 是自定义的结构体 CAPTURE_STRUCT 的变量，CAPTURE_STRUCT 结构如下：

```
typedef struct
{
    int32_t flag;                          //第 1 个上升沿和第 2 个上升沿切换标志
    uint32_t cap_high;                     //16 位溢出高 16 位捕获时刻数值
    uint32_t cap_low;                      //16 位捕获时刻值
    uint32_t cap_value;                    //32 位捕获时刻值
    uint32_t a;                            //第 1 个上升沿捕获值
    uint32_t b;                            //第 2 个上升沿捕获值
    uint32_t f;                            //两个边沿捕获的时间差计数值
    uint32_t OK;                           //两个边沿捕获成功的标志

}CAPTURE_STRUCT;                           //声明的结构体变量
```

（5）main 函数主程序。调用 LCM1602 配置函数、定时器 TIMER0 的配置函数，在 while（1）无限循环体中，通过检测 Timer0_Capture.OK 标志将时间差的计数值转换为对应的频率值，并通过 LCM1602 模块显示。详细的源程序如下：

```
int main(void)
{
    float temp;
    uint8_t buf[16] ;

    LCM1602_Pin_Init();
    LCM1602_Init();
    Timer0_PA11_CH3_CAP_Init();
    Timer0_Capture_Init();

    while(1)
    {
        if(RESET != Timer0_Capture.OK){
            Timer0_Capture.OK = RESET;
            temp = (float)Timer0_Capture.f;
            temp = 120000000 / temp;
            memset(buf,0,sizeof(buf));
            sprintf((char *)buf,"%012.4f",temp);
            LCM1602_DisplayString(1,4,buf);
        }
    }
}
```

在 main 函数中应用到 string.h 头文件中的 sprintf( )函数将 temp 浮点型数值转换为字符串存储在 buf 字符数组变量中。调用 LCM1602 液晶模块字符串显示函数 LCM1602_ DisplayString( )实现频率值的显示。

8.8.3　基于定时器 TIMER1 的四路 1kHz 占空比独立可调的 PWM 输出实例

1. 实例要求

利用 GD32F303ZGT6 微控制器的复用在 PA0～PA3 引脚上的定时器 TIMER1 的 CH0～CH3 通道输出 4 路 PWM 信号，PWM 信号的频率为 1kHz，但 4 路 PWM 的占空比可以在 0～100%之间独立数字调节。

2. 电路图

如图 8-18 所示，U1（GD32F303ZGT6）的 PF0～PF7 引脚通过排阻 RN1（330Ω）和 RN2（330Ω）连接到 4 位共阴 LED 数码管 LED1 的 A～G、DP 笔段引脚，PE2～PE5 引脚连接到 LED1 的 DIG1～DIG4 位选通段引脚。按键 K1 和 K2 连接到 PF9 和 PF10 引脚。定时器 TIMER1 的 4 路 1KH 的 PWM 信号从 PA0～PA3 引脚输出。其中按键 K1 用于选择通道，按键 K2 用于调整通道的占空比大小。

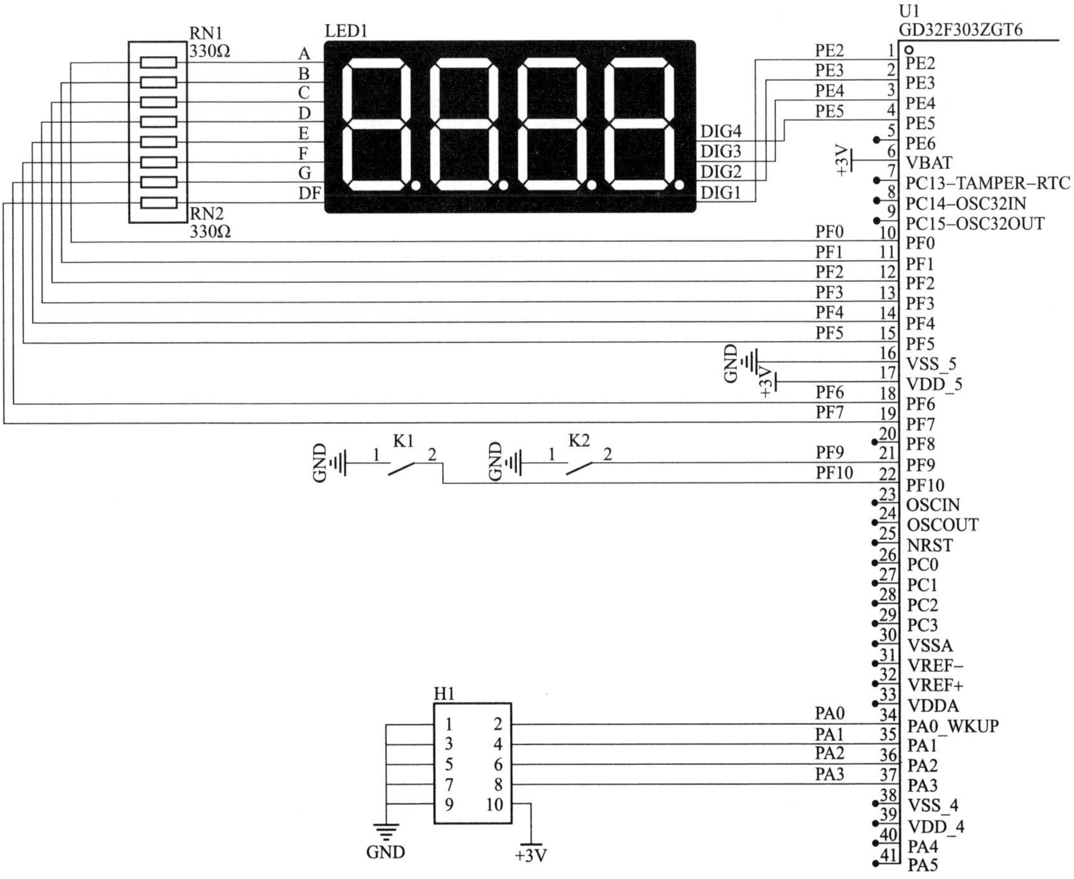

图 8-18　基于定时器 TIMER1 的四路 1kHz 占空比独立可调的 PWM 输出实例电路图

3. 程序实现

本实例程序实现主要包括如下内容：

（1）驱动共阴数码管显示的程序有引脚配置程序、显示数字 0～9 的笔段代码的定义、共阴数码管的动态扫描显示程序等。

```
void LEDSEG_Pin_Init(void)
{
    rcu_periph_clock_enable(RCU_GPIOE); //使能 GPIOE 时钟
    rcu_periph_clock_enable(RCU_GPIOF); //使能 GPIOF 时钟
                                        //配置 PE2～PE5 为推挽输出
    gpio_init(GPIOE,GPIO_MODE_OUT_PP,GPIO_OSPEED_10MHZ,GPIO_PIN_2 | GPIO_PIN_3 |
                                                GPIO_PIN_4 | GPIO_PIN_5);
                                        //配置 PF0～PF7 为推挽输出
gpio_init(GPIOF,GPIO_MODE_OUT_PP,GPIO_OSPEED_10MHZ,GPIO_PIN_0 | GPIO_PIN_1 |
                                                GPIO_PIN_2 | GPIO_PIN_3 |
                                                GPIO_PIN_4 | GPIO_PIN_5 |
                                                GPIO_PIN_6 | GPIO_PIN_7);
}

//显示 0～9,A～F 字段码的定义
const uint8_t LEDSEG[]= {0x3F,0x06,0x5B,0x4F,0x66,0x6D,0x7D,0x07,0x7F,0x6F,
0x77,0x7C,0x39,0x5E,0x79,0x71};
int8_t LEDBuffer[4]= {0};               //显示缓冲区
int8_t LEDIndex;                        //数码管动态扫描显示索引

void LEDSEG_Display(void)
{
    gpio_bit_set(GPIOE,GPIO_PIN_2 | GPIO_PIN_3 | GPIO_PIN_4 | GPIO_PIN_5);
                                        //置未选通所有数码管
    if(0 == LEDIndex)gpio_bit_reset(GPIOE,GPIO_PIN_2);      //选通第 1 个数码管
    else if(1 == LEDIndex)gpio_bit_reset(GPIOE,GPIO_PIN_3); //选通第 2 个数码管
    else if(2 == LEDIndex)gpio_bit_reset(GPIOE,GPIO_PIN_4); //选通第 3 个数码管
    else if(3 == LEDIndex)gpio_bit_reset(GPIOE,GPIO_PIN_5); //选通第 4 个数码管
    gpio_port_write(GPIOF,0x600 | (LEDSEG[LEDBuffer[LEDIndex]]<< 0));
                                        //送已选通的数码管显示字段码
    if(++LEDIndex == sizeof(LEDBuffer))LEDIndex = 0;        //索引指向下一个
}
```

（2）配置定时器 TIMER1 的工作于 PWM 模式。

```
void Timer1_PWM_Pin_Init(void)
{
    rcu_periph_clock_enable(RCU_GPIOA); //使能 GPIOA 时钟
    rcu_periph_clock_enable(RCU_AF);    //使能 AFIO 时钟
    //PA0～PA1 推挽复用输出
    gpio_init(GPIOA,GPIO_MODE_AF_PP,GPIO_OSPEED_50MHZ,GPIO_PIN_0 | GPIO_PIN_1);
    //PA2～PA3 推挽复用输出
    gpio_init(GPIOA,GPIO_MODE_AF_PP,GPIO_OSPEED_50MHZ,GPIO_PIN_2 | GPIO_PIN_3);
}

void Timer1_PWM_Output_Init(void)
```

```
{
    timer_parameter_struct timer_initpara;
    timer_oc_parameter_struct timer_ocintpara;

    rcu_periph_clock_enable(RCU_TIMER1);     //使能定时器 TIMER1 时钟
    timer_deinit(TIMER1);

    timer_initpara.prescaler          = 120 - 1;
    timer_initpara.period             = 1000 - 1;
    timer_initpara.alignedmode        = TIMER_COUNTER_EDGE;
    timer_initpara.counterdirection   = TIMER_COUNTER_UP;
    timer_initpara.clockdivision      = TIMER_CKDIV_DIV1;
    timer_initpara.repetitioncounter = 0U;
    timer_init(TIMER0,&timer_initpara);//初始化定时器 TIMER1 的定时参数,PWM 周期

    timer_auto_reload_shadow_enable(TIMER1);

    timer_ocintpara.outputstate  = TIMER_CCX_ENABLE;
    timer_ocintpara.outputnstate = TIMER_CCX_DISABLE;
    timer_ocintpara.ocpolarity   = TIMER_OC_POLARITY_HIGH;
    timer_ocintpara.ocnpolarity  = TIMER_OCN_POLARITY_HIGH;
    timer_ocintpara.ocidlestate  = TIMER_OC_IDLE_STATE_LOW;
    timer_ocintpara.ocnidlestate = TIMER_OCN_IDLE_STATE_LOW;
    //初始化定时器 TIMER1 的 CH0～CH3 通道
    timer_channel_output_config(TIMER1,TIMER_CH_0,&timer_ocintpara);
timer_channel_output_config(TIMER1,TIMER_CH_1,&timer_ocintpara);
    timer_channel_output_config(TIMER1,TIMER_CH_2,&timer_ocintpara);
    timer_channel_output_config(TIMER1,TIMER_CH_3,&timer_ocintpara);
    //配置 CH0～CH3 通道为 PWM0 模式
    timer_channel_output_mode_config(TIMER1,TIMER_CH_0,TIMER_OC_MODE_PWM0);
    timer_channel_output_mode_config(TIMER1,TIMER_CH_1,TIMER_OC_MODE_PWM0);
    timer_channel_output_mode_config(TIMER1,TIMER_CH_2,TIMER_OC_MODE_PWM0);
    timer_channel_output_mode_config(TIMER1,TIMER_CH_3,TIMER_OC_MODE_PWM0);
    //使能影子寄存器
    timer_channel_output_shadow_config(TIMER1,TIMER_CH_0,TIMER_OC_SHADOW_ENABLE);
    timer_channel_output_shadow_config(TIMER1,TIMER_CH_1,TIMER_OC_SHADOW_ENABLE);
    timer_channel_output_shadow_config(TIMER1,TIMER_CH_2,TIMER_OC_SHADOW_ENABLE);
    timer_channel_output_shadow_config(TIMER1,TIMER_CH_3,TIMER_OC_SHADOW_ENABLE);

    timer_channel_output_pulse_value_config(TIMER1,TIMER_CH_0,100);
                                         //设置 CH0 通道的占空比
    timer_channel_output_pulse_value_config(TIMER1,TIMER_CH_1,300);
                                         //设置 CH1 通道的占空比
    timer_channel_output_pulse_value_config(TIMER1,TIMER_CH_2,500);
                                         //设置 CH2 通道的占空比
    timer_channel_output_pulse_value_config(TIMER1,TIMER_CH_3,700);
                                         //设置 CH3 通道的占空比

    timer_enable(TIMER1);                //使能定时器 TIMER1
}
```

（3）按键检测程序包括：引脚的配置、按键检测函数等。

```
typedef enum
{
    PRESSED = 0,                          //按下
    RELEASED = 1,                         //释放
    UNPRESSED = -1                        //未按

}KEYSTATUS_ENUM;

typedef struct
{
    int32_t Cnt;
    int32_t PIN;
}KEY_STRUCT;
KEY_STRUCT Key1,Key2;

KEYSTATUS_ENUM KeyScan(KEY_STRUCT* Key)
{
    int32_t k = Key->PIN;                 //获取按键状态
    if((0 == k) && (999999 != Key->Cnt) && (++Key->Cnt > 10000)){
                                          //判断是否符合按下条件
        if(0 == k){//判断是真得按下
            Key->Cnt = 999999;            //置已经按下标志
            return PRESSED;               //返回按下状态
        }
    }
    else if(0 != k){//判断按键处于断开状态
        if(999999 == Key->Cnt){           //判断是上次按下的标志
            Key->Cnt = 0;                 //清按键计数清 0
            return RELEASED;              //返回释放状态
        }
    }
    return UNPRESSED;                     //返回无效状态
}

void KEY_Pin_Init(void)
{
    rcu_periph_clock_enable(RCU_GPIOF); //使能 GPIOF 时钟
    //配置 PA9,PA10 为上拉输入
    gpio_init(GPIOE,GPIO_MODE_IPU,GPIO_OSPEED_10MHZ,GPIO_PIN_9 | GPIO_PIN_10);
}
```

（4）main 主程序。

在 main 主程序中，除了调用相关配置函数完成硬件和变量的初始化之外，在 while（1）无限循环体中，调用 LEDSEG_Display( )函数实现共阴 LED 数码管动态显示，调用 KeyScan( )函数实现按键 K1 和 K2 的实时检测。详细的 main( )函数源程序如下：

```
int main(void)
{
    KEY_STRUCT* Key;
```

```
    int32_t msCnt;

    //初始化
    LEDSEG_Pin_Init();
    Timer1_PWM_Pin_Init();
    KEY_Pin_Init();
    PWM_Pulse_Init();

    while(1)
    {
        //共阴 LED 数码管动态扫描
        if(++msCnt >= 1000){
            msCnt = 0;
            LEDSEG_Display();
        }
        //按键 K1 检测
        Key = &Key1;
        Key->PIN = K1;
        if(PRESSED == KeyScan(Key)){
            if(++CH >= 4)CH = 0;
            pulse[CH].ch = CH;
            LEDBuffer[0]= CH;
        }
        //按键 K2 检测
        Key = &Key2;
        Key->PIN = K2;
        if(PRESSED == KeyScan(Key)){
            PWM_Pulse_Update(&pulse[CH]);
        }
    }
}
```

其中，在 main( )函数中，K1、K2 为宏定义，CH 为全局变量，pulse［］为自定义结构体 PWM_PULSE_STRUCT 的全局变量。详细的定义如下：

```
#define K1  gpio_input_bit_get(GPIOF,GPIO_PIN_10)
#define K2  gpio_input_bit_get(GPIOF,GPIO_PIN_9)

int32_t CH;
typedef struct
{
    int32_t ch;
    int32_t pulse;
}PWM_PULSE_STRUCT;
PWM_PULSE_STRUCT pulse[4];
```

PWM_Pulse_Init( )函数为 pulse［］数组成员的初始化，PWM_Pulse_Update( )函数为自定义函数，实现不同通道占空比的改变和更新显示功能。实现的源程序如下：

```
void PWM_Pulse_Init(void)
{
```

```
    pulse[0].ch = 0;
    pulse[0].pulse = 100;
    pulse[1].ch = 1;
    pulse[1].pulse = 300;
    pulse[2].ch = 2;
    pulse[2].pulse = 500;
    pulse[3].ch = 3;
    pulse[3].pulse = 700;
}

void PWM_Pulse_Update(PWM_PULSE_STRUCT* pwm)
{
    pwm->pulse += 10;
    if(pwm->pulse > 1000)pwm->pulse = 0;
    timer_channel_output_pulse_value_config(TIMER1,pwm->ch,pwm->pulse);
    LEDBuffer[0]= pwm->ch;
    LEDBuffer[1]= 17;
    LEDBuffer[2]= (pwm->pulse / 10) % 10;
    LEDBuffer[3]= (pwm->pulse /  1) % 10;
}
```

8.8.4 基于 TIMER0 的 LED 呼吸灯应用实例

1. 实例要求

利用 GD32F303ZGT6 微控制器定时器 TIMER0 的 PWM 功能控制 PA8_TIMER0_CH0 输出 PWM 信号实现呼吸灯显示效果。

2. 电路图

电路图如图 8-19 所示。

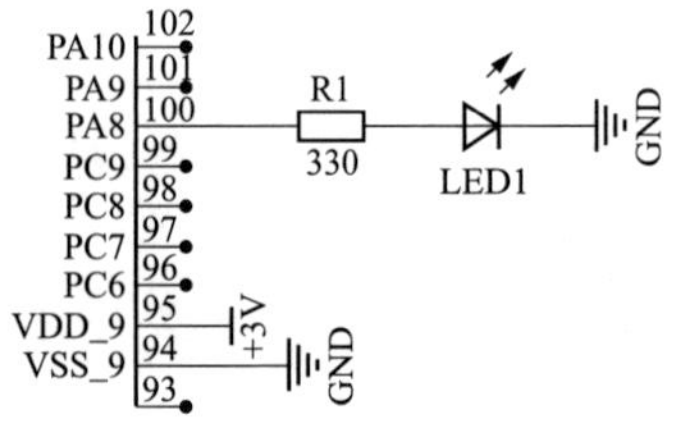

图 8-19　基于 TIMER0 的 LED 呼吸灯应用实例电路图

3. 程序实现

（1）配置 PA8 引脚。

定时器 TIMER0 的 PWM 通道 0 是复用在 PA8 引脚，需要将 PA8 引脚配置为复用推挽输出功能，配置程序如下：

```
void LED_PA8_AF_Init(void)
{
    rcu_periph_clock_enable(RCU_GPIOA); //使能 GPIOA 时钟
    gpio_init(GPIOA, GPIO_MODE_AF_PP, GPIO_OSPEED_50MHZ, GPIO_PIN_8);
                                         //配置 PA8 为复用推挽输出
}
```

（2）配置定时器 TIMER0。

定时器 TIMER0 的配置主要包括：

1）使能定时器 TIMER0 的时钟。

2）配置定时器 TIMER0 工作在 PWM 模式下的周期。本实例中，PWM 频率为 2kHz。

3）配置定时器 TIMER0 的 PWM 输出。

4）设置 PWM 的占空比。

5）设置 PWM 的工作模式。

6）使能 PWM 的输出。

7）使能定时器 TIMER0。

```
void Timer0_PWM_Init(void)
{
    timer_parameter_struct timer_initpara;
    timer_oc_parameter_struct timer_ocintpara;

    rcu_periph_clock_enable(RCU_TIMER0);          //使能 TIMER0 时钟

    timer_deinit(TIMER0);                          //TIMER0 复位

    timer_initpara.prescaler         = 119;
    timer_initpara.alignedmode       = TIMER_COUNTER_EDGE;
    timer_initpara.counterdirection  = TIMER_COUNTER_UP;
    timer_initpara.period            = 500;
    timer_initpara.clockdivision     = TIMER_CKDIV_DIV1;
    timer_initpara.repetitioncounter = 0;
    timer_init(TIMER0,&timer_initpara);           //初始化 TIMER0 的 PWM 周期

    timer_ocintpara.outputstate  = TIMER_CCX_ENABLE;
    timer_ocintpara.outputnstate = TIMER_CCXN_DISABLE;
    timer_ocintpara.ocpolarity   = TIMER_OC_POLARITY_HIGH;
    timer_ocintpara.ocnpolarity  = TIMER_OCN_POLARITY_HIGH;
    timer_ocintpara.ocidlestate  = TIMER_OC_IDLE_STATE_LOW;
    timer_ocintpara.ocnidlestate = TIMER_OCN_IDLE_STATE_LOW;
                                                  //初始化 TIMER0 的 PWM 通道 0 参数
    timer_channel_output_config(TIMER0,TIMER_CH_0,&timer_ocintpara);
                                                  //初始化 PWM 通道 0 的占空比
    timer_channel_output_pulse_value_config(TIMER0,TIMER_CH_0,250);
                                                  //配置 PWM 通道 0 模式
    timer_channel_output_mode_config(TIMER0,TIMER_CH_0,TIMER_OC_MODE_PWM0);
                                                  //禁止影子寄存器
    timer_channel_output_shadow_config(TIMER0,TIMER_CH_0,TIMER_OC_SHADOW_DISABLE);

    timer_primary_output_config(TIMER0,ENABLE);   //使能 TIMER0 的输出
    timer_auto_reload_shadow_enable(TIMER0);      //使能 TIMER0 的自动重装载影子
                                                    寄存器功能
    timer_enable(TIMER0);                         //使能 TIMER0
}
```

（3）main 主程序。

在 main 主程序中，除了完成对相关的硬件配置之外，在 while（1）无限循环体中，每 40ms 改变占空比的数值一次，先从占空比 0 开始，以每 40ms 加 10 一次，加到 500 后改变方向，以每 40ms 减 10 一次，减到 0 改变方向，又以每 40ms 加 10 一次，回到 500 后再改变方向，又以每 40ms 减 1 一次，如此往复改变占空比，实现 PWM 控制 LED 的亮灭显示效果，从而实现呼吸灯的功能。

```
int main(void)
{
    Int32_t i = 0;
    FlagStatus breathe_flag = SET;

    AQ_SysTickConfig();
    LED_PA8_AF_Init();
    Timer0_PWM_Init();

    while(1)
    {
        msDelay(40);
        if (SET == breathe_flag){
             i = i + 10;
        }else{
            i = i - 10;
        }
        if(500 < i){
            breathe_flag = RESET;
        }
        if(0 >= i){
            breathe_flag = SET;
        }
        timer_channel_output_pulse_value_config(TIMER0,TIMER_CH_0,i);
    }
}
```

第 9 章　通用同步异步收发器（USART）

9.1　USART　概　述

通用同步异步收发器（USART）提供了一个灵活方便的串行数据交换接口，数据帧可以通过全双工或半双工，同步或异步的方式进行传输。USART 提供了可编程的波特率发生器，能对 UCLK（PCLK1 或 PCLK2）进行分频产生 USART 发送和接收所需的特定频率。

USART 不仅支持标准的异步收发模式，还实现了一些其他类型的串行数据交换模式，如红外编码规范、SIR、智能卡协议、LIN、半双工以及同步模式。它还支持多处理器通信和 Modem 流控操作（CTS/RTS）。数据帧支持从 LSB 或者 MSB 开始传输。数据位的极性和 TX/RX 引脚都可以灵活配置。

USART 支持 DMA 功能，以实现高速率的数据通信，除了 UART4。

一般情况下，通用同步异步收发器（USART）和异步收发器（UART）统称为串口。

以 GD32F303ZGT6 微控制器为例，其内部含有 5 个串口，包括 3 个同步异步收发器（USART）和 2 个异步收发器（UART）。主要特点如下：

（1）NRZ 标准格式（Mark/Space）。

（2）全双工异步通信。

（3）可编程的波特率产生器：①由外设时钟分频产生，其中 USART0 由 PCLK2 分频得到，USART1/2 和 UART3/4 由 PCLK1 分频得到。②16 倍过采样。③当时钟频率为 120MHz，过采样为 16，最高速度可到 7.5MBits/s。

（4）完全可编程的串口特性：①偶校验位，奇校验位，无校验位的生成/检测。②数据位（8 或 9 位）；③产生 0.5/1/1.5 或者 2 个停止位。

（5）发送器和接收器可分别使能。

（6）支持硬件 Modem 流控操作（CTS/RTS）。

（7）DMA 访问数据缓冲区。

（8）LIN 断开帧的产生和检测。

（9）支持红外数据协议（IrDA）。

（10）同步传输模式以及为同步传输输出发送时钟。

（11）支持兼容 ISO7816-3 的智能卡接口。

（12）多处理器通信。

（13）多种状态标志。

9.1.1 串口功能的 GPIO 复用引脚

GD32F303ZGT6 微控制器的串口引脚功能是复用在 GPIO 引脚上，具体的串口功能的 GPIO 复用引脚的分配如表 9-1 所示。

表 9-1　串口功能的 GPIO 复用引脚

串口引脚	GPIO 引脚					
	USART0	USART1	USART2	UART3	UART4	配置
TX	PA9（PB6）	PA2（PD5）	PB10（PD8/PC10）	PC10	PC12	复用推挽输出
RX	PA10（PB7）	PA3（PD6）	PB11（PD9/PC11）	PC11	PD2	开漏输入或上拉输入
CTS	PA11	PA0（PD3）	PB13（PD11）			开漏输入或上拉输入
RTS	PA12	PA1（PD4）	PB14（PD12）			复用推挽输出
CK	PA8	PA4（PD7）	PB12（PD10/PC12）			复用推挽输出

注　括号中的引脚为复用功能重映射引脚。

任何 USART 双向通信至少需要两个引脚：接收数据输入引脚（RX 引脚）和发送数据输出引脚（TX 引脚）。

（1）TX 引脚：串行数据输出引脚。当 USART 使能后，若无数据发送，默认为高电平。

（2）RX 引脚：串行数据输入引脚。

（3）CK 引脚：同步通信的串行时钟信号。当串口工作于同步模式下，该引脚输出发送器数据时钟。

（4）CTS 引脚。硬件流控模式下的发送使能信号。当 USART 在硬件数据流控制模式下工作，该引脚表示清除已发送，用于在当前传输结束时阻止数据发送（高电平）。

（5）RTS 引脚：硬件流控模式下的发送请求信号。当 USART 在硬件数据流控制模式下工作，该引脚表示请求已发送，用于指示 USART 已准备接收数据（低电平时）。

9.1.2 串口的宏定义

GD32F303ZGT6 微控制器共有 5 个串口。其中，USART0 是挂接在时钟为 120MHz 的 APB2 总线上，其他串口挂接在时钟为 60MHz 的 APB1 总线上。在 gd32f30x_timer.h 头文件中，对 GD32F303ZGT6 微控制器的所有串口的宏定义如下：

```
#define USART1  USART_BASE                           /*!< USART1 基地址*/
#define USART2  (USART_BASE+0x00000400U)            /*!< USART2 基地址*/
#define UART3   (USART_BASE+0x00000800U)            /*!< UART3 基地址*/
#define UART4   (USART_BASE+0x00000C00U)            /*!< UART4 基地址*/
#define USART0  (USART_BASE+0x0000F400U)            /*!< USART0 基地址*/
```

其中，USART_BASE 为串口所在 APB1 总线上的基址，该宏被定义在 gd32f30x.h 头文件中，宏定义形式中如下：

```
#define USART_BASE          (APB1_BUS_BASE + 0x00004400U)  /*!< USART 基地址*/
```

9.1.3 串口结构

串口主要由引脚、数据通道、发送器、接收器组成，其内部结构图如图 9-1 所示。

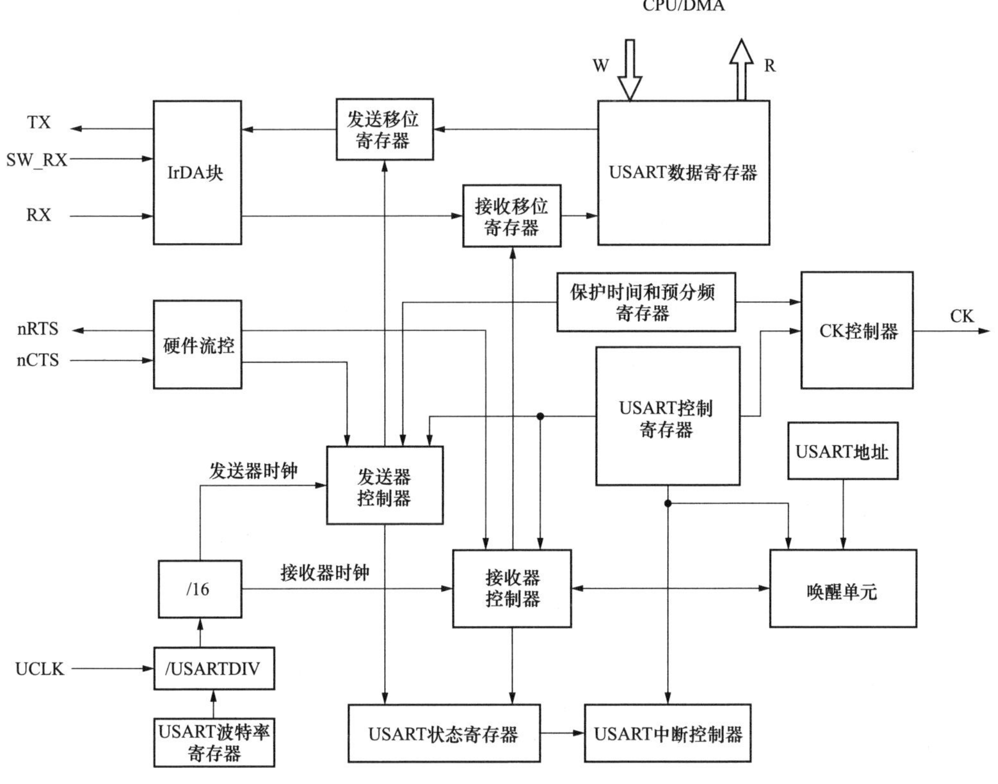

图 9-1　USART 模块内部框图

1．数据通道

USART 有独立的发送和接收数据通道。

发送通道主要由 USART 数据寄存器（USART_DATA）和发送移位寄存器组成。

接收通道主要由 USART 数据寄存器（USART_DATA）和接收移位寄存器组成。

其中 USART 数据寄存器（USART_DATA）是一个 9 位有效的寄存器，可通过 USART 控制寄存器 0（USART_CTL0）的 WL 位进行编程来选择 8 位或 9 位的字长用于发送和接收。当向 USART 数据寄存器（USART_DATA）写操作时，启动一次发送。数据经发送移位寄存器将并行数据通过发送引脚（TX 引脚）逐位发送出去。

当确认接收到一个完整数据时，读取 USART 数据寄存器（USART_DATA），即可得到接收到的数据。

2．USART 帧格式

USART 数据帧开始于起始位，结束于停止位。USART 控制寄存器 0（USART_CTL0）中的 WL 位可以设置数据长度。将 USART 控制寄存器 0（USART_CTL0）中的 PCEN 位给置位，最后一个数据位可以用作校验位。若 WL 位为 0，第 7 位为校验位。若 WL 位置 1，第 8 位为校验位。USART 控制寄存器 0（USART_CTL0）中的 PM 位用于选择校验位的计算方法。在发送和接收中，停止位可以由 USART 控制寄存器 1（USART_CTL1）中的 STB［1:0］位来配置。USART 字符帧（8 数据位和 1 停止位）格式如图 9-2 所示。

3．USART 发送器

如果 USART 控制寄存器 0（USART_CTL0）中的发送使能位（TEN）被置位，当发送数据缓冲区不为空时，发送器将会通过 TX 引脚发送数据帧。TX 引脚的极性可以通过 USART 控制寄存器 3（USART_CTL3）中的 TINV 位来配置。时钟脉冲通过 CK 引脚输出。

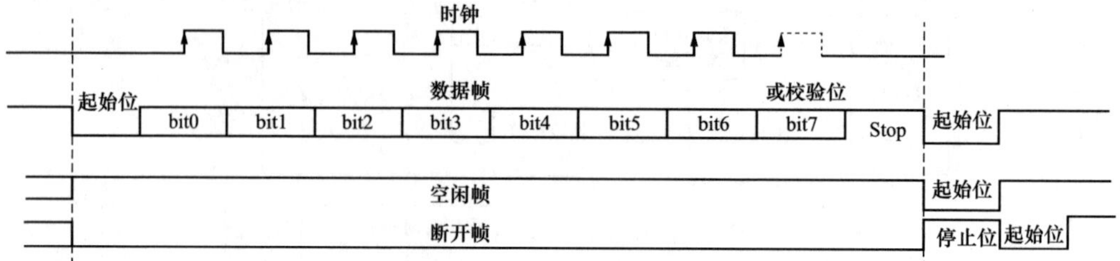

图 9-2　USART 帧格式示意图

当 USART 控制寄存器 0（USART_CTL0）中的发送使能位（TEN）被置位后，发送器会发出一个空闲帧。TEN 位在数据发送过程中是不可以被复位的。

系统上电后，USART 状态寄存器 0（USART_STAT0）中的 TBE 位默认为“1”。在 USART 状态寄存器 0（USART_STAT0）中的 TBE 被置位时，数据可以在不覆盖前一个数据的情况下写入 USART 数据寄存器（USART_DATA）。当数据写入 USART 数据寄存器（USART_DATA）时，USART 状态寄存器 0（USART_STAT0）中的 TBE 位将被清 0，在数据由 USART 数据寄存器（USART_DATA）移入移位寄存器后，TBE 位将由硬件置 1。如果数据在一个发送过程正在进行时被写入 USART 数据寄存器（USART_DATA），它将首先被存入发送缓冲区，在当前发送过程完成时传输到发送移位寄存器中。如果数据在写入 USART 数据寄存器（USART_DATA）时，若没有发送过程正在进行，则 USART 状态寄存器 0（USART_STAT0）中的 TBE 位将被清零然后立即被置位，原因是数据将立刻传输到发送移位寄存器。

假如一帧数据已经发送出去，并且 USART 状态寄存器 0（USART_STAT0）中的 TBE 位已经被置位，那么 USART 状态寄存器 0（USART_STAT0）中的 TC 位将被置 1。如果 USART 状态寄存器 0（USART_STAT0）中的中断使能位（TCIE）被置 1，将会产生中断。

USART 发送步骤如图 9-3 所示。

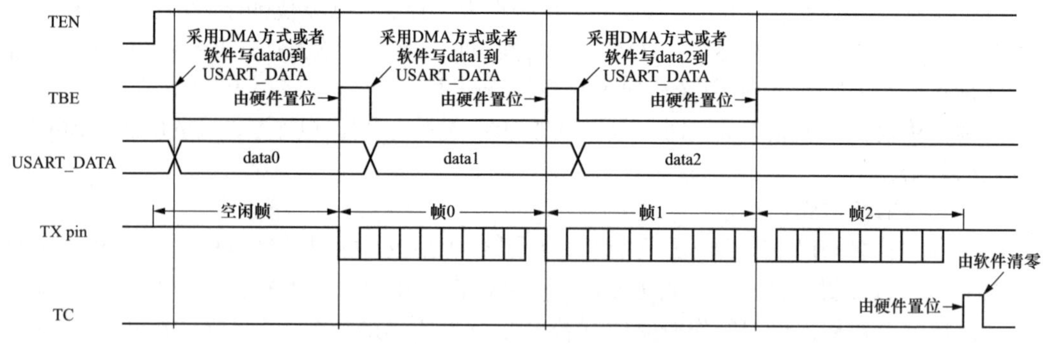

图 9-3　USART 发送步骤示意图

（1）将 USART 控制寄存器 0（USART_CTL0）中的 UEN 位给置位，使能 USART。

（2）通过 USART 控制寄存器 0（USART_CTL0）中的 WL 位来设置字长。

（3）通过 USART 控制寄存器 1（USART_CTL1）中的 STB［1:0］位来设置停止位的长度。

（4）如果选择了多级缓存通信方式，应该将 USART 控制寄存器 2（USART_CTL2）中的 DENT 位给置来使能 DMA。

（5）通过 USART 波特率寄存器（USART_BAUD）来设置波特率。

（6）通过 USART 控制寄存器 0（USART_CTL0）中的 TEN 位来使能发送数据功能。

（7）等待 TBE 置位。

（8）向 USART 数据寄存器（USART_DATA）写数据。

（9）若 DMA 未使能，每发送一个字节都需重复步骤（7）和步骤（8）。

（10）等待 USART 状态寄存器 0（USART_STAT0）中的 TC 被硬件置 1，发送完成。

在禁用 USART 或进入低功耗状态之前，必须等待 USART 状态寄存器 0（USART_STAT0）中的 TC 位来置位。先读 USART 状态寄存器 0（USART_STAT0）然后再写 USART 数据寄存器（USART_DATA）可将 USART 状态寄存器 0（USART_STAT0）中的 TC 位清 0。在多级缓存通信方式（DENT=1）下，直接向 TC 写 0，也能清 TC。

4. USART 接收器

上电后，USART 接收器使能按以下步骤进行：

（1）将 USART 控制寄存器 0（USART_CTL0）中的 UEN 位给置位，使能 USART。

（2）通过 USART 控制寄存器 0（USART_CTL0）中的 WL 位来设置字长。

（3）通过 USART 控制寄存器 1（USART_CTL1）中的 STB［1:0］位来设置停止位的长度。

（4）如果选择了多级缓存通信方式，应该将 USART 控制寄存器 2（USART_CTL2）中的 DENT 位给置位来使能 DMA。

（5）通过 USART 波特率寄存器（USART_BAUD）来设置波特率。

（6）通过 USART 控制寄存器 0（USART_CTL0）中的 REN 位来使能接收数据功能。

接收器在使能后若检测到一个有效的起始脉冲便开始接收码流，并在接收一个数据帧的过程中会检测噪声错误，奇偶校验错误，帧错误和过载错误。

当接收到一个数据帧，USART 状态寄存器 0（USART_STAT0）中的 RBNE 被置位，如果设置了 USART 控制寄存器 0（USART_CTL0）中的中断使能位（RBNEIE），将会产生中断。在 USART 状态寄存器 0（USART_STAT0）中可以观察接收状态标志。

软件可以通过读 USART 数据寄存器（USART_DATA）或者 DMA 方式获取接收到的数据。不管是直接读寄存器还是通过 DMA，只要是对 USART 数据寄存器（USART_DATA）的一个读操作都可以清除 USART 状态寄存器 0（USART_STAT0）中的 RBNE 位。

在接收过程中，需保证 USART 控制寄存器 0（USART_CTL0）中的 REN 位被置 1，不然当前的数据帧将会丢失。

如图 9-4 所示，在默认情况下，接收器通过获取三个采样点的值来估计该位的值。如果在 3 个采样点中有 2 个或 3 个为 0，该数据位被视为 0，否则为 1。如果 3 个采样点中有一个采样点的值与其他两个不同，不管是起始位，数据位，奇偶校验位或者停止位，都将产生噪声错误（NERR）。如果使能 DMA，并将 USART 控制寄存器 2（USART_CTL2）中的 ERRIE 位置 1，将会产生中断。

通过将 USART 控制寄存器 0（USART_CTL0）中的 PCEN 位给置 1 来使能奇偶校验功能，接收器在接收一个数据帧时计算预期奇偶校验值，并将其与接收到的奇偶校验位进行比较。如果不相等，USART 状态寄存器 0（USART_STAT0）中的 PERR 被置 1。如果将 USART 控制寄存器 0（USART_CTL0）中的 PERRIE 位给置 1 了，则将产生中断。

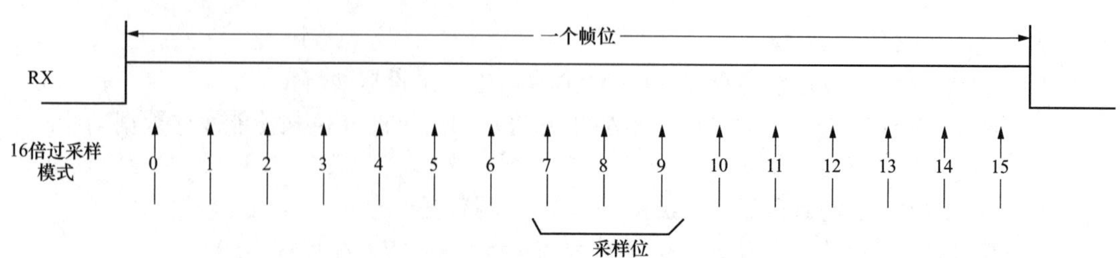

图 9-4　过采样方式接收一个数据位示意图

如果在停止位传输过程中 RX 引脚为 0，将产生帧错误，USART 状态寄存器 0（USART_STAT0）中的 FERR 被置 1。如果使能 DMA 并将 USART 控制寄存器 2（USART_CTL2）中的 ERRIE 位给置 1，则将产生中断。

当接收到一帧数据后，若 USART 状态寄存器 0（USART_STAT0）中的 RBNE 位还没有被清 0，随后的数据帧将不会存储在数据接收缓冲区中。USART 状态寄存器 0（USART_STAT0）中的溢出错误标志位 ORERR 将被置 1。如果使能 DMA 并将 USART 控制寄存器 2（USART_CTL2）中的 ERRIE 位给置 1 或者 RBNEIE 位被置 1，则将产生中断。

若接收过程中，产生了噪声错误（NERR）、校验错误（PERR）、帧错误（FERR）或溢出错误（ORERR），则 NERR、PERR、FERR 或 ORERR 将和 RBNE 同时置 1。如果没有使能 DMA，当 RBNE 中断发生时，软件需检查是否有噪声错误、校验错误、帧错误或溢出错误产生。

5. 波特率产生

波特率分频系数是一个 16 位的数字，包含 12 位整数部分和 4 位小数部分。波特率发生器使用这两部分组合所得的数值来确定波特率。由于具有小数部分的波特率分频系数，将使得 USART 能够产生所有标准波特率数值。

波特率分频系数（USARTDIV）与系统时钟具有如下关系：

$$\text{USARTDIV} = \frac{\text{UCLK}}{16 \times \text{BandRate}}$$

其中，UCLK 是 USART 所在外设总线上的时钟；USARTDIV 是需要存储在 USART 波特率寄存器（USART_BAUD）中的数据。

USART 波特率寄存器（USART_BAUD）中的数据有两部分组成：

（1）USARTDIV 的整数部分：USART 波特率寄存器（USART_BAUD）中的位 15:4，即 INTDIV［11..0］。

（2）USARTDIV 的小数部分：USART 波特率寄存器（USART_BAUD）的位 3:0，即 FRADIV［3..0］。

例如，当过采样是 16：

由 USART 波特率寄存器（USART_BAUD）的值得到 USARTDIV：

假设 USART_BAUD=0x21D，则 INTDIV=33（0x21），FRADIV=13（0xD）。

UASRTDIV=33+13÷16=33.81。

由 USARTDIV 得到 USART 波特率寄存器（USART_BAUD）的值：

假设要求 UASRTDIV=30.37，INTDIV=30（0x1E）。

16×0.37=5.92，接近整数 6，所以 FRADIV=6（0x6）。

USART_BAUD=0x1E6。

注意：若取整后 FRADIV=16（溢出），则进位必须加到整数部分。

6. DMA 方式访问数据缓冲区

为减轻处理器的负担，可以采用 DMA 访问发送缓冲区或者接收缓冲区。将 USART 控制寄存器 2（USART_CTL2）中的 DENT 位给置 1 来使能 DMA 发送，将 USART 控制寄存器 2（USART_CTL2）中的 DENR 位给置 1 来使能 DMA 接收。

（1）当 DMA 用于 USART 发送时，DMA 将数据从片内 SRAM 传送到 USART 的数据缓冲区。配置步骤如下：

1）将 USART 状态寄存器 0（USART_STAT0）中的 TC 位清 0。

2）将 USART 数据寄存器（USART_DATA）的地址设置为 DMA 目的地址。

3）将存放数据的片内 SRAM 地址设置为 DMA 源地址。

4）将要传输的数据字节数设置为 DMA 传输字节数。

5）设置 DMA 的其他项，包括中断使能，校验位设置等。

6）使能用于 USART 的 DMA 通道。

7）等待 USART 状态寄存器 0（USART_STAT0）中的 TC 位被置 1。

所有数据帧都传输完成后，USART 状态寄存器 0（USART_STAT0）中的 TC 位被置 1。如果 USART 控制寄存器 0（USART_CTL0）中的 TCIE 位被置 1，将产生中断。

（2）当 DMA 用于 USART 接收时，DMA 将数据从接收缓冲区传送到片内 SRAM。配置步骤如下：

1）将 USART 数据寄存器（USART_DATA）的地址设置为 DMA 源地址。

2）将存放数据的片内 SRAM 地址设置为 DMA 目的地址。

3）将要传输的数据字节数设置为 DMA 传输字节数。

4）设置 DMA 的其他项，包括中断使能，校验位设置等。

5）使能用于 USART 的 DMA 通道。

如果将 USART 控制寄存器 2（USART_CTL2）中的 ERRIE 位给置 1，USART 状态寄存器 0（USART_STAT0）中的错误标志位（FERR、ORERR 和 NERR）被置位时将产生中断。

当 USART 接收到的数据数量达到了 DMA 传输数据数量，DMA 模块将产生传输完成中断。

9.2 USART 寄存器

9.2.1 USART 寄存器简介

USART 寄存器列表如表 9-2 所示，实现对 USART 的配置，数据的发送/接收以及数据传输相关的状态信息的监测。

表 9-2　USART 寄存器表

偏移地址	名称	类型	复位值	说明
0x00	STAT0	读/写 0 清除	0x0000 00C0	USART 状态寄存器 0（详见表 9-3）
0x04	DATA	读/写	0x0000 0000	USART 数据寄存器

续表

偏移地址	名称	类型	复位值	说　明
0x08	BAUD	读/写	0x0000 0000	USART 波特率寄存器（详见表 9-4）
0x0C	CTL0	读/写	0x0000 0000	USART 控制寄存器 0（详见表 9-5）
0x10	CTL1	读/写	0x0000 0000	USART 控制寄存器 1（详见表 9-6）
0x14	CTL2	读/写	0x0000 0000	USART 控制寄存器 2（详见表 9-7）
0x18	GP	读/写	0x0000 0000	USART 保护时间和预分频器寄存器（详见表 9-8）
0x80	CTL3	读/写	0x0000 0000	USART 控制寄存器 3（详见表 9-9）
0x84	RT	读/写	0x0000 0000	USART 接收超时寄存器（详见表 9-10）
0x88	STAT1	读/写 0 清除	0x0000 0000	USART 状态寄存器 1（详见表 9-11）

表 9-2 列出的与 USART 相关的寄存器的宏都被定义在 gd32f30x_usart.h 头文件中，具体的宏定义形式如下：

```
#define USART_STAT0(usartx) REG32((usartx) + 0x00000000U) /*!< USART 状态寄存器 0 */
#define USART_DATA(usartx)  REG32((usartx) + 0x00000004U) /*!< USART 数据寄存器 */
#define USART_BAUD(usartx)  REG32((usartx) + 0x00000008U) /*!< USART 波特率寄存器 */
#define USART_CTL0(usartx)  REG32((usartx) + 0x0000000CU) /*!< USART 控制寄存器 0 */
#define USART_CTL1(usartx)  REG32((usartx) + 0x00000010U) /*!< USART 控制寄存器 1 */
#define USART_CTL2(usartx)  REG32((usartx) + 0x00000014U) /*!< USART 控制寄存器 2 */
#define USART_GP(usartx)    REG32((usartx) + 0x00000018U) /*!< USART 保护时间和预
                                                             分频器寄存器*/
#define USART_CTL3(usartx)  REG32((usartx) + 0x00000080U) /*!< USART 控制寄存器 3 */
#define USART_RT(usartx)    REG32((usartx) + 0x00000084U) /*!< USART 接收超时寄存
                                                             器*/
#define USART_STAT1(usartx) REG32((usartx) + 0x00000088U) /*!< USART 状态寄存器 1 */
```

9.2.2 USART 寄存器功能描述

1. USART 状态寄存器 0（USART_STAT0）

USART 状态寄存器 0（USART_STAT0）的各个位的功能描述如表 9-3 所示。

表 9-3　USART 状态寄存器 0（USART_STAT0）

位	名称	类型	复位值	说　明
31:10	—	—	—	—
9	CTSF	读清除/写 0	0	CTS 变化标志。0：nCTS 状态线没有变化；1：nCTS 状态线发生变化
8	LBDF	读清除/写 0	0	LIN 断开检测标志。0：没有检测到 LIN 断开字符；1：检测到 LIN 断开字符
7	TBE	读清除/写 0	0	发送数据缓冲区空。0：发送数据缓冲区不为空；1：发送数据缓冲区空
6	TC	读清除/写 0	1	发送完成。0：发送没有完成；1：发送完成
5	RBNE	读清除/写 0	1	读数据缓冲区非空。0：读数据缓冲区为空；1：读数据缓冲区不为空

续表

位	名称	类型	复位值	说　　明
4	IDLEF	读清除/写 0	0	空闲线检测标志。0：未检测到空闲帧；1：检测到空闲帧
3	ORERR	读清除/写 0	0	溢出错误。0：没有检测到溢出错误；1：检测到溢出错误
2	NERR	读清除/写 0	0	噪声错误标志。0：没检测到噪声错误；1：检测到噪声错误
1	FERR	读清除/写 0	0	帧错误。0：未检测到帧错误；1：检测到帧错误
0	PERR	读清除/写 0	0	校验错误。0：没检测到校验错误；1：检测到校验错误

在 gd32f30x_usart.h 头文件中与 USART 状态寄存器 0（USART_STAT0）各个位相关的宏定义如下：

```
#define USART_STAT0_PERR        BIT(0)        /*!<校验错误标志*/
#define USART_STAT0_FERR        BIT(1)        /*!<帧错误标志*/
#define USART_STAT0_NERR        BIT(2)        /*!<噪声错误标志*/
#define USART_STAT0_ORERR       BIT(3)        /*!<溢出错误标志*/
#define USART_STAT0_IDLEF       BIT(4)        /*!<空闲线检测标志*/
#define USART_STAT0_RBNE        BIT(5)        /*!<读数据缓冲区非空*/
#define USART_STAT0_TC          BIT(6)        /*!<发送完成*/
#define USART_STAT0_TBE         BIT(7)        /*!<发送数据缓冲区空*/
#define USART_STAT0_LBDF        BIT(8)        /*!<LIN 断开检测标志*/
#define USART_STAT0_CTSF        BIT(9)        /*!<CTS 变化标志*/
```

2. USART 波特率寄存器（USART_BAUD）

USART 波特率寄存器（USART_BAUD）的各个位的功能描述如表 9-4 所示。

表 9-4　　USART 波特率寄存器（USART_BAUD）

位	名称	类型	复位值	说　　明
31:16	—	—	—	—
15:4	INTDIV [11:0]	读/写	0	波特率分频器的整数部分
3:0	FRADIV [3:0]	读/写	0	波特率分频器的小数部分

3. USART 控制寄存器 0（USART_CTL0）

USART 控制寄存器 0（USART_CTL0）的各个位的功能描述如表 9-5 所示。

表 9-5　　USART 控制寄存器 0（USART_CTL0）

位	名称	类型	复位值	说　　明
31:14	—	—	—	—
13	UEN	读/写	0	USART 使能。0：USART 禁用；1：USART 使能
12	WL	读/写	0	字长。0:8 数据位；1:9 数据位
11	WM	读/写	0	从静默模式唤醒方法。0：空闲线；1：地址匹配
10	PCEN	读/写	0	校验控制使能。0：校验控制禁用；1：校验控制被使能
9	PM	读/写	0	校验模式。0：偶校验；1：奇校验
8	PERRIE	读/写	0	校验错误中断使能。0：校验错误中断禁用；1：校验错误中断使能

续表

位	名称	类型	复位值	说　明
7	TBEIE	读/写	0	发送缓冲区空中断使能。0：发送缓冲区空中断禁止；1：发送缓冲区空中断使能
6	TCIE	读/写	0	发送完成中断使能。0：发送完成中断禁用；1：发送完成中断使能
5	RBNEIE	读/写	0	读数据缓冲区非空中断和过载错误中断使能。0：禁用；1：使能
4	IDLEIE	读/写	0	IDLE 线检测中断使能。0：IDLE 线检测中断禁用；1：IDLE 线检测中断禁用使能
3	TEN	读/写	0	发送器使能。0：发送器禁用；1：发送器使能
2	REN	读/写	0	接收器使能。0：接收器禁用；1：接收器使能
1	RWU	读/写	0	接收器从静默模式中唤醒。0：接收器处于正常工作模式；1：接收器处于静默模式
0	SBKCMD	读/写	0	发送断开帧。0：没有发送断开帧；1：发送断开帧

在 gd32f30x_usart.h 头文件中与 USART 控制寄存器 0（USART_CTL0）各个位相关的宏定义如下：

```
#define USART_CTL0_SBKCMD   BIT(0)  /*!<发送断开帧命令*/
#define USART_CTL0_RWU      BIT(1)  /*!<接收器从静默模式中唤醒模式*/
#define USART_CTL0_REN      BIT(2)  /*!<接收器使能*/
#define USART_CTL0_TEN      BIT(3)  /*!<发送器使能*/
#define USART_CTL0_IDLEIE   BIT(4)  /*!<IDLE 线检测中断使能*/
#define USART_CTL0_RBNEIE   BIT(5)  /*!<读数据缓冲区非空中断和过载错误中断使能*/
#define USART_CTL0_TCIE     BIT(6)  /*!<发送完成中断使能*/
#define USART_CTL0_TBEIE    BIT(7)  /*!<发送缓冲区空中断使能*/
#define USART_CTL0_PERRIE   BIT(8)  /*!<校验错误中断使能*/
#define USART_CTL0_PM       BIT(9)  /*!<校验模式*/
#define USART_CTL0_PCEN     BIT(10) /*!<校验控制使能*/
#define USART_CTL0_WM       BIT(11) /*!<从静默模式唤醒方法*/
#define USART_CTL0_WL       BIT(12) /*!<字长*/
#define USART_CTL0_UEN      BIT(13) /*!<USART 使能*/
```

4. USART 控制寄存器 1（USART_CTL1）

USART 控制寄存器 1（USART_CTL1）的各个位的功能描述如表 9-6 所示。

表 9-6　　USART 控制寄存器 1（USART_CTL1）

位	名称	类型	复位值	说　明
31:15	—	—	—	—
14	LMEN	读/写	0	LIN 模式使能。0：LIN 模式禁用；1：LIN 模式使能
13:12	STB [1:0]	读/写	0	STOP 位长。00：1 停止位；01：0.5 停止位；10：2 停止位；11：1.5 停止位
11	CKEN	读/写	0	CK 引脚使能。0：CK 引脚禁用；1：CK 引脚使能
10	CPL	读/写	0	时钟极性。 0：CK 引脚不对外发送时保持为低电平；1：CK 引脚不对外发送时保持为高电平

续表

位	名称	类型	复位值	说　明
9	CPH	读/写	0	时钟相位。 0：在首个时钟边沿采样第一个数据；1：在第二个时钟边沿采样第一个数据
8	CLEN	读/写	0	CK 信号长度。 0:8 位数据帧中有 7 个 CK 脉冲，9 位数据帧中有 8 个 CK 脉冲。 1:8 位数据帧中有 8 个 CK 脉冲，9 位数据帧中有 9 个 CK 脉冲
7	—	—	—	—
6	LBDIE	读/写	0	LIN 断开信号检测中断使能。0：断开信号检测中断禁用；1：断开信号检测中断使能
5	LBLIE	读/写	0	LIN 断开帧长度。0:10 位；1:11 位
4	—	—	—	—
3:0	ADDR［3:0］	读/写	0	USART 地址。 地址匹配唤醒模式下（WM=1），如果接收到的数据帧低四位与 ADDR［3:0］值不相等，USART 就会进入静默模式；如果接收到的数据帧低四位与 ADDR［3:0］值相等，USART 会被唤醒

5. USART 控制寄存器 2（USART_CTL2）

USART 控制寄存器 2（USART_CTL2）的各个位的功能描述如表 9-7 所示。

表 9-7　　USART 控制寄存器 2（USART_CTL2）

位	名称	类型	复位值	说　明
31:11	—	—	—	—
10	CTSIE	读/写	0	CTS 中断使能。0：CTS 中断禁用；1：CTS 中断使能
9	CTSEN	读/写	0	CTS 使能。0：CTS 硬件流控制禁用；1：CTS 硬件流控制使能
8	RTSEN	读/写	0	RTS 使能。0：RTS 硬件流控制禁用；1：RTS 硬件流控制使能
7	DENT	读/写	0	DMA 发送使能。0：DMA 发送模式禁用；1：DMA 发送模式使能
6	DENR	读/写	—	DMA 接收使能。0：DMA 接收模式禁用；1：DMA 接收模式使能
5	SCEN	读/写	—	智能卡模式使能。0：智能卡模式禁用；1：智能卡模式使能
4	NKEN	读/写	—	在智能卡模式 NACK 使能。 0：当出现校验错误时不发送 NACK；1：当出现校验错误时发送 NACK
3	HDEN	读/写	—	半双工使能。0：半双工模式禁用；1：半双工模式使能
2	IRLP	读/写	—	IrDA 低功耗模式。0：正常模式；1：低功耗模式
1	IREN	读/写	—	IrDA 模式使能。0：IrDA 禁用；1：IrDA 使能
0	ERRIE	读/写	—	错误中断使能。0：错误中断禁用；1：错误中断使能

6. USART 保护时间和预分频器寄存器（USART_GP）

USART 保护时间和预分频器寄存器（USART_GP）的各个位的功能描述如表 9-8 所示。

表 9-8　　USART 保护时间和预分频器寄存器（USART_GP）

位	名称	类型	复位值	说　明
31:16	—	—	—	—
15:8	GUAT［7:0］	读/写	0	智能卡模式下的保护时间值。TC 标志置位时间延时 GUAT［7:0］个波特时钟周期
7:0	PSC［7:0］	读/写	0	使能 USART IrDA 低功耗模式，这些位用来设定将外设时钟（PCLK1/PCLK2）分频产生低功耗频率的分频系数。 00000000：保留，不要写入该值。 00000001：对源时钟 1 分频。 ... 11111111：对源时钟 255 分频。 在 IrDA 正常模式下，PSC 只能设置成 00000001。 在智能卡模式下，PSC［4:0］用于设定外设时钟（APB1/APB2）。生成智能卡时钟的分频系数。实际的分频系数为 PSC［4:0］设定值的两倍。 00000：保留，不要写入该值。 00001：对源时钟 2 分频。 00010：对源时钟 4 分频。 ... 11111：对源时钟 62 分频。 在智能卡模式下，PSC［7:5］保留

7. USART 控制寄存器 3（USART_CTL3）

USART 控制寄存器 3（USART_CTL3）的各个位的功能描述如表 9-9 所示。

表 9-9　　USART 控制寄存器 3（USART_CTL3）

位	名称	类型	复位值	说　明
31:12	—	—	—	—
11	MSBF	读/写	0	高位在前。0：数据发送/接收，采用低位在前；1：数据发送/接收，采用高位在前
10	DINV	读/写	0	数据位反转。0：数据位信号值没有反转；1：数据位信号值被反转
9	TINV	读/写	0	TX 引脚电平反转。0：TX 引脚信号值没有反转；1：TX 引脚信号值被反转
8	RINV	读/写	0	RX 引脚电平反转。0：RX 引脚信号值没有反转；1：RX 引脚信号值被反转
7:6	—	—	—	—
5	EBIE	读/写	0	块结束标志中断使能位。0：块中断使能；1：块中断禁用
4	RTIE	读/写	0	接收超时标志中断使能位。0：接收超时中断使能；1：接收超时中断禁用
3:1	SCRTNUM［2:0］	读/写	0	智能卡自动重试次数寄存器。 在智能卡模式下，这些位用来设定在发送和接收时重试的次数。 在发送模式下，一帧数据可以重发 SCRTNUM 次。如果一帧数据发送失败 SCRTNUM+1 次，FERR 被置位。 在接收模式下，USART 接收一个数据帧可以执行 SCRTNUM+1 次。如果一个数据帧校验位不匹配事件产生 SCRTNUM+1 次，RBNE 位和 PERR 位被置位
0	RTEN	读/写	0	接收器超时使能。0：接收器超时检测功能禁用；1：接收器超时检测功能被使能

8. USART 接收超时寄存器（USART_RT）

USART 接收超时寄存器（USART_RT）的各个位的功能描述如表 9-10 所示。

表 9-10　　USART 接收超时寄存器（USART_RT）

位	名称	类型	复位值	说　明
31:24	BL［7:0］	读/写	0	块长度。 这些位用于设定智能卡 T=1 的接收时，块的长度。它的值等于信息字节的长度+结束部分的长度（1-LEC/2-CRC）–1。 这个值可以在块接收开始去设置（用于需要从块的序言提取块的长度的情形），这个值在每一个接收时钟周期只能设置一次。在智能卡模式下，当 TBE=0 时，块的长度计数器被清 0。 在其他模式下，当 REN=0（禁用接收器）或者当 USART_STAT1 寄存器的 EBF 位被写 0 时，块的长度计数器被清 0
23:0	RT［23:0］	读/写	0	接收器超时阈值。该位域用于指定接收超时值，单位是波特时钟的时长。 标准模式下，如果在最后一个字节接收后，在 RT 规定的时长内，没有检测到新的起始位，USART_STAT1 寄存器中 RTF 标志被置位。 在智能卡模式，这个值被用来实现 CWT 和 BWT。在这种情况下，超时检测是从最后一个接收字节的起始位开始算的。 这些位可以在工作时改写。假如一个新数据到来的时间比 RT 规定的晚，RTF 标志会被置位。对于每个接收字符，这个值只能改写一次

9. USART 状态寄存器 1（USART_STAT1）

USART 状态寄存器 1（USART_STAT1）的各个位的功能描述如表 9-11 所示。

表 9-11　　USART 状态寄存器 1（USART_STAT1）

位	名称	类型	复位值	说　明
31:17	—	—	—	
16	BSY	只读	0	忙标志。USART 接收一帧数据时被置位。 0：USART 接收通道空闲；1：USART 接收通道忙
15:13	—	—	—	
12	EBF	写 0	0	块结束标志。 该位在接收字节数（从块起始开始计数，包含序言）等于或者大于 BLEN+4 时被置位。USART_CTL3 寄存器中 EBIE 被置位将产生中断。软件可以通过写 0 清除该位。 0：块结束事件没有发生； 1：块结束事件发生
11	RTF	写 0	0	接收超时标志。该位在 RX 引脚空闲时间已经超过 RT 值时被置位。USART_CTL3 寄存器中 RTI E 被置位将产生中断。软件可以通过写 0 清除该位。 0：接收器超时事件没有发生； 1：接收器超时事件发生
10:0	—	—	—	

9.3　与 NVIC 相关的 USART 中断

USART 的所有中断事件被连接到相同的中断通道，可以触发 USART 的中断事件如下：

发送期间：发送完成、清除已发送或发送数据寄存器空。

接收期间：空闲线路检测、上溢错误、接收数据寄存器不为空、奇偶校验错误、LIN 断路检测、噪声标志和帧错误。

如果将相应的中断使能控制位给置 1，则这些事件会生成中断。USART 的中断事件和标志如表 9-12 所示。

表 9-12　　USART 中断请求

中断事件	事件标志	控制寄存器	使能控制位
发送数据寄存器空	TBE	USART_CTL0	TBEIE
CTS 标志	CTSF	USART_CTL2	CTSIE
发送结束	TC	USART_CTL0	TCIE
接收到的数据可以读取	RBNE	USART_CTL0	RBNEIE
检测到过载错误	ORERR	USART_CTL0	RBNEIE
检测到线路空闲	IDLEF	USART_CTL0	IDLEIE
奇偶校验错误	PERR	USART_CTL0	PERRIE
LIN 模式下，检测到断开标志	LBDF	USART_CTL1	LBDIE
接收超时错误	RTF	USART_CTL3	RTIE
发现块尾	EBF	USART_CTL3	EBIE
接收错误（噪声错误、溢出错误、帧错误）当 DMA 接收使能时	NERR/ORERR/FERR	USART_CTL2	ERRIE

在发送给中断控制器之前，所有的中断事件都是逻辑或的关系，如图 9-5 所示。因此在任何时候 USART 只能向控制器产生一个中断请求。通过软件可以在一个中断服务程序里处理多个中断事件。

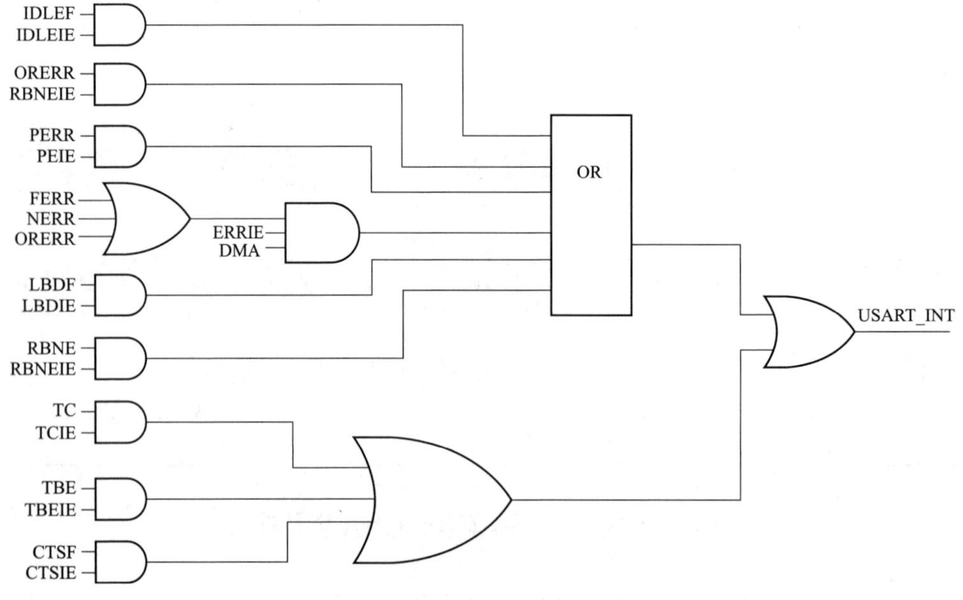

图 9-5　USART 中断映射框图示意图

以 GD32F303ZGT6 微控制器为例，所有的 USART 中断向量如表 9-13 所示。

表 9-13　　GD32F303ZGT6 微控制器的 USART 中断向量表

中断编号	在 gd32f30x.h 头文件中定义的宏	优先级	优先级类型	startup_gd32f30x_xd.s 文件中声明的中断服务程序名称	向量地址	描述
37	USART0_IRQn	53	可编程	USART0_IRQHandler	0x000000D4	USART0 中断
38	USART1_IRQn	54	可编程	USART1_IRQHandler	0x000000D8	USART1 中断
39	USART2_IRQn	55	可编程	USART2_IRQHandler	0x000000DC	USART2 中断
52	UART3_IRQn	68	可编程	UART3_IRQHandler	0x000000110	UART3 中断
53	UART4_IRQn	69	可编程	UART4_IRQHandler	0x000000114	UART4 中断

定义在 gd32f30x.h 头文件中的中断向量宏是 nvic_irq_enable( )函数初始化该中断的向量编号，并且中断向量的优先级是可编程的。

例如，初始化 USART0 中断向量（被宏定义在 gd32f30x.h 头文件中）的 C 语句为：

```
nvic_irq_enable(USART0_IRQn,0,0);
```

对应的 USART0 中断服务程序函数（被声明在 startup_gd32f30x_xd.s 文件中）为：

```
void USART0_IRQHandler(void)
{
    ;
}
```

9.4　基于寄存器操作的 USART 典型步骤与应用实例

9.4.1　基于寄存器操作的典型步骤

1. 串口初始化

串口初始化主要涉及时钟配置、GPIO 配置和串口功能设置。

2. 串口应用

串口应用主要处理数据的发送和接收。

发送：使用常用软件查询法实现，也可以使用中断和 DMA 方法实现。

接收：使用常用中断法实现，也可以使用 DMA 方法实现。

3. 应用步骤

（1）时钟使能。

1）串口时钟使能。

以 GD32F303ZGT6 为例，USART0 是挂接在 APB2 总线上的，需要将时钟单元（RCU）中的 APB2 使能寄存器（RCU_APB2EN）中的 USART0EN 位给置 1；USART1、USART2、UART3 和 UART4 是挂接在 APB1 总线上的，需要将时钟单元（RCU）中的 APB1 使能寄存器（RCU_APB1EN）中的 USART1EN、USART2EN、UART3EN 和 UART4EN 位给置 1。

例如，基于寄存器操作，使能 USART0 时钟的 C 语句表达形式为：

```
RCU_APB2EN |= RCU_APB2EN_USART0EN;
```

2）复用到串口发送/接收的 GPIO 引脚的时钟使能。

例如，USART0 的 TX 和 RX 引脚分别复用在 GPIOA 的 PA9 和 PA10 引脚上。需要将时钟单元（RCU）中的 APB2 使能寄存器（RCU_APB2EN）中的 PAEN 位给置 1。

```
RCU_APB2EN |= RCU_APB2EN_PAEN;
```

3）AFIO 时钟使能。

用到复用功能后，还需要将时钟单元（RCU）中的 APB2 使能寄存器（RCU_APB2EN）中的 AFEN 位给置 1。

```
RCU_APB2EN |= RCU_APB2EN_AFEN;
```

（2）配置串口相关复用引脚。

1）GPIO 引脚模式设置。

若是串口 TX 引脚，则通过配置 GPIO 控制寄存器 0（GPIOx_CTL0）或 GPIO 控制寄存器 1（GPIOx_CTL1）中的相应引脚的控制位为推挽复用输出模式，若是串口 RX 引脚，则通过配置 GPIO 控制寄存器 0（GPIOx_CTL0）或 GPIO 控制寄存器 1（GPIOx_CTL1）中的相应的引脚控制位为上拉输入或开漏输入。

例如，配置 PA9 为 USART0 的 TX 引脚。

```
uint32_t temp;
temp = GPIO_CTL1(GPIOA);
temp &=~(GPIO_MODE_MASK(9-8));
temp |= GPIO_MODE_SET(9-8, GPIO_MODE_AF_PP | GPIO_OSPEED_50MHZ);
GPIO_CTL1(GPIOA) = temp;
```

2）GPIO 串口引脚的映射。

若是使用其他 GPIO 引脚作为串口的的 TX 引脚或 RX 引脚，则需要配置 AFIO 端口配置寄存器 0（AFIO_PCF0）和与串口相关的 USART0_REMAP、USART1_REMAP 或 USART2_REMAP［1:0］位来选择全映射或部分映射。

例如，将 PB6 引脚用作 USART0 的 TX 引脚。

```
AFIO_PCF0 |= AFIO_PCF0_USART0_REMAP;
```

（3）串口参数配置。

串口参数配置主要包括设置数据位长度、停止位、奇偶校验位、握手协议、波特率等，则需要与配置之相关的寄存器有：

1）USART 控制寄存器 0（USART_CTL0）。

2）USART 控制寄存器 1（USART_CTL1）。

3）USART 波特率寄存器（USART_BAUD）。

例如，配置 USART0 的波特率为 9600，字长为 8 位，1 位停止位，无奇偶校验位。

```
USART_CTL0(USART0) &=~USART_CTL0_WL;          //字长选择 8 位
USART_CTL0(USART0) &=~USART_CTL0_PCEN;        //无奇偶校验
USART_CTL1(USART0) &=~USART_CTL1_STB;         //停止位选择 1 位
USART_BAUD(USART0) = 0x30D4;                  //波特率为 9600
```

（4）开启中断并且配置 NVIC（只有需要开启中断才需要这个步骤）。

1）NVIC 配置。

调用 nvic_irq_enable( )函数使能相关串口的中断向量以及中断优先级。

2）USART 中断使能。

通过将 USART 控制寄存器 0（USART_CTL0）中的 TCIE 或 RBNEIE 位给置 1 来使能 USART 的发送完成中断或接收完成中断。

例如，使能 USART0 的发送中断。

```
USART_CTL0(USART0) |= USART_INT_TC;
```

（5）使能串口。

通过将 USART 控制寄存器 0（USART_CTL0）中的 UEN 位给置 1 来使能 USART 串口。

例如，使能 USART0。

```
USART_CTL0(USART0) |= USART_CTL0_UEN;
```

（6）编写中断服务函数。

```
void USARTx_IRQHandler(void);
```

9.4.2 基于寄存器操作的 UART4 发送实例

1. 实例要求

通过 GD32F303ZGT6 微控制器的 UART4 的 PC12/TX 引脚向上位机 PC 发送“Hello GD32.”字符串，并显示在串口调试助手界面里，UART4 的波特率为 115200，8 位数据位，无奇偶校验，1 位停止位。

2. 电路图

在图 9-6 中，U1（GD32F303ZGT6）的 PC12 和 PD2 引脚连接到 U2（CH340N）的 RXD 和 TXD 引脚，通过 USB1 连接到 PC 上位机的 USB 接口。其中 U2（CH340N）为 USB 转换串口器件。

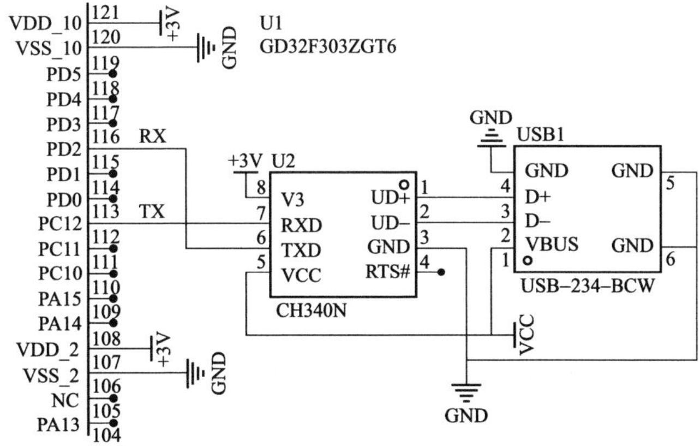

图 9-6　基于寄存器操作的 UART4 发送实例电路图

3. 程序实现

（1）UART4 的引脚配置。

UART4 的发送引脚 TX 是复用在 PC12 引脚上，需要将 GPIOC 的 CTL1 寄存器中的与配置 PC12 引脚的相关位给配置为推挽复用输出功能，最大输出速度设置为 50MHz，并开启 GPIOC 的时钟。

```
void UART4_PC12_Init(void)
{
    uint32_t temp;

    RCU_APB2EN |= RCU_APB2EN_PCEN;              //使能 GPIOC 时钟

    temp = GPIO_CTL1(GPIOC);                    //读取 GPIOC 的 CTL1 寄存器
    temp &=~(GPIO_MODE_MASK(12-8));             //屏蔽 PC12 对应的位
                                                //配置 PC12 为复用推挽输出功能
    temp |= GPIO_MODE_SET(12-8, GPIO_MODE_AF_PP | GPIO_OSPEED_50MHZ);
    GPIO_CTL1(GPIOC) = temp;                    //写入 GPIOC 的 CTL1 寄存器
}
```

（2）UART4 的参数配置。

UART4 的参数配置涉及的内容为 115200 波特率、8 位字长、无校验位、1 位停止位；使能发送功能，并使能 UART4，与之对应操作的是 USART 控制寄存器 0 中的 WL 位、PCEN 位、TEN 位和 UEN 位，USART 控制寄存器 1 中的 STB［1:0］位。由于 UART4 是挂接在 APB1 总线上，所以需要将 RCU 单元中的 APB1EN 寄存器中的 UART4EN 位给置 1，使能 UART4 的时钟。

```
void UART4_Init(void)
{
    RCU_APB1EN |= RCU_APB1EN_UART4EN;           //使能 UART4 时钟

    USART_BAUD(UART4) = 0x209;                  //配置波特率为 115200
    USART_CTL0(UART4) &=~USART_CTL0_WL;         //字长选择 8 位
    USART_CTL0(UART4) &=~USART_CTL0_PCEN;       //无奇偶校验
    USART_CTL1(UART4) &=~USART_CTL1_STB;        //停止位选择 1 位
    USART_CTL0(UART4) |= USART_CTL0_TEN;        //使能发送
    USART_CTL0(UART4) |= USART_CTL0_UEN;        //使能 UART4
}
```

（3）UART4 的发送。

UART4 通过 USART 数据寄存器（USART_DATA）发送字节数据，并通过 USART 状态寄存器 0（USART_STAT0）中的 TC 位来判断当前数据是否发送完成，若发送完成则将 TC 位给清 0。

```
void UART4_SendByte(char ch)
{
    while(RESET == (USART_STAT0(UART4) & USART_STAT0_TC));    //等待发送完毕
    USART_STAT0(UART4) &=~USART_STAT0_TC;       //清发送完毕标志
    USART_DATA(UART4) = ch;                     //向数据寄存器写入要发送的字符
}
```

UART4_SendByte( )函数实现的是单个字节数据发送的功能。要实现字符串的发送，需要通过多次调用 UART4_SendByte( )函数来实现。

```
void UART4_SendString(char *str)
{
    while(*str){
        UART4_SendByte(*str++);
    }
```

}

（4）main 主程序。

main 主程序除了完成相应的配置函数的调用之外，在 while（1）无限循环体中通过调用 UART4_SendString( )函数完成“Hello GD32.”的串口输出。

```
int main(void)
{
    uint32_t t;

    UART4_PC12_PD2_Init();                //初始化 UART4 的 TX 和 RX 引脚
    UART4_Init();                         //初始化 UART4

    while(1)
    {
        UART4_SendString("Hello GD32.\r\n");
        for(t=0;t<10000000;t++);
    }
}
```

9.4.3 基于寄存器操作的 USART0 接收中断实例

1. 实例要求

利用 GD32F303ZGT6 微控制器的 USART0 的 PA9/TX 引脚每 1 秒钟向上位机 PC 发送“USART Demo.”字符串，并显示在串口调试助手界面里，同时通过串口调试助手将字符串发送给 GD32F303ZGT6，通过 USART0 的 PA10/RX 引脚接收，并将接收到的字符加 1 后再发送给上位机的串口调试助手。USART0 的波特率为 9600，8 位数据位，无奇偶校验，1 位停止位。

2. 电路图（见图 9-7）

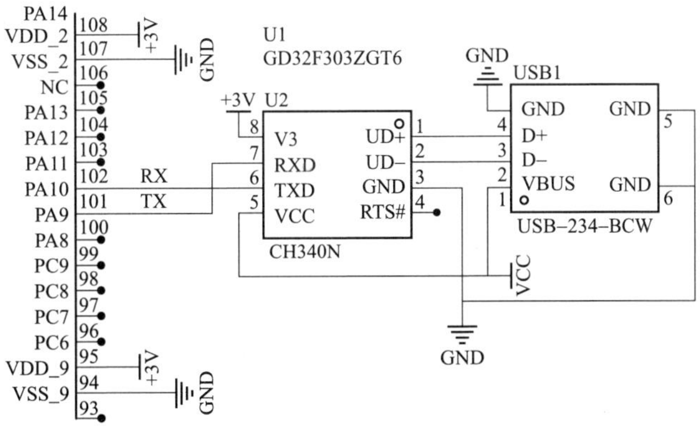

图 9-7　基于寄存器操作的 USART0 接收中断实例电路图

3. 程序实现

（1）USART0 引脚的配置。

USART0 的发送引脚 TX 是复用在 PA9 引脚上，接收引脚 RX 是复用在 PA10 引脚上，需要将 GPIOA 的 CTL1 寄存器中的与之对应的 PA9 引脚的控制位配置为推挽复用输出，最大输出速度设置为 50MHz，与之对应的 PA10 引脚配置为上拉输入，并开启 GPIOA 的时钟。

```
void USART0_PA9_PA10_Init(void)
{
    uint32_t temp;

    RCU_APB2EN |= RCU_APB2EN_PAEN;                    //使能 GPIOA 时钟

    temp = GPIO_CTL1(GPIOA);                          //读取 GPIOC 的 CTL1 寄存器
    temp &=~(GPIO_MODE_MASK(9-8));                    //屏蔽 PA9 对应的位
                                                      //配置 PA9 为复用推挽输出功能
    temp |= GPIO_MODE_SET(9-8, GPIO_MODE_AF_PP | GPIO_OSPEED_50MHZ);
    GPIO_CTL1(GPIOA) = temp;                          //写入 GPIOC 的 CTL1 寄存器

    temp = GPIO_CTL1(GPIOA);                          //读取 GPIOD 的 CTL1 寄存器
    temp &=~(GPIO_MODE_MASK(10-8));                   //屏蔽 PA10 对应的位
                                                      //配置 PA10 为上拉输入
    temp |= GPIO_MODE_SET(10-8, GPIO_MODE_IPU);
    GPIO_CTL1(GPIOA) = temp;                          //写入 GPIOA 的 CTL1 寄存器
}
```

（2）USART0 的参数配置。

USART0 的参数配置所涉及的内容为 9600 波特率、8 位字长、无校验位、1 位停止位；使能发送和接收功能，并使能 USART0，与之对应操作的寄存器是 USART 控制寄存器 0（USART_CTL0）中的 WL 位、PCEN 位、TEN 位、REN 位和 UEN 位，USART 控制寄存器 1（USART_CTL1）中的 STB［1:0］位。由于 USART0 是挂接在 APB2 总线上，需要将 RCU 单元中的 APB2EN 时钟使能寄存器（RCU_APB2EN）中的 USART0EN 位给置 1 来使能 USART0 的时钟。同时将 USART 控制寄存器 0（USART_CTL0）中的 RBNEIE 位给置 1 来使能 USART0 的接收中断。通过调用 nvic_irq_enable( )函数使能 USART0 的中断向量。

```
void USART0_Init(void)
{
    RCU_APB2EN |= RCU_APB2EN_USART0EN;                //使能 USART0 时钟

    USART_BAUD(USART0) = 0x30D4;                      //配置波特率为 9600
    USART_CTL0(USART0) &=~USART_CTL0_WL;              //字长选择 8 位
    USART_CTL0(USART0) &=~USART_CTL0_PCEN;            //无奇偶校验
    USART_CTL1(USART0) &=~USART_CTL1_STB;             //停止位选择 1 位
    USART_CTL0(USART0) |= USART_CTL0_TEN;             //使能发送
    USART_CTL0(USART0) |= USART_CTL0_UEN;             //使能 UART4

    USART_CTL0(USART0) |= USART_CTL0_REN;             //使能接收
    USART_CTL0(USART0) |= USART_CTL0_RBNEIE;          //使能接收中断

    nvic_irq_enable(USART0_IRQn,0,0);                 //使能 UART4 中断向量
}
```

（3）USART0 的数据发送。

USART0 通过 USART 数据寄存器（USART_DATA）发送数据，并通过 USART 状态寄存器 0（USART_STAT0）中的 TC 位来判断当前数据是否发送完成，若发送完成则将 TC 位给清 0。

```
void USART0_SendByte(char ch)
{
    while(RESET == (USART_STAT0(USART0) & USART_STAT0_TC));  //等待发送完毕
```

```
    USART_STAT0(USART0) &=~USART_STAT0_TC;        //清发送完毕标志
    USART_DATA(USART0) = ch;                      //向数据寄存器写入要发送的字符
}
```

（4）USART0 的中断服务程序。

当开启了 USART0 的接收中断功能时，一旦 USART0 正确接收到数据后，就会触发 USART0 的中断，并执行 USART0_IRQHandler( )函数。在 USART0_IRQHandler( )函数中，程序先检测 USART 状态寄存器 0（USART_STAT0）中的 RBNE 是否为 1，若 RBNE 位为 1 则将 RBNE 位清 0，并通过 USART 数据寄存器（USART_DATA）读取接收到的数据。

```
void USART0_IRQHandler(void)
{
    uint8_t temp;

    if(RESET != (USART_STAT0(USART0) & USART_STAT0_RBNE)){    //若是接收正确
        USART_STAT0(USART0) &=~USART_STAT0_RBNE;      //清除接收正确标志
        temp = USART_DATA(USART0);                    //读取接收到的数据
        temp++;
        USART0_SendByte(temp);
    }
}
```

（5）main 主程序。

main 主程序除了完成相应的配置函数的调用之外，在 while（1）无限循环体中通过调用 USART0_SendByte( )函数完成字符串“USART Demo.”的串口输出。

```
int main(void)
{
    int32_t i;
    char* str;
    char TESTStr[]= {"USART Demo.\r\n"};

    USART0_PA9_PA10_Init();
    USART0_Init();

    while(1)
    {
        str = TESTStr;
        while(*str){
            USART0_SendByte(*str++);
        }
        for(i=0;i<10000000;i++);
    }
}
```

9.5　基于库函数的 USART 典型步骤与应用实例

9.5.1　基于库函数的 USART 典型应用步骤

1. 串口初始化

串口的配置主要涉及：①利用 gd32f30x_rcu.h 头文件中的库函数实现时钟的配置；②利

用 gd32f30x_ gpio.h 头文件中的库函数实现 GPIO 引脚的配置；③利用 gd32f30x_usart.h 头文件中的库函数实现串口参数的配置。

2. 串口应用

利用串口的库函数实现串口发送的数据和接收的数据。

3. 应用步骤

（1）时钟使能。

串口时钟使能。调用 gd32f30x_rcu.h 头文件中的 rcu_periph_clock_enable( )函数使能串口的时钟。

```
void rcu_periph_clock_enable(rcu_periph_enum periph);
```

该函数参数 periph 是枚举类型变量，对于串口来说，定义的枚举类型为：

```
    RCU_USART1  = RCU_REGIDX_BIT(APB1EN_REG_OFFSET, 17U),  /*!< USART1 clock */
    RCU_USART2  = RCU_REGIDX_BIT(APB1EN_REG_OFFSET, 18U),  /*!< USART2 clock */
    RCU_UART3  = RCU_REGIDX_BIT(APB1EN_REG_OFFSET, 19U),/*!< UART3 clock */
    RCU_UART4  = RCU_REGIDX_BIT(APB1EN_REG_OFFSET, 20U),/*!< UART4 clock */
    RCU_USART0 = RCU_REGIDX_BIT(APB2EN_REG_OFFSET, 14U),  /*!< USART0 clock */
```

例如，使能 USART0 的时钟。

```
rcu_periph_clock_enable(RCU_USART0);
```

复用有串口功能的 GPIO 时钟使能：

串口的引脚是复用在 GPIO 引脚上，需要调用 gd32f30x_rcu.h 头文件中的 rcu_periph_clock_enable( )函数来使能 GPIO 时钟。

（2）配置串口的 GPIO 复用引脚功能。

GPIO 模式设置。通过调用 gd32f30x_gpio.h 头文件中的 gpio_init( )函数配置串口的 TX 发送引脚为推挽复用输出模式，串口的 RX 接收引脚为上拉输入或开漏输入。

例如，配置 UART3 的 PC10/TX 和 PC11/RX 引脚。

```
    rcu_periph_clock_enable(RCU_GPIOC);
    gpio_init(GPIOC,GPIO_MODE_AF_PP,GPIO_OSPEED_50MHZ,GPIO_PIN_10);
    gpio_init(GPIOC,GPIO_MODE_IPU,GPIO_OSPEED_50MHZ,GPIO_PIN_11);
```

引脚复用映射。通过调用 gd32f30x_gpio.h 头文件中的 gpio_pin_remap_config( )函数实现串口复用引脚的映射配置功能。在使用引脚复用映射之前，需要使能 AFIO 外设的时钟。

例如，使用 PB6 作为 USART0 的 TX 复用引脚，PB7 作为 USART0 的 RX 复用引脚。

```
    rcu_periph_clock_enable(RCU_AF);
    gpio_pin_remap_config(GPIO_USART0_REMAP,ENABLE);
```

（3）串口参数的配置。

串口参数的配置主要包括：设置数据位长度、停止位、奇偶校验位、握手协议、波特率等。调用 gd32f30x_usart.h 头文件中的相关库函数实现串口参数的配置。

1）波特率设置函数。

```
void usart_baudrate_set(uint32_t usart_periph, uint32_t baudval);
```

2）奇偶设置函数。

```
void usart_parity_config(uint32_t usart_periph, uint32_t paritycfg);
```

3）字长设置函数。

```
void usart_word_length_set(uint32_t usart_periph, uint32_t wlen);
```

4）停止位设置函数。

```
void usart_stop_bit_set(uint32_t usart_periph, uint32_t stblen);
```

5）串口发送器使能函数。

```
void usart_transmit_config(uint32_t usart_periph, uint32_t txconfig);
```

6）串口接收器使能函数。

```
void usart_receive_config(uint32_t usart_periph, uint32_t rxconfig);
```

例如，配置 USART0 串口的参数为：” 9600，N，8，1”，即波特率 9600，无奇偶校验，8 位数据位，1 位停止位。并使能串口发送和接收。

```
rcu_periph_clock_enable(RCU_USART0);
usart_baudrate_set(USART0,9600);
usart_parity_config(USART0,USART_PM_NONE);
usart_word_length_set(USART0,USART_WL_8BIT);
usart_stop_bit_set(USART0,USART_STB_1BIT);
usart_transmit_config(USART0,USART_TRANSMIT_ENABLE);
usart_receive_config(USART0,USART_RECEIVE_ENABLE);
```

（4）串口中断的配置（当开启中断功能时才需要配置这个步骤）。

NVIC 配置。通过调用 gd32f30x_misc.h 头文件中的 nvic_irq_enable( )函数来使能串口的中断向量并配置中断优先级。

例如，使能 USART0 的中断向量。

```
nvic_irq_enable(USART0_IRQn,0,1);
```

串口中断使能。通过调用 gd32f30x_usart.h 头文件中的 usart_interrupt_enable( )函数来使能串口的中断功能。

例如，使能 USART0 的串口发送和接收中断功能。

```
usart_interrupt_enable(USART0,USART_INT_TC);
usart_interrupt_enable(USART0,USART_INT_RBNE);
```

（5）使能串口。

通过调用 gd32f30x_usart.h 头文件中的 usart_enable( )函数使能串口。

```
void usart_enable(uint32_t usart_periph);
```

（6）编写中断服务程序。

```
void USARTx_IRQHandler(void);
```

9.5.2 常用库函数

与串口 USART 相关的函数和宏都被定义在以下两个文件中。

头文件：gd32f30x_usart.h。

源文件：gd32f30x_usart.c。

1. 波特率设置函数

```
void usart_baudrate_set(uint32_t usart_periph, uint32_t baudval);
```

功能：配置 USART 的波特率。

参数 1：uint32_t usart_periph，USART 对象，USARTx 的地址指针宏定义，表示形式是 USART0～USART2 和 UART3～UART4，以宏的形式定义在 gd32f30x_usart.h 头文件中，具体的宏定义见 9.1.2 节。

参数 2：uint32_t baudval，需要设置的串口通信波特率数值。常见的通信波特率数值有 1200、2400、4800、9600、19200、38400、57600、115200 等。

例如，配置 USART0 的波特率为 115200。

```
usart_baudrate_set(USART0, 115200);
```

2. 奇偶校验设置函数

```
void usart_parity_config(uint32_t usart_periph, uint32_t paritycfg);
```

功能：配置 USART 奇偶校验位。

参数 1：uint32_t usart_periph，详见“1. 波特率设置函数”中的参数 1 描述。

参数 2：uint32_t paritycfg，奇偶校验配置选择参数，具体的宏定义为：

```
USART_PM_NONE                                   //无校验
USART_PM_ODD                                    //奇校验
USART_PM_EVEN                                   //偶校验
```

例如，配置 USART0 为偶校验。

```
usart_parity_config(USART0, USART_PM_EVEN);
```

3. 字长设置函数

```
void usart_word_length_set(uint32_t usart_periph, uint32_t wlen);
```

功能：配置 USART 字长。

参数 1：uint32_t usart_periph，详见“1. 波特率设置函数”中的参数 1 描述。

参数 2：uint32_t wlen，字长配置选择参数，具体的宏定义为：

```
USART_WL_8BIT                                   //8 位字长
USART_WL_9BIT                                   //9 位字长
```

4. 停止位设置函数

```
void usart_stop_bit_set(uint32_t usart_periph, uint32_t stblen);
```

功能：配置 USART 停止位。

参数 1：uint32_t usart_periph，详见“1. 波特率设置函数”中的参数 1 描述。

参数 2：uint32_t stblen，停止位配置选择参数，具体的宏定义为：

```
USART_STB_1BIT                                  //1 位
USART_STB_0_5BIT                                //0.5 位,UART3 和 UART4 无效
USART_STB_2BIT                                  //2 位
USART_STB_1_5BIT                                //1.5 位,UART3 和 UART4 无效
```

5. USART 使能/禁止函数

```
void usart_enable(uint32_t usart_periph);    //使能 USART
```

```
void usart_disable(uint32_t usart_periph);  //禁止 USART
```

功能：使能/禁止 USART
参数：uint32_t usart_periph，详见“1. 波特率设置函数”中的参数 1 描述。
例如，使能 USART0 工作。

```
usart_enable(USART0);
```

6. USART 发送器配置函数

```
void usart_transmit_config(uint32_t usart_periph, uint32_t txconfig);
```

功能：USART 发送器配置。
参数 1：uint32_t usart_periph，详见“1. 波特率设置函数”中的参数 1 描述。
参数 2：uint32_t txconfig，使能/禁止 USART 发送器配置参数。具体的宏定义为：

```
    USART_TRANSMIT_ENABLE                         //使能 USART 发送器
    USART_TRANSMIT_DISABLE                        //禁止 USART 发送器
```

例如，使能 USART0 发送器。

```
usart_transmit_config(USART0,USART_TRANSMIT_ENABLE);
```

7. USART 接收器配置函数

```
void usart_receive_config(uint32_t usart_periph, uint32_t rxconfig);
```

功能：USART 接收器配置。
参数 1：uint32_t usart_periph，详见“1. 波特率设置函数”中的参数 1 描述。
参数 2：uint32_t rxconfig，使能/禁止 USART 接收器配置参数，具体的宏定义为：

```
    USART_RECEIVE_ENABLE                          //使能 USART 接收器
    USART_RECEIVE_DISABLE                         //禁止 USART 接收器
```

例如，使能 USART0 接收器。

```
usart_receive_config(USART0, USART_RECEIVE_ENABLE);
```

8. USART 数据发送函数

```
void usart_data_transmit(uint32_t usart_periph, uint32_t data);
```

功能：USART 发送数据。
参数 1：uint32_t usart_periph，详见“1. 波特率设置函数”中的参数 1 描述。
参数 2：uint32_t data，待发送的 8 位或 9 位数据。
例如，USART0 发送 0xAA 字节数据。

```
usart_data_transmit(USART0, 0xAA);
```

9. USART 数据接收函数

```
uint16_t usart_data_receive(uint32_t usart_periph);
```

功能：USART 接收数据。
参数：uint32_t usart_periph，详见“1. 波特率设置函数”中的参数 1 描述。
返回参数：USART 接收到的数据。
10. 获取 USART 状态函数

```
FlagStatus usart_flag_get(uint32_t usart_periph, usart_flag_enum flag);
```

功能：获取 USART 状态寄存器标志位。

参数 1：uint32_t usart_periph，详见“1. 波特率设置函数”中的参数 1 描述。

参数 2：usart_flag_enum flag，USART 标志位，usart_flag_enum 是枚举类型，在 gd32f30x_usart.h 头文件中具体的枚举类型的 USART 状态标志的宏定义内容为：

```
typedef enum
{
    /* flags in STAT0 register */
    USART_FLAG_CTS   = USART_REGIDX_BIT(USART_STAT0_REG_OFFSET, 9U),
                                        /*!<CTS 变化标志*/
    USART_FLAG_LBD   = USART_REGIDX_BIT(USART_STAT0_REG_OFFSET, 8U),
                                        /*!<LIN 断开检测标志*/
    USART_FLAG_TBE   = USART_REGIDX_BIT(USART_STAT0_REG_OFFSET, 7U),
                                        /*!<发送数据缓冲区空标志*/
    USART_FLAG_TC    = USART_REGIDX_BIT(USART_STAT0_REG_OFFSET, 6U),
                                        /*!<发送完成标志*/
    USART_FLAG_RBNE = USART_REGIDX_BIT(USART_STAT0_REG_OFFSET, 5U),
                                        /*!<读数据缓冲区非空标志*/
    USART_FLAG_IDLE  = USART_REGIDX_BIT(USART_STAT0_REG_OFFSET, 4U),
                                        /*!<空闲线检测标志*/
    USART_FLAG_ORERR = USART_REGIDX_BIT(USART_STAT0_REG_OFFSET, 3U),
                                        /*!<溢出错误标志*/
    USART_FLAG_NERR  = USART_REGIDX_BIT(USART_STAT0_REG_OFFSET, 2U),
                                        /*!<噪声错误标志*/
    USART_FLAG_FERR = USART_REGIDX_BIT(USART_STAT0_REG_OFFSET, 1U),
                                        /*!<帧错误标志*/
    USART_FLAG_PERR = USART_REGIDX_BIT(USART_STAT0_REG_OFFSET, 0U),
                                        /*!<校验错误标志*/
    /* flags in STAT1 register */
    USART_FLAG_BSY   = USART_REGIDX_BIT(USART_STAT1_REG_OFFSET, 16U),
                                        /*!<忙状态标志*/
    USART_FLAG_EB    = USART_REGIDX_BIT(USART_STAT1_REG_OFFSET, 12U),
                                        /*!<块结束标志*/
    USART_FLAG_RT    = USART_REGIDX_BIT(USART_STAT1_REG_OFFSET, 11U)
                                        /*!<接收超时标志*/
}usart_flag_enum;
```

返回参数：FlagStatus 的结果为 SET 或 RESET。

例如，读取 USART0 发送数据缓冲区是否空标志。

```
FlagStatus status;
status = usart_flag_get(USART0,USART_FLAG_TBE);
```

11. 清除 USART 状态函数

```
void usart_flag_clear(uint32_t usart_periph, usart_flag_enum flag);
```

功能：清除 USART 状态寄存器标志位。

参数 1 和参数 2 的描述见“10. 获取 USART 状态函数”中的参数 1 和参数 2 的描述。

例如，清除 USART0 发送完成标志。

```
usart_flag_clear(USART0,USART_FLAG_TC);
```

12. USART 中断使能/禁止函数

```
void usart_interrupt_enable(uint32_t usart_periph, usart_interrupt_enum interrupt);
void usart_interrupt_disable(uint32_t usart_periph, usart_interrupt_enum interrupt);
```

功能：使能/禁止 USART 中断。

参数 1：uint32_t usart_periph，详见“1. 波特率设置函数”中的参数 1 描述。

参数 2：usart_interrupt_enum interrupt，usart_interrupt_enum 是枚举类型，在 gd32f30x_usart.h 头文件中具体的枚举类型的 USART 中断标志位宏定义内容为：

```
typedef enum
{
    /* interrupt in CTL0 register */
    USART_INT_PERR,                 /*!<校验错误中断*/
    USART_INT_TBE,                  /*!<发送缓冲区空中断*/
    USART_INT_TC,                   /*!<发送完成中断*/
    USART_INT_RBNE,                 /*!<读数据缓冲区非空中断和过载错误中断*/
    USART_INT_IDLE,                 /*!<IDLE 线检测中断*/
    USART_INT_LBD,                  /*!<LIN 断开信号检测中断*/
    /* interrupt in CTL2 register */
    USART_INT_CTS,                  /*!<CTS 中断*/
    USART_INT_ERR,                  /*!<错误中断*/
    /* interrupt in CTL3 register */
    USART_INT_EB,                   /*!<块结束事件中断*/
    USART_INT_RT                    /*!<接收超时事件中断*/
}usart_interrupt_enum;
```

例如，使能 USART0 发送缓冲区空中断。

```
usart_interrupt_enable(USART0, USART_INT_TBE);
```

13. 获取 USART 中断标志函数

```
FlagStatus usart_interrupt_flag_get(uint32_t usart_periph, usart_interrupt_flag_enum int_flag);
```

功能：获取 USART 中断标志位状态。

参数 1：uint32_t usart_periph，详见“1. 波特率设置函数”中的参数 1 描述。

参数 2：usart_interrupt_flag_enum int_flag，usart_interrupt_flag_enum 是枚举类型，在 gd32f30x_usart.h 头文件中具体的宏内容为：

```
typedef enum
{
    /* interrupt flags in CTL0 register */
    USART_INT_FLAG_PERR,            /*!<校验错误中断标志*/
    USART_INT_FLAG_TBE,             /*!<发送缓冲区空中断标志*/
    USART_INT_FLAG_TC,              /*!<发送完成中断标志*/
    USART_INT_FLAG_RBNE,            /*!<读数据缓冲区非空中断标志*/
    USART_INT_FLAG_RBNE_ORERR,      /*!<读数据缓冲区非空中断和溢出错误中断标志*/
    USART_INT_FLAG_IDLE,            /*!<IDLE 线检测中断标志*/
    /* interrupt flags in CTL1 register */
```

```
    USART_INT_FLAG_LBD ,            /*!<LIN 断开检测中断标志*/
    /* interrupt flags in CTL2 register */
    USART_INT_FLAG_CTS ,            /*!<CTS 中断标志*/
    USART_INT_FLAG_ERR_ORERR,       /*!<过载错误中断标志*/
    USART_INT_FLAG_ERR_NERR,        /*!<噪声错误中断标志*/
    USART_INT_FLAG_ERR_FERR,        /*!<帧错误中断标志*/
    /* interrupt flags in CTL3 register */
    USART_INT_FLAG_EB,              /*!<块结束事件中断标志*/
    USART_INT_FLAG_RT               /*!<超时事件中断标志*/
}usart_interrupt_flag_enum;
```

例如，获取 USART0 读数据缓冲区非空中断标志信息。

```
FlagStatus status;
status = usart_interrupt_flag_get(USART0, USART_INT_FLAG_RBNE);
```

14. 清除 USART 中断标志函数

```
void usart_interrupt_flag_clear(uint32_t usart_periph, usart_interrupt_flag_
enum int_flag);
```

功能：清除 USART 中断标志位状态。

参数 1 和参数 2 的描述见之前的“获取 USART 中断标志函数”。

例如，清除接收中断标志。

```
usart_interrupt_flag_clear(USART0, USART_INT_FLAG_RBNE);
```

9.5.3 基于库函数的 UART3 发送接收应用实例

1. 实例要求

将按键计数值通过 GD32F303ZGT6 微控制器的 UART3 送给上位机的串口调试助手显示，同时通过上位机的串口调试助手发送“Lm：n”指令控制 LED 灯的亮灭的给 GD32F303ZGT6 微控制器的 UART3，其中 m 表示的是哪个 LED 灯，m 取值为 1～6，n 表示的该灯的亮灭，当 n=1 时灯亮，n=0 时灯灭。

2. 电路图

在图 9-8 中，U1（GD32F303ZGT6）的 PC10 和 PC11 用作 UART3 的 TX 和 RX 引脚，通过 U2（CH340N）USB 转换串口器件和 USB1 接口连接到 PC 机的 USB 接口，PB3～PB8 连接 6 个发光二极管 LED1～LED6，按键 K1～K2 连接到 PE0～PE1 引脚。

3. 程序实现

（1）按键 K1～K2 和 LED1～LED6 的 GPIO 引脚的配置。

按键 K1～K2 连接在 PE0～PE1 引脚上，调用 rcu_periph_clock_enable( )函数将 GPIOE 时钟使能，并调用 gpio_init( )函数将 PE0～PE1 引脚配置为上拉输入模式。LED1～LED6 发光二极管连接在 PB3～PB8 引脚上，调用 rcu_periph_clock_enable( )函数将 GPIOB 时钟使能，并调用 gpio_init( )函数将 PB3～PB8 引脚配置为推挽输出模式。

```
void KEY_Pin_Init(void)
{
    rcu_periph_clock_enable(RCU_GPIOE);         //使能 GPIOE 时钟
    //配置 PE0,PE1 为上拉输入
  gpio_init(GPIOE,GPIO_MODE_IPU,GPIO_OSPEED_50MHZ,GPIO_PIN_0 | GPIO_PIN_1);
```

```
}

void LED_Pin_Init(void)
{
    rcu_periph_clock_enable(RCU_GPIOB);        //使能 GPIOB 时钟
    //配置 PB3～PB8 为推挽输出,最大输出速度为 50MHz
    gpio_init(GPIOB,GPIO_MODE_OUT_PP,GPIO_OSPEED_50MHZ,GPIO_PIN_3 | GPIO_PIN_4);
    gpio_init(GPIOB,GPIO_MODE_OUT_PP,GPIO_OSPEED_50MHZ,GPIO_PIN_5 | GPIO_PIN_6);
    gpio_init(GPIOB,GPIO_MODE_OUT_PP,GPIO_OSPEED_50MHZ,GPIO_PIN_7 | GPIO_PIN_8);
}
```

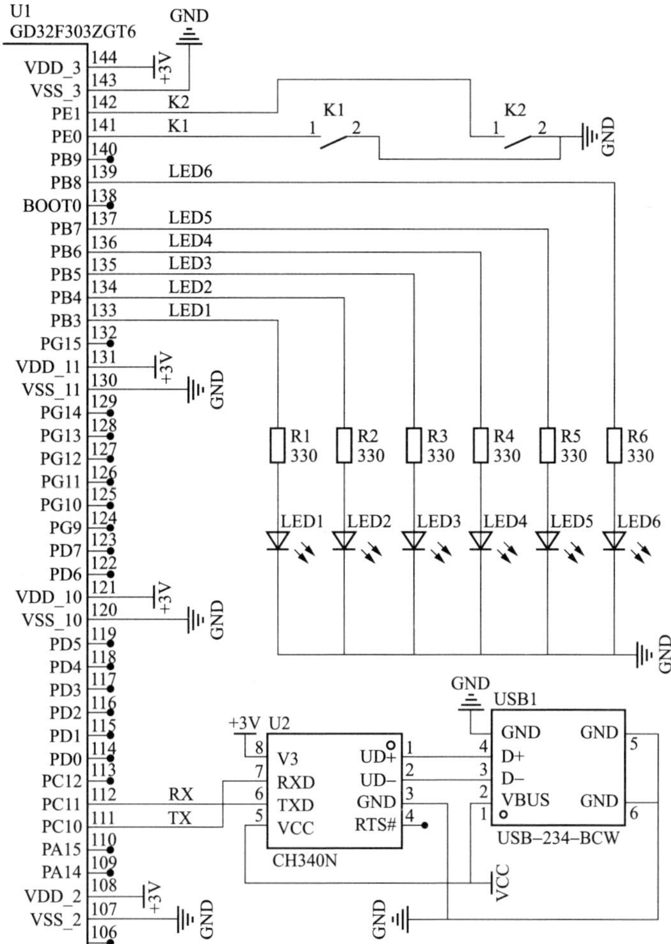

图 9-8　基于库函数的 UART3 发送接收应用实例电路图

（2）UART3 引脚的配置。

UART3 的 TX 和 RX 引脚是复用在 PC10 和 PC11 引脚上，调用 rcu_periph_clock_enable( ) 函数将 GPIOC 时钟使能，并调用 gpio_init( )函数将 PC10（TX）引脚配置为复用功能的推挽输出模式（GPIO_MODE_AF_PP），调用 gpio_init( )函数将 PC11（RX）引脚配置为上拉输入模式（GPIO_MODE_IPU）。

```
void UART3_PC10_PC11_Init(void)
{
    rcu_periph_clock_enable(RCU_GPIOC);                   //使能 GPIOC 时钟
    //配置 PC10 为推挽复用输出功能,最大输出速度为 50MHz
    gpio_init(GPIOC,GPIO_MODE_AF_PP,GPIO_OSPEED_50MHZ,GPIO_PIN_10);
    //配置 PC11 为上拉输入
    gpio_init(GPIOC,GPIO_MODE_IPU,GPIO_OSPEED_50MHZ,GPIO_PIN_11);
}
```

（3）UART3 的参数配置。

①调用 rcu_periph_clock_enable( )函数使能 UART3 时钟；②调用 usart_baudrate_set( )函数配置 UART3 的波特率为 9600；③调用 usart_word_length_set( )函数配置 UART3 的数据位长度为 8 位字长；④调用 usart_parity_config( )函数配置 UART3 的奇偶校验位为无校验位；⑤调用 usart_stop_bit_set( )配置 UART3 的停止位为 1 位；⑥调用 usart_transmit_config( )函数和 usart_receive_config( )函数来使能 UART3 的发送功能和接收功能；⑦调用 usart_interrupt_enable( )函数来使能 UART3 的发送完成中断和接收完成中断；⑧通过 nvic_irq_enable( )函数来使能 UART3 的中断向量；⑨调用 usart_enable( )函数使能 UART3。

```
void UART3_Init(void)
{
    rcu_periph_clock_enable(RCU_UART3);                   //使能 UART3 时钟

    usart_baudrate_set(UART3,9600);                       //配置波特率

    usart_parity_config(UART3,USART_PM_NONE);             //配置奇偶校验位
    usart_word_length_set(UART3,USART_WL_8BIT);           //配置数据位
    usart_stop_bit_set(UART3,USART_STB_1BIT);             //配置停止位

    usart_transmit_config(UART3,USART_TRANSMIT_ENABLE);  //使能发送器
    usart_receive_config(UART3,USART_RECEIVE_ENABLE);    //使能接收器

    nvic_irq_enable(UART3_IRQn,0,1);                      //使能 UART3 中断向量
    usart_interrupt_enable(UART3,USART_INT_TC);           //使能发送中断
    usart_interrupt_enable(UART3,USART_INT_RBNE);         //使能接收中断

    usart_enable(UART3);                                  //使能 UART3
}
```

（4）自定义的 Uart 结构体。

```
typedef struct
{
    int32_t ok;                                           //标志
    int32_t length;                                       //长度
    int32_t index;                                        //索引
    char buf[200];                                        //缓冲区
}USART_STRUCT;
USART_STRUCT UartSend,UartReceive;
```

（5）UART3 的中断服务程序。

UART3 的中断服务程序实现 UART3 的发送完成中断处理和接收完成中断处理。

```
void UART3_IRQHandler(void)
{
    uint8_t temp;
    USART_STRUCT* pUart;

    if(RESET != usart_interrupt_flag_get(UART3,USART_INT_FLAG_TC)){
                                                        //判断是发送完成
        usart_interrupt_flag_clear(UART3,USART_INT_FLAG_TC);//清发送完成标志
        pUart = &UartSend;
        if(SET == pUart->ok){
            if(pUart->index < pUart->length){
                usart_data_transmit(UART3,pUart->buf[pUart->index++]);
            }
            else{
                pUart->ok = RESET;
            }
        }
    }

    if(RESET != usart_interrupt_flag_get(UART3,USART_INT_FLAG_RBNE)){
                                                        //判断是接收完成
        usart_interrupt_flag_clear(UART3,USART_INT_FLAG_RBNE);//清接收完成标志
        temp = usart_data_receive(UART3);
        pUart = &UartReceive;
        if(RESET == pUart->ok){
            if((temp != '\r') && (temp != '\n')){
                pUart->buf[pUart->index++]= temp;
            }
            else{
                pUart->buf[pUart->index]= '0';
                pUart->ok = SET;
                pUart->length = pUart->index;
                pUart->index = 0;
            }
        }
    }
}
```

当检测到 UART3 的 USART_INT_FLAG_TC 标志不为 0 时，表示当前数据发送完毕，清除该中断标志，根据待发送字符串的长度（length）和当前发送的字符串索引（index）来决定是否继续发送向一个数据。当 UartSend 结构体变量成员 index 的数值小于 UartSend 结构体变量成员 length 的数值时，表示当前待发送的字符串未全部发送完毕，继续调用 usart_data_transmit( )函数发送下一个字符，直到 UartSend 结构体变量成员 index 的数值等于 UartSend 结构体变量成员 length 的数值时，将 UartSend 结构体变量成员 OK 置 1，表示所有字符串内容发送完毕。

当检测到 UART3 的 USART_INT_FLAG_RBNE 标志不为 0 时，表示当前接收到正确的数据，清除该中断标志，调用 usart_data_receive( )函数来读取当前接收到的数据保存到 temp 变量中，根据当前接收到的数据，若不是回车或换行符时，则将接收到的数据存储到

UartReceive 结构体变量成员 buf 数组中，直到遇到回车和换行符时结束当前字符串的接收工作，并将 UartReceive 结构体变量成员 OK 置 1，表示当前已经完成一组字符串的正确接收标志工作。

（6）main 主程序。

在 main 主程序中除了完成相关的配置之外，在 while（1）无限循环体中还要实现如下功能：

1）按键 K1 和 K2 的检测，并实现按键计数加/减 1，通过 UART3 将计数值以字符串的形式发送到上位机的串口调试助手中显示。

2）UART3 接收成功的字符串的处理并实现 LED 灯的亮灭控制。

```
int main(void)
{
    int32_t m,n,k;
    char* s;
    USART_STRUCT* pUart;

    LED_Pin_Init();
    KEY_Pin_Init();
    UART3_PC10_PC11_Init();
    UART3_Init();

    while(1)
    {
        if(RESET == K1){                              //按键 K1 已按下
            for(k=0;k<100000;k++);                    //延时去抖动
            if(RESET == K1){                          //再判断按键 K1 是否真得已按下
                KeyCnt ++;                            //计数加 1
                UART3_SendString(&UartSend,KeyCnt);    //通过串口发送出去
            }
            while(RESET == K1);                       //等待按键 K1 释放
        }

        if(RESET == K2){                              //按键 K2 已按下
            for(k=0;k<100000;k++);                    //延时去抖动
            if(RESET == K2){                          //再判断按键 K2 是否真得已按下
                KeyCnt --;                            //计数减 1
                UART3_SendString(&UartSend,KeyCnt);    //通过串口发送出去
            }
            while(RESET == K2);                       //等待按键 K2 释放
        }

        pUart = &UartReceive;
        if(SET == pUart->ok){                         //正确接收一串字符
            k = strlen(pUart->buf);                   //获取该字符串的长度
            if(k > 0){
                //解析命令格式“Lm:n”
                s = NULL;
                s = strchr(pUart->buf,'L');
```

```
                if(NULL != s){
                    m = atoi(++s);//从命令格式中解码当前是哪个 LED 灯序号
                    if((m >= 1) && (m <= 6)){
                        s = NULL;
                        s = strchr(pUart->buf,':');
                        if(NULL != s){
                            n = atoi(++s);//从命令格式中解码当前 LED 灯的需要控制的状态
                            if((n >= 0) && (n <= 1)){
                                switch(n){
                                    case 0://LED 灯灭
                                        gpio_bit_reset(GPIOB,1 << (m + 2));
                                        break;
                                    case 1://LED 灯亮
                                        gpio_bit_set(GPIOB,1 << (m + 2));
                                        break;
                                }
                            }
                        }
                    }
                }
            }
            pUart->ok = RESET;
        }
    }
}
```

（7）UART3_SendString( )函数。

UART3_SendString( )函数实现将整数转换为字符串的形式通过 UART3 发送出去。

```
void UART3_SendString(USART_STRUCT* pUart,int32_t value)
{
    memset(pUart->buf,0,sizeof(pUart->buf));      //清缓冲区
    sprintf(pUart->buf,"KeyCnt=%5d\r\n",value); //格式化为字符串
    pUart->length = strlen(pUart->buf);           //获取字符串的长度
    pUart->index = 0;
    pUart->ok = SET;
    usart_data_transmit(UART3,pUart->buf[pUart->index++]); //启动发送
}
```

在 UART3_SendString( )函数中：

参数 1：USART_STRUCT* pUart，为自定义的 Uart 结构体指针变量。

参数 2：int32_t value，待转换为字符串的整型变量数值。

在 main 主程序中的 K1、K2 是读取按键状态的宏定义，KeyCnt 为全局变量。

```
#define K1  gpio_input_bit_get(GPIOE,GPIO_PIN_0)
#define K2  gpio_input_bit_get(GPIOE,GPIO_PIN_1)
int32_t KeyCnt;
```

9.5.4 printf( )函数应用实例

Printf()是指格式化输出函数，主要功能是向标准输出设备按规定格式输出信息。printf

是 C 语言标准库函数，定义于头文件 <stdio.h>中。printf 函数的一般调用格式为：printf（"<格式化字符串>"，<参量表>）。输出的字符串除了可以是字母、数字、空格和一些数字符号以外，还可以使用一些转义字符表示特殊的含义。

在嵌入式应用中，经常使用 printf( )函数实现调试信息的输出到上位机，方便查看调试信息。一般情况下，借助串口将待调试的信息发送给上位机。需要 printf( )函数内部实现功能重定向到微控制器的 USART。按照以下步骤实现重定向操作。

（1）设置 KEIL MDK 软件中的 Use MicroLIB 选项。

勾选 KEIL MDK 软件中的 Use MicroLIB 复选框，如图 9-9 所示。

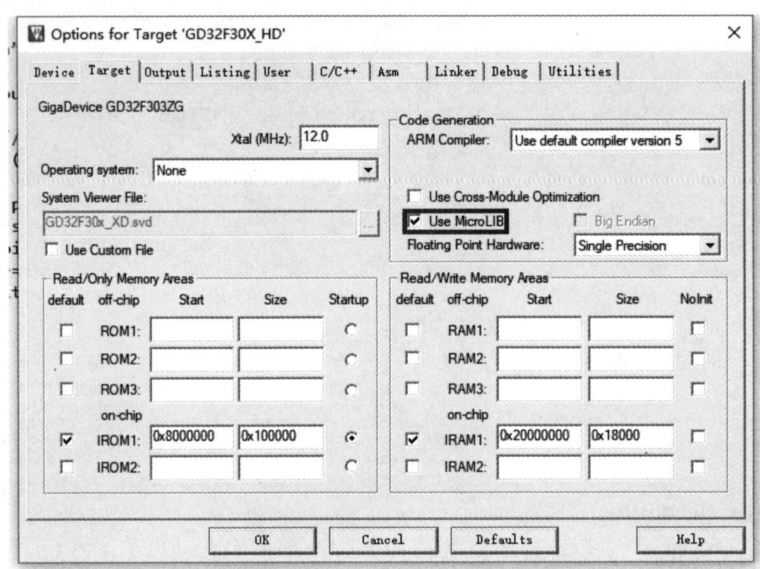

图 9-9　设置 KEIL MDK 软件中的 Use MicroLIB 选项

（2）重定向 fputc( )函数。

在 MicroLIB 的 stdio.h 中，fputc( )函数的原型为：

```
int fputc(int c, FILE * stream);
```

此函数原本是将字符 ch 打印到文件指针 stream 指向的文件流，现在不是打印到文件流，而是打印到 USART 串口，例如，通过 USART0 串口打印调试信息。

此时，fputc( )函数需要做如下修改：

```
int fputc(int c, FILE * stream)
{
    while(RESET == usart_flag_get(USART0,USART_FLAG_TC));
                                                    //等待上一个发送完毕
    usart_flag_clear(USART0,USART_FLAG_TC);         //清除发送完毕标志
    usart_data_transmit(USART0,c);                  //发送字符
}
```

注意，使用这个函数需要包含 stdio.h 头文件。

通过以上的设置，就可以在程序中使用 printf( )函数通过 USART0 向上位机打印输出信息。

例如，通过 USART0 向上位机发送“Hello GD32.”的完整源程序如下：

```
#include <stdio.h>

int fputc(int c, FILE * stream)
{
    while(RESET == usart_flag_get(USART0,USART_FLAG_TC));
                                                        //等待上一个发送完毕
    usart_flag_clear(USART0,USART_FLAG_TC);             //清除发送完毕标志
    usart_data_transmit(USART0,c);                      //发送字符
}

void USART0_Init(void)
{
    rcu_periph_clock_enable(RCU_GPIOA);                        //使能 GPIOA 时钟
    //配置 PA9 为推挽复用输出功能,最大输出速度为 50MHz
    gpio_init(GPIOA,GPIO_MODE_AF_PP,GPIO_OSPEED_50MHZ,GPIO_PIN_9);

    rcu_periph_clock_enable(RCU_USART0);                       //使能 USART0 时钟

    usart_baudrate_set(USART0,9600);                           //配置波特率
    usart_parity_config(USART0,USART_PM_NONE);                 //配置奇偶校验位
    usart_word_length_set(USART0,USART_WL_8BIT);               //配置数据位
    usart_stop_bit_set(USART0,USART_STB_1BIT);                 //配置停止位

    usart_transmit_config(USART0,USART_TRANSMIT_ENABLE);       //使能发送器
    usart_enable(USART0);                                      //使能 USART0
}

int main(void)
{
    int32_t i;

    USART0_Init();
    while(1)
    {
        printf("Hello GD32.\r\n");
        for(i=0;i<1000000;i++);
    }
}
```

第 10 章　模数转换器（ADC）

10.1　ADC　概　述

模数转换器（ADC）最早出现在数字电路中，其功能就是将模拟信号转换变为数字信号，是模拟信号与数字信号之间的重要桥梁。

10.1.1　常见 ADC 的分类及其原理

常见的 ADC 主要分为逐次逼近型、双积分型、Σ-Δ 型，每种类型的 ADC 都有其特点，能够满足实际测量任务中的某种特殊要求。

逐次逼近型 ADC 是目前最常用的类型之一，其内部结构简单，转换速度快，能够满足大多数模数转换的要求。逐次逼近型 ADC 包括 1 个比较器、1 个数模转换器、1 个逐次逼近寄存器（SAR）和 1 个逻辑控制单元。它是将采样输入信号与已知电压不断进行比较，1 个时钟周期完成位转换，N 位转换需要 N 个时钟周期，转换完成，输出二进制数。

积分型 ADC 又称为双斜率或多斜率 ADC，它的应用也比较广泛。它由 1 个带有输入切换开关的模拟积分器、1 个比较器和 1 个计数单元构成，通过两次积分将输入的模拟电压转换成与其平均值成正比的时间间隔。与此同时，在此时间间隔内利用计数器对时钟脉冲进行计数，从而实现 A/D 转换。

Σ-Δ 型 ADC 是一种新型的 ADC，其模拟部分非常简单（类似于一个 1 位 ADC），而数字部分要复杂得多，按照功能可划分为数字滤波和抽取单元。由于 Σ-Δ 型 ADC 更接近于数字器件，因而其制造成本非常低廉。可以看作使用 1 位 ADC，结合过采样、噪声形成、数字滤波和抽取数字信号处理技术，使得能够从一个低分辨率的 ADC 获取宽动态范围。

10.1.2　ADC 的性能参数

性能参数是衡量 ADC 好坏的重要指标，是进行器件选型的重要依据。ADC 的主要性能参数包括分辨率、量化误差、转换时间、偏移误差、满刻度误差等。在进行选型时，首先关注的性能参数就是分辨率和转换时间。

分辨率：是指 ADC 能够分辨的最小电压或电流变化量，通常以位（bit）为单位。一般 ADC 都会注明是 8 位、10 位、12 位、16 位等。ADC 将模拟量转换为对应位数的二进制数，例如，被测电压范围为 0～5V，那么 8 位 ADC 的最小刻度就是 5V/256=0.0195V。被测电压范围一定时，位数越高，最小刻度越小，精度越高。

转换时间：是指 ADC 开始进行模数转换到转换完成时间。将该时间取倒数，则得到转换频率，也可以用来描述转换速度。转换时间将决定 ADC 能否完成采样任务。

偏移误差：是指 ADC 中的模拟晶体管在生产过程中细微的工艺差别造成的。由于输入信号路径和参考信号路径不完全相同，这样的差别会在 ADC 的测量输出结果中造成稳态偏移误差。

此外，选型时还要关注通信接口，即 ADC 转换完成后，通过什么方式将数字量传递到 MCU。

10.2　GD32F303ZGT6 微控制器的 ADC 结构

GD32F303ZGT6 微控制器片上集成了 12 位逐次逼近式模数转换器模块（ADC），可以采样来自于 16 个外部通道和 2 个内部通道上的模拟信号。这 18 个 ADC 采样通道都支持多种运行模式，采样转换后，转换结果可以按照最低有效位对齐或最高有效位对齐的方式保存在相应的数据寄存器中。片上的硬件过采样机制可以通过减少来自 MCU 的相关计算负担来提高性能。ADC 内部结构如图 10-1 所示。

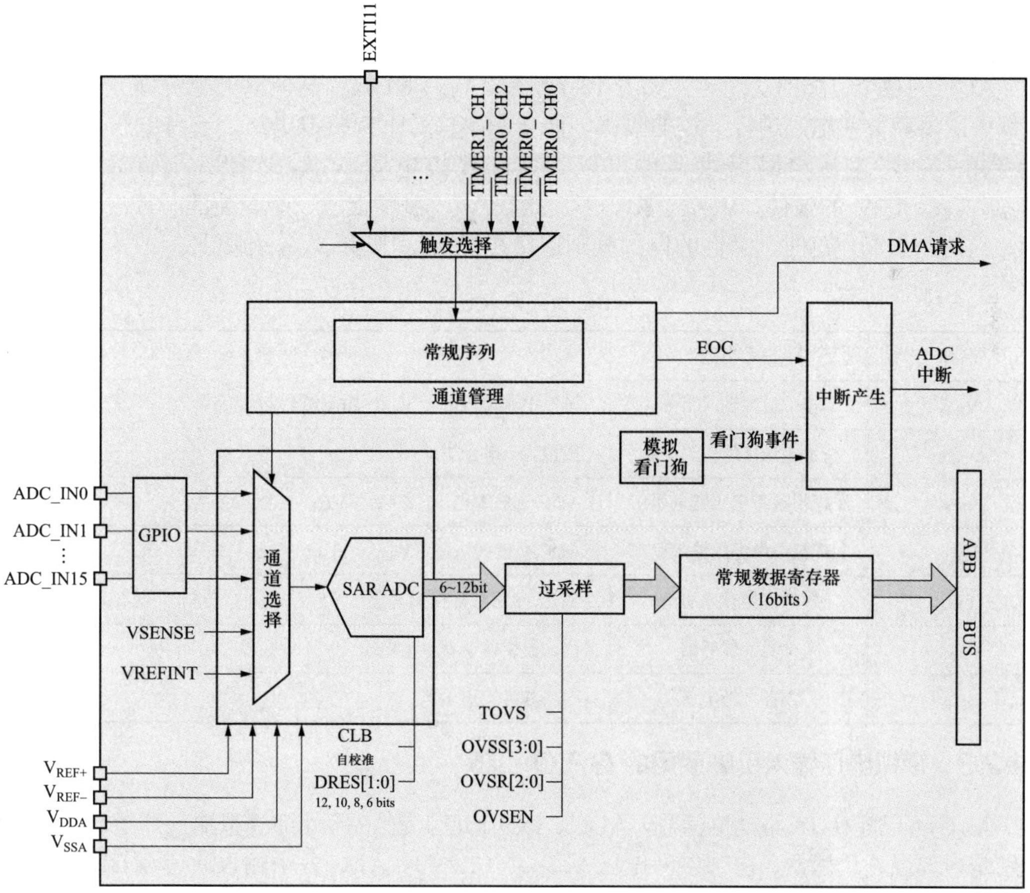

图 10-1　ADC 模块框图

10.2.1 主要特征

（1）高性能：ADC 分辨率：12 位、10 位、8 位或者 6 位分辨率；前置校准功能；可编程采样时间；数据存储模式：最高有效位对齐和最低有效位对齐；DMA 请求。

（2）模拟输入通道：16 个外部模拟输入通道；1 个内部温度传感通道（V_{SENSE}）；1 个内部参考电压输入通道（V_{REFINT}）。

（3）运行模式：软件；硬件触发。

（4）转换模式：转换单个通道，或者扫描一系列的通道；单次运行模式，每次触发转换一次选择的输入通道；连续运行模式，连续转换所选择的输入通道；间断运行模式；同步模式（适用于具有两个或多个 ADC 的设备）。

（5）转换结果阈值监测器功能：模拟看门狗。

（6）中断的产生：常规序列转换结束；模拟看门狗事件。

（7）过采样：16 位的数据寄存器；可调整的过采样率，从 2x 到 256x；高达 8 位的可编程数据移位。

（8）电源供电：2.6V 到 3.6V，一般电源电压为 3.3V。

（9）通道输入范围：$V_{REF-} \leqslant V_{IN} \leqslant V_{REF+}$。

10.2.2 引脚和内部信号

ADC 的各个引脚的功能定义如表 10-1 所示。V_{DDA} 和 V_{SSA} 是模拟电源引脚，在实际使用过程中需要和数字电源进行一定的隔离，防止数字信号干扰模拟电路，参考电压 V_{REF+} 可以由专用的参考电压电路提供，也可以直接和模拟电源 V_{DDA} 连接在一起，需要满足 V_{DDA}-V_{REF+}<1.2V 的条件。V_{REF-} 引脚一般连接在 V_{SSA} 引脚上。一些封装的芯片没有 V_{REF+} 和 V_{REF-} 这两个引脚，这时，它们的内部分别连接在 V_{DDA} 引脚和 V_{SSA} 引脚上。

表 10-1　　ADC 引脚输入定义

名称	信号类型	注　释
V_{DDA}	模拟电源输入引脚	模拟电源输入等于 V_{DD}，$2.6V \leqslant V_{DDA} \leqslant 3.6V$
V_{SSA}	模拟电源接地输入引脚	模拟地，等于 V_{SS}
V_{REF+}	正模拟参考电压输入引脚	ADC 正参考电压，$2.6V \leqslant V_{REF+} \leqslant$ VDDA
V_{REF-}	负模拟参考电压输入引脚	ADC 负参考电压，$V_{REF-} = V_{SSA}$
ADCx_IN［15:0］	模拟信号输入引脚	多达 16 路外部模拟通道
V_{SENSE}	部温度传感器	内部温度传感器输出电压
V_{REFIN}T	内部参考电压	内部参考输出电压

10.2.3 模拟电压输入引脚使用的 GPIO 引脚

ADC 可以转换 18 路模拟信号，ADCx_IN［15:0］是 16 路外部模拟输入通道，另外两路分别是内部温度传感器、内部参考电压 V_{REFINT}（1.2V）。ADC 各个输入通道与 GPIO 引脚对应关系如表 10-2 所示。

表 10-2　　ADC 各个输入通道与 GPIO 引脚对应表

GD32F303ZGT6 ADC 模拟输入					
ADC0	GPIO 引脚	ADC1	GPIO 引脚	ADC2	GPIO 引脚
通道 0	PA0	通道 0	PA0	通道 0	PA0
通道 1	PA1	通道 1	PA1	通道 1	PA1
通道 2	PA2	通道 2	PA2	通道 2	PA2
通道 3	PA3	通道 3	PA3	通道 3	PA3
通道 4	PA4	通道 4	PA4	通道 4	PF6
通道 5	PA5	通道 5	PA5	通道 5	PF7
通道 6	PA6	通道 6	PA6	通道 6	PF8
通道 7	PA7	通道 7	PA7	通道 7	PF9
通道 8	PB0	通道 8	PB0	通道 8	PF10
通道 9	PB1	通道 9	PB1	通道 9	—
通道 10	PC0	通道 10	PC0	通道 10	PC0
通道 11	PC1	通道 11	PC1	通道 11	PC1
通道 12	PC2	通道 12	PC2	通道 12	PC2
通道 13	PC3	通道 13	PC3	通道 13	PC3
通道 14	PC4	通道 14	PC4	通道 14	—
通道 15	PC5	通道 15	PC5	通道 15	—
通道 16	连接内部 VSENSE	通道 16	内部都连接到 VSSA	通道 16	内部都连接到 VSSA
通道 17	连接内部 VREFINT	通道 17	内部都连接到 VSSA	通道 17	内部都连接到 VSSA

10.2.4　ADC 的宏定义

GD32F303ZGT6 微控制器共有 3 个 12 位 ADC。都挂接在 APB2 总线上。在 gd32f30x_adc.h 头文件中，对 GD32F303ZGT6 微控制器的所有 ADC 的宏定义如下：

```
#define ADC0                          ADC_BASE
#define ADC1                          (ADC_BASE + 0x400U)
#if (defined(GD32F30X_HD) || defined(GD32F30X_XD))
#define ADC2                          (ADC_BASE + 0x1800U)
#endif
```

其中，ADC_BASE 的宏被定义在 gd32f30x.h 头文件中，其宏定义形式如下：

```
#define ADC_BASE              (APB2_BUS_BASE + 0x00002400U)  /*!< ADC基址*/
```

10.3　功　能　描　述

10.3.1　前置校准功能

在前置校准期间，ADC 计算一个校准系数，这个系数是应用于 ADC 内部的，它直到 ADC

下次掉电才无效。在校准期间，应用不能使用 ADC，它必须等到校准完成。在 A/D 转换前应执行校准操作。通过软件设置 ADC 控制寄存器 1（ADC_CTL1）中的 CLB 位为 1 来对 ADC 的校准进行初始化，在校准期间 CLB 位会一直保持 1，直到校准完成，该位由硬件清 0。

当 ADC 运行条件改变（例如，V_{DDA}、V_{REF+}和温度等），建议重新执行一次校准操作。

内部的模拟校准通过设置 ADC 控制寄存器 1（ADC_CTL1）中的 RSTCLB 位来重置。

软件校准过程如下：

（1）确保 ADCON=1。

（2）延迟 14 个 CK_ADC 以等待 ADC 稳定。

（3）设置 RSTCLB（可选的）。

（4）设置 CLB=1。

（5）等待直到 CLB=0。

10.3.2 ADC 时钟

CK_ADC 时钟是由时钟控制器（RCU）提供的，它和 AHB、APB2 时钟保持同步。ADC 时钟可以在 RCU 时钟控制器中进行分配和配置。如图 10-2 所示。

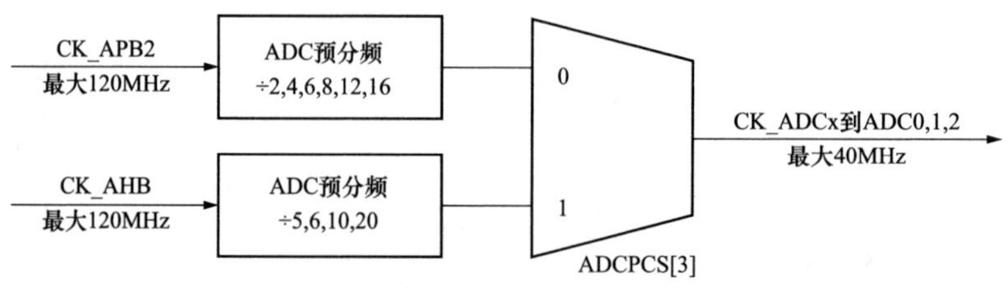

图 10-2　ADC 时钟

10.3.3 ADCON 使能

ADC 控制寄存器 1（ADC_CTL1）中的 ADCON 位是 ADC 模块的使能开关。如果该位为 0，则 ADC 模块保持复位状态。为了省电，当 ADCON 位为 0 时，ADC 模拟子模块将会进入掉电模式。ADC 使能后需要等待 tsu 不超过 1μs 时间后才能采样。

10.3.4 常规序列

通道管理电路可以将采样通道组织成一个序列，即常规序列。常规序列支持最多 16 个通道，每个通道称为常规通道。

ADC 常规序列寄存器 0（ADC_RSQ0）中的 RL［3:0］位规定了整个常规序列的长度。另外，ADC 常规序列寄存器 0～2（ADC_RSQ0～ADC_RSQ2）中的 RSQx[4:0]位域规定了常规序列的通道选择，其中 x 为 0～17 通道编号。

注意：尽管 ADC 支持 18 个通道，但常规序列一次最多转换 16 个通道。

10.3.5 运行模式

1. 单次运行模式

单次运行模式下，ADC 常规序列寄存器 2（ADC_RSQ2）中的 RSQ0［4:0］位规定了

ADC 的转换通道编号。当 ADC 控制寄存器 1（ADC_CTL1）中的 ADCON 位被置 1，一旦相应软件触发或者外部触发发生，ADC 就会采样和转换一个通道。如图 10-3 所示。

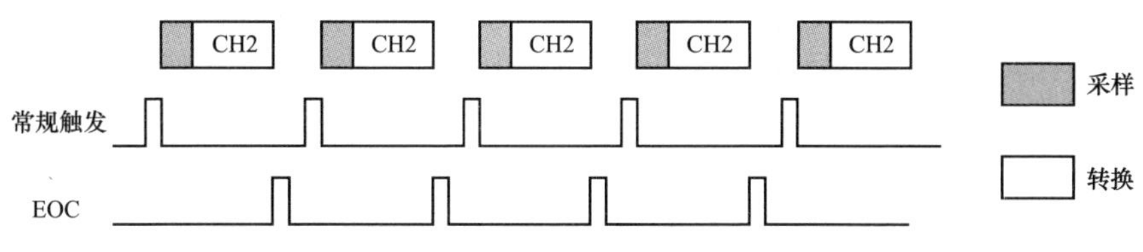

图 10-3　单次运行模式示意图

常规通道单次转换结束后，转换数据将被存放于 ADC 常规数据寄存器（ADC_RDATA）中，ADC 状态寄存器（ADC_STAT）中的 EOC 位将被置 1。如果 ADC 控制寄存器 0（ADC_CTL0）中的 EOCIE 位被置 1，将产生一个中断。

常规序列单次运行模式的软件流程：

（1）确保 ADC 控制寄存器 0（ADC_CTL0）中的 DISRC 和 SM 位以及 ADC 控制寄存器 1（ADC_CTL1）中的 CTN 位为 0。

（2）用模拟通道编号来配置 ADC 常规序列寄存器 2（ADC_RSQ2）中的 RSQ0[4:0] 位域。

（3）配置对应模拟通道编号的 ADC 采样时间寄存器 0 或 1（ADC_SAMPT0/1）中的 SPTy[2:0]位域，其中 y 为 0～17。

（4）如果有需要，可以配置 ADC 控制寄存器 1（ADC_CTL1）中的 ETERC 和 ETSRC 位。

（5）设置 ADC 控制寄存器 1（ADC_CTL1）中的 SWRCST 位为 1，或者为常规序列产生一个外部触发信号。

（6）等到 ADC 状态寄存器（ADC_STAT）中的 EOC 位被置 1。

（7）从 ADC 常规数据寄存器（ADC_RDATA）中读 ADC 转换结果。

（8）写 0 清除 ADC 状态寄存器（ADC_STAT）中的 EOC 标志位。

2. 连续运行模式

当 ADC 控制寄存器 1（ADC_CTL1）中的 CTN 位被置 1 时，可以使能连续运行模式。在此模式下，ADC 执行由 ADC 常规序列寄存器 2（ADC_RSQ2）中的 RSQ0［4:0］规定的转换通道。当 ADC 控制寄存器 1（ADC_CTL1）中的 ADCON 位被置 1，一旦相应软件触发或者外部触发产生，ADC 就会采样和转换规定的通道。转换数据保存在 ADC 常规数据寄存器（ADC_RDATA）中。如图 10-4 所示。

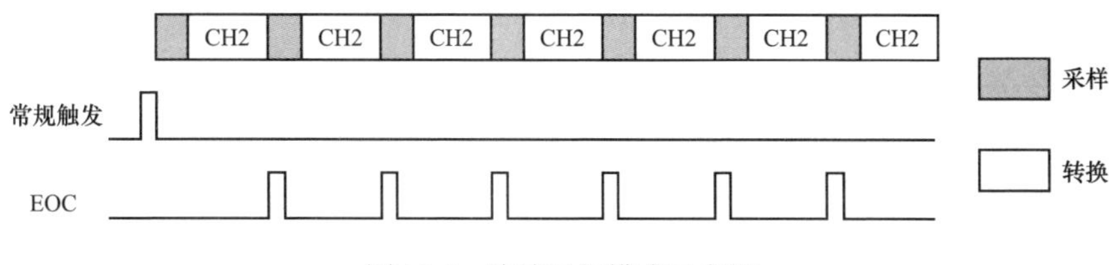

图 10-4　连续运行模式示意图

常规序列连续运行模式的软件流程：

（1）设置 ADC 控制寄存器 1（ADC_CTL1）中的 CTN 位为 1。

（2）根据模拟通道编号配置 ADC 常规序列寄存器 2（ADC_RSQ2）中的 RSQ0[4:0]位域。

（3）配置对应模拟通道编号的 ADC 采样时间寄存器 0 或 1（ADC_SAMPT0/1）中的SPTy[2:0]位域，其中 y 为 0～17。

（4）如果有需要，配置 ADC 控制寄存器 1（ADC_CTL1）中的 ETERC 和 ETSRC 位。

（5）设置 ADC 控制寄存器 1（ADC_CTL1）中的 SWRCST 位为 1，或者给常规序列产生一个外部触发信号。

（6）等待 ADC 状态寄存器（ADC_STAT）中的 EOC 标志位被置 1。

（7）从 ADC 常规数据寄存器（ADC_RDATA）中读 ADC 转换结果。

（8）写 0 清除 ADC 状态寄存器（ADC_STAT）中的 EOC 标志位。

（9）只要还需要进行连续转换，重复步骤 6～步骤 8。

3. 扫描运行模式

扫描运行模式可以通过将 ADC 控制寄存器 0（ADC_CTL0）中的 SM 位给置 1 来使能。在此模式下，ADC 扫描转换所有被 ADC 常规序列寄存器 0～2（ADC_RSQ0～ADC_RSQ2）选中的所有通道。一旦 ADC 控制寄存器 1（ADC_CTL1）中的 ADCON 位被置 1，当相应软件触发或者外部触发产生，ADC 就会一个接一个的采样和转换常规序列通道。转换数据存储在 ADC 常规数据寄存器（ADC_RDATA）中。常规序列转换结束后，ADC 状态寄存器（ADC_STAT）中的 EOC 位将被置 1。如果 ADC 控制寄存器 0（ADC_CTL0）中的 EOCIE 位被置 1，将产生中断。当常规序列工作在扫描模式下时，ADC 控制寄存器 1（ADC_CTL1）中的 DMA 位必须被置 1。

如果 ADC 控制寄存器 1（ADC_CTL1）中的 CTN 位也被置 1，则在常规序列转换完之后，自动重新开始。

扫描运行模式下，连续转换模式禁止和使能的示意图如图 10-5 所示。

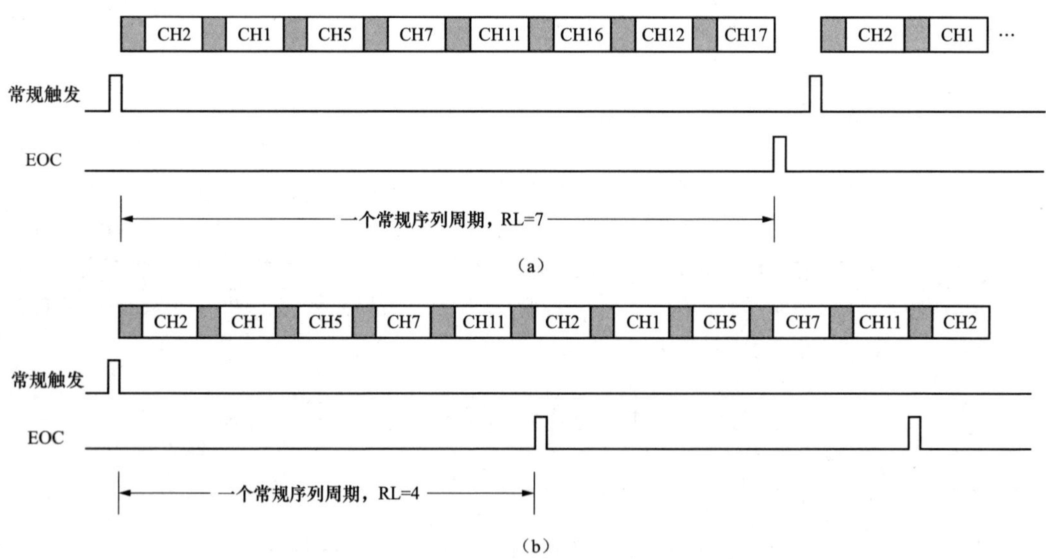

图 10-5　扫描运行模式，连续转换禁止示意图

常规序列扫描运行模式的软件流程：

（1）设置 ADC 控制寄存器 0（ADC_CTL0）中的 SM 位和 ADC 控制寄存器 1（ADC_CTL1）中的 DMA 位为 1。

（2）配置 ADC 常规序列寄存器 0～2（ADC_RSQ0～2）中的 RSQx[4:0]位域和 ADC 采样时间寄存器 0～1（ADC_SAMPT0～1）寄存器中的 SPTx[2:0]位域，其中 x 为 0～17。

（3）如果有需要，配置 ADC 控制寄存器 1（ADC_CTL1）中的 ETERC 和 ETSRC 位。

（4）准备 DMA 模块，用于传输来自 ADC 常规数据寄存器（ADC_RDATA）中的数据。

（5）设置 ADC 控制寄存器 1（ADC_CTL1）中的 SWRCST 位为 1，或者给常规序列产生一个外部触发。

（6）等待 ADC 状态寄存器（ADC_STAT）中的 EOC 标志位被置 1。

（7）写 0 清除 ADC 状态寄存器（ADC_STAT）中的 EOC 标志位。

4. 间断运行模式

当 ADC 控制寄存器 0（ADC_CTL0）中的 DISRC 位被置 1 时，使能常规序列间断运行模式。该模式下可以执行一次 n 个通道的短序列转换（n 不超过 8），该序列是 ADC 常规序列寄存器 0～2（ADC_RSQ0～RSQ2）所选择的序列的一部分。数值 n 由 ADC 控制寄存器 0（ADC_CTL0）中的 DISCNUM［2:0］位域来配置。当相应的软件触发或外部触发发生，ADC 就会采样和转换在 ADC 常规序列寄存器 0～2（ADC_RSQ0～RSQ2）所配置通道中接下来的 n 个通道，直到常规序列中所有的通道转换完成。每个常规序列转换周期结束后，ADC 状态寄存器（ADC_STAT）中的 EOC 位将被置 1。

如果 ADC 控制寄存器 0（ADC_CTL0）中的 EOCIE 位被置 1，将产生一个中断。

常规序列间断运行模式的软件流程（见图 10-6）：

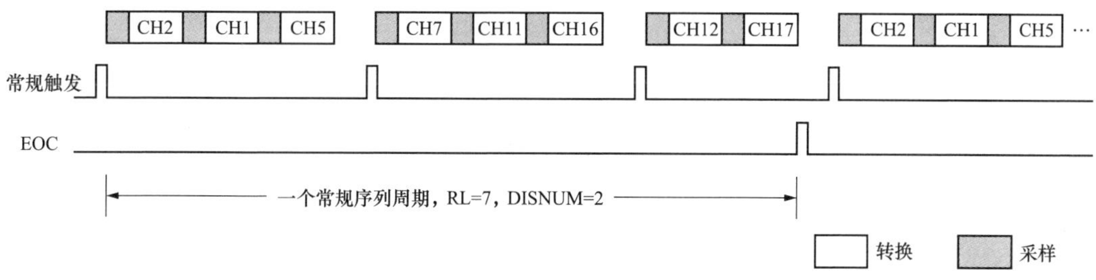

图 10-6　间断运行模式示意图

（1）设置 ADC 控制寄存器 0（ADC_CTL0）中的 DISRC 位和 ADC 控制寄存器 1（ADC_CTL1）中的 DMA 位为 1。

（2）配置 ADC 控制寄存器 0（ADC_CTL0）中的 DISNUM［2:0］位。

（3）配置 ADC 常规序列寄存器 0～2（ADC_RSQ0～2）中的 RSQx[4:0]位域和 ADC 采样时间寄存器 0～1（ADC_SAMPT0～1）寄存器中的 SPTx[2:0]位域，其中 x 为 0～17。

（4）如果有需要，配置 ADC 控制寄存器 1（ADC_CTL1）中的 ETERC 位和 ETSRC 位。

（5）准备 DMA 模块，用于传输来自 ADC 常规数据寄存器（ADC_RDATA）中的数据。

（6）设置 ADC 控制寄存器 1（ADC_CTL1）中的 SWRCST 位，或者给常规序列产生一个外部触发。

（7）如果需要，重复步骤 6。

（8）等待 ADC 状态寄存器（ADC_STAT）中的 EOC 标志位被置 1。

（9）写 0 清除 ADC 状态寄存器（ADC_STAT）中的 EOC 标志位。

10.3.6 采样时间配置

ADC 使用多个 CK_ADC 周期对输入电压采样，采样周期可以通过 ADC 采样时间寄存器 0（ADC_SAMPT0）和 ADC 采样时间寄存器 1（ADC_SAMPT1）中的 SPTn［2:0］位域进行配置。每个通道可以用不同的采样时间。在 12 位分辨率的情况下，总转换时间=采样时间+12.5 个 CK_ADC 周期。

例如：

CK_ADC = 30MHz，采样时间为 1.5 个周期，那么总的转换时间为："1.5+12.5"个 CK_ADC 周期，即 0.467μs。

10.3.7 数据存储模式

ADC 控制寄存器 1（ADC_CTL1）中的 DAL 位用于确定转换后数据存储的对齐方式，如图 10-7 所示，当 DAL=0 时为数据右对齐，当 DAL=1 时为数据左对齐。

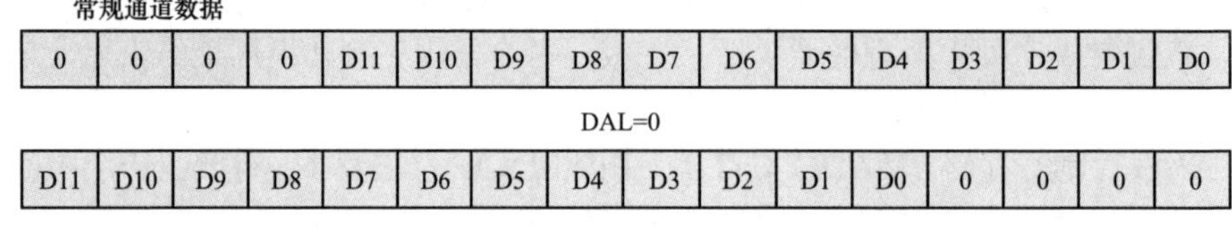

图 10-7　12 位数据存储模式

10.3.8 外部触发配置

外部触发输入的上升沿可以触发常规序列的转换。常规序列的外部触发源由 ADC 控制寄存器 1（ADC_CTL1）中的 ETSRC［2:0］位域来配置，如表 10-3 所示。

表 10-3　ADC 的外部触发源

ETSRC［2:0］	ADC0 和 ADC1 触发源	ADC2 触发源	触发类型
000	TIMER0_CH0	TIMER2_CH0	硬件触发
001	TIMER0_CH1	TIMER1_CH2	
010	TIMER0_CH2	TIMER0_CH2	
011	TIMER1_CH1	TIMER7_CH0	
100	TIMER2_TRGO	TIMER7_TRGO	
101	TIMER3_CH3	TIMER4_CH0	
110	EXTI11/TIMER7_TRGO	TIMER4_CH2	
111	SWRCST	SWRCST 软件触发	软件触发

10.3.9 可编程分辨率（DRES）

ADC 分辨率可以通过寄存器 ADC 过采样控制寄存器（ADC_OVSAMPCTL）中的 DRES［1:0］位域进行配置。对于那些不需要高精度数据的应用，可以使用较低的分辨率来实现更快速地转换。只有在 ADC 控制寄存器 1（ADC_CTL1)中的 ADCON 位为 0 时，才能修改 ADC 过采样控制寄存器（ADC_OVSAMPCTL）中的 DRES［1:0］位域的值。较低的分辨率能够减少转换时间。如表 10-4 所示，不同分辨率下对应的 Tconv 时间。

表 10-4　　不同分辨率下对应的 Tconv 时间

DRES［1:0］	Tconv（ADC 时钟周期）	当 fADC=30MHz 时 Tconv（ns）	TSMPL（最小）（ADC 时钟周期）	TADC（ADC 时钟周期）	当 fADC=30MHz 时 TADC（us）
12	12.5	417	1.5	14	467
10	10.5	350	1.5	12	400
8	8.5	283	1.5	10	333
6	6.5	217	1.5	8	267

10.3.10　片上硬件过采样

片上硬件过采样单元执行数据预处理以减轻 CPU 负担。它能够处理多个转换，并将多个转换的结果取平均，得出一个 16 位宽的数据。其结果值根据如下公式计算得出，其中 N 和 M 的值可以被调整，过采样单元可以通过设置 ADC 过采样控制寄存器（ADC_OVSAMPCTL）中的 OVSEN 位来使能，它是以降低数据输出率为代价，换取较高的数据分辨率。Dout（n）是指 ADC 输出的第 n 个数字信号：

$$\text{Result} = \frac{1}{M} \times \sum_{n=0}^{N-1} D_{out}(n)$$

片上硬件过采样单元执行两个功能：求和和位右移。过采样率 N 是由 ADC 过采样控制寄存器（ADC_OVSAMPCTL）中的 OVSR［2:0］位域来定义，它的取值范围为 2x 到 256x。除法系数 M 定义一个多达 8 位的右移，它通过 ADC 过采样控制寄存器（ADC_OVSAMPCTL）中的 OVSS［3:0］位域进行配置。

求和单元能够生成一个高达 20 位（256×12 位）的值。首先，将这个值要进行右移，将移位后剩余的部分再通过取整转化一个近似值，最后将高位会被截断，仅保留最低 16 位有效位作为最终值传入对应的数据寄存器中。

10.3.11　DMA 请求

DMA 请求，可以通过设置 ADC 控制寄存器 1（ADC_CTL1）中的 DMA 位来使能，它用于常规序列多个通道的转换结果。ADC 在常规序列一个通道转换结束后产生一个 DMA 请求，DMA 接收到请求后可以将转换的数据从 ADC 常规数据寄存器（ADC_RDATA）传输到用户指定的目的地址。

10.4　ADC 寄 存 器

10.4.1　ADC 寄存器简介

ADC 寄存器列表如表 10-5 所示。

表 10-5　　ADC 寄存器表

偏移地址	名称	类型	复位值	说　明
0x00	STAT	读/写 0 清除	0x0000 0000	ADC 状态寄存器（详见表 10-6）
0x04	CTL0	读/写	0x0000 0000	ADC 控制寄存器 0（详见表 10-7）
0x08	CTL1	读/写	0x0000 0000	ADC 控制寄存器 1（详见表 10-8）
0x0C	SAMPT0	读/写	0x0000 0000	采样时间寄存器 0（详见表 10-9）
0x10	SAMPT1	读/写	0x0000 0000	采样时间寄存器 1（详见表 10-10）
0x24	WDHT	读/写	0x0000 0000	看门狗高阈值寄存器，定义了模拟看门狗 12 位的高侧阈值
0x28	WDLT	读/写	0x0000 0000	看门狗低阈值寄存器，定义了模拟看门狗 12 位的低侧阈值
0x2C	RSQ0	读/写	0x0000 0000	常规序列寄存器 0（详见表 10-11）
0x30	RSQ1	读/写	0x0000 0000	常规序列寄存器 1（详见表 10-12）
0x34	RSQ2	读/写	0x0000 0000	常规序列寄存器 2（详见表 10-13）
0x4C	RDATA	读/写	0x0000 0000	常规数据寄存器（详见表 10-14）
0x80	OVSAMPCTL	读/写	0x0000 0000	过采样控制寄存器（详见表 10-15）

与表 10-5 相关的 ADC 寄存器操作的宏都被定义在 gd32f30x_adc.h 头文件中。

```
#define ADC_STAT(adcx)      REG32((adcx) + 0x00U)   /*!<ADC 状态寄存器*/
#define ADC_CTL0(adcx)      REG32((adcx) + 0x04U)   /*!<ADC 控制寄存器 0*/
#define ADC_CTL1(adcx)      REG32((adcx) + 0x08U)   /*!<ADC 控制寄存器 1*/
#define ADC_SAMPT0(adcx)    REG32((adcx) + 0x0CU)   /*!<采样时间寄存器 0*/
#define ADC_SAMPT1(adcx)    REG32((adcx) + 0x10U)   /*!<采样时间寄存器 1*/
#define ADC_WDHT(adcx)      REG32((adcx) + 0x24U)   /*!<看门狗高阈值寄存器*/
#define ADC_WDLT(adcx)      REG32((adcx) + 0x28U)   /*!<看门狗低阈值寄存器*/
#define ADC_RSQ0(adcx)      REG32((adcx) + 0x2CU)   /*!<常规序列寄存器 0*/
#define ADC_RSQ1(adcx)      REG32((adcx) + 0x30U)   /*!<常规序列寄存器 1*/
#define ADC_RSQ2(adcx)      REG32((adcx) + 0x34U)   /*!<常规序列寄存器 2*/
#define ADC_RDATA(adcx)     REG32((adcx) + 0x4CU)   /*!<常规数据寄存器*/
#define ADC_OVSAMPCTL(adcx) REG32((adcx) + 0x80U)   /*!<过采样控制寄存器*/
```

10.4.2 USART 寄存器功能描述

1. ADC 状态寄存器（ADC_STAT）

ADC 状态寄存器（ADC_STAT）的各个位的功能描述如表 10-6 所示。

表 10-6　　ADC 状态寄存器（ADC_STAT）

位	名称	类型	复位值	说　明
31:5	—	—	—	—
4	STRC	读清除/写 0	0	常规序列转换开始标志。0：转换没有开始；1：转换开始
3:2	—	—	—	—
1	EOC	读清除/写 0	0	常规序列转换结束标志。0：转换没有结束；1：转换结束
0	WDE	读清除/写 0	0	模拟看门狗事件标志。0：没有模拟看门狗事件；1：产生模拟看门狗事件

ADC 状态寄存器（ADC_STAT）的各个位功能的宏都被定义在 gd32f30x_adc.h 头文件中，具体的定义名称为：

```
#define ADC_STAT_WDE         BIT(0)       /*!< 模拟看门狗事件标志 g */
#define ADC_STAT_EOC         BIT(1)       /*!< 常规序列转换结束标志 */
#define ADC_STAT_STRC        BIT(4)       /*!< 常规序列转换开始标志 */
```

2. ADC 控制寄存器 0（ADC_CTL0）

ADC 控制寄存器 0（ADC_CTL0）的各个位的功能描述如表 10-7 所示。

表 10-7　ADC 控制寄存器 0（ADC_CTL0）

<table>
<tr><th>位</th><th>名称</th><th>类型</th><th>复位值</th><th>说　明</th></tr>
<tr><td>31:24</td><td>—</td><td>—</td><td>—</td><td>—</td></tr>
<tr><td>23</td><td>RWDEN</td><td>读写</td><td>0</td><td>常规序列看门狗使能。0：禁止；1：使能</td></tr>
<tr><td>22:20</td><td>—</td><td>—</td><td>—</td><td></td></tr>
<tr><td>19:16</td><td>SYNCM [3:0]</td><td>读写</td><td>0</td><td>同步模式选择。
0000：独立模式；0001～0101：保留；0110：常规并行模式；
0111：常规快速交叉模式；1000：常规慢速交叉模式；1001～1111：保留</td></tr>
<tr><td>15:13</td><td>DISNUM [2:0]</td><td>读写</td><td>0</td><td>间断模式下的转换数目</td></tr>
<tr><td>12</td><td>—</td><td>—</td><td>—</td><td>—</td></tr>
<tr><td>11</td><td>DISRC</td><td>读写</td><td>0</td><td>常规序列间断模式。0：禁止；1：使能</td></tr>
<tr><td>10</td><td>—</td><td>—</td><td>—</td><td>—</td></tr>
<tr><td>9</td><td>WDSC</td><td>读写</td><td>0</td><td>扫描模式下，模拟看门狗在通道配置。0：所有通道有效；1：单通道有效</td></tr>
<tr><td>8</td><td>SM</td><td>读写</td><td>0</td><td>扫描模式。0：禁止；1：使能</td></tr>
<tr><td>7</td><td>—</td><td>—</td><td>—</td><td>—</td></tr>
<tr><td>6</td><td>WDEIE</td><td>读写</td><td>0</td><td>WDE 中断使能。0：禁止；1：使能</td></tr>
<tr><td>5</td><td>EOCIE</td><td>读写</td><td>0</td><td>EOC 中断使能。0：禁止；1：使能</td></tr>
<tr><td>4:0</td><td>WDCHSEL [4:0]</td><td>读写</td><td>0</td><td>模拟看门狗通道选择。
<table>
<tr><th>WDCHSEL [4:0]</th><th>通道</th><th>WDCHSEL [4:0]</th><th>通道</th><th>WDCHSEL [4:0]</th><th>通道</th></tr>
<tr><td>00000</td><td>通道 0</td><td>00110</td><td>通道 6</td><td>01100</td><td>通道 12</td></tr>
<tr><td>00001</td><td>通道 1</td><td>00111</td><td>通道 7</td><td>01101</td><td>通道 13</td></tr>
<tr><td>00010</td><td>通道 2</td><td>01000</td><td>通道 8</td><td>01110</td><td>通道 14</td></tr>
<tr><td>00011</td><td>通道 3</td><td>01001</td><td>通道 9</td><td>01111</td><td>通道 15</td></tr>
<tr><td>00100</td><td>通道 4</td><td>01010</td><td>通道 10</td><td>10000</td><td>通道 16</td></tr>
<tr><td>00101</td><td>通道 5</td><td>01011</td><td>通道 11</td><td>10001</td><td>通道 17</td></tr>
</table></td></tr>
</table>

ADC 控制寄存器 0（ADC_CTL0）的各个位功能的宏都被定义在 gd32f30x_adc.h 头文件中，具体的定义名称为：

```
#define ADC_CTL0_WDCHSEL  BITS(0,4)       /*!< 模拟看门狗通道选择位 */
#define ADC_CTL0_EOCIE    BIT(5)          /*!< EOC 中断使能 */
```

```
#define ADC_CTL0_WDEIE     BIT(6)          /*!< WDE 中断使能 */
#define ADC_CTL0_SM        BIT(8)          /*!< 扫描模式 */
#define ADC_CTL0_WDSC      BIT(9           /*!< 扫描模式下,模拟看门狗在通道配置 */
#define ADC_CTL0_DISRC     BIT(11)         /*!< 常规序列间断模式 */
#define ADC_CTL0_DISNUM    BITS(13,15)     /*!< 间断模式下的转换数目 */
#define ADC_CTL0_SYNCM     BITS(16,19)     /*!< 同步模式选择 */
#define ADC_CTL0_RWDEN     BIT(23)         /*!< 常规序列看门狗使能 */
```

3. ADC 控制寄存器 1（ADC_CTL1）

ADC 控制寄存器 1（ADC_CTL1）的各个位的功能描述如表 10-8 所示。

表 10-8　ADC 控制寄存器 1（ADC_CTL1）

位	名称	类型	复位值	说　明
31:24	—	—	—	—
23	TSVREN	读写	0	ADC0 的通道 16 和 17 使能。0：禁止；1：使能
22	SWRCST	读写	0	软件触发常规序列转换开始。 如果 ETSRC 是 111，该位置 1 开启常规序列转换。软件置位，软件清零，或转换开始后，由硬件清零
21	—	—	—	—
20	ETERC	读写	0	常规序列外部触发使能。0：禁止；1：使能
19:17	ETSRC [2:0]	读写	0	常规序列外部触发选择。 具体选项见表 10-3
16:12	—	—	—	—
11	DAL	读写	0	数据对齐。0：最低有效位对齐；1：最高有效位对齐
10:9	—	—	—	—
8	DMA	读写	0	DMA 请求使能。0：禁止；1：使能
7:4	—	—	—	—
3	RSTCLB	读写	0	校准复位。软件置位，在校准寄存器初始化后该位硬件清零。 0：校准寄存器初始化结束；1：校准寄存器初始化开始
2	CLB	读写	0	ADC 校准。0：校准结束；1：校准开始
1	CTN	读写	0	连续模式。0：禁止；1：使能
0	ADCON	读写	0	开启 ADC。0：禁止；1：使能。 该位从 0 变成 1 将在稳定时间结束后唤醒 ADC。当该位被置位以后，不改变寄存器的其他位仅仅对该位写 1，将开启转换

ADC 控制寄存器 1（ADC_CTL1）的各个位功能的宏都被定义在 gd32f30x_adc.h 头文件中，具体的定义名称为：

```
#define ADC_CTL1_ADCON      BIT(0)         /*!< 开启 ADC */
#define ADC_CTL1_CTN        BIT(1)         /*!< 连续模式 */
#define ADC_CTL1_CLB        BIT(2)         /*!< ADC 校准 */
#define ADC_CTL1_RSTCLB     BIT(3)         /*!< 校准复位 */
#define ADC_CTL1_DMA        BIT(8)         /*!< DMA 请求使能 */
#define ADC_CTL1_DAL        BIT(11)        /*!< 数据对齐 */
#define ADC_CTL1_ETSRC      BITS(17,19)    /*!< 常规序列外部触发选择 */
```

```
#define ADC_CTL1_ETERC      BIT(20)        /*!< 常规序列外部触发使能 */
#define ADC_CTL1_SWRCST     BIT(22)        /*!< 软件触发常规序列转换开始 */
#define ADC_CTL1_TSVREN     BIT(23)        /*!< ADC0 的通道 16 和 17 使能 */
```

4. ADC 采样时间寄存器 0（ADC_SAMPT0）

ADC 采样时间寄存器 0（ADC_SAMPT0）的各个位的功能描述如表 10-9 所示。

表 10-9　　ADC 采样时间寄存器 0（ADC_SAMPT0）

位	名称	类型	复位值	说　明
31:24	—	—	—	—
23:21	SPT17［2:0］	读写	0	通道 17 采样时间。参考 SPT10［2:0］的描述
20:18	SPT16［2:0］	读写	0	通道 16 采样时间。参考 SPT10［2:0］的描述
17:15	SPT15［2:0］	读写	0	通道 15 采样时间。参考 SPT10［2:0］的描述
14:12	SPT14［2:0］	读写	0	通道 14 采样时间。参考 SPT10［2:0］的描述
11:9	SPT13［2:0］	读写	0	通道 13 采样时间。参考 SPT10［2:0］的描述
8:6	SPT12［2:0］	读写	0	通道 12 采样时间。参考 SPT10［2:0］的描述
5:3	SPT11［2:0］	读写	0	通道 11 采样时间。参考 SPT10［2:0］的描述
2:0	SPT10［2:0］	读写	0	通道 10 采样时间。 000：1.5 周期；001：7.5 周期；010：13.5 周期；011：28.5 周期； 100：41.5 周期；101：55.5 周期；110：71.5 周期；111：239.5 周期

5. ADC 采样时间寄存器 1（ADC_SAMPT1）

ADC 采样时间寄存器 1（ADC_SAMPT1）的各个位的功能描述如表 10-10 所示。

表 10-10　　ADC 采样时间寄存器 1（ADC_SAMPT1）

位	名称	类型	复位值	说　明
31:30	—	—	—	—
29:27	SPT9［2:0］	读写	0	通道 9 采样时间。参考 SPT0［2:0］的描述
26:24	SPT8［2:0］	读写	0	通道 8 采样时间。参考 SPT0［2:0］的描述
23:21	SPT7［2:0］	读写	0	通道 7 采样时间。参考 SPT0［2:0］的描述
20:18	SPT6［2:0］	读写	0	通道 6 采样时间。参考 SPT0［2:0］的描述
17:15	SPT5［2:0］	读写	0	通道 5 采样时间。参考 SPT0［2:0］的描述
14:12	SPT4［2:0］	读写	0	通道 4 采样时间。参考 SPT0［2:0］的描述
11:9	SPT3［2:0］	读写	0	通道 3 采样时间。参考 SPT0［2:0］的描述
8:6	SPT2［2:0］	读写	0	通道 2 采样时间。参考 SPT0［2:0］的描述
5:3	SPT1［2:0］	读写	0	通道 1 采样时间。参考 SPT0［2:0］的描述
2:0	SPT0［2:0］	读写	0	通道 0 采样时间。 000：1.5 周期；001：7.5 周期；010：13.5 周期；011：28.5 周期； 100：41.5 周期；101：55.5 周期；110：71.5 周期；111：239.5 周期

ADC 采样时间寄存器 0（ADC_SAMPT0）和 ADC 采样时间寄存器 1（ADC_SAMPT1）的各个位功能的宏都被定义在 gd32f30x_adc.h 头文件中，具体的定义名称为：

```
#define ADC_SAMPTX_SPTN     BITS(0,2)       /*!<通道 x 采样时间选择*/
```

6. ADC 常规序列寄存器 0（ADC_RSQ0）

ADC 常规序列寄存器 0（ADC_RSQ0）的各个位的功能描述如表 10-11 所示。

表 10-11　　ADC 常规序列寄存器 0（ADC_RSQ0）

位	名称	类型	复位值	说　明
31:24	—	—	—	—
23:20	RL［3:0］	读写	0	常规序列长度
19:15	RSQ15［4:0］	读写	0	通道编号（0..17）写入这些位来选择常规通道的第 n 个转换的通道
14:10	RSQ14［4:0］	读写	0	通道编号（0..17）写入这些位来选择常规通道的第 n 个转换的通道
9:5	RSQ13［4:0］	读写	0	通道编号（0..17）写入这些位来选择常规通道的第 n 个转换的通道
4:0	RSQ12［4:0］	读写	0	通道编号（0..17）写入这些位来选择常规通道的第 n 个转换的通道

7. ADC 常规序列寄存器 1（ADC_RSQ1）

ADC 常规序列寄存器 1（ADC_RSQ1）的各个位的功能描述如表 10-12 所示。

表 10-12　　ADC 常规序列寄存器 1（ADC_RSQ1）

位	名称	类型	复位值	说　明
31:30	—	—	—	—
29:25	RSQ11［4:0］	读写	0	通道编号（0..17）写入这些位来选择常规通道的第 n 个转换的通道
24:20	RSQ10［4:0］	读写	0	通道编号（0..17）写入这些位来选择常规通道的第 n 个转换的通道
19:15	RSQ9［4:0］	读写	0	通道编号（0..17）写入这些位来选择常规通道的第 n 个转换的通道
14:10	RSQ8［4:0］	读写	0	通道编号（0..17）写入这些位来选择常规通道的第 n 个转换的通道
9:5	RSQ7［4:0］	读写	0	通道编号（0..17）写入这些位来选择常规通道的第 n 个转换的通道
4:0	RSQ6［4:0］	读写	0	通道编号（0..17）写入这些位来选择常规通道的第 n 个转换的通道

8. ADC 常规序列寄存器 2（ADC_RSQ2）

ADC 常规序列寄存器 2（ADC_RSQ2）的各个位的功能描述如表 10-13 所示。

表 10-13　　ADC 常规序列寄存器 2（ADC_RSQ2）

位	名称	类型	复位值	说　明
31:30	—	—	—	—
29:25	RSQ5［4:0］	读写	0	通道编号（0..17）写入这些位来选择常规通道的第 n 个转换的通道
24:20	RSQ4［4:0］	读写	0	通道编号（0..17）写入这些位来选择常规通道的第 n 个转换的通道
19:15	RSQ3［4:0］	读写	0	通道编号（0..17）写入这些位来选择常规通道的第 n 个转换的通道
14:10	RSQ2［4:0］	读写	0	通道编号（0..17）写入这些位来选择常规通道的第 n 个转换的通道
9:5	RSQ1［4:0］	读写	0	通道编号（0..17）写入这些位来选择常规通道的第 n 个转换的通道
4:0	RSQ0［4:0］	读写	0	通道编号（0..17）写入这些位来选择常规通道的第 n 个转换的通道

ADC 常规序列寄存器 0（ADC_RSQ0）、ADC 常规序列寄存器 1（ADC_RSQ1）和 ADC 常规序列寄存器 2（ADC_RSQ2）的各个位功能的宏都被定义在 gd32f30x_adc.h 头文件中，具体的定义名称为：

```
#define ADC_RSQX_RSQN    BITS(0,4)        /*!<选择常规通道的第 x 个转换的通道*/
#define ADC_RSQ0_RL      BITS(20,23)      /*!< 常规序列长度 */
```

9. ADC 常规数据寄存器（ADC_RDATA）

ADC 常规数据寄存器（ADC_RDATA）的各个位的功能描述如表 10-14 所示。

表 10-14　　ADC 常规数据寄存器（ADC_RDATA）

位	名称	类型	复位值	说　明
31:16	ADC1RDTR [15:0]	只读	0	ADC1 常规通道数据。 在同步模式下，这些位包含着 ADC1 的常规通道数据，这些位只在 ADC0 中使用
15:0	RDATA [15:0]	只读	0	常规通道数据

ADC 常规数据寄存器（ADC_RDATA）的各个位功能的宏都被定义在 gd32f30x_adc.h 头文件中，具体的定义名称为：

```
#define ADC_RDATA_RDATA      BITS(0,15)       /*!< 常规通道数据 */
#define ADC_RDATA_ADC1RDTR   BITS(16,31)      /*!< ADC1 常规通道数据 */
```

10. ADC 过采样控制寄存器（ADC_OVSAMPCTL）

ADC 过采样控制寄存器（ADC_OVSAMPCTL）的各个位的功能描述如表 10-15 所示。

表 10-15　　ADC 过采样控制寄存器（ADC_OVSAMPCTL）

位	名称	类型	复位值	说　明
31:14	—	—	—	—
13:12	DRES [1:0]	读写	0	ADC 分辨率。00:12 位；01:10 位；10:8 位；11:6 位
11:10	—	—	—	—
9	TOVS	读写	0	触发过滤采样。 0：所有的过滤采样连续转换完成一个触发后； 1：对于过采样通道的每次转换都需要一次触发，触发次数由过采样率（OVSR [2:0] ）决定
8:5	OVSS [3:0]	读写	0	过滤采样移位。 0000：不移位；0001：移 1 位；0010：移 2 位；0011：移 3 位； 0100：移 4 位；0101：移 5 位；0110：移 6 位；0111：移 7 位；1000：移 8 位
4:2	OVSR [2:0]	读写	0	过采样率。 000：2x；001：4x；010：8x；011：16x；100：32x；101：64x；110：128x；111：256x
1	—	—	—	—
0	OVSEN	读写	0	过滤采样使能。0：禁止；1：使能

ADC 过采样控制寄存器（ADC_OVSAMPCTL）的各个位功能的宏都被定义在 gd32f30x_adc.h 头文件中，具体的定义名称为：

```
#define ADC_OVSAMPCTL_OVSEN      BIT(0)         /*!< 过滤采样使能 */
```

```
#define ADC_OVSAMPCTL_OVSR        BITS(2,4)        /*!< 过采样率 */
#define ADC_OVSAMPCTL_OVSS        BITS(5,8)        /*!< 过滤采样移位 */
#define ADC_OVSAMPCTL_TOVS        BIT(9)           /*!< 触发过滤采样 */
#define ADC_OVSAMPCTL_DRES        BITS(12,13)      /*!< ADC 分辨率 */
```

10.5 与 NVIC 相关的 ADC 中断

ADC 在规则组和注入组转换结束、模拟看门狗状态位和溢出状态位置位时可能会产生中断。ADC 中断事件如表 10-16 所示。

表 10-16　　ADC 中断事件

中断事件	事件标志	控制寄存器	使能控制位
常规序列转换结束	EOC	ADC_CTL0	EOCIE
注入序列转换结束	EOIC	ADC_CTL0	EOICIE
模拟看门狗事件	WDE	ADC_CTL0	WDEIE

以 GD32F303ZGT6 微控制器为例，所有的 ADC 中断向量如表 10-17 所示。

表 10-17　　GD32F303ZGT6 微控制器的 ADC 中断向量表

中断编号	在 gd32f30x.h 头文件中定义的宏	优先级	优先级类型	startup_gd32f30x_xd.s 文件中声明的中断服务程序名称	向量地址	描述
18	ADC0_1_IRQn	34	可编程	ADC0_1_IRQHandler	0x00000038	ADC0 和 ADC1 中断
47	ADC2_IRQn	53	可编程	ADC2_IRQHandler	0x000000FC	ADC2 中断

在表 8-17 中，定义在 gd32f30x.h 头文件中的中断向量的宏是 nvic_irq_enable( )函数初始化该中断的向量编号，中断向量的优先级是可编程的。

例如，使能 ADC0 中断向量（被宏定义在 gd32f30x.h 头文件中）的 C 语句为：

```
nvic_irq_enable(ADC0_1_IRQn,0,0);
```

对应的 ADC0 中断服务程序函数（被声明在 startup_gd32f30x_xd.s 文件中）为：

```
void ADC0_1_IRQHandler(void)
{
    ;
}
```

10.6 基于寄存器操作的应用实例

1. 实例要求

利用 GD32F303ZGT6 微控制器的 PC0 引脚测量外部输入的 0～3V 的直流电压，转换为数字量并显示在数码管上。

2. 电路图

如图 10-8 所示，3V 的直流电压通过 RP1 分压电阻将直流转换为 0～3V 之间可调的电压送到复用在 PC0 引脚上的模拟通道 10。4 位共阴 LED 数码管的 A～G，DP 引脚通过排阻 R1

（220）连接到 PF0～PF7 引脚，位选段 DIG1～DIG4 引脚分别连接到 PE3～PE6 引脚。

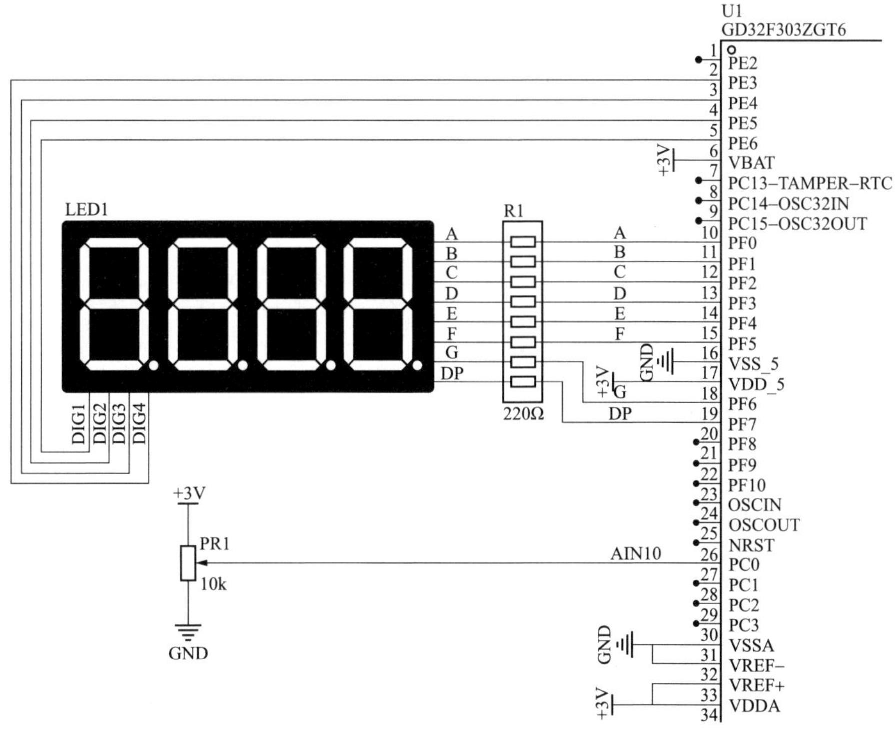

图 10-8　基于寄存器操作的电压测量实例电路图

3. 程序实现

（1）PC0 引脚的配置。

PC10 引脚作为 ADC0 模拟通道 10 的输入引脚，需要将时钟控制单元（RCU)的 APB2 时钟使能寄存器（RCU_APB2EN）中的 PCEN 位给置 1，使能 GPIOC 的时钟，同时通过 GPIO 控制寄存器 0（GPIO_CTL0）中的相应位来配置 PC0 引脚为模拟输入模式。

```
void AIN10_PC0_Init(void)
{
    uint32_t reg0;

    RCU_APB2EN  |= RCU_APB2EN_PCEN;                 //打开 GPIOC 时钟

    reg0= GPIO_CTL0(GPIOC);                         //读取 GPIOC 的 CTL0 寄存器
    reg0&=~(GPIO_MODE_MASK(0));                     //屏蔽 PC0 对应的位
    reg0|= GPIO_MODE_SET(0, GPIO_MODE_AIN);         //配置 PC0 为模拟输入
    GPIO_CTL0(GPIOC) = reg0;                        //写入 GPIOC 的 CTL0 寄存器
}
```

（2）ADC0 的配置。

通过将时钟控制单元（RCU)的 APB2 时钟使能寄存器（RCU_APB2EN）中的 ADC0EN 位给置 1 来使能 ADC0 时钟，通过时钟配置寄存器 0（RCU_CFG0）和时钟配置寄存器 1

（RCU_CFG1）来配置ADC时钟预分频系数。通过ADC控制寄存器0（ADC_CTL0）和ADC控制寄存器1（ADC_CTL1）中的相应位来配置ADC0为单次运行模式，采用软件触发转换，关闭连续、间断和扫描模式等。通过ADC采样时间寄存器0（ADC_SAMPT0）中的SPT10[2:0]位域来配置ADC0通道10的采样时间，ADC序列寄存器2（ADC_RSQ2）中的RSQ0［4:0］位域设置为10号通道，使能ADC控制寄存器1（ADC_CTL1）中的ADCON位并软件启动ADC转换开始。

```
void ADC0_AIN10_Init(void)
{
    uint32_t reg0;

    RCU_APB2EN |= RCU_APB2EN_ADC0EN;              //打开ADC0时钟

    reg0 = RCU_CFG0;
    reg0 &=~RCU_CFG0_ADCPSC;
    reg0 |= (RCU_CKADC_CKAPB2_DIV6 << 14);       //ADC时钟6分频
    RCU_CFG0 = reg0;

    ADC_CTL0(ADC0) &=~ADC_CTL0_SYNCM;            //配置为独立模式
    ADC_CTL0(ADC0) &=~ADC_CTL0_DISIC;            //间断模式禁止
    ADC_CTL0(ADC0) &=~ADC_CTL0_SM;               //扫描模式禁止
    ADC_CTL1(ADC0)&=~ADC_CTL1_CTN;               //连续模式禁止
    ADC_CTL1(ADC0)&=~ADC_CTL1_DAL;               //数据右对齐

    ADC_SAMPT0(ADC0) |= ADC_SAMPTX_SPTN;         //AIN10通道采样时间为239.5周期

    ADC_RSQ2(ADC0) &=~ADC_RSQX_RSQN;
    ADC_RSQ2(ADC0) |= ADC_CHANNEL_10;            //设置RSQ0[4:0]= 0xA;

    ADC_CTL1(ADC0) &=~ADC_CTL1_ETSRC;            //使用规则组触发
    ADC_CTL1(ADC0) |= ADC0_1_2_EXTTRIG_REGULAR_NONE;     //软件触发

    ADC_CTL1(ADC0) |= ADC_CTL1_ADCON;            //启动ADC
    ADC_CTL1(ADC0) |= ADC_CTL1_SWRCST;           //软件启动ADC转换开始
}
```

（3）LED数码管引脚的配置。

PE3～PE6和PF0～PF7引脚的配置是通过GPIO控制寄存器0（GPIO_CTL0）相应的控制位来实现相应引脚被配置为推挽输出，最大输出速度为10MHz。

```
void LEDSEG_Pin_Init(void)
{
    uint32_t reg0;

    RCU_APB2EN |= RCU_APB2EN_PEEN | RCU_APB2EN_PFEN;//使能GPIOE和GPIOF时钟

    reg0 = GPIO_CTL0(GPIOE);                              //读取GPIOE的CTL0寄存器
    //屏蔽PE3,PE4,PE5,PE6对应的位
    reg0 &=~(GPIO_MODE_MASK(3) | GPIO_MODE_MASK(4) |
```

```
        GPIO_MODE_MASK(5) | GPIO_MODE_MASK(6));
    reg0 |= (GPIO_MODE_SET(3, GPIO_MODE_OUT_PP | GPIO_OSPEED_10MHZ) |
        GPIO_MODE_SET(4, GPIO_MODE_OUT_PP | GPIO_OSPEED_10MHZ) |
        GPIO_MODE_SET(5, GPIO_MODE_OUT_PP | GPIO_OSPEED_10MHZ) |
        GPIO_MODE_SET(6, GPIO_MODE_OUT_PP | GPIO_OSPEED_10MHZ));
    GPIO_CTL0(GPIOE) = reg0;                        //写入 GPIOE 的 CTL0 寄存器

    reg0 = GPIO_CTL0(GPIOF);                        //读取 GPIOF 的 CTL0 寄存器
    //屏蔽 PF0～PF7 对应的位
    reg0 &=~(GPIO_MODE_MASK(0) | GPIO_MODE_MASK(0) |
        GPIO_MODE_MASK(2) | GPIO_MODE_MASK(3) |
        GPIO_MODE_MASK(4) | GPIO_MODE_MASK(5) |
        GPIO_MODE_MASK(6) | GPIO_MODE_MASK(7));
    reg0 |= (GPIO_MODE_SET(0, GPIO_MODE_OUT_PP | GPIO_OSPEED_10MHZ) |
        GPIO_MODE_SET(1, GPIO_MODE_OUT_PP | GPIO_OSPEED_10MHZ) |
        GPIO_MODE_SET(2, GPIO_MODE_OUT_PP | GPIO_OSPEED_10MHZ) |
        GPIO_MODE_SET(3, GPIO_MODE_OUT_PP | GPIO_OSPEED_10MHZ) |
        GPIO_MODE_SET(4, GPIO_MODE_OUT_PP | GPIO_OSPEED_10MHZ) |
        GPIO_MODE_SET(5, GPIO_MODE_OUT_PP | GPIO_OSPEED_10MHZ) |
        GPIO_MODE_SET(6, GPIO_MODE_OUT_PP | GPIO_OSPEED_10MHZ) |
        GPIO_MODE_SET(7, GPIO_MODE_OUT_PP | GPIO_OSPEED_10MHZ));
    GPIO_CTL0(GPIOF) = reg0;                        //写入 GPIOF 的 CTL0 寄存器
}
```

（4）LED 数码管显示。

LED1 为 4 位共阴动态显示 LED 数码管，实现共阴 LED 数码管动态显示的函数 LEDSEG_Display( )的详细程序如下：

```
void LEDSEG_Display(void)
{
    GPIO_BOP(GPIOE) = GPIO_PIN_3 | GPIO_PIN_4 | GPIO_PIN_5 | GPIO_PIN_6;//置未选通所有数码管
    if(0 == LEDIndex)GPIO_BC(GPIOE) = GPIO_PIN_3;       //选通第 1 个数码管
    else if(1 == LEDIndex)GPIO_BC(GPIOE) = GPIO_PIN_4;  //选通第 2 个数码管
    else if(2 == LEDIndex)GPIO_BC(GPIOE) = GPIO_PIN_5;  //选通第 3 个数码管
    else if(3 == LEDIndex)GPIO_BC(GPIOE) = GPIO_PIN_6;  //选通第 4 个数码管
    GPIO_OCTL(GPIOF) = LEDSEG[LEDBuffer[LEDIndex]]<< 0;//送已选通的数码管显示字段码
    if(++LEDIndex == sizeof(LEDBuffer))LEDIndex = 0;    //索引指向下一个
}
```

在 LEDSEG_Display( )函数中，LEDBuffer[ ]为 LED 数码管动态显示缓冲区，LEDIndex 为 LED 数码管的动态扫描索引变量，LEDSEG [ ] 为显示数字 0～9 和字母 A～F 的常量数组都被定义为全局变量。具体的定义形式如下：

```
//显示 0～9,A～F 字段码的定义
const uint8_t LEDSEG[]= {0x3F,0x06,0x5B,0x4F,0x66,0x6D,0x7D,0x07,0x7F,0x6F,
0x77,0x7C,0x39,0x5E,0x79,0x71};
int8_t LEDBuffer[2]= {0};                           //显示缓冲区
int8_t LEDIndex;                                    //扫描动态显示数码管索引
```

（5）main 主程序。

在 main( )函数主程序中，除了完成相关配置之外，在 while（1）无限循环中，大约每 1ms 时间到共阴 LED 数码管动态显示扫描刷新 1 次，同时通过读取 ADC 状态寄存器（ADC_STAT）中的 EOC 转换结束标志，若 ADC 状态寄存器（ADC_STAT）中的 EOC 不为 0，则表示当前 ADC0 的 A/D 转换结束，通过 ADC 常规数据寄存器（ADC_RDATA）读取 ADC0 转换结束后的 A/D 数值，并将数值各个位分开后送到 LEDBuffer［］缓冲区中，并重新启动 A/D 转换开始。

```
int main(void)
{
    uint32_t value,msCnt;

    AIN10_PC0_Init();
    ADC0_AIN10_Init();
    LEDSEG_Pin_Init();

    while(1)
    {
        if(++msCnt >= 2000){                              //大约 1ms
            msCnt = 0;
            LEDSEG_Display();//调用 LED 共阴数码管动态显示程序
        }
        if(RESET != (ADC_STAT(ADC0) & ADC_STAT_EOC)){ //读取 ADC 状态寄存器
            ADC_STAT(ADC0) &=~ADC_STAT_EOC;//清 EOC 标志
            value = ADC_RDATA(ADC0);                      //读取 ADC0 数值
            LEDBuffer[0]= (value / 1000) % 10;
            LEDBuffer[1]= (value / 100) % 10;
            LEDBuffer[2]= (value / 10) % 10;
            LEDBuffer[3]= (value / 1) % 10;
            ADC_CTL1(ADC0) |= ADC_CTL1_SWRCST;         //软件启动 ADC 转换开始
        }
    }
}
```

10.7 基于库函数操作的典型步骤及常用库函数

10.7.1 ADC 典型应用步骤

以 ADC0 应用为例。

（1）开启 GPIOA 时钟和 ADC0 时钟，设置 PA1 为模拟输入。

使能 ADC0 时钟。

```
rcu_periph_clock_enable(RCU_ADC0);
```

使能模拟信号输入的 GPIO 时钟，假设是 GPIOA，根据实际情况调整。

```
rcu_periph_clock_enable(RCU_GPIOA);
```

（2）初始化模拟信号输入的 GPIO 引脚为模拟方式。

假设 PA1 为模拟信号输入的 GPIO 引脚，根据实际情况调整。

```
gpio_init(GPIOA,GPIO_MODE_AIN,GPIO_OSPEED_50MHZ,GPIO_PIN_1);
```

（3）配置 ADC0 的 ADC 时钟。

```
rcu_adc_clock_config(RCU_CKADC_CKAPB2_DIV6);
```

（4）配置 ADC 的同步模式。

例如，ADC0 工作于独立模式。

```
adc_mode_config(ADC_MODE_FREE);
```

（5）配置 ADC 的特殊功能模式。

例如，ADC0 的扫描模式使能。

```
adc_special_function_config(ADC0,ADC_SCAN_MODE,ENABLE);
```

（6）ADC 的数据对齐方式。

例如，ADC0 的数据对齐方式选择右对齐。

```
adc_data_alignment_config(ADC0,ADC_DATAALIGN_RIGHT);
```

（7）配置 ADC 的通道数量。

例如，配置 ADC0 的通道数量为 2。

```
adc_channel_length_config(ADC0,ADC_INSERTED_CHANNEL,2);
```

（8）配置 ADC 的通道采样时间。

例如，配置通道 1 和通道 16 的采样时间为 239.5 周期。

```
adc_regular_channel_config(ADC0, 1, ADC_CHANNEL_1, ADC_SAMPLETIME_239POINT5);
adc_inserted_channel_config(ADC0, 0, ADC_CHANNEL_16, ADC_SAMPLETIME_239POINT5);
```

（9）配置触发源。

例如，使能 ADC0 的触发源，并配置为软件触发 ADC 转换。

```
adc_external_trigger_config(ADC0,ADC_INSERTED_CHANNEL,ENABLE);
adc_external_trigger_source_config(ADC0,ADC_INSERTED_CHANNEL, ADC0_ 1_2_EXTTRIG_
INSERTED_ NONE);
```

（10）如果要用中断，配置 ADC 的 NVIC，并使能 ADC 的转换结束中断。

使能 ADC0 的转换结束中断。

```
adc_interrupt_enable(ADC0,ADC_INT_EOC);
```

（11）使能 ADC。

例如，使能 ADC0。

```
adc_enable(ADC0);
```

（12）软件启动转换 ADC。

例如，软件启动转换 ADC0。

```
adc_software_trigger_enable(ADC0, ADC_INSERTED_CHANNEL);
```

一旦启动就开始进行 A/D 转换，如果使能了转换线路中断，则在转换结束后触发 ADC 的中断服务程序。

（13）等待转换完成，读取 ADC 值。

```
adc_regular_data_read(ADC0);
adc_inserted_data_read(ADC0);
```

（14）中断服务程序。

```
void ADCx_IRQHandler(void);
```

如果使能了中断，则会触发中断服务程序。在中断服务程序中判断中断触发源，在满足触发条件时，读取转换结果并清除相应的中断触发标志位。

10.7.2 常用库函数

与 ADC 相关的函数和宏都被定义在以下两个文件中。

头文件：gd32f30x_adc.h。

源文件：gd32f30x_adc.c。

常用的 ADC 库函数如表 10-18 所示。

表 10-18　　ADC 库 函 数

库函数名称	库函数描述
adc_deinit	复位 ADCx 外设
adc_enable	使能 ADCx 外设
adc_disable	禁能 ADCx 外设
adc_calibration_enable	ADCx 校准复位
adc_resolution_config	配置 ADCx 分辨率
adc_discontinuous_mode_config	配置 ADC 间断模式
adc_mode_config	配置 ADC 同步模式
adc_special_function_config	使能或禁能 ADC 特殊功能
adc_data_alignment_config	配置 ADC 数据对齐方式
adc_channel_length_config	配置规则通道组或注入通道组的长度
adc_regular_channel_config	配置 ADC 规则通道组
adc_inserted_channel_config	配置 ADC 注入通道组
adc_external_trigger_config	配置 ADC 外部触发
adc_external_trigger_source_config	配置 ADC 外部触发源
adc_software_trigger_enable	ADC 软件触发使能
adc_regular_data_read	读 ADC 规则组数据寄存器
adc_inserted_data_read	读 ADC 注入组数据寄存器
adc_flag_get	获取 ADC 标志位
adc_flag_clear	清除 ADC 标志位
adc_interrupt_flag_get	获取 ADC 中断标志位
adc_interrupt_flag_clear	清除 ADC 中断标志位
adc_interrupt_enable	ADC 中断使能
adc_interrupt_disable	ADC 中断禁能

1. ADC 时钟分频函数

```
void rcu_adc_clock_config(uint32_t adc_psc);
```

rcu_adc_clock_config( )函数来自于 gd32f30x_rcu.h 头文件，用于将来自于 AHB 总线或 APB2 总线的 ADC 时钟进行分频，使得 ADC 时钟不超过 40MHz。

参数：uint32_t adc_psc，是分频系数，该参数以宏的形式都被定义在 gd32f30x_rcu.h 头文件中，具体的宏名称为：

```
#define RCU_CKADC_CKAPB2_DIV2   ((uint32_t)0x00000000U)
                                          /*!< ADC 预分频选择 CK_APB2/2 */
#define RCU_CKADC_CKAPB2_DIV4   ((uint32_t)0x00000001U)
                                          /*!< ADC 预分频选择 CK_APB2/4 */
#define RCU_CKADC_CKAPB2_DIV6   ((uint32_t)0x00000002U)
                                          /*!< ADC 预分频选择 CK_APB2/6 */
#define RCU_CKADC_CKAPB2_DIV8   ((uint32_t)0x00000003U)
                                          /*!< ADC 预分频选择 CK_APB2/8 */
#define RCU_CKADC_CKAPB2_DIV12  ((uint32_t)0x00000005U)
                                          /*!< ADC 预分频选择 CK_APB2/12 */
#define RCU_CKADC_CKAPB2_DIV16  ((uint32_t)0x00000007U)
                                          /*!< ADC 预分频选择 CK_APB2/16 */
#define RCU_CKADC_CKAHB_DIV5    ((uint32_t)0x00000008U)
                                          /*!< ADC 预分频选择 CK_AHB/5 */
#define RCU_CKADC_CKAHB_DIV6    ((uint32_t)0x00000009U)
                                          /*!< ADC 预分频选择 CK_AHB/6 */
#define RCU_CKADC_CKAHB_DIV10   ((uint32_t)0x0000000AU)
                                          /*!< ADC 预分频选择 CK_AHB/10 */
#define RCU_CKADC_CKAHB_DIV20   ((uint32_t)0x0000000BU)
                                          /*!< ADC 预分频选择 CK_AHB/20 */
```

例如，将 ADC0 的 ADC 转换时钟设置为 30MHz。由于 APB2 总线时钟为 120MH，只要选择预分频为 4 分频系数就可以获得 ADC 转换时钟频率为 30MHz，则设置如下：

```
rcu_adc_clock_config(RCU_CKADC_CKAPB2_DIV4);
```

2. ADC 使能/禁止函数

```
void adc_enable(uint32_t adc_periph);
void adc_disable(uint32_t adc_periph);
```

功能：ADC 的使能/禁止。是对 ADC 控制寄存器 1（ADC_CTL1）中的 ADCON 位进行置 1 和清 0 操作。

参数：uint32_t adc_periph，ADC 对象，ADCx 的地址指针的宏定义，表达形式是 ADC0～ADC2，以宏的形式被定义在 gd32f30x_adc.h 头文件中，具体的宏定义见 10.2.4 节。

例如，使能 ADC0。

```
adc_enable(ADC0);
```

3. ADC 校准复位函数

```
void adc_calibration_enable(uint32_t adc_periph);
```

功能：ADC 的校准和校准复位操作。是对 ADC 控制寄存器 1（ADC_CTL1）中的 CLB

位和 RSTCLB 进行操作。

参数：uint32_t adc_periph，详细描述见“2. ADC 使能/禁止函数”中的参数描述。

例如，使能 ADC0 校准功能。

```
adc_calibration_enable(ADC0);
```

4. ADC 分辨率配置函数

```
void adc_resolution_config(uint32_t adc_periph , uint32_t resolution);
```

功能：配置 ADC 的分辨率为 12、10、8 位或 6 位，是对 ADC 过采样控制寄存器（ADC_OVSAMPCTL）中的 DRES［1:0］位域进行配置。

参数 1：uint32_t adc_periph，详细描述见“2. ADC 使能/禁止函数”中的参数描述。

参数 2：uint32_t resolution，该参数的宏都被定义在 gd32f30x_adc.h 头文件中，具体的宏名称为：

```
#define ADC_RESOLUTION_12B  OVSAMPCTL_DRES(0)        /*!< 12 位分辨率*/
#define ADC_RESOLUTION_10B  OVSAMPCTL_DRES(1)        /*!< 10 位分辨率*/
#define ADC_RESOLUTION_8B   OVSAMPCTL_DRES(2)        /*!< 8 位分辨率*/
#define ADC_RESOLUTION_6B   OVSAMPCTL_DRES(3)        /*!< 6 位分辨率*/
```

例如：配置 ADC0 的分辨率为 12 位。

```
adc_resolution_config(ADC0,ADC_RESOLUTION_12B);
```

5. ADC 间断模式配置函数

```
void adc_discontinuous_mode_config(uint32_t adc_periph, uint8_t adc_channel_
group, uint8_t length);
```

功能：ADC 的间断模式配置。是对 ADC 控制寄存器 0（ADC_CTL0）中的 DISRC 或 DISIC 位进行设置。

参数 1：uint32_t adc_periph，详细描述见“2. ADC 使能/禁止函数”中的参数描述。

参数 2：uint8_t adc_channel_group，选择 ADC 为规则组还是注入组。在 gd32f30x_adc.h 头文件中的宏定义形式为：

```
#define ADC_REGULAR_CHANNEL            ((uint8_t)0x01U)  /*!<ADC 规则通道组*/
#define ADC_INSERTED_CHANNEL           ((uint8_t)0x02U)  /*!<ADC 注入通道组*/
#define ADC_REGULAR_INSERTED_CHANNEL   ((uint8_t)0x03U)  /*!<ADC 规则和注入通道组*/
```

参数 3：uint8_t length，在间断模式下的转换数量，对于规则组数量在 1～8 之间，对于注入组无影响。

例如：配置 ADC0 为间断模式。

```
adc_discontinuous_mode_config(ADC0, ADC_INSERTED_CHANNEL,2);
```

6. ADC 同步模式配置函数

```
void adc_mode_config(uint32_t mode);
```

功能：配置 ADC 的同步模式。是对 ADC 控制寄存器 0（ADC_CTL0）中的 SYNCM［3:0］位域进行设置。

参数：uint32_t mode，同步模式选择。在 gd32f30x_adc.h 头文件中的宏定义形式为：

mode 定义的宏	说　　明
ADC_MODE_FREE	所有 ADC 独立工作
ADC_DAUL_REGULAL_PARALLEL_ INSERTED_PARALLEL	ADC0 和 ADC1 运行在规则并行+交替触发组合模式
ADC_DAUL_REGULAL_PARALLEL_ INSERTED_ROTATION	ADC0 和 ADC1 运行在规则并行+注入并行组合模式
ADC_DAUL_INSERTED_PARALLEL_ REGULAL_FOLLOWUP_FAST	ADC0 和 ADC1 运行在注入并行+快速交叉组合模式
ADC_DAUL_INSERTED_PARALLEL_ REGULAL_FOLLOWUP_SLOW	ADC0 和 ADC1 运行在注入并行+慢速交叉组合模式
ADC_DAUL_INSERTED_PARALLEL	ADC0 和 ADC1 运行在注入并行模式
ADC_DAUL_REGULAL_PARALLEL	ADC0 和 ADC1 运行在规则并行模式
ADC_DAUL_REGULAL_FOLLOWUP_FAST	ADC0 和 ADC1 运行在快速交叉模式
ADC_DAUL_REGULAL_FOLLOWUP_SLOW	ADC0 和 ADC1 运行在慢速交叉模式
ADC_DAUL_INSERTED_TRRIGGER_ROTATION	ADC0 和 ADC1 运行在交替触发模式

例如，配置为独立运行模式。

```
adc_mode_config(ADC_MODE_FREE);
```

7. ADC 特殊功能配置函数

```
void adc_special_function_config(uint32_t adc_periph, uint32_t function, ControlStatus newvalue);
```

功能：使能或禁止 ADC 特殊功能。是对 ADC 控制寄存器 0（ADC_CTL0）中的 SM 位和 ICA 位以及 ADC 控制寄存器 1（ADC_CTL1）中的 CTN 位进行设置。

参数 1：uint32_t adc_periph，详细描述见“2. ADC 使能/禁止函数”中的参数描述。

参数 2：uint32_t function，特殊功能选择项。在 gd32f30x_adc.h 头文件中的宏定义形式为：

```
#define ADC_SCAN_MODE               ADC_CTL0_SM         /*!<扫描模式*/
#define ADC_INSERTED_CHANNEL_AUTO   ADC_CTL0_ICA        /*!<注入组自动转换*/
#define ADC_CONTINUOUS_MODE         ADC_CTL1_CTN        /*!<连续模式*/
```

参数 3：ControlStatus newvalue，控制状态，ENABLE 或 DISABLE。

例如，使能 ADC0 的扫描功能。

```
adc_special_function_config(ADC0,ADC_SCAN_MODE, ENABLE);
```

8. ADC 数据对齐函数

```
void adc_data_alignment_config(uint32_t adc_periph, uint32_t data_alignment);
```

功能：配置 ADCx 数据对齐方式。是对 ADC 控制寄存器 1（ADC_CTL1）中的 DAL 位进行设置。

参数 1：uint32_t adc_periph，详细描述见“2. ADC 使能/禁止函数”中的参数描述。

参数 2：uint32_t data_alignment，对齐方式的选择。在 gd32f30x_adc.h 头文件中的宏定义形式为：

```
#define ADC_DATAALIGN_RIGHT ((uint32_t)0x00000000U)     /*!< LSB 对齐 */
#define ADC_DATAALIGN_LEFT  ADC_CTL1_DAL                /*!< MSB 对齐 */
```

例如，设置 ADC0 数据对齐方式。

```
adc_data_alignment_config(ADC0, ADC_DATAALIGN_RIGHT);
```

9. ADC 通道长度配置函数

```
void adc_channel_length_config(uint32_t adc_periph, uint8_t adc_channel_group, uint32_t length);
```

功能：配置规则通道组或注入通道组的长度。是对 ADC 常规序列寄存器 0（ADC_RSQ0）中的 RL［3:0］位域进行设置。

参数 1：uint32_t adc_periph，详细描述见“2. ADC 使能/禁止函数”中的参数描述。

参数 2：uint8_t adc_channel_group，选择 ADC 为规则组还是注入组。详细描述见“5. ADC 间断模式配置函数”。

参数 3：uint32_t length，要设置的通道长度。规则通道组为 1-16，注入通道组为 1-4。

例如，配置 ADC0 的规则组通道长度为 4。

```
adc_channel_length_config(ADC0, ADC_REGULAR_CHANNEL, 4);
```

10. ADC 规则通道配置函数

```
void adc_regular_channel_config(uint32_t adc_periph, uint8_t rank, uint8_t adc_channel, uint32_t sample_time);
```

功能：配置 ADC 规则通道组的通道序列、采样时间等。是对 ADC 常规序列寄存器 0（ADC_RSQ0）、ADC 常规序列寄存器 1（ADC_RSQ1）和 ADC 常规序列寄存器 2（ADC_RSQ2）配置通道组序列，对采样时间寄存器 0（ADC_SAMPT0）和采样时间寄存器 1（ADC_SAMPT1）配置通道采样时间相关的被选择通道的位域进行配置。

参数 1：uint32_t adc_periph，详细描述见“2. ADC 使能/禁止函数”中的参数描述。

参数 2：uint8_t rank，规则通道序列，取值范围为 0～15。

参数 3：uint8_t adc_channel，ADC 通道选择。

参数 4：uint32_t sample_time，采样时间的选择。在 gd32f30x_adc.h 头文件中的宏定义形式为：

```
#define ADC_SAMPLETIME_1POINT5      SAMPTX_SPT(0)       /*!< 1.5 采样周期*/
#define ADC_SAMPLETIME_7POINT5      SAMPTX_SPT(1)       /*!< 7.5 采样周期*/
#define ADC_SAMPLETIME_13POINT5     SAMPTX_SPT(2)       /*!< 13.5 采样周期*/
#define ADC_SAMPLETIME_28POINT5     SAMPTX_SPT(3)       /*!< 28.5 采样周期*/
#define ADC_SAMPLETIME_41POINT5     SAMPTX_SPT(4)       /*!< 41.5 采样周期*/
#define ADC_SAMPLETIME_55POINT5     SAMPTX_SPT(5)       /*!< 55.5 采样周期*/
#define ADC_SAMPLETIME_71POINT5     SAMPTX_SPT(6)       /*!< 71.5 采样周期*/
#define ADC_SAMPLETIME_239POINT5    SAMPTX_SPT(7)       /*!< 239.5 采样周期*/
```

例如，配置 ADC0 的通道 0 的通道序列为 1，且采时间为 7.5 周期。

```
adc_regular_channel_config(ADC0, 1, ADC_CHANNEL_0, ADC_SAMPLETIME_7POINT5);
```

11. ADC 注入通道配置函数

```
void adc_inserted_channel_config(uint32_t adc_periph, uint8_t rank, uint8_t adc_channel, uint32_t sample_time);
```

功能：配置 ADC 注入通道组。

参数 1：uint32_t adc_periph，详细描述见“2. ADC 使能/禁止函数”中的参数描述。

参数 2：uint8_t rank，注入组通道序列，取值范围为 0～3。

参数 3：uint8_t adc_channel，ADC 通道选择。

参数 4：uint32_t sample_time，采样时间的选择。详细描述见“10. ADC 规则通道配置函数”。

例如，配置 ADC0 的注入通道 0 的通道序列为 1 且采样时间为 7.5 周期。

```
adc_inserted_channel_config(ADC0, 1, ADC_CHANNEL_0, ADC_SAMPLETIME_7POINT5);
```

12. ADC 外部触发源使能/禁止配置函数

```
void adc_external_trigger_config(uint32_t adc_periph, uint8_t adc_channel_group, ControlStatus newvalue);
```

功能：配置 ADC 外部触发。是对 ADC 控制寄存器 1（ADC_CTL1）中的 ETERC 位进行配置。

参数 1：uint32_t adc_periph，详细描述见“2. ADC 使能/禁止函数”中的参数描述。

参数 2：uint8_t adc_channel_group，选择 ADC 为规则组还是注入组。详见“5. ADC 间断模式配置函数”。

参数 3：ControlStatus newvalue，使能（ENABLE）或禁止（DISABLE）。

例如，使能 ADC0 规则通道组的外部触发源。

```
adc_external_trigger_config(ADC0, ADC_INSERTED_CHANNEL_0, ENABLE);
```

13. ADC 外部触发源配置函数

```
void adc_external_trigger_source_config(uint32_t adc_periph, uint8_t adc_channel_group, uint32_t external_trigger_source);
```

功能：配置 ADC 外部触发源。是对 ADC 控制寄存器 1（ADC_CTL1）中的 ETSRC[2:0] 位域进行配置。

参数 1：uint32_t adc_periph，详细描述见“2. ADC 使能/禁止函数”中的参数描述。

参数 2：uint8_t adc_channel_group，选择 ADC 为规则组还是注入组。详见“5. ADC 间断模式配置函数”。

参数 3：uint32_t external_trigger_source，外部触发源选择。在 gd32f30x_adc.h 头文件中的宏定义形式为：

规则组的外部触发源	说明	注入组的外部触发源	说明
ADC0_1_EXTTRIG_REGULAR_T0_CH0	定时器 0 的 CC0 事件	ADC0_1_EXTTRIG_INSERTED_T0_TRGO	定时器 0 的 TRGO 事件
ADC0_1_EXTTRIG_REGULAR_T0_CH1	定时器 0 的 CC1 事件	ADC0_1_EXTTRIG_INSERTED_T0_CH3	定时器 0 的 CC3 事件
ADC0_1_EXTTRIG_REGULAR_T0_CH2	定时器 0 的 CC2 事件	ADC0_1_EXTTRIG_INSERTED_T1_TRGO	定时器 1 的 TRGO 事件
ADC0_1_EXTTRIG_REGULAR_T1_CH1	定时器 1 的 CC1 事件	ADC0_1_EXTTRIG_INSERTED_T1_CH0	定时器 1 的 CC0 事件
ADC0_1_EXTTRIG_REGULAR_T2_TRGO	定时器 2 的 TRGO 事件	ADC0_1_EXTTRIG_INSERTED_T2_CH3	定时器 2 的 CC3 事件
ADC0_1_EXTTRIG_REGULAR_T3_CH3	定时器 3 的 CC3 事件	ADC0_1_EXTTRIG_INSERTED_T3_TRGO	定时器 3 的 TRGO 事件
ADC0_1_EXTTRIG_REGULAR_T7_TRGO	定时器 7 的 TRGO 事件	ADC0_1_EXTTRIG_INSERTED_EXTI_15	外部中断线 15 事件
ADC0_1_EXTTRIG_REGULAR_EXTI_11	外部中断线 11 事件	ADC0_1_EXTTRIG_INSERTED_T7_CH3	定时器 7 的 CC3 事件

续表

规则组的外部触发源	说明	注入组的外部触发源	说明
ADC0_1_2_EXTTRIG_REGULAR_NONE	软件外触发	ADC0_1_2_EXTTRIG_INSERTED_NONE	软件外触发
ADC2_EXTTRIG_REGULAR_T2_CH0	定时器 2 的 CC0 事件	ADC2_EXTTRIG_INSERTED_T0_TRGO	定时器 0 的 TRGO 事件
ADC2_EXTTRIG_REGULAR_T1_CH2	定时器 1 的 CC2 事件	ADC2_EXTTRIG_INSERTED_T0_CH3	定时器 0 的 CC3 事件
ADC2_EXTTRIG_REGULAR_T0_CH2	定时器 0 的 CC2 事件	ADC2_EXTTRIG_INSERTED_T3_CH2	定时器 3 的 CC2 事件
ADC2_EXTTRIG_REGULAR_T7_CH0	定时器 7 的 CC0 事件	ADC2_EXTTRIG_INSERTED_T7_CH1	定时器 7 的 CC1 事件
ADC2_EXTTRIG_REGULAR_T7_TRGO	定时器 7 的 TRGO 事件	ADC2_EXTTRIG_INSERTED_T7_CH3	定时器 7 的 CC3 事件
ADC2_EXTTRIG_REGULAR_T4_CH0	定时器 4 的 CC0 事件	ADC2_EXTTRIG_INSERTED_T4_TRGO	定时器 4 的 TRGO 事件
ADC2_EXTTRIG_REGULAR_T4_CH2	定时器 4 的 CC2 事件	ADC2_EXTTRIG_INSERTED_T4_CH3	定时器 4 的 CC3 事件

例如，配置 ADC0 的规则组的外部触发源为定时器 0 的 CC0 事件。

```
adc_external_trigger_source_config(ADC0,ADC_REGULAR_CHANNEL,
ADC0_1_EXTTRIG_REGULAR_T0_CH0);
```

14. ADC 规则组数据读取函数

```
uint16_t adc_regular_data_read(uint32_t adc_periph);
```

功能：读 ADC 规则组数据寄存器。读取的是 ADC 规则组数据寄存器（ADC_RDATA）。

参数：uint32_t adc_periph，详细描述见“2. ADC 使能/禁止函数”中的参数描述。

例如，读取 ADC0 的规则组数据。

```
uint16_t adc_value = 0;
adc_value = adc_regular_data_read(ADC0);
```

15. ADC 注入组数据读取函数

```
uint16_t adc_inserted_data_read(uint32_t adc_periph, uint8_t inserted_channel);
```

功能：读 ADC 注入组数据寄存器。

参数 1：uint32_t adc_periph，详细描述见“2. ADC 使能/禁止函数”中的参数描述。

参数 2：uint8_t inserted_channel，注入通道的选择。在 gd32f30x_adc.h 头文件中的宏定义形式为：

```
#define ADC_INSERTED_CHANNEL_0  ((uint8_t)0x00U)    /*!<ADC 注入通道 0 */
#define ADC_INSERTED_CHANNEL_1  ((uint8_t)0x01U)    /*!<ADC 注入通道 1 */
#define ADC_INSERTED_CHANNEL_2  ((uint8_t)0x02U)    /*!<ADC 注入通道 2 */
#define ADC_INSERTED_CHANNEL_3  ((uint8_t)0x03U)    /*!<ADC 注入通道 3 */
```

例如，读取 ADC0 的注入通道 0 的数据。

```
uint16_t adc_value = 0;
adc_value = adc_inserted_data_read (ADC0, ADC_INSERTED_CHANNEL_0);
```

16. ADC 标志获取函数

```
FlagStatus adc_flag_get(uint32_t adc_periph , uint32_t adc_flag);
```

功能：获取 ADC 标志位。读取 ADC 状态寄存器（ADC_STAT）相关的标志位。

参数 1：uint32_t adc_periph，详细描述见“2．ADC 使能/禁止函数”中的参数描述。

参数 2：uint32_t adc_flag，ADC 标志。在 gd32f30x_adc.h 头文件中的宏定义形式为：

```
#define ADC_FLAG_WDE         ADC_STAT_WDE              /*!<模拟看门狗事件标志*/
#define ADC_FLAG_EOC         ADC_STAT_EOC              /*!<转换结束标志*/
#define ADC_FLAG_EOIC        ADC_STAT_EOIC             /*!<注入通道转换结束标志*/
#define ADC_FLAG_STIC        ADC_STAT_STIC             /*!<注入通道转换开始*/
#define ADC_FLAG_STRC        ADC_STAT_STRC             /*!<规则通道转换开始*/
```

返回参数：返回 FlagStatus 枚举类型中的数值，RESET 或 SET。

例如，读取 ADC0 的看门狗标志位。

```
FlagStatus flag_value;
flag_value = adc_flag_get(ADC0, ADC_FLAG_WDE);
```

17. ADC 标志清除函数

```
void adc_flag_clear(uint32_t adc_periph, uint32_t adc_flag);
```

功能：清除 ADC 标志位。对 ADC 状态寄存器（ADC_STAT）相关的标志位进行清除操作。

参数 1：uint32_t adc_periph，详细描述见“2．ADC 使能/禁止函数”中的参数描述。

参数 2：uint32_t adc_flag，ADC 标志。详细描述见“16. ADC 标志获取函数”。

例如，清除看门狗标志位。

```
adc_flag_clear(ADC0, ADC_FLAG_WDE);
```

18. ADC 中断标志获取函数

```
FlagStatus adc_interrupt_flag_get(uint32_t adc_periph, uint32_t adc_interrupt);
```

功能：获取 ADC 中断标志位。读取 ADC 状态寄存器（ADC_STAT）相关的标志位。

参数 1：uint32_t adc_periph，详细描述见“2．ADC 使能/禁止函数”中的参数描述。

参数 2：uint32_t adc_interrupt，中断标志位。在 gd32f30x_adc.h 头文件中的宏定义形式为：

```
#define ADC_INT_FLAG_WDE     ADC_STAT_WDE     /*!<模拟看门狗事件中断标志*/
#define ADC_INT_FLAG_EOC     ADC_STAT_EOC     /*!<规则组转换结束事件中断标志*/
#define ADC_INT_FLAG_EOIC    ADC_STAT_EOIC    /*!<注入组转换结束事件中断标志*/
```

返回参数：返回 FlagStatus 枚举类型中的数值，RESET 或 SET。

例如，获取 ADC0 的模拟看门狗事件中断标志。

```
FlagStatus flag_value;
flag_value = adc_interrupt_flag_get(ADC0, ADC_INT_WDE);
```

19. ADC 中断标志清除函数

```
void adc_interrupt_flag_clear(uint32_t adc_periph, uint32_t adc_interrupt);
```

功能：清除 ADC 中断标志位。对 ADC 状态寄存器（ADC_STAT）相关的标志位进行清除操作。

参数 1：uint32_t adc_periph，详细描述见“2．ADC 使能/禁止函数”中的参数描述。

参数 2：uint32_t adc_interrupt，ADC 中断标志。详细描述见“18. ADC 中断标志获取函数”。

例如，清除 ADC0 的规则组转换结束事件中断标志。

```
adc_interrupt_flag_ clear(ADC0, ADC_INT_FLAG_EOC);
```

20. ADC 中断使能/禁止函数

```
void adc_interrupt_enable(uint32_t adc_periph, uint32_t adc_interrupt);
void adc_interrupt_enable(uint32_t adc_periph, uint32_t adc_interrupt);
```

功能：ADC 中断使能/禁止。是对 ADC 控制寄存器 0（ADC_CTL0）中的 WDEIE、EOCIE 和 EOICIE 相关位进行设置。

参数 1：uint32_t adc_periph，详细描述见“2．ADC 使能/禁止函数”中的参数描述。

参数 2：uint32_t adc_interrupt，ADC 中断使能/禁止控制位。在 gd32f30x_adc.h 头文件中的宏定义形式为：

```
#define ADC_INT_WDE     ADC_STAT_WDE           /*!<模拟看门狗事件中断*/
#define ADC_INT_EOC     ADC_STAT_EOC           /*!<规则组转换结束事件中断*/
#define ADC_INT_EOIC    ADC_STAT_EOIC          /*!<注入组转换结束事件中断*/
```

例如，使能 ADC0 的 EOC 中断。

```
adc_interrupt_enable(ADC0,ADC_INT_EOC);
```

10.8　基于库函数操作的应用实例

10.8.1　规则组单通道采集外部电压

1. 实例要求

利用 GD32F303ZGT6 微控制器的 ADC0，将模拟信号输入通道 5（PA5）上连接的电位器的电压采集到处理器中，在参考电压为 3.3V 情况下，把 ADC 转换的数字结果转换成实际的电压值，并使用串口将两种结果传输给上位机。

2. 电路图

在图 10-9 中，RP1（10K）电位器分压的模拟直流电压送到 U1（GD32F303ZGT6）的 PA5 引脚上，ADC 转换后的数字量和实际电压值通过 U1（GD32F303ZGT6）的 USART0 串口的 PA9/TX 引脚发送给上位机。V_{REF+}连接到 3.3V 电源电压，V_{REF-}连接到 GND。

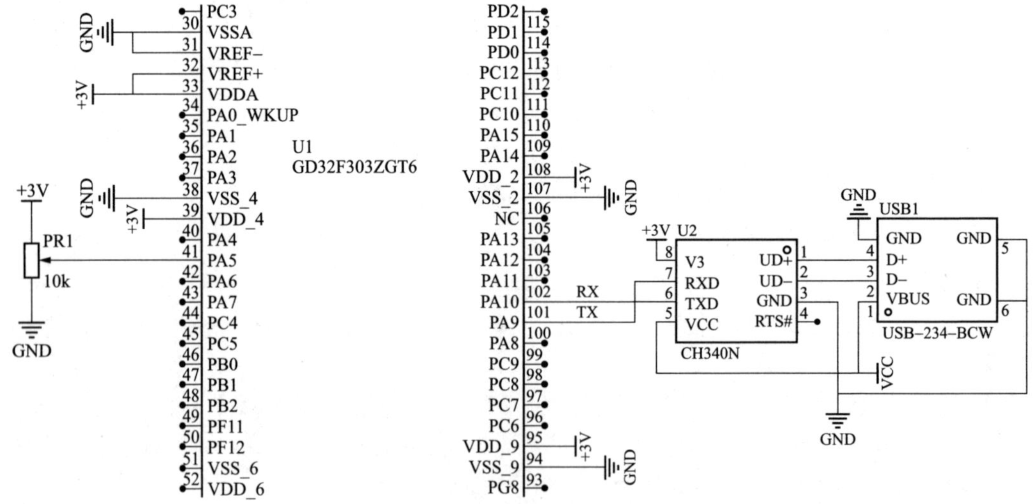

图 10-9　规则组单通道采集外部电压电路图

3. 程序实现

（1）PA5 引脚的配置。

PA5 引脚是用作 ADC0 的模拟信号输入的模拟输入通道 5。通过调用 rcu_periph_clock_enable( )函数来使能 GPIOA 时钟，同时调用 gpio_init( )函数配置 PA5 引脚为模拟输入引脚。

```
void PA5_Init(void)
{
    rcu_periph_clock_enable(RCU_GPIOA); //使能 GPIOA 时钟
    gpio_init(GPIOA,GPIO_MODE_AIN,GPIO_OSPEED_10MHZ,GPIO_PIN_5);
                                        //配置 PA5 为模拟输入通道 5
}
```

（2）PA9 引脚的配置。

PA9 引脚是用作 USART0 的 TX 引脚，需要将 PA9 配置为复用推挽输出模式。

```
void PA9_Init(void)
{
    rcu_periph_clock_enable(RCU_GPIOA); //使能 GPIOA 时钟
    gpio_init(GPIOA,GPIO_MODE_AF_PP,GPIO_OSPEED_10MHZ,GPIO_PIN_9);
                                        //配置 PA9 为复用推挽输出
}
```

（3）USART0 的参数配置。

将 USART0 的参数配置为波特率为 9600，8 位数据位，无奇偶校验位，1 位停止位，并使能 USART0 的发送功能，同时启动 USART0 工作。

```
void USART0_Init(void)
{
    rcu_periph_clock_enable(RCU_USART0);                    //使能 USART0 时钟
    usart_baudrate_set(USART0,9600);                        //设置 9600 波特率
    usart_parity_config(USART0,USART_PM_NONE);              //设置无奇偶校验
    usart_word_length_set(USART0,USART_WL_8BIT);            //设置 8 位数据位
    usart_stop_bit_set(USART0,USART_STB_1BIT);              //设置 1 位停止位
    usart_transmit_config(USART0,USART_TRANSMIT_ENABLE);    //使能 USART0 发送器
    usart_enable(USART0);                                   //使能 USART0
}
```

（4）USART0 的字符串发送。

USART0 字符串发送函数如下：

```
void USART0_SendString(char *str)
{
    while(*str){
        while(RESET == usart_flag_get(USART0,USART_FLAG_TC));
                                                            //等待上一个发送完毕
        usart_flag_clear(USART0,USART_FLAG_TC);             //清除发送完毕标志
        usart_data_transmit(USART0,*str++);                 //发送字符
    }
}
```

（5）ADC0 的参数配置。

使用 ADC0 进行模拟直流电压的转换为数字量，对 ADC0 的参数内容配置如下：

```
void ADC0_Init(void)
{
    rcu_periph_clock_enable(RCU_ADC0);                    //使能 ADC0 时钟
    rcu_adc_clock_config(RCU_CKADC_CKAPB2_DIV6);          //设置 ADC CLK=APB2CLK/6
    adc_deinit(ADC0);                                     //复位 ADC0 设置
    adc_mode_config(ADC_MODE_FREE);                       //设置为独立工作
    adc_data_alignment_config(ADC0,ADC_DATAALIGN_RIGHT);    //数据右对齐
    adc_special_function_config(ADC0,ADC_SCAN_MODE,DISABLE);//扫描禁止
    adc_special_function_config(ADC0,ADC_CONTINUOUS_MODE,DISABLE);
                                                        //连续禁止
    adc_special_function_config(ADC0,ADC_INSERTED_CHANNEL_AUTO,DISABLE);
                                                        //自动注入通道禁止
    adc_channel_length_config(ADC0,ADC_REGULAR_CHANNEL,1);//设置通道数量为 1
                                                        //设置通道 5,采样时间 239.5 周期
    adc_regular_channel_config(ADC0,0,ADC_CHANNEL_5,ADC_SAMPLETIME_239POINT5);
    adc_external_trigger_config(ADC0,ADC_REGULAR_CHANNEL,ENABLE);
                                                        //使能规则通道转换
                                                        //软件触发
    adc_external_trigger_source_config(ADC0,ADC_REGULAR_CHANNEL,ADC0_1_2_
EXTTRIG_REGULAR_NONE);
    adc_enable(ADC0);                                   //使能 ADC0
    for(int i=0;i<100000;i++);                          //延时
    adc_calibration_enable(ADC0);                       //ADC0 校准

    adc_software_trigger_enable(ADC0,ADC_REGULAR_CHANNEL);
                                                        //软件启动规则通道转换开始
}
```

（6）main 主程序。

在 main 函数，除了完成配置之外，在 while（1）无限循环中实现 ADC0 转换是否结束的实时检测，若 ADC0 的规则通道转换结束，则读取规则通道的转换数据，并换算为实际电压值，通过 sprintf( )函数实现数据到字符串的转换存储到数组 buf 中，同时调用 USART0_SendString( )函数实现数据上传给上位机的串口调试助手来显示。并重新软件启动下一次的 ADC 转换开始。

```
int main(void)
{
    int32_t value;
    float f;
    char buf[256] ;

    PA5_Init();
    PC12_Init();
    UART4_Init();
    ADC0_Init();

    while(1)
    {
        if(RESET != adc_flag_get(ADC0,ADC_FLAG_EOC)){ //规则通道转换结束
            adc_flag_clear(ADC0,ADC_FLAG_EOC);         //清规则通道转换结束标志
```

```
            value = adc_regular_data_read(ADC0);       //读取规则通道数据
            adc_software_trigger_enable(ADC0,ADC_REGULAR_CHANNEL);
                                                       //软件启动规则通道转换开始
            f = (float)value * 3.300 / 4095;
            memset(buf,0,sizeof(buf));
            sprintf(buf,"ADC0 Value = %4d,Voltage = %5.3fV.\r\n",value,f);
            USART0_SendString(buf);
        }
    }
}
```

10.8.2　片上温度和内部参考电压的测量

1. 实例要求

利用 GD32F303ZGT6 微控制器内置的温度传感器测量环境温度，同时将 ADC0 的内部参数电压测量出来，一并通过 UART4 串口发送到上位机。

2. 电路图

如图 10-10 所示，内部的温度和内部的参考电压测量数据通过 PC12/TX4 引脚发送到上位机串口调试助手。

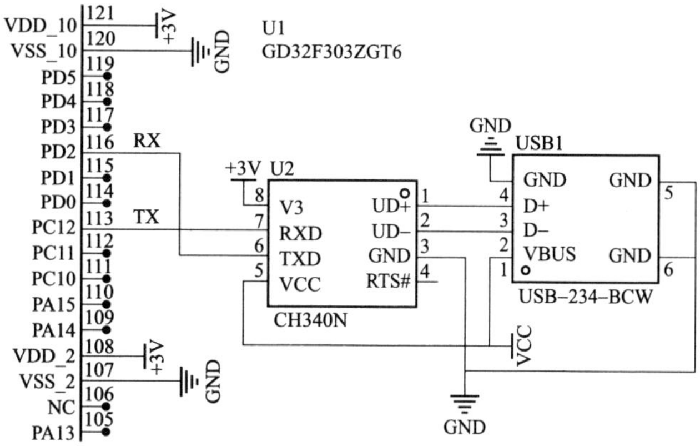

图 10-10　片上温度和内部参考电压的测量电路图

3. 程序实现

（1）PC12 引脚的配置。

PC12 引脚为 UART4 的 TX 复用引脚，需要将 PC12 配置为复用推挽输出引脚。具体的配置程序如下：

```
void PC12_Init(void)
{
    rcu_periph_clock_enable(RCU_GPIOC);                  //使能 GPIOC 时钟
    gpio_init(GPIOC,GPIO_MODE_AF_PP,GPIO_OSPEED_10MHZ,GPIO_PIN_12);
                                                         //配置 PC12 为复用推挽输出
}
```

（2）ADC0 的参数配置。

本实例中，通过调用 adc_tempsensor_vrefint_enable( )函数来使能内置的温度传感器和内部参考电压模块，并设置 ADC0 为独立工作状态，使能扫描功能，并配置 ADC0 的通道 16（温度传感器的测量）和通道 17（内部友参考电压的测量）的采样时间，通道顺序等参数，使能注入通道转换结束中断并使能 ADC0 的中断向量。具体的初始化代码如下：

```
void ADC0_Init(void)
{
    rcu_periph_clock_enable(RCU_ADC0);                   //使能 ADC0 时钟
    rcu_adc_clock_config(RCU_CKADC_CKAPB2_DIV6);        //设置 ADC CLK=APB2CLK/6
```

```
    adc_deinit(ADC0);                                       //复位 ADC0 设置
    adc_mode_config(ADC_MODE_FREE);                         //设置为独立工作
    adc_data_alignment_config(ADC0,ADC_DATAALIGN_RIGHT);    //数据右对齐
    adc_special_function_config(ADC0,ADC_SCAN_MODE,ENABLE); //使能扫描功能
    adc_special_function_config(ADC0,ADC_CONTINUOUS_MODE,DISABLE);
                                                            //禁止连续功能
    adc_channel_length_config(ADC0,ADC_INSERTED_CHANNEL,2);//设置通道数量为 2
    //设置通道 16,采样时间 239.5 周期
    adc_inserted_channel_config(ADC0,0,ADC_CHANNEL_16,ADC_SAMPLETIME_239POINT5);
    //设置通道 17,采样时间 239.5 周期
    adc_inserted_channel_config(ADC0,1,ADC_CHANNEL_17,ADC_SAMPLETIME_239POINT5);
    //使能规则通道转换
    adc_external_trigger_config(ADC0,ADC_INSERTED_CHANNEL,ENABLE);
    //软件触发
    adc_external_trigger_source_config(ADC0,ADC_INSERTED_CHANNEL,ADC0_1_2_
EXTTRIG_INSERTED_NONE);
    //使能内部的温度传感器和内部参考电压测量
    adc_tempsensor_vrefint_enable();
    adc_enable(ADC0);                                       //使能 ADC0
    for(int i=0;i<100000;i++);                              //延时
    adc_calibration_enable(ADC0);                           //ADC0 校准

    adc_interrupt_enable(ADC0,ADC_INT_EOIC);//使有 ADC0 的注入通道转换结束中断
    nvic_irq_enable(ADC0_1_IRQn,0,0);                 //使能 ADC0 的中断向量
}
```

（3）ADC0 中断服务程序。

一旦转换结束，就会触发 ADC0 的转换结束中断向量，并执行 ADC0_1_IRQHandler( ) 中断函数。在中断服务中调用 adc_inserted_data_read( )函数读取注入通道的 ADC0 转换的数据。

```
void ADC0_1_IRQHandler(void)
{
    if(RESET != adc_interrupt_flag_get(ADC0,ADC_INT_FLAG_EOIC)){
                                        //读取注入通道转换结束中断标志
        adc_interrupt_flag_clear(ADC0,ADC_INT_FLAG_EOIC);
                                        //清除注入通道转换结束中断标志
        MyADC.Buffer[0]=
adc_inserted_data_read(ADC0,ADC_INSERTED_CHANNEL_0);
                                        //读取注入通道 0 数据
        MyADC.Buffer[1]=
adc_inserted_data_read(ADC0,ADC_INSERTED_CHANNEL_1);
                                        //读取注入通道 1 数据
        MyADC.OK = SET;                 //置转换结束标志
        adc_software_trigger_enable(ADC0,ADC_INSERTED_CHANNEL);
                                        //软件启动注入通道转换开始
    }
}
```

其中，MyADC 是自定义的 ADC_STRUCT 的结构体变量，该结构的成员定义如下：

```
typedef struct
{
    int32_t OK;                                         //标志
    int32_t Buffer[2] ;                                 //缓冲区
}ADC_STRUCT;
ADC_STRUCT MyADC;                                       //声明的结构体变量
```

（4）main 主程序。

在 while（1）无限循环中，检测当前转换是否结束，若结束了，则将结构体中的 Buffer[] 数组中的内容转换为对应的温度和电压值通过 UART4_SendString( )函数送到串口调试助手显示。

```
int main(void)
{
    float temperature;
    float vref_value;
    char buf[256] ;

    PC12_Init();
    UART4_Init();
    ADC0_Init();
    adc_software_trigger_enable(ADC0,ADC_INSERTED_CHANNEL);
                                                        //软件启动注入通道转换开始

    while(1)
    {
        if(RESET != MyADC.OK){
            MyADC.OK = RESET;
            temperature = (1.43 - MyADC.Buffer[0]* 3.3 / 4095) * 1000 / 4.3 + 25;
            vref_value = ( MyADC.Buffer[1]* 3.3 / 4095);
            memset(buf,0,sizeof(buf));
            sprintf(buf,"temperature = %4.1f,vref = %5.3fV.\r\n",temperature,
vref_value);
            UART4_SendString(buf);
        }
    }
}
```

（5）UART4_SendString( )函数。

UART4_SendString()函数为自定义的 UART4 串口发送函数。具体的函数源程序如下：

```
void UART4_SendString(char *str)
{
    while(*str){
        while(RESET == usart_flag_get(UART4,USART_FLAG_TC));
                                                        //等待上一个发送完毕
        usart_flag_clear(UART4,USART_FLAG_TC);          //清除发送完毕标志
        usart_data_transmit(UART4,*str++);              //发送字符
    }
}
```

第 11 章　数模转换器（DAC）

11.1　DAC　概　述

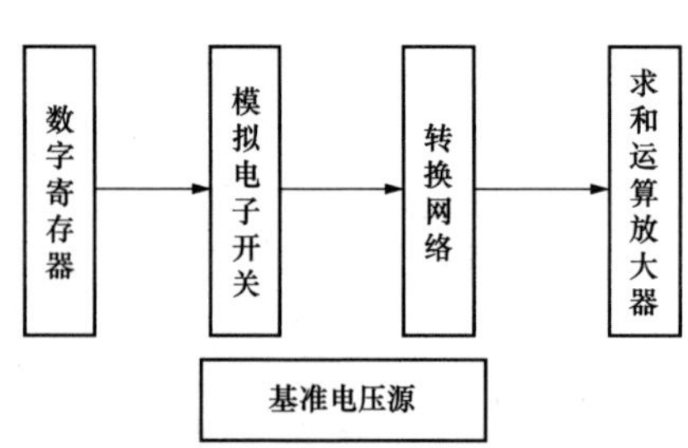

图 11-1　简易 DAC 结构框图

数字到模拟转换器（DAC）是一种将数字信号转换为模拟信号的电子设备。在许多数字系统中，数据通常以数字形式进行处理和存储，例如二进制数。为了将这些数字信号转换为可以在现实世界中使用的模拟信号，如声音、图像或视频，需要使用 DAC 将数字信号转换为模拟信号。简易的 DAC 转换结构框图如图 11-1 所示。

DAC 的主要构成部分，包括数字寄存器、模拟电子开关和转换网络、参考电压源以及求和运算放大器。这些部分协同工作，实现了数字信号到模拟信号的转换。

11.1.1　常见 DAC 分类及其原理

常见的 DAC 可分为以下几个类型：

（1）开关树型。

开关树型 DAC 是最简单粗暴的 DAC，由电阻分压器和树状的开关网络组成：示意图如图 11-2 所示。

这些开关分别受 3 位输 d0，d1，d2 控制，由此可得：

$$v_0 = \frac{V_{\text{REF}}}{2^1} \times d_2 + \frac{V_{\text{REF}}}{2^2} \times d_1 + \frac{V_{\text{REF}}}{2^3} \times d_0$$

整理，得：

$$v_0 = \frac{V_{\text{REF}}}{2^3} \times (d_2 \times 2^2 + d_1 \times 2^1 + d_0 \times 2^0)$$

进一步看出，对于 n 位二进制输入的开关树型 DAC，输出为：

$$v_0 = \frac{V_{\text{REF}}}{2^n} \times (d_{n-1} \times 2^{n-1} + d_{n-2} \times 2^{n-2} + \ldots + d_1 \times 2^1 + d_0 \times 2^0)$$

开关树型 DAC 特点是电阻种类单一，且在输出端基本不取电流的情况下，对开关导通电阻要求不高；但缺点是用的开关太多。

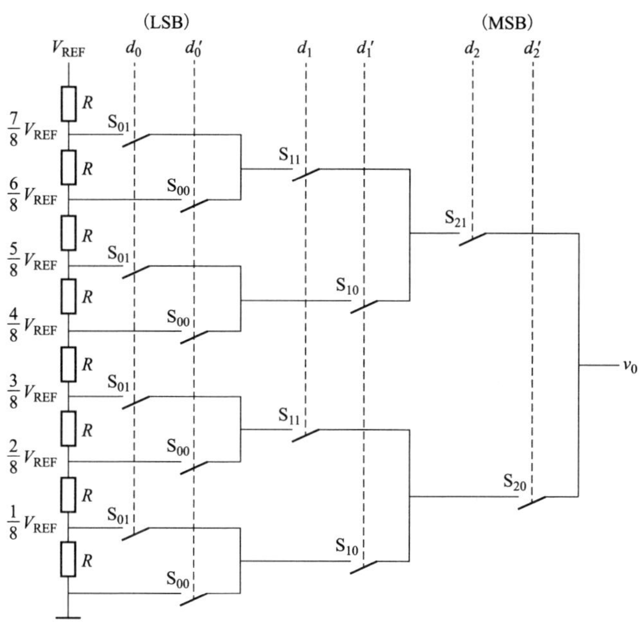

图 11-2　开关树型 DAC 示意图

（2）权电阻网络。

权指的是一个多位二进制数中，每一位 1 所代表的数值。例如，一个 n 位二进制数：

$$D_{\mathrm{n}} = d_{n-1}d_{n-2}...d_1d_0$$

从最高位（Most Significant Bit，MSB）到最低位（LSB）的权依次为权电阻网络型 DAC（属于电压输出型）的原理，如图 11-3 所示（4 位），它由权电阻网络，4 个模拟开关和 1 个求和放大器组成：

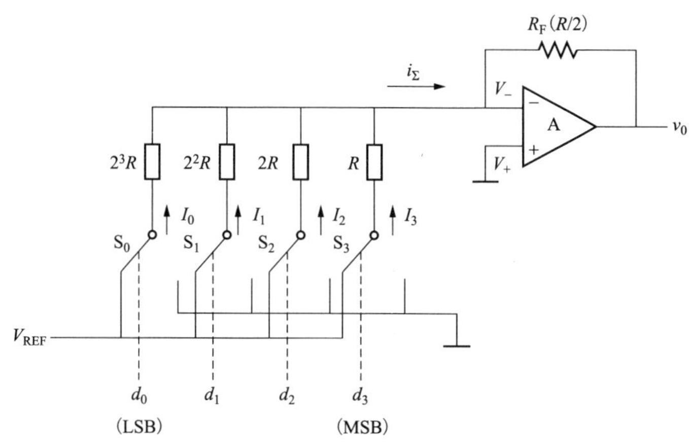

图 11-3　4 位权电阻网络 DAC 示意图

其中，S_0，S_1，S_2，S_3 是 4 个电子开关，受 d_0，d_1，d_2，d_3 这 4 个信号的控制，输入为 1 时开关拨到 V_{REF}，输入为 0 时开关接地。所以，当 d_i=1 时，电流流向求和放大器，d_i=0 时，电流为零。求和放大器是一个负反馈放大器，当反相输入端 V_-的电位低于同相输入端的电位 V_+时，输出端对地电压 v_0 为正；当 V_+V_>V_+时，v_0 为负。且当 V_-稍高于 V_+时，即可在 v_0

产生大幅度的负输出电压。v_0 经 R_F 反馈回 V₋，使得 V₋降低回 V₊（0V）。

假设运算放大器为理想器件（输入电流为零），则可得到：

$$v_0 = -R_F \times \sum_{i=0}^{3} i = -R_F \times (I_3 + I_2 + I_1 + I_0)$$

因为 V₋=0V，因此各支路电流分别为：

$$I_3 = \frac{V_{REF}}{2^0 \times R} \times d_3\text{，}\quad I_2 = \frac{V_{REF}}{2^1 \times R} \times d_2\text{，}\quad I_1 = \frac{V_{REF}}{2^2 \times R} \times d_1\text{，}\quad I_0 = \frac{V_{REF}}{2^3 \times R} \times d_0$$

其中，d_n 可取 0 或 1。代入上式，并假设反馈电阻 $R_F = R/2$ 时，可得到输出电压：

$$v_0 = -\frac{V_{REF}}{2^4} \times (d_3 \times 2^3 + d_2 \times 2^2 + d_1 \times 2^1 + d_0 \times 2^0)$$

进一步得出，对于 n 位权电阻网络 DAC，当反馈电阻 $R_F = R/2$ 时，输出电压计算公式是：

$$v_0 = -\frac{V_{REF}}{2^n} \times (d_{n-1} \times 2^{n-1} + d_{n-2} \times 2^{n-2} + ... + d_1 \times 2^1 + d_0 \times 2^0)$$

即：
$$v_0 = -\frac{V_{REF}}{2^n} \times D_n$$

所以，输出的模拟电压正比于输入的数字量 D_n，其变化范围是 0～$-\frac{2^n - 1}{2^n} \times V_{REF}$。

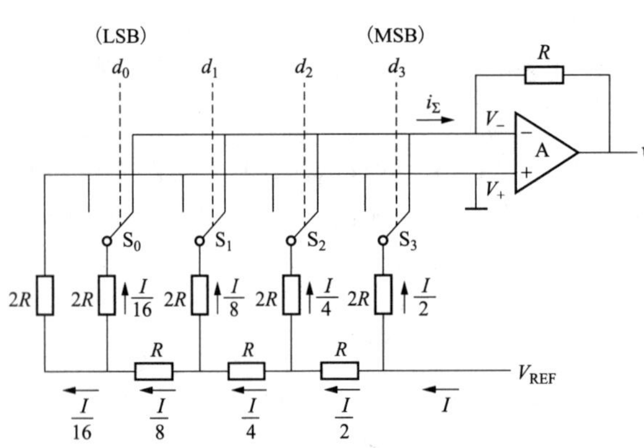

图 11-4　4 位倒 T 形电阻网络 DAC 示意图

另外一方面，如果需要得到正输出电压，则应该提供负的 V_{REF}。权电阻网络型 DAC 的优点是结构简单，但缺点是电阻阻值相差较大，在现实中有可能造成比较大的精度差。

（3）倒 T 形电阻网络。

为了改善权电阻网络 DAC 阻值相差太大的问题，可以采用倒 T 形电阻网络 DAC，它只用了 R 和 $2R$ 两种阻值的电阻（所以也称为 R2R DAC），对于控制精度有很大的帮助。如图 11-4 所示。

当求和放大器反馈电阻阻值为 R 时，输出电压：$v_0 = -R \times \sum i = -\frac{V_{REF}}{2^n} \times D_n$。

可见，倒 T 形电阻网络与权电阻网络 DAC 的计算公式是相同的。

（4）权电流型。

在分析权电阻网络与倒 T 形电阻网络时，会将模拟开关当理想器件看待，但实际中它们存在一定的导通电阻和压降，开关之间的一致性又有差别，所以会产生转换误差而影响精度。解决方法是采用权电流型 DAC，它有一组恒流源，每个恒流源电流大小依次为前一个的一半，与输入二进制对应位的权成正比。采用恒流源使得每个支路电流大小不再受开关导通电阻和压降的影响。如图 11-5 所示。

当输入数字量的某位为 1 时，对应的开关将恒流源接至运算放大器的输入端；当输入代码为 0 时，对应的开关接地，故输出电压为：

$$v_0 = \frac{R_F \times V_{REF}}{2^n \times R_R} \times D_n$$

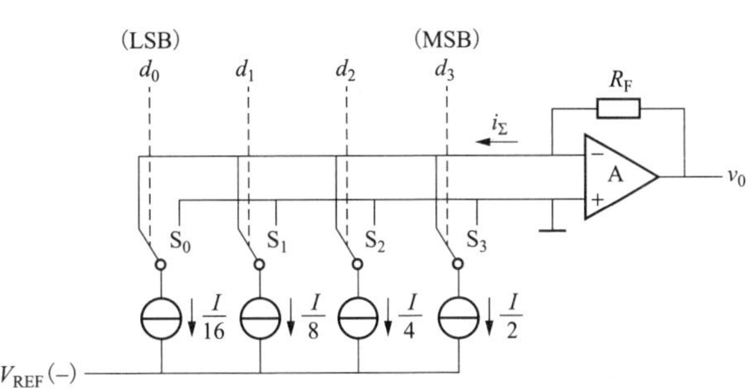

图 11-5 权电流型 DAC 示意图

11.1.2 DAC 性能参数

1. 满量程范围（FSR）

满量程范围（FSR）是 DAC 输出模拟量最小值到最大值的范围。

2. 分辨率

DAC 的分辨率是指最小输出电压与最大输出电压之比，也就是模拟 FSR 被 2^n-1 分割所对应的模拟值。模拟 FSR 一般指的是参考电压 V_{REF}。

例如，模拟 FSRT 为 3.3V 的 12 位 DAC，其分辨率：

$$\frac{3.3}{2^{12}-1} = 0.000806\text{V}$$

最高有效位（MSB）是指二进制中最高值的比特位。

最低有效位（LSB）是指二进制中最低值的比特位。

MSB 和 LSB 表示方法如下：

MSB				LSB
D_{n-1}	D_{n-2}	…	D_1	D_0

3. 线性度

用非线性误差的大小表示 D/A 转换的线性度。并且将理想的输入/输出特性的偏差与满刻度输出之比的百分数定义为非线性误差。

4. 转换精度

DAC 的转换精度与 DAC 的集成芯片的结构和接口电路配置有关。如果不考虑其他 D/A 转换误差时，D/A 转换精度就是分辨率的大小，因此要获得高精度 D/A 转换结果，首先要保证选择有足够分辨率的 DAC。同时 D/A 转换还与外接电路的配置有关，当外部电路器件或电源就只有差较大时，会造成较大的 D/A 转换误差，当这些误差超过一定程度时，D/A 转换就产生错误。

在 D/A 转换过程中，影响转换精度的主要因素有失调误差、增益误差、非线性误差和微分非线性误差。

5. 转换速度

转换速度一般由建立时间决定。从输入由全 0 突变为全 1 时开始，到输出电压稳定在 FSR±LSB/2 范围内止，这段时间称为建立时间，它是 DAC 的最大响应时间，所以用它来衡量转换速度的快慢。

11.2 GD32F303ZGT6 微控制器的 DAC 结构

GD32F303ZGT6 微控制器的内部含有 2 个 12 位电压输出型 DAC。数据可以采用 8 位或 12 位模式，左对齐或右对齐模式。当使能了外部触发，DMA 可被用于更新输入端数字数据。

在输出电压时，可以利用 DAC 输出缓冲区来获得更高的驱动能力。两个 DAC 可以独立或并发工作。

11.2.1 主要特征

（1）8 位或 12 位分辨率，数据右对齐或左对齐。
（2）支持 DMA 功能。
（3）同步更新转换。
（4）外部事件触发转换。
（5）可配置的内部缓冲区。
（6）外部参考电压，V_{REF+}。
（7）噪声波形（LSFR 噪声模式和三角噪声模式）。
（8）双 DAC 并发模式。

GD32F303ZGT6 微控制器的 DAC 结构框图如图 11-6 所示。

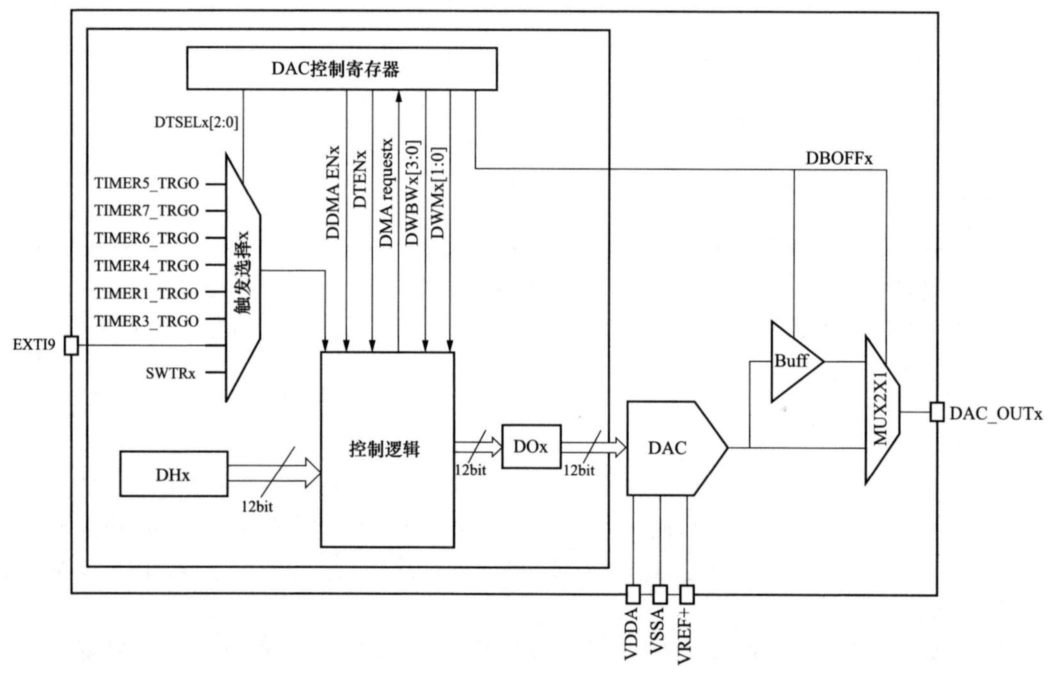

图 11-6　DAC 模块结构框图

与 DAC 相关的 GPIO 引脚描述如表 11-1 所示。

表 11-1　　DAC GPIO 引脚描述

名称	描述	信号类型
V_{DDA}	模拟电源	电源
V_{SSA}	模拟电源地	电源
V_{REF+}	参考电压	模拟输入
DAC_OUTx	DACx 模拟输出	模拟输出

其中 DAC_OUTx 的模拟输出是复用在 PA4 和 PA5 引脚上，PA4 是 DAC0 的输出，PA5 是 DAC1 的输出。在使能 DAC 模块前，需要将 PA4、PA5 配置为模拟模式。

11.2.2　DAC 宏定义

GD32F303ZGT6 微控制器共有 2 个 12 位 DAC，都挂接在 APB1 总线上。在 gd32f30x_dac.h 头文件中，对 GD32F303ZGT6 微控制器的所有 DAC 的宏定义如下：

```
#define DAC                          DAC_BASE
#define DAC0                         0U
#define DAC1                         1U
```

其中，ADC_BASE 的宏被定义在 gd32f30x.h 头文件中，其宏定义形式如下：

```
#define DAC_BASE              (APB1_BUS_BASE + 0x00007400U)  /*!< DAC 基地址*/
```

11.3　功能描述

11.3.1　DAC 使能

将 DAC 控制寄存器（DAC_CTL）中的 DENx 位给置 1 可以给 DAC 上电，DAC 子模块完全启动需要等待 tWAKEUP 时间。

11.3.2　DAC 输出缓冲

为了降低输出阻抗并驱动外部负载，每个 DAC 模块内部各集成了一个输出缓冲区。

缺省情况下，输出缓冲区是开启的，可以通过设置 DAC 控制寄存器（DAC_CTL）中的 DBOFFx 位来开启或关闭缓冲区。

11.3.3　DAC 数据配置

对于 12 位的 DAC 保持数据（DACx_DH），可以通过对 DACx_R12DH、DACx_L12DH 和 DACx_R8DH 中的任意一个寄存器写入数据来配置。当数据被加载到 DACx_R8DH 寄存器时，只有 8 位最高有效位是可被配置的，4 位最低有效位被强制置为 0。

11.3.4　DAC 触发

通过设置 DAC 控制寄存器（DAC_CTL）中的 DTENx 位来使能 DAC 外部触发。触发源可以通过 DAC 控制寄存器（DAC_CTL）中的 DTSELx[2:0]位域来进行选择。见表 11-2。

表 11-2　DAC 外部触发

DTSELx［2:0］	触发源	触发类型
000	TIMER5_TRGO	硬件触发
001	互联型产品：TIMER2_TRGO 非互联型产品：TIMER7_TRGO	
010	TIMER6_TRGO	
011	TIMER4_TRGO	

续表

DTSELx［2:0］	触发源	触发类型
100	TIMER1_TRGO	硬件触发
101	TIMER3_TRGO	
110	EXTI9	
111	SWTRIG	软件触发

11.3.5 DAC 工作流程

如果使能了外部触发（通过设置 DAC 控制寄存器（DAC_CTL）中的 DTENx 位），当已经选择的触发事件发生，DAC 保持数据（DACx_DH）会被转移到 DAC 数据输出寄存器（DACx_DO）。否则，在外部触发没有使能的情况下，DAC 保持数据（DACx_DH）会被自动转移到 DAC 数据输出寄存器（DACx_DO）。

11.3.6 DAC 噪声波

有两种方式可以将噪声波加载到 DAC 输出数据寄存器：LFSR 噪声波和三角波。噪声波模式可以通过 DAC 控制寄存器（DAC_CTL）中的 DWMx 位来进行选择。噪声的幅值可以通过配置 DAC 控制寄存器（DAC_CTL）中的 DAC 噪声波位宽（DWBWx）位来进行设置。

LFSR 噪声模式：在 DAC 控制逻辑中有一个线性反馈移位寄存器（LFSR）。在此模式下，LFSR 的值与 DACx_DH 值相加后，被写入到 DAC 数据输出寄存器（DACx_DO）。当配置的 DAC 噪声波位宽小于 12 时，LFSR 的值等于 LFSR 寄存器最低的 DWBWx 位，DWBWx 位决定了不屏蔽 LFSR 的哪些位。如图 11-7 所示。

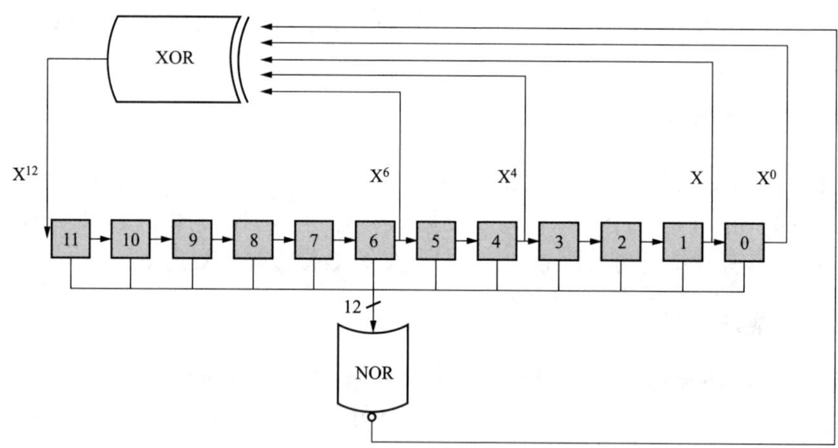

图 11-7　DAC LFSR 算法示意图

三角噪声模式：三角波幅值与 DAC 保持数据（DACx_DH）值相加后，被写入到 DAC 数据输出寄存器（DACx_DO）。三角波幅值的最小值为 0，最大值为（2<<DWBWx）-1。如图 11-8 所示。

11.3.7 DAC 输出计算

DAC 引脚上的模拟输出电压取决于下面的等式：

$$V_{\mathrm{DACx\_OUT}} = V_{\mathrm{REF+}} \times \left(\frac{DAC\_DO}{4096} \right)$$

数字输入被线性地转换成模拟输出电压，输出范围为 0～$V_{\mathrm{REF+}}$。

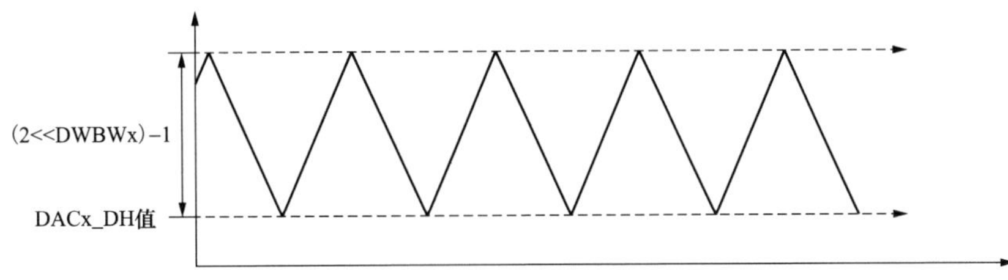

图 11-8　DAC 三角噪声模式生成的波形示意图

11.3.8　DMA 功能

在外部触发使能的情况下，通过设置 DAC 控制寄存器（DAC_CTL）中的 DDMAENx 位来使能 DMA 请求。当有外部硬件触发的时候（不是软件触发），则产生一个 DMA 请求。

11.3.9　DAC 并发转换

当两个 DAC 同时工作时，为了在特定应用中最大限度利用总线带宽，两个 DAC 可以被配置为并发模式。在并发模式中，DAC 数据保持寄存器（DACx_DH）和 DAC 数据输出寄存器（DACx_DO）的值将同时被更新。

有 3 个寄存器可被用于加载 DAC 数据保持寄存器（DACx_DH）的值，分别是：DACC_R8DH、DACC_R12DH 和 DACC_L12DH，配置其中的一个寄存器来实现同时驱动两个 DAC。

当使能了外部触发时，两个 DAC 模块的 DTENx 位都应被置位。DTSEL0 和 DTSEL1 位应被配置为相同的值。

当使能了 DMA 功能时，任一 DAC 的 DDMAENx 位被置位即可。

噪声模式和噪声位宽可以根据使用情况配置为相同或不同。

11.4　DAC 寄存器

11.4.1　ADC 寄存器简介

DAC 相关的寄存器如表 11-3 所示。

表 11-3　　DAC 寄存器表

偏移地址	名称	类型	复位值	说　明
0x00	DAC_CTL	读/写	0x0000 0000	DAC 控制寄存器（详见表 11-4）
0x04	DAC_SWT	读/写	0x0000 0000	DAC 软件触发寄存器（详见表 11-5）
0x08	DAC0_R12DH	读/写	0x0000 0000	DAC0 12 位右对齐数据保持寄存器（详见表 11-6）
0x0C	DAC0_L12DH	读/写	0x0000 0000	DAC0 12 位左对齐数据保持寄存器（详见表 11-7）

续表

偏移地址	名称	类型	复位值	说　明
0x10	DAC0_R8DH	读/写	0x0000 0000	DAC0 8 位右对齐数据保持寄存器（详见表 11-8）
0x14	DAC1_R12DH	读/写	0x0000 0000	DAC1 12 位右对齐数据保持寄存器（详见表 11-9）
0x18	DAC1_L12DH	读/写	0x0000 0000	DAC1 12 位左对齐数据保持寄存器（详见表 11-10）
0x1C	DAC1_R8DH	读/写	0x0000 0000	DAC1 8 位右对齐数据保持寄存器（详见表 11-11）
0x20	DACC_R12DH	读/写	0x0000 0000	DACC 12 位右对齐数据保持寄存器（详见表 11-12）
0x24	DACC_L12DH	读/写	0x0000 0000	DACC 12 位左对齐数据保持寄存器（详见表 11-13）
0x28	DACC_R8DH	读/写	0x0000 0000	DACC 8 位右对齐数据保持寄存器（详见表 11-14）
0x2C	DAC0_DO	读/写	0x0000 0000	DAC0 数据输出寄存器（详见表 11-15）
0x30	DAC1_DO	读/写	0x0000 0000	DAC1 数据输出寄存器（详见表 11-16）

与表 11-3 相关的 DAC 寄存器操作的宏都被定义在 gd32f30x_dac.h 头文件中。

```
#define DAC_CTL       REG32(DAC + 0x00U)  /*!< DAC 控制寄存器 */
#define DAC_SWT       REG32(DAC + 0x04U)  /*!< DAC 软件触发寄存器 */
#define DAC0_R12DH    REG32(DAC + 0x08U)  /*!< DAC0 12 位右对齐数据保持寄存器 */
#define DAC0_L12DH    REG32(DAC + 0x0CU)  /*!< DAC0 12 位左对齐数据保持寄存器 */
#define DAC0_R8DH     REG32(DAC + 0x10U)  /*!< DAC0 8 位右对齐数据保持寄存器 */
#define DAC1_R12DH    REG32(DAC + 0x14U)  /*!< DAC1 12 位右对齐数据保持寄存器 */
#define DAC1_L12DH    REG32(DAC + 0x18U)  /*!< DAC1 12 位左对齐数据保持寄存器 */
#define DAC1_R8DH     REG32(DAC + 0x1CU)  /*!< DAC1 8 位右对齐数据保持寄存器 */
#define DACC_R12DH    REG32(DAC + 0x20U)  /*!< DACC 12 位右对齐数据保持寄存器 */
#define DACC_L12DH    REG32(DAC + 0x24U)  /*!< DACC 12 位左对齐数据保持寄存器 */
#define DACC_R8DH     REG32(DAC + 0x28U)  /*!< DACC 8 位右对齐数据保持寄存器 */
#define DAC0_DO       REG32(DAC + 0x2CU)  /*!< DAC0 数据输出寄存器 */
#define DAC1_DO       REG32(DAC + 0x30U)  /*!< DAC1 数据输出寄存器 */
```

11.4.2 DAC 寄存器功能描述

1. DAC 控制寄存器（DAC_CTL）

DAC 控制寄存器（DAC_CTL）的各个位的功能描述如表 11-4 所示。

表 11-4　　DAC 控制寄存器（DAC_CTL）

<table>
<tr><th>位</th><th>名称</th><th>类型</th><th>复位值</th><th>说　明</th></tr>
<tr><td>31:29</td><td>—</td><td>—</td><td>—</td><td>—</td></tr>
<tr><td>28</td><td>DDMAEN1</td><td>读写</td><td>0</td><td>DAC1 DMA 使能。0：禁止；1：使能</td></tr>
<tr><td>27:24</td><td>DWBW1［3:0］</td><td>读写</td><td>0</td><td>DAC1 噪声波位宽。LFSR 噪声模式下，这些位表示不屏蔽 LFSR 的位［n-1，0］；三角噪声模式下，这些位表示三角波幅值为（2<<（n-1））−1。其中，n 为噪声波位宽。
<table>
<tr><td>0000：位宽为 1</td><td>0011：位宽为 4</td><td>0110：位宽为 7</td><td>1001：位宽 10</td></tr>
<tr><td>0001：位宽为 2</td><td>0100：位宽为 5</td><td>0111：位宽为 8</td><td>1010：位宽为 11</td></tr>
<tr><td>0010：位宽为 3</td><td>0101：位宽为 6</td><td>1000：位宽为 9</td><td>≥1011：位宽为 12</td></tr>
</table></td></tr>
</table>

续表

位	名称	类型	复位值	说 明
23:22	DWM1［1:0］	读写	0	DAC1 噪声波模式。这些位指定了在 DAC1 外部触发使能（DTEN1=1）的情况下，DAC1 的噪声波模式的选择。 00：波形生成禁止；01：LFSR 噪声模式；1X：三角噪声模式
21:19	DTSEL1［2:0］	读写	0	DAC1 触发选择。这些位用于在 DAC1 外部触发使能（DTEN1=1）的情况下，DAC1 外部触发的选择（详见表 11-2）
18	DTEN1	读写	0	DAC1 触发使能。0：禁止；1：使能
17	DBOFF1	读写	0	DAC1 输出缓冲区关闭。0：打开；1：关闭
16	DEN1	读写	0	DAC1 使能。0：禁止；1：使能
15:13	—	—	—	—
12	DDMAEN0	读写	0	DAC0 DMA 使能。0：禁止；1：使能
11:8	DWBW0［3:0］	读写	0	DAC0 噪声波位宽。详见 DAC1 的 DWBW1［3:0］位的描述
7:6	DWM0［1:0］	读写	0	DAC0 噪声波模式。详见 DAC1 的 DWM1［1:0］位的描述
5:3	DTSEL0［2:0］	读写	0	DAC0 触发选择。详见 DAC1 的 DTSEL1［2:0］位的描述
2	DTEN0	读写	0	DAC0 触发使能。0：禁止；1：使能
1	DBOFF0	读写	0	DAC0 输出缓冲区关闭。0：打开；1：关闭
0	DEN0	读写	0	DAC0 使能。0：禁止；1：使能

DAC 控制寄存器（DAC_CTL）的各个位功能的宏都被定义在 gd32f30x_adc.h 头文件中，具体名称为：

```
#define DAC_CTL_DEN0         BIT(0)          /*!< DAC0 使能/禁止 */
#define DAC_CTL_DBOFF0       BIT(1)          /*!< DAC0 输出缓冲区打开/关闭 */
#define DAC_CTL_DTEN0        BIT(2)          /*!< DAC0 触发使能/禁止 */
#define DAC_CTL_DTSEL0       BITS(3,5)       /*!< DAC0 触发源选择 */
#define DAC_CTL_DWM0         BITS(6,7)       /*!< DAC0 噪声波模式 */
#define DAC_CTL_DWBW0        BITS(8,11)      /*!< DAC0 噪声波位宽 */
#define DAC_CTL_DDMAEN0      BIT(12)         /*!< DAC0 DMA 使能/禁止 */
#define DAC_CTL_DEN1         BIT(16)         /*!< DAC1 使能/禁止 */
#define DAC_CTL_DBOFF1       BIT(17)         /*!< DAC1 输出缓冲区打开/关闭 */
#define DAC_CTL_DTEN1        BIT(18)         /*!< DAC1 触发使能/禁止 */
#define DAC_CTL_DTSEL1       BITS(19,21)     /*!< DAC1 触发源选择 */
#define DAC_CTL_DWM1         BITS(22,23)     /*!< DAC1 噪声波模式 */
#define DAC_CTL_DWBW1        BITS(24,27)     /*!< DAC1 噪声波位宽 */
#define DAC_CTL_DDMAEN1      BIT(28)         /*!< DAC1 DMA 使能/禁止 */
```

2. DAC 软件触发寄存器（DAC_SWT）

DAC 软件触发寄存器（DAC_SWT）的各个位的功能描述如表 11-5 所示。

表 11-5 DAC 软件触发寄存器（DAC_CTL）

位	名称	类型	复位值	说 明
31:2	—	—	—	—
1	SWTR1	只写	0	DAC1 软件触发，由硬件清除。0：禁止；1：使能
0	SWTR0	只写	0	DAC0 软件触发，由硬件清除。0：禁止；1：使能

DAC 软件触发寄存器（DAC_SWT）的各个位功能的宏都被定义在 gd32f30x_adc.h 头文件中，具体名称为：

```
#define DAC_SWT_SWTR0        BIT(0)          /*!< DAC1 软件触发,由硬件清除 */
#define DAC_SWT_SWTR1        BIT(1)          /*!< DAC0 软件触发,由硬件清除 */
```

3. DAC0 12 位右对齐数据保持寄存器（DAC0_R12DH）

DAC0 12 位右对齐数据保持寄存器（DAC0_R12DH）的各个位的功能描述如表 11-6 所示。

表 11-6　　DAC0 12 位右对齐数据保持寄存器（DAC0_R12DH）

位	名称	类型	复位值	说　明
31:12	—	—	—	—
11:0	DAC0_DH [11:0]	读写	0	DAC0 12 位右对齐数据

DAC0 12 位右对齐数据保持寄存器（DAC0_R12DH）的各个位功能的宏都被定义在 gd32f30x_adc.h 头文件中，具体名称为：

```
#define DAC0_R12DH_DAC0_DH  BITS(0,11)        /*!< DAC0 12 位右对齐数据 */
```

4. DAC0 12 位左对齐数据保持寄存器（DAC0_L12DH）

DAC0 12 位左对齐数据保持寄存器（DAC0_L12DH）的各个位的功能描述如表 11-7 所示。

表 11-7　　DAC0 12 位左对齐数据保持寄存器（DAC0_L12DH）

位	名称	类型	复位值	说　明
31:12	—	—	—	—
15:4	DAC0_DH [11:0]	读写	0	DAC0 12 位左对齐数据
3:0	—	—	—	—

DAC0 12 位左对齐数据保持寄存器（DAC0_L12DH）的各个位功能的宏都被定义在 gd32f30x_adc.h 头文件中，具体名称为：

```
#define DAC0_L12DH_DAC0_DH  BITS(4,15)        /*!< DAC0 12 位左对齐数据 */
```

5. DAC0 8 位右对齐数据保持寄存器（DAC0_R8DH）

DAC0 8 位右对齐数据保持寄存器（DAC0_R8DH）的各个位的功能描述如表 11-8 所示。

表 11-8　　DAC0 8 位右对齐数据保持寄存器（DAC0_R8DH）

位	名称	类型	复位值	说　明
31:8	—	—	—	—
7:0	DAC0_DH [7:0]	读写	0	DAC0 8 位右对齐数据

DAC0 8 位右对齐数据保持寄存器（DAC0_R8DH）的各个位功能的宏都被定义在 gd32f30x_adc.h 头文件中，具体名称为：

```
#define DAC0_R8DH_DAC0_DH   BITS(0,7)         /*!< DAC0 8 位右对齐数据 */
```

6. DAC1 12 位右对齐数据保持寄存器（DAC1_R12DH）

DAC1 12 位右对齐数据保持寄存器（DAC1_R12DH）的各个位的功能描述如表 11-9 所示。

表 11-9　　DAC1 12 位右对齐数据保持寄存器（DAC1_R12DH）

位	名称	类型	复位值	说　明
31:12	—	—	—	—
11:0	DAC1_DH［11:0］	读写	0	DAC1 12 位右对齐数据

DAC1 12 位右对齐数据保持寄存器（DAC1_R12DH）的各个位功能的宏都被定义在 gd32f30x_adc.h 头文件中，具体名称为：

```
#define DAC1_R12DH_DAC1_DH  BITS(0,11)  /*!< DAC1 12 位右对齐数据 */
```

7. DAC1 12 位左对齐数据保持寄存器（DAC1_L12DH）

DAC1 12 位左对齐数据保持寄存器（DAC1_L12DH）的各个位的功能描述如表 11-10 所示。

表 11-10　　DAC1 12 位左对齐数据保持寄存器（DAC1_L12DH）

位	名称	类型	复位值	说　明
31:12	—	—	—	—
15:4	DAC1_DH［11:0］	读写	0	DAC1 12 位左对齐数据
3:0	—	—	—	—

DAC1 12 位左对齐数据保持寄存器（DAC1_L12DH）的各个位功能的宏都被定义在 gd32f30x_adc.h 头文件中，具体名称为：

```
#define DAC1_L12DH_DAC1_DH  BITS(4,15)  /*!< DAC1 12 位左对齐数据 */
```

8. DAC1 8 位右对齐数据保持寄存器（DAC1_R8DH）

DAC1 8 位右对齐数据保持寄存器（DAC1_R8DH）的各个位的功能描述如表 11-11 所示。

表 11-11　　DAC1 8 位右对齐数据保持寄存器（DAC1_R8DH）

位	名称	类型	复位值	说　明
31:8	—	—	—	—
7:0	DAC1_DH［7:0］	读写	0	DAC1 8 位右对齐数据

DAC1 8 位右对齐数据保持寄存器（DAC1_R8DH）的各个位功能的宏都被定义在 gd32f30x_adc.h 头文件中，具体名称为：

```
#define DAC1_R8DH_DAC1_DH   BITS(0,7)       /*!< DAC1  8 位右对齐数据 */
```

9. DACC 并发模式 12 位右对齐数据保持寄存器（DACC_R12DH）

DACC 8 位右对齐数据保持寄存器(DACC_R8DH)的各个位的功能描述如表 11-12 所示。

表 11-12　　DACC 8 位右对齐数据保持寄存器（DACC_R12DH）

位	名称	类型	复位值	说　明
31:28	—	—	—	—
27:16	DAC1_DH［11:0］	读写	0	DAC1 12 位右对齐数据
15:12	—	—	—	—
11:0	DAC0_DH［11:0］	读写	0	DAC0 12 位右对齐数据

DACC 12 位右对齐数据保持寄存器（DACC_R8DH）的各个位功能的宏都被定义在 gd32f30x_adc.h 头文件中，具体名称为：

```
#define DACC_R12DH_DAC0_DH      BITS(0,11)  /*!< DAC0 12 位右对齐数据 */
#define DACC_R12DH_DAC1_DH      BITS(16,27) /*!< DAC1 12 位右对齐数据 */
```

10. DACC 并发模式 12 位左对齐数据保持寄存器（DACC_L12DH）

DACC 12 位左对齐数据保持寄存器（DACC_L12DH）的各个位的功能描述如表 11-13 所示。

表 11-13　　DACC 12 位左对齐数据保持寄存器（DACC_L12DH）

位	名称	类型	复位值	说　明
31:20	DAC1_DH [11:0]	读写	0	DAC1 12 位左对齐数据
19:16	—	—	—	—
15:46	DAC0_DH [11:0]	读写	0	DAC0 12 位左对齐数据
3:0	—	—	—	—

DACC 12 位左对齐数据保持寄存器（DACC_L12DH）的各个位功能的宏都被定义在 gd32f30x_adc.h 头文件中，具体名称为：

```
#define DACC_L12DH_DAC0_DH  BITS(4,15)      /*!< DAC0 12 位左对齐数据 */
#define DACC_L12DH_DAC1_DH  BITS(20,31)     /*!< DAC1 12 位左对齐数据 */
```

11. DACC 并发模式 8 位右对齐数据保持寄存器（DACC_R8DH）

DACC 8 位右对齐数据保持寄存器（DACC_R8DH）的各个位的功能描述如表 11-14 所示。

表 11-14　　DACC 8 位右对齐数据保持寄存器（DACC_R8DH）

位	名称	类型	复位值	说　明
31:16	—	—	—	—
15:8	DAC1_DH [7:0]	读写	0	DAC1 8 位右对齐数据
7:0	DAC0_DH [7:0]	读写	0	DAC0 8 位右对齐数据

DACC8 位右对齐数据保持寄存器（DACC_R8DH）的各个位功能的宏都被定义在 gd32f30x_adc.h 头文件中，具体名称为：

```
#define DACC_R8DH_DAC0_DH       BITS(0,7)       /*!< DAC0 8 位右对齐数据 */
#define DACC_R8DH_DAC1_DH       BITS(8,15)      /*!< DAC1 8 位右对齐数据 */
```

12. DAC0 数据输出寄存器（DAC0_DO）

DAC0 数据输出寄存器（DAC0_DO）的各个位的功能描述如表 11-15 所示。

表 11-15　　DAC0 数据输出寄存器（DAC0_DO）

位	名称	类型	复位值	说　明
31:12	—	—	—	—
11:0	DAC0_DO [11:0]	只读	0	DAC0 数据输出。只读类型，存储由 DAC0 转换的数据

DAC0 数据输出寄存器（DAC0_DO）的各个位功能的宏都被定义在 gd32f30x_adc.h 头文件中，具体名称为：

```
#define DAC0_DO_DAC0_DO       BITS(0,11)        /*!< DAC0 数据输出 */
```

13. DAC1 数据输出寄存器（DAC1_DO）

DAC1 数据输出寄存器（DAC1_DO）的各个位的功能描述如表 11-16 所示。

表 11-16　　DAC1 数据输出寄存器（DAC1_DO）

位	名称	类型	复位值	说　明
31:12	—	—	—	—
11:0	DAC1_DO [11:0]	只读	0	DAC1 数据输出。只读类型，存储由 DAC1 转换的数据

DAC1 数据输出寄存器（DAC1_DO）的各个位功能的宏都被定义在 gd32f30x_adc.h 头文件中，具体名称为：

```
#define DAC1_DO_DAC1_DO       BITS(0,11)        /*!< DAC1 数据输出 */
```

11.5　基于寄存器操作的应用实例

1. 实例要求

利用 GD32F303ZGT6 微控制器的 PA4 引脚输出 1kHz 的正弦波信号。

2. 电路图

如图 11-9 所示，U1（GD32F303ZGT6）的 PA4 作为 DAC0 的模拟引脚输出模拟信号到 H1 端子。

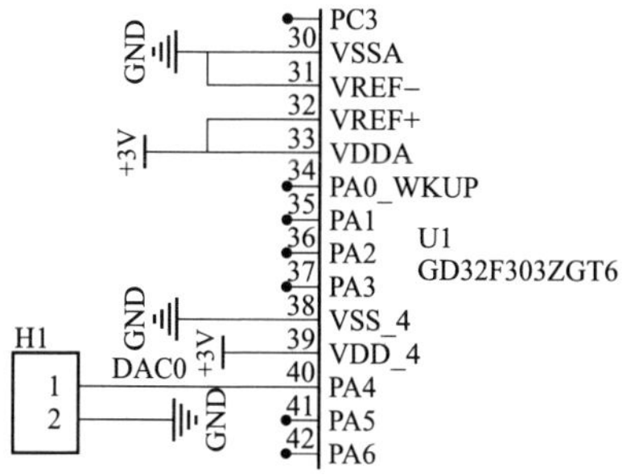

图 11-9　基于寄存器操作的 DAC0 产生 1kHz 正弦波实例电路图

3. 程序实现

（1）PA4 引脚的配置。

PA4 是用作 DAC0 的模拟输出，需要将 APB2 时钟使能寄存器（RCU_APB2EN）中的 PAEN 位置 1，使能 GPIOA 时钟，并通过 GPIO 控制寄存器 0（GPIO_CTL0）相应的控制位域配置 PA4 引脚为模拟输入模式。

```
void PA4_DAC0_Pin_Init(void)
{
    uint32_t reg0;

    RCU_APB2EN |= RCU_APB2EN_PAEN;                  //打开 GPIOA 时钟

    reg0 = GPIO_CTL0(GPIOA);                        //读取 GPIOC 的 CTL0 寄存器
    reg0 &=~(GPIO_MODE_MASK(4));                    //屏蔽 PA4 对应的位
    reg0 |= GPIO_MODE_SET(4, GPIO_MODE_AIN);        //配置 PA4 为模拟输入
    GPIO_CTL0(GPIOA) = reg0;                        //写入 GPIOA 的 CTL0 寄存器
}
```

（2）DAC0 的配置。

DAC0 的配置包括：通过设置 APB1 时钟使能寄存器（RCU_ABP1EN）中的 DACEN 位为 1 使能 DAC 时钟，通过设置 DAC 控制寄存器（DAC_CTL）中的 DEN0 位为 1 使能 DAC0。

```
void DAC0_Init(void)
{
    RCU_APB1EN |= RCU_APB1EN_DACEN;            //打开 DAC 时钟
    DAC_CTL |= DAC_CTL_DEN0;                   //使能 DAC0
}
```

（3）定时器 TIMER1 的配置。

通过配置定时器 TIMER1 的定时功能来产生 15.6us 时基更新正弦信号的 64 个点的数据，从而实现 1kHz 的正弦波信号的频率。通过设置定时器 TIMER1 的 PSC 和 CAR 寄存器来配置定时时间。

```
void Timer1_Timer_Init(void)
{
    RCU_APB1EN |= RCU_APB1EN_TIMER1EN;         //使能 TIMER1 时钟
    TIMER_PSC(TIMER1) = 60 - 1;                //配置定时器 TIMER1 预分频系数
    TIMER_CAR(TIMER1) = 31 - 1;                //配置定时器 TIMER1 自动重载系数
    TIMER_CTL0(TIMER1) |= TIMER_CTL0_CEN;      //使能定时器 TIMER1 工作
}
```

（4）main 主程序。

在 main 主程序中，除了调用相关的配置函数完成相应的配置之外，在 while（1）无限循环中，每当定时器 TIMER1 定时时间到，去更新 DAC0_R12DH 寄存器的正弦波数据。

```
int32_t SinIndex;
int16_t SINTab[64];

int main(void)
{
    int32_t i;
    PA4_DAC0_Pin_Init();
    DAC0_Init();
    Timer1_Timer_Init();

#define PI  3.1415926
#define N   64//sizeof(SINTab)/sizeof(int16_t)

    for(i=0;i<N;i++){
        SINTab[i]= 2048 * (1 + sin(2 * PI * i / N));
    }

    while(1)
    {
        if(TIMER_INTF(TIMER1) & TIMER_INTF_UPIF){
                                               //读取定时器 TIMER1 更新标志是否为 1
            TIMER_INTF(TIMER1) &=~TIMER_INTF_UPIF;   //清定时器 TIMER1 更新标志
            DAC0_R12DH = SINTab[SinIndex];     //将正弦波数据送到 DAC0 保持寄存器
            SinIndex ++;                       //索引加 1
```

```
            if(N == SinIndex)SinIndex = 0;    //全部送完索引归 0
        }
    }
}
```

在 main( )函数中，“SINTab［i］= 2048 *（1 + sin（2 * PI * i / N））;”语句是用于生成 64 个点的正弦波数据，并存储在 SINTab［］数组中。此处使用了 sin( )标准函数，该函数来源于 math.h 标准库中。

11.6　DAC 典型应用步骤及常用库函数

11.6.1　DAC 典型应用步骤

（1）开启 GPIOA 时钟和 DAC 时钟。

1）使能 GPIOA 时钟。

```
rcu_periph_clock_enable(RCU_GPIOA);
```

2）使能 DAC 时钟。

```
rcu_periph_clock_enable(RCU_DAC);
```

（2）配置 PA4 或 PA5 引脚为模拟引脚。

```
gpio_init();
```

（3）配置 DAC 触发方式、DAC 波形模式等。

```
dac_trigger_enable();
dac_trigger_source_config();
dac_software_trigger_enable();
dac_wave_mode_config();
dac_wave_bit_width_config();
dac_lfsr_noise_config();
dac_triangle_noise_config();
```

（4）使能 DAC、DAC 的 DMA 使能。

```
dac_enable();
dac_dma_enable();
```

（5）启动 DAC 转换。

```
dac_data_set();
dac_concurrent_data_set();
```

11.6.2　DAC 常用库函数

与 DAC 相关的函数和宏都被定义在以下两个文件中。

头文件：gd32f30x_dac.h。

源文件：gd32f30x_dac.c。

常用的 DAC 库函数如表 11-17 所示。

表 11-17　　DAC 常用库函数

库函数名称	库函数描述
dac_deinit	DAC 外设复位
dac_enable	DAC 使能
dac_disable	DAC 禁能
dac_dma_enable	DAC 的 DMA 功能使能
dac_dma_disable	DAC 的 DMA 功能禁能
dac_output_buffer_enable	DAC 输出缓冲区使能
dac_output_buffer_disable	DAC 输出缓冲区禁能
dac_output_value_get	DAC 输出数据获取
dac_data_set	DAC 输出数据设置
dac_trigger_enable	DAC 触发使能
dac_trigger_disable	DAC 触发禁能
dac_trigger_source_config	DAC 触发源选择
dac_software_trigger_enable	DAC 软件触发使能
dac_software_trigger_disable	DAC 软件触发禁能
dac_wave_mode_config	DAC 噪声波模式选择
dac_wave_bit_width_config	DAC 噪声波位宽设置
dac_lfsr_noise_config	DAC LFSR 模式设置
dac_triangle_noise_config	DAC 三角波模式设置
dac_concurrent_enable	并发 DAC 模式使能
dac_concurrent_disable	并发 DAC 模式禁能
dac_concurrent_software_trigger_enable	并发 DAC 模式软件触发使能
dac_concurrent_software_trigger_disable	并发 DAC 模式软件触发禁能
dac_concurrent_output_buffer_enable	并发 DAC 模式输出缓冲区使能
dac_concurrent_output_buffer_disable	并发 DAC 模式输出缓冲区禁能
dac_concurrent_data_set	并发 DAC 模式输出数据设置

1. DAC 使能/禁止函数

```
void dac_enable(uint32_t dac_periph);
void dac_disable(uint32_t dac_periph);
```

功能：DAC 的使能/禁止。是对 DAC 控制寄存器（DAC_CTL）中的 DEN0 和 DEN1 位进行置 1 或清 0 的操作。

参数：uint32_t dac_periph，DAC 的外设选择，DAC0 或 DAC1，以宏形式被定义在 gd32f30x_dac.h 头文件中。具体的宏定义见 11.2.2 节。

例如，使能 DAC0。

```
dac_enable(DAC0);
```

2. DAC 的 DMA 使能/禁止函数

```
void dac_dma_enable(uint32_t dac_periph);
void dac_dma_disable(uint32_t dac_periph);
```

功能：DAC 的 DMA 功能使能/禁止。是对 DAC 控制寄存器（DAC_CTL）中的 DDMAEN0 或 DDMAEN1 位进行置 1 或清 0 的操作。

参数：uint32_t dac_periph，见“1. DAC 使能/禁止函数”中的参数描述。

例如，使能 DAC0 的 DMA 功能。

```
dac_dma_enable(DAC0);
```

3. DAC 输出缓冲区使能/禁止函数

```
void dac_output_buffer_enable(uint32_t dac_periph);
void dac_output_buffer_disable(uint32_t dac_periph);
```

功能：DAC 输出缓冲区使能/禁止。是对 DAC 控制寄存器（DAC_CTL）中的 DBOFF0 或 DBOFF1 位进行置 1 或清 0 的操作。

参数：uint32_t dac_periph，见“1. DAC 使能/禁止函数”中的参数描述。

例如，使能 DAC0 的输出缓冲区。

```
dac_output_buffer_enable(DAC0);
```

4. DAC 输出数据设置函数

```
void dac_data_set(uint32_t dac_periph, uint32_t dac_align, uint16_t data);
```

功能：DAC 输出数据设置。是对 DACx_R12DH，DACx_L12DH，DACx_R8DH 寄存器。

参数 1：uint32_t dac_periph，见“1. DAC 使能/禁止函数”中的参数描述。

参数 2：uint32_t dac_align，DAC 对齐模式。对齐模式的宏都被定义在 gd32f30x_dac.h 头文件中，具体的宏定义如下：

```
#define DATA_ALIGN(regval)  (BITS(0,1) & ((uint32_t)(regval) << 0))
#define DAC_ALIGN_12B_R     DATA_ALIGN(0)        /*!< 12 位数据右对齐 */
#define DAC_ALIGN_12B_L     DATA_ALIGN(1)        /*!< 12 位数据左对齐 */
#define DAC_ALIGN_8B_R      DATA_ALIGN(2)        /*!< 8 位数据右对齐 */
```

参数 3：uint16_t data，写入 DAC0 或 DAC1 的数据。

例如，向 DAC0 写入 0x1AA 数据，右对齐模式。

```
dac_data_set(DAC0,DAC_ALIGN_12B_R,0x1AA);
```

5. DAC 触发使能/禁止函数

```
void dac_trigger_enable(uint32_t dac_periph);
void dac_trigger_disable(uint32_t dac_periph);
```

功能：DAC 触发使能/禁止。是对 DAC 控制寄存器（DAC_CTL）中的 DTEN0 和 DTEN1 位进行置 1 或清 0 的操作。

参数：uint32_t dac_periph，见“1. DAC 使能/禁止函数”中的参数描述。

例如，使能 DAC0 触发功能。

```
dac_trigger_enable(DAC0);
```

6. DAC 触发源选择函数

```
void dac_trigger_source_config(uint32_t dac_periph,uint32_t triggersource);
```

功能：DAC 触发源的选择。是对 DAC 控制寄存器（DAC_CTL）中的 DTSEL0［2..0］和 DTSEL1［2..0］位进行配置。

参数 1：uint32_t dac_periph，见“1. DAC 使能/禁止函数”中的参数描述。

参数 2：uint32_t triggersource，DAC 触发源。具体的 DAC 触发源的宏定义如下：

```
#define CTL_DTSEL(regval)        (BITS(3,5) & ((uint32_t)(regval) << 3))
#define DAC_TRIGGER_T5_TRGO CTL_DTSEL(0)     /*!< TIMER5 TRGO */
#if (defined(GD32F30X_HD) || defined(GD32F30X_XD))
#define DAC_TRIGGER_T7_TRGO CTL_DTSEL(1)     /*!< TIMER7 TRGO */
#elif defined(GD32F30X_CL)
#define DAC_TRIGGER_T2_TRGO CTL_DTSEL(1)     /*!< TIMER2 TRGO */
#endif /* GD32F30X_HD and GD32F30X_XD */
#define DAC_TRIGGER_T6_TRGO CTL_DTSEL(2)     /*!< TIMER6 TRGO */
#define DAC_TRIGGER_T4_TRGO CTL_DTSEL(3)     /*!< TIMER4 TRGO */
#define DAC_TRIGGER_T1_TRGO CTL_DTSEL(4)     /*!< TIMER1 TRGO */
#define DAC_TRIGGER_T3_TRGO CTL_DTSEL(5)     /*!< TIMER3 TRGO */
#define DAC_TRIGGER_EXTI_9  CTL_DTSEL(6)     /*!< EXTI interrupt line9 event */
#define DAC_TRIGGER_SOFTWARE     TL_DTSEL(7) /*!< software trigger */
```

例如，配置 DAC0 使用定时器 1 触发源。

```
dac_trigger_source_config(DAC0,DAC_TRIGGER_T1_TRGO);
```

7. DAC 软件触发使能/禁止函数

```
void dac_software_trigger_enable(uint32_t dac_periph);
void dac_software_trigger_disable(uint32_t dac_periph);
```

功能：DAC 软件触发使能。是对 DAC 软件触发寄存器（DAC_SWT）中的 SWTR0 和 SWTR1 位进行置 1 或清 0 的操作。

参数：uint32_t dac_periph，见“1. DAC 使能/禁止函数”中的参数描述。

例如，使能 DAC 软件触发。

```
dac_software_trigger_enable(DAC0);
```

8. DAC 噪声波模式选择函数

```
void dac_wave_mode_config(uint32_t dac_periph, uint32_t wave_mode);
```

功能：DAC 噪声波模式选择。

参数 1：uint32_t dac_periph，见“1. DAC 使能/禁止函数”中的参数描述。

参数 2：uint32_t wave_mode，噪声波模式选择。具体的噪声波模式选择的宏定义如下：

```
#define CTL_DWM(regval)           (BITS(6,7) & ((uint32_t)(regval) << 6))
#define DAC_WAVE_DISABLE          CTL_DWM(0)          /*!<噪声波禁止 */
#define DAC_WAVE_MODE_LFSR        CTL_DWM(1)          /*!< LFSR 噪声模式 */
#define DAC_WAVE_MODE_TRIANGLE    CTL_DWM(2)          /*!< 三角波噪声模式 */
```

例如，配置 DAC0 为三角波噪声模式。

```
dac_wave_mode_config(DAC0, DAC_WAVE_TRIANGLE);
```

9. DAC 噪声波位宽设置函数

```
void dac_wave_bit_width_config(uint32_t dac_periph, uint32_t bit_width);
```

功能：DAC 噪声波位宽设置。是对 DAC 控制寄存器（DAC_CTL）中的 DWBW0［3:0］和 DWBW1［3:0］位域进行配置。

参数 1：uint32_t dac_periph，见“1. DAC 使能/禁止函数”中的参数描述。

参数 2：uint32_t bit_width，噪声波位宽。具体的噪声位宽参数的宏定义如下：

```
#define DWBW(regval)          (BITS(8,11) & ((uint32_t)(regval) << 8))
#define DAC_WAVE_BIT_WIDTH_1    DWBW(0)      /*!< 噪声波信号的位宽为 1 */
#define DAC_WAVE_BIT_WIDTH_2    DWBW(1)      /*!< 噪声波信号的位宽为 2 */
#define DAC_WAVE_BIT_WIDTH_3    DWBW(2)      /*!< 噪声波信号的位宽为 3 */
#define DAC_WAVE_BIT_WIDTH_4    DWBW(3)      /*!< 噪声波信号的位宽为 4 */
#define DAC_WAVE_BIT_WIDTH_5    DWBW(4)      /*!< 噪声波信号的位宽为 5 */
#define DAC_WAVE_BIT_WIDTH_6    DWBW(5)      /*!< 噪声波信号的位宽为 6 */
#define DAC_WAVE_BIT_WIDTH_7    DWBW(6)      /*!< 噪声波信号的位宽为 7 */
#define DAC_WAVE_BIT_WIDTH_8    DWBW(7)      /*!< 噪声波信号的位宽为 8 */
#define DAC_WAVE_BIT_WIDTH_9    DWBW(8)      /*!< 噪声波信号的位宽为 9 */
#define DAC_WAVE_BIT_WIDTH_10   DWBW(9)      /*!< 噪声波信号的位宽为 10 */
#define DAC_WAVE_BIT_WIDTH_11   DWBW(10)     /*!< 噪声波信号的位宽为 11 */
#define DAC_WAVE_BIT_WIDTH_12   DWBW(11)     /*!< 噪声波信号的位宽为 12 */
```

例如，配置 DAC0 的噪声位宽为 1。

```
dac_wave_bit_width_config(DAC0,DAC_WAVE_BIT_WIDTH_1);
```

10. DAC LFSR 模式设置函数

```
void dac_lfsr_noise_config(uint32_t dac_periph, uint32_t unmask_bits);
```

功能：DAC LFSR 模式设置。是对 DAC 控制寄存器（DAC_CTL）中的 DWBW0［3:0］和 DWBW1［3:0］位进行配置。

参数 1：uint32_t dac_periph，见“1. DAC 使能/禁止函数”中的参数描述。

参数 2：uint32_t unmask_bits，噪声波的非屏蔽位宽。具体的宏定义如下：

```
#define DAC_LFSR_BIT0       DAC_WAVE_BIT_WIDTH_1  /*!<LFSR 模式位 0 非屏蔽 */
#define DAC_LFSR_BITS1_0    DAC_WAVE_BIT_WIDTH_2  /*!<LFSR 模式位[1:0] 非屏蔽*/
#define DAC_LFSR_BITS2_0    DAC_WAVE_BIT_WIDTH_3  /*!<LFSR 模式位[2:0] 非屏蔽 */
#define DAC_LFSR_BITS3_0    DAC_WAVE_BIT_WIDTH_4  /*!<LFSR 模式位[3:0] 非屏蔽 */
#define DAC_LFSR_BITS4_0    DAC_WAVE_BIT_WIDTH_5  /*!<LFSR 模式位[4:0] 非屏蔽 */
#define DAC_LFSR_BITS5_0    DAC_WAVE_BIT_WIDTH_6  /*!<LFSR 模式位[5:0] 非屏蔽 */
#define DAC_LFSR_BITS6_0    DAC_WAVE_BIT_WIDTH_7  /*!<LFSR 模式位[6:0] 非屏蔽 */
#define DAC_LFSR_BITS7_0    DAC_WAVE_BIT_WIDTH_8  /*!<LFSR 模式位[7:0] 非屏蔽 */
#define DAC_LFSR_BITS8_0    DAC_WAVE_BIT_WIDTH_9  /*!<LFSR 模式位[8:0] 非屏蔽 */
#define DAC_LFSR_BITS9_0    DAC_WAVE_BIT_WIDTH_10 /*!<LFSR 模式位[9:0] 非屏蔽 */
#define DAC_LFSR_BITS10_0   DAC_WAVE_BIT_WIDTH_11 /*!<LFSR 模式位[10:0]非屏蔽 */
#define DAC_LFSR_BITS11_0   DAC_WAVE_BIT_WIDTH_12 /*!<LFSR 模式位[11:0]非屏蔽 */
```

例如，配置 DAC0 的 LFSR 模式位 0 非屏蔽。

```
dac_lfsr_noise_config(DAC0, DAC_LFSR_BIT0);
```

11. DAC 三角波模式设置函数

```
void dac_triangle_noise_config(uint32_t dac_periph, uint32_t amplitude);
```

功能：DAC 三角波模式设置。是对 DAC 控制寄存器（DAC_CTL）中的 DWBW0［3:0］和 DWBW1［3:0］位进行配置。

参数 1：uint32_t dac_periph，见“1. DAC 使能/禁止函数”中的参数描述。

参数 2：uint32_t amplitude，三角波幅度。具体的宏定义如下：

```
#define DAC_TRIANGLE_AMPLITUDE_1 DAC_WAVE_BIT_WIDTH_1 /*!< 三角波幅度为 1 */
#define DAC_TRIANGLE_AMPLITUDE_3 DAC_WAVE_BIT_WIDTH_2 /*!< 三角波幅度为 3 */
#define DAC_TRIANGLE_AMPLITUDE_7 DAC_WAVE_BIT_WIDTH_3 /*!< 三角波幅度为 7 */
#define DAC_TRIANGLE_AMPLITUDE_15 DAC_WAVE_BIT_WIDTH_4 /*!< 三角波幅度为 15 */
#define DAC_TRIANGLE_AMPLITUDE_31 DAC_WAVE_BIT_WIDTH_5 /*!< 三角波幅度为 31 */
#define DAC_TRIANGLE_AMPLITUDE_63 DAC_WAVE_BIT_WIDTH_6 /*!< 三角波幅度为 63 */
#define DAC_TRIANGLE_AMPLITUDE_127 DAC_WAVE_BIT_WIDTH_7 /*!< 三角波幅度为 127 */
#define DAC_TRIANGLE_AMPLITUDE_255 DAC_WAVE_BIT_WIDTH_8 /*!< 三角波幅度为 255 */
#define DAC_TRIANGLE_AMPLITUDE_511 DAC_WAVE_BIT_WIDTH_9 /*!< 三角波幅度为 511 */
#define DAC_TRIANGLE_AMPLITUDE_1023 DAC_WAVE_BIT_WIDTH_10 /*!< 三角波幅度为 1023 */
#define DAC_TRIANGLE_AMPLITUDE_2047 DAC_WAVE_BIT_WIDTH_11 /*!< 三角波幅度为 2047 */
#define DAC_TRIANGLE_AMPLITUDE_4095 DAC_WAVE_BIT_WIDTH_12 /*!< 三角波幅度为 4095 */
```

例如，设置 DAC0 的三角波幅度为 1。

```
dac_triangle_noise_config(DAC0, DAC_TRIANGLE_AMPLITUDE_1);
```

12. 并发 DAC 模式使能/禁止函数

```
void dac_concurrent_enable(void);
void dac_concurrent_disable(void);
```

功能：并发 DAC 模式使能/禁止。是对 DAC 控制寄存器（DAC_CTL）中的 DEN0 和 DEN1 位进行置 1 或清 0 的操作。

例如，使能 DAC 的并发模式。

```
dac_concurrent_enable();
```

13. 并发 DAC 模式软件触发使能/禁止函数

```
void dac_concurrent_software_trigger_enable(void);
void dac_concurrent_software_trigger_disable(void);
```

功能：并发 DAC 模式软件触发使能/禁止。是对 DAC 软件触发寄存器（DAC_SWT）中的 SWTR0 和 SWTR1 位进行置 1 或清 0 的操作。

例如，使能并发 DAC 模式软件触发功能。

```
dac_concurrent_software_trigger_enable();
```

14. 并发 DAC 模式输出缓冲区使能/禁止函数

```
void dac_concurrent_output_buffer_enable(void);
void dac_concurrent_output_buffer_disable(void);
```

功能：并发 DAC 模式输出缓冲区使能/禁止。是对 DAC 控制寄存器（DAC_CTL）中的 DBOFF0 和 DBOFF1 位进行置 1 或清 0 的操作。

例如，使能并发 DAC 模式的输出缓冲区。

```
dac_concurrent_output_buffer_enable();
```

15. 并发 DAC 模式输出数据设置函数

```
void dac_concurrent_data_set(uint32_t dac_align, uint16_t data0, uint16_t data1);
```

功能：并发 DAC 模式输出数据设置。是对 DACC_R12DH、DACC_L12DH、DACC_R8DH 寄存器进行设置。

参数 1：uint32_t dac_align，并发 DAC 数据对齐模式。具体的宏参见“4.DAC 输出数据设置函数”的参数 1 描述。

参数 2：uint16_t data0，写入 DAC0 的数据。

参数 3：uint16_t data1，写入 DAC1 的数据。

例如，设置并发 DAC 数据为 0xFF。

```
dac_concurrent_data_set(DAC_ALIGN_8B_R, 0xff, 0xff);
```

11.7　基于库函数的应用实例

1. 实例要求

利用 DAC 的通道 1 设计一款能产生正弦波、三角波、锯齿波输出的低频信号源，输出频率在 0～10kHz 之间数字可调，输出幅度 0～3V 之间数字可调。

2. 电路图

设计的硬件电路如图 11-10 所示，DAC 通道 1 从 U1（GD32F303ZGT6）的 PA5 输出到 H1 端子上，按键 K1～K4 连接到 U1 的 PC0～PC3 引脚，其中 K1 和 K2 用于调整输出频率，K3 和 K4 用于调整输出幅度。LCD1（LCM1602）液晶显示模块的 DB0～DB7 引脚连接到 U1 的 PD0～PD7 引脚，LCD1 的 RS 和 E 引脚连接到 U1 的 PC11 和 PC12 引脚相连接。

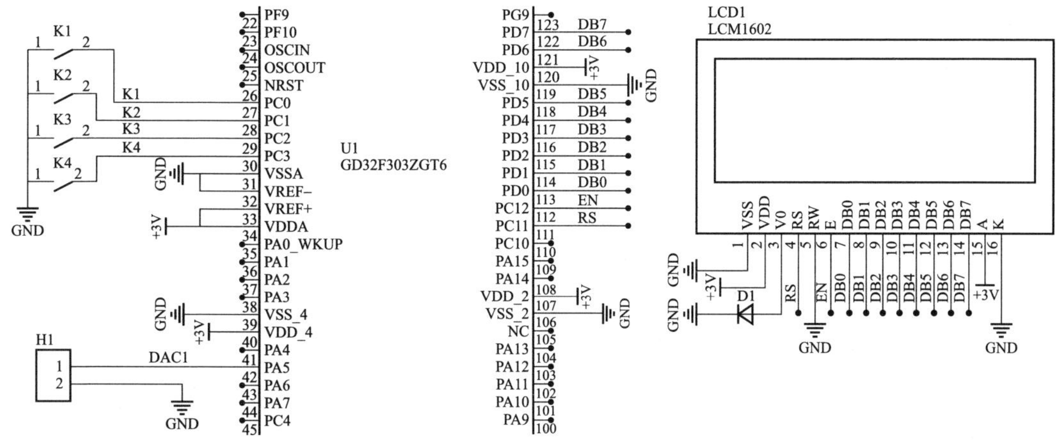

图 11-10　基于 DAC1 的低频信号源设计实例电路图

3. 程序实现

（1）按键 K1～K4 引脚的配置。

K1～K4 连接到 PC0～PC3 引脚，配置 PC0～PC3 为上拉输入模式。

```
void Key_Pin_Init(void)
{
    rcu_periph_clock_enable(RCU_GPIOC);          //使能 GPIOC 时钟
                                                 //配置 PC0～PC3 为上拉输入
    gpio_init(GPIOC,GPIO_MODE_IPU,GPIO_OSPEED_10MHZ,
           GPIO_PIN_0 | GPIO_PIN_1 | GPIO_PIN_2 | GPIO_PIN_3);
}
```

（2）LCM1602 引脚的配置。

LCD1 液晶显示模块的 DB0～DB7、RS 和 E 引脚分别连接在 U1 的 PD0～PD7、PC11 和 PC12 引脚上，需将这些引脚配置为推挽输出模式。

```
void LCM1602_Pin_Init(void)
{
    rcu_periph_clock_enable(RCU_GPIOC);          //使能 GPIOC 时钟
    //配置 PC11～PC12 为推挽输出,最大输出速度 50MHz
    gpio_init(GPIOC,GPIO_MODE_OUT_PP,GPIO_OSPEED_50MHZ,GPIO_PIN_11 | GPIO_PIN_12);
    rcu_periph_clock_enable(RCU_GPIOD);          //使能 GPIOD 时钟
    //配置 PD0～PD7 为推挽输出,最大输出速度 50MHz
    gpio_init(GPIOD,GPIO_MODE_OUT_PP,GPIO_OSPEED_50MHZ,GPIO_PIN_0 | GPIO_PIN_1 |
                                                 GPIO_PIN_2 | GPIO_PIN_3 |
                                                 GPIO_PIN_4 | GPIO_PIN_5 |
                                                 GPIO_PIN_6 | GPIO_PIN_7);
}
```

（3）LCM1602 液晶显示驱动程序。

LCM1602 液晶显示驱动包括 LCM1602 液晶模块的写命令和数据的时序模拟函数 LCM1602_Write( )和 LCM1602 的初始化函数 LCM1602_Init( )。函数的详细代码如下：

1）LCM1602_Write( )函数。

```
void LCM1602_Write(uint8_t rs,uint8_t val)
{
    for(int i=0;i<1000;i++);                     //简短延时
    RS(rs);
    EN(1);
    LCD(val);
    EN(0);
}
```

在 LCM1602_Write( )函数中：

参数 1：uint8_t rs，用于表示当前对 LCM1602 操作的是指令还是数据。当 rs=1 时，操作是指令；当 rs=0 时，操作的是数据。该参数直接操作 LCD1 模块的 RS 引脚电平。相当于：当 rs=1 时，RS 引脚是高电平，操作的是指令；当 rs=0 时，RS 引脚是低电平，操作的是数据。

参数 2：uint8_t val，用于表示当前操作 LCM1602 模块的内容是指令还是数据。

RS( )、EN( )和 LCD( )是操作 LCD 液晶显示模拟引脚电平状态的宏定义，详细的宏定义如下：

```
#define RS(x) (x)?gpio_bit_set(GPIOC,GPIO_PIN_11):gpio_bit_reset(GPIOC,GPIO_PIN_11)
```

```
#define EN(x) (x)?gpio_bit set(GPIOC,GPIO PIN_12):gpio_bit reset(GPIOC,GPIO PIN_12)
#define LCD(x)  gpio_port_write(GPIOD,x << 0)
```

其中，RS（x）是 PC11 引脚电平状态的操作，EN（x）是 PC12 引脚电平状态的操作，LCD（x）是 GPIOD 的 PD0～PD7 引脚电平状态的操作。

2）LCM1602_Init( )函数。

```
void LCM1602_Init(void)
{
    LCM1602_Write(CMD,0x38);            //--- 显示模式设置 ---
    LCM1602_Write(CMD,0x08);            //--- 显示关闭 ---
    LCM1602_Write(CMD,0x06);            //--- 显示光标移动设置 ---
    LCM1602_Write(CMD,0x0C);            //--- 显示开及光标设置 ---
    LCM1602_Write(CMD,0x01);            //--- 清屏设置 ---
    for(int i=0;i<100000;i++);
}
```

其中，CMD 为定义的宏，具体的宏定义如下：

```
#define CMD 1                           //操作的是命令
#define DAT 0                           //操作的是数据
```

（4）LCM1602 液晶显示函数。

1）字符显示函数 LCM1602_DisplayChar( )。

```
void LCM1602_DisplayChar(uint8_t x,uint8_t y,uint8_t ch)
{
    if(0 == x){//第 1 行
        LCM1602_Write(CMD,0x80 + y);    //送当前光标位置
    }
    else{//第 2 行
        LCM1602_Write(CMD,0xC0 + y);    //送当前光标位置
    }
    LCM1602_Write(DAT,ch);              //送当前光标位置显示的内容
}
```

在 LCM1602_DisplayChar( )函数中，参数 x 和 y 是当前光标处显示位置的坐标，ch 为待显示的字符内容。

2）字符串显示函数 LCM1602_DisplayString( )。

```
void LCM1602_DisplayString(uint8_t x,uint8_t y,uint8_t *str)
{
    while(*str){
        LCM1602_DisplayChar(x,y++,*str++);
        if(y == 16){
            y = 0;
            x++;
        }
    }
}
```

在 LCM1602_DisplayString( )函数中，参数 x 和 y 是当前光标处显示位置的坐标，*str 为待显示的字符串内容。

(5) DAC 初始化。

DAC 初始化主要包括 DAC 时钟和 DAC 通道 1 使能。

```
void DAC1_Init(void)
{
    rcu_periph_clock_enable(RCU_GPIOA);                    //使能 GPIOA 时钟
    gpio_init(GPIOA,GPIO_MODE_AIN,GPIO_OSPEED_10MHZ,GPIO_PIN_5);
                                                           //PA5 为模拟引脚
    rcu_periph_clock_enable(RCU_DAC);                      //使能 DAC 时钟
    dac_enable(DAC1);//使能 DAC1 通道
}
```

(6) 定时器 TIMER0 的参数配置。

定时器 TIMER0 配置为基本定时模式，并使能定时器 TIMER0 更新中断。

```
void TIMER0_Timer_Init(void)
{
    timer_parameter_struct initpara;
    rcu_periph_clock_enable(RCU_TIMER0);                   //使能 TIMER0 时钟
    initpara.prescaler         = 1 - 1;                    //分频系数
    initpara.period            = 1200 - 1;                 //计数溢出自动重载值
    initpara.alignedmode       = TIMER_COUNTER_EDGE;       //边沿计数方式
    initpara.counterdirection  = TIMER_COUNTER_UP;         //向上方向
    initpara.clockdivision     = TIMER_CKDIV_DIV1;
    initpara.repetitioncounter = 0U;
    timer_init(TIMER0,&initpara);                          //调用定时器初始化
    timer_interrupt_enable(TIMER0,TIMER_INT_UP); //使能定时器 TIMER0 的更新中断
    nvic_irq_enable(TIMER0_UP_TIMER9_IRQn,0,0); //使能定时器 TIMER0 的中断向量
timer_enable(TIMER0);//定时器 TIMER0 使能
}
```

(7) 波形数据初始化。

将 100 个点正弦波、三角波、锯齿波初始化数据存放在相应的数组中。

```
#define NN  100
int16_t Sel;
int16_t Index;
uint16_t SinBuffer[NN] ;
uint16_t TriBuffer[NN] ;
uint16_t SawBuffer[NN] ;

#define PI  3.1415926
void WaveBuffer_Init(void)
{
    int32_t i;
    for(i=0;i<NN;i++){
        SinBuffer[i]= 2048 * (1 + sin(2 * PI * i / NN));
        SawBuffer[i]= i * 4095 / NN;
    }
    for(i=0;i<NN/2;i++){
        TriBuffer[i]= i * 4095 / NN / 2;
    }
    for(i=0;i<NN/2;i++){
```

```
        TriBuffer[i + NN / 2]= (NN - i) * 4095 / NN / 2;
    }
}
```

（8）定时器 TIMER0 中断服务程序。

定时器 TIMER0 中断服务程序用于更新每个点的 DAC 数据。

```
void TIMER0_UP_TIMER9_IRQHandler(void)
{
    if(RESET != timer_interrupt_flag_get(TIMER0,TIMER_INT_FLAG_UP)){
        timer_interrupt_flag_clear(TIMER0,TIMER_INT_FLAG_UP);
        switch(Sel){
            case 0:
                dac_data_set(DAC1,DAC_ALIGN_12B_R,(int32_t)SinBuffer[Index]*
amp / 256);
                break;
            case 1:
                dac_data_set(DAC1,DAC_ALIGN_12B_R,(int32_t)TriBuffer[Index]*
amp / 256);
                break;
            case 2:
                dac_data_set(DAC1,DAC_ALIGN_12B_R,(int32_t)SawBuffer[Index]*
amp / 256);
                break;
        }
        if(++Index >= NN)Index = 0;
    }
}
```

（9）按键识别。

通过调用 gd32f30x_gpio.h 头文件中的 gpio_input_bit_get( )函数来获取连接按键的 GPIO 引脚的电平状态。若相应的 GPIO 引脚为低电平则表示连接在该引脚的按键被按下，通过去按键抖动，再次判断是否为该引脚的按键按下后，置已按下标志，并返回按键已按下的状态。当按键释放时，若是上次处于已按下的标志状态则返回按键已释放的状态，其他的时候全部返回按键未按的状态。详细的按键识别程序写在 KeyScan( )函数中。

KeyScan( )函数详细代码如下：

```
int32_t KeyScan(int32_t PIN,int32_t* kCnt)
{
    int32_t k = PIN;                    //获取按键状态
    if((0 == k) && (999999 != *kCnt) && (++*kCnt > 10000)){
                                        //判断是否符合按下条件
        if(0 == k){                     //判断是真得按下
            *kCnt = 999999;             //置已经按下标志
            return KEYPRESSED;          //返回按下状态
        }
    }
    else if(0 != k){//判断按键处于断开状态
        if(999999 == *kCnt){            //判断是上次按下的标志
            *kCnt = 0;                  //清按键计数清 0
```

```
            return KEYRELEASED;         //返回释放状态
        }
    }
    return KEYUNPRESSED;                //返回无效状态
}
```

KeyScan( )函数两个输入参数分别是：

参数 1：int32_t PIN，是按键所处引脚的电平状态。该参数的值来源于 gpio_input_bit_get( )函数返回的该引脚连接的按键是否按下的电平状态。

参数 2：int32_t* kCnt，是变量指针类型，传变量地址。该参数是用于统计计数值是否超过指定的数值作为判断按键是否按下的标志信息。

KeyScan( )函数中使用到的一些宏定义如下：

```
#define KEYPRESSED      0               //表示按键为按下状态
#define KEYRELEASED     1               //表示按键为释放状态
#define KEYUNPRESSED    -1              //表示无按键操作状态
```

（10）main 主程序。

在 main( )函数实现的内容如下：

1）调用 Key_Pin_Init( )函数完成按键 K1～K4 的初始化。

2）调用 LCM1602_Pin_Init( )函数完成 LCM1602 液晶显示驱动引脚的初始化。

3）调用 LCM1602_Init( )函数完成 LCM1602 液晶显示初始化。

4）调用 DAC1_Init( )函数完成 DAC 的通道 1 初始化。

5）调用 TIMER0_Timer_Init( )函数完成定时器 TIMER0 的基本定时初始化。

6）调用 WaveBuffer_Init( )函数完成波形数据初始化。

7）在 while（1）无限循环中实现按键识别并执行频率调节和幅度调节的处理。

```
#define K1  gpio_input_bit_get(GPIOC,GPIO_PIN_0)
#define K2  gpio_input_bit_get(GPIOC,GPIO_PIN_1)
#define K3  gpio_input_bit_get(GPIOC,GPIO_PIN_2)
#define K4  gpio_input_bit_get(GPIOC,GPIO_PIN_3)
int32_t K1Cnt,K2Cnt,K3Cnt,K4Cnt;
int32_t freq = 1000;
int32_t amp = 256;
#define MM  1200000 / freq
int8_t LCD_FREQ[]= {"FREQ:1000"};
int8_t LCD_AMP[]  = {"AMP :256"};

int main(void)
{
    Key_Pin_Init();
    LCM1602_Pin_Init();
    LCM1602_Init();
    DAC1_Init();
    WaveBuffer_Init();
    TIMER0_Timer_Init();
    timer_autoreload_value_config(TIMER0,MM - 1);
    while(1)
```

```
{
    //按键 K1 程序段,频率加
    if(KEYPRESSED == KeyScan(K1,&K1Cnt)){
        if(freq <= 100){
            freq ++;
        }
        else if(freq <= 1000){
            freq /= 10;
            freq++;
            freq *= 10;
        }
        else{
            freq /= 100;
            freq++;
            freq *= 100;
            if(freq > 10000)freq = 10000;
        }
        timer_autoreload_value_config(TIMER0,MM - 1);
        sprintf((char *)LCD_FREQ,"FREQ:%4d",freq);
        LCM1602_DisplayString(0,0,(unsigned char *)LCD_FREQ);
    }
    //按键 K2 程序段,频率减
    if(KEYPRESSED == KeyScan(K2,&K2Cnt)){
        if(freq <= 100){
            freq --;
            if(freq < 1)freq = 1;
        }
        else if(freq <= 1000){
            freq /= 10;
            freq--;
            freq *= 10;
        }
        else{
            freq /= 100;
            freq--;
            freq *= 100;
        }
        timer_autoreload_value_config(TIMER0,MM - 1);
        sprintf((char *)LCD_FREQ,"FREQ:%4d",freq);
        LCM1602_DisplayString(0,0,(unsigned char *)LCD_FREQ);
    }
    //按键 K3 程序段,幅度加
    if(KEYPRESSED == KeyScan(K3,&K3Cnt)){
        amp ++;
        if(amp >= 256)amp = 256;
        sprintf((char *)LCD_AMP,"AMP :%4d",amp);
        LCM1602_DisplayString(1,0,(unsigned char *)LCD_AMP);
    }
    //按键 K4 程序段,幅度减
    if(KEYPRESSED == KeyScan(K4,&K4Cnt)){
```

```
            amp --;
            if(amp <= 0)amp = 0;
            sprintf((char *)LCD_AMP,"AMP :%4d",amp);
            LCM1602_DisplayString(1,0,(unsigned char *)LCD_AMP);
        }
    }
}
```

第 12 章 DMA

12.1 DMA 概 述

DMA（Direct Memory Access，直接存储器存取）是一种可以大大减轻 CPU 工作量的数据存取方式，因而被广泛地使用。

DMA 的作用是实现数据的直接传输，用于在外设与存储器之间以及存储器与存储器之间提供高速数据传输。DMA 操作可以在无须 CPU 操作的情况下快速移动数据，从而解放 CPU 资源以用于其他操作。DMA 使 CPU 更专注于计算、控制等。

DMA 传输支持 4 种情况的数据传输：外设到存储器的传输、存储器到外设的传输、存储器到存储器的传输和外设到外设的传输。

当用户将源地址、目标地址、传输数据量这 3 个参数设置好，DMA 控制器就会启动数据传输，传输的终点就是剩余传输数据量为 0。只要剩余传输数据量不为 0，而且 DMA 处于启动状态，那么就会发生数据传输。

GD32F30X 系列微控制器集成的 DMA 控制器具有 12 个通道（DMA0 有 7 个通道，DMA1 有 5 个通道）。每个通道都是专门用来处理一个或多个外设的存储器访问请求的。DMA 控制器内部实现了一个仲裁器，用来仲裁多个 DMA 请求的优先级。

12.1.1 DMA 特性

GD32F30X 系列微控制器的 DMA 主要特性如下：传输数据长度可编程配置，最大到 65536；12 个通道，并且每个通道都可配置（DMA0 有 7 个通道，DMA1 有 5 个通道）；AHB 和 APB 外设，片上闪存和 SRAM 都可以作为访问的源端和目的端；每个通道连接固定的硬件 DMA 请求；支持软件优先级（低、中、高、极高）和硬件优先级（通道号越低，优先级越高）；存储器和外设的数据传输宽度可配置：字节，半字，字；存储器和外设的数据传输支持固定寻址和增量式寻址；支持循环传输模式；支持外设到存储器，存储器到外设，存储器到存储器的数据传输；每个通道有 3 种类型的事件标志和独立的中断；支持中断的使能和清除。

GD32F30X 系列微控制器的 DMA 控制器有 4 个部分组成：AHB 从接口配置 DMA；AHB 主接口进行数据传输；仲裁器进行 DMA 请求的优先级管理；数据处理和计数。

结构示意图如图 12-1 所示。

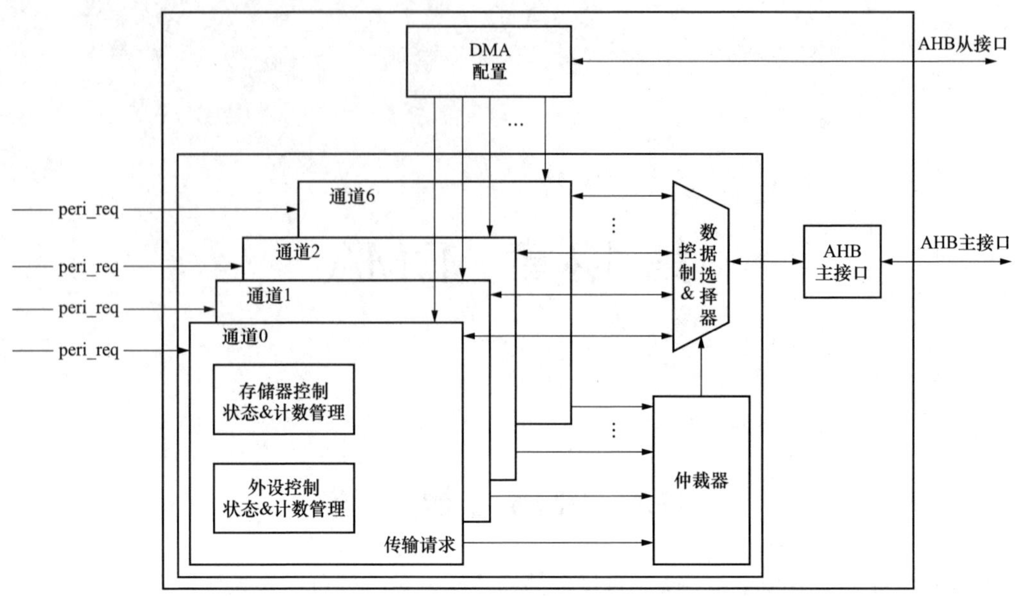

图 12-1　GD32F30X 系列微控制器的 DMA 结构示意图

12.1.2 DMA 功能描述

1. DMA 操作

DMA 传输分为两步操作：从源地址读取数据，之后将读取的数据存储到目的地址。DMA 控制器基于通道 x 外设基地址寄存器（DMA_CHxPADDR）、通道 x 存储器基地址寄存器（DMA_CHxMADDR）、通道 x 控制寄存器（DMA_CHxCTL）的值计算下一次操作的源/目的地址。通道 x 计数寄存器（DMA_CHxCNT）用于控制传输的次数。通道 x 控制寄存器（DMA_CHxCTL）中的 PWIDTH[1:0]和 MWIDTH[1:0]位域决定每次发送和接收的字节数（字节/半字/字）。

假设通道 x 计数寄存器（DMA_CHxCNT)的值为 4，并且通道 x 控制寄存器（DMA_CHxCTL）中的 PNAGA 和 MNAGA 位均被置 1。结合通道 x 控制寄存器（DMA_CHxCTL）中的 PWIDTH[1:0]和 MWIDTH[1:0]的各种配置，DMA 传输的操作详表如表 12-1 所示。

表 12-1　　DMA 传 输 操 作

传输宽度		传输操作	
源	目标	源	目标
32 位	32 位	1：Read B3B2B1B0［31:0］@0x0 2：Read B7B6B5B4［31:0］@0x4 3：Read BBBAB9B8［31:0］@0x8 4：Read BFBEBDBC［31:0］@0xC	1：Write B3B2B1B0［31:0］@0x0 2：Write B7B6B5B4［31:0］@0x4 3：Write BBBAB9B8［31:0］@0x8 4：Write BFBEBDBC［31:0］@0xC
32 位	16 位	1：Read B3B2B1B0［31:0］@0x0 2：Read B7B6B5B4［31:0］@0x4 3：Read BBBAB9B8［31:0］@0x8 4：Read BFBEBDBC［31:0］@0xC	1：Write B1B0［7:0］@0x0 2：Write B5B4［7:0］@0x2 3：Write B9B8［7:0］@0x4 4：Write BDBC［7:0］@0x6

续表

传输宽度		传输操作	
32 位	8 位	1：Read B3B2B1B0［31:0］@0x0 2：Read B7B6B5B4［31:0］@0x4 3：Read BBBAB9B8［31:0］@0x8 4：Read BFBEBDBC［31:0］@0xC	1：Write B0［7:0］@0x0 2：Write B4［7:0］@0x1 3：Write B8［7:0］@0x2 4：Write BC［7:0］@0x3
16 位	32 位	1：Read B1B0［15:0］@0x0 2：Read B3B2［15:0］@0x2 3：Read B5B4［15:0］@0x4 4：Read B7B6［15:0］@0x6	1：Write 0000B1B0［31:0］@0x0 2：Write 0000B3B2［31:0］@0x4 3：Write 0000B5B4［31:0］@0x8 4：Write 0000B7B6［31:0］@0xC
16 位	16 位	1：Read B1B0［15:0］@0x0 2：Read B3B2［15:0］@0x2 3：Read B5B4［15:0］@0x4 4：Read B7B6［15:0］@0x6	1：Write B1B0［15:0］@0x0 2：Write B3B2［15:0］@0x2 3：Write B5B4［15:0］@0x4 4：Write B7B6［15:0］@0x6
16 位	8 位	1：Read B1B0［15:0］@0x0 2：Read B3B2［15:0］@0x2 3：Read B5B4［15:0］@0x4 4：Read B7B6［15:0］@0x6	1：Write B0［7:0］@0x0 2：Write B2［7:0］@0x1 3：Write B4［7:0］@0x2 4：Write B6［7:0］@0x3
8 位	32 位	1：Read B0［7:0］@0x0 2：Read B1［7:0］@0x1 3：Read B2［7:0］@0x2 4：Read B3［7:0］@0x3	1：Write 000000B0［31:0］@0x0 2：Write 000000B1［31:0］@0x4 3：Write 000000B2［31:0］@0x8 4：Write 000000B3［31:0］@0xC
8 位	16 位	1：Read B0［7:0］@0x0 2：Read B1［7:0］@0x1 3：Read B2［7:0］@0x2 4：Read B3［7:0］@0x3	1：Write 00B0［15:0］@0x0 2：Write 00B1［15:0］@0x2 3：Write 00B2［15:0］@0x4 4：Write 00B3［15:0］@0x6
8 位	8 位	1：Read B0［7:0］@0x0 2：Read B1［7:0］@0x1 3：Read B2［7:0］@0x2 4：Read B3［7:0］@0x3	1：Write B0［7:0］@0x0 2：Write B1［7:0］@0x1 3：Write B2［7:0］@0x2 4：Write B3［7:0］@0x3

通道 x 计数寄存器（DMA_CHxCNT）中的 CNT[15:0]位域必须在通道 x 控制寄存器（DMA_CHxCTL）中的 CHEN 位被置 1 之前完成配置，其控制传输的次数。在传输过程中，通道 x 计数寄存器（DMA_CHxCNT）中的 CNT[15:0]位域的值表示还有多少次数据传输将被执行。

将通道 x 控制寄存器（DMA_CHxCTL）中的 CHEN 位清零，可以停止 DMA 传输。

若通道 x 控制寄存器（DMA_CHxCTL）中的 CHEN 位被清零时 DMA 传输还未完成，重新使能 CHEN 位将分两种情况：

（1）在重新使能 DMA 通道前，未对该通道的相关寄存器进行操作，则 DMA 将继续完成上次的传输。

（2）在重新使能 DMA 通道前，对任意相关寄存器进行了操作，则 DMA 将开始一次新的传输。

若清零 CHEN 位时，DMA 传输已经完成，之后未对任意寄存器进行操作前便使能 DMA 通道，则不会触发任何 DMA 传输。

2. 外设握手

为了保证数据的有效传输，DMA 控制器中引入了外设和存储器的握手机制，包括：

（1）请求信号：由外设发出，表明外设已经准备好发送或接收数据；

(2) 应答信号：由 DMA 控制器响应，表明 DMA 控制器已经发送 AHB 命令去访问外设。DMA 控制器与外设之间的握手机制如图 12-2 所示。

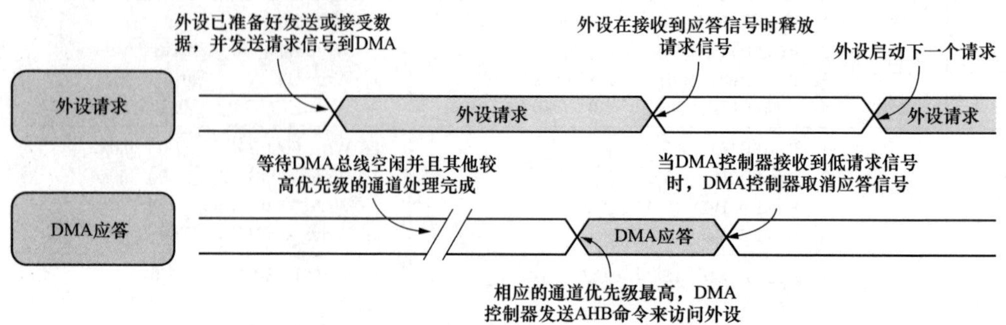

图 12-2 DMA 控制器与外设之间的握手机制

3. 仲裁

当 DMA 控制器在同一时间接收到多个外设请求时，仲裁器将根据外设请求的优先级来决定响应哪一个外设请求。优先级规则如下：

（1）软件优先级：分为 4 级，低，中，高和极高。可以通过通道 x 控制寄存器（DMA_CHxCTL）中的 PRIO[1:0]位域来配置。

（2）硬件优先级：当通道具有相同的软件优先级时，编号低的通道优先级高。例：通道 0 和通道 2 配置为相同的软件优先级时，通道 0 的优先级高于通道 2。

4. 地址生成

存储器和外设都独立的支持两种地址生成算法：固定模式和增量模式。通道 x 控制寄存器（DMA_CHxCTL）中的 PNAGA 和 MNAGA 位用来设置存储器和外设的地址生成算法。

在固定模式中，地址一直固定为初始化的基地址（DMA_CHxPADDR，DMA_CHxMADDR）。

在增量模式中，下一次传输数据的地址是当前地址加 1（或者 2，4），这个值取决于数据传输宽度。

5. 循环模式

循环模式用来处理连续的外设请求（如 ADC 扫描模式）。将通道 x 控制寄存器（DMA_CHxCTL）中的 CMEN 位给置 1 可以使能循环模式。

在循环模式中，当每次 DMA 传输完成后，通道 x 计数寄存器（DMA_CHxCNT）中的 CNT[15:0]值会被重新载入，且传输完成标志位会被置 1。DMA 会一直响应外设的请求，直到通道使能位（通道 x 控制寄存器（DMA_CHxCTL）中的 CHEN 位）被清 0。

6. 存储器到存储器模式

将通道 x 控制寄存器（DMA_CHxCTL）中的 M2M 位给置 1 可以使能存储器到存储器模式。在此模式下，DMA 通道传输数据时不依赖外设的请求信号。一旦通道 x 控制寄存器（DMA_CHxCTL）中的 CHEN 位被置 1，DMA 通道就立即开始传输数据，直到通道 x 计数寄存器（DMA_CHxCNT）中的 CNT[15:0]的值达到 0，DMA 通道才会停止。

12.1.3 通道配置

要启动一次新的 DMA 数据传输，建议遵循以下步骤进行操作：

(1) 读取通道 x 控制寄存器（DMA_CHxCTL）中的 CHEN 位，如果为 1（通道已使能），

清零该位。当通道 x 控制寄存器（DMA_CHxCTL）中的 CHEN 为 0 时，按照下列步骤配置 DMA 开始新的传输。

（2）配置通道 x 控制寄存器（DMA_CHxCTL）中的 M2M 及 DIR 位，选择传输模式。

（3）配置通道 x 控制寄存器（DMA_CHxCTL）中的 CMEN 位，选择是否使能循环模式。

（4）配置通道 x 控制寄存器（DMA_CHxCTL）中的 PRIO 位域，选择该通道的软件优先级。

（5）通过通道 x 控制寄存器（DMA_CHxCTL）配置存储器和外设的传输宽度以及存储器和外设地址生成算法。

（6）通过通道 x 控制寄存器（DMA_CHxCTL）配置传输完成中断，半传输完成中断，传输错误中断的使能位。

（7）通过通道 x 外设基地址寄存器（DMA_CHxPADDR）配置外设基地址。

（8）通过通道 x 存储器基地址寄存器（DMA_CHxMADDR）配置存储器基地址。

（9）通过通道 x 计数寄存器（DMA_CHxCNT）配置数据传输总量。

（10）将通道 x 控制寄存器（DMA_CHxCTL）中的 CHEN 位置 1，使能 DMA 通道。

12.1.4 DMA 请求映射

多个外设请求被映射到同一个 DMA 通道。这些请求信号在经过逻辑或后进入 DMA。图 12-3 和图 12-4 分别给出了 DMA0 和 DMA1 多个外设请求映射关系。通过配置对应外设的寄存器，每个外设的请求均可以独立的开启或关闭。用户必须确保同一时间，在同一个通道上仅有一个外设的请求被开启。表 12-2 和表 12-3 分别列举出了 DMA0 和 DMA1 的每个通道所支持的外设请求。

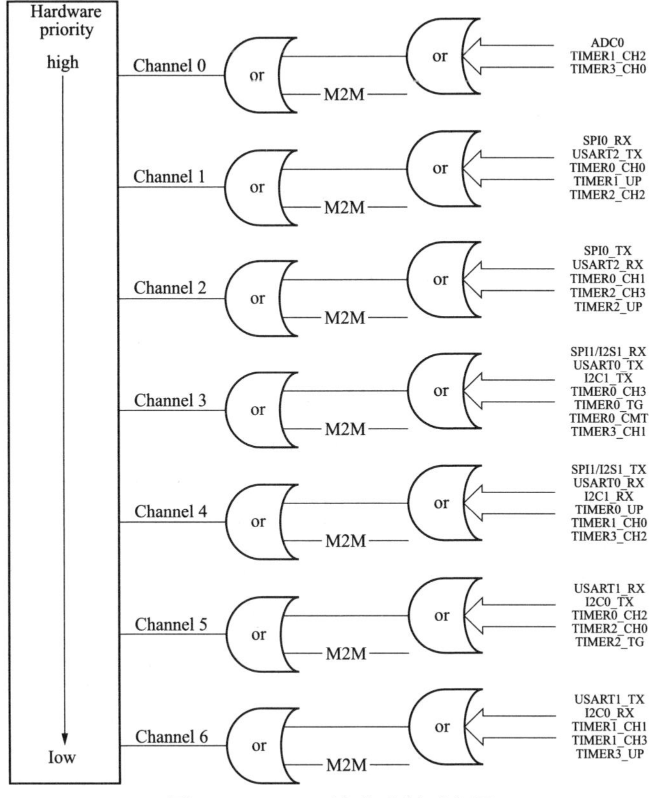

图 12-3　DMA0 请求映射示意图

表 12-2　　DMA0 各通道请求表

Peripheral	Channel0	Channel1	Channel2	Channel3	Channel4	Channel5	Channel6
TIMER0	●	TIMER0_CH0	TIMER0_CH1	TIMER0_CH3 TIMER0_TG TIMER0_CMT	TIMER0_UP	TIMER0_CH2	●
TIMER1	TIMER1_CH2	TIMER1_UP	●	●	TIMER1_CH0	●	TIMER1_CH1 TIMER1_CH3
TIMER2	●	TIMER2_CH2	TIMER2_CH3 TIMER2_UP	●	●	TIMER2_CH0 TIMER2_TG	●
TIMER3	TIMER3_CH0	●	●	TIMER3_CH1	TIMER3_CH2	●	TIMER3_UP
ADC0	ADC0	●	●	●	●	●	●
SPI/I2S	●	SPI0_RX	SPI0_TX	SPI1/I2S1_RX	SPI1/I2S1_TX	●	●
USART	●	USART2_TX	USART2_RX	USART0_TX	USART0_RX	USART1_RX	USART1_TX
I2C	●	●	●	I2C1_TX	I2C1_RX	I2C0_TX	I2C0_RX

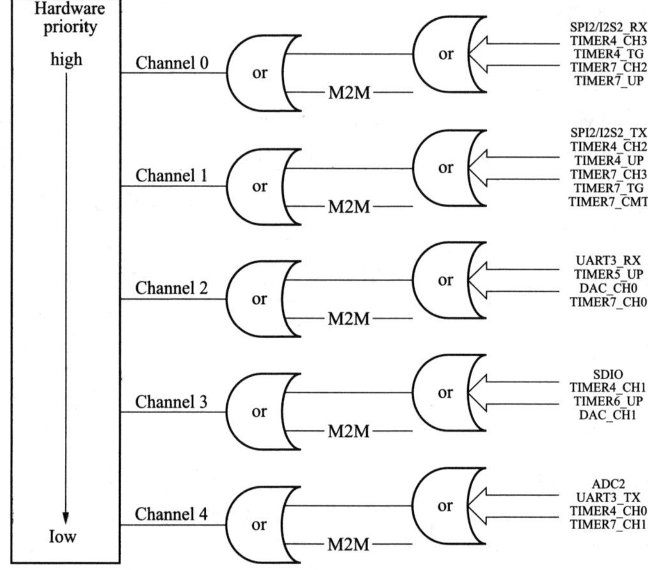

图 12-4　DMA1 请求映射示意图

表 12-3　　DMA1 各通道请求表

Peripheral	Channel0	Channel1	Channel2	Channel3	Channel4
TIMER4	TIMER4_CH3 TIMER4_TG	TIMER4_CH2 TIMER4_UP	●	TIMER4_CH1	TIMER4_CH0
TIMER5	●	●	TIMER5_UP	●	●
TIMER6	●	●	●	TIMER6_UP	●
TIMER7	TIMER7_CH2 TIMER7_UP	TIMER7_CH3 TIMER7_TG TIMER7_CMT	TIMER7_CH0	●	TIMER7_CH1
ADC2	●	●	●	●	ADC2

续表

Peripheral	Channel0	Channel1	Channel2	Channel3	Channel4
DAC	●	●	DAC_CH0	DAC_CH1	●
SPI/I2S	SPI2/I2S2_RX	SPI2/I2S2_TX	●	●	●
UART	●	●	UART3_RX	●	UART3_TX
SDIO	●	●	●	SDIO	●

12.1.5 DMA 中断

每个 DMA 通道都有一个专用的中断。中断事件有三种类型：传输完成，半传输完成和传输错误。

每一个中断事件在中断标志位寄存器（DMA_INTF）中有专用的标志位，在中断标志位清除寄存器（DMA_INTC）中有专用的清除位，在通道 x 控制寄存器（DMA_CHxCTL）中有专用的使能位。表 12-4 列出了 DMA 中断事件的对应关系。

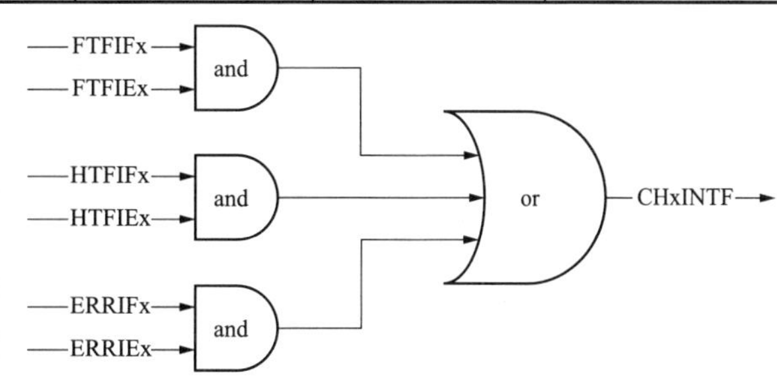

图 12-5 DMA 中断逻辑示意图

DMA 中断逻辑如图 12-5 所示，任何类型中断使能时，产生了相应中断事件均会产生中断。

注意：“x”表示通道数（DMA0 对应 x=0...6；DMA1 对应 x=0...4）。

表 12-4 中断事件

中断事件	标志位	清除位	使能位
	DMA_INTF	DMA_INTC	DMA_CHxCTL
传输完成	FTFIF	FTFIFC	FTFIE
半传输完成	HTFIF	HTFIFC	HTFIE
传输错误	ERRIF	ERRIFC	ERRIE

12.1.6 与 NVIC 相关的 DMA 中断

以 GD32F303ZGT6 微控制器为例，所有 DMA 中断向量如表 12-5 所示。

表 12-5 GD32F303ZGT6 微控制器的 DMA 中断向量表

中断编号	在 gd32f30x.h 头文件中定义的宏	优先级	优先级类型	startup_gd32f30x_xd.s 文件中声明的中断服务程序名称	向量地址	描述
11	DMA0_Channel0_IRQn	27	可编程	DMA0_Channel0_IRQHandler	0x0000006C	DMA0 通道 0 中断
12	DMA0_Channel1_IRQn	28	可编程	DMA0_Channel1_IRQHandler	0x00000070	DMA0 通道 1 中断
13	DMA0_Channel2_IRQn	29	可编程	DMA0_Channel2_IRQHandler	0x00000074	DMA0 通道 2 中断
14	DMA0_Channel3_IRQn	30	可编程	DMA0_Channel3_IRQHandler	0x00000078	DMA0 通道 3 中断
15	DMA0_Channel4_IRQn	31	可编程	DMA0_Channel4_IRQHandler	0x0000007C	DMA0 通道 4 中断
16	DMA0_Channel5_IRQn	32	可编程	DMA0_Channel5_IRQHandler	0x00000080	DMA0 通道 5 中断
17	DMA0_Channel6_IRQn	33	可编程	DMA0_Channel6_IRQHandler	0x00000084	DMA0 通道 6 中断

续表

中断编号	在 gd32f30x.h 头文件中定义的宏	优先级	优先级类型	startup_gd32f30x_xd.s 文件中声明的中断服务程序名称	向量地址	描述
56	DMA1_Channel0_IRQn	72	可编程	DMA1_Channel0_IRQHandler	0x00000120	DMA1 通道 0 中断
57	DMA1_Channel1_IRQn	73	可编程	DMA1_Channel1_IRQHandler	0x00000124	DMA1 通道 1 中断
58	DMA1_Channel2_IRQn	74	可编程	DMA1_Channel2_IRQHandler	0x00000128	DMA1 通道 2 中断
59	DMA1_Channel3_Channel4_IRQn	75	可编程	DMA1_Channel3_4_IRQHandler	0x0000012C	DMA1 通道 3 和 4 中断

在表 12-5 中，定义在 gd32f30x.h 头文件中的中断向量的宏是 nvic_irq_enable( )函数初始化该中断的向量编号，中断向量的优先级是可编程的。

例如，配置 DMA0 通道 0 中断向量（被宏定义在 gd32f30x.h 头文件中）的 C 语句为：

```
nvic_irq_enable(DMA0_Channel0_IRQn,0,0);
```

对应的 DMA0 通道 0 中断服务程序函数（被声明在 startup_gd32f30x_xd.s 文件中）为：

```
void DMA0_Channel0_IRQHandler(void)
{
;
}
```

12.2 DMA 寄存器

12.2.1 DMA 寄存器简介

DMA 寄存器列表如表 12-6 所示。

表 12-6　　DMA 寄存器表

偏移地址	名称	类型	复位值	说　明
0x00	DMA_INTF	只读	0x0000 0000	DMA 中断标志寄存器（详见表 12-7）
0x04	DMA_INTC	只写	0x0000 0000	DMA 中断标志位清除寄存器（详见表 12-8）
0x08+0x14×x	DMA_CHxCTL	读写	0x0000 0000	DMA 通道 x 控制寄存器（详见表 12-9）
0x0C+0x14×x	DMA_CHxCNT	读写	0x0000 0000	DMA 通道 x 计数寄存器（详见表 12-10）
0x10+0x14×x	DMA_CHxPADDR	读写	0x0000 0000	DMA 通道 x 外设基地址寄存器（详见表 12-11）
0x14+0x14×x	DMA_CHxMADDR	读写	0x0000 0000	DMA 通道 x 存储器基地址寄存器（详见表 12-12）

与表 12-6 相关的 DMA 寄存器操作的宏都被定义在 gd32f30x_dma.h 头文件中。

```
#define DMA_INTF(dmax)  REG32((dmax) + 0x00U)   /*!< DMA 中断标志寄存器 */
#define DMA_INTC(dmax)  REG32((dmax) + 0x04U)   /*!< DMA 中断标志清除寄存器 */

#define DMA_CH0CTL(dmax)  REG32((dmax) + 0x08U) /*!< DMA 通道 0 控制寄存器 */
#define DMA_CH0CNT(dmax)  REG32((dmax) + 0x0CU) /*!< DMA 通道 0 计数寄存器 */
#define DMA_CH0PADDR(dmax) REG32((dmax) + 0x10U) /*!< DMA 通道 0 外设基地址寄存器 */
#define DMA_CH0MADDR(dmax) REG32((dmax) + 0x14U) /*!< DMA 通道 0 存储器基地址寄存器 */
```

```
#define DMA_CH1CTL(dmax)   REG32((dmax) + 0x1CU) /*!< DMA 通道 1 控制寄存器 */
#define DMA_CH1CNT(dmax)   REG32((dmax) + 0x20U) /*!< DMA 通道 1 计数寄存器 */
#define DMA_CH1PADDR(dmax) REG32((dmax) + 0x24U) /*!< DMA 通道 1 外设基地址寄存器 */
#define DMA_CH1MADDR(dmax) REG32((dmax) + 0x28U) /*!< DMA 通道 1 存储器基地址寄存器 */

#define DMA_CH2CTL(dmax)   REG32((dmax) + 0x30U) /*!< DMA 通道 2 控制寄存器 */
#define DMA_CH2CNT(dmax)   REG32((dmax) + 0x34U) /*!< DMA 通道 2 计数寄存器 */
#define DMA_CH2PADDR(dmax) REG32((dmax) + 0x38U) /*!< DMA 通道 2 外设基地址寄存器 */
#define DMA_CH2MADDR(dmax) REG32((dmax) + 0x3CU) /*!< DMA 通道 2 存储器基地址寄存器 */

#define DMA_CH3CTL(dmax)   REG32((dmax) + 0x44U) /*!< DMA 通道 3 控制寄存器 */
#define DMA_CH3CNT(dmax)   REG32((dmax) + 0x48U) /*!< DMA 通道 3 计数寄存器 */
#define DMA_CH3PADDR(dmax) REG32((dmax) + 0x4CU) /*!< DMA 通道 3 外设基地址寄存器 */
#define DMA_CH3MADDR(dmax) REG32((dmax) + 0x50U) /*!< DMA 通道 3 存储器基地址寄存器 */

#define DMA_CH4CTL(dmax)   REG32((dmax) + 0x58U) /*!< DMA 通道 4 控制寄存器 */
#define DMA_CH4CNT(dmax)   REG32((dmax) + 0x5CU) /*!< DMA 通道 4 计数寄存器 */
#define DMA_CH4PADDR(dmax) REG32((dmax) + 0x60U) /*!< DMA 通道 4 外设基地址寄存器 */
#define DMA_CH4MADDR(dmax) REG32((dmax) + 0x64U) /*!< DMA 通道 4 存储器基地址寄存器 */

#define DMA_CH5CTL(dmax)   REG32((dmax) + 0x6CU) /*!< DMA 通道 5 控制寄存器 */
#define DMA_CH5CNT(dmax)   REG32((dmax) + 0x70U) /*!< DMA 通道 5 计数寄存器 */
#define DMA_CH5PADDR(dmax) REG32((dmax) + 0x74U) /*!< DMA 通道 5 外设基地址寄存器 */
#define DMA_CH5MADDR(dmax) REG32((dmax) + 0x78U) /*!< DMA 通道 5 存储器基地址寄存器 */

#define DMA_CH6CTL(dmax)   REG32((dmax) + 0x80U) /*!< DMA 通道 6 控制寄存器 */
#define DMA_CH6CNT(dmax)   REG32((dmax) + 0x84U) /*!< DMA 通道 6 计数寄存器 */
#define DMA_CH6PADDR(dmax) REG32((dmax) + 0x88U) /*!< DMA 通道 6 外设基地址寄存器 */
#define DMA_CH6MADDR(dmax) REG32((dmax) + 0x8CU) /*!< DMA 通道 6 存储器基地址寄存器 */
```

DMA0 和 DMA1 的宏定义如下:

```
#define DMA0         (DMA_BASE)             /*!< DMA0 基地址 */
#define DMA1         (DMA_BASE + 0x0400U)   /*!< DMA1 基地址 */
```

12.2.2 DMA 寄存器功能描述

1. DMA 中断标志位寄存器（DMA_INTF）

DMA 中断标志位寄存器（DMA_INTF）的各个位的功能描述如表 12-7 所示。

表 12-7　DMA 中断标志位寄存器（DMA_INTF）

位	名称	类型	复位值	说　明
31:28	—	—	—	—
27	ERRIF6	只读	0	通道 6 错误标志位。0：未发生传输错误；1：发生传输错误
26	HTFIF6	只读	0	通道 6 半传输完成标志位。0：未完成；1：完成
25	FTFIF6	只读	0	通道 6 传输完成标志位。0：未完成；1：完成
24	GIF6	只读	0	通道 6 全局中断标志位。0：标志均未置位；1：至少有一个标志置位

续表

位	名称	类型	复位值	说　明
23	ERRIF5	只读	0	通道 5 错误标志位。0：未发生传输错误；1：发生传输错误
22	HTFIF5	只读	0	通道 5 半传输完成标志位。0：未完成；1：完成
21	FTFIF5	只读	0	通道 5 传输完成标志位。0：未完成；1：完成
20	GIF5	只读	0	通道 5 全局中断标志位。0：标志均未置位；1：至少有一个标志置位
19	ERRIF4	只读	0	通道 4 错误标志位。0：未发生传输错误；1：发生传输错误
18	HTFIF4	只读	0	通道 4 半传输完成标志位。0：未完成；1：完成
17	FTFIF4	只读	0	通道 4 传输完成标志位。0：未完成；1：完成
16	GIF4	只读	0	通道 4 全局中断标志位。0：标志均未置位；1：至少有一个标志置位
15	ERRIF3	只读	0	通道 3 错误标志位。0：未发生传输错误；1：发生传输错误
14	HTFIF3	只读	0	通道 3 半传输完成标志位。0：未完成；1：完成
13	FTFIF3	只读	0	通道 3 传输完成标志位。0：未完成；1：完成
12	GIF3	只读	0	通道 3 全局中断标志位。0：标志均未置位；1：至少有一个标志置位
11	ERRIF2	只读	0	通道 2 错误标志位。0：未发生传输错误；1：发生传输错误
10	HTFIF2	只读	0	通道 2 半传输完成标志位。0：未完成；1：完成
9	FTFIF2	只读	0	通道 2 传输完成标志位。0：未完成；1：完成
8	GIF2	只读	0	通道 2 全局中断标志位。0：标志均未置位；1：至少有一个标志置位
7	ERRIF1	只读	0	通道 1 错误标志位。0：未发生传输错误；1：发生传输错误
6	HTFIF1	只读	0	通道 1 半传输完成标志位。0：未完成；1：完成
5	FTFIF1	只读	0	通道 1 传输完成标志位。0：未完成；1：完成
4	GIF1	只读	0	通道 1 全局中断标志位。0：标志均未置位；1：至少有一个标志置位
3	ERRIF0	只读	0	通道 0 错误标志位。0：未发生传输错误；1：发生传输错误
2	HTFIF0	只读	0	通道 0 半传输完成标志位。0：未完成；1：完成
1	FTFIF0	只读	0	通道 0 全局中断标志位。0：未完成；1：完成
0	GIF0	只读	0	通道 0 全局中断标志位。0：标志均未置位；1：至少有一个标志置位

DMA 中断标志位寄存器（DMA_INTF）中的标志位是由硬件置位，通过软件写 DMA_INTC 相应位为 1 清零。

DMA 中断标志位寄存器（DMA_INTF）各个位在 gd32f30x_dma.h 头文件中的宏定义如下：

```
#define DMA_INTF_GIF            BIT(0)      /*!< 通道全局中断标志 */
#define DMA_INTF_FTFIF          BIT(1)      /*!< 通道传输完成标志 */
#define DMA_INTF_HTFIF          BIT(2)      /*!< 通道半传输完成标志 */
#define DMA_INTF_ERRIF          BIT(3)      /*!< 通道错误标志 */
```

2. DMA 中断标志位清除寄存器（DMA_INTC）

DMA 中断标志位清除寄存器（DMA_INTC）的各个位的功能描述如表 12-8 所示。

表 12-8 DMA 中断标志位清除寄存器（DMA_INTC）

位	名称	类型	复位值	说 明
31:28	—	—	—	—
27	ERRIFC6	只写	0	清除通道 6 错误标志位。0：无影响；1：清零
26	HTFIFC6	只写	0	清除通道 6 半传输完成标志位。0：无影响；1：清零
25	FTFIFC6	只写	0	清除通道 6 传输完成标志位。0：无影响；1：清零
24	GIFC6	只写	0	清除通道 6 全局中断标志位。0：无影响；1：清零
23	ERRIFC5	只写	0	清除通道 5 错误标志位。0：无影响；1：清零
22	HTFIFC5	只写	0	清除通道 5 半传输完成标志位。0：无影响；1：清零
21	FTFIFC5	只写	0	清除通道 5 传输完成标志位。0：无影响；1：清零
20	GIFC5	只写	0	清除通道 5 全局中断标志位。0：无影响；1：清零
19	ERRIFC4	只写	0	清除通道 4 错误标志位。0：无影响；1：清零
18	HTFIFC4	只写	0	清除通道 4 半传输完成标志位。0：无影响；1：清零
17	FTFIFC4	只写	0	清除通道 4 传输完成标志位。0：无影响；1：清零
16	GIFC4	只写	0	清除通道 4 全局中断标志位。0：无影响；1：清零
15	ERRIFC3	只写	0	清除通道 3 错误标志位。0：无影响；1：清零
14	HTFIFC3	只写	0	清除通道 3 半传输完成标志位。0：无影响；1：清零
13	FTFIFC3	只写	0	清除通道 3 传输完成标志位。0：无影响；1：清零
12	GIFC3	只写	0	清除通道 3 全局中断标志位。0：无影响；1：清零
11	ERRIFC2	只写	0	清除通道 2 错误标志位。0：无影响；1：清零
10	HTFIFC2	只写	0	清除通道 2 半传输完成标志位。0：无影响；1：清零
9	FTFIFC2	只写	0	清除通道 2 全局中断标志位。0：无影响；1：清零
8	GIFC2	只写	0	清除通道 2 全局中断标志位。0：无影响；1：清零
7	ERRIFC1	只写	0	清除通道 1 错误标志位。0：无影响；1：清零
6	HTFIFC1	只写	0	清除通道 1 半传输完成标志位。0：无影响；1：清零
5	FTFIFC1	只写	0	清除通道 1 传输完成标志位。0：无影响；1：清零
4	GIFC1	只写	0	清除通道 1 全局中断标志位。0：无影响；1：清零
3	ERRIFC0	只写	0	清除通道 0 错误标志位。0：无影响；1：清零
2	HTFIFC0	只写	0	清除通道 0 半传输完成标志位。0：无影响；1：清零
1	FTFIFC0	只写	0	清除通道 0 传输完成标志位。0：无影响；1：清零
0	GIFC0	只写	0	清除通道 0 全局中断标志位。0：无影响；1：清零

DMA 中断标志位清除寄存器（DMA_INTC）各个位在 gd32f30x_dma.h 头文件中的宏定义如下：

```
#define DMA_INTC_GIFC          BIT(0)      /*!< 清除通道全局中断标志位 */
#define DMA_INTC_FTFIFC        BIT(1)      /*!< 清除通道传输完成标志位 */
#define DMA_INTC_HTFIFC        BIT(2)      /*!< 清除通道半传输完成标志位 */
#define DMA_INTC_ERRIFC        BIT(3)      /*!< 清除通道错误标志位 */
```

3. DMA 通道 x 控制寄存器（DMA_CHxCTL）

DMA 通道 x 控制寄存器（DMA_CHxCTL）的各个位的功能描述如表 12-9 所示。

表 12-9　　DMA 通道 x 控制寄存器（DMA_CHxCTL）

位	名称	类型	复位值	说　明
31:15	—	—	—	—
14	M2M	读写	0	存储器到存储器模式。0：禁止；1：使能（CHEN 位为 1 时，该位不能被配置）
13:12	PRIO［1:0］	读写	0	软件优先级。软件置位和清零。 00：低；01：中；10：高；11：极高（CHEN 位为 1 时，该位域不能被配置）
11:10	MWIDTH［1:0］	读写	0	存储器的传输数据宽度。软件置位和清零。 00:8 位；01:16 位；10:32 位；11：保留（CHEN 位为 1 时，该位域不能被配置）
9:8	PWIDTH［1:0］	读写	0	外设的传输数据宽度。软件置位和清零。 00:8 位；01:16 位；10:32 位；11：保留（CHEN 位为 1 时，该位域不能被配置）
7	MNAGA	读写	0	存储器的地址生成算法。0：固定；1：增量（CHEN 位为 1 时，该位域不能被配置）
6	PNAGA	读写	0	外设的地址生成算法。0：固定；1：增量（CHEN 位为 1 时，该位域不能被配置）
5	CMEN	读写	0	循环模式使能。0：禁止；1：使能（CHEN 位为 1 时，该位域不能被配置）
4	DIR	读写	0	传输方向。0：从外设读出并写入存储器；1：从存储器读出并写入外设（CHEN 位为 1 时，该位域不能被配置）
3	ERRIE	读写	0	通道错误中断使能位。0：禁止；1：使能
2	HTFIE	读写	0	通道半传输完成中断使能位。0：禁止；1：使能
1	FTFIE	读写	0	通道传输完成中断使能位。0：禁止；1：使能
0	CHEN	读写	0	通道使能。0：禁止；1：使能

DMA 通道 x 控制寄存器（DMA_CHxCTL）各个位在 gd32f30x_dma.h 头文件中的宏定义如下：

```
#define DMA_CHXCTL_CHEN      BIT(0)           /*!< 通道使能 */
#define DMA_CHXCTL_FTFIE     BIT(1)           /*!< 通道传输完成中断使能位 */
#define DMA_CHXCTL_HTFIE     BIT(2)           /*!< 通道半传输完成中断使能位 */
#define DMA_CHXCTL_ERRIE     BIT(3)           /*!< 通道错误中断使能位 */
#define DMA_CHXCTL_DIR       BIT(4)           /*!< 传输方向 */
#define DMA_CHXCTL_CMEN      BIT(5)           /*!< 循环模式使能 */
#define DMA_CHXCTL_PNAGA     BIT(6)           /*!< 外设的地址生成算法 */
#define DMA_CHXCTL_MNAGA     BIT(7)           /*!< 存储器的地址生成算法 */
#define DMA_CHXCTL_PWIDTH    BITS(8,9)        /*!< 外设的传输数据宽度 */
#define DMA_CHXCTL_MWIDTH    BITS(10,11)      /*!< 存储器的传输数据宽度 */
#define DMA_CHXCTL_PRIO      BITS(12,13)      /*!< 软件优先级 */
#define DMA_CHXCTL_M2M       BIT(14)          /*!< 存储器到存储器模式 */
```

4. DMA 通道 x 计数寄存器（DMA_CHxCNT）

DMA 通道 x 计数寄存器（DMA_CHxCNT）的各个位的功能描述如表 12-10 所示。

表 12-10 DMA 通道 x 计数寄存器（DMA_CHxCNT）

位	名称	类型	复位值	说明
31:16	—	—	—	—
15:0	CNT [15:0]	读写	0	传输计数。该寄存器表明还有多少数据等待被传输。一旦通道使能，该寄存器为只读的，并在每个 DMA 传输之后值减 1。如果该寄存器的值为 0，无论通道开启与否，都不会有数据传输。如果该通道工作在循环模式下，一旦通道的传输任务完成，该寄 存器会被自动重装载为初始设置值（CHEN 位为 1 时，该位域不能被配置）

DMA 通道 x 计数寄存器（DMA_CHxCNT）各个位在 gd32f30x_dma.h 头文件中的宏定义如下：

```
#define DMA_CHXCNT_CNT      BITS(0,15)      /*!< 传输计数 */
```

5. DMA 通道 x 外设基地址寄存器（DMA_CHxPADDR）

DMA 通道 x 外设基地址寄存器（DMA_CHxPADDR）的各个位的功能描述如表 12-11 所示。

表 12-11 DMA 通道 x 外设基地址寄存器（DMA_CHxPADDR）

位	名称	类型	复位值	说明
31:16	PADDR [31:16]	读写	0	当 PWIDTH 位域的值为 01（16-bit），PADDR [0] 被忽略，访问自动与 16 位地址对齐。 当 PWIDTH 位域的值为 10（32-bit），PADDR [1:0] 被忽略，访问自动与 32 位地址对齐（CHEN 位为 1 时，该位域不能被配置）
15:0	PADDR [15:0]			

DMA 通道 x 外设基地址寄存器（DMA_CHxPADDR）各个位在 gd32f30x_dma.h 头文件中的宏定义如下：

```
#define DMA_CHXPADDR_PADDR      BITS(0,31)      /*!< 外设基地址 */
```

6. DMA 通道 x 存储器基地址寄存器（DMA_CHxMADDR）

DMA 通道 x 存储器基地址寄存器（DMA_CHxMADDR）的各个位的功能描述如表 12-12 所示。

表 12-12 DMA 通道 x 存储器基地址寄存器（DMA_CHxMADDR）

位	名称	类型	复位值	说明
31:16	MADDR [31:16]	读写	0	当 MWIDTH 位域的值为 01（16-bit），MADDR [0] 被忽略，访问自动与 16 位地址对齐。 当 MWIDTH 位域的值为 10（32-bit），MADDR [1:0] 被忽略，访问自动与 32 位地址对齐（CHEN 位为 1 时，该位域不能被配置）
15:0	MADDR [15:0]			

DMA 通道 x 存储器基地址寄存器（DMA_CHxMADDR）各个位在 gd32f30x_dma.h 头文件中的宏定义如下：

```
#define DMA_CHXMADDR_MADDR  BITS(0,31)  /*!< 存储器基地址 */
```

12.3 基于寄存器操作的应用实例

1. 实例要求

利用 DMA 通过 UART3 向计算机传输一段字符文本到上位机。其中 UART3 配置参数为：波特率=115200，8 位数据位，停止位 1 位，无奇偶校验，无硬件流控制。

2. 电路图

在图 12-6 中，U1（GD32F303ZGT6）的 PC12 和 PD2 引脚连接到 U2（CH340N）的 RXD 和 TXD 引脚，通过 USB1 连接到 PC 上位机的 USB 接口。其中 U2（CH340N）为 USB 转换串口器件。

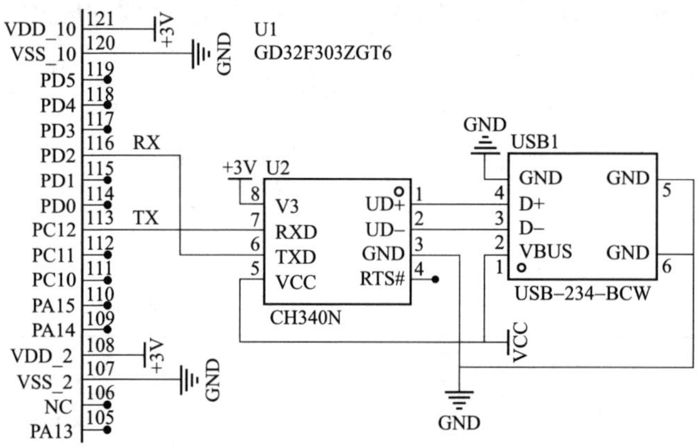

图 12-6 基于寄存器操作的 UART3 DMA 发送实例电路图

3. 程序实现

（1）UART3 的 TX 引脚配置。

UART3 的 TX 是复用 PC10 引脚上，需要将 PC10 配置为复用功能的推挽输出，同时开启 GPIOC 时钟。

```
void UART3_PC10_reg_Init(void)
{
    uint32_t temp;

    RCU_APB2EN |= RCU_APB2EN_PCEN;                      //使能 GPIOC 时钟

    temp = GPIO_CTL1(GPIOC);                            //读取 GPIOC 的 CTL1 寄存器
    temp &=~(GPIO_MODE_MASK(10-8));                     //屏蔽 PC10 对应的位
                                                        //配置 PC10 为复用推挽输出功能
    temp |= GPIO_MODE_SET(10-8, GPIO_MODE_AF_PP | GPIO_OSPEED_50MHZ);
    GPIO_CTL1(GPIOC) = temp;                            //写入 GPIOC 的 CTL1 寄存器
}
```

（2）UART3 的参数配置。

UART3 的参数配置涉及的内容有：115200 波特率、8 位字长、无校验位、1 位停止位；

使能发送功能，并使能 UART3，对应操作的是 USART 控制寄存器 0（USART_CTL0）中的 WL 位、PCEN 位、TEN 位和 UEN 位，USART 控制寄存器 1（USART_CTL1）中的 STB[1:0] 位。由于 UART3 挂接在 APB1 总线上，将 RCU 单元中的 APB1 时钟使能寄存器（RCU_APB1EN）中的 UART4EN 位给置 1 来使能 UART3 的时钟，同时开启 UART3 的 DMA 发送功能。

```
void UART3_reg_Init(void)
{
    RCU_APB1EN  |= RCU_APB1EN_UART3EN;              //使能 UART3 时钟

    USART_BAUD(UART3)  = 0x209;                     //配置波特率为 115200
    USART_CTL0(UART3)  &=~USART_CTL0_WL;            //字长选择 8 位
    USART_CTL0(UART3)  &=~USART_CTL0_PCEN;          //无奇偶校验
    USART_CTL1(UART3)  &=~USART_CTL1_STB;           //停止位选择 1 位
    USART_CTL0(UART3)  |= USART_CTL0_TEN;           //使能发送
    USART_CTL0(UART3)  |= USART_CTL0_UEN;           //使能 UART3

    USART_CTL2(UART3)  |= USART_CTL2_DENT;          //使能 UART3 的 DMA 发送
}
```

（3）DMA 的配置。

从表 12-3 中可知，UART3_TX 的 DMA 功能是映射在 DMA1 的通道 4 上。程序中需要对 DMA1 的通道 4 相关寄存器进行配置。DMA1 通道 4 的数据源存储区是自定义的 Text 数组，目标数据区是 UART3 的数据寄存器（USART_DATA）。传输方向是存储器到外设，数据宽度是 8 位，使能存储器端增量地址，外设端固定地址，循环模式，具体的配置如下：

```
void DMA1CH4_reg_Init(void)
{
    RCU_AHBEN  |= RCU_AHBEN_DMA1EN;                 //使能 DMA1 时钟

    if(RESET != (DMA_CH4CTL(DMA1) & DMA_CHXCTL_CMEN)){
        DMA_CH4CTL(DMA1)  &=~DMA_CHXCTL_CMEN;
    }
    DMA_CH4CTL(DMA1)  |= DMA_CHXCTL_DIR; //设置 DMA1 的通道 4 方向为存储器到外设
    DMA_CH4CTL(DMA1)  |= DMA_CHXCTL_PRIO;           //设置优先级最高
    DMA_CH4CTL(DMA1)  &=~DMA_CHXCTL_MWIDTH;         //设置存储器传输数据宽度为字节
    DMA_CH4CTL(DMA1)  &=~DMA_CHXCTL_PWIDTH;         //设置外设传输数据宽度为字节
    DMA_CH4CTL(DMA1)  |= DMA_CHXCTL_MNAGA;          //存储器地址增量
    DMA_CH4CTL(DMA1)  &=~DMA_CHXCTL_PNAGA;          //外设地址固定
    DMA_CH4CTL(DMA1)  |= DMA_CHXCTL_CMEN;           //使能循环模式

    DMA_CH4CNT(DMA1)  = strlen((const char *)Text);  //获取文本的长度
    DMA_CH4MADDR(DMA1)  = (uint32_t)&Text[0] ;       //获取 Text 的地址
    DMA_CH4PADDR(DMA1)  = (uint32_t)(UART3 + 0x04);  //UART3_DATA 地址

    DMA_CH4CTL(DMA1)  |= DMA_CHXCTL_CHEN;            //使能 DMA1 的通道 4
}
```

（4）main( )主程序。

在 main( )主程序中，除了完成配置之外，在 while（1）无限循环中没有做其他事。

```
int main(void)
{
    UART3_PC10_reg_Init();
    UART3_reg_Init();
    DMA1CH4_reg_Init();
    while(1)
    {

    }
}
```

上述定义的 Text 内容如下：

```
const int8_t Text[]=
{
    "Hello GD32 Designer!\r\n\
    Now Using DMA Uart3 Send Text\r\n\
    0123456789\r\n\
    ABCDEFGHIJKLMNOPQRSTUVWXYZ\r\n\
    abcdefghijklmnopqrstuvwxyz\r\n\
    END!!!\r\n"
};
```

12.4 基于库函数的 DMA 典型应用步骤与常用库函数

12.4.1 基于库函数的 DMA 一般应用步骤

1. 使能 DMA 时钟

GD32F30X 系列微控制器的 DMA0 和 DMA1 是挂在 AHB 总线上。使用之前需要调用 gd32f30x_rcu.h 头文件中的 rcu_periph_clock_enable( )函数来使能 DMA0 或 DMA1 的时钟。

```
rcu_periph_clock_enable(RCU_DMA0);
rcu_periph_clock_enable(RCU_DMA1);
```

2. 复位 DMA 配置

```
void dma_deinit(uint32_t dma_periph, dma_channel_enum channelx);
```

例如，复位 DMA0 的通道 0。

```
dma_deinit(DMA0,DMA_CH0);
```

3. 初始化 DMA 通道参数

```
void dma_init(uint32_t dma_periph, dma_channel_enum channelx, dma_parameter_struct* init_struct)
```

例如，按照 dma_parameter_struct 结构体参数配置 DMA0 的通道 0

```
dma_init(DMA0,DMA_CH0,&init_struct);
```

这些参数包括外设和存储器基地址，外设和存储器数据宽度，数据传输方向，优先级，外设和存储器的地址增量/固定方式等。

4. 配置 DMA 循环模式

```
void dma_circulation_disable(uint32_t dma_periph, dma_channel_enum channelx);
void dma_circulation_enable(uint32_t dma_periph, dma_channel_enum channelx);
```

5. 配置 DMA 存储器到存储器模式

```
void dma_memory_to_memory_enable(uint32_t dma_periph, dma_channel_enum channelx);
void dma_memory_to_memory_disable(uint32_t dma_periph, dma_channel_enum channelx);
```

6. 使能 DMA 通道

```
void dma_channel_enable(uint32_t dma_periph, dma_channel_enum channelx);
```

例如，使能 DMA0 的通道 0。

```
dma_channel_enable(DMA0,DMA_CH0);
```

12.4.2 DMA 常用库函数

与 DMA 相关的库函数和宏都被定义在以下两个文件中。

头文件：gd32f30x_dma.h。

源文件：gd32f30x_dma.c。

常用的 DMA 库函数如表 12-13 所示。

表 12-13　　DMA 常用库函数

库函数名称	库函数描述
dma_deinit	复位外设 DMAx 的通道 y 的所有寄存器
dma_init	初始化外设 DMAx 的通道 y
dma_circulation_enable	DMA 循环模式使能
dma_circulation_disable	DMA 循环模式禁能
dma_memory_to_memory_enable	存储器到存储器 DMA 传输使能
dma_memory_to_memory_disable	存储器到存储器 DMA 传输禁能
dma_channel_enable	外设 DMAx 的通道 y 传输使能
dma_channel_disable	外设 DMAx 的通道 y 传输禁能
dma_flag_get	获取 DMAx 通道 y 标志位状态
dma_flag_clear	清除 DMAx 通道 y 标志位状态
dma_interrupt_flag_get	获取 DMAx 通道 y 中断标志位状态
dma_interrupt_flag_clear	清除 DMAx 通道 y 中断标志位状态
dma_interrupt_enable	DMAx 通道 y 中断使能
dma_interrupt_disable	DMAx 通道 y 中断禁能

1. DMA 复位函数

```
void dma_deinit(uint32_t dma_periph, dma_channel_enum channelx);
```

功能：复位外设 DMAx 的通道 y 的所有寄存器。该函数将 DMA 通道 x 控制寄存器

（DMA_CHxCTL）、DMA 通道 x 计数寄存器（DMA_CHxCNT）、DMA 中断标志位清除寄存器（DMA_INTC）、DMA 通道 x 外设基地址寄存器（DMA_CHxPADDR）和 DMA 通道 x 存储器基地址寄存器（DMA_CHxMADDR）清零。

参数 1：uint32_t dma_periph，DMA 外设。DMA 外设名称为 DMA0 和 DMA1，在 gd32f30x_dma.h 头文件中的宏定义如下：

```
#define DMA0          (DMA_BASE)                        /*!< DMA0 基地址 */
#define DMA1          (DMA_BASE + 0x0400U)              /*!< DMA1 基地址 */
```

其中，DMA_BASE 宏是被定义在 gd32f30x.h 头文件中，宏定义形式如下：

```
#define DMA_BASE      (AHB1_BUS_BASE + 0x00008000U)     /*!< DMA 基地址 */
```

DMA 是挂在 AHB1 总线上，AHB1_BUS_BASE 的宏定义形式如下：

```
#define AHB1_BUS_BASE    ((uint32_t)0x40018000U)        /*!< AHB1 基地址 */
```

参数 2：dma_channel_enum channelx，DMA 通道。在 gd32f30x_dma.h 头文件中以 dma_channel_enum 枚举类型进行声明。具体的定义内容如下：

```
typedef enum
{
    DMA_CH0 = 0,                  /*!< DMA 通道 0 */
    DMA_CH1,                      /*!< DMA 通道 1 */
    DMA_CH2,                      /*!< DMA 通道 2 */
    DMA_CH3,                      /*!< DMA 通道 3 */
    DMA_CH4,                      /*!< DMA 通道 4 */
    DMA_CH5,                      /*!< DMA 通道 5 */
    DMA_CH6                       /*!< DMA 通道 6 */
} dma_channel_enum;
```

其中，DMA0 可选择的通道为 DMA_CH0～DMA_CH6；DMA1 可选择的通道为 DMA_CH0～DMA_CH4。

例如，复位 DMA0 通道 0。

```
dma_deinit(DMA0,DMA_CH0);
```

2. DMA 初始化函数

```
void dma_init(uint32_t dma_periph, dma_channel_enum channelx, dma_parameter_
struct* init_struct);
```

功能：初始化外设 DMAx 的通道 y。

参数 1：uint32_t dma_periph，DMA 外设。详细描述见“1.DMA 复位函数”的参数 1 描述。

参数 2：dma_channel_enum channelx，DMA 通道。详细描述见“1.DMA 复位函数”的参数 2 描述。

参数 3：dma_parameter_struct* init_struct，DMA 通道配置结构体。具体的 dma_parameter_struct 结构体成员在 gd32f30x_dma.h 头文件中的定义内容如下：

```
typedef struct
{
    uint32_t periph_addr;         /*!< 外设基地址 */
```

```
    uint32_t periph_width;          /*!< 外设传输数据的宽度 */
    uint32_t memory_addr;           /*!< 存储器基地址 */
    uint32_t memory_width;          /*!< 存储器传输数据的宽度 */
    uint32_t number;                /*!< 通道传输数据的数量 */
    uint32_t priority;              /*!< 通道优先级 */
    uint8_t periph_inc;             /*!< 外设地址增量方式 */
    uint8_t memory_inc;             /*!< 存储器地址增量方式 */
    uint8_t direction;              /*!<通道数据传输方向 */
} dma_parameter_struct;
```

其中，相关成员的常量如下：

（1）priority 成员常量。

Priority（优先级）成员常量宏定义如下：

```
#define CHCTL_PRIO(regval)  (BITS(12,13) & ((uint32_t)(regval) << 12))
                                                        /*!< DMA 通道优先级*/
#define DMA_PRIORITY_LOW            CHCTL_PRIO(0)       /*!< 低优先级 */
#define DMA_PRIORITY_MEDIUM         CHCTL_PRIO(1)       /*!< 中优先级 */
#define DMA_PRIORITY_HIGH           CHCTL_PRIO(2)       /*!< 高优先级 */
#define DMA_PRIORITY_ULTRA_HIGH     CHCTL_PRIO(3)       /*!< 最高优先级 */
```

（2）periph_inc 成员常量。

periph_inc（外设地址增量模式）成员常量宏定义如下：

```
#define DMA_PERIPH_INCREASE_DISABLE   ((uint8_t)0x0000U)   /*!< 外设地址固定模式 */
#define DMA_PERIPH_INCREASE_ENABLE    ((uint8_t)0x0001U)   /*!< 外设地址增量模式 */
```

（3）memory_inc 成员常量。

memory_inc（存储器地址增量模式）成员常量宏定义如下：

```
#define DMA_MEMORY_INCREASE_DISABLE ((uint8_t)0x0000U)
                                              /*!< 存储器地址固定模式 */
#define DMA_MEMORY_INCREASE_ENABLE  ((uint8_t)0x0001U)
                                              /*!< 存储器地址增量模式 */
```

（4）direction 成员常量。

direction（传输方向）成员常量宏定义如下：

```
#define DMA_PERIPHERAL_TO_MEMORY    ((uint8_t)0x0000U)  /*!< 外设到存储器 */
#define DMA_MEMORY_TO_PERIPHERAL    ((uint8_t)0x0001U)  /*!< 存储器到外设 */
```

例如，配置 DMA0 通道 0。

```
dma_parameter_struct dma_init_struct;                     //定义结构体变量
dma_deinit(DMA0, DMA_CH0);                                //复位 DMA0 通道 0
dma_struct_para_init(&dma_init_struct);                   //复位结构体成员
dma_init_struct.direction = DMA_PERIPHERAL_TO_MEMORY;     //设置方向为外设到存储器
dma_init_struct.memory_addr = (uint32_t)g_destbuf;        //设置存储器地址
dma_init_struct.memory_inc = DMA_MEMORY_INCREASE_ENABLE;//存储器地址增量模式
dma_init_struct.memory_width = DMA_MEMORY_WIDTH_8BIT;     //存储器数据宽度为 8 位
dma_init_struct.number = TRANSFER_NUM;                    //设置传输数量
dma_init_struct.periph_addr = (uint32_t)BANK0_WRITE_START_ADDR;
                                                          //设置外设地址
dma_init_struct.periph_inc = DMA_PERIPH_INCREASE_ENABLE; //外设地址增量模式
```

```
dma_init_struct.periph_width = DMA_PERIPHERAL_WIDTH_8BIT;//外设数据宽度为 8 位
dma_init_struct.priority = DMA_PRIORITY_ULTRA_HIGH;      //设置为最高优先级
dma_init(DMA0, DMA_CH0, &dma_init_struct);               //初始化 DMA0 通道 0
```

3. DMA 循环模式使能/禁止函数

```
void dma_circulation_enable(uint32_t dma_periph, dma_channel_enum channelx);
void dma_circulation_disable(uint32_t dma_periph, dma_channel_enum channelx);
```

功能：DMA 循环模式使能/禁止。该函数是对 DMA 通道 x 控制寄存器（DMA_CHxCTL）中的 CMEN 位进行置 1 或清 0 操作。

参数 1：uint32_t dma_periph，DMA 外设。详细描述见之前的“DMA 复位函数”的参数 1 描述。

参数 2：dma_channel_enum channelx，DMA 通道。详细描述见之前的“DMA 复位函数”的参数 2 描述。

例如，使能 DMA0 通道 0 的循环模式。

```
dma_circulation_enable(DMA0, DMA_CH0);
```

4. DMA 存储器到存储器使能/禁止函数

```
void dma_memory_to_memory_enable(uint32_t dma_periph, dma_channel_enum channelx);
void dma_memory_to_memory_disable(uint32_t dma_periph, dma_channel_enum channelx);
```

功能：DMA 存储器到存储器使能/禁止。该函数是对 DMA 通道 x 控制寄存器（DMA_CHxCTL）中的 M2M 位进行置 1 或清 0 操作。

参数 1：uint32_t dma_periph，DMA 外设。详细描述见之前的“1. DMA 复位函数”的参数 1 描述。

参数 2：dma_channel_enum channelx，DMA 通道。详细描述见之前的“1. DMA 复位函数”的参数 2 描述。

例如，使能 DMA0 通道 0 的存储器到存储器模式。

```
dma_memory_to_memory_enable(DMA0, DMA_CH0);
```

5. DMA 通道使能/禁止函数

```
void dma_channel_enable(uint32_t dma_periph, dma_channel_enum channelx);
void dma_channel_disable(uint32_t dma_periph, dma_channel_enum channelx);
```

功能：使能/禁止 DMA 的通道传输功能。该函数是对 DMA 通道 x 控制寄存器（DMA_CHxCTL）中的 CHEN 位进行置 1 或清 0 操作。

参数 1：uint32_t dma_periph，DMA 外设。详细描述见之前的“1. DMA 复位函数”的参数 1 描述。

参数 2：dma_channel_enum channelx，DMA 通道。详细描述见之前的“1. DMA 复位函数”的参数 2 描述。

例如，使能 DMA0 通道 0。

```
dma_channel_enable(DMA0, DMA_CH0);
```

6. DMA 标志获取函数

```
FlagStatus dma_flag_get(uint32_t dma_periph, dma_channel_enum channelx,
uint32_t flag);
```

功能：获取 DMAx 通道 y 的标志。该函数是读取 DMA 中断标志位寄存器（DMA_INTF）相应通道指定的标志位。

参数 1：uint32_t dma_periph，DMA 外设。详细描述见之前的“1. DMA 复位函数”的参数 1 描述。

参数 2：dma_channel_enum channelx，DMA 通道。详细描述见之前的“1. DMA 复位函数”的参数 2 描述。

参数 3：uint32_t flag，DMA 标志。DMA 标志在 gd32f30x_dma.h 头文件中的宏定义内容如下：

```
#define DMA_FLAG_G      DMA_INTF_GIF            /*!< 通道全局中断标志 */
#define DMA_FLAG_FTF    DMA_INTF_FTFIF          /*!< 通道传输完成标志 */
#define DMA_FLAG_HTF    DMA_INTF_HTFIF          /*!< 通道半传输完成标志 */
#define DMA_FLAG_ERR    DMA_INTF_ERRIF          /*!< 通道错误标志 */
```

返回值：FlagStatus。只有 SET 或 RESET 两种结果中的一个。

例如，读取 DMA0 通道 0 的传输完成标志。

```
FlagStatus flag = RESET;
flag = dma_flag_get(DMA0, DMA_CH0, DMA_FLAG_FTF);
```

7. DMA 标志清除函数

```
void dma_flag_clear(uint32_t dma_periph, dma_channel_enum channelx, uint32_t flag);
```

功能：清除 DMAx 通道 y 的标志。该函数是对 DMA 中断标志位清除寄存器（DMA_INTC）相应通道指定的标志位进行清 0 操作。

参数 1：uint32_t dma_periph，DMA 外设。详细描述见之前的“1. DMA 复位函数”的参数 1 描述。

参数 2：dma_channel_enum channelx，DMA 通道。详细描述见之前的“1. DMA 复位函数”的参数 2 描述。

参数 3：uint32_t flag，DMA 标志。详细描述见之前的“6. DMA 标志获取函数”中的参数 3 的描述。

例如，清除 DMA0 通道 0 的传输完成标志。

```
dma_flag_clear(DMA0, DMA_CH0, DMA_FLAG_FTF);
```

8. DMA 中断标志获取函数

```
FlagStatus dma_interrupt_flag_get(uint32_t dma_periph, dma_channel_enum channelx,
uint32_t flag);
```

功能：获取 DMAx 通道 y 中断标志位状态。该函数是读取 DMA 中断标志位寄存器（DMA_INTF）相应通道指定的标志位。

参数 1：uint32_t dma_periph，DMA 外设。详细描述见之前的“1. DMA 复位函数”的参数 1 描述。

参数 2：dma_channel_enum channelx，DMA 通道。详细描述见之前的“1. DMA 复位函数”的参数 2 描述。

参数 3：uint32_t flag，DMA 中断标志。DMA 中断标志在 gd32f30x_dma.h 头文件中的宏定义内容如下：

```
#define DMA_INT_FLAG_G      DMA_INTF_GIF        /*!< 通道全局中断标志 */
#define DMA_INT_FLAG_FTF    DMA_INTF_FTFIF      /*!< 通道传输完成中断标志 */
#define DMA_INT_FLAG_HTF    DMA_INTF_HTFIF      /*!< 通道半传输完成中断标志 */
#define DMA_INT_FLAG_ERR    DMA_INTF_ERRIF      /*!< 通道错误中断标志 */
```

返回值：FlagStatus。只有 SET 或 RESET 两种结果中的一个。

例如，读取 DMA0 通道 0 的传输完成中断标志。

```
FlagStatus flag = RESET;
flag = dma_interrupt_flag_get(DMA0, DMA_CH0, DMA_INT_FLAG_FTF);
```

9. DMA 中断标志清除函数

```
void dma_interrupt_flag_clear(uint32_t dma_periph, dma_channel_enum channelx,
uint32_t flag);
```

功能：清除 DMAx 通道 y 中断标志位状态。该函数是对 DMA 中断标志位清除寄存器（DMA_INTC）相应通道指定的标志位进行清 0 操作。

参数 1：uint32_t dma_periph，DMA 外设。详细描述见之前的“1. DMA 复位函数”的参数 1 描述。

参数 2：dma_channel_enum channelx，DMA 通道。详细描述见之前的“1. DMA 复位函数”的参数 2 描述。

参数 3：uint32_t flag，DMA 中断标志。详细描述见之前的“6. DMA 中断标志获取函数”中的参数 3 描述。

例如，清除 DMA0 通道 0 的传输完成中断标志。

```
dma_interrupt_flag_clear(DMA0, DMA_CH0, DMA_INT_FLAG_FTF);
```

10. DMA 中断使能/禁止函数

```
void dma_interrupt_enable(uint32_t dma_periph, dma_channel_enum channelx,
uint32_t source);
void dma_interrupt_disable(uint32_t dma_periph, dma_channel_enum channelx,
uint32_t source);
```

功能：DMAx 通道 y 中断使能/禁止。该函数是对 DMA 通道 x 控制寄存器（DMA_CHxCTL）的 ERRIE/HTFIE/FTFIE 位进行置 1（使能）或清 0（禁止）操作。

参数 1：uint32_t dma_periph，DMA 外设。详细描述见之前的“1. DMA 复位函数”的参数 1 描述。

参数 2：dma_channel_enum channelx，DMA 通道。详细描述见之前的“1. DMA 复位函数”的参数 2 描述。

参数 3：uint32_t source，DMA 中断源。在 gd32f30x_dma.h 头文件中的宏定义内容如下：

```
#define DMA_INT_FTF DMA_CHXCTL_FTFIE        /*!< DMA 通道传输完成中断使能位 */
#define DMA_INT_HTF DMA_CHXCTL_HTFIE        /*!< DMA 通道半传输完成中断使能位 */
#define DMA_INT_ERR DMA_CHXCTL_ERRIE        /*!< DMA 通道错误中断使能位 */
```

例如，使能 DMA0 通道 0 的传输完成中断源。

```
dma_interrupt_enable(DMA0, DMA_CH0, DMA_INT_FTF);
```

12.5　基于库函数的 DMA 应用实例

12.5.1　基于 DMA 的 DAC0 产生 100kHz 正弦波实例

1. 实例要求

利用 GD32F303ZGT6 微控制器 DAC 的 DMA 功能从通道 0（DAC0）生成 100kHz 正弦波信号从 PA4 引脚输出。

2. 电路图

如图 12-7 所示，U1（GD32F303ZGT6）的 PA4 作为 DAC0 的模拟引脚输出模拟信号到 H1 端子。

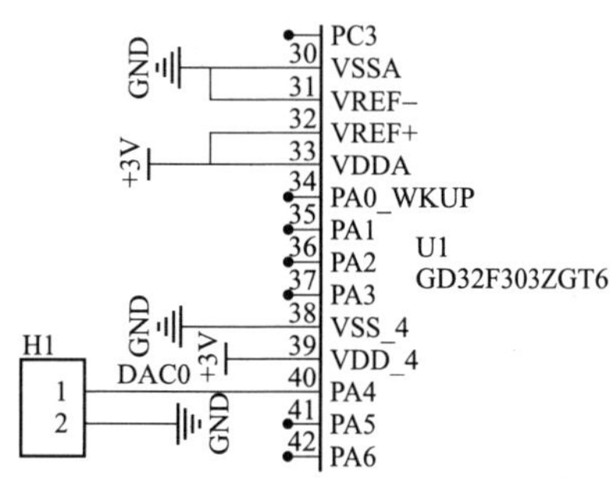

图 12-7　基于 DMA 的 DAC0 产生 100kHz 正弦波实例电路图

3. 程序实现

（1）PA4 引脚初始化。

由于 PA4 是用于 DAC0 的模拟输出。需要将 PA4 引脚配置为模拟引脚。

```
void DAC0_PA4_Pin_Init(void)
{
    rcu_periph_clock_enable(RCU_GPIOA);                //使能 GPIOA 时钟
    gpio_init(GPIOA,GPIO_MODE_AIN,GPIO_OSPEED_10MHZ,GPIO_PIN_4);
                                                       //配置 PA4 为模拟引脚
}
```

（2）DAC0 初始化。

本实例中需要使用 DAC0 的 DMA 功能，则需要选择 DAC0 的硬件触发源，并使能 DAC0 的触发模式。具体的初始化内容包括：使能 DAC 时钟、配置 DAC0 硬件触发源、使能 DAC0 的触发模式、关闭输出缓冲区、使能 DAC0 的 DMA 功能、使能 DAC0。

```
void DAC0_Init(void)
{
    rcu_periph_clock_enable(RCU_DAC);                    //使能 DAC 时钟
    dac_trigger_source_config(DAC0,DAC_TRIGGER_T1_TRGO); //配置 DAC0 的硬件触发源
    dac_trigger_enable(DAC0);                            //使能 DAC0 的触发模式
    dac_output_buffer_disable(DAC0);                     //关闭输出缓冲区功能
    dac_dma_enable(DAC0);                                //使能 DAC0 的 DMA 功能
    dac_enable(DAC0);                                    //使能 DAC0
}
```

（3）TIMER1 初始化。

在 DAC0_Init( )中，配置的 DAC0 的触发源为 TIMER1_TRGO，即定时器 1 的触发源，还要需要对 TIMER1 进行初始化，将 TIMER1 初始化为定时功能，同时将 TIMER1 的更新事件作为定时器 1 的触发源。因此，TIMER1 的初始化内容如下：

```
void Timer1_Init(void)
{
```

```
    timer_parameter_struct TimerParameterStruct;      //定义timer初始化的结构体
                                                        变量
    rcu_periph_clock_enable(RCU_TIMER1);              //使能 TIMER1 时钟

    timer_deinit(TIMER1);                             //复位 TIMER1 初始化参数
    TimerParameterStruct.prescaler = 1 - 1;           //设置预分频系数
    TimerParameterStruct.period = 12 - 1;             //设置自动装载参数
    TimerParameterStruct.clockdivision = TIMER_CKDIV_DIV1;
    TimerParameterStruct.counterdirection = TIMER_COUNTER_UP;  //向上计数模式
    TimerParameterStruct.alignedmode = TIMER_COUNTER_EDGE;  //边沿对齐方式
    timer_init(TIMER1,&TimerParameterStruct);               //初始化 TIMER1
    //配置更新事件为 TIMER1 输出触发源

timer_master_output_trigger_source_select(TIMER1,TIMER_TRI_OUT_SRC_UPDATE);
    timer_update_event_enable(TIMER1);                //使能 TIMER1 的更新事件
    timer_enable(TIMER1);                             //使能 TIMER1
}
```

（4）DMA1 初始化。

DMA1 的通道 2 是作为 DAC0 的 DMA 功能使用，本实例需要对 DMA1 的通道 2 进行初始化。初始化的内容主要为：传输方向为存储器到外设［DAC0 12 位右对齐数据保持寄存器（DAC0_R12DH）］、传输数据的宽度均为 16 位、存储器地址为增量模式、外设地址为固定模式、还有优先级的设置、存储器地址、外设地址。采用循环模式、存储器到存储器模式禁止等。

```
void DMA1_DAC_CH0_Init(void)
{
    dma_parameter_struct dma_init_struct;           //定义结构体变量
    rcu_periph_clock_enable(RCU_DMA1);              //使能 DMA1 时钟

    dma_deinit(DMA1, DMA_CH2);                      //复位 DMA1 通道 2->DAC_CH0
    dma_struct_para_init(&dma_init_struct);         //复位结构体成员

    dma_init_struct.direction = DMA_MEMORY_TO_PERIPHERAL;  //设置方向为存储器到外设
    dma_init_struct.memory_addr = (uint32_t)SinTAB;        //设置存储器地址
    dma_init_struct.memory_inc = DMA_MEMORY_INCREASE_ENABLE;//存储器地址增量模式
    dma_init_struct.memory_width = DMA_MEMORY_WIDTH_16BIT; //存储器数据宽度为16位
    dma_init_struct.number = NN;                               //设置传输数量
    dma_init_struct.periph_addr = (uint32_t)(DAC + 0x08U);     //设置外设地址
    dma_init_struct.periph_inc = DMA_PERIPH_INCREASE_DISABLE;  //外设地址固定模式
    dma_init_struct.periph_width = DMA_PERIPHERAL_WIDTH_16BIT;
                                                    //外设数据宽度为 16 位
    dma_init_struct.priority = DMA_PRIORITY_HIGH;   //设置为高优先级
    dma_init(DMA1,DMA_CH2,&dma_init_struct);        //初始化 DMA1 通道 2

    dma_circulation_enable(DMA1,DMA_CH2);           //使能循环模式
    dma_memory_to_memory_disable(DMA1,DMA_CH2);     //禁止存储器到存储器模式
    dma_channel_enable(DMA1,DMA_CH2);               //使能 DMA1 的通道 2
}
```

其中，存储器地址是自定义的 SinTAB［］数组，该数组存储着正弦信号的波形数据，

NN 为自定义正弦信号的波形数据数量，即 SinTAB［］数组的长度。外设的地址是 DAC + 0x08U，对应的是 DAC0_R12DH 寄存器的地址。

```
#define NN  100
int16_t SinTAB[NN];
```

SinTAB［］数组中生成的正弦波数据程序段如下：

```
#define PI  3.1415926
    for(i=0;i<NN;i++){
        SinTAB[i]= 2048 * (1 + sin(2 * PI * i / NN));
    }
```

此处，用到了 sin( )函数，则需要包含“math.h”头文件。

（5）main 主程序。

在 main 主程序中，除了调用上述的初始化函数之外，在 while（1）无限循环中未做任何事情。

```
#define PI  3.1415926

int main(void)
{
    int32_t i;

    for(i=0;i<NN;i++){
        SinTAB[i]= 2048 * (1 + sin(2 * PI * i / NN));
    }
    DAC0_PA4_Pin_Init();                //PA4 引脚初始化
    DAC0_Init();                        //DAC0 初始化
    DMA1_DAC_CH0_Init();                //DMA1 初始化
    Timer1_Init();                      //TIMER1 初始化

    while(1)
    {
    }
}
```

在本实例中，TIMER1 每 0.1μs 产生一次更新事件触发 DAC0 执行一次 DMA 数据传输。DMA 总共传输 100 个数据，需要 10us 的时间，正好为正弦波的一个周期时间，对应的正弦波的频率为 100kHz。

12.5.2 基于 DMA 的多路模拟信号 ADC 采集与 USART1 输出实例

1. 实例要求

利用 GD32F303ZGT6 微控制器的 PA0 和 PA1 作为模拟信号输入通道，利用 ADC0 的 DMA 功能进行转换，并将转换的结果通过 USART1 的 DMA 功能发送到上位机显示。

2. 电路图

在图 12-8 中，U1（GD32F303ZGT6）的 PA0（AIN0）和 PA1（AIN1）分别连接到 RP1（10K）和 RP2（10K）可调电位器的滑动端使得输入到 PA0 和 PA1 引脚上的模拟电压在 0～3.3V 之间变化。转换后数字量和模拟电压数值通过 USART1 的 PA2（USART1_TX）引脚连接到 U2（CH340N）芯片的 RXD，通过 USB1 端口连接到上位机。

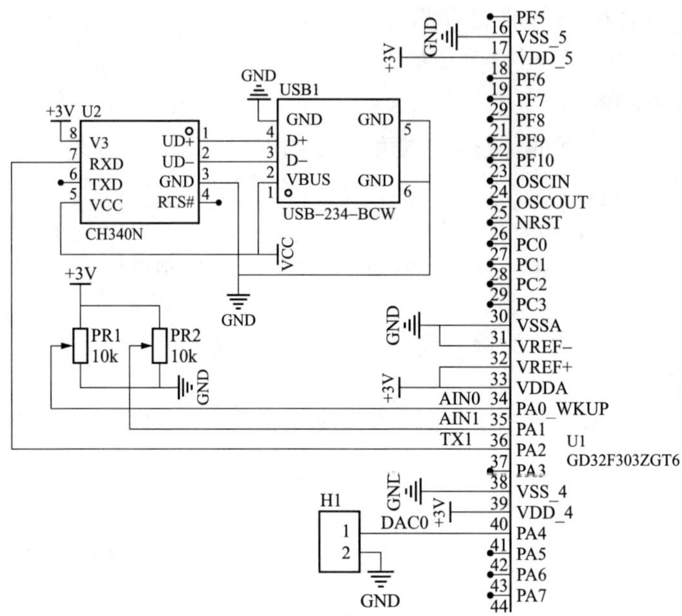

图 12-8　基于 DMA 的多路模拟信号 ADC 采集 USART1 输出实例电路图

3. 程序实现

在本实例中，使用 ADC0 的 DMA 功能将模拟量转换为数字量，并通过 USART1 的 DMA 功能将 A/D 转换的结果发送给上位机的串口调试助手。

（1）全局变量定义。

```
#define ADC_CHANNEL_NUM    (4U)
int16_t ADC0_Value[ADC_CHANNEL_NUM];
FlagStatus ADCFinish = RESET;
```

（2）PA0 和 PA1 引脚初始化。

本实例中，PA0 和 PA1 用于模拟引脚。初始化的内容如下：

```
void ADC0_PA0_PA1_Pin_Init(void)
{
    rcu_periph_clock_enable(RCU_GPIOA);           //使能 GPIOA 时钟
                                                  //配置 PA0～PA1 为模拟引脚
    gpio_init(GPIOA,GPIO_MODE_AIN,GPIO_OSPEED_10MHZ,GPIO_PIN_0 | GPIO_PIN_1);
}
```

（3）ADC0 初始化。

ADC0 初始化主要包括：使能 ADC0 时钟；配置 ADC 的时钟源；配置 ADC 的工作模式；设置 ADC0 的数据对齐方式；配置 ADC0 的扫描功能和连续功能及其他特殊功能；配置 ADC0 的转换通道数量；配置各个通道转换顺序、采样时间。配置 ADC0 的触发方式；使能规则通道转换；使能内部的温度和参考电压的测量；使能 ADC0；校准 ADC0；使能 ADC0 的 DMA 功能；软件启动 ADC0 转换。

```
void ADC0_Init(void)
{
```

```
    rcu_periph_clock_enable(RCU_ADC0);           //使能 ADC0 时钟
    rcu_adc_clock_config(RCU_CKADC_CKAPB2_DIV12); //设置 ADC CLK=APB2CLK/12
    adc_deinit(ADC0);                            //复位 ADC0 设置

    adc_mode_config(ADC_MODE_FREE);              //设置为独立工作
    adc_data_alignment_config(ADC0,ADC_DATAALIGN_RIGHT);        //数据右对齐

    adc_special_function_config(ADC0,ADC_INSERTED_CHANNEL_AUTO,DISABLE);
                                                 //自动注入通道禁止
    adc_special_function_config(ADC0,ADC_SCAN_MODE,ENABLE);     //扫描使能
    adc_special_function_config(ADC0,ADC_CONTINUOUS_MODE,ENABLE); //连续使能

    adc_channel_length_config(ADC0,ADC_REGULAR_CHANNEL,ADC_CHANNEL_NUM);
                                                 //设置通道数量为 4
    adc_regular_channel_config(ADC0,0,ADC_CHANNEL_0,ADC_SAMPLETIME_239POINT5);
    adc_regular_channel_config(ADC0,1,ADC_CHANNEL_1,ADC_SAMPLETIME_239POINT5);
    adc_regular_channel_config(ADC0,2,ADC_CHANNEL_16,ADC_SAMPLETIME_239POINT5);
    adc_regular_channel_config(ADC0,3,ADC_CHANNEL_17,ADC_SAMPLETIME_239POINT5);
    adc_external_trigger_source_config(ADC0,ADC_REGULAR_CHANNEL,ADC0_1_2_
EXTTRIG_ REGULAR_NONE);
    adc_external_trigger_config(ADC0,ADC_REGULAR_CHANNEL,ENABLE);
                                                 //使能规则通道转换

    adc_tempsensor_vrefint_enable();    //使能内部的温度传感器和内部参考电压测量

    adc_enable(ADC0);                   //使能 ADC0
    for(int i=0;i<100000;i++);          //延时
    adc_calibration_enable(ADC0);       //ADC0 校准

    adc_dma_mode_enable(ADC0);          //DMA 使能

    adc_software_trigger_enable(ADC0,ADC_REGULAR_CHANNEL);
                                        //软件启动规则通道转换开始
}
```

（4）ADC0 的 DMA 初始化。

ADC0 使用的是 DMA0 通道 0，其初始化主要包括：使能 DMA0 时钟。复位 DMA 通道 0 参数配置。设置 DMA0 通道 0 的结构体参数：外设和存储器地址、地址增量模式、传输方向、传输数量、数据宽度和优先级等。使能 DMA0 通道 0 的传输完成中断。配置 DMA0 通道 0 的中断向量。使能 DMA0 通道 0 的循环模式。使能 DMA0 通道 0。

```
void ADC0_DMA_Init(void)
{
    dma_parameter_struct dma_data_parameter;

    rcu_periph_clock_enable(RCU_DMA0);               //使能 DMA0 时钟
    dma_deinit(DMA0, DMA_CH0);                       //复位 DMA0 通道 0 参数配置

    dma_data_parameter.periph_addr  = (uint32_t)(&ADC_RDATA(ADC0));
    dma_data_parameter.periph_inc   = DMA_PERIPH_INCREASE_DISABLE;
```

```
    dma_data_parameter.memory_addr   = (uint32_t)(&ADC0_Value);
    dma_data_parameter.memory_inc    = DMA_MEMORY_INCREASE_ENABLE;
    dma_data_parameter.periph_width  = DMA_PERIPHERAL_WIDTH_16BIT;
    dma_data_parameter.memory_width  = DMA_MEMORY_WIDTH_16BIT;
    dma_data_parameter.direction     = DMA_PERIPHERAL_TO_MEMORY;
    dma_data_parameter.number        = ADC_CHANNEL_NUM;
    dma_data_parameter.priority      = DMA_PRIORITY_HIGH;
    dma_init(DMA0,DMA_CH0,&dma_data_parameter); //初始化 DMA0 通道 0

    dma_interrupt_enable(DMA0,DMA_CH0,DMA_INT_FTF); //使能 DMA0 通道 0 传输完成中断
    nvic_irq_enable(DMA0_Channel0_IRQn,0,0);       //使能 DMA0 通道 0 中断向量

    dma_circulation_enable(DMA0,DMA_CH0);          //使能 DMA0 通道 0 的循环模式
    dma_channel_enable(DMA0, DMA_CH0);             //使能 DMA0 通道 0
}
```

（5）DMA0 通道 0 中断服务函数。

DMA0 通道 0 每传输完成一次就会产生一次传输完成中断，在该中断服务程序中将一轮 ADC 转换完成标志给置位。

```
void DMA0_Channel0_IRQHandler(void)
{
    if(RESET != dma_interrupt_flag_get(DMA0,DMA_CH0,DMA_INT_FLAG_FTF)){
        dma_interrupt_flag_clear(DMA0,DMA_CH0,DMA_INT_FLAG_FTF);
        ADCFinish = SET;
    }
}
```

（6）USART1 的发送引脚 PA2 初始化。

USART1_TX 引脚复用在 PA2 引脚上，需要将 PA2 引脚配置为复用功能推挽输出模式。

```
void USART1_PA2_Pin_Init(void)
{
    rcu_periph_clock_enable(RCU_GPIOA);                  //使能 GPIOA 时钟
    gpio_init(GPIOA,GPIO_MODE_AF_PP,GPIO_OSPEED_50MHZ,GPIO_PIN_2);
                                                         //PA2 为复用推挽输出
}
```

（7）USART1 初始化。

USART1 的初始化主要包括：使能 USART1 时钟；配置 USART1 的波特率为 115200；配置 USART1 的奇偶校验位；配置 USART1 的数据位；配置 USART1 的停止位；使能 USART1 的发送器；使能 USART1 的 DMA 发送功能；使能 USART1。

```
void USART1_Init(void)
{
    rcu_periph_clock_enable(RCU_USART1);                 //使能 USART1 时钟

    usart_baudrate_set(USART1,115200);                   //配置波特率

    usart_parity_config(USART1,USART_PM_NONE);           //配置奇偶校验位
    usart_word_length_set(USART1,USART_WL_8BIT);         //配置数据位
```

```
    usart_stop_bit_set(USART1,USART_STB_1BIT);          //配置停止位

    usart_transmit_config(USART1,USART_TRANSMIT_ENABLE);//使能发送器
    usart_dma_transmit_config(USART1,USART_TRANSMIT_DMA_ENABLE);
                                                        //使能 USART1 DMA

    usart_enable(USART1);                               //使能 USART1
}
```

（8）USART1 的 DMA 初始化。

USART1_TX 使能的是 DMA0 的通道 6。需要对 DMA0 通道 6 进行初始化。初始化主要包括：使能 DMA0 时钟；复位 DMA0 通道 6 配置参数；复位初始化的结构体参数；设置 DMA0 通道 6 的结构体参数：外设和存储器地址、地址增量模式、传输方向、传输数量、数据宽度和优先级等；配置 DMA0 通道 6 的循环模式为禁用；禁用存储器到存储器模式；使能 DMA0 通道 6 的传输完成中断；配置 DMA0 通道 6 的中断向量；DMA0 通道 6 初始时为禁止状态。

```
void USART1_DMA_Init(void)
{
    dma_parameter_struct dma_init_struct;           //定义结构体变量
    rcu_periph_clock_enable(RCU_DMA0);              //使能 DMA0 时钟

    dma_deinit(DMA0, DMA_CH6);                      //复位 DMA0 通道 6->USART1_TX
    dma_struct_para_init(&dma_init_struct);         //复位结构体成员

    dma_init_struct.direction = DMA_MEMORY_TO_PERIPHERAL;
                                                    //设置方向为存储器到外设
    dma_init_struct.memory_addr = (uint32_t)SENDBuffer;     //设置存储器地址
    dma_init_struct.memory_inc = DMA_MEMORY_INCREASE_ENABLE;
                                                    //存储器地址增量模式
    dma_init_struct.memory_width = DMA_MEMORY_WIDTH_8BIT;
                                                    //存储器数据宽度为 8 位
    dma_init_struct.number = 0;//设置传输数量
    dma_init_struct.periph_addr = (uint32_t)(USART1 + 0x04U);//设置外设地址
    dma_init_struct.periph_inc = DMA_PERIPH_INCREASE_DISABLE;
                                                    //外设地址固定模式
    dma_init_struct.periph_width = DMA_PERIPHERAL_WIDTH_8BIT;
                                                    //外设数据宽度为 8 位
    dma_init_struct.priority = DMA_PRIORITY_ULTRA_HIGH; //设置为高优先级
    dma_init(DMA0,DMA_CH6,&dma_init_struct);        //初始化 DMA0 通道 6

    dma_circulation_disable(DMA0,DMA_CH6);          //禁止循环模式
    dma_memory_to_memory_disable(DMA0,DMA_CH6);     //禁止存储器到存储器模式

    dma_interrupt_enable(DMA0,DMA_CH6,DMA_INT_FTF);
    nvic_irq_enable(DMA0_Channel6_IRQn,0,1);

    dma_channel_disable(DMA0,DMA_CH6);              //禁止 DMA0 的通道 6
}
```

（9）DMA0 通道 6 中断服务程序。

DMA0 通道 6 中断服务程序，每传输完一次，关闭 DMA0 通道 6 的传输。

```
void DMA0_Channel6_IRQHandler(void)
{
    if(RESET != dma_interrupt_flag_get(DMA0,DMA_CH6,DMA_INT_FLAG_FTF)){
        dma_interrupt_flag_clear(DMA0,DMA_CH6,DMA_INT_FLAG_FTF);
        dma_channel_disable(DMA0,DMA_CH6);    //关闭 DMA0 通道 6
    }
}
```

（10）main( )主程序。

Main( )函数源程序如下:

```
uint8_t SENDBuffer[200] ;                        //发送缓冲区

int main(void)
{
    float temp;
    AQ_SysTickConfig();                          //Systick 初始化
    ADC0_PA0_PA1_Pin_Init();                     //PA0,PA1 引脚初始化
    ADC0_DMA_Init();                             //ADC0 的 DMA0 通道 0 初始化
    ADC0_Init();                                 //ADC0 初始化
    USART1_PA2_Pin_Init();                       //USART1 的 TX 引脚 PA2 初始化
    USART1_Init();                               //USART1 初始化
    USART1_DMA_Init();                           //USART1 的 DMA0 通道 6 初始化
    while(1)
    {
        memset(SENDBuffer,0,sizeof(SENDBuffer)); //清除 SENDBuffer 数组的内容
        temp = ((float)((1.45 - (ADC0_Value[2]* 1.2 / ADC0_Value[3])) / 0.0041) + 25);
                                                 //转换为温度
        sprintf((char *)SENDBuffer,"ADC0=%d,ADC1=%d,ADC16=%d,ADC17=%d,t=%3.1f.\r\n",
            ADC0_Value[0],ADC0_Value[1],ADC0_Value[2],ADC0_Value[3],temp);
                                                 //格式化为字符串
                                                 //设置 DMA0 通道 60 传输长度
        dma_transfer_number_config(DMA0,DMA_CH6,strlen((char
*)SENDBuffer));
        dma_channel_enable(DMA0,DMA_CH6);        //启用 DMA0 通道 6 传输
        msDelay(1000);                           //延时 1 秒
        if(RESET != ADCFinish){
            ADCFinish = RESET;
        }
    }
}
```

在本实例中，用到了两个 DMA 通道来传输数据，ADC0 的 4 个模拟量通道数据转换成功后通过 DMA0 通道 0 传输到 ADC0_Value［］数组中，USART1 通过 DMA0 通道 6 将格式化后的 ADC0_Value［］数组中的字符串数据经过 TX 引脚发送到上位机。

第 13 章　SPI 控制器

13.1　SPI 概述

SPI（Serial Peripheral Interface）即串行外围设备接口，是由 Motorola 公司开发的一种高速、全双工、同步的通信总线接口，主要用于微控制器与外围设备芯片之间的连接。SPI 接口可以用来连接存储器、ADC、DAC、RTC、LCD 控制器、传感器、音频芯片以及其他处理器。在 GD32F30XT 系列微控制器上，SPI 控制器可以配置为支持 SPI 协议或 I2S（Inter-IC Sound，集成电路内置音频总线）音频协议，SPI 控制器默认工作在 SPI 模式，可以通过软件将 SPI 模式切换到 I2S 模式。

SPI 采用主从模式（Master-Slaver）架构，支持单主多从模式应用，时钟由主机（Master）控制，在时钟移位脉冲下，数据按位传输，高位在前，低位在后（MSB first）。SPI 接口有 2 根单向数据线，为全双工通信。SPI 主机和从机连接示意图如图 13-1 所示。

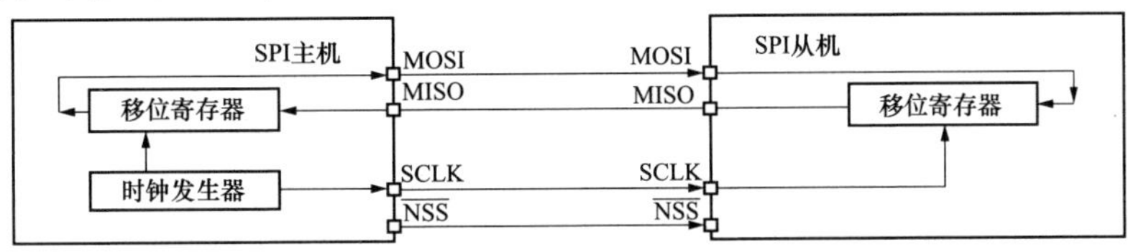

图 13-1　SPI 主机和从机连接示意图

四线制 SPI 器件一般有 4 个信号组成：时钟（SPI CLK/SCLK）信号。主机输出从机输入（MOSI）信号。主机输入从机输出（MISO）信号。片选（CS/NSS）信号。

能够产生时钟信号的器件被称为主机。主机和从机之间的数据传输是与主机产生的时钟同步。一般 SPI 接口只能有一个主机，可以有多个从机，通过不同的片选信号线来识别不同的从机。单主机多从机的 SPI 连接示意图如图 13-2 所示。

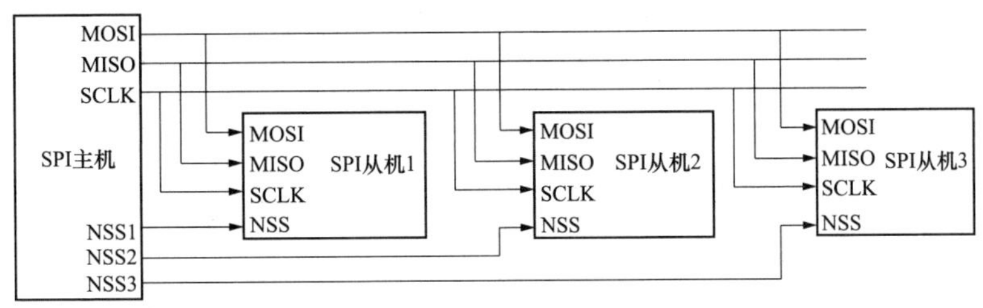

图 13-2　单主机多从机的 SPI 连接示意图

主机通过控制片选信号线来选择从机，通常是以低电平作为有效选通信号，片选信号线为高电平时，该从机与主机 SPI 总线是断开的。

13.2 GD32F303ZGT6 的 SPI 控制器

GD32F303ZGT6 微控制器内部集成有 3 个 SPI 控制器，可与外部器件进行半双工/全双工同步串行通信。基于 SPI 协议的数据发送和接收功能，可以工作于主机或从机模式。SPI 接口支持具有硬件 CRC 计算和校验的全双工和单工模式。SPI0 还支持 SPI 四线主机模式。

片上音频接口（Inter-IC Sound，I2S）支持四种音频标准，分别是 I2S 飞利浦标准，MSB 对齐标准，LSB 对齐标准和 PCM 标准。它可以在四种模式下运行，包括主机发送模式，主机接收模式，从机发送模式和从机接收模式。

13.2.1 主要特性

1. SPI 主要特性

（1）具有全双工和单工模式的主从操作。

（2）16 位宽度，独立的发送和接收缓冲区。

（3）8 位或 16 位数据帧格式。

（4）低位在前或高位在前的数据位顺序。

（5）软件和硬件 NSS 管理。

（6）硬件 CRC 计算、发送和校验。

（7）发送和接收支持 DMA 模式。

（8）支持 SPI TI 模式。

（9）支持 SPI NSS 脉冲模式。

（10）支持 SPI 四线功能的主机模式（仅在 SPI0 中）。

2. I2S 主要特性

（1）具有发送和接收功能的主从操作。

（2）支持四种 I2S 音频标准：飞利浦标准，MSB 对齐标准，LSB 对齐标准和 PCM 标准。

（3）数据长度可以为 16 位，24 位和 32 位。

（4）通道长度为 16 位或 32 位。

（5）16 位缓冲区用于发送和接收

（6）通过 I2S 时钟分频器，可以得到 8～192kHz 的音频采样频率。

（7）可编程空闲状态时钟极性。

（8）可以输出主时钟（MCK）。

（9）发送和接收支持 DMA 功能。

13.2.2 SPI 控制器结构

SPI 控制器结构如图 13-3 所示。

13.2.3 SPI 控制器引脚复用

GD32F303ZGT6 微控制器的多个 SPI 控制器外设的引脚是与 GPIO 引脚复用映射实现的，

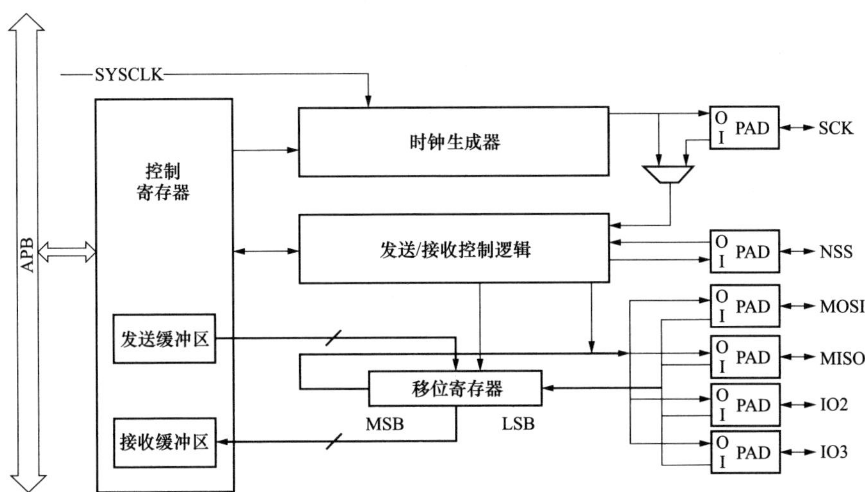

图 13-3　SPI 控制器结构图

在图 13-3 中，SPI 控制器的通信引脚有 SCK、NSS、MOSI、MISO、IO2 和 IO3，四线制的 SPI 通信引脚与 GPIO 引脚的复用关系如表 13-1 所示。

表 13-1　　GD32F303ZGT6 微控制器的 SPI 接口与 GPIO 引脚对应表

外设	SPI0	SPI1	SPI2
总线	APB2	APB1	APB1
MOSI	PA7/（PB5）	PB15	PB5/（PC12）
MISO	PA6/（PB4）	PB14	PB4/（PC11）
SCK	PA5/（PB3）	PB13	PB3/（PC10）
NSS	PA4/（PA15）	PB12	PA15/（PA4）
IO2	PA2/（PB6）	—	—
IO3	PA3/（PB7）	—	—

注　括号内为映射引脚。

13.2.4　SPI 信号线描述

非四线 SPI 模式的常规配置信号描述如表 13-2 所示。

表 13-2　　SPI 非四线信号描述

引脚名称	方向	描　述
SCK	I/O	主机：SPI 时钟输出；从机：SPI 时钟输入
MISO	I/O	主机：数据接收线；从机：数据发送线；主机双向线模式：不使用；从机双向线模式：数据发送和接收线
MOSI	I/O	主机：数据发送线；从机：数据接收线；主机双向线模式：数据发送和接收线；从机双向线模式：不使用
NSS	I/O	软件 NSS 模式：不使用；主机硬件 NSS 模式：NSSDRV=1 时，为 NSS 输出，适用于单主机模式；NSSDRV=0 时，为 NSS 输入，适用于多主机模式。从机硬件 NSS 模式：为 NSS 输入，作为从机的片选信号

SPI 默认配置为单路模式，当 SPI0 四路 SPI 控制寄存器（SPI_QCTL）中的 QMOD 位被置 1 时，配置为 SPI 四线模式（只适用于 SPI0），并且 SPI 四线模式只能工作在主机模式。

通过配置 SPI0 四路 SPI 控制寄存器（SPI_QCTL）中的 IO23_DRV 位，在常规非四线 SPI 模式下，软件可以驱动 IO2 引脚和 IO3 引脚为高电平。在 SPI 四线模式下，SPI 通过以下 6 个引脚与外部设备连接，如表 13-3 所示。

表 13-3　　SPI 四线信号描述

引脚名称	方向	描　述
SCK	O	SPI 时钟输出
MISO	I/O	发送或接收数据 0 线
MOSI	I/O	发送或接收数据 1 线
IO2	I/O	发送或接收数据 2 线
IO3	I/O	发送或接收数据 3 线
NSS	O	NSS 输出

13.2.5　SPI 时序与数据帧格式

SPI 控制寄存器 0（SPI_CTL0）中的 CKPL 位和 CKPH 位决定了 SPI 时钟和数据信号的时序。CKPL 位决定了空闲状态时 SCK 的电平，CKPH 位决定了第一个或第二个时钟跳变沿为有效采样边沿。在 TI 模式下，这两位没有意义。常规模式下的 SPI 时序图和四线模式下的 SPI 时序图分别如图 13-4 和图 13-5 所示。

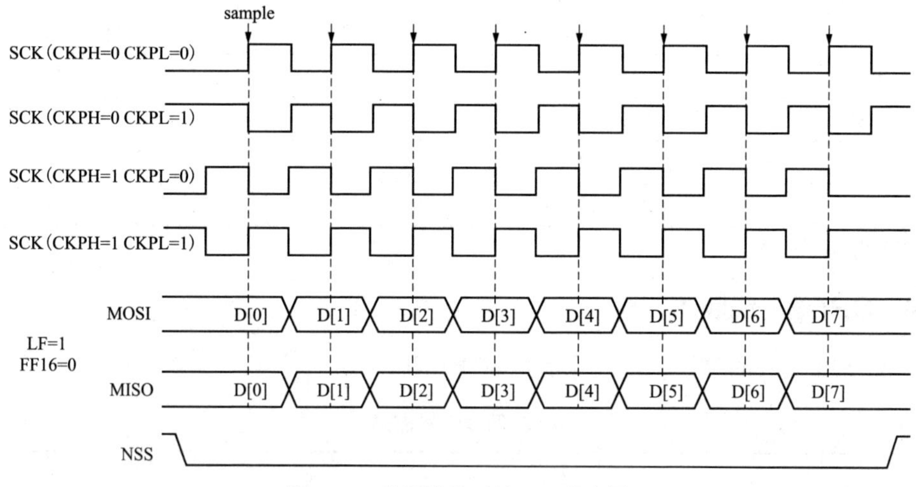

图 13-4　常规模式下的 SPI 时序图

在常规模式中，通过 SPI 控制寄存器 0（SPI_CTL0）中的 FF16 位配置数据长度，当 FF16=1 时，数据长度为 16 位，否则为 8 位。在 SPI 四线模式下，数据帧长度固定为 8 位。

通过设置 SPI 控制寄存器 0（SPI_CTL0）中的 LF 位可以配置数据顺序，当 LF=1 时，SPI 先发送 LSB 位，当 LF=0 时，则先发送 MSB 位。在 TI 模式中，数据顺序固定为先发 MSB 位。

当访问 SPI 数据寄存器（SPI_DATA）时，数据帧总是右对齐成一个字节（如果数据长度小于或等于一个字节）或一个半字。通信时，只有数据长度内的位会随时钟输出。

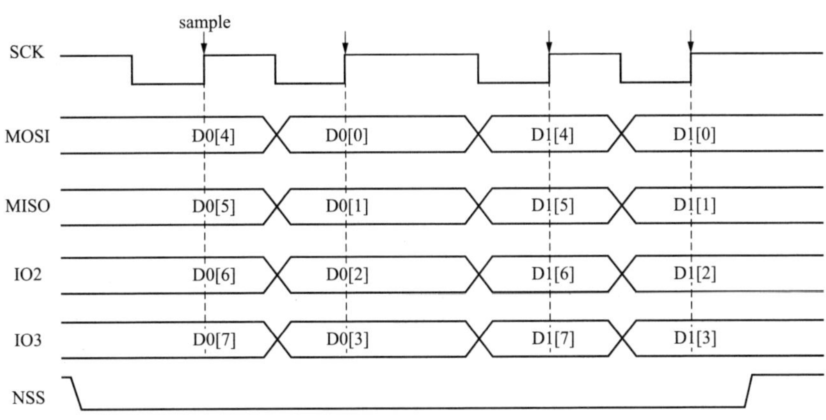

图 13-5 SPI 四线模式下的 SPI 时序图（CKPL=1，CKPH=1，LF=0）

13.2.6 NSS 功能

1. 从机模式

当配置为从机模式（SPI 控制寄存器 0（SPI_CTL0）中的 MSTMOD=0）时，在硬件 NSS 模式（SPI 控制寄存器 0（SPI_CTL0）中的 SWNSSEN=0）下，SPI 从 NSS 引脚获取 NSS 电平，在软件 NSS 模式（SPI 控制寄存器 0（SPI_CTL0）中的 SWNSSEN=1）下，SPI 根据 SWNSS 位得到 NSS 电平。只有当 NSS 为低电平时，才能发送或接收数据。在软件 NSS 模式下，不使用 NSS 引脚。如表 13-4 所示。

表 13-4　从机模式 NSS 功能

模式	寄存器配置	描　述
从机硬件 NSS 模式	MSTMOD=0，SWNSSEN=0	SPI 从机 NSS 电平从 NSS 引脚获取
从机软件 NSS 模式	MSTMOD=0，SWNSSEN=1	SPI 从机 NSS 电平由 SWNSS 位决定。 SWNSS = 0：NSS 电平为低；SWNSS = 1：NSS 电平为高

2. 主机模式

在主机模式（SPI 控制寄存器 0（SPI_CTL0）中的 MSTMOD=1）下，如果应用程序使用多主机连接方式，NSS 可以配置为硬件输入模式（SPI 控制寄存器 0（SPI_CTL0）中的 SWNSSEN=0 和 SPI 控制寄存器 1（SPI_CTL1）中的 NSSDRV=0）或者软件模式（SPI 控制寄存器 0（SPI_CTL0）中的 SWNSSEN=1）。一旦 NSS 引脚（在硬件 NSS 模式下）或 SPI 控制寄存器 0（SPI_CTL0）中的 SWNSS 位（在软件 NSS 模式下）被拉低，SPI 将自动进入从机模式，并且产生主机配置错误时，SPI 状态寄存器（SPI_STAT)中的 CONFERR 位被硬件置 1。

如果应用程序希望使用 NSS 引脚控制 SPI 从设备，NSS 应该配置为硬件输出模式（SPI 控制寄存器 0（SPI_CTL0）中的 SWNSSEN=0 和 SPI 控制寄存器 1（SPI_CTL1）中的 NSSDRV=1）。使能 SPI 之后，NSS 保持高电平，当发送或接收过程开始时，NSS 变为低电平。

应用程序可以使用一个通用 GPIO 引脚作为 NSS 引脚，以实现更加灵活的 NSS 应用。

表 13-5 列出了主机模式下的 NSS 功能。

表 13-5　　主机模式 NSS 功能

模式	寄存器配置	描　述
主机硬件 NSS 输出模式	MSTMOD=1，SWNSSEN=0，NSSDRV=1	适用于单主机模式，主机使用 NSS 引脚控制 SPI 从设备，此时 NSS 配置为硬件输出模式。使能 SPI 后 NSS 为低电平
主机硬件 NSS 输入模式	MSTMOD=1，SWNSSEN=0，NSSDRV=0	适用于多主机模式，此时 NSS 配置为硬件输入模式，一旦 NSS 引脚被拉低，SPI 将自动进入从机模式，并且产生主机配置错误，CONFERR 位置 1
主机软件 NSS 模式	MSTMOD=1，SWNSSEN=1，SWNSS=0，NSSDRV=X	适用于多主机模式，一旦 SWNSS = 0，SPI 将自动进入从机模式，并且产生主机配置错误，CONFERR 位置 1
	MSTMOD=1，SWNSSEN=1，SWNSS=1，NSSDRV=X	从机可以使用硬件或软件 NSS 模式

13.2.7　SPI 运行模式

GD32F303ZGT6 微控制器的 SPI 控制器可以配置为多种运行模式，如表 13-6 所示。

表 13-6　　SPI 运 行 模 式

模式	描述	寄存器配置	使用的数据引脚
MFD	全双工主机模式	MSTMOD=1，RO=0，BDEN=0，BDOEN=X	MOSI：发送；MISO：接收
MTU	单向线连接主机发送模式	MSTMOD=1，RO=0，BDEN=0，BDOEN=X	MOSI：发送；MISO：不使用
MRU	单向线连接主机接收模式	MSTMOD=1，RO=1，BDEN=0，BDOEN=X	MOSI：不使用；MISO：接收
MTB	双向线连接主机发送模式	MSTMOD=1，RO=0，BDEN=1，BDOEN=1	MOSI：发送；MISO：不使用
MRB	双向线连接主机接收模式	MSTMOD=1，RO=0，BDEN=1，BDOEN=0	MOSI：接收；MISO：不使用
SFD	全双工从机模式	MSTMOD=0，RO=0，BDEN=0，BDOEN=X	MOSI：接收；MISO：发送
STU	单向线连接从机发送模式	MSTMOD=0，RO=0，BDEN=0，BDOEN=X	MOSI：不使用；MISO：发送
SRU	单向线连接从机接收模式	MSTMOD=0，RO=1，BDEN=0，BDOEN=X	MOSI：接收；MISO：不使用
STB	双向线连接从机发送模式	MSTMOD=0，RO=0，BDEN=1，BDOEN=1	MOSI：不使用；MISO：发送
SRB	双向线连接从机接收模式	MSTMOD=0，RO=0，BDEN=1，BDOEN=0	MOSI：不使用；MISO：接收

13.2.8　SPI 配置

在发送或接收数据之前，应用程序应遵循如下的 SPI 初始化流程：

（1）如果工作在主机模式或从机 TI 模式，配置 SPI 控制寄存器 0（SPI_CTL0）中的 PSC［2:0］位来生成预期波特率的 SCK 信号，或配置 TI 模式下的 Td 时间。否则，忽略此步骤。

（2）配置数据格式（SPI 控制寄存器 0（SPI_CTL0）中的 FF16 位）。

（3）配置时钟时序（SPI 控制寄存器 0（SPI_CTL0）中的 CKPL 位和 CKPH 位）。

（4）配置帧格式（SPI 控制寄存器 0（SPI_CTL0）中的 LF 位）。

（5）按照 13.2.6 节的描述，根据应用程序的需求，配置 NSS 模式（SPI 控制寄存器 0（SPI_CTL0）中的 SWNSSEN 位和 SPI 控制寄存器 1（SPI_CTL1）中的 NSSDRV 位）。

（6）如果工作在 TI 模式，需要将 SPI 控制寄存器 1（SPI_CTL1）中的 TMOD 位给置 1。否则，忽略此步骤。

（7）如果工作在 NSSP 模式，需要将 SPI 控制寄存器 1（SPI_CTL1）中的 NSSP 位给置 1，否则，忽略此步骤。

（8）根据 13.2.7 节的描述，配置 SPI 控制寄存器 0（SPI_CTL0）中的 MSTMOD 位、RO 位、BDEN 位和 BDOEN 位。

（9）如果工作在 SPI 四线模式，需要将 SPI0 四路 SPI 控制寄存器（SPI_QCTL）中的 QMOD 位给置 1。如果不是，则忽略此步骤。

（10）使能 SPI（将 SPI 控制寄存器 0（SPI_CTL0）中的 SPIEN 位给置 1）。

1. SPI 基本发送和接收流程

（1）发送流程。

在完成初始化过程之后，SPI 模块使能并保持在空闲状态。在主机模式下，当软件写一个数据到发送缓冲区时，发送过程开始。在从机模式下，当 SCK 引脚上的 SCK 信号开始翻转，且 NSS 引脚电平为低，发送过程开始。所以，在从机模式下，应用程序必须确保在数据发送开始前，数据已经写入发送缓冲区中。

当 SPI 开始发送一个数据帧时，首先将这个数据帧从数据缓冲区加载到移位寄存器中，然后开始发送加载的数据。在数据帧的第一位发送之后，SPI 状态寄存器（SPI_STAT）中的 TBE（发送缓冲区空）位被硬件置 1。当 TBE 标志位被置 1，说明发送缓冲区为空，此时如果需要发送更多数据，软件应该继续写 SPI 数据寄存器（SPI_DATA）。

在主机模式下，若想要实现连续发送功能，那么在当前数据帧发送完成前，软件应该将下一个数据写入 SPI 数据寄存器（SPI_DATA）中。

（2）接收流程。

在最后一个采样时钟边沿之后，接收到的数据将从移位寄存器存入到接收缓冲区，且 SPI 状态寄存器（SPI_STAT）中的 RBNE（接收缓冲区非空）位被硬件置 1。软件通过读 SPI 数据寄存器（SPI_DATA）获得接收的数据，此操作会自动清除 SPI 状态寄存器（SPI_STAT）中的 RBNE 标志位。在 MRU 和 MRB 模式中，为了接收下一个数据帧，硬件需要连续发送时钟信号，而在全双工主机模式（MFD）中，当发送缓冲区非空时，硬件只接收下一个数据帧。

2. SPI 不同模式下的操作流程（非 SPI 四线模式，TI 模式或 NSSP 模式）

在全双工模式下，无论是 MFD 模式或者 SFD 模式，应用程序都应该监视 SPI 状态寄存器（SPI_STAT）中的 RBNE 标志位和 TBE 标志位，并且遵循上文描述的操作流程。

除了忽略 SPI 状态寄存器（SPI_STAT）中的 RBNE 位和 RXORERR 位，且只执行上述的发送流程之外，发送模式（MTU，MTB，STU 和 STB）与全双工模式类似。

在主机接收模式（MRU 或 MRB）下，全双工模式和发送模式是不同的。在 MRU 模式或 MRB 模式下，在 SPI 使能后，SPI 产生连续的 SCK 信号，直到 SPI 停止。所以，软件应该忽略 SPI 状态寄存器（SPI_STAT）中的 TBE 标志位，并且在 SPI 状态寄存器（SPI_STAT）中的 RBNE 位被置 1 后及时读出接收缓冲区内的数据，否则，将会产生接收过载错误。

除了忽略 SPI 状态寄存器（SPI_STAT）中的 TBE 标志位，且只执行上述的接收流程之外，从机接收模式（SRU 或 SRB）与全双工模式类似。

3. SPI TI 模式

SPI TI 模式将 NSS 作为一种特殊的帧头标志信号，它的操作流程与上文描述的常规模式类似。13.2.7 节的描述的模式（MFD，MTU，MRU，MTB，MRB，SFD，STU，SRU，STB 和 SRB）都支持 TI 模式。但是，在 TI 模式中，SPI 控制寄存器 0（SPI_CTL0）中的 CKPL 位和 CKPH 位是没有意义的，SCK 信号的采样边沿为下降沿。

在主机 TI 模式下，SPI 模块可实现连续传输或者不连续传输。如果主机写 SPI 数据寄存器（SPI_DATA）的速度很快，那么就是连续传输，否则，为不连续传输。在不连续传输中，在每个字节传输前需要一个额外的时钟周期。但是在连续传输中，额外的时钟周期只存在于第一个字节之前，随后字节的起始时钟周期被前一个字节的最后一位的时钟周期覆盖。主机 TI 模式在不连续发送时的时序图和主机 TI 模式在连续发送时的时序图分别为图 13-6 和图 13-7 所示。

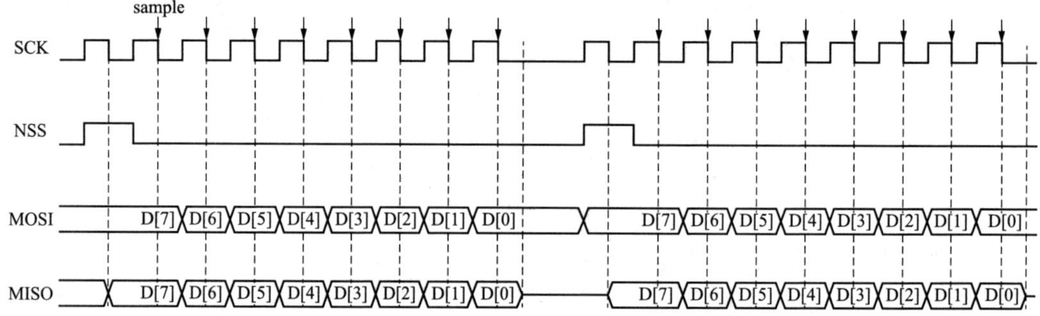

图 13-6　主机 TI 模式在不连续发送时的时序图

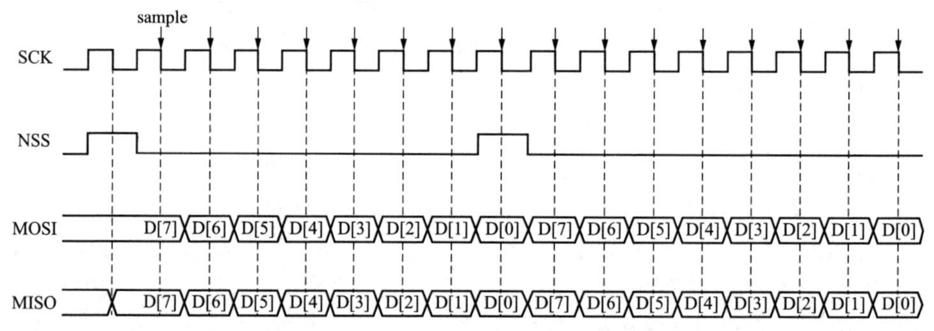

图 13-7　主机 TI 模式在连续发送时的时序图

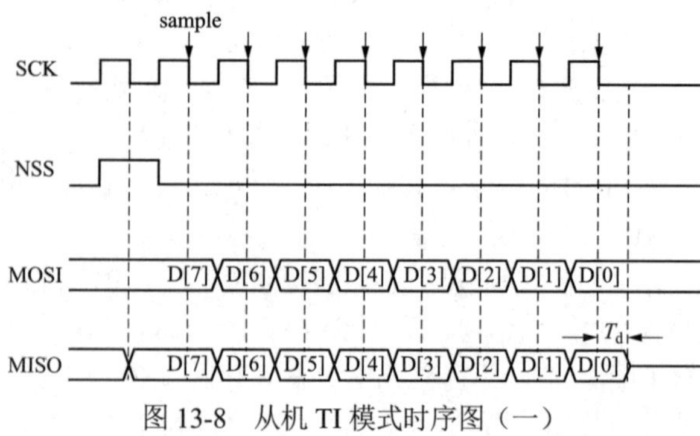

图 13-8　从机 TI 模式时序图（一）

在从机 TI 模式中，在 SCK 信号的最后一个上升沿，从机开始发送最后一个字节的 LSB 位，在半位的时间之后，主机开始采集数据。为了确保主机采集到正确的数据，在释放该引脚之前，从机需要在 SCK 信号的下降沿之后继续驱动该位一段时间，这段时间称为 T_d，如图 13-8 所示的从机 TI 模式时序图。T_d 通过 SPI 控制寄存器 0（SPI_CTL0）中

的 PSC［2:0］位来设置。

$$T_d = \frac{T_{bit}}{2} + 5 \times T_{pclk}$$

例如，如果 PSC［2:0］= 010，那么 T_d 数值为 $9 \times T_{pclk}$。

在从机模式下，从机需要监视 NSS 信号，如果检测到错误的 NSS 信号，将会置位 SPI 状态寄存器（SPI_STATA）中的 FERR 标志位。例如，NSS 信号在一个字节的中间位发生翻转。

4. NSS 脉冲模式操作流程

配置 SPI 控制寄存器 1（SPI_CTL1）中的 NSSP 位使能该功能，为了确保使用该功能实现，需满足以下几个条件：配置设备为主机模式，使用普通 SPI 协议的数据帧格式，同时在第一个时钟跳变沿采样数据。

总之：SPI 控制寄存器 1（SPI_CTL1）中的 NSSP = 1；SPI 控制寄存器 0（SPI_CTL0）中的 MSTMOD = 1 和 CKPH= 0。

图 13-9 为 NSS 脉冲模式时序图（主机连续发送）。

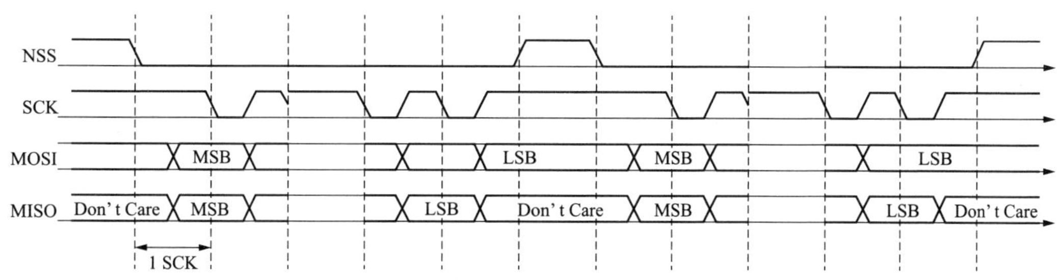

图 13-9　从机 TI 模式时序图（二）

当使用 NSS 脉冲模式时，根据内部数据发送缓冲区的状态，NSS 脉冲会在两个连续的数据帧之间产生，且持续时间至少为 1 个 SCK 时钟周期。如果数据发送缓冲区保持为空，可能会持续多个 SCK 时钟周期。NSS 脉冲功能专为单一的主从应用设计，支持从机锁存数据。

5. SPI 四线模式操作流程

SPI 四线模式用于控制四线 SPI flash 外设。

要配置成 SPI 四线模式，首先要确认 SPI 状态寄存器（SPI_STAT）中的 TBE 位被置 1，且 TRANS 位被清零，然后将 SPI0 四路控制寄存器（SPI_QCTL）中的 QMOD 位给置 1。在 SPI 四线模式，SPI 控制寄存器 0（SPI_CTL0）中的 BDEN 位、BDOEN 位、CRCEN 位、CRCNT 位、FF16 位、RO 位和 LF 位保持清零，且 MSTMOD 位置 1，以保证 SPI 工作于主机模式。SPI 控制寄存器 0（SPI_CTL0）中的 SPIEN 位、PSC 位、CKPL 位和 CKPH 位根据需要进行配置。

SPI 四线模式有两种运行模式：

（1）四线写模式。

当 SPI0 四路控制寄存器（SPI_QCTL）中的 QMOD 位被置 1 且 QRD 位被清零时，SPI 工作在四路写模式。在四路写模式中，MOSI、MISO、IO2 和 IO3 都用作输出引脚。在 SCK 产生时钟信号后，一旦数据写入 SPI 数据寄存器（SPI_DATA）（SPI 状态寄存器（SPI_STAT）中的 TBE 位被清零）且 SPI 控制寄存器 0（SPI_CTL0）中的 SPIEN 位被置 1 时，SPI 将会通过这四个引脚发送写入的数据。一旦 SPI 开始数据传输，它总是在数据帧结束时检查 SPI 状态寄存器（SPI_STAT）中的 TBE 标志位的状态，若不能满足条件则停止传输。SPI 四线模式四线写操作时序图如图 13-10 所示。

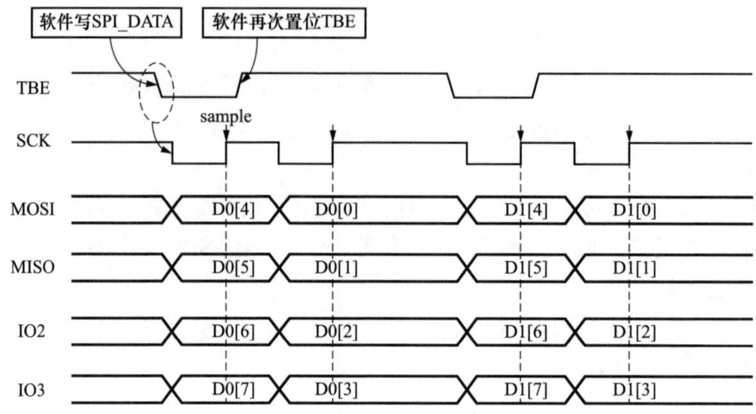

图 13-10　SPI 四线模式四线写操作时序图

四路模式下发送操作流程：

1）根据应用需求，配置 SPI 控制寄存器 0（SPI_CTL0）和 SPI 控制寄存器 1（SPI_CTL1）中的时钟预分频、时钟极性、相位等参数。

2）将 SPI0 四路控制寄存器（SPI_QCTL）中的 QMOD 位给置 1，然后将 SPI 控制寄存器 0（SPI_CTL0）中的 SPIEN 位给置 1 来使能 SPI 功能。

3）向 SPI 数据寄存器（SPI_DATA）中写入一个字节的数据，SPI 状态寄存器（SPI_STAT）中的 TBE 标志位将会清零。

4）等待硬件将 SPI 状态寄存器（SPI_STAT）中的 TBE 位重新置位，然后写入下一个字节数据。

（2）四线读模式。

当 SPI0 四路控制寄存器（SPI_QCTL）中的 QMOD 位和 QRD 位都被置 1 时，SPI 工作在四路读模式。在四路读模式中，MOSI、MISO、IO2 和 IO3 都用作输入引脚。当数据写入 SPI 数据寄存器（SPI_DATA）（此时 SPI 状态寄存器（SPI_STAT）中的 TBE 位被清零）且 SPI 控制寄存器 0（SPI_CTL0）中的 SPIEN 位置 1 时，SPI 开始在 SCK 信号线上产生时钟信号。写数据到 SPI 数据寄存器（SPI_DATA）只是为了产生 SCK 时钟信号，所以可以写入任何数据。SPI 开始数据传输之后，每发送一个数据帧都要检测 SPI 控制寄存器 0（SPI_CTL0）中的 SPIEN 位和 SPI 状态寄存器（SPI_STAT）中的 TBE 位，若条件不满足则停止传输。所以软件需要一直向 SPI 数据寄存器（SPI_DATA）写空闲数据，以产生 SCK 时钟信号。SPI 四路模式四路读操作时序图如图 13-11 所示。

四路模式下接收操作流程：

1）根据应用需求，配置 SPI 控制寄存器 0（SPI_CTL0）和 SPI 控制寄存器 1（SPI_CTL1）中时钟预分频、时钟极性、相位等参数。

2）将 SPI0 四路控制寄存器（SPI_QCTL）中的 QMOD 位和 QRD 位给置 1，然后将 SPI 控制寄存器 0（SPI_CTL0）中的 SPIEN 位给置 1 来使能 SPI 功能。

3）写任意数据（例如 0xFF）到 SPI 数据寄存器（SPI_DATA）。

4）等待 SPI 状态寄存器（SPI_STAT）中的 RBNE 位置 1，然后读 SPI 数据寄存器（SPI_DATA）来获取接收的数据。

5）写任意数据（例如 0xFF）到 SPI 数据寄存器（SPI_DATA），以接收下一个字节数据。

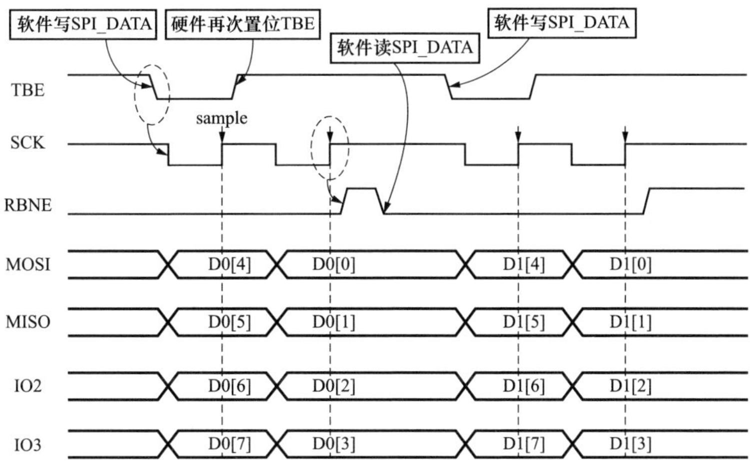

图 13-11　SPI 四线模式四线读操作时序图

6. SPI 停止流程

不同运行模式下采用不同的流程来停止 SPI 功能。

（1）MFD SFD。等待最后一个 SPI 状态寄存器（SPI_STAT）中的 RBNE 位并接收最后一个数据，等待 SPI 状态寄存器（SPI_STAT）中的 TBE=1 和 TRANS=0。最后，通过清零 SPI 控制寄存器 0（SPI_CTL0）中的 SPIEN 位关闭 SPI。

（2）MTU MTB STU STB。将最后一个数据写入 SPI 数据寄存器（SPI_DATA），等待 SPI 状态寄存器（SPI_STAT）中的 TBE 位被置 1。然后等待 SPI 状态寄存器（SPI_STAT）中的 TRANS 位被清零，通过清零 SPI 控制寄存器 0（SPI_CTL0）中的 SPIEN 位关闭 SPI。

（3）MRU MRB。等待倒数第二个 SPI 状态寄存器（SPI_STAT）中的 RBNE 位置 1，从 SPI 数据寄存器（SPI_DATA）读数据，等待一 SCK 时钟周期，然后通过清零 SPI 控制寄存器 0（SPI_CTL0）中的 SPIEN 位关闭 SPI。等待最后一个 SPI 状态寄存器（SPI_STAT）中的 RBNE 位被置 1，并从 SPI 数据寄存器（SPI_DATA）读数据。

（4）SRU SRB。当应用程序不想接收数据时，可以禁用 SPI，然后等待 SPI 状态寄存器（SPI_STAT）中的 TRANS=0 以确保正在进行的传输完成。

（5）TI 模式。TI 模式的停止流程与上面描述过程相同。

（6）NSS 脉冲模式。NSS 脉冲模式的停止流程与上面描述过程相同。

（7）SPI 四路模式。在禁用 SPI 四路模式或者关闭 SPI 功能之前，软件应该先检查：SPI 状态寄存器（SPI_STAT）中的 TBE 位被置 1 和 TRANS 位被清零，SPI0 四路控制寄存器（SPI_QCTL）中的 QMOD 位和 SPI 控制寄存器 0（SPI_CTL0）中的 SPIEN 位被清零。

13.2.9 DMA 功能

DMA 功能在传输过程中将应用程序从数据读写过程中释放出来，从而提高了系统效率。

通过置位 SPI 控制寄存器 1（SPI_CTL1）中的 DMATEN 位和 DMAREN 位，使能 SPI 模式的 DMA 功能。为了使用 DMA 功能，软件首先应当正确配置 DMA 模块，然后通过初始化流程配置 SPI 模块，最后使能 SPI。

SPI 使能后，如果 SPI 控制寄存器 1（SPI_CTL1）中的 DMATEN 位被置 1，每当 SPI 状态寄存器（SPI_STAT）中的 TBE=1 时，SPI 将会发出一个 DMA 请求，然后 DMA 应答该请求，并自动写数据到 SPI 数据寄存器（SPI_DATA）。如果 SPI 控制寄存器 1（SPI_CTL1）中的 DMAREN 位被置 1，每当 SPI 状态寄存器（SPI_STAT）中的 RBNE=1 时，SPI 将会发出一个 DMA 请求，然后 DMA 应答该请求，并自动从 SPI 数据寄存器（SPI_DATA）读取数据。

13.2.10 CRC 功能

SPI 模块包含两个 CRC 计算单元：分别用于发送数据和接收数据。CRC 计算单元使用 SPI CRC 多项式寄存器（SPI_CRCPOLY）中定义的多项式。

通过配置 SPI 控制寄存器 0（SPI_CTL0）中的 CRCEN 位使能 CRC 功能。对于数据线上每个发送和接收的数据，CRC 单元逐位计算 CRC 值，计算得到的 CRC 值可以从 SPI 发送 CRC 寄存器（SPI_TCRC）中发出和 SPI 接收 CRC 寄存器（SPI_RCRC）中读取。

为了传输计算得到的 CRC 值，应用程序需要在最后一个数据写入发送缓冲区之后，设置 SPI 控制寄存器 0（SPI_CTL0）中的 CRCNT 位。在全双工模式（MFD 或 SFD），当 SPI 发送一个 CRC 值并且准备校验接收到的 CRC 值时，会将最新接收到的数据当作 CRC 值。在接收模式（MRB，MRU，SRU 和 SRB）下，在倒数第二个数据帧被接收后，软件应该把 SPI 控制寄存器 0（SPI_CTL0）中的 CRCNT 位给置 1。在 CRC 校验失败时，SPI 状态寄存器（SPI_STAT）中的 CRCERR 错误标志位将会被置 1。

如果使能了 DMA 功能，软件不需要设置 SPI 控制寄存器 0（SPI_CTL0）中的 CRCNT 位，硬件将会自动处理 CRC 传输和校验。

注意： 当 SPI 处于从机模式且 CRC 功能使能时，无论 SPI 是否使能，CRC 计算器都对输入 SCK 时钟敏感。只有当时钟稳定时，软件才能启用 CRC，以避免错误的 CRC 计算。当 SPI 作为从机工作时，在数据阶段和 CRC 阶段之间，内部 NSS 信号需要保持低电平。

13.3 SPI 中断

13.3.1 状态标志

SPI 状态标志位（在 SPI 状态寄存器（SPI_STAT）中）有如下几类：

（1）发送缓冲区空标志位（TBE）。

当发送缓冲区为空时，TBE 置位。软件可以通过写 SPI 数据寄存器（SPI_DATA）将下一个待发送数据写入发送缓冲区。

（2）接收缓冲区非空标志位（RBNE）。

当接收缓冲区非空时，RBNE 置位，表示此时接收到一个数据，并已存入到接收缓冲区中，软件可以通过读 SPI 数据寄存器（SPI_DATA）来读取此数据。

（3）SPI 通信进行中标志位（TRANS）。

TRANS 位是用来指示当前传输是否正在进行或结束的状态标志位，它由内部硬件置位和清除，无法通过软件控制。该标志位不会产生任何中断。

13.3.2　错误标志

SPI 错误标志有如下几类：

（1）配置错误标志（CONFERR）。

在主机模式中，CONFERR 位是一个错误标志位。在硬件 NSS 模式中，如果 SPI 控制寄存器 1（SPI_CTL1）中的 NSSDRV 没有使能，当 NSS 被拉低时，CONFERR 位被置 1。在软件 NSS 模式中，当 SPI 控制寄存器 0（SPI_CTL0）中的 SWNSS 位为 0 时，CONFERR 位被置 1。当 CONFERR 位被置 1 时，SPI 控制寄存器 0（SPI_CTL0）中的 SPIEN 位和 MSTMOD 位由硬件清除，SPI 关闭，设备强制进入从机模式。

在 CONFERR 位清零之前，SPI 控制寄存器 0（SPI_CTL0）中的 SPIEN 位和 MSTMOD 位保持写保护，从机的 CONFERR 位不能置 1。在多主机配置中，设备可以在 CONFERR 位被置 1 时进入从机模式，这意味着发生了系统控制的多主冲突。

（2）接收过载错误（RXORERR）。

在 RBNE 位为 1 时，如果再有数据被接收，RXORERR 位将会被置 1。这说明上一帧数据还未被读出而新的数据已经接收了。接收缓冲区的内容不会被新接收的数据覆盖，所以新接收的数据丢失。

（3）帧错误（FERR）。

在 TI 从机模式下，从机也要监视 NSS 信号，如果检测到错误的 NSS 信号，将会置位 FERR 标志位。例如，NSS 信号在一个字节的中间位发生翻转。

（4）CRC 错误（CRCERR）。

当 SPI 控制寄存器 0（SPI_CTL0）中的 CRCEN 位被置 1 时，SPI 接收 CRC 寄存器（SPI_RCRC）中接收到的 CRC 值将会和紧随着最后一帧数据接收到的 CRC 值进行比较。当两者不同时，CRCERR 位将会被置 1。

13.3.3　与 NVIC 相关的 SPI 中断

SPI 中断请求如表 13-7 所示。

表 13-7　　SPI 中断请求

中断事件	描述	清除方式	使能控制位
TBE	发送缓冲区空	写 SPI_DATA 寄存器	TBEIE
RBNE	接收缓冲区非空	读 SPI_DATA 寄存器	RBNEIE
CONFERR	配置错误	读或写 SPI_STAT 寄存器，然后写 SPI_CTL0 寄存器	ERRIE
RXORERR	接收过载错误	读 SPI_DATA 寄存器，然后读 SPI_STAT 寄存器	
CRCERR	CRC 错误	写 0 到 CRCERR 位	
FERR	TI 模式帧错误	写 0 到 FERR 位	

以 GD32F303ZGT6 微控制器为例，所有的 SPI 中断向量如表 13-8 所示。

表 13-8　　GD32F303ZGT6 微控制器的 SPI 中断向量表

中断编号	在 gd32f30x.h 头文件中定义的宏	优先级	优先级类型	startup_gd32f30x_xd.s 文件中声明的中断服务程序名称	向量地址	描述
35	SPI0_IRQn	51	可编程	SPI0_IRQHandler	0x000000CC	SPI0 中断
36	SPI1_IRQn	52	可编程	SPI1_IRQHandler	0x000000D0	SPI1 中断
51	SPI2_IRQn	67	可编程	SPI2_IRQHandler	0x0000010C	SPI2 中断

在表 13-8 中，定义在 gd32f30x.h 头文件中被定义的中断向量宏是 nvic_irq_enable( )函数初始化该中断的向量编号，中断向量的优先级是可编程的。

例如，初始化 SPI0 中断向量（被宏定义在 gd32f30x.h 头文件中）的 C 语句为：

```
nvic_irq_enable(SPI0_IRQn,0,0);
```

对应的 SPI0 中断服务程序函数（被声明在 startup_gd32f30x_xd.s 文件中）为：

```
void SPI0_IRQHandler(void)
{
;
}
```

13.4　SPI 寄存器

13.4.1　简介

SPI 控制器用作 SPI 功能的常用寄存器如表 13-9 所示。

表 13-9　　SPI 寄存器

偏移量	寄存器名称	寄存器描述	偏移量	寄存器名称	寄存器描述
0x00	SPI_CTL0	SPI 控制寄存器 0	0x14	SPI_RCRC	SPI 接收 CRC 寄存器
0x04	SPI_CTL1	SPI 控制寄存器 1	0x18	SPI_TCRC	SPI 发送 CRC 寄存器
0x08	SPI_STAT	SPI 状态寄存器	0x1C	SPI_I2SCTL	SPI I2S 控制寄存器
0x0C	SPI_DATA	SPI 数据寄存器	0x20	SPI_I2SPSC	SPI I2S 时钟分频寄存器
0x10	SPI_CRCPOLY	SPI CRC 多项式寄存器	0x80	SPI_QCTL	SPI 四路控制寄存器（仅 SPI0 支持）

SPI 控制器的寄存器的宏都被定义在 gd32f30x_spi.h 头文件中。

```
#define SPI_CTL0(spix)    REG32((spix) + 0x00U) /*!< SPI 控制寄存器 0 */
#define SPI_CTL1(spix)    REG32((spix) + 0x04U) /*!< SPI 控制寄存器 1 */
#define SPI_STAT(spix)    REG32((spix) + 0x08U) /*!< SPI 状态寄存器 */
#define SPI_DATA(spix)    REG32((spix) + 0x0CU) /*!< SPI 数据寄存器 */
#define SPI_CRCPOLY(spix) REG32((spix) + 0x10U) /*!< SPI CRC 多项式寄存器 */
#define SPI_RCRC(spix)    REG32((spix) + 0x14U) /*!< SPI 接收 CRC 寄存器 */
#define SPI_TCRC(spix)    REG32((spix) + 0x18U) /*!< SPI 发送 CRC 寄存器 */
#define SPI_I2SCTL(spix)  REG32((spix) + 0x1CU) /*!< SPI I2S 控制寄存器 */
#define SPI_I2SPSC(spix)  REG32((spix) + 0x20U) /*!< SPI I2S 时钟分频寄存器 */
```

```
#define SPI_QCTL(spix) REG32((spix) + 0x80U)    /*!< SPI 四路控制寄存器(仅 SPI0
                                                    支持) */
```

GD32F303ZGT6t 微控制器内置的 3 个 SPI 控制器外设(SPI0/SPI1/SPI2)在 gd32f30x_spi.h 头文件中的宏定义内容为:

```
#define SPI0            (SPI_BASE + 0x0000F800U)
#define SPI1            SPI_BASE
#define SPI2            (SPI_BASE + 0x00000400U)
```

其中，SPI_BASE 的宏是被定义在 gd32f30x.h 头文件中，具体的宏定义为:

```
#define SPI_BASE    (APB1_BUS_BASE + 0x00003800U)  /*!< SPI 基地址    */
```

需要注意的是，SPI0 是挂接在 APB2 总线上，SPI1 和 SPI2 是挂接在 APB1 总线上。

13.4.2 SPI 寄存器功能描述

1. SPI 控制寄存器 0（SPI_CTL0）

SPI 控制寄存器 0（SPI_CTL0）的各个位的功能如表 13-10 所示。

表 13-10 SPI 控制寄存器 0（SPI_CTL0）

位	名称	类型	复位值	说明
31:16	—	—	—	—
15	BDEN	读写	0	双向数据模式。0:2 线单向传输模式；1:1 线双向传输模式
14	BDOEN	读写	0	双向传输输出使能。当 BDEN 置位时，该位决定了数据的传输方向。 0：工作在只接收模式；1：工作在只发送模式
13	CRCEN	读写	0	CRC 计算使能。0：CRC 计算禁止；1：CRC 计算使能
12	CRCNT	读写	0	下一次传输 CRC。0: 下一次传输值为数据; 1: 下一次传输值为 CRC 值（TCR）。 当数据传输由 DMA 管理时，CRC 值由硬件传输，该位应该被清零。 在全双工和只发送模式下，当最后一个数据写入 SPI_DATA 寄存器后应将该位置 1。在只接收模式下，在接收完倒数第二个数据后应将该位置 1
11	FF16	读写	0	数据帧格式。0:8 位数据帧格式；1:16 位数据帧格式
10	RO	读写	0	只接收模式。当 BDEN 清零时，该位决定了数据的传输方向。 0：全双工模式；1：只接收模式
9	SWNSSEN	读写	0	NSS 软件模式选择。0：NSS 硬件模式，NSS 电平取决于 NSS 引脚；1：NSS 软件模式，NSS 电平取决于 SWNSS 位。该位在 SPI TI 模式下没有意义
8	SWNSS	读写	0	NSS 软件模式下 NSS 引脚选择。0：NSS 引脚拉低；1：NSS 引脚拉高。 只有在 SWNSSEN 置位时，该位有效。该位在 SPI TI 模式下没有意义
7	LF	读写	0	最低有效位先发模式。0：先发送最高有效位；1：先发送最低有效位。该位在 SPI TI 模式下没有意义
6	SPIEN	读写	0	SPI 使能。0：SPI 设备禁止；1：SPI 设备使能
5:3	PSC［2:0］	读写	000	主时钟预分频选择。当使用 SPI0 时，PCLK=PCLK2，当使用 SPI1 和 SPI2 时，PCLK=PCLK1。 000 PCLK/2；010 PCLK/8；100 PCLK/32；110 PCLK/128 001 PCLK/4；011 PCLK/16；101 PCLK/64；111 PCLK/256
2	MSTMOD	读写	0	主从模式使能。0：从机模式；1：主机模式

续表

位	名称	类型	复位值	说　明
1	CKPL	读写	0	时钟极性选择。 0：SPI 为空闲状态时，CLK 引脚拉低；1：SPI 为空闲状态时，CLK 引脚拉高
0	CKPH	读写	0	时钟相位选择。 0：在第一个时钟跳变沿采集第一个数据； 1：在第二个时钟跳变沿时钟跳变沿采集第一个数据

SPI 控制寄存器 0（SPI_CTL0）的各个位在 gd32f30x_spi.h 头文件中的宏定义如下：

```
#define SPI_CTL0_CKPH        BIT(0)          /*!< 时钟相位选择 */
#define SPI_CTL0_CKPL        BIT(1)          /*!< 时钟极性选择 */
#define SPI_CTL0_MSTMOD      BIT(2)          /*!< 主从模式使能 */
#define SPI_CTL0_PSC         BITS(3,5)       /*!< 主时钟预分频选择 */
#define SPI_CTL0_SPIEN       BIT(6)          /*!< SPI 使能 */
#define SPI_CTL0_LF          BIT(7)          /*!< 最低有效位先发模式 */
#define SPI_CTL0_SWNSS       BIT(8)          /*!< NSS 软件模式下 NSS 引脚选择 */
#define SPI_CTL0_SWNSSEN     BIT(9)          /*!< NSS 软件模式选择 */
#define SPI_CTL0_RO          BIT(10)         /*!< 只接收模式 */
#define SPI_CTL0_FF16        BIT(11)         /*!< 数据帧格式 */
#define SPI_CTL0_CRCNT       BIT(12)         /*!< 下一次传输 CRC */
#define SPI_CTL0_CRCEN       BIT(13)         /*!< CRC 计算使能 */
#define SPI_CTL0_BDOEN       BIT(14)         /*!< 双向传输输出使能 */
#define SPI_CTL0_BDEN        BIT(15)         /*!< 双向数据模式 */
```

例如，配置 SPI0 为主机模式、8 位数据帧格式、主时钟分频系数为 256。

```
SPI_CTL0(SPI0) |= (SPI_CTL0_MSTMOD | SPI_CTL0_PSC);
```

2. SPI 控制寄存器 1（SPI_CTL1）

SPI 控制寄存器 1（SPI_CTL1）的各个位的功能如表 13-11 所示。

表 13-11　　　　SPI 控制寄存器 1（SPI_CTL1）

位	名称	类型	复位值	说　明
31:8	—	—	—	—
7	TBEIE	读写	0	发送缓冲区空中断使能。0：禁止；1：使能
6	RBNEIE	读写	0	接收缓冲区非空中断使能。0：禁止；1：使能
5	ERRIE	读写	0	错误中断使能。0：禁止；1：使能
4	TMOD	读写	0	SPI TI 模式使能。0：禁止；1：使能
3	NSSP	读写	0	SPI NSS 脉冲模式使能。0：禁止；1：使能
2	NSSDRV	读写	0	NSS 输出使能。0：禁止；1：使能。 当 SPI 使能时，如果 NSS 引脚配置为输出模式，NSS 引脚在主模式时被拉低。如果 NSS 引脚配置为输入模式，NSS 引脚在主模式时被拉高，此时该位无效
1	DMATEN	读写	0	发送缓冲区 DMA 使能。0：禁止；1：使能
0	DMAREN	读写	0	接收缓冲区 DMA 使能。0：禁止；1：使能

SPI 控制寄存器 1（SPI_CTL1）的各个位在 gd32f30x_spi.h 头文件中的宏定义如下：

```
#define SPI_CTL1_DMAREN      BIT(0)       /*!< 接收缓冲区 DMA 使能 */
#define SPI_CTL1_DMATEN      BIT(1)       /*!< 发送缓冲区 DMA 使能 */
#define SPI_CTL1_NSSDRV      BIT(2)       /*!< NSS 输出使能 */
#define SPI_CTL1_NSSP        BIT(3)       /*!< SPI NSS 脉冲模式使能 */
#define SPI_CTL1_TMOD        BIT(4)       /*!< SPI TI 模式使能 */
#define SPI_CTL1_ERRIE       BIT(5)       /*!< 错误中断使能 */
#define SPI_CTL1_RBNEIE      BIT(6)       /*!< 接收缓冲区非空中断使能 */
#define SPI_CTL1_TBEIE       BIT(7)       /*!< 发送缓冲区空中断使能 */
```

3. SPI 状态寄存器（SPI_STAT）

SPI 状态寄存器（SPI_STAT）的各个位的功能如表 13-12 所示。

表 13-12　　SPI 状态寄存器（SPI_STAT）

位	名称	类型	复位值	说　明
31:9	—	—	—	—
8	FERR	读清除/写 0	0	SPI TI 模式：0：没有错误；1：有错误。I2S 模式：0：没有错误；1：有错误
7	TRANS	只读	0	通信进行中标志。0：空闲；1：正在发送或接收数据
6	RXORERR	只读	0	接收过载错误标志。0：没有错误；1：有错误
5	CONFERR	只读	0	SPI 配置错误。0：没有错误；1：有错误
4	CRCERR	读清除/写 0	0	SPI CRC 错误标志。0：没有错误；1：有错误
3	TXURERR	只读	0	发送欠载错误标志。0：没有错误；1：有错误
2	I2SCH	只读	0	I2S 通道标志。0：左通道；1：右通道
1	TBE	只读	1	发送缓冲区空。0：发送缓冲区非空；1：发送缓冲区空
0	RBNE	只读	0	接收缓冲区非空。0：接收缓冲区空；1：接收缓冲区非空

SPI 状态寄存器（SPI_STAT）的各个位在 gd32f30x_spi.h 头文件中的宏定义如下：

```
#define SPI_STAT_RBNE        BIT(0)       /*!< 接收缓冲区非空 */
#define SPI_STAT_TBE         BIT(1)       /*!< 发送缓冲区空 */
#define SPI_STAT_I2SCH       BIT(2)       /*!< I2S 通道标志 */
#define SPI_STAT_TXURERR     BIT(3)       /*!< I2S 发送欠载错误标志 */
#define SPI_STAT_CRCERR      BIT(4)       /*!< SPI CRC 错误标志 */
#define SPI_STAT_CONFERR     BIT(5)       /*!< SPI 配置错误 */
#define SPI_STAT_RXORERR     BIT(6)       /*!< 接收过载错误标志 */
#define SPI_STAT_TRANS       BIT(7)       /*!< 通信进行中标志 */
#define SPI_STAT_FERR        BIT(8)       /*!< SPI TI 模式 */
```

4. SPI 数据寄存器（SPI_DATA）

SPI 数据寄存器（SPI_DATA）的各个位的功能如表 13-13 所示。

表 13-13　　SPI 数据寄存器（SPI_DATA）

位	名称	类型	复位值	说　明
31:16	—	—	—	—

续表

位	名称	类型	复位值	说　明
15:0	SPI_DATA［15:0］	读写	0	数据传输寄存器值。 硬件有两个缓冲区：发送缓冲区和接收缓冲区。向 SPI_DATA 写数据将会把数据存入发送缓冲区，从 SPI_DATA 读数据，将从接收缓冲区获得数据。 当数据帧格式为 8 位时，SPI_DATA［15:8］强制为 0，SPI_DATA［7:0］用来发送和接收数据，发送和接收缓冲区都是 8 位。如果数据帧格式为 16 位，SPI_DATA［15:0］用于发送和接收数据，发送和接收缓冲区也是 16 位

5. SPI CRC 多项式寄存器（SPI_CRCPOLY）

SPI CRC 多项式寄存器（SPI_CRCPOLY）的各个位的功能如表 13-14 所示。

表 13-14　　SPI CRC 多项式寄存器（SPI_CRCPOLY）

位	名称	类型	复位值	说　明
31:16	—	—	—	—
15:0	CRCPOLY［15:0］	读写	0	CRC 多项式寄存器值。 该值包含了 CRC 多项式，用于 CRC 计算，默认值为 0007h

6. SPI 接收 CRC 寄存器（SPI_RCRC）

SPI 接收 CRC 寄存器（SPI_RCRC）的各个位的功能如表 13-15 所示。

表 13-15　　SPI 接收 CRC 寄存器（SPI_RCRC）

位	名称	类型	复位值	说　明
31:16	—	—	—	—
15:0	RCRC［15:0］	读写	0	接收 CRC 寄存器值。 当 SPI_CTL0 中的 CRCEN 置位时，硬件计算接收数据的 CRC 值，并保存到 RCRC 寄存器中。如果是 8 位数据帧格式，CRC 计算基于 CRC8 标准进行，保存数据到 RCRC［7:0］。如果是 16 位数据帧格式，CRC 计算基于 CRC16 标准进行，保存数据到 RCRC［15:0］。 硬件在接收到每个数据位后都会计算 CRC 值，当 TRANS 置位时，读该寄存器将返回一个中间值。 当 SPI_CTL0 寄存器中的 CRCEN 位和 SPIEN 位清零时，该寄存器复位

7. SPI 发送 CRC 寄存器（SPI_TCRC）

SPI 发送 CRC 寄存器（SPI_TCRC）的各个位的功能如表 13-16 所示。

表 13-16　　SPI 发送 CRC 寄存器（SPI_TCRC）

位	名称	类型	复位值	说　明
31:16	—	—	—	—
15:0	TCRC［15:0］	读写	0	发送 CRC 寄存器值。 当 SPI_CTL0 中的 CRCEN 置位时，硬件计算发送数据的 CRC 值，并保存到 TCRC 寄存器中。如果是 8 位数据帧格式，CRC 计算基于 CRC8 标准进行，保存数据到 TCRC［7:0］。如果是 16 位数据帧格式，CRC 计算基于 CRC16 标准进行，保存数据到 TCRC［15:0］。 硬件在接收到每个数据位后都会计算 CRC 值，当 TRANS 置位时，读该寄存器将返回一个中间值。不同的数据帧格式（SPI_CTL0 中的 LF 位决定）将会得到不同的 CRC 值。 当 SPI_CTL0 寄存器中的 CRCEN 位和 SPIEN 位清零时，该寄存器复位

8. SPI I2S 控制寄存器（SPI_I2SCTL）

SPI I2S 控制寄存器（SPI_I2SCTL）的各个位功能如表 13-17 所示。

表 13-17　　SPI I2S 控制寄存器（SPI_I2SCTL）

位	名称	类型	复位值	说　明
31:12	—	—	—	—
11	I2SSEL	读写	0	I2S 模式选择。0：SPI 模式；1：I2S 模式
10	I2SEN	读写	0	I2S 使能。0：禁止；1：使能
9:8	I2SOPMOD［1:0］	读写	0	I2S 运行模式。 00：从机发送模式；01：从机接收模式；10：主机发送模式；11：主机接收模式
7	PCMSMOD	读写	0	PCM 帧同步模式。0：短帧同步；1：长帧同步
6				
5:4	I2SSTD［1:0］	读写	0	I2S 标准选择。 00：I2S 飞利浦标准；01：MSB 对齐标准；10：LSB 对齐标准；11：PCM 标准
3	CKPL	读写	0	空闲状态时钟极性。0：I2S_CK 空闲状态为低电平；1：I2S_CK 空闲状态为高电平
2:1	DTLEN［1:0］	读写	0	数据长度。00:16 位；01:24 位；10:32 位；11：保留
0	CHLEN	读写	0	通道长度。0:16 位；1:32 位（通道长度必须大于或等于数据长度）

SPI I2S 控制寄存器（SPI_I2SCTL）的各个位在 gd32f30x_spi.h 头文件中的宏定义如下：

```
#define SPI_I2SCTL_CHLEN          BIT(0)          /*!< 通道长度 */
#define SPI_I2SCTL_DTLEN          BITS(1,2)       /*!< 数据长度 */
#define SPI_I2SCTL_CKPL           BIT(3)          /*!< 空闲状态时钟极性 */
#define SPI_I2SCTL_I2SSTD         BITS(4,5)       /*!< I2S 标准选择 */
#define SPI_I2SCTL_PCMSMOD        BIT(7)          /*!< PCM 帧同步模式 */
#define SPI_I2SCTL_I2SOPMOD       BITS(8,9)       /*!< I2S 运行模式 */
#define SPI_I2SCTL_I2SEN          BIT(10)         /*!< I2S 使能 */
#define SPI_I2SCTL_I2SSEL         BIT(11)         /*!< I2S 模式选择 */
```

9. SPI I2S 时钟预分频寄存器（SPI_I2SPSC）

SPI I2S 时钟预分频寄存器（SPI_I2SPSC）的各个位的功能如表 13-18 所示。

表 13-18　　SPI I2S 时钟预分频寄存器（SPI_I2SPSC）

位	名称	类型	复位值	说　明
31:10	—	—	—	—
9	MCKOEN	读写	0	I2S_MCK 输出使能。0：禁止；1：使能
8	OF	读写	0	预分频器的奇系数。0：分频系数为 DIV*2；1：分频系数为 DIV*2 + 1
7:0	DIV［7:0］	读写	0	预分频器的分频系数。分频系数是 DIV*2 + OF

SPI I2S 时钟预分频寄存器（SPI_I2SPSC）的各个位在 gd32f30x_spi.h 头文件中的宏定义如下：

```
#define SPI_I2SPSC_DIV            BITS(0,7)    /*!< 预分频器的分频系数 */
#define SPI_I2SPSC_OF             BIT(8)       /*!< 预分频器的奇系数 */
```

```
#define SPI_I2SPSC_MCKOEN        BIT(9)       /*!< I2S_MCK 输出使能 */
```

10. SPI0 四路 SPI 控制寄存器（SPI_QCTL）

SPI0 四路 SPI 控制寄存器（SPI_QCTL）的各个位的功能如表 13-19 所示。

表 13-19　　SPI0 四路 SPI 控制寄存器（SPI_QCTL）

位	名称	类型	复位值	说　明
31:3	—	—	—	—
2	IO23_DRV	读写	0	IO2 和 IO3 输出使能。0：输出关闭；1：输出高电平
1	QRD	读写	0	四路 SPI 模式读选择。0：写操作；1：读操作
0	QMOD	读写	0	四路 SPI 模式使能。0：SPI 工作在单路模式；1：SPI 工作在四路模式

SPI0 四路 SPI 控制寄存器（SPI_QCTL）的各个位在 gd32f30x_spi.h 头文件中的宏定义如下：

```
#define SPI_QCTL_QMOD            BIT(0)       /*!< 四路 SPI 模式使能 */
#define SPI_QCTL_QRD             BIT(1)       /*!< 四路 SPI 模式读选择 */
#define SPI_QCTL_IO23_DRV        BIT(2)       /*!< IO2 和 IO3 输出使能 */
```

13.5　SPI 典型应用步骤及常用库函数

13.5.1　SPI 典型应用步骤

以 SPI0 控制器为例，SPI0 控制器的 NSS、SCK、MISO 和 MOSI 复用引脚为 PA4、PA5、PA6 和 PA7。

（1）使能 SPI0 外设钟和复用引脚的 GPIOA 时钟。

1）使能 SPI0 时钟。

```
rcu_periph_clock_enable(RCU_SPI0);
```

2）使能 GPIOA 时钟。

```
rcu_periph_clock_enable(RCU_GPIOA);
```

（2）初始化 GPIO 引脚。

调用 gpio_init( )函数初始化 PA4～PA7 引脚为复用引脚。

（3）初始化 SPI 控制器工作模式。

调用 spi_init( )函数初始化 SPI0 的工作模式。

（4）使能 SPI 控制器。

```
spi_enable(SPI0);
```

（5）SPI 中断使能。

如果需要使用中断，需要配置 NVIC 和使能相应的 SPI0 中断事件。

13.5.2　SPI 常用库函数

SPI 常用库函数列表如表 13-20 所示。

表 13-20 SPI 常用库函数

库函数名称	库函数描述	库函数名称	库函数描述
spi_i2s_deinit	复位外设 SPIx/I2Sx	spi_dma_disable	失能外设 SPIx 的 DMA 功能
spi_init	初始化外设 SPIx	spi_i2s_data_transmit	发送数据
spi_enable	使能外设 SPIx	spi_i2s_data_receive	接收数据
spi_disable	失能外设 SPIx	spi_i2s_interrupt_enable	使能外设 SPIx/I2Sx 中断
spi_nss_output_enable	使能外设 SPIx NSS 输出	spi_i2s_interrupt_disable	失能外设 SPIx/I2Sx 中断
spi_nss_output_disable	失能外设 SPIx NSS 输出	spi_i2s_interrupt_flag_get	获取外设 SPIx/I2Sx 中断状态
spi_nss_internal_high	NSS 软件模式下 NSS 引脚拉高	spi_i2s_flag_get	获取外设 SPIx/I2Sx 标志状态
spi_nss_internal_low	NSS 软件模式下 NSS 引脚拉低	spi_crc_error_clear	清除 SPIx CRC 错误标志状态
spi_dma_enable	使能外设 SPIx 的 DMA 功能		

1. SPI 复位外设函数

```
void spi_i2s_deinit(uint32_t spi_periph);
```

功能：复位外设 SPIx/I2Sx。

参数：uint32_t spi_periph，外设 SPIx，x=0～2，即 SPI0 外设、SPI1 外设和 SPI 外设。在 gd32f30x_spi.h 头文件中的宏定义形式为：

```
#define SPI0                    (SPI_BASE + 0x0000F800U)
#define SPI1                     SPI_BASE
#define SPI2                    (SPI_BASE + 0x00000400U)
```

例如，复位 SPI0。

```
spi_i2s_deinit(SPI0);
```

2. SPI 初始化函数

```
void spi_init(uint32_t spi_periph, spi_parameter_struct* spi_struct);
```

功能：初始化外设 SPIx。

参数 1：uint32_t spi_periph，详见“1. SPI 复位外设函数”中的参数描述。

参数 2：spi_parameter_struct* spi_struct，初始化结构体。spi_parameter_struct 结构体成员在 gd32f30x_spi.h 头文件中定义内容如下：

```
typedef struct
{
    uint32_t device_mode;             /*!< SPI 的主/从模式 */
    uint32_t trans_mode;              /*!< SPI 传输模式 */
    uint32_t frame_size;              /*!< SPI 数据帧长度 */
    uint32_t nss;                     /*!< SPI NSS 控制方式选择(软件/硬件) */
    uint32_t endian;                  /*!< SPI 大端模式还是小端模式 */
    uint32_t clock_polarity_phase;    /*!< SPI 时钟极性和相位设置 */
    uint32_t prescale;                /*!< SPI 分频系数 */
}spi_parameter_struct;
```

各个成员的配置参数宏定义如下：

（1）device_mode。

device_mode 成员用于设置 SPI 工作在主机模式还是从机模式。该成员在 gd32f30x_spi.h 头文件中的定义参数如下：

```
#define SPI_MASTER   SPI_CTL0_MSTMOD | SPI_CTL0_SWNSS)/*!< SPI 为主机模式 */
#define SPI_SLAVE    ((uint32_t)0x00000000U)         /*!< SPI 为从机模式 */
```

（2）trans_mode。

trans_mode 成员用于设置 SPI 的数据传输模式。该成员在 gd32f30x_spi.h 头文件中的定义参数如下：

```
#define SPI_TRANSMODE_FULLDUPLEX    ((uint32_t)0x00000000U) /*!< SPI 全双工的
                                                               发送和接收 */
#define SPI_TRANSMODE_RECEIVEONLY   SPI_CTL0_RO      /*!< SPI 只接收 */
#define SPI_TRANSMODE_BDRECEIVE     SPI_CTL0_BDEN    /*!< 双向接收 */
#define SPI_TRANSMODE_BDTRANSMIT  (SPI_CTL0_BDEN | SPI_CTL0_BDOEN)/*!< 双向发送 */
```

（3）frame_size。

frame_size 成员用于设置传输数据的长度。该成员在 gd32f30x_spi.h 头文件中的定义参数如下：

```
#define SPI_FRAMESIZE_16BIT SPI_CTL0_FF16           /*!< SPI 帧长度为 16 位 */
#define SPI_FRAMESIZE_8BIT  ((uint32_t)0x00000000U) /*!< SPI 帧长度为 8 位 */
```

（4）nss。

nss 成员用于设置 NSS 复用引脚是选择硬件控制还是软件控制。该成员在 gd32f30x_spi.h 头文件中的定义参数如下：

```
#define SPI_NSS_SOFT    SPI_CTL0_SWNSSEN           /*!< 软件控制 SPI NSS */
#define SPI_NSS_HARD    ((uint32_t)0x00000000U)    /*!< 硬件控制 SPI NSS */
```

（5）endian。

endian 成员用于设置数据传输是高位在前还是低位在前。该成员在 gd32f30x_spi.h 头文件中的定义参数如下：

```
#define SPI_ENDIAN_MSB  ((uint32_t)0x00000000U)        /*!< 传输 MSB 在前*/
#define SPI_ENDIAN_LSB  SPI_CTL0_LF                    /*!< 传输 LSB 在前 */
```

（6）clock_polarity_phase。

clock_polarity_phase 成员用于设置 SCK 时钟的极性和相位。该成员在 gd32f30x_spi.h 头文件中的定义参数如下：

```
#define SPI_CK_PL_LOW_PH_1EDGE  ((uint32_t)0x00000000U) /*!< 方式 0 */
#define SPI_CK_PL_HIGH_PH_1EDGE SPI_CTL0_CKPL           /*!< 方式 1 */
#define SPI_CK_PL_LOW_PH_2EDGE  SPI_CTL0_CKPH           /*!< 方式 2 */
#define SPI_CK_PL_HIGH_PH_2EDGE (SPI_CTL0_CKPL | SPI_CTL0_CKPH)
                                                        /*!< 方式 3 */
```

（7）prescale。

prescale 成员用于设置 SCK 时钟的分频系数。该成员在 gd32f30x_spi.h 头文件中的定义参数如下：

```
#define CTL0_PSC(regval)    (BITS(3,5) & ((uint32_t)(regval) << 3))
#define SPI_PSC_2       CTL0_PSC(0)         /*!< SPI 时钟分频系数为 2 */
```

```
#define SPI_PSC_4       CTL0_PSC(1)        /*!< SPI 时钟分频系数为 4 */
#define SPI_PSC_8       CTL0_PSC(2)        /*!< SPI 时钟分频系数为 8 */
#define SPI_PSC_16      CTL0_PSC(3)        /*!< SPI 时钟分频系数为 16 */
#define SPI_PSC_32      CTL0_PSC(4)        /*!< SPI 时钟分频系数为 32 */
#define SPI_PSC_64      CTL0_PSC(5)        /*!< SPI 时钟分频系数为 64 */
#define SPI_PSC_128     CTL0_PSC(6)        /*!< SPI 时钟分频系数为 128 */
#define SPI_PSC_256     CTL0_PSC(7)        /*!< SPI 时钟分频系数为 256 */
```

例如，初始化 SPI0。

```
spi_parameter_struct spi_init_struct;                    //定义 SPI 初始化结构体变量
spi_init_struct.trans_mode = SPI_TRANSMODE_BDTRANSMIT;//双向发送
spi_init_struct.device_mode = SPI_MASTER;               //主机模式
spi_init_struct.frame_size = SPI_FRAMESIZE_8BIT;        //数据长度为 8 位
spi_init_struct.clock_polarity_phase = SPI_CK_PL_HIGH_PH_2EDGE;//方式 3
spi_init_struct.nss = SPI_NSS_SOFT;                      //软件控制 NSS
spi_init_struct.prescale = SPI_PSC_8;                    //8 分频
spi_init_struct.endian = SPI_ENDIAN_MSB;                 //MSB 在前
spi_init(SPI0, &spi_init_struct);                        //调用 spi_init()函数
```

3. SPI 使能/禁止函数

```
void spi_enable(uint32_t spi_periph);
void spi_disable(uint32_t spi_periph);
```

功能：SPI 使能/禁止。

参数：uint32_t spi_periph，详见“1. SPI 复位外设函数”中的参数描述。

例如，使能 SPI0。

```
spi_enable(SPI0);
```

4. SPI NSS 输出使能/禁止函数

```
void spi_nss_output_enable(uint32_t spi_periph);
void spi_nss_output_disable(uint32_t spi_periph);
```

功能：使能/禁止 SPI NSS 输出。

参数：uint32_t spi_periph，详见“1. SPI 复位外设函数”中的参数描述。

例如，使能 SPI0 的 NSS。

```
spi_nss_output_enable(SPI0);
```

5. SPI NSS 软件模式下拉高/拉低函数

```
void spi_nss_internal_high(uint32_t spi_periph);
void spi_nss_internal_low(uint32_t spi_periph);
```

功能：软件模式下 SPI NSS 拉高/拉低控制。

参数：uint32_t spi_periph，详见“1. SPI 复位外设函数”中的参数描述。

例如，SPI0 的 NSS 在软件模式下输出低电平。

```
spi_nss_internal_low(SPI0);
```

6. SPI DMA 使能/禁止函数

```
void spi_dma_enable(uint32_t spi_periph, uint8_t dma);
void spi_dma_disable(uint32_t spi_periph, uint8_t dma);
```

功能：SPI DMA 使能/禁止。

参数 1：uint32_t spi_periph，详见“1. SPI 复位外设函数”中的参数描述。

参数 2：uint8_t dma，用于使能/禁止 SPI DMA 的发送或接收。在 gd32f30x_spi.h 头文件中的宏定义形式为：

```
#define SPI_DMA_TRANSMIT    ((uint8_t)0x00U)    /*!< SPI 数据发送用 DMA */
#define SPI_DMA_RECEIVE     ((uint8_t)0x01U)    /*!< SPI 数据接收用 DMA */
```

例如，使能 SPI0 的数据发送 DMA 功能。

```
spi_dma_enable(SPI0, SPI_DMA_TRANSMIT);
```

7. SPI 数据发送函数

```
void spi_i2s_data_transmit(uint32_t spi_periph, uint16_t data);
```

功能：SPI 发送数据。

参数 1：uint32_t spi_periph，详见“1. SPI 复位外设函数”中的参数描述。

参数 2：uint16_t data，待发送的 16 位数据。

例如，SPI0 发送 0X5050。

```
spi_i2s_data_transmit(SPI0, 0x5050);
```

8. SPI 数据接收函数

```
uint16_t spi_i2s_data_receive(uint32_t spi_periph);
```

功能：SPI 接收数据。

参数：uint32_t spi_periph，详见“1. SPI 复位外设函数”中的参数描述。

返回值：16 位数据。

例如，读取 SPI0 的数据。

```
uint16_t spi0_receive_data;
spi0_receive_data= spi_i2s_data_receive(SPI0);
```

9. SPI 中断使能/禁止函数

```
void spi_i2s_interrupt_enable(uint32_t spi_periph, uint8_t interrupt);
void spi_i2s_interrupt_disable(uint32_t spi_periph, uint8_t interrupt);
```

功能：SPI 中断使能/禁止。

参数 1：uint32_t spi_periph，详见“1. SPI 复位外设函数”中的参数描述。

参数 2：uint8_t interrupt，SPI 中断源。SPI 中断源在 gd32f30x_spi.h 头文件中的宏定义名称为：

```
#define SPI_I2S_INT_TBE     ((uint8_t)0x00U)        /*!<发送缓冲区空中断 */
#define SPI_I2S_INT_RBNE    ((uint8_t)0x01U)        /*!< 接收缓冲区非空中断 */
#define SPI_I2S_INT_ERR     ((uint8_t)0x02U)        /*!< 错误中断 */
```

例如，使能 SPI0 的发送缓冲区中断

```
spi_i2s_interrupt_enable(SPI0, SPI_I2S_INT_TBE);
```

10. SPI 中断标志状态获取函数

```
FlagStatus spi_i2s_interrupt_flag_get(uint32_t spi_periph, uint8_t interrupt);
```

功能：获取 SPI 中断状态。

参数 1：uint32_t spi_periph，详见“1．SPI 复位外设函数”中的参数描述。

参数 2：uint8_t interrupt，SPI 中断状态。SPI 中断状态在 gd32f30x_spi.h 头文件中的宏定义名称为：

```
#define SPI_I2S_INT_FLAG_TBE   ((uint8_t)0x00U)  /*!< 发送缓冲区空中断标志 */
#define SPI_I2S_INT_FLAG_RBNE ((uint8_t)0x01U)  /*!< 接收缓冲区非空中断标志 */
#define SPI_I2S_INT_FLAG_RXORERR((uint8_t)0x02U)  /*!< 接收过载错误中断标志 */
#define SPI_INT_FLAG_CONFERR   ((uint8_t)0x03U)  /*!< 配置错误中断标志 */
#define SPI_INT_FLAG_CRCERR    ((uint8_t)0x04U)  /*!< CRC 错误中断标志 */
#define I2S_INT_FLAG_TXURERR   ((uint8_t)0x05U)  /*!< 发送欠载错误中断标志 */
#define SPI_I2S_INT_FLAG_FERR  ((uint8_t)0x06U)  /*!< 帧错误中断标志 */
```

返回值：FlagStatus，返回值为 SET 或 RESET（0）。

例如，获取 SPI0 发送缓冲区中断标志。

```
if(RESET != spi_i2s_interrupt_flag_get(SPI0, SPI_I2S_INT_FLAG_TBE)){
 while(RESET == spi_i2s_flag_get(SPI0, SPI_FLAG_TBE));
 spi_i2s_data_transmit(SPI0, spi0_send_array[send_n++]);
}
```

11．SPI 标志状态获取函数

```
FlagStatus spi_i2s_flag_get(uint32_t spi_periph, uint32_t flag);
```

功能：获取 SPI 标志状态。

参数 1：uint32_t spi_periph，详见“1．SPI 复位外设函数”中的参数描述。

参数 2：uint32_t flag，SPI 标志状态。在 gd32f30x_spi.h 头文件中，SPI 状态标志的宏定义名称为：

```
#define SPI_FLAG_RBNE        SPI_STAT_RBNE        /*!< 接收缓冲区非空标志 */
#define SPI_FLAG_TBE         SPI_STAT_TBE         /*!< 发送缓冲区空标志 */
#define SPI_FLAG_CRCERR      SPI_STAT_CRCERR      /*!< CRC 错误标志 */
#define SPI_FLAG_CONFERR     SPI_STAT_CONFERR     /*!< 配置错误标志 */
#define SPI_FLAG_RXORERR     SPI_STAT_RXORERR     /*!< 接收过载错误标志 */
#define SPI_FLAG_TRANS       SPI_STAT_TRANS       /*!< 通信进行中标志 */
#define SPI_FLAG_FERR        SPI_STAT_FERR        /*!< 帧错误标志 */
```

例如，获取 SPI0 发送缓冲区空状态标志。

```
while(RESET == spi_i2s_flag_get(SPI0, SPI_FLAG_TBE));
spi_i2s_data_transmit(SPI0, spi0_send_array[send_n++]);
```

13.6　应　用　实　例

13.6.1　基于 SPI1 的 8 位共阴 LED 数码管显示

1．实例要求

利用 GD32F303ZGT6 的 SPI1 驱动 8 位共阴 LED 数码管实现时分秒的显示。

2．电路图

在图 13-12 中，U1（GD32F303ZGT6）的 PB13_SCK1 和 PB15_MOSI1 分别连接到 U3（74HC595）的 STCP 和 DS 引脚。其中，74HC595 为串/并转换逻辑器件，是将串行数据转换

为并行数据从 Q0～Q7 引脚输出。U2 和 U3 级为 16 位的串/并转换电路，其中 U3 用于驱动 LED1 和 LED2 的笔段位 A～G，DP，U2 的 Q0～Q3 用于驱动 LED1 的位选段 DIG1～DIG4，U2 的 Q4～Q7 用于驱动 LED2 的位选段 DIG1～DIG4。PB12 用于控制 U2 和 U3 的输出。

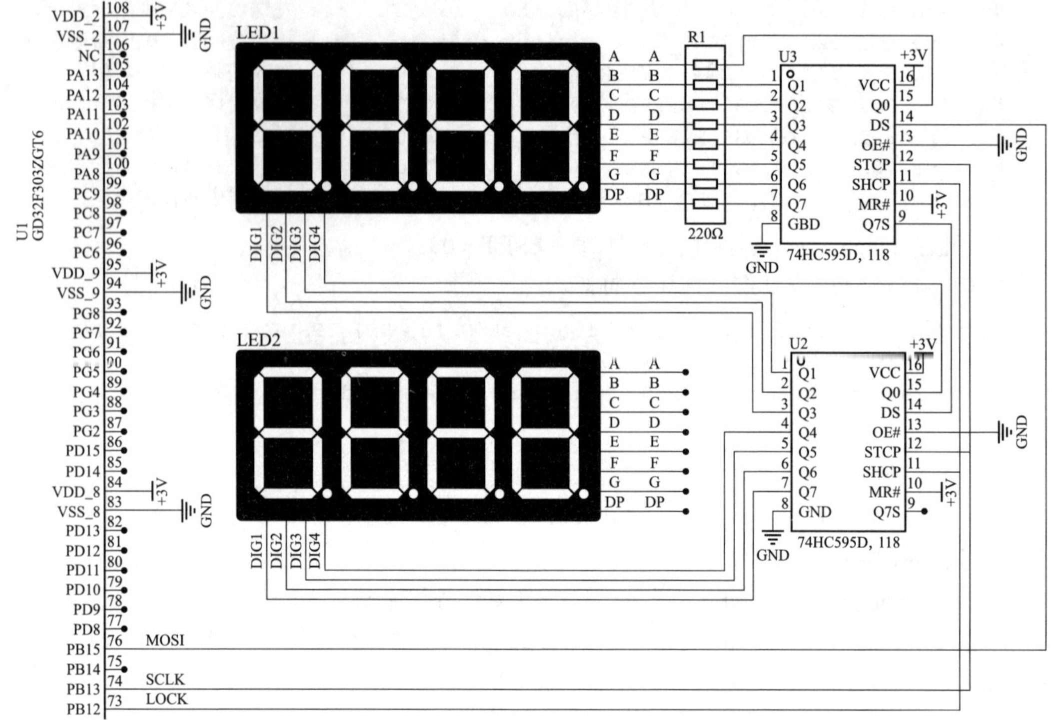

图 13-12　基于 SPI1 的 8 位共阴 LED 数码管显示电路图

3. 程序实现

（1）SPI1 初始化。

SPI1 的初始化包括：GPIOB 和 SPI1 时钟使能、引脚复用功能配置、SPI1 的参数初始化。

```
void SPI1_Init(void)
{
    spi_parameter_struct spi_init_struct;

    rcu_periph_clock_enable(RCU_GPIOB);                    //打开 GPIOB 时钟
    gpio_init(GPIOB,GPIO_MODE_AF_PP,GPIO_OSPEED_50MHZ,GPIO_PIN_13);
                                                           //PB13 配置为复用引脚
    gpio_init(GPIOB,GPIO_MODE_AF_PP,GPIO_OSPEED_50MHZ,GPIO_PIN_15);
                                                           //PB15 配置为复用引脚

    rcu_periph_clock_enable(RCU_SPI1);
    spi_init_struct.trans_mode = SPI_TRANSMODE_FULLDUPLEX;  //双向发送接收
    spi_init_struct.device_mode = SPI_MASTER;              //主机模式
    spi_init_struct.frame_size = SPI_FRAMESIZE_8BIT;       //数据长度为 8 位
    spi_init_struct.clock_polarity_phase = SPI_CK_PL_HIGH_PH_2EDGE;//方式 3
    spi_init_struct.nss = SPI_NSS_SOFT;                    //软件控制 NSS
```

```
    spi_init_struct.prescale = SPI_PSC_8;                    //8 分频
    spi_init_struct.endian = SPI_ENDIAN_MSB;                 //MSB 在前
    spi_init(SPI1, &spi_init_struct);                        //调用 spi_init()函数
    spi_enable(SPI1);                                        //使能 SPI1
}
```

（2）PB12 初始化。

PB12 用作普通 GPIO 引脚。将 PB12 配置为推挽输出。

```
void PB12_LCK_Init(void)
{
    rcu_periph_clock_enable(RCU_GPIOB);                      //打开 GPIOB 时钟
    gpio_init(GPIOB,GPIO_MODE_OUT_PP,GPIO_OSPEED_50MHZ,GPIO_PIN_12);
                                                             //PB12 配置为推挽输出
}
```

（3）8 位共阴 LED 数码管动态显示程序。

8 位共阴 LED 数码管动态显示程序如下：

```
const uint8_t LEDSEG[]=
{//显示 0～9 的笔段码
    0x3F,0x06,0x5b,0x4F,0x66,0x6D,0x7D,0x07,0x7F,0x6F,0x00,0x40,
};
const uint8_t LEDDIG[]=
{//控制 LED 数码管的位选通段
    0XFE,0xFD,0xFB,0xF7,0xEF,0xDF,0xBF,0x7F,
};
uint8_t LEDIndex;
uint8_t LEDBuffer[8]= {0,0,11,0,0,11,0,0};;
void LEDSEG_Display(void)
{
    spi_i2s_data_transmit(SPI1,LEDDIG[LEDIndex]);            //SPI1 发送位选段数据
    while(RESET != spi_i2s_flag_get(SPI1,SPI_FLAG_TRANS));//等待 SPI1 发送完毕
    spi_i2s_data_transmit(SPI1,LEDSEG[LEDBuffer[LEDIndex]]);//SPI1 发送笔段数据
    while(RESET != spi_i2s_flag_get(SPI1,SPI_FLAG_TRANS));//等待 SPI1 发送完毕
    gpio_bit_set(GPIOB,GPIO_PIN_12);                         //置 PB12=1,输出数据
    gpio_bit_reset(GPIOB,GPIO_PIN_12);                       //置 PB12=0,锁定数据
    if(++LEDIndex >= sizeof(LEDBuffer))LEDIndex = 0;
                                                 //LED 数码管扫描索引指向下一个
}
```

其中，LEDBuffer［］为定义的 8 位 LED 数码管的显示缓冲区，8 个 LED 数码管的显示缓冲区的数组长度被定义为 8。数组的每一个元素对应着一个数码管要显示的内容。

（4）main 主程序。

main 主程序如下：

```
int main(void)
{
    int8_t hour = 0,min = 0,sec = 0;
    int32_t msCnt;

    AQ_SysTickConfig();                          //SysTick 初始化
```

```
    SPI1_Init();                                    //SPI1 初始化
    PB12_LCK_Init();                                //PB12 初始化

    while(1)
    {
        msDelay(1);
        LEDSEG_Display();
        if(++msCnt >= 1000){
            msCnt = 0;
            if(++sec >= 60){
                sec = 0;
                if(++min >= 60){
                    min = 0;
                    if(++hour >= 24){
                        hour = 0;
                    }
                }
            }
            LEDBuffer[0]= sec % 10;
            LEDBuffer[1]= sec / 10;
            LEDBuffer[3]= min % 10;
            LEDBuffer[4]= min / 10;
            LEDBuffer[6]= hour % 10;
            LEDBuffer[7]= hour / 10;
        }
    }
}
```

在 main( )函数中，除了调用相关硬件初始化函数完成初始化之外，在 while（1）无限循环中，每延时 1ms 通过 SPI1 刷新显示 LED 数码管，并通过 msCnt 计数变量实现 1s 的计时，每 1s 计时时间到则将 sec、min 和 hour 变量按照 24 小时制进行时间处理，将计时结果的数值装载到 LEDBuffer［］数组中，供 LEDSEG_Display( )函数使用。

13.6.2 点亮 1.33 寸 TFT 液晶显示屏

1. 实例要求

利用 GD32F303ZGT6 微控制器的 SPI 接口驱动 240X240 像素的 1.3 寸 TFTLCD 液晶屏，显示出不同的颜色。

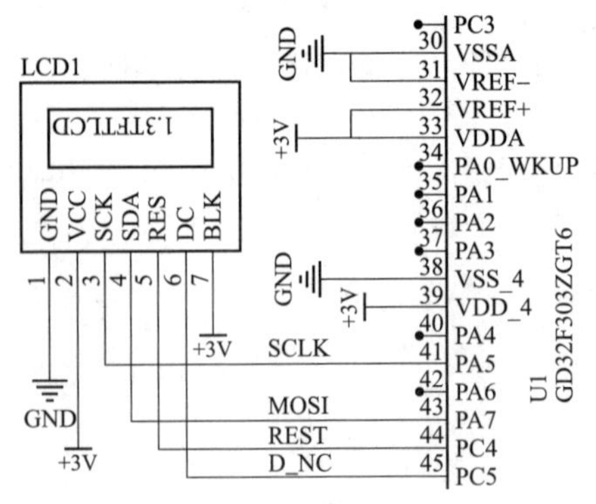

图 13-13　点亮 1.33 寸 TFT 液晶显示屏电路图

2. 电路图

如图 13-13 所示，U1（GD32F303ZGT6）的 PA5_SPI0_SCK 连接到 LCD1 的 SCK 引脚，PA7_SPI0_MOSI 连接到 LCD1 的 SDA 引脚，PC4 引脚连接至 LCD1 的 RES 引脚，PC5 引脚连接至 LCD1 的 DC 引脚。

3. 程序实现

（1）SPI0 初始化。

SPI0 初始化包括 SPI0 的 SCK、MOSI 引脚初始化和 SPI0 的参数初始化。

```
void SPI0_Init(void)
{
    spi_parameter_struct spi_init_struct;

    rcu_periph_clock_enable(RCU_GPIOA);                 //打开 GPIOA 时钟
    gpio_init(GPIOA,GPIO_MODE_AF_PP,GPIO_OSPEED_50MHZ,GPIO_PIN_5);
                                                        //PA5 配置为复用引脚
    gpio_init(GPIOA,GPIO_MODE_AF_PP,GPIO_OSPEED_50MHZ,GPIO_PIN_7);
                                                        //PA7 配置为复用引脚

    rcu_periph_clock_enable(RCU_SPI0);                  //打开 SPI0 时钟
    spi_init_struct.trans_mode = SPI_TRANSMODE_BDTRANSMIT;  //双向发送接收
    spi_init_struct.device_mode = SPI_MASTER;           //主机模式
    spi_init_struct.frame_size = SPI_FRAMESIZE_8BIT;    //数据长度为 8 位
    spi_init_struct.clock_polarity_phase = SPI_CK_PL_HIGH_PH_2EDGE;//方式 0
    spi_init_struct.nss = SPI_NSS_SOFT;                 //软件控制 NSS
    spi_init_struct.prescale = SPI_PSC_4;               //4 分频
    spi_init_struct.endian = SPI_ENDIAN_MSB;            //MSB 在前
    spi_init(SPI0, &spi_init_struct);                   //调用 spi_init()函数
    spi_enable(SPI0);                                   //使能 SPI0
}
```

（2）SPI0 数据发送。

通过调用 spi_i2s_data_transmit( )函数来数据的发送。

```
void SPI_SendReceiveData(uint8_t ch)
{
    while(RESET != spi_i2s_flag_get(SPI0,SPI_FLAG_TRANS));
                                                        //等待上一个数据传输完毕
    spi_i2s_data_transmit(SPI0,ch);                     //发送数据
}
```

（3）PC4 和 PC5 引脚初始化。

PC4 和 PC5 用于控制 TFTLCD 模块的 RES 和 DC 引脚，需要将 PC4 和 PC5 配置为推挽输出。

```
void PC4_PC5_Init(void)
{
    rcu_periph_clock_enable(RCU_GPIOC);         //打开 GPIOC 时钟
    gpio_init(GPIOC,GPIO_MODE_OUT_PP,GPIO_OSPEED_50MHZ,GPIO_PIN_4 | GPIO_PIN_5);
}
```

（4）1.3 寸 TFTLCD 模块初始化。

1.3 寸 TFTLCD 模块初始化主要是配置 ST7789V 驱动芯片的相关寄存器，包括：LCD 复位、扫描模式设置、颜色深度、porch 设置、门电压设置、VCOM、LCM、VDH、VDV 设置、帧速率配置、正负电压的伽马配置、开启显示等参数。

```
void LCD_Init(void)
{
    LCD_RESET();
    //在屏幕内存和数据格式中设置扫描模式
    LCD_WR_REG(0x36); LCD_WR_DATA(0x00);
```

```
//设置 16 位 RGB 颜色深度,16 bit R:5 G:6 B:5; RGB:444 RGB:666
LCD_WR_REG(0x3A); LCD_WR_DATA(0x05);
//porch 设置
LCD_WR_REG(0xB2);LCD_WR_DATA(0x0C);
LCD_WR_DATA(0x0C);LCD_WR_DATA(0x00);
LCD_WR_DATA(0x33);LCD_WR_DATA(0x33);
//门电压控制,默认设置 VGL=-8.87  VGH=14.06
LCD_WR_REG(0xB7); LCD_WR_DATA(0x35);
//VCOM 电压 0.9V
LCD_WR_REG(0xBB);LCD_WR_DATA(0x19);
//LCM 控制
LCD_WR_REG(0xC0);LCD_WR_DATA(0x2C);
//VDV 和 VDH 命令使能
LCD_WR_REG(0xC2);LCD_WR_DATA(0x01);
//VDH 设置
LCD_WR_REG(0xC3);LCD_WR_DATA(0x12);
//VDV 设置
LCD_WR_REG(0xC4);LCD_WR_DATA(0x20);
//正常模式下的帧速率控制:60Hz:119Hz
LCD_WR_REG(0xC6); LCD_WR_DATA(0x0F);
//电源控制 1 默认控制
LCD_WR_REG(0xD0); LCD_WR_DATA(0xA4);
LCD_WR_DATA(0xA1);
//正电压伽马控制
LCD_WR_REG(0xE0);LCD_WR_DATA(0xD0);
LCD_WR_DATA(0x04);LCD_WR_DATA(0x0D);
LCD_WR_DATA(0x11);LCD_WR_DATA(0x13);
LCD_WR_DATA(0x2B);LCD_WR_DATA(0x3F);
LCD_WR_DATA(0x54);LCD_WR_DATA(0x4C);
LCD_WR_DATA(0x18);LCD_WR_DATA(0x0D);
LCD_WR_DATA(0x0B);LCD_WR_DATA(0x1F);
LCD_WR_DATA(0x23);
//负电压伽马控制
LCD_WR_REG(0xE1);LCD_WR_DATA(0xD0);
LCD_WR_DATA(0x04);LCD_WR_DATA(0x0C);
LCD_WR_DATA(0x11);LCD_WR_DATA(0x13);
LCD_WR_DATA(0x2C);LCD_WR_DATA(0x3F);
LCD_WR_DATA(0x44);LCD_WR_DATA(0x51);
LCD_WR_DATA(0x2F);LCD_WR_DATA(0x1F);
LCD_WR_DATA(0x1F);LCD_WR_DATA(0x20);
LCD_WR_DATA(0x23);
//打开反显
LCD_WR_REG(0x21);
//关闭休眠模式
LCD_WR_REG(0x11);
//打开显示
LCD_WR_REG(0x29);
//设置 LCD 显示方向
LCD_direction(USE_HORIZONTAL);
//清全屏蓝色
```

```
    SAQLCD_Clear(BLUE);
}
```

（5）main 主程序。

main 程序代码如下：

```
int main(void)
{
    AQ_SysTickConfig();                //SysTick 初始化
    SPI0_Init();
    PC4_PC5_Init();
    LCD_Init();

    while(1)
    {
        SAQLCD_Clear(RED);             //全屏显示红色
        SAQLCD_Clear(GREEN);           //全屏显示绿色
        SAQLCD_Clear(BLUE);            //全屏显示蓝色
        SAQLCD_Clear(WHITE);           //全屏显示白色
        SAQLCD_Clear(BLACK);           //全屏显示黑色
    }
}
```

4. 1.3 寸 TFTLCD 模块驱动程序

1.3 寸 TFTLCD 模块的驱动芯片为 ST7789V，采用 SPI 协议以单工形式进行通信。正常 SPI 通信拥有四根线片选先线、时钟线、输入线、输出线四根线配合进行输出，而 LCD 屏只需要写入数据显示即可，因此该显示屏引脚只有 SPI 通信的时钟线和输入线。

其中，GND、VCC、SCL、SDA、RES、DC、BLK 四个引脚，分别为负极、正极（3.3V）、SCL（时钟信号线）、SDA（数据线）、RES（复位线）、DC（寄存器/数据写入选择线）、BLK（背光开启）。

对 1.3 寸 TFTLCD 模块的驱动包括与硬件直接相关底层驱动、与硬件无关显示驱动。

（1）底层驱动。

底层驱动包括模拟写 TFTLCD 模块的写命令和写数据时序的操作函数。写操作的命令和数据通过调用 SPI_SendReceiveData( )函数实现。

1）RES 和 DC 控制引脚的宏定义。

```
    #define LCD_RES(x)   (x)?gpio_bit_set(GPIOC,GPIO_PIN_4):gpio_bit_reset(GPIOC,
GPIO_PIN_4)
    #define LCD_DC(x)    (x)?gpio_bit_set(GPIOC,GPIO_PIN_5):gpio_bit_reset(GPIOC,
GPIO_ PIN_5)
```

2）写寄存器命令函数。

```
void LCD_WR_REG(uint8_t cmd)
{
    LCD_DC(0);
    SPI_SendReceiveData(cmd);
}
```

3）写寄存器数据函数。

```
void LCD_WR_DATA(uint8_t data)
{
    LCD_DC(1);
    SPI_SendReceiveData(data);
}
```

4）操作寄存器函数。

```
void LCD_WriteReg(uint8_t LCD_Reg, uint8_t LCD_RegValue)
{
    LCD_WR_REG(LCD_Reg);
    LCD_WR_DATA(LCD_RegValue);
}
```

5）写显存准备命令函数。

```
void LCD_WriteRAM_Prepare(void)
{
    LCD_WR_REG(lcddev.wramcmd);
}
```

6）写显存 16 位数据函数。

```
void Lcd_WriteData_16Bit(uint16_t Data)
{
    LCD_DC(1);
    LCD_WR_DATA(Data >> 8);
    LCD_WR_DATA(Data);
}
```

（2）显示驱动。

通过上述底层函数可以实现对 TFTLCD 的窗口设置、光标设置、画点、清屏等基本操作功能。

1）窗口设置函数。

```
void LCD_SetWindows(uint16_t xStar, uint16_t yStar,uint16_t xEnd,uint16_t yEnd)
{
    LCD_WR_REG(lcddev.setxcmd);
    LCD_WR_DATA((xStar + lcddev.xoffset) >> 8);
    LCD_WR_DATA(xStar + lcddev.xoffset);
    LCD_WR_DATA((xEnd + lcddev.xoffset) >> 8);
    LCD_WR_DATA(xEnd + lcddev.xoffset);

    LCD_WR_REG(lcddev.setycmd);
    LCD_WR_DATA((yStar+lcddev.yoffset)>>8);
    LCD_WR_DATA(yStar+lcddev.yoffset);
    LCD_WR_DATA((yEnd+lcddev.yoffset)>>8);
    LCD_WR_DATA(yEnd+lcddev.yoffset);

    LCD_WriteRAM_Prepare();
}
```

2）光标设置函数。

```
void LCD_SetCursor (uint16_t Xpos, uint16_t Ypos)
{
    LCD_SetWindows(Xpos,Ypos,Xpos,Ypos);
}
```

3）画点函数。

```
void LCD_DrawPoint(uint16_t x,uint16_t y,uint16_t color)
{
    LCD_SetCursor(x,y);
    Lcd_WriteData_16Bit(color);
}
```

4）显示清屏显示函数。

```
void LCD_Clear(uint16_t Color)
{
     int32_t i,m;
    LCD_SetWindows(0,0,lcddev.width-1,lcddev.height-1);
    LCD_DC(1);
    for(i=0;i<lcddev.height;i++){
        for(m=0;m<lcddev.width;m++){
            SPI_SendReceiveData(Color >> 8);
            SPI_SendReceiveData(Color);
        }
    }
}
```

（3）其他显示控制函数。

控制函数包括 TFTLCD 模块的复位控制、LCD 方向控制函数。

1）TFTLCD 复位控制函数。

```
void LCD_RESET(void)
{
    LCD_RES(0);                    //输出低电平
    msDelay(20);                   //延时 20ms
    LCD_RES(1);                    //输出高电平
    msDelay(20);                   //延时 20ms
}
```

2）TFTLCD 方向控制函数。

```
void LCD_direction(uint8_t direction)
{
    lcddev.setxcmd=0x2A;
    lcddev.setycmd=0x2B;
    lcddev.wramcmd=0x2C;
    switch(direction){
        case 0:
            lcddev.width=LCD_WW;lcddev.height=LCD_HH;
            lcddev.xoffset=0;lcddev.yoffset=0;
            LCD_WriteReg(0x36,0);              //BGR==1,MY==0,MX==0,MV==0
```

```
            break;
        case 1:
            lcddev.width=LCD_HH;lcddev.height=LCD_WW;
            lcddev.xoffset=0;lcddev.yoffset=0;
            LCD_WriteReg(0x36,(1<<6)|(1<<5)); //BGR==1,MY==1,MX==0,MV==1
            break;
        case 2:
            lcddev.width=LCD_WW;lcddev.height=LCD_HH;
            lcddev.xoffset=0;lcddev.yoffset=80;
            LCD_WriteReg(0x36,(1<<6)|(1<<7)); //BGR==1,MY==0,MX==0,MV==0
            break;
        case 3:
            lcddev.width=LCD_HH;lcddev.height=LCD_WW;
            lcddev.xoffset=80;lcddev.yoffset=0;
            LCD_WriteReg(0x36,(1<<7)|(1<<5)); //BGR==1,MY==1,MX==0,MV==1
            break;
        default:break;
    }
}
```

（4）与 LCD 相关的定义。

1）与 LCD 相关的结构体定义。

```
typedef struct
{
uint16_t    width;              //LCD 宽度
uint16_t    height;             //LCD 高度
uint16_t    id;                 //LCD ID
uint8_t     dir;                //横屏/竖屏控制,0:竖屏;1:横屏
uint16_t    wramcmd;            //开始写 gram 指令
uint16_t    setxcmd;            //设置 x 坐标指令
uint16_t    setycmd;            //设置 y 坐标指令
uint8_t xoffset;
uint8_t yoffset;
}_LCD_DEV;
_LCD_DEV lcddev;                //管理 LCD 重要参数结构体变量
```

_LCD_DEV 结构体用于 LCD 重要参数的管理，包括 LCD 宽度、高度、LCD 的 ID、LCD 方向及指令。

2）与 LCD 相关的宏定义。

与 LCD 相关的宏定义包括 LCD 尺寸、颜色等。

```
//定义 LCD 屏顺时针旋转方向,0-0 度旋转;1-90 度旋转;2-180 度旋转;3-270 度旋转
#define USE_HORIZONTAL  0
//定义 LCD 尺寸
#define LCD_WW  240
#define LCD_HH  240
//定义 LCD 显示颜色
#define WHITE           0xFFFF
#define BLACK           0x0000
#define BLUE            0x001F
```

```
#define BRED            0XF81F
#define GRED            0XFFE0
#define GBLUE           0X07FF
#define RED             0xF800
#define MAGENTA         0xF81F
#define GREEN           0x07E0
#define CYAN            0x7FFF
#define YELLOW          0xFFE0
#define BROWN           0XBC40          //棕色
#define BRRED           0XFC07          //棕红色
#define GRAY            0X8430          //灰色
```

第 14 章　I2C 控制器

14.1　I2C 概述

I2C（Inter-Integrated Circuit）总线是一种由 PHILIPS 公司开发的两线式串行总线，用于连接微控制器以及其外围设备。它是由数据线 SDA 和时钟线 SCL 构成的串行总线，可发送和接收数据。

I2C 具有如下特点：

（1）数据线 SDA。数据线用来传输数据；时钟线 SCL：时钟线用来同步数据收发。

（2）总线上每一个器件都有一个唯一的识别地址，所以只需要知道器件的地址，根据时序就可以实现微控制器与器件之间的通信。

（3）数据线 SDA 和时钟线 SCL 都是双向线路，是通过一个电流源或上拉电阻连接到正的电压，所以当总线空闲的时候，这两条线路都是高电平。

（4）总线上数据的传输速率在标准模式下可达 100kbit/s，在快速模式下可达 400kbit/s，在高速模式下可达 3.4Mbit/s。

（5）总线支持设备连接个数：同时支持多个主机和多个从机，连接到总线的接口数量是由总线 400pF 电容的大小来决定。

I2C 总线连接示意图如图 14-1 所示。

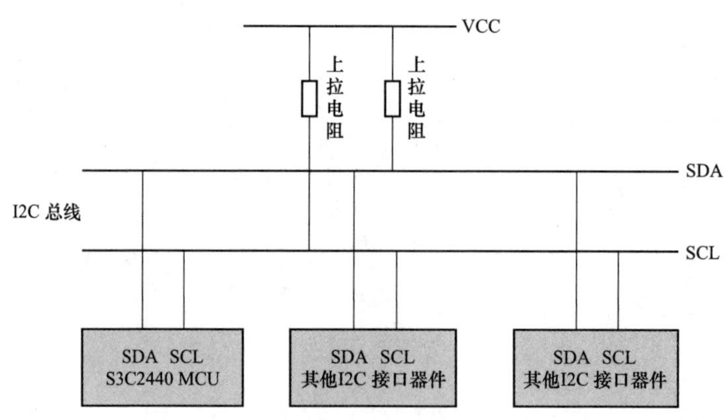

图 14-1　I2C 总线连接示意图

14.2 I2C 协议层

I2C 总线在传送数据过程中共有三种类型信号，它们分别是：

（1）开始信号：SCL 为高电平时，SDA 由高电平向低电平跳变，开始传送数据。

（2）结束信号：SCL 为高电平时，SDA 由低电平向高电平跳变，结束传送数据。

（3）应答信号：接收数据的 IC 在接收到 8bit 数据后，向发送数据的 IC 发出特定的低电平脉冲，表示已收到数据。CPU 向受控单元发出一个信号后，等待受控单元发出一个应答信号，CPU 接收到应答信号后，根据实际情况作出是否继续传递信号的判断。若未收到应答信号，由此判断为受控单元出现故障。

I2C 总线协议的基本时序图如图 14-2 所示。

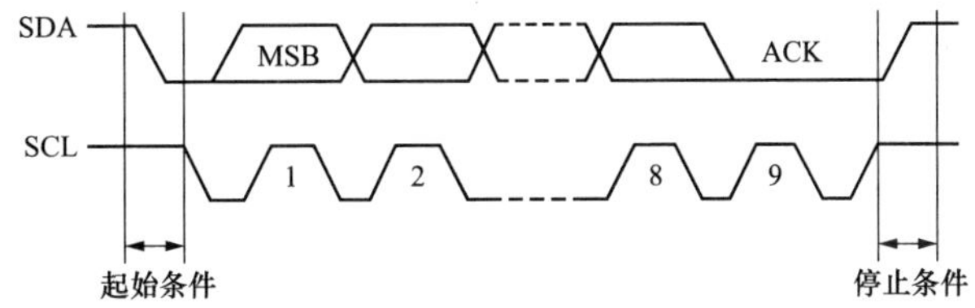

图 14-2 I2C 总线协议的基本时序图

1. 初始（空闲）状态

因为 I2C 总线的 SCL 线和 SDA 线都需要接上拉电阻，保证空闲状态的稳定性，所以 I2C 总线在空闲状态下 SCL 和 SDA 都保持高电平。

2. 开始信号（S）

SCL 保持高电平，SDA 由高电平变为低电平后，延时（>4.7μs），SCL 变为低电平。如图 14-3 所示。

3. 停止信号（P）

停止信号：SCL 保持高电平。SDA 由低电平变为高电平。如图 14-4 所示。

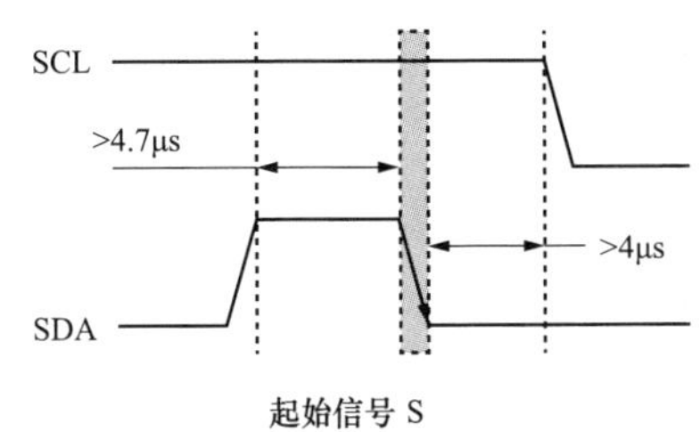

图 14-3 I2C 的开始信号（S）示意图

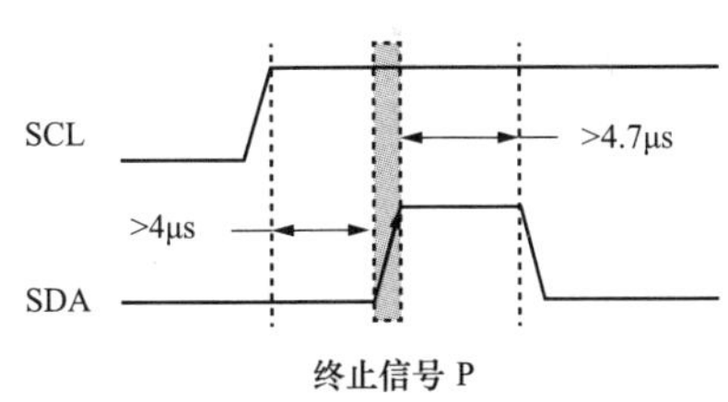

图 14-4 I2C 的停止信号（P）示意图

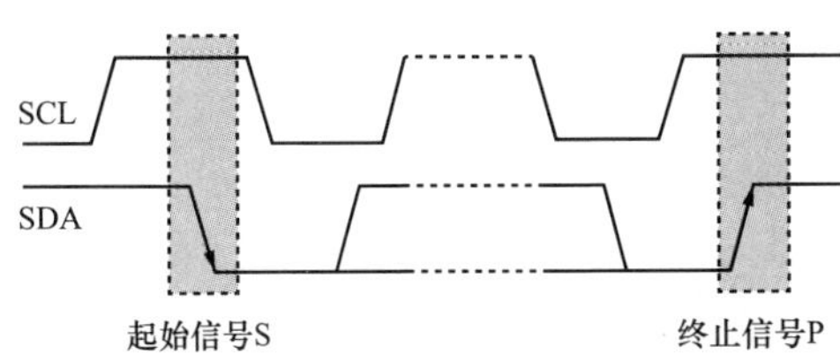

图 14-5 I2C 总线完整的数据传输周期示意图

在起始条件产生后，总线处于忙状态，由本次数据传输的主从设备独占，其他 I2C 器件无法访问总线；而在停止条件产生后，本次数据传输的主从设备将释放总线，总线再次处于空闲状态。如图 14-5 所示。

I2C 总线上的信号在数据传输过程中，当 SCL=1 即高电平时，数据线 SDA 必须保持稳定状态，不允许有电平跳变，只有在时钟线上的信号为低电平期间，数据线上的高电平或低电平状态才允许变化。

当 SCL=1 时数据线 SDA 的任何电平变换会看做是总线的起始信号或者停止信号。在 I2C

总线上传输数据的过程中，SCL 时钟线会频繁的转换电平，以保证数据的传输。

4. 应答信号

每当主机向从机发送完一个字节的数据，主机总是需要等待从机给出一个应答信号，以确认从机是否成功接收到了数据。应答信号示意图如图 14-6 所示。

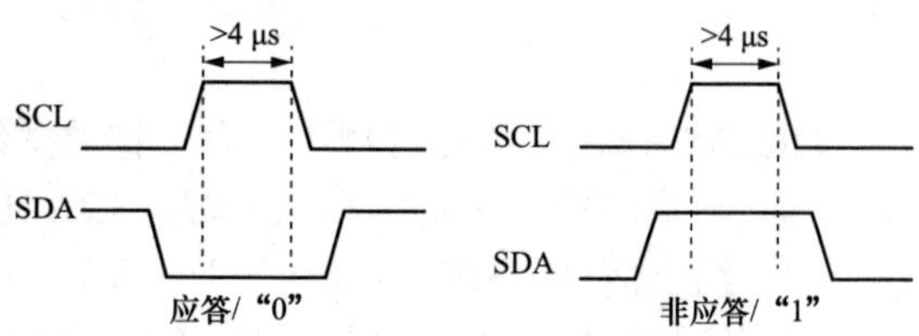

图 14-6 I2C 总线完整的数据传输周期示意图

应答信号：在主机 SCL 为高电平状态时，读取从机 SDA 的电平状态，若为低电平则表示产生应答。

应答信号为低电平时，规定为有效应答位（ACK，简称应答位），表示接收器已经成功地接收了该字节。

应答信号为高电平时，规定为非应答位（NACK），一般表示接收器接收该字节没有成功。

每发送一个字节（8 个 bit）在一个字节传输的 8 个时钟后的第 9 个时钟期间，接收器接收数据后必须回一个 ACK 应答信号给发送器，这样才能进行数据传输。应答出现在每一次主机完成 8 个数据位传输后紧跟着的时钟周期，0 表示应答，1 表示非应答。

5. 数据传输

SDA 线上的数据在 SCL 时钟“高”期间必须是稳定的，只有当 SCL 线上的时钟信号为低时，数据线上的“高”或“低”状态才可以改变。输出到 SDA 线上的每个字节必须是 8 位，数据传送时，先传送最高位（MSB），每一个被传送的字节后面都必须跟随一位应答位（即一帧共有 9 位）。如图 14-7 所示。

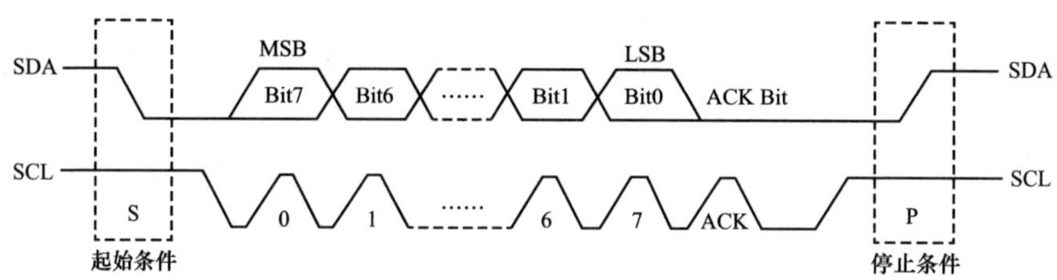

图 14-7 I2C 总线一帧数据传输格式示意图

当一个字节按数据位从高位到低位的顺序传输完后，紧接着从设备将拉低 SDA 线，回传给主设备一个应答位 ACK，此时才认为一个字节真正的被传输完成，如果一段时间内没有收到从机的应答信号，则自动认为从机已正确接收到数据。

6. 写数据

I2C 总线写数据示意图如图 14-8 所示。

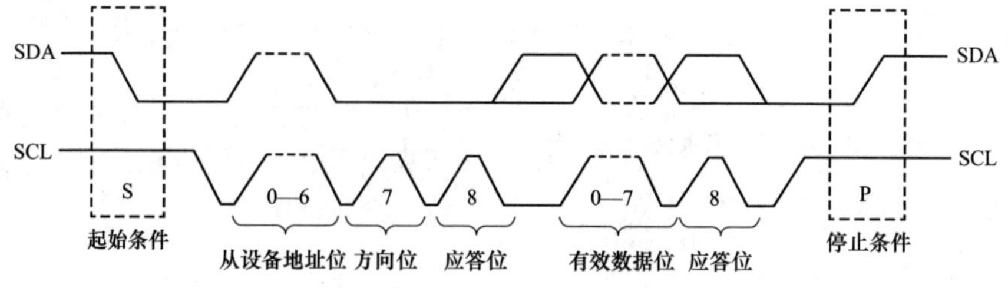

图 14-8 I2C 总线写数据示意图

14.3　GD32F303ZGT6 的 I2C 控制器

GD32F303ZGT6 微控制器内部集成有 2 个 I2C 总线控制器，提供了符合工业标准的两线串行制接口，可用于 MCU 和外部 I2C 设备的通信。I2C 总线使用两条串行线：串行数据线 SDA 和串行时钟线 SCL。

I2C 接口模块实现了 I2C 协议的标速模式，快速模式以及快速+模式，具备 CRC 计算和校验功能、支持 SMBus（系统管理总线）和 PMBus（电源管理总线），此外还支持多主机 I2C 总线架构。I2C 接口模块也支持 DMA 模式，可有效减轻 CPU 的负担。

14.3.1　主要特性

（1）并行总线至 I2C 总线协议的转换及接口。

（2）同一接口既可实现主机功能又可实现从机功能。

（3）主从机之间的双向数据传输。

（4）支持 7 位和 10 位的地址模式和广播寻址。

（5）支持 I2C 多主机模式。

（6）支持标速（最高 100kHz），快速（最高 400kHz）和快速+模式（最高 1MHz）。

（7）从机模式下可配置的 SCL 主动拉低。

（8）支持 DMA 模式。

（9）兼容 SMBus 2.0 和 PMBus。

（10）两个中断：字节成功发送中断和错误事件中断。

（11）可选择的 PEC（报文错误校验）生成和校验。

14.3.2　I2C 接口的内部结构

GD32F303ZGT6 微控制器的 I2C 控制器接口的内部结构图如图 14-9 所示。

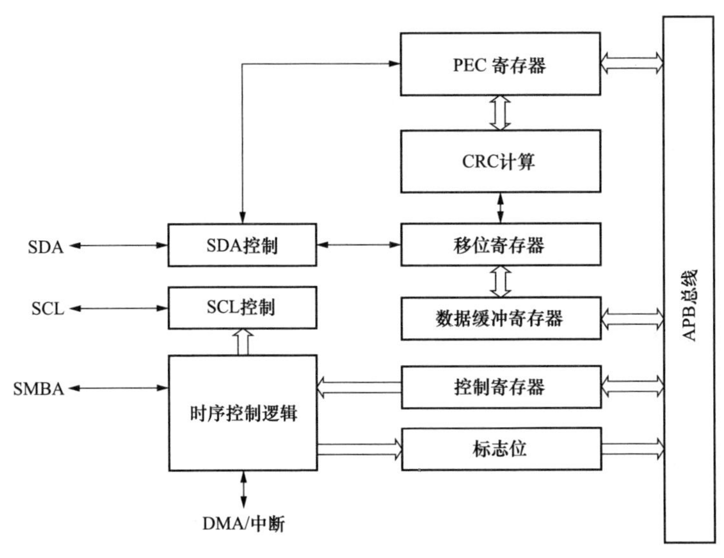

图 14-9　I2C 模块框图

14.3.3 I2C 控制器的复用引脚

GD32F303ZGT6 微控制器的 2 个 I2C 控制器外设的引脚是通过 GPIO 引脚复用映射实现的，在图 14-10 中，I2C 控制器的通信引脚有 SCL、SDA、SMBA 三个种。I2C 控制器的引脚与 GPIO 引脚复用关系如表 14-1 所示。

表 14-1　　GD32F303ZGT6 微控制器的 I2C 接口与 GPIO 引脚对应表

外设	I2C0	I2C1
总线	APB1	APB1
SCL	PB6	PB10
SDA	PB7（PB8）	PB11
SMBA	PB5（PB9）	PB12

14.3.4 SDA 线和 SCL 线

I2C 模块有两条接口线：串行数据 SDA 线和串行时钟 SCL 线。连接到总线上的设备通过这两根线互相传递信息。SDA 和 SCL 都是双向线，通过一个电流源或者上拉电阻接到电源正极。

当总线空闲时，两条线都是高电平。连接到总线的设备输出极必须是开漏或者开集，以提供线与功能。I2C 总线上的数据在标准模式下可以达到 100kbit/s，在快速模式下可以达到 400kbit/s，当 I2C_FMPCFG 寄存器中 FMPEN 位被置位时，在快速+模式下可达 1Mbit/s。由于 I2C 总线上可能会连接不同工艺的设备（CMOS，NMOS，双极性器件），逻辑 0 和逻辑 1 的电平并不是固定的，取决于 VDD 的实际电平。

14.4 功 能 描 述

14.4.1 开始和停止信号

所有的数据传输起始于一个 START，结束于一个 STOP。

START 信号定义为：在 SCL 为高时，SDA 线上出现一个从高到低的电平转换。

STOP 信号定义为：在 SCL 为高时，SDA 线上出现一个从低到高的电平转换。

14.4.2 I2C 通信流程

每个 I2C 设备（不管是微控制器，LCD 驱动，存储器或者键盘接口）都通过唯一的地址进行识别，根据设备功能，他们既可以是发送器也可作为接收器。

I2C 从机检测到 I2C 总线上的 START 信号之后，就开始从总线上接收地址，之后会把从总线接收到的地址和自身的地址（通过软件编程）进行比较，当两个地址相同时，I2C 从机将发送一个确认应答（ACK），并响应总线的后续命令：发送或接收所需数据。此外，如果软件开启了广播呼叫，则 I2C 从机始终对一个广播地址（0x00）发送确认应答。I2C 模块始终支持 7 位和 10 位的地址。

I2C 主机负责产生 START 信号和 STOP 信号来开始和结束一次传输，并且负责产生 SCL 时钟。

图 14-10～图 14-12 分别给出了 7 位地址的 I2C 通信流程、10 位地址的 I2C 主机发送通

信流程和 10 位地址的 I2C 主机接收通信流程。

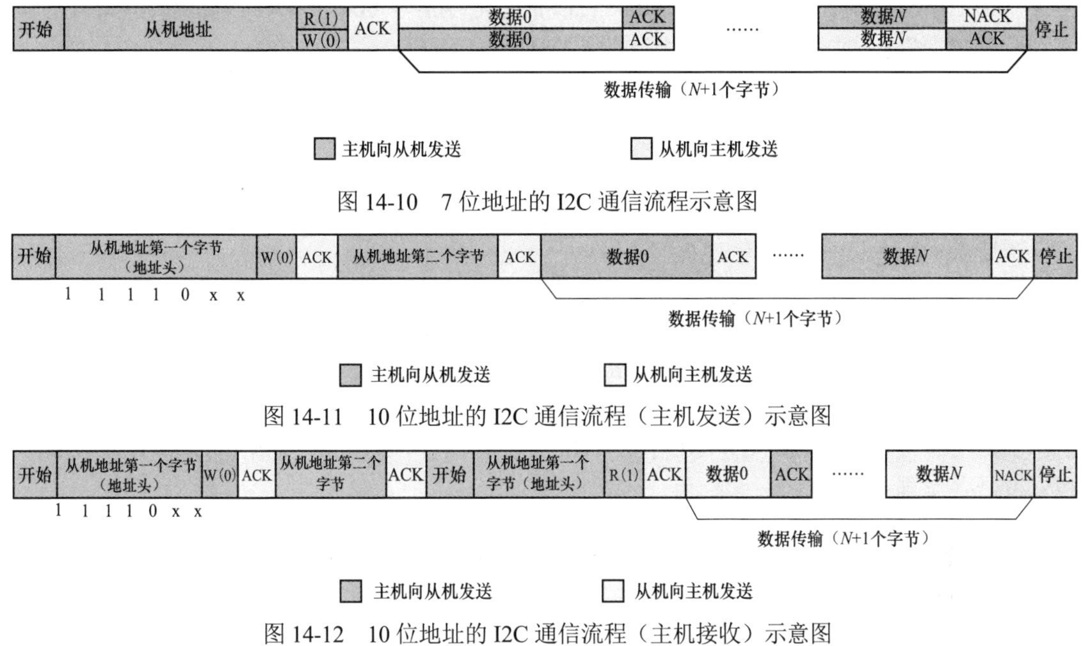

图 14-10　7 位地址的 I2C 通信流程示意图

图 14-11　10 位地址的 I2C 通信流程（主机发送）示意图

图 14-12　10 位地址的 I2C 通信流程（主机接收）示意图

14.4.3　软件编程模型

一个 I2C 设备例如 LCD 驱动器可能只是作为一个接收器，但是一个存储器既可以接收数据，也能发送数据。除了按照发送/接收方来区分，I2C 设备也分为数据传输的主机和从机。主机是指负责初始化总线上数据的传输并产生时钟信号的设备，此时任何被寻址的设备都是从机。

不管 I2C 设备是主机还是从机，都可以发送或接收数据，因此，I2C 设备有以下 4 种运行模式：主机发送、主机接收、从机发送、从机接收。

I2C 模块支持以上四种模式。系统复位以后，I2C 默认工作在从机模式下。通过软件配置使 I2C 在总线上发送一个 START 信号之后，I2C 变为主机模式，软件配置在 I2C 总线上发送 STOP 信号后，I2C 又变回从机模式。

1. 主机发送

如图 14-13 所示为主机发送模式下的软件编程流程示意图，在主机模式下发送数据到 I2C 总线时，软件应该遵循以下步骤来运行 I2C 模块：

（1）首先，软件应该使能 I2C 外设时钟，以及配置 I2C 控制寄存器 1（I2C_CTL1）中时钟相关寄存器来确保正确的 I2C 时序。使能和配置以后，I2C 运行在默认的从机模式状态，等待 START 信号，随后等待 I2C 总线寻址。

（2）软件将 I2C 控制寄存器 1（I2C_CTL1）中的 START 位给置 1，在 I2C 总线上产生一个 START 信号。

（3）发送一个 START 信号后，I2C 硬件将 I2C 状态寄存器 0（I2C_STAT0）中的 SBSEND 位给置 1 然后进入主机模式。现在软件应该读 I2C 状态寄存器 0（I2C_STAT0）然后写一个 7 位地址位或 10 位地址的地址头到 I2C 数据寄存器（I2C_DATA）来清除 SBSEND 位。当 SBSEND 位被清 0 时，I2C 就开始发送地址或者地址头到 I2C 总线。如果发送的地址是 10 位地址的地址头，硬件在发送地址头的时候会将 I2C 状态寄存器 0（I2C_STAT0）中的 ADD10SEND 位给置 1，软件应该通过读 I2C 状态寄存器 0（I2C_STAT0）然后写 10 位低地址到 I2C 数据寄存器（I2C_DATA）来清除 ADD10SEND 位。

（4）7 位或 10 位的地址位发送出去之后，I2C 硬件将 I2C 状态寄存器 0（I2C_STAT0）中的 ADDSEND 位给置 1，软件通过读 I2C 状态寄存器 0（I2C_STAT0）然后读 I2C 状态寄存器 1（I2C_STAT1）清除 ADDSEND 位。

（5）I2C 进入数据发送状态，因为移位寄存器和 I2C 数据寄存器（I2C_DATA）都是空的，所以硬件将 I2C 状态寄存器 0（I2C_STAT0）中的 TBE 位给置 1。此时软件可以写第一个字节数据到 I2C 数据寄存器（I2C_DATA），但是 I2C 状态寄存器 0（I2C_STAT0）中的 TBE 位此时不会被清零，因为写入 I2C 数据寄存器（I2C_DATA）的字节会被立即移入内部移位寄存器。当移位寄存器非空时，I2C 就开始发送数据到总线。

（6）在第一个字节的发送过程中，软件可以写第二个字节到 I2C 数据寄存器（I2C_DATA），此时 I2C 状态寄存器 0（I2C_STAT0）中的 TBE 位会被清零，因为 I2C 数据寄存器（I2C_DATA）和移位寄存器都不为空。

（7）任意时刻 I2C 状态寄存器 0（I2C_STAT0）中的 TBE 位被置 1，软件都可以向 I2C 数据寄存器（I2C_DATA）写入一个字节，只要还有数据待发送。

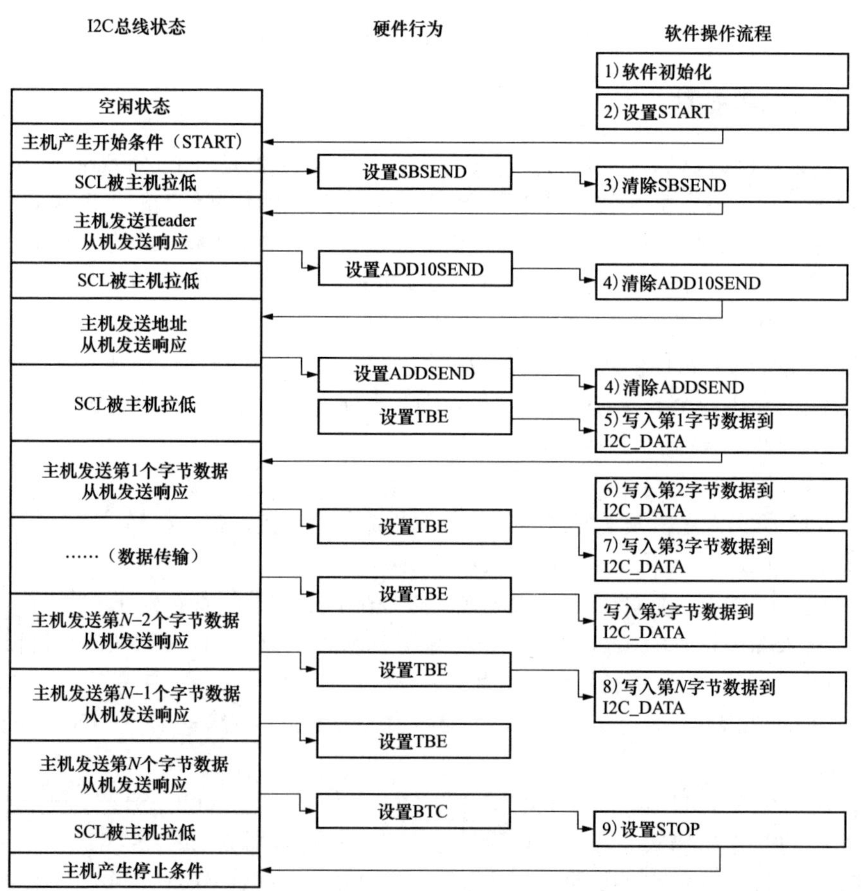

图 14-13　主机发送模式（10 位地址模式）软件编程流程示意图

（8）在倒数第二个字节发送过程中，软件写入最后一个字节数据到 I2C 数据寄存器（I2C_DATA）来清除 I2C 状态寄存器 0（I2C_STAT0）中的 TBE 标志位，此后就不用关心 TBE 位的状态。TBE 位会在倒数第二个字节发送完成后被置 1，直到发送 STOP 信号时被清零。

（9）最后一个字节发送结束后，I2C 主机将 I2C 状态寄存器 0（I2C_STAT0）中的 BTC 位置 1，因为移位寄存器和 I2C 数据寄存器（I2C_DATA）此时都为空。软件此时应该配置 I2C 控制寄存器 0（I2C_CTL0）中的 STOP 位来发送一个 STOP 信号，此后 I2C 状态寄存器 0（I2C_STAT0）中的 TBE 和 BTC 状态位都将被清 0。

2. 主机接收

如图 14-14 所示为主机接收模式下的软件编程流程示意图。

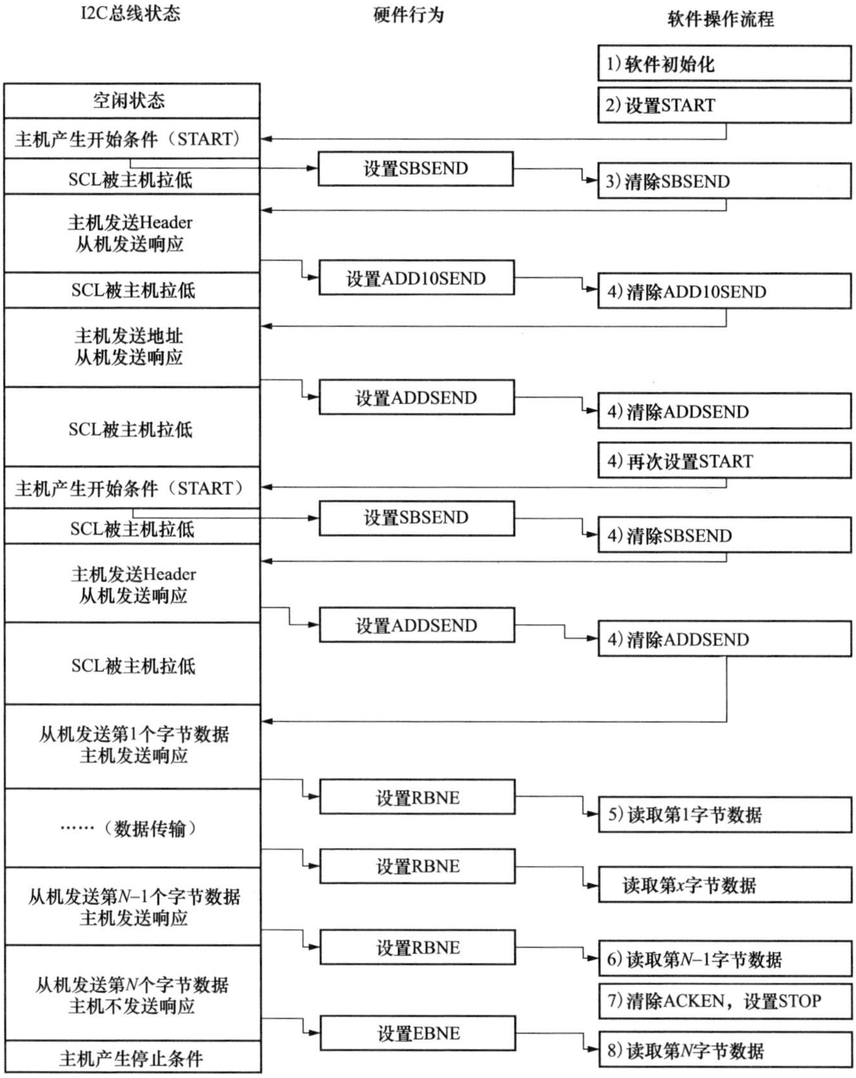

I2C总线状态
硬件行为
软件操作流程
1）软件初始化
空闲状态
2）设置START
主机产生开始条件（START）
设置SBSEND
SCL被主机拉低
3）清除SBSEND
主机发送Header
从机发送响应
设置ADD10SEND
SCL被主机拉低
4）清除ADD10SEND
主机发送地址
从机发送响应
设置ADDSEND
4）清除ADDSEND
SCL被主机拉低
4）再次设置START
主机产生开始条件（START）
设置SBSEND
SCL被主机拉低
4）清除SBSEND
主机发送Header
从机发送响应
设置ADDSEND
4）清除ADDSEND
SCL被主机拉低
从机发送第1个字节数据
主机发送响应
设置RBNE
5）读取第1字节数据
……（数据传输）
设置RBNE
读取第x字节数据
从机发送第N−1个字节数据
主机发送响应
设置RBNE
6）读取第N−1字节数据
从机发送第N个字节数据
主机不发送响应
7）清除ACKEN，设置STOP
设置EBNE
8）读取第N字节数据
主机产生停止条件

图 14-14 主机接收模式（10 位地址模式）软件编程流程示意图

在主机接收模式下，主机需要为最后一个字节接收产生 NACK，然后发送 STOP 信号。因此，需要特别注意以确保最后接收到数据的正确性。为保证软件能对 I2C 事件进行快速响应，主机接收模式的软件编程流程如下：

（1）首先，软件应该使能 I2C 外设时钟，以及配置 I2C 控制寄存器 1（I2C_CTL1）中时钟相关寄存器来确保正确的 I2C 时序。使能和配置以后，I2C 运行在默认的从机模式状态，等待 START 信号，随后等待 I2C 总线寻址。

（2）软件将 I2C 控制寄存器 0（I2C_CTL0）中的 START 位给置 1，从而在 I2C 总线上产生一个 START 信号。

（3）发送一个 START 信号后，I2C 硬件将 I2C 状态寄存器 0（I2C_STAT0）中的 SBSEND 位给置 1 然后进入主机模式。现在软件应该读 I2C 状态寄存器 0（I2C_STAT0）然后写一个 7 位地址位或 10 位地址的地址头到 I2C 数据寄存器（I2C_DATA）来清除 I2C 状态寄存器 0（I2C_STAT0）中的 SBSEND 位。当 SBSEND 位被清 0 时，I2C 就开始发送地址或者地址头到 I2C 总线。如果发送的地址是 10 位地址的地址头，硬件在发送地址头的时候会先将 I2C 状态寄存器 0（I2C_STAT0）中的 ADD10SEND 位给置 1，软件应该通过读 I2C 状态寄存器 0（I2C_STAT0）然后写 10 位低地址到 I2C 数据寄存器（I2C_DATA）来清除 ADD10SEND 位。

（4）7 位或 10 位的地址位发送出去之后，I2C 硬件将 I2C 状态寄存器 0（I2C_STAT0）中的 ADDSEND 位给置 1，软件应该通过读 I2C 状态寄存器 0（I2C_STAT0）然后读 I2C 状态寄存器 1（I2C_STAT1）清除 ADDSEND 位。如果地址是 10 位格式，软件应该再次将 I2C 控制寄存器 0（I2C_CTL0）中的 START 位置 1 来重新产生一个 START。在 START 产生后，I2C 状态寄存器 0（I2C_STAT0）中的 SBSEND 位会被置 1。软件应该通过先读 I2C 状态寄存器 0（I2C_STAT0）然后写地址头到 I2C 数据寄存器（I2C_DATA）来清除 SBSEND 位，然后地址头被发到 I2C 总线，I2C 状态寄存器 0（I2C_STAT0）中的 ADDSEND 再次被置 1。软件应该再次通过先读 I2C 状态寄存器 0（I2C_STAT0）然后读 I2C 状态寄存器 1（I2C_STAT1）来清除 ADDSEND 位。

（5）当接收到第一个字节时，硬件会将 I2C 状态寄存器 0（I2C_STAT0）中的 RBNE 位给置 1。此时软件可以从 I2C 数据寄存器（I2C_DATA）读取第一个字节，之后 I2C 状态寄存器 0（I2C_STAT0）中的 RBNE 位被清 0。

（6）此后任何时候 I2C 状态寄存器 0（I2C_STAT0）中的 RBNE 被置 1，软件就可以从 I2C 数据寄存器（I2C_DATA）读取一个字节。

（7）接收完倒数第二个字节（N–1）数据之后，软件应该立即将 I2C 控制寄存器 0（I2C_CTL0）中的 ACKEN 位清 0，并将 I2C 控制寄存器 0（I2C_CTL0）中的 STOP 位给置 1，这一过程需要在最后一个字节接收完毕之前完成，以确保 NACK 发送给最后一个字节。

（8）最后一个字节接收完毕后，I2C 状态寄存器 0（I2C_STAT0）中的 RBNE 位被置 1，软件可以读取最后一个字节。由于 I2C 控制寄存器 0（I2C_CTL0）中的 ACKEN 已经在前一步骤中被清 0，I2C 不再为最后一个字节发送 ACK，并在最后一个字节发送完毕后产生一个 STOP 信号。

以上步骤要求字节数目 N>1，如果 N=1，步骤（7）应该在步骤（4）之后就执行，且需要在字节接收完成之前完成。

3. 从机发送

从机发送模式下的软件编程流程示意图如图 14-15 所示。在从机模式下要发送数据，软件应该按照以下步骤来运行操作：

（1）首先，软件应该使能 I2C 外设时钟，以及配置 I2C 控制寄存器 1（I2C_CTL1）中的时钟相关寄存器来确保正确的 I2C 时序。使能和配置以后，I2C 运行在默认的从机模式状态，等待 I2C 总线上的 START 信号和地址。

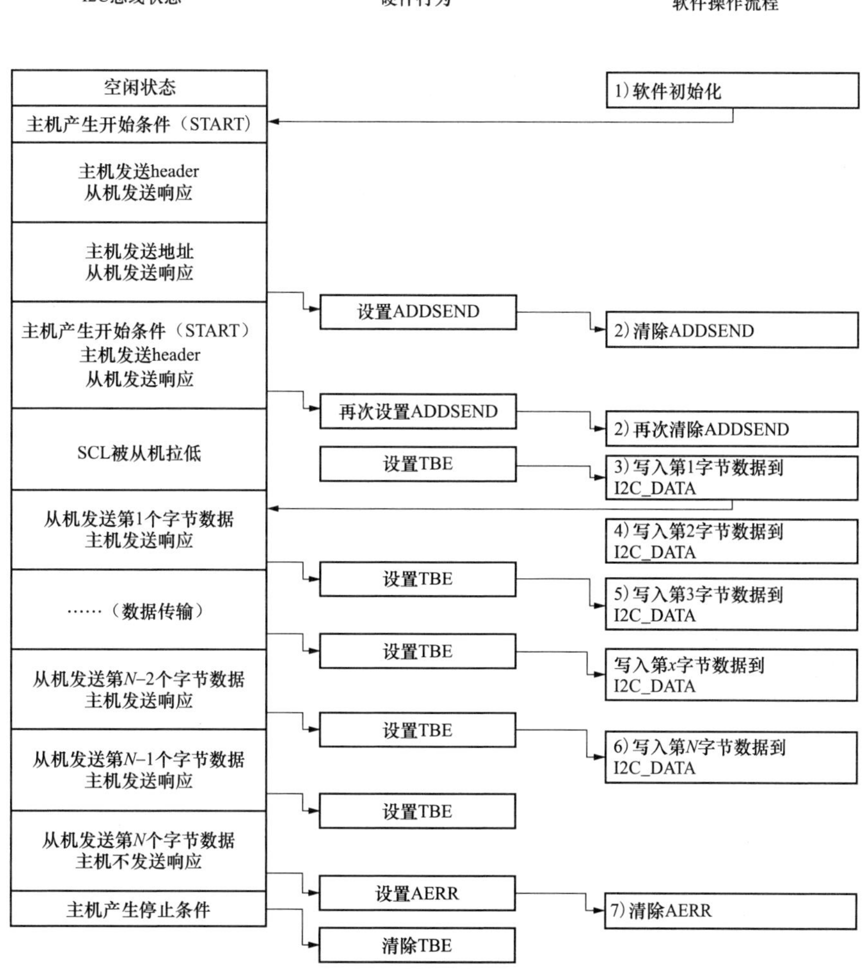

图 14-15 从机发送模式（10 位地址模式）软件编程流程示意图

（2）当接收到一个 START 信号及随后的地址后，地址可以是 7 位格式也可以是 10 位格式，I2C 硬件将 I2C 状态寄存器 0（I2C_STAT0）中的 ADDSEND 位给置 1，此位应该被软件查询或者中断监视，发现置位后，软件应该读 I2C 状态寄存器 0（I2C_STAT0）然后读 I2C 状态寄存器 1（I2C_STAT1）来清除 ADDSEND 位。如果地址是 10 位格式，I2C 主机应该接着再产生一个 START 并发送一个地址头到 I2C 总线。从机在检测到 START 和紧接着的地址头之后会继续将 ADDSEND 位置 1。软件可以通过读 I2C 状态寄存器 0（I2C_STAT0）和接着读 I2C 状态寄存器 1（I2C_STAT1）来第二次清除 ADDSEND 位。

（3）现在 I2C 进入数据发送状态，由于移位寄存器和 I2C 数据寄存器（I2C_DATA）都是空的，硬件将 I2C 状态寄存器 0（I2C_STAT0）中的 TBE 位给置 1。软件此时可以写入第一个字节数据到 I2C 数据寄存器（I2C_DATA），但是 TBE 位并没有被清 0，因为写入 I2C 数据寄存器（I2C_DATA）的字节被立即移入内部移位寄存器。当移位寄存器非空的时候，I2C 开始发送数据到 I2C 总线。

（4）第一个字节的发送期间，软件可以写第二个字节到 I2C 数据寄存器（I2C_DATA），此时 TBE 位被清 0，因为 I2C 数据寄存器（I2C_DATA）和移位寄存器都不是空。

（5）第一个字节的发送完成之后，TBE 被再次置 1，软件可以写第三个字节到 I2C 数据寄存器（I2C_DATA），同时 TBE 位被清 0。在此之后，任何时候 TBE 被置 1，只要依然有数据待被发送，软件都可以写入一个字节到 I2C 数据寄存器（I2C_DATA）。

（6）倒数第二个字节发送期间，软件写最后一个数据到 I2C 数据寄存器（I2C_DATA）来清除 TBE 标志位，之后就再不用关心 TBE 的状态。TBE 位会在倒数第二个字节发送完成后置 1，直到检测到 STOP 信号时被清 0。

（7）根据 I2C 协议，I2C 主机将不会对接收到的最后一个字节发送应答，所以在最后一个字节发送结束后，I2C 从机的 AERR（应答错误）会置起以通知软件发送结束。软件写 0 到 AERR 位可以清除此位。

4. 从机接收

如图 14-16 所示为从机接收模式下的软件编程流程示意图。在从机模式下接收数据时，软件应该遵循以下步骤来操作：

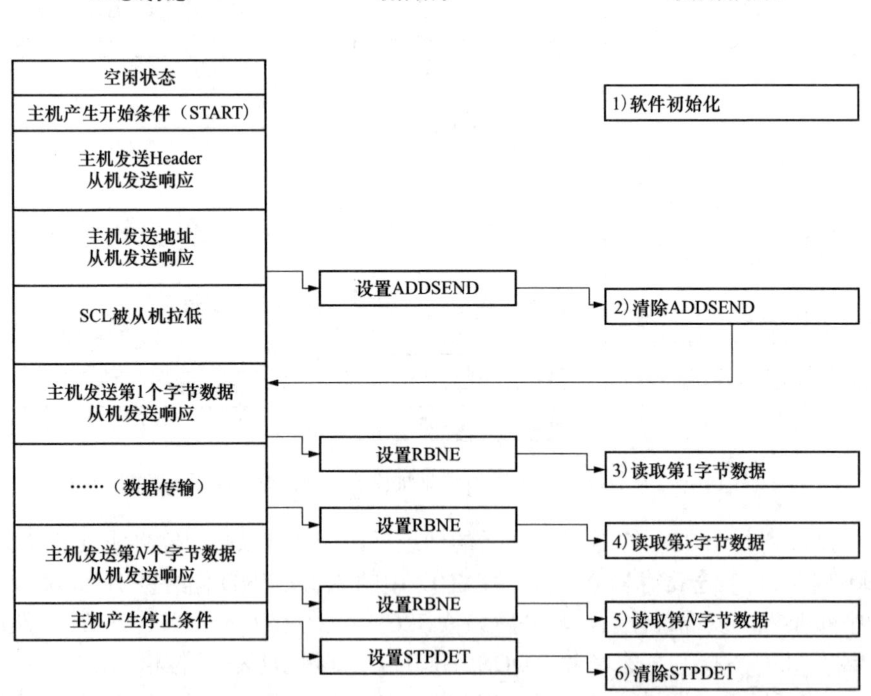

图 14-16 从机接收模式（10 位地址模式）软件编程流程示意图

（1）首先，软件应该使能 I2C 外设时钟，以及配置 I2C 控制寄存器 1（I2C_CTL1）中时钟相关寄存器来确保正确的 I2C 时序。使能和配置以后，I2C 运行在默认的从机模式状态，等待 START 信号以及地址。

（2）在接收到 START 起始信号和匹配的 7 位或 10 地址之后，I2C 硬件将 I2C 状态寄存器 0（I2C_STAT0）中的 ADDSEND 位给置 1，此位应该通过软件轮询或者中断来检测，发现置起后，软件通过先读 I2C 状态寄存器 0（I2C_STAT0）然后读 I2C 状态寄存器 1（I2C_STAT1）来清除 ADDSEND 位。当 ADDSEND 位被清 0 时，I2C 就开始接收来自 I2C 总线的数据。

（3）当接收到第一个字节时，I2C 状态寄存器 0（I2C_STAT0）中的 RBNE 位被硬件置 1，软件可以读取 I2C 数据寄存器（I2C_DATA）的第一个字节，此时 I2C 状态寄存器 0（I2C_STAT0）中的 RBNE 位也被清 0。

（4）任何时候 I2C 状态寄存器 0（I2C_STAT0）中的 RBNE 被置 1，软件可以从 I2C 数据寄存器（I2C_DATA）读取一个字节。

（5）接收到最后一个字节后，I2C 状态寄存器 0（I2C_STAT0）中的 RBNE 被置 1，软件可以读取最后的字节。

（6）当 I2C 检测到 I2C 总线上一个 STOP 信号，I2C 状态寄存器 0（I2C_STAT0）中的 STPDET 位被置 1，软件通过先读 I2C 状态寄存器 0（I2C_STAT0）再写 I2C 控制寄存器 0（I2C_CTL0）来清除 STPDET 位。

14.4.4 DMA 模式下数据传输

报文错误校验按照前面的软件流程，每当 I2C 状态寄存器 0（I2C_STAT0）中的 TBE 位或 RBNE 位被置 1 之后，软件都应该写或读一个字节，这样将导致 CPU 的负荷较重。I2C 的 DMA 功能可以在 I2C 状态寄存器 0（I2C_STAT0）中的 TBE 或 RBNE 位被置 1 时，自动进行一次写或读操作，从而减轻了 CPU 的负荷。

DMA 请求通过 I2C 控制寄存器 1（I2C_CTL1）中的 DMAON 位使能。该位应该在清除 I2C 状态寄存器 0（I2C_STAT0）中的 ADDSEND 状态位之后被置 1。如果一个从机的 SCL 线延长功能被禁止，DMAON 位应该在 ADDSEND 事件前被置 1。

参考 DMA 控制器的关于 DMA 的配置方法说明。DMA 必须在 I2C 传输开始之前配置和使能。当指定个数的字节已经传输完成，DMA 会发送一个传输结束（EOT）信号给 I2C 接口，并产生一个 DMA 传输完成中断。

当主机接收两个或两个以上字节时，需将 I2C 控制寄存器 1（I2C_CTL1）中的 DMALST 位给置 1。在接收到最后一个字节之后，I2C 主机发送 NACK。在 DMA 传输完成中断 ISR 中，通过置位 I2C 控制寄存器 0（I2C_CTL0)中的 STOP 位，产生一个停止信号。

当主机仅接收一个字节时，清除 I2C 状态寄存器 0（I2C_STAT0）中的 ADDSEND 状态前，I2C 控制寄存器 0（I2C_CTL0)中的 ACKEN 位必须被清除。在清除 I2C 状态寄存器 0（I2C_STAT0）中的 ADDSEND 状态后或在 DMA 传输完成中断 ISR 中，通过置位 I2C 控制寄存器 0（I2C_CTL0)中的 STOP 位，产生一个停止信号。

14.4.5 状态、错误和中断

I2C 有一些状态、错误标志位，通过设置一些寄存器位，便可以从这些标志触发中断。具体的事件状态标志及错误标志如表 14-2 和表 14-3 所示。

表 14-2　　　　I2C 事件状态标志位

事件状态标志位	说明	事件状态标志位	说明
SBSEND	主机发送 START 信号	BTC	字节发送结束
ADDSEND	地址发送和接收	TBE	发送时 I2C_DATA 为空
ADD10SEND	10 位地址模式中地址头发送	RBNE	接收时 I2C_DATA 非空
STPDET	监测到 STOP 信号		

表 14-3　　　　I2C 错误标志位

错误名称	说明	错误名称	说明
BERR	总线错误	PECERR	CRC 值不相同
LOSTARB	仲裁丢失	SMBTO	SMBus 模式下部线超时
OUERR	当禁用 SCL 拉低后，发生了上溢或下溢	SMBALT	SMBus 警报
AERR	没有接收到应答		

14.5　I2C 寄　存　器

14.5.1　I2C 寄存器简介

I2C 控制器的寄存器如表 14-4 所示。

表 14-4　　　　I2C 控制器的寄存器

偏移量	寄存器名称	寄存器描述	偏移量	寄存器名称	寄存器描述
0x00	I2C_CTL0	I2C 控制寄存器 0	0x14	I2C_STAT0	I2C 传输状态寄存器 0
0x04	I2C_CTL1	I2C 控制寄存器 1	0x18	I2C_STAT1	I2C 传输状态寄存器 1
0x08	I2C_SADDR0	I2C 从机地址寄存器 0	0x1C	I2C_CKCFG	I2C 时钟配置寄存器
0x0C	I2C_SADDR1	I2C 从机地址寄存器 1	0x20	I2C_RT	I2C 上升时间寄存器
0x10	I2C_DATA	I2C 传输缓冲区寄存器	0x90	I2C_FMPCFG	I2C 快速+模式配置寄存器

与 I2C 控制器相关的寄存器的宏都被定义在 gd32f30x_i2c.h 头文件中。

```
#define I2C_CTL0(i2cx) REG32((i2cx) + 0x00000000U)/*!< I2C 控制寄存器 0 */
#define I2C_CTL1(i2cx) REG32((i2cx) + 0x00000004U) /*!< I2C 控制寄存器 1 */
#define I2C_SADDR0(i2cx)REG32((i2cx) + 0x00000008U) /*!< I2C 从机地址寄存器 0 */
#define I2C_SADDR1(i2cx)REG32((i2cx) + 0x0000000CU) /*!< I2C 从机地址寄存器 1 */
#define I2C_DATA(i2cx) REG32((i2cx) + 0x00000010U) /*!< I2C 传输缓冲区寄存器 */
#define I2C_STAT0(i2cx)REG32((i2cx) + 0x00000014U) /*!< I2C 传输状态寄存器 0 */
#define I2C_STAT1(i2cx)REG32((i2cx) + 0x00000018U) /*!< I2C 传输状态寄存器 1 */
#define I2C_CKCFG(i2cx)REG32((i2cx) + 0x0000001CU) /*!< I2C 时钟配置寄存器 */
#define I2C_RT(i2cx)REG32((i2cx) + 0x00000020U)    /*!< I2C 上升时间寄存器 */
#define I2C_FMPCFG(i2cx)REG32((i2cx) + 0x00000090U) /*!< I2C 快速+模式配置寄存器 */
```

GD32F303ZGT6 微控制器内置的 2 个 I2C 控制器外设（I2C0/I2C1）在 gd32f30x_spi.h 头文件中的宏定义形式为：

```
#define I2C0        I2C_BASE                          /*!< I2C0 基地址 */
#define I2C1        (I2C_BASE + 0x00000400U)          /*!< I2C1 基地址 */
```

其中，I2C_BASE 的宏是被定义在 gd32f30x.h 头文件中，具体的宏定义为：

```
#define I2C_BASE          (APB1_BUS_BASE + 0x00005400U)   /*!< I2C基地址 */
```

其中，I2C0 和 I2C1 是挂接在 APB1 总线上。

14.5.2 I2C 寄存器功能描述

1. I2C 控制寄存器 0（I2C_CTL0）

I2C 控制寄存器 0（I2C_CTL0）的各个位的功能如表 14-5 所示。

表 14-5　　I2C 控制寄存器 0（I2C_CTL0）

位	名称	类型	复位值	说　明
31:16	—	—	—	—
15	SRESET	读写	0	软件复位 I2C。0：I2C 未复位；1：I2C 复位
14	—	—	—	—
13	SALT	读写	0	SMBus 警报。通过 SMBA 引脚发出警报。0：禁止；1：使能
12	PECTRANS	读写	0	PEC 传输。0：不传输 PEC 值；1：传输 PEC 值
11	POAP	读写	0	ACK/PEC 的位置含义。 0：ACKEN 位决定对当前正在接收的字节是否发送 ACK/NACK；PECTRANS 位表明 PEC 是否处于移位寄存器中。 1：ACKEN 位决定是否对下一个字节发送 ACK/NACK，PECTRANS 位表明下一个即将被接收的字节是 PEC
10	ACKEN	读写	0	ACK 使能。0：不发送 ACK；1：发送 ACK
9	STOP	读写	0	I2C 总线上产生一个 STOP 信号。0：不发送 STOP；1：发送 STOP
8	START	读写	0	I2C 总线上产生一个 START 信号。0：不发送 START；1：发送 START
7	SS	读写	0	SCL 拉低。0：拉低 SCL；1：不拉低 SCL
6	GCEN	读写	0	广播呼叫使能。0：从机不响应广播呼叫；1：从机将响应广播呼叫
5	PECEN	读写	0	PEC 使能。0：禁止；1：使能
4	ARPEN	读写	0	SMBus 下 ARP 协议开关。0：关闭；1：开启
3	SMBSEL	读写	0	SMBus 类型选择。0：从机；1：主机
2	—	—	—	—
1	SMBEN	读写	0	SMBus/I2C 模式开关。0：I2C 模式；1：SMBus 模式
0	I2CEN	读写	0	I2C 外设使能。0：禁止；1：使能

I2C 控制寄存器 0（I2C_CTL0）的各个位在 gd32f30x_i2c.h 头文件中的宏定义如下：

```
#define I2C_CTL0_I2CEN          BIT(0)       /*!< I2C外设使能 */
#define I2C_CTL0_SMBEN          BIT(1)       /*!< SMBus/I2C模式开关 */
#define I2C_CTL0_SMBSEL         BIT(3)       /*!< SMBus类型选择 */
#define I2C_CTL0_ARPEN          BIT(4)       /*!< SMBus下ARP协议开关 */
#define I2C_CTL0_PECEN          BIT(5)       /*!< PEC使能 */
#define I2C_CTL0_GCEN           BIT(6)       /*!< 广播呼叫使能 */
#define I2C_CTL0_SS             BIT(7)       /*!< SCL拉低 */
#define I2C_CTL0_START          BIT(8)       /*!< START信号产生 */
#define I2C_CTL0_STOP           BIT(9)       /*!< STOP信号产生 */
#define I2C_CTL0_ACKEN          BIT(10)      /*!< ACK使能 */
```

```
#define I2C_CTL0_POAP         BIT(11)    /*!< ACK/PEC的位置含义 */
#define I2C_CTL0_PECTRANS     BIT(12)    /*!< PEC传输 */
#define I2C_CTL0_SALT         BIT(13)    /*!< SMBus警报 */
#define I2C_CTL0_SRESET       BIT(15)    /*!< 软件复位 */
```

2. I2C 控制寄存器 1（I2C_CTL1）

I2C 控制寄存器 1（I2C_CTL1）的各个位的功能如表 14-6 所示。

表 14-6　　I2C 控制寄存器 1（I2C_CTL1）

位	名称	类型	复位值	说　明
31:13	—	—	—	—
12	DMALST	读写	0	DMA 最后传输配置。0：下一个 DMA EOT 不是最后传输；1：是最后传输
11	DMAON	读写	0	DMA 模式开关。0：禁止；1：使能
10	BUFIE	读写	0	缓冲区中断使能。0：禁止；1：使能
9	EVIE	读写	0	事件中断使能。0：禁止；1：使能
8	ERRIE	读写	0	错误中断使能。0：禁止；1：使能
7:6	—	—	—	—
5:0	I2CCLK［5:0］	读写	0	I2C 外设时钟频率。最低 2MHz，0～1：无时钟；2～60：2MHz～60MHz；61～127：无时钟。 在标准模式下，APB1 时钟频率需大于或者等于 2MHz。在快速模式下，APB1 时钟频率需大于或者等于 8MHz。在快速+模式下，APB1 时钟频率需大于或者等于 24MHz

I2C 控制寄存器 1（I2C_CTL1）的各个位在 gd32f30x_i2c.h 头文件中的宏定义如下：

```
#define I2C_CTL1_I2CCLK      BITS(0,6)    /*!< I2C外设时钟频率 */
#define I2C_CTL1_ERRIE       BIT(8)       /*!< 错误中断使能 */
#define I2C_CTL1_EVIE        BIT(9)       /*!< 事件中断使能 */
#define I2C_CTL1_BUFIE       BIT(10)      /*!< 缓冲区中断使能 */
#define I2C_CTL1_DMAON       BIT(11)      /*!< DMA模式开关 */
#define I2C_CTL1_DMALST      BIT(12)      /*!< DMA最后传输配置 */
```

3. I2C 从机地址寄存器 0（I2C_SADDR0）

I2C 从机地址寄存器 0（I2C_SADDR0）的各个位的功能如表 14-7 所示。

表 14-7　　I2C 从机地址寄存器 0（I2C_SADDR0）

位	名称	类型	复位值	说　明
31:16	—	—	—	—
15	ADDFORMAT	读写	0	I2C 从机地址格式。0:7 位地址；1:10 位地址
14:10	—	—	—	—
9:8	ADDRESS［9:8］	读写	0	10 位地址的最高两位
7:1	ADDRESS［7:1］	读写	0	7 位地址或者 10 位地址的第 7-1 位
0	ADDRESS0	读写	0	10 位地址的第 0 位

4. I2C 从机地址寄存器 1（I2C_SADDR1）

I2C 从机地址寄存器 1（I2C_SADDR1）的各个位的功能如表 14-8 所示。

表 14-8　　I2C 从机地址寄存器 1（I2C_SADDR1）

位	名称	类型	复位值	说　明
31:8	—	—	—	—
7:1	ADDRESS2［7:1］	读写	0	从机在双重地址模式下第二个 I2C 地址
0	DUADEN	读写	0	重地址模式使能。0：禁止；1：使能

5. I2C 传输缓冲区寄存器（I2C_DATA）

I2C 传输缓冲区寄存器（I2C_DATA）的各个位的功能如表 14-9 所示。

表 14-9　　I2C 传输缓冲区寄存器（I2C_DATA）

位	名称	类型	复位值	说　明
31:8	—	—	—	—
7:0	TRB［7:0］	读写	0	数据发送接收缓冲区

6. I2C 传输状态寄存器 0（I2C_STAT0）

I2C 传输状态寄存器 0（I2C_STAT0）的各个位的功能如表 14-10 所示。

表 14-10　　I2C 传输状态寄存器 0（I2C_STAT0）

位	名称	类型	复位值	说　明
31:16	—	—	—	—
15	SMBALT	读写	0	SMBus 警报状态。 0：SMBA 引脚未被拉低（从机模式）或未监测到警报（主机模式）； 1：SMBA 引脚被拉低且接收到警报地址（从机模式）或监测到警报（主机模式）
14	SMBTO	读写	0	SMBus 模式下超时信号。0：无超时；1：超时事件发生（SCL 被拉低达 25ms）
13				
12	PECERR	读写	0	接收数据时 PEC 错误。0：正确；1：错误
11	OUERR	读写	0	当禁用 SCL 拉低功能后，在从机模式下发生了上溢或下溢事件。在从机接收模式下，假如 I2C_DATA 中的最后一字节并未被读出，并且后续字节又接收完成，就会发生上溢错误。在从机发送模式下，假如当前字节已经发送完成，而 I2C_DATA 仍然为空，就会发生下溢错误。 0：无上溢或下溢错误发生；1：发生上溢或下溢错误
10	AERR	读写	0	应答错误。0：未发生应答错误；1：发生了应答错误
9	LOSTARB	读写	0	主机模式下仲裁丢失。0：无仲裁丢失；1：发生仲裁丢失，I2C 模块返回从机模式
8	BERR	读写	0	总线错误。0：无总线错误；1：发生了总线错误
7	TBE	只读	0	发送期间 I2C_DATA 为空。 硬件从 I2C_DATA 寄存器移动一个字节到移位寄存器之后将此位置 1，软件写一个字节到 I2C_DATA 寄存器清除该位。如果移位寄存器和 I2C_DATA 寄存器都是空的，写 I2C_DATA 寄存器将不会清除 TBE 位（详见主机/从机发送模式下的软件操作流程）。 0：I2C_DATA 非空；1：I2C_DATA 空，软件可以写

续表

位	名称	类型	复位值	说　明
6	RBNE	只读	0	接收期间 I2C_DATA 非空。 硬件从移位寄存器移动一个字节到 I2C_DATA 寄存器之后将此位置 1，读 I2C_DATA 可以清除此位。如果 BTC 和 RBNE 都被置 1，读 I2C_DATA 将不会清除 RBNE，因为移位寄存器的字节将被立即移到 I2C_DATA。 0：I2C_DATA 为空；1：I2C_DATA 非空，软件可以读
5	—	—	—	—
4	STPDET	只读	0	从机模式下监测到 STOP 信号。 此位被硬件置 1，先读 I2C_STAT0 然后写 I2C_CTL0 可以清除此位。 0：从机模式下未监测到 STOP 信号；1：从机模式下监测到 STOP 信号
3	ADD10SEND	只读	0	主机模式下 10 位地址地址头被发送。 该位由硬件置 1，软件读 I2C_STAT0 和写 I2C_DATA 清除此位。 0：主机模式下未发送 10 位地址的地址头；1：主机模式下发送 10 位地址的地址头
2	BTC	只读	0	字节发送结束。0：未发生 BTC；1：发生了 BTC。 接收模式下，如果一个字节已经被移位寄存器接收但是此时 I2C_DATA 寄存器仍然是满的；或者发送模式下，一个字节已经被移位寄存器发送但是 I2C_DATA 寄存器仍然是空的，硬件就会置起 BTC 标志位。此位由硬件置 1。 可由以下三种方式清除：软件清除：读 I2C_STAT0，然后读或写 I2C_DATA 寄存器清除此位。硬件清除：发送一个 STOP 或 START 信号。寄存器 I2C_CTL0 中 I2CEN=0
1	ADDSEND	只读	0	主机模式下：成功发送了地址并收到 ACK； 从机模式下：接收到的地址与自身的地址匹配。 此位由硬件置 1，软件读 I2C_STAT0 寄存器和读 I2C_STAT1 清 0。 0：从机模式下，未收到地址或者收到的地址不匹配；主机模式下，无地址被发送或地址已发送但未收到从机回复的 ACK； 1：从机模式下，接收到的地址与自身的地址匹配；主机模式下，地址已发送并收到 ACK
0	SBSEND	只读	0	主机模式下发送 START 信号。0：未发送 START 信号；1：START 信号被发送

I2C 传输状态寄存器 0（I2C_STAT0）的各个位在 gd32f30x_i2c.h 头文件中的宏定义如下：

```
#define I2C_STAT0_SBSEND    BIT(0)  /*!< 主机模式下发送 START 信号 */
#define I2C_STAT0_ADDSEND   BIT(1)  /*!< 主机模式下地址发送/从机模式下地址匹配 */
#define I2C_STAT0_BTC       BIT(2)  /*!< 字节发送结束 */
#define I2C_STAT0_ADD10SEND BIT(3)  /*!< 主机模式下 10 位地址地址头被发送 */
#define I2C_STAT0_STPDET    BIT(4)  /*!< 从机模式下监测到 STOP 信号 */
#define I2C_STAT0_RBNE      BIT(6)  /*!< 接收期间 I2C_DATA 非空 */
#define I2C_STAT0_TBE       BIT(7)  /*!< 发送期间 I2C_DATA 为空 */
#define I2C_STAT0_BERR      BIT(8)  /*!< 总线错误 */
#define I2C_STAT0_LOSTARB   BIT(9)  /*!< 主机模式下仲裁丢失 */
#define I2C_STAT0_AERR      BIT(10) /*!< 应答错误 */
#define I2C_STAT0_OUERR     BIT(11) /*!< 上溢或下溢 */
#define I2C_STAT0_PECERR    BIT(12) /*!< 接收数据时 PEC 错误 */
#define I2C_STAT0_SMBTO     BIT(14) /*!< SMBus 模式下超时信号 */
#define I2C_STAT0_SMBALT    BIT(15) /*!< SMBus 警报状态 */
```

7. I2C 传输状态寄存器 1（I2C_STAT1）

I2C 传输状态寄存器 1（I2C_STAT1）的各个位的功能如表 14-11 所示。

表 14-11　　　　I2C 传输状态寄存器 1（I2C_STAT1）

位	名称	类型	复位值	说　明
31:16	—	—	—	—
15:8	PECV［7:0］	只读	0	当 PEC 使能后硬件计算出的 PEC 值
7	DUMODF	只读	0	从机模式下双标志位表明哪个地址和双地址模式匹配。STOP 或 START 信号产生后或 I2CEN=0 时此位由硬件清 0。 0：地址和 I2C_SADDR0 匹配；1：地址和 I2C_SADDR1 匹配
6	HSTSMB	只读	0	从机模式下监测到 SMBus 主机地址头。STOP 或 START 信号产生后或 I2CEN=0 时此位由硬件清 0。 0：未监测到 SMBus 主机地址头；1：监测到 SMBus 主机地址头
5	DEFSMB	只读	0	SMBus 设备缺省地址。STOP 或 START 信号产生后或 I2CEN=0 时此位由硬件清 0。 0：SMBus 设备没有缺省地址；1：SMBus 设备接收到一个缺省地址
4	RXGC	只读	0	是否接收到广播地址（0x00）。STOP 或 START 信号产生后或 I2CEN=0 时此位由硬件清 0。 0：未接收到广播呼叫地址（0x00）；1：接收到广播呼叫地址（0x00）
3	—	—	—	—
2	TR	只读	0	发送端或接收端。0：接收端；1：发送端。 该位表明 I2C 作为发送端还是接收端。STOP 或 START 信号产生后或 I2C EN 或 LOSTARB=1 时此位由硬件清 0
1	I2CBSY	只读	0	忙标志。STOP 信号后硬件清 0。 0：无 I2C 通信；1：I2C 正在通信
0	MASTER	只读	0	主机模式。表明 I2C 时钟在主机模式还是从机模式的标志位。 该位在 START 信号产生后由硬件置 1。 该位在 STOP 信号产生后或 I2CEN=0 或 LOSTARB=1 时此位由硬件清 0。 0：从机模式；1：主机模式

I2C 传输状态寄存器 1（I2C_STAT1）的各个位在 gd32f30x_i2c.h 头文件中的宏定义如下：

```
#define I2C_STAT1_MASTER    BIT(0)       /*!< 主机模式 */
#define I2C_STAT1_I2CBSY    BIT(1)       /*!< 忙标志 */
#define I2C_STAT1_TR        BIT(2)       /*!< 发送端或接收端 */
#define I2C_STAT1_RXGC      BIT(4)       /*!< 是否接收到广播地址(0x00) */
#define I2C_STAT1_DEFSMB    BIT(5)       /*!< SMBus 设备缺省地址 */
#define I2C_STAT1_HSTSMB    BIT(6)       /*!< 从机模式下监测到 SMBus 主机地址头 */
#define I2C_STAT1_DUMODF    BIT(7)       /*!< 双地址模式 */
#define I2C_STAT1_PECV      BITS(8,15)   /*!< 当 PEC 使能后硬件计算出的 PEC 值 */
```

8. I2C 时钟配置寄存器（I2C_CKCFG）

I2C 时钟配置寄存器（I2C_CKCFG）的各个位的功能如表 14-12 所示。

表 14-12　　　　I2C 时钟配置寄存器（I2C_CKCFG）

位	名称	类型	复位值	说　明
31:16	—	—	—	—
15	FAST	读写	0	主机模式下 I2C 速度选择。0：标准速度；1：快速
14	DTCY	读写	0	快速模式下占空比。0：$T_{low}/T_{high}=2$；1：$T_{low}/T_{high}=16/9$

续表

位	名称	类型	复位值	说　明
13:12	—	—	—	—
11:0	CLKC［11:0］	读写	0	主机模式下 I2C 时钟控制。 标准速度模式下：$T_{high} = T_{low} = CLKC \times T_{PCLK1}$ 如果 DTCY=0，快速模式或快速+模式下： $T_{high} = CLKC \times T_{PCLK1}$，$T_{low} = 2 \times CLKC \times T_{PCLK1}$。 如果 DTCY=1，快速模式或快速+模式下： $T_{high} = 9 \times CLKC \times T_{PCLK1}$，$T_{low} = 16 \times CLKC \times T_{PCLK1}$ 如果 DTCY=0，当 PCLK1 为 3 的整数倍时，波特率会比较准确。如果 DTCY=1，当 PCLK1 为 25 的整数倍时，波特率会比较准确

I2C 时钟配置寄存器（I2C_CKCFG）的各个位在 gd32f30x_i2c.h 头文件中的宏定义如下：

```
#define I2C_CKCFG_CLKC      BITS(0,11)      /*!< 主机模式下 I2C 时钟控制 */
#define I2C_CKCFG_DTCY      BIT(14)         /*!< 快速模式下占空比 */
#define I2C_CKCFG_FAST      BIT(15)         /*!< 主机模式下 I2C 速度选择 */
```

9. I2C 上升时间寄存器（I2C_RT）

I2C 上升时间寄存器（I2C_RT）的各个位功能如表 14-13 所示。

表 14-13　　I2C 上升时间寄存器（I2C_RT）

位	名称	类型	复位值	说　明
31:7	—	—	—	—
6:0	RISETIME［6:0］	读写	0	主机模式下最大上升时间。RISETIME 值应该为 SCL 最大上升时间加 1

10. I2 快速+模式配置寄存器（I2C_FMPCFG）

I2C 快速+模式配置寄存器（I2C_FMPCFG）的各个位的功能如表 14-14 所示。

表 14-14　　I2C 快速+模式配置寄存器（I2C_FMPCFG）

位	名称	类型	复位值	说　明
31:1	—	—	—	—
0	DFMPEN	读写	0	快速+模式使能。当该位被置 1 时，I2C 设备支持高达 1MHz

I2C 快速+模式配置寄存器（I2C_FMPCFG）的各个位在 gd32f30x_i2c.h 头文件中的宏定义如下：

```
#define I2C_RT_RISETIME BITS(0,6)           /*!< 快速+模式使能 */
```

14.6　I2C 典型应用步骤及常用库函数

14.6.1　I2C 典型应用步骤

以 I2C0 控制器为例，使用 PB6 和 PB7 分别作为 SCL 引脚和 SDA 引脚。

（1）使能 I2C0 控制器时钟和复用的 GPIOB 引脚时钟。

（2）初始化 PB6 和 PB7 引脚。

（3）初始化 I2C0 控制器工作模式。

（4）使能 I2C0 控制器。

（5）使能 I2C0 ACK 应答功能。

（6）使能中断。若需要使用中断，还需配置 NVIC 并使能相应的 I2C 中断事件。

14.6.2　I2C 常用库函数

I2C 常用库函数列表如表 14-15 所示。

表 14-15　　I2C 常用库函数

库函数名称	库函数描述	库函数名称	库函数描述
i2c_deinit	复位外设 I2C	i2c_data_transmit	发送数据
i2c_clock_config	配置 I2C 时钟	i2c_data_receive	接收数据
i2c_mode_addr_config	配置 I2C 地址	i2c_dma_config	配置 I2C DMA 模式
i2c_ack_config	是否发送 ACK	i2c_software_reset_config	配置 I2C 软件复位
i2c_ackpos_config	AC 位置配置	i2c_flag_get	标志位获取
i2c_master_addressing	主机发送从机地址	i2c_flag_clear	清除标志位
i2c_smbus_type_config	SMBus 类型选择	i2c_interrupt_enable	中断使能
i2c_enable	使能 I2C 模块	i2c_interrupt_disable	中断除能
i2c_disable	关闭 I2C 模块	i2c_interrupt_flag_get	中断标志位获取
i2c_start_on_bus	在 I2C 总线上生成起始位	i2c_interrupt_flag_clear	中断标志位清除
i2c_stop_on_bus	在 I2C 总线上生成停止位		

1. I2C 复位函数

```
void i2c_deinit(uint32_t i2c_periph);
```

功能：复位外设 I2C。

参数：uint32_t i2c_periph，I2C 外设。在 gd32f30x_i2c.h 头文件中，I2C 外设被宏定义为 I2C0 和 I2C1。

例如，复位 I2C0。

```
i2c_deinit (I2C0);
```

2. I2C 时钟配置函数

```
void i2c_clock_config(uint32_t i2c_periph, uint32_t clkspeed, uint32_t dutycyc);
```

功能：配置 I2C 时钟。

参数 1：uint32_t i2c_periph，I2C 外设。

参数 2：uint32_t clkspeed，I2C 时钟速率。用于设置 I2C 的 SCL 时钟频率数值。

参数 3：uint32_t dutycyc，快速模式下占空比。该参数被定义在 gd32f30x_i2c.h 头文件中，具体的宏定义如下：

```
#define I2C_DTCY_2  ((uint32_t)0x00000000U) /*!< 快速模式下 Tlow/Thigh = 2 */
#define I2C_DTCY_16_9   I2C_CKCFG_DTCY      /*!< 快速模式下 Tlow/Thigh = 16/9 */
```

例如，设置 I2C0 时钟速率为 100kHz。

```
i2c_clock_config(I2C0, 100000, I2C_DTCY_2);
```

3. I2C 地址配置函数

```
void i2c_mode_addr_config(uint32_t i2c_periph, uint32_t mode, uint32_t addformat,
uint32_t addr);
```

功能：配置 I2C 地址。

参数 1：uint32_t i2c_periph，I2C 外设。

参数 2：uint32_t mode，模式选择。该参数被定义在 gd32f30x_i2c.h 头文件中，具体的宏定义如下：

```
#define I2C_I2CMODE_ENABLE    ((uint32_t)0x00000000U)    /*!< I2C 模式 */
#define I2C_SMBUSMODE_ENABLE  I2C_CTL0_SMBEN             /*!< SMBus 模式 */
```

参数 3：uint32_t addformat，I2C 地址格式。该参数被定义在 gd32f30x_i2c.h 头文件中，具体的宏定义如下：

```
#define I2C_ADDFORMAT_7BITS ((uint32_t)0x00000000U) /*!< address:7 bits */
#define I2C_ADDFORMAT_10BITS I2C_SADDR0_ADDFORMAT   /*!< address:10 bits */
```

参数 4：uint32_t addr，I2C 地址。

例如，配置 I2C0 地址为 0x82，用 7 位地址格式。

```
i2c_mode_addr_config(I2C0, I2C_I2CMODE_ENABLE, I2C_ADDFORMAT_7BITS, 0x82);
```

4. I2C 类型选择函数

```
void i2c_smbus_type_config(uint32_t i2c_periph, uint32_t type);
```

功能：SMBus 类型选择。

参数 1：uint32_t i2c_periph，I2C 外设。

参数 2：uint32_t type，主机或从机。该参数被定义在 gd32f30x_i2c.h 头文件中，具体的宏定义如下：

```
#define I2C_SMBUS_DEVICE    ((uint32_t)0x00000000U) /*!< SMBus 模式从机类型 */
#define I2C_SMBUS_HOST  I2C_CTL0_SMBSEL             /*!< SMBus 模式主机类型 */
```

例如，配置 I2C0 为 SMBus 主机模式。

```
i2c_smbus_type_config (I2C0, I2C_SMBUS_HOST);
```

5. I2C 发送 ACK 函数

```
void i2c_ack_config(uint32_t i2c_periph, uint32_t ack);
```

功能：是否发送 ACK。

参数 1：uint32_t i2c_periph，I2C 外设。

参数 2：uint32_t ack，是否发送 ACK。该参数被定义在 gd32f30x_i2c.h 头文件中，具体的宏定义如下：

```
#define I2C_ACK_DISABLE ((uint32_t)0x00000000U)     /*!< ACK 不被发送 */
#define I2C_ACK_ENABLE  I2C_CTL0_ACKEN              /*!< ACK 被发送 */
```

例如，I2C0 被发送 ACK。

```
i2c_ack_config (I2C0, I2C_ACK_ENABLE);
```

6. I2C ACK 位置配置函数

```
void i2c_ackpos_config(uint32_t i2c_periph, uint32_t pos);
```

功能：ACK 位置配置。

参数 1：uint32_t i2c_periph，I2C 外设。

参数 2：uint32_t pos，ACK 位置。该参数被定义在 gd32f30x_i2c.h 头文件中，具体的宏定义如下：

```
#define I2C_ACKPOS_CURRENT  ((uint32_t)0x00000000U) /*!< 当前正在接收的字节是
                                                         否发送 ACK */
#define I2C_ACKPOS_NEXT     I2C_CTL0_POAP           /*!< 下一个接收的字节是否
                                                         发送 ACK */
```

7. I2C 主机发送从机地址函数

```
void i2c_master_addressing(uint32_t i2c_periph, uint32_t addr, uint32_t trandirection);
```

功能：I2C 主机发送从机地址。

参数 1：uint32_t i2c_periph，I2C 外设。

参数 2：uint32_t addr，从机地址。

参数 3：uint32_t trandirection，发送或接收。该参数被定义在 gd32f30x_i2c.h 头文件中，具体的宏定义如下：

```
#define I2C_RECEIVER          ((uint32_t)0x00000001U)    /*!< 接收 */
#define I2C_TRANSMITTER       ((uint32_t)0xFFFFFFFEU)    /*!< 发送 */
```

例如，配置 I2C0 为接收器，并发送从机地址到 I2C 总线上。

```
i2c_master_addressing(I2C0, I2C1_SLAVE_ADDRESS7, I2C_RECEIVER);
```

8. I2C 使能/禁止函数

```
void i2c_enable(uint32_t i2c_periph);
void i2c_disable(uint32_t i2c_periph);
```

功能：I2C 使能/禁止。

参数：uint32_t i2c_periph，I2C 外设。

例如，使能 I2C0。

```
i2c_enable (I2C0);
```

9. I2C 生成 START 信号函数

```
void i2c_start_on_bus(uint32_t i2c_periph);
```

功能：在 I2C 总线上生成起始位。

参数：uint32_t i2c_periph，I2C 外设。

例如，I2C0 产生 START 信号。

```
i2c_start_on_bus (I2C0);
```

10. I2C 生成 STOP 信号函数

```
void i2c_stop_on_bus(uint32_t i2c_periph);
```

功能：在 I2C 总线上生成停止位。

参数：uint32_t i2c_periph，I2C 外设。

例如，I2C0 总线上生成停止信号。

```
i2c_stop_on_bus (I2C0);
```

11. I2C 发送数据函数

```
void i2c_data_transmit(uint32_t i2c_periph, uint8_t data);
```

功能：发送数据。
参数 1：uint32_t i2c_periph，I2C 外设。
参数 2：uint8_t data，待发送的传输的字节数据。
例如，I2C0 传送 0xAA。

```
i2c_data_transmit (I2C0,0xAA);
```

12. I2C 接收数据函数

```
uint8_t i2c_data_receive(uint32_t i2c_periph);
```

参数：uint32_t i2c_periph，I2C 外设。
返回值：返回接收到的字节数据。
例如，I2C0 接收数据。

```
uint8_t i2c_receiver;
i2c_receiver = i2c_data_receive (I2C0);
```

13. I2C DMA 配置函数

```
void i2c_dma_config(uint32_t i2c_periph, uint32_t dmastate);
```

功能：配置 I2C DMA 模式。
参数 1：uint32_t i2c_periph，I2C 外设。
参数 2：uint32_t dmastate，DMA 开启或关闭。该参数被定义在 gd32f30x_i2c.h 头文件中，具体的宏定义如下：

```
#define I2C_DMA_ON      I2C_CTL1_DMAON                /*!< DMA 模式使能 */
#define I2C_DMA_OFF     ((uint32_t)0x00000000U)       /*!< DMA 模式禁止 */
```

例如，使能 I2C0 的 DMA 功能。

```
i2c_dma_config(I2C0, I2C_DMA_ON);
```

14. I2C 软件复位函数

```
void i2c_software_reset_config(uint32_t i2c_periph, uint32_t sreset);
```

功能：I2C 软件复位配置。
参数 1：uint32_t i2c_periph，I2C 外设。
参数 2：uint32_t sreset，是否复位参数。该参数被定义在 gd32f30x_i2c.h 头文件中，具体的宏定义如下：

```
#define I2C_SRESET_SET      I2C_CTL0_SRESET               /*!< I2C 复位 */
#define I2C_SRESET_RESET    ((uint32_t)0x00000000U)       /*!< I2C 没有复位 */
```

15. I2C 标志获取函数

```
FlagStatus i2c_flag_get(uint32_t i2c_periph,uint32_t flag );
```

功能：获取 I2C 标志状态。

参数 1：uint32_t i2c_periph，I2C 外设。

参数 2：uint32_t flag，需要获取的标志位。该参数被定义以 i2c_flag_enum 枚举类型被定义在 gd32f30x_i2c.h 头文件中，具体的枚举成员如下：

```
typedef enum
{
                          /* flags in STAT0 register */
    I2C_FLAG_SBSEND,      /*!< 起始位是否发送 */
    I2C_FLAG_ADDSEND,     /*!< 主机模式下地址是否发送/从机模式下地址是否匹配 */
    I2C_FLAG_BTC,         /*!< 字节传输完成 */
    I2C_FLAG_ADD10SEND,   /*!< 主机模式下 10 位地址地址头发送完成 */
    I2C_FLAG_STPDET,      /*!< 从机模式下监测到 STOP 结束位 */
    I2C_FLAG_RBNE,        /*!< 接收期间 I2C_DATA 非空 */
    I2C_FLAG_TBE,         /*!< 发送期间 I2C_DATA 为空 */
    I2C_FLAG_BERR,        /*!< 总线错误,表示 I2C 总线上发生了预料之外的 START 起始位或
                               STOP 结束位 */
    I2C_FLAG_LOSTARB,     /*!< 主机模式下仲裁丢失 */
    I2C_FLAG_AERR         /*!< 应答错误 */
    I2C_FLAG_OUERR,       /*!< 当禁用 SCL 拉低功能后,在从机模式下发生了过载或欠载事件 */
    I2C_FLAG_PECERR,      /*!< 接收数据时 PEC 错误 */
    I2C_FLAG_SMBTO,       /*!< SMBus 模式下超时信号 */
    I2C_FLAG_SMBALT,      /*!< SMBus 警报状态 */
                          /* flags in STAT1 register */
    I2C_FLAG_MASTER,      /*!< 表明 I2C 时钟在主机模式还是从机模式的标志位 */
    I2C_FLAG_I2CBSY,      /*!< 忙标志 */
    I2C_FLAG_TRS,         /*!< I2C 作发送端还是接收端 */
    I2C_FLAG_RXGC,        /*!< 是否接收到广播地址(00h) */
    I2C_FLAG_DEFSMB,      /*!< 从机模式下 SMBus 主机地址头 */
    I2C_FLAG_HSTSMB,      /*!< 从机模式下监测到 SMBus 主机地址头 */
    I2C_FLAG_DUMOD        /*!< 从机模式下双标志位表明哪个地址和双地址模式匹配 */
}i2c_flag_enum;
```

例如，读取 I2C0 的 START 信号是否发送出去。

```
FlagStatus flag_state = RESET;
flag_state = i2c_flag_get (I2C0, I2C_FLAG_SBSEND);
```

16. I2C 标志清零函数

```
void i2c_flag_clear(uint32_t i2c_periph, uint32_t flag);
```

功能：清除 I2C 标志位。

参数 1：uint32_t i2c_periph，I2C 外设。

参数 2：uint32_t flag，需要清除的标志位。具体的参数详情描述见“15.I2C 标志获取函数”的参数 2。

例如，清除 I2C0 总线错误标志。

```
i2c_flag_clear(I2C0, I2C_FLAG_BERR);
```

17. I2C 中断使能/禁止函数

```
void i2c_interrupt_enable(uint32_t i2c_periph, uint32_t inttype);
```

```
void i2c_interrupt_disable(uint32_t i2c_periph, uint32_t inttype);
```

功能：I2C 中断使能/禁止。

参数 1：uint32_t i2c_periph，I2C 外设。

参数 2：uint32_t inttype，中断类型。该参数以 i2c_interrupt_enum 枚举类型被定义在 gd32f30x_i2c.h 头文件中，具体的枚举成员如下：

```
typedef enum
{
    /* interrupt in CTL1 register        */
    I2C_INT_ERR,                          /*!< 错误中断使能 */
    I2C_INT_EV,                           /*!< 事件中断使能 */
    I2C_INT_BUF,                          /*!< 缓冲区中断使能 */
}i2c_interrupt_enum;
```

例如，使能 I2C0 错误中断事件。

```
i2c_interrupt_disable (I2C0, I2C_INT_EV);
```

18. I2C 中断标志获取函数

```
FlagStatus i2c_interrupt_flag_get(uint32_t i2c_periph, uint32_t intflag);
```

功能：I2C 中断标志位获取。

参数 1：uint32_t i2c_periph，I2C 外设。

参数 2：uint32_t intflag，中断标志。该参数以 i2c_interrupt_flag_enum 枚举类型被定义在 gd32f30x_i2c.h 头文件中，具体的枚举成员如下：

```
typedef enum
{
    /* interrupt flags in CTL1 register */
    I2C_INT_FLAG_SBSEND,       /*!< 起始位是否发送中断标志 */
    I2C_INT_FLAG_ADDSEND,      /*!< 主机模式下地址是否发送/从机模式下地址是否匹配中断
                                    标志*/
    I2C_INT_FLAG_BTC,          /*!< 字节传输完成 */
    I2C_INT_FLAG_ADD10SEND,    /*!<主机模式下 10 位地址地址头发送完成中断标志 */
    I2C_INT_FLAG_STPDET,       /*!< 从机模式下监测到 STOP 结束位中断标志 */
    I2C_INT_FLAG_RBNE,         /*!< 接收期间 I2C_DATA 非空中断标志 */
    I2C_INT_FLAG_TBE,          /*!< 发送期间 I2C_DATA 为空中断标志 */
    I2C_INT_FLAG_BERR,         /*!< 总线错误中断标志 */
    I2C_INT_FLAG_LOSTARB,      /*!< 主机模式下仲裁丢失中断标志 */
    I2C_INT_FLAG_AERR,         /*!< 应答错误中断标志 */
    I2C_INT_FLAG_OUERR,        /*!< 从机模式下发生了过载或欠载事件中断标志 */
    I2C_INT_FLAG_PECERR,       /*!< 接收数据时 PEC 错误中断标志 */
    I2C_INT_FLAG_SMBTO,        /*!< SMBus 模式下超时信号中断标志 */
    I2C_INT_FLAG_SMBALT,       /*!< SMBus 警报状态中断标志 */
}i2c_interrupt_flag_enum;
```

例如，获取 I2C 是否传输完成中断标志。

```
FlagStatus flag_state = RESET;
flag_state = i2c_interrupt_flag_get (I2C0, I2C_INT_FLAG_BTC);
```

19. I2C 中断标志清除函数

```
void i2c_interrupt_flag_clear(uint32_t i2c_periph, uint32_t intflag);
```

功能：中断标志位清除。

参数 1：uint32_t i2c_periph，I2C 外设。

参数 2：uint32_t intflag，中断标志。该参数的详细描述见“18.I2C 中断标志获取函数”的参数 2。

例如，清除 I2C0 的 ACK 错误中断标志。

```
i2c_interrupt_flag_clear(I2C0, I2C_INT_FLAG_AERR);
```

14.7 应 用 实 例

1. 实例要求

利用 GD32F303ZGT6 微控制器的 I2C0 控制器的 PB6_SCL 和 PB7_SDA 引脚连接 24C02 串行存储器实现地址 00H～0FH 写入 0x00～0x0F，然后读出并检验数据读写的错误。

2. 电路图

在图 14-17 中，U1（GD32F303ZGT6）微控制器的 PB6/SCL 和 PB7/SDA 引脚连接至 U2（M24C02）串行存储器的 SCL 和 SDA 引脚，电阻 R1 和 R2 为外部上拉电阻。

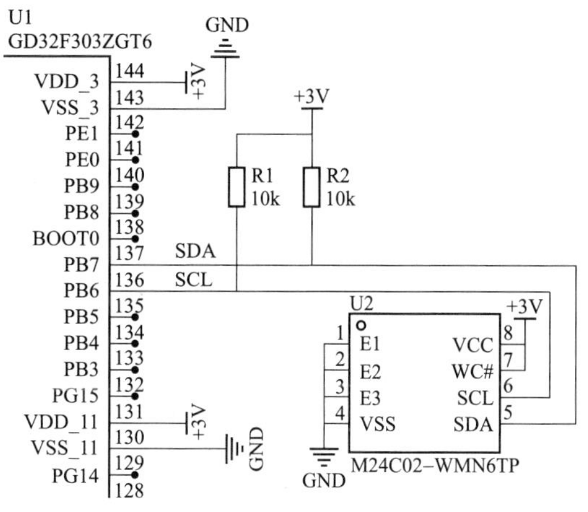

图 14-17　基于 I2C0 的 24C02 串行存储器读写电路图

3. 程序实现

（1）I2C0 的初始化。

I2C0 的初始化包括：GPIOB 时钟使能；PB6 和 PB7 用作复用功能的 I2C0 的 SCL 和 SDA 引脚功能的 GPIO 初始化；I2C0 时钟使能；I2C0 的时钟配置为 400kHz；配置 I2C0 的地址为 0xA0；使能 I2C0 和 I2C0 的 ACK 应答功能。

```
#define M24C02_ADDR 0xA0
void I2C0_Init(void)
{
    rcu_periph_clock_enable(RCU_GPIOB);        //使能 GPIOB 时钟
                                               //配置 PB6 和 PB7 为开漏复用功能
    gpio_init(GPIOB, GPIO_MODE_AF_OD, GPIO_OSPEED_50MHZ, GPIO_PIN_6 | GPIO_PIN_7);

    rcu_periph_clock_enable(RCU_I2C0);         //使能 I2C0 时钟
i2c_clock_config(I2C0,400000,I2C_DTCY_2);      //配置 I2C0 的时钟为 400kHz
                                               //配置 I2C0 的地址
    i2c_mode_addr_config(I2C0,I2C_I2CMODE_ENABLE,I2C_ADDFORMAT_7BITS,M24C02_ADDR);
    i2c_enable(I2C0);                          //使能 I2C0
    i2c_ack_config(I2C0,I2C_ACK_ENABLE);       //使能 I2C0 的 ACK 应答功能
}
```

（2）M24C04 页写操作。

使用 I2C0 控制器向 M24C02 的 EEPROM 按页写入数据的具体要求操作步骤如下：等待 I2C0 总线空闲；向 I2C0 总线发送 START 信号；通过检查 SBSEND 标志等待 I2C0 的 START 信号结束；向 I2C0 总线发送从机地址并指明是写操作（发送）；通过检查 I2C 的 ADDSEDND 标志位等待 I2C0 地址发送完毕；清除 I2C 的 ADDSEND 标志位；通过检查 I2C 的 TBE 标志位判断当前数据缓冲区是否为空；通过 I2C0 发送地址写操作字节数据；通过检查 I2C 的 TBC 标志位判断当前数据是否发送完成；调用 i2c_data_transmit( )函数实现数据的写入操作；通过检查 I2C 的 TBC 标志位判断当前数据是否发送完成；通过 I2C0 向总线发送 STOP 信号；等待 STOP 停止信号结束。

具体的实现源代码如下：

```
void eeprom_page_write(uint8_t*p_buffer,uint8_t write_address,uint8_t number_
of_byte)
{
    while(i2c_flag_get(I2C0,I2C_FLAG_I2CBSY));        //等待 I2C 总线空闲
    i2c_start_on_bus(I2C0);//向 I2C 总线发送 START 信号
    while(!i2c_flag_get(I2C0, I2C_FLAG_SBSEND));     //等待 START 信号产生完毕
    /* send slave address to I2C bus */
    i2c_master_addressing(I2C0,M24C02_ADDR,I2C_TRANSMITTER);
                                                      //发送 M24C04 地址 0XA0
    while(!i2c_flag_get(I2C0, I2C_FLAG_ADDSEND));    //等待从机地址发送结束
    i2c_flag_clear(I2C0,I2C_FLAG_ADDSEND);           //清除标志
    while( SET != i2c_flag_get(I2C0, I2C_FLAG_TBE));//等待 I2C0 发送缓冲区空
    i2c_data_transmit(I2C0, write_address);           //发送写 EEPROM 地址
    while(!i2c_flag_get(I2C0, I2C_FLAG_BTC));        //等待数据发送完毕
    while(number_of_byte--){
        i2c_data_transmit(I2C0, *p_buffer++);         //发送数据
        while(!i2c_flag_get(I2C0, I2C_FLAG_BTC));    //等待数据发送完毕
    }
    i2c_stop_on_bus(I2C0);//发送停止信号 STO
    while(I2C_CTL0(I2C0)&0x0200);                     //等待 STOP 信号产生结束
}
```

（3）M24C04 的读操作。

使能 I2C0 控制器读取 M240C4 的 EEPROM 中的数据一般操作步骤如下：等待 I2C0 总线空闲；向 I2C0 总线发送 START 信号；通过检查 SBSEND 标志等待 I2C0 的 START 信号结束；向 I2C0 总线发送从机地址并指明是写操作（发送）；通过检查 I2C 的 ADDSEDND 标志位等待 I2C0 地址发送完毕；清除 I2C 的 ADDSEND 标志位；通过检查 I2C 的 TBE 标志位判断当前数据缓冲区是否为空；使能 I2C0。通过 I2C0 向 M24C04 发送要读数据的地址；通过检查 I2C 的 TBC 标志位判断当前数据是否发送完成；向 I2C0 总线发送 START 信号；通过检查 SBSEND 标志等待 I2C0 的 START 信号结束；向 I2C0 总线发送从机地址并指明是读操作（接收）；通过检查 I2C 的 ADDSEDND 标志位等待 I2C0 地址发送完毕；清除 I2C 的 ADDSEND 标志位；通过检查 I2C 的 RBNE 标志判断是否接收到数据；调用 i2c_data_receive( )函数读取数据到缓冲区；当到最后一个字节的数据时，读取完毕发送 STOP 信号；等待 STOP 停止信号结束。

具体的实现源代码如下：

```
void eeprom_buffer_read(uint8_t* p_buffer, uint8_t read_address, uint16_t number_
```

```
of_byte)
    {
        while(i2c_flag_get(I2C0, I2C_FLAG_I2CBSY));
        if(2 == number_of_byte){
            i2c_ackpos_config(I2C0,I2C_ACKPOS_NEXT);
        }
        i2c_start_on_bus(I2C0);
        while(!i2c_flag_get(I2C0, I2C_FLAG_SBSEND));
        i2c_master_addressing(I2C0, M24C02_ADDR, I2C_TRANSMITTER);
        while(!i2c_flag_get(I2C0, I2C_FLAG_ADDSEND));
        i2c_flag_clear(I2C0,I2C_FLAG_ADDSEND);
        while(SET != i2c_flag_get( I2C0 , I2C_FLAG_TBE));
        i2c_enable(I2C0);
        i2c_data_transmit(I2C0, read_address);
        while(!i2c_flag_get(I2C0, I2C_FLAG_BTC));
        i2c_start_on_bus(I2C0);
        while(!i2c_flag_get(I2C0, I2C_FLAG_SBSEND));
        i2c_master_addressing(I2C0, M24C02_ADDR, I2C_RECEIVER);
        if(number_of_byte < 3){
            i2c_ack_config(I2C0,I2C_ACK_DISABLE);
        }
        while(!i2c_flag_get(I2C0, I2C_FLAG_ADDSEND));
        i2c_flag_clear(I2C0,I2C_FLAG_ADDSEND);
        if(1 == number_of_byte){
            i2c_stop_on_bus(I2C0);
        }

        while(number_of_byte){
            if(3 == number_of_byte){
                while(!i2c_flag_get(I2C0, I2C_FLAG_BTC));
                i2c_ack_config(I2C0,I2C_ACK_DISABLE);
            }
            if(2 == number_of_byte){
                while(!i2c_flag_get(I2C0, I2C_FLAG_BTC));
                i2c_stop_on_bus(I2C0);
            }
            if(i2c_flag_get(I2C0, I2C_FLAG_RBNE)){
                *p_buffer = i2c_data_receive(I2C0);
                p_buffer++;
                number_of_byte--;
            }
        }
        while(I2C_CTL0(I2C0)&0x0200);
        i2c_ack_config(I2C0,I2C_ACK_ENABLE);
        i2c_ackpos_config(I2C0,I2C_ACKPOS_CURRENT);
    }
```

（4）main 主程序。

main 主程序实现的功能如下：初始化 I2C0。通过 I2C0 控制向 M24C04 的 EEPROM 从 0x00 地址连续写 16 个字节的数据，然后把 16 个字节的数据读出来，并判断是否和原始写入的数据一致。

具体的实现源代码如下：

```
#define BUFFER_SIZE             16

int main(void)
{
    uint16_t i;
    uint8_t i2c_buffer_write[BUFFER_SIZE] ;
    uint8_t i2c_buffer_read[BUFFER_SIZE] ;

    I2C0_Init();
    //初始化 i2c_buffer_write 数组的内容为 0X00～0X0F
    for(i = 0;i <BUFFER_SIZE;i++){
        i2c_buffer_write[i] =i;
        printf("0x%02X ",i2c_buffer_write[i]);
        if(15 == i%16){
            printf("\r\n");
        }
    }
    eeprom_page_write(i2c_buffer_write,0,BUFFER_SIZE);  //向 EEPROM 中写
    eeprom_buffer_read(i2c_buffer_read,0,BUFFER_SIZE);  //从 EEPROM 中读
    for(i = 0;i < BUFFER_SIZE;i++){
        if(i2c_buffer_read[i]!= i2c_buffer_write[i]){
            printf("0x%02X ", i2c_buffer_read[i]);
            printf("Err:data read and write aren't matching.\n\r");
            while(1){
                ;
            }
        }
        printf("0x%02X ", i2c_buffer_read[i]);
        if(15 == i%16){
            printf("\r\n");
        }
    }
    printf("I2C-AT24C02 test passed!\n\r");
    while(1)
    {
        ;
    }
}
```

参 考 文 献

［1］孙安青．ARM Cortex-M3 嵌入式 C 语言编程 100 例［M］．北京：中国电力出版社，2018．

［2］符强等．嵌入式实验与实践教程：基于 STM32 与 Proteus［M］．西安：西安电子科技大学出版社，2022．

［3］徐灵飞，等．嵌入式系统设计（基于 STM32F4）［M］．北京：电子工业出版社，2020．

［4］钟佩思，等．基于 STM32 的嵌入式系统设计与实践［M］．北京：电子工业出版社，2021．

［5］孙安青．ARM Cortex-M3 嵌入式开发实例详解：基于 NXP LPC1768［M］．北京：北京航空航天大学出版社，2012．

［6］郭书军．ARM Cortex-M3 系统设计与实现-STM32 基础篇（第 2 版）［M］．北京：电子工业出版社，2018．